de Gruyter Lehrbuch

Mettig · Verbrennungsmotoren

Die Konstruktion schnellaufender Verbrennungsmotoren

von

Dipl.-Ing. Hermann Mettig

Direktor im Hause
Klöckner-Humboldt-Deutz AG

Mit 363 Bildern und 6 Tafeln

Walter de Gruyter · Berlin · New York · 1973

ISBN 3 11 003921 4

Satz: Fotosatz Prill, Berlin – Druck: Sala-Druck, Berlin.
Printed in Germany.

Library of Congress Catalog Card Number 72-76027

Vorwort

Die Konstruktion eines Hubkolbenverbrennungsmotors ist eine komplexe Aufgabe, die an den Motorenkonstrukteur hohe Anforderungen stellt, wirken doch auf die meisten Bauteile eines solchen Motors gleichzeitig hohe Temperaturen und höchste Drücke, zu denen sich noch die Massenkräfte des Triebwerks gesellen, so daß der ganze Motor gleichzeitig hohen thermischen und mechanischen Beanspruchungen ausgesetzt ist. Der Konstrukteur eines Verbrennungsmotors muß daher die Mechanik und die Festigkeitslehre beherrschen; er muß in der Thermodynamik sicher sein; er muß gute Kenntnisse in der Werkstoffkunde haben und über die Fertigungsverfahren in der Motorenindustrie Bescheid wissen. Nicht zuletzt muß er auch über die wirtschaftlichen Zusammenhänge unterrichtet sein, die den Preis des Erzeugnisses bestimmen, damit er seine Konstruktionen auch auf diesem Gebiet zum Erfolg bringen kann; denn der bestkonstruierte Motor hat keinen Erfolg, wenn er nicht auch in seinem Preis mit der Konkurrenz Schritt halten kann.

Der Verbrennungsmotor ist eine hochentwickelte, sehr erfolgreiche Maschine. Der Konstrukteur eines neuen Verbrennungsmotors hat daher die nicht einfache Aufgabe zu lösen, einen noch besseren Motor zu konstruieren als die vorhergehenden. Seine Haupttätigkeit ist dabei eine sorgfältige Detailarbeit, deren Ziel es ist, den Verbrennungsmotor auf immer höhere spezifische Leistungen, immer kleinere äußere Abmessungen, immer längere Lebensdauer, immer größere Betriebssicherheit und nicht zuletzt geringere Herstellungskosten hin zu entwickeln, ohne daß dabei das eine auf Kosten des anderen geht. Er muß sich daher unter Verarbeitung seiner Erfahrungen von früheren Konstruktionen her mit Hilfe der Möglichkeiten, die die moderne Meßtechnik und die modernen Rechenverfahren bieten, Schritt für Schritt vortasten. Die moderne Meßtechnik gibt dem Konstrukteur dabei heute schon eine gute Unterstützung. Es sei nur die Dehnmeßstreifentechnik genannt, die es uns heute ermöglicht, Spannungen in den Bauteilen auch während des Betriebes zu messen, oder die Spannungsoptik, mit deren Hilfe Spannungsverteilungen in schwierigen Bauteilen, wie z.B. Pleuelstangen oder Zylinderköpfen, untersucht werden können. Damit und mit der Möglichkeit, mit Hilfe von Elektronenrechnern Berechnungen durchzuführen, die früher allein schon am Zeitaufwand scheiterten, kann der Konstrukteur sich heute schon einen Überblick schaffen über Größe, Art und Angriffspunkt und Auswirkungen der Kräfte an den Bauteilen. Als Folge davon können allmählich die gewohnten Sicherheitszuschläge in den Rechnungen abgebaut und damit die Konstruktionen besser ausgenutzt werden. Aber trotz aller dieser Hilfsmittel bleibt immer noch ein großer Teil der Motorenkonstruktion der Erfahrung und dem schöpferischen Talent des Konstrukteurs überlassen. Viele Probleme können sogar erst am fertigen Motor, dem Prototyp, geklärt werden. So sind auch die ersten Versuche und Messungen an einem Motor immer ein spannender Moment für den Konstrukteur, in dem sich zeigt, ob seine Überlegungen und Rechnungen richtig waren. Auf dem eben geschilderten Weg sollen nun die Ausführungen dieses Buches dem Konstrukteur, insbesondere dem Anfänger, der noch über keine eigene Erfahrung verfügt, Hilfe und Anleitung geben.

Die folgenden Kapitel befassen sich mit der Konstruktion von Verbrennungsmotoren. Das Gebiet der Verbrennungsmotoren ist groß. Um Wesentliches herauszuarbeiten, muß daher eine gewisse Beschränkung im Stoff walten. Die Konstruktion von Verbrennungsmotoren wird daher am Beispiel der schnellaufenden Viertaktdieselmotoren behandelt. Diese Motoren sind hohen thermischen und hohen mechanischen Beanspruchungen bei verhältnismäßig hohen Drehzahlen bzw. Kolbengeschwindigkeiten ausgesetzt, so daß die Konstruktionsrichtlinien für schnelllaufende Hochleistungsdieselmotoren bei entsprechender Berücksichtigung der anderen Gegebenheiten auch Anwendung auf Ottomotoren oder langsamlaufende Dieselmotoren finden können. Das unsommehr, als bei den hohen Verdichtungen der modernen Fahrzeug-Ottomotoren die Motorkomponenten, insbesondere das Triebwerk, sich in ihrer Bemessung und Gestaltung nicht mehr sehr von denen der schnellaufenden Dieselmotoren unterscheiden. Um den Rahmen dieses Buches nicht zu sprengen, ist darauf verzichtet worden, speziell die Konstruktion von Ottomotoren zu behandeln. Es ist lediglich ein Kapitel über Vergaser und Saugrohr des Ottomotors eingefügt, da hier der wesentliche Unterschied zwischen Dieselmotor und Ottomotor liegt. Ich bin Herrn Prof. Dr. Ing. *Wilhelm Endres*, der sich freundlicherweise bereiterklärte, dieses Kapitel dem vorliegenden Buch beizusteuern, dafür sehr zu Dank verpflichtet.

Der Forderung nach Beschränkung des Stoffes ist in diesem Buch auch die konstruktive Behandlung der Zweitaktmotoren zum Opfer gefallen. Ein wesentlicher Grund hierfür ist auch, daß Zweitaktmotoren bei den schnellaufenden Hochleistungsdieselmotoren gegenüber den hochaufgeladenen Viertaktmotoren und auch bei den Ottomotoren in Europa praktisch keine Rolle mehr spielen, abgesehen von einigen Spezialentwicklungen. Ihr Schwerpunkt liegt heute bei kleinen Einzylindermotoren oder sehr großen, sehr langsamlaufenden Schiffsmotoren. Diese beiden Motorbauarten aber auch noch in die vorliegenden Betrachtungen einzubeziehen, würde den Rahmen dieses Buches sprengen.

Die Konstruktion eines Verbrennungsmotors birgt wie gesagt eine Vielzahl von Problemen in sich. Es wird in diesem Buch nun versucht, an diese Probleme vom Standpunkt des Konstrukteurs heranzugehen. Das heißt, es wird immer die Frage gestellt, was muß der Konstrukteur von den Einzelproblemen, von denen ein jedes eine Wissenschaft für sich darstellt, wissen, um seinen Motor konstruieren zu können und um einen vollwertigen Partner für die Diskussionen mit den Spezialisten der Versuchsabteilungen, der Berechnungsabteilungen usw. abzugeben. Eine wertvolle Hilfe dabei ist das Buch Verbrennungsmotoren Bd. I und II von Prof. Dr. Ing. *W. Endres* der Sammlung Göschen, worin die allgemeinen theoretischen Grundlagen der Verbrennungsmotoren behandelt sind. Das vorliegende Buch war ursprünglich als Bd. III dieser Reihe vorgesehen. Aus formalen Gründen jedoch wurde hierfür das größere Format der Lehrbücher des gleichen Verlages gewählt.

Schließlich möchte ich noch meinen besonderen Dank aussprechen Herrn Oberingenieur *Stadler,* der die Mühe auf sich nahm, das Manuskript durchzusehen, und der mir viele wertvolle Hinweise gegeben hat, sowie Herrn Dipl.-Ing.*Esche,* der mich bei der Abfassung des Kapitels „Auslegung und Gestaltung des Kühlgebläses" unterstützte.

Während der Arbeiten an dem vorliegenden Buch ist das „Gesetz über Einheiten im Meßwesen" am 5.7.1970 in Kraft getreten. Mit diesem Gesetz werden die SI-Einheiten (Système International) mit einer Übergangsfrist bis zum 31.12.1977 eingeführt. In der Praxis des Verbrennungsmotorenbaus werden heute jedoch noch überwiegend die alten Einheiten verwendet. In dem vorliegenden Buch wurden daher im Interesse seiner Anwendbarkeit in der Praxis auch noch die alten Einheiten belassen. Mit der Tabelle für die wichtigsten vorkommenden Größen in Kap. 7 können jedoch leicht die alten Einheiten in die neuen SI-Einheiten umgerechnet werden. Hierzu wird auch auf die einschlägige Literatur verwiesen*.

Hermann Mettig

* Neue Formelzeichen und Einheiten in der Technik, MTZ 32 (1971) 1, S. 27

Haeder, W. und *Gärtner, E.:* Die gesetzlichen Einheiten in der Technik. Herausgegeben vom Deutschen Normenausschuß 1970.

DIN-Blatt DIN 1301

Inhaltsverzeichnis

1. Vorarbeiten für die Konstruktion

1.1 Gegebene Daten

1.1.1 Leistung und Drehzahl

Die geforderte Leistung und die Drehzahl bestimmen die Abmessungen des Motors und die Zylinderzahl. Aus der Leistung, der Drehzahl und einem angenommenen mittleren effektiven Druck p_{m_e} wird das Hubvolumen des Motors ermittelt, woraus sich Zylinderzahl und Bauart ergeben.

1.1.2 Hauptanwendungsgebiet des Motors

(siehe auch [4,I, S. 39 ff.])*

Das Hauptanwendungsgebiet des zu konstruierenden Motors ist von grundlegender Bedeutung für die Konstruktion. Ein Fahrzeugmotor, z.B. für einen Lastwagen, stellt ganz andere Forderungen an die Konstruktion als ein Schiffsmotor. Bei einem Lastwagenmotor beispielsweise muß immer Rücksicht auf das Fahrzeug genommen werden, in das der Motor eingebaut werden soll. Dabei ist zu berücksichtigen, daß die Breite des Kurbelgehäuses etwa in Höhe der Kurbelwellenmitte die Breite des Fahrzeugrahmens an der Einbaustelle des Motors bestimmt. An dieser Stelle sollen daher möglichst keine Hilfsaggregate wie Lichtmaschine, Anlasser, Schmierölfilter oder Schmierölkühler am Motorkurbelgehäuse angberacht sein, da diese die Motorbreite vergrößern. Bei einem LKW-Motor müssen weiter alle Teile, die einer Wartung im Fahrzeug bedürfen, so angeordnet sein, daß sie bei eingebautem Motor gut zugänglich sind. Dazu gehören alle Filter, die Teile der Einspritzanlage, die Kipphebel des Ventilbetriebes und der Ölpeilstab sowie Anlasser, Lichtmaschine und Wasserpumpe. Der Ventiltrieb eines Fahrzeugmotors muß für hohe Überdrehzahlen ausgelegt sein, die bei Talfahrt auftreten können. Die Auspuffbremse eines Lastwagens erfordert eine entsprechende Auslegung der Auslaßventilfedern. Die Anforderungen an einen Schiffsmotor oder an einen Motor für einen landwirtschaftlichen Schlepper sind dagegen wieder anders. In jedem Fall aber beeinflußt das Anwendungsgebiet entscheidend die Konstruktion des Motors.

Oft ist es aber so, daß der neu zu konstruierende Motor sowohl für Fahrzeuge als auch für stationären Einbau oder für Schiffsantrieb verwendet werden soll. In diesem Fall muß der Konstrukteur den Motor optimal auslegen auf das Anwendungsgebiet, in dem die größten Stückzahlen zu erwarten sind, ohne dabei den Weg für andere mögliche Anwendungsgebiete zu verbauen.

* Zahlen in eckigen Klammern beziehen sich auf das Literaturverzeichnis, am Schluß des Buches

Unter Umständen kann auch die Wahl der Kühlungsart, Luft- oder Wasserkühlung, die beide grundsätzlich verschiedene Anforderungen an die Konstruktion des Motors stellen, vom Hauptanwendungsgebiet des Motors beeinflußt werden. So ist Luftkühlung z.B. besonders geeignet für Motoren in Baumaschinen, landwirtschaftlichen Geräten und Schleppern. Auch für Motoren, die bei sehr tiefen Außentemperaturen, in denen die Wasserkühlung u.U. Schwierigkeiten bereitet, laufen müssen, wird oft Luftkühlung bevorzugt und ebenso unter tropischen Verhältnissen, bei denen die Luftkühlung wegen des größeren Temperatursprunges zwischen Außentemperatur und Zylinderwandtemperatur kühlungsmäßig Vorteile gegenüber der Wasserkühlung hat.

1.1.3 Voraussichtliche Fertigungsstückzahl

Die Stückzahl, in der ein Motor gebaut werden soll, muß schon vor Beginn der Konstruktion einigermaßen bekannt sein, denn sie beeinflußt die Art der Fertigung – Einzelfertigung oder Großserienfertigung auf Sondermaschinen und Transferstraßen – und diese beeinflußt wiederum die Konstruktion des Motors. Wie die Fertigungseinrichtung die Konstruktion beeinflussen kann, soll kurz an dem Beispiel eines Kurbelgehäuses, das auf einer Transferstraße bearbeitet werden soll, dargelegt werden. Ein solches Kurbelgehäuse soll möglichst wenig verschiedene Bearbeitungsrichtungen aufweisen, um die Zahl der Stationen in der Transferstraße und damit die Investitionen gering zu halten. Weiter muß der Konstrukteur von vornherein in enger Zusammenarbeit mit der Fertigungsplanung die am Kurbelgehäuse vorzunehmenden Bearbeitungen so abstimmen, daß die Bearbeitungszeiten auf den einzelnen Stationen einander angeglichen sind, um kürzestmögliche Taktzeiten zu bekommen. Ist die Transferstraße für das gesamte Kurbelgehäuse so eingerichtet, daß auf ein und derselben Straße Kurbelgehäuse verschiedener Zylinderzahlen bearbeitet werden können, so muß der Konstrukteur bei der Anordnung von Bohrungen darauf Rücksicht nehmen, daß getaktet werden kann, d.h. daß bei jeder Zylinderzahl, ausgehend von einer Bezugsfläche, die Bohrungen immer um den gleichen Abstand versetzt sind. Diese Forderung verbietet z.B. von vornherein ungleichmäßige Zylinderabstände, wie man sie manchmal noch bei älteren Motoren findet, bei denen der Abstand zwischen den beiden mittleren Zylindern größer ist als zwischen den übrigen Zylindern, um ein größer dimensioniertes Mittellager unterbringen zu können.

Die Stückzahl beeinflußt nicht nur die Konstruktion in bezug auf die Bearbeitung, sondern auch in bezug auf die Wahl der Gießverfahren, z.B. für Leichtmetallteile. Für kleine Stückzahlen kommt Sandguß in Frage. Hier hat der Konstrukteur größere Freiheit in der Anordnung von Kernen. Für mittelgroße Stückzahlen ist Kokillenguß günstiger. Hier ist die Freiheit in bezug auf die Kernausbildung schon eingeschränkt. Es lassen sich jedoch auch hier mit gewissem Aufwand hinterschnittene, nicht ausziehbare Kerne oder Croningkerne im Kokillenguß vorsehen, jedoch verteuern solche Kerne das Gußstück. Für sehr große Stückzahlen kommt dann Druckguß in Frage. Hier muß der Konstrukteur so konstruieren, daß sich keine Hohlräume im Hinterschnitt ergeben, d.h. alle Hohlräume müssen so gestaltet sein, daß die Kerne sich mit der Druckgußform ausziehen lassen.

1.1.4 Feststellung des Standes der Technik

Vor Entwurfsbeginn muß der Stand der Technik eingehend studiert werden. Es muß untersucht werden, in welchen Drehzahlen und Mitteldrücken sich vergleichbare Motoren, die z.Z. auf dem Markt sind, bewegen. Da es ja in der Regel vier bis fünf Jahre dauert, bis eine Neukonstruktion in Serie gehen kann, ist auch genau zu prüfen, wohin die künftige Entwicklung in dem betreffenden Anwendungsgebiet gehen wird, sei es in bezug auf Drehzahl oder besondere Anforderungen im Drehmomentverhalten, sei es im Hinblick auf Lebensdauerzeiten oder Wartungsmöglichkeiten. Alles das muß eine zukunftssichere Konstruktion berücksichtigen. Eine Hilfe dabei ist das Studium der Fachzeitschriften, und zwar nicht allein der Motorentechnik sondern auch der wichtigsten Anwendungsgebiete. Hier lassen sich oft schon vorher gewisse Entwicklungstendenzen ablesen.

In den Forschungs- und Versuchsabteilungen des eigenen Hauses ist meistens ein großer Schatz von Erfahrungen und Erkenntnissen aus früheren Entwicklungen und aus der Arbeit an laufenden Motorentypen vorhanden. Diese Informationsquelle muß vom Konstrukteur genutzt werden, um darauf aufbauend die Entwicklung eines neuen Motors voranzutreiben.

Nicht zuletzt gehört zu den Vorarbeiten für den Entwurf auch ein eingehendes Studium der Konkurrenzmotoren des betreffenden Leistungs- und Anwendungsgebietes, soweit diese Unterlagen aus Veröffentlichungen und Prospekten zugänglich sind oder auf Ausstellungen an den Motoren selbst gewonnen werden können. Dazu gehört auch die Unterrichtung über den Stand der Technik und die Entwicklungsrichtung auf dem Gebiet der Zulieferindustrie, die auf dem Gebiet des Verbrennungsmotors hoch entwickelt ist. Es ist dabei an Kolben, Einspritzausrüstung, Lager, Filter, Wärmetauscher, Ventile, um nur die wichtigsten zu nennen, gedacht. Im Gespräch mit den Fachleuten dieser Zulieferindustrie wird der Motorenkonstrukteur viele wichtige Hinweise für seine Konstruktion und zu erwartende Entwicklungsrichtungen erhalten.

1.2 Festlegung der Hauptabmessungen und der Bauart

1.2.1 Wahl von Hub, Bohrung und Zylinderzahl, Bedeutung des Hub-Bohrungsverhältnisses

Aus Leistung und Drehzahl kann aus der bekannten Formel*

$$V_h = \frac{900}{p_{m_e}} \cdot \frac{N}{n} \, [l] \qquad (1)$$

das Hubvolumen V_h berechnet werden, wenn der mittlere effektive Druck p_{m_e} bekannt ist. (Siehe auch [3,I, Kap. A u. C]).

Der mittlere effektive Druck ist:

$$p_{m_e} = \frac{27 \cdot \eta_L}{\lambda \cdot L_{min} \cdot b_e} \, [\text{kp/cm}^2] \qquad (2)$$

Er ist also vom Liefergrad η_L, von der Luftüberschußzahl λ, vom Mindestluftbedarf L_{min} und vom spezifischen Brennstoffverbrauch b_e abhängig.
Der Liefergrad η_L wird durch die Ausbildung des Einlaßkanals und die Größe des Einlaßventils bestimmt. Er liegt bei gut ausgebildeten Einlaßkanälen bei ca. 88 bis 90%. Bei Drallkanälen, die der in den Zylinder eintretenden Luft eine Drehbewegung erteilen, sinkt der Liefergrad wegen der Verluste bei der Drallerzeugung auf etwa 80 bis 85%. Drallkanäle haben für unaufgeladene und aufgeladene Dieselmotoren mit direkter Einspritzung große Bedeutung. Die Drehzahl spielt auch eine gewisse Rolle, jedoch kann auch bei hohen Drehzahlen durch entsprechende Ausbildung der Einlaßnocken auf der Nockenwelle in den meisten Fällen dafür gesorgt werden, daß diese Werte erreicht werden. η_L ist also von der Ausbildung des Einlaßkanals und damit indirekt vom Verbrennungsverfahren abhängig; denn bei direkter Einspritzung werden bei den schnellaufenden Dieselmotoren im allgemeinen Drallkanäle und bei indirekter Einspritzung (d.h. Vorkammer oder Wirbelkammer) normale Einlaßkanäle ohne Drall angewandt.

Die Luftüberschußzahl λ liegt normalerweise bei Saugmotoren zwischen 1,2 und 1,4 und bei aufgeladenen Motoren bei 1,6 bis 1,8 – bezogen auf Nennleistung und Nenndrehzahl.

Der Mindestluftbedarf L_{min} ist eine Konstante und liegt für Dieselöl bei 11,8 m^3/kg, d.h. 11,8 m^3 Luft werden mindestens zum Verbrennen von 1 kg Dieselöl benötigt.

* Zusammenstellung der Formelzeichen am Ende des Buches, S. 532

Für den spez. Brennstoffverbrauch gilt:

$$b_e = \frac{632}{H_u \cdot \eta_{th} \cdot \eta_g \cdot \eta_m} \quad [\text{g/PSh}] \tag{3}$$

Der untere Heizwert H_u ist bei den normalen Dieselölen annähernd konstant und beeinflußt den Brennstoffverbrauch somit nicht.

Über die Bedeutung der Wirkungsgrade η_{th}, η_g und η_m siehe auch [3,I, Kap. A u. C und II].

Der theoretische, thermische Wirkungsgrad η_{th} ist im wesentlichen vom Kompressionsdruck und vom Zünddruck bestimmt.

Der Gütegrad η_g wird beeinflußt durch die Güte der Einlaßkanäle, die Größe der Einlaßventile und die Steuerzeiten des Einlaßnockens. Weiter ist η_g von der Wärmeabgabe durch die Oberfläche des Kompressionsraumes, die bei abgeteilten Brennräumen größer ist als bei den kompakten Kolbenbrennräumen der Direkteinspritzung, und vom Verbrennungsablauf, d.h. von Druck, Temperatur und Geschwindigkeit der Verbrennungsgase im Verbrennungsraum bestimmt. Der Gütegrad ist demnach weitgehend vom Verbrennungsverfahren abhängig.

Der mechanische Wirkungsgrad η_m schließlich, der die Reibungsverluste darstellt, ist abhängig von der Drehzahl und auch vom Verbrennungsverfahren inso-

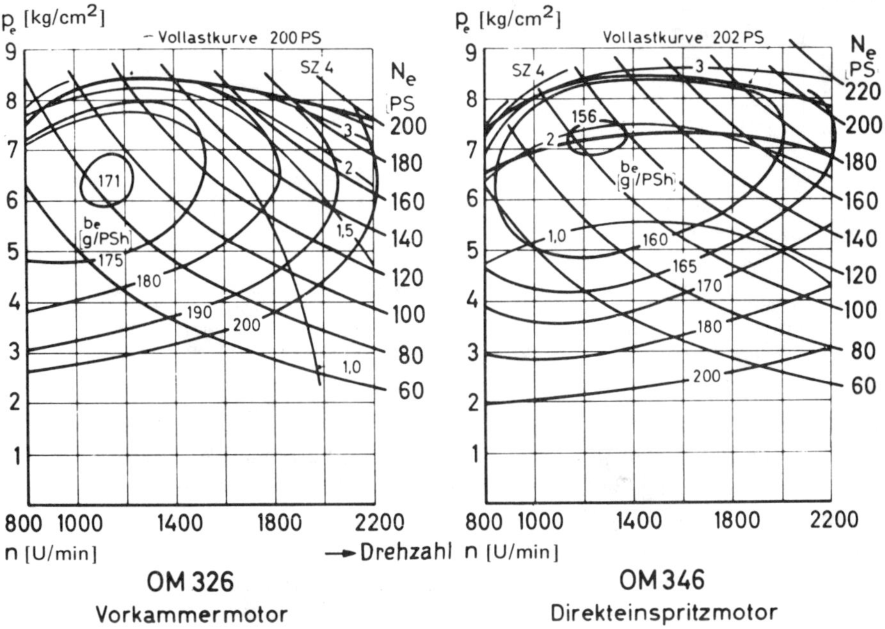

Bild 1. Verbrauchskennfelder eines Motors mit Vorkammer und direkter Einspritzung (aus ATZ 67/3 1965, S. 69)

fern, als in ihm bei abgeteilten Brennräumen die Überschubverluste der Verbrennungsluft beim Übertritt vom Hauptverbrennungsraum in den Nebenverbrennungsraum (Wirbelkammer, Vorkammer) enthalten sind. Vgl. auch Bild 3, auf dem die Reibungsverluste in Form des Reibungsdruckes p_r in Abhängigkeit von der Drehzahl dargestellt sind.

Der Brennstoffverbrauch ist also in erster Linie vom Verbrennungsverfahren und von der Drehzahl abhängig. Diese Abhängigkeiten sind auch gut anhand von Brennstoffverbrauchsfeldern zu sehen. Bild 1 zeigt die Verbrauchskennfelder zweier in den Abmessungen für Hub und Bohrung gleicher Motoren, von denen einer nach dem Vorkammerverfahren, der andere mit Direkteinspritzung arbeitet. Bei einer Drehzahl von 2200 U/min und einem p_{m_e} von 7 kp/cm^2 hat der Vorkammermotor einen spez. Brennstoffverbrauch von ca. 200 g/PSh, der Direkteinspritzer von ca. 165 g/PSh. Bild 2 zeigt den Einfluß der Drehzahl auf den Brenn-

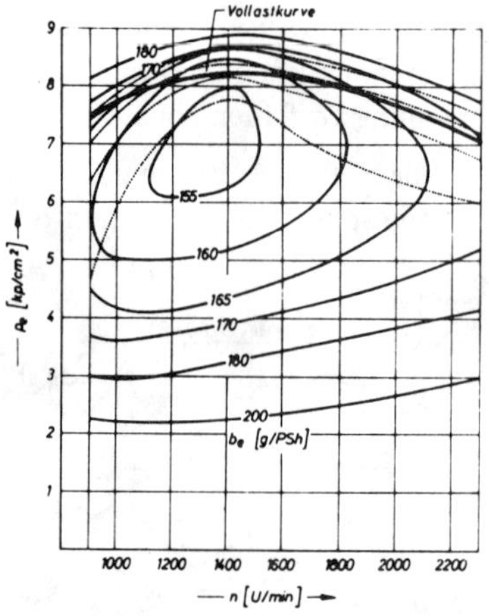

Bild 2. a) Verbrauchskennfeld eines luftgekühlten Motors mit Direkteinspritzung D = 115 mm, H = 140 mm, [302]

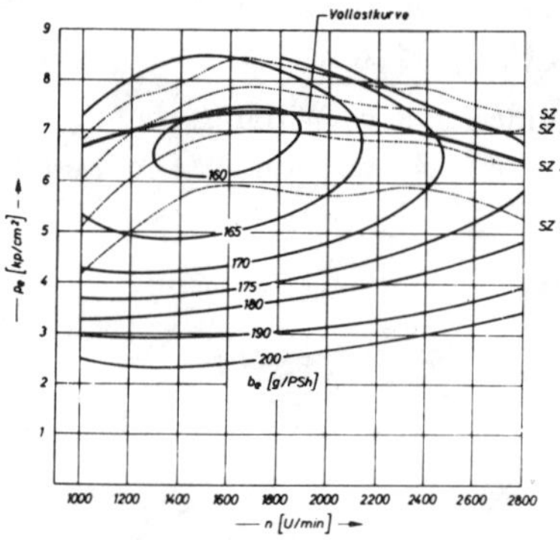

Bild 2. b) Verbrauchskennfeld eines luftgekühlten Motors mit Direkteinspritzung D = 115 mm, H = 120 mm, [302]

stoffverbrauch bei zwei Motoren mit dem gleichen Verbrennungsverfahren der direkten Einspritzung. Beide Motoren haben den gleichen Zylinderdurchmesser, jedoch verschieden große Hübe. Bei gleicher Kolbengeschwindigkeit von 10,5 m/sec und gleichem $p_{m_e} \approx 6$ kp/cm^2 hat der Motor mit 2250 U/min (Hub H = 140 mm, 2a) einen Brennstoffverbrauch von 167 g/PSh, der Motor mit dem kürzeren Hub (Hub H = 120 mm, 2b) bei n = 2630 U/min einen Brennstoffverbrauch von 173 g/PSh. Die Abhängigkeit der Reibungsverluste von der Drehzahl für Dieselmotoren von 1,5 bis 2,5 l Hubvolumen zeigt Bild 3.

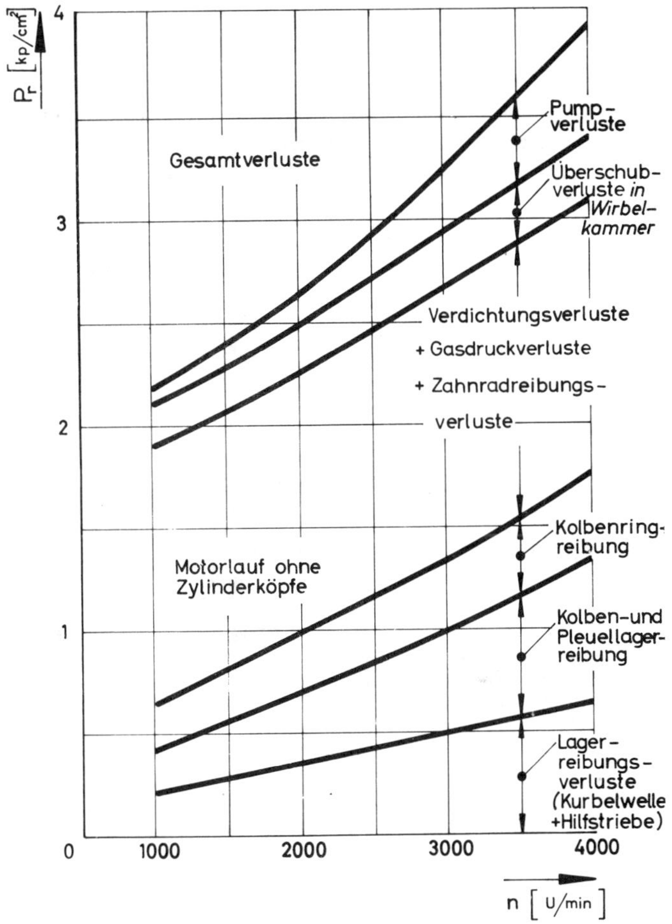

Bild 3. Reibungsverluste kleiner Wirbelkammermotoren (4-Zylindermotoren von 1,5 bis 2,5 l Hubvolumen) (aus Diesel Engineers and Users Association, Public, 505, März 66)

Zusammenfassend kann man sagen: Der mittlere effektive Druck ist im wesentlichen abhängig von konstruktiven Gegebenheiten, vom Verbrennungsverfahren und von der Drehzahl. Als obere Grenze des p_{m_e} bei Nennleistung z.B. für einen schnellaufenden Saugmotor mit Direkteinspritzung dürfte sich nach Gl. 2, wenn man folgende Werte annimmt:

$$\eta_L = 0{,}85$$
$$\lambda = 1{,}4$$
$$b_e = 170 \text{ g/PSh}$$

ein Wert von

$$p_{m_e} = \frac{27 \cdot 0{,}85}{1{,}4 \cdot 11{,}8 \cdot 170} \approx 8{,}0 \text{ kp/cm}^2$$

ergeben. Will man darüber hinausgehen, so ist das nur über die Steigerung von η_L möglich, was entweder durch Abstimmung der Ansaugrohre (wie beim HM-Verfahren der M.A.N., siehe Bild 4) oder durch Aufladung (siehe 4, II, Kap. G) geschehen kann.

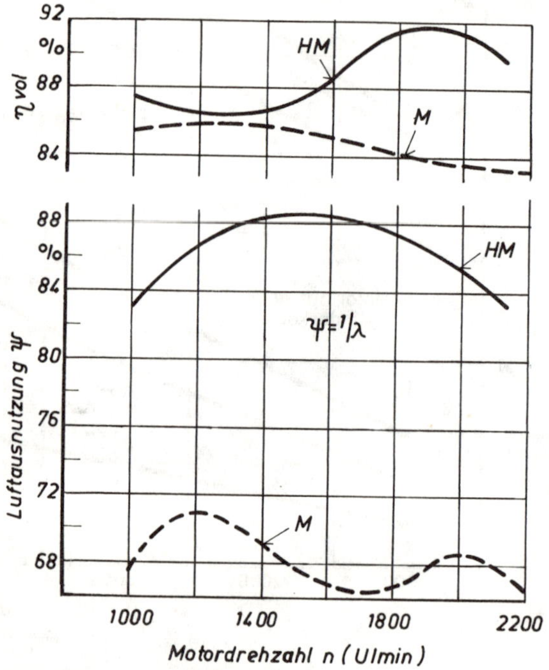

Bild 4. Volumetrischer Wirkungsgrad η vol und Luftausnutzung $\psi = 1/\lambda$ bei Vollast über der Motordrehzahl für M- und HM-Motoren
(aus Meurer, Entwicklungstendenzen im Bau schnellaufender Dieselmotoren ATZ 66/11)

Nun kann aber für eine Neukonstruktion dieser Wert des p_{m_e} von 8kp/cm² nicht voll ausgenutzt werden zur Bestimmung des Hubvolumens nach Gl.1, sondern es müssen je nach Verbrennungsverfahren, Drehzahl und Anwendungsgebiet des Motors gewisse Abstriche gemacht werden. Zum Beispiel wird man bei Motoren, die im Dauer- oder Wechselbetrieb immer hoch belastet werden, oder solchen, die über die Nennlast noch eine gewisse Überlast von meistens 10% (Schiffsmotoren und Generatorenantriebsmotoren) aufwei-

Tafel I. Mittlere effektive Drücke p_{m_e} von schnellaufenden Dieselmotoren

	p_{me} [kp/cm²]	Bemerkungen
Kleine Einzylindermotoren luftgekühlt	5 – 5,5	Leistung B nach DIN 6270
Motoren für landwirtschaftliche Schlepper	6 – 7	Fahrzeugleistung nach DIN 70020
Lastwagenmotoren Saugmotoren Lastwagenmotoren mit Aufladung	6,5 – 7,5 7,5 – 9,5	Fahrzeugleistung nach DIN 70020
Stationäre Motoren Saugmotoren Stationäre Motoren mit Aufladung und Ladeluftkühlung	6 – 7 7–9,5 / 9,5–15	Leistung B nach DIN 6270
Schiffsmotoren Motoren für Elektroaggregate Saugmotoren Schiffsmotoren Motoren für Elektroaggregate mit Aufladung und Ladeluftkühlung	5,5 – 6,5 7–8,5 / 9–13,5	Dauerleistung A nach DIN 6270

sen müssen, den mittleren effektiven Druck etwas niedriger ansetzen als bei Motoren, die ihre Nennleistung nur kurzzeitig abgeben müssen (z. B. Fahrzeugmotoren oder Motoren für Notstromaggregate). Einen Anhalt für die Wahl des p_{m_e} für den Entwurf kann Tafel I geben. In dieser Tafel ist kein Unterschied in der Kühlungsart – Luft- oder Wasserkühlung – gemacht, da luftgekühlte Motoren heute entgegen der früher vielfach bestehenden Ansicht gleiche Mitteldrücke wie vergleichbare wassergekühlte Motoren erreichen, wobei noch berücksichtigt werden muß, daß bei den Leistungsangaben luftgekühlter Motoren immer die Leistung des Kühlgebläses eingeschlossen ist. Diese Werte geben, wie gesagt, nur einen Anhalt für die Auslegung. Der Konstrukteur sollte den mittleren effektiven Druck, den er in seine Rechnung zur Auslegung des Motors einsetzt, darüber hinaus mit der Versuchsabteilung, die das Verbrennungsverfahren entwickelt, entsprechend den Einsatzbedingungen, dem Verbrennungsverfahren und der Drehzahl abstimmen.

Ist nun mit Hilfe von Gl. 1 das Hubvolumen des zu konstruierenden Motors bestimmt, so ist die nächste Frage, auf wieviel Zylinder das errechnete Hubvolumen aufgeteilt werden soll. Von der richtigen Wahl der Zylinderzahl hängt eine ganze Reihe von Faktoren ab, nämlich die Herstellkosten, die Standruhe des Motors, der Bauraum, der Drehzahlbereich. Hierzu nur kurz einige Beispiele. Von den Herstellkosten her gesehen, sollte man sich bemühen, das gewünschte Hubvolumen mit so wenig Zylindern wie möglich zu erreichen. Diesem Bemühen sind jedoch Grenzen gesetzt insofern, als Reihenmotoren kleiner Zylinderzahl von 1 bis 5 Zylindern freie Massenkräfte bzw. freie Massenmomente haben, die die Standruhe des Motors verschlechtern und die nur durch aufwendige Maßnahmen beseitigt werden können. Hierauf wird noch näher in 3.1.1 eingegangen. Erst ab 6 Zylindern ist bei den geraden Zylinderzahlen der Reihenmotoren ein natürlicher Massenausgleich vorhanden.

Man kann die Zylinderzahl für eine bestimmte Leistung nach folgender Beziehung berechnen:

$$Z = \frac{N \cdot n^2 \cdot \xi^2}{23500 \cdot p_{m_e} \cdot c_m^3} \tag{4}$$

die sich aus Umwandlung der Gl. 1 und Einführung der mittleren Kolbengeschwindigkeit c_m

$$c_m = \frac{H \cdot n}{30} \; [\text{m/sec}] \tag{5}$$

und des Hub-Bohrungsverhältnisses ξ

$$\xi = \frac{H}{D} \tag{6}$$

ergibt. Man sieht aus Gl. 4 sofort, daß man gar nicht so frei in der Wahl der Zylinderzahl ist, wenn Leistung und Drehzahl für die Konstruktion eines Motors gegeben sind. Sie hängt dann im wesentlichen nur noch vom mittleren effektiven Druck, der mittleren Kolbengeschwindigkeit und dem Hub-Bohrungsverhältnis ξ ab. ξ liegt bei modernen Dieselmotoren zwischen 0,95 und 1,1, und was den Mitteldruck p_{m_e} und die mittlere Kolbengeschwindigkeit c_m anbelangt, so wird man bei der Neukonstruktion eines Motors schon von vornherein danach streben, den Motor so weit wie möglich auszunutzen und die höchstzulässigen Werte von p_{m_e} und c_m einsetzen, z.B. für die mittlere Kolbengeschwindigkeit 9,5 bis 10,5 m/sec für Dauerbetrieb und 11 bis 12 m/sec für Wechselbetrieb (Fahrzeugbetrieb).

Wenn das Hubvolumen nach Gl. 1 und die Zylinderzahl nach Gl. 4 ermittelt sind, liegen Hub und Bohrung fest, denn es wurden für c_m und ξ bei der Berechnung der Zylinderzahl nach Gl. 4 schon bestimmte Werte eingesetzt.

Es ist dann nach Gl. 5

$$H = \frac{c_m \cdot 30}{n}$$

und nach Gl. 6

$$D = \frac{H}{\xi}$$

Es ist bisher öfter vom Hub-Bohrungsverhältnis die Rede gewesen. Es soll daher an dieser Stelle auf den Einfluß des Hub-Bohrungsverhältnisses ξ auf die Abmessungen und das Betriebsverhalten eines Motors eingegangen werden.

Die Beziehung

$$N_{Zyl} = 23\,500\, p_{me} \frac{c_m^3}{n^2} \frac{1}{\xi^2}, \tag{7}$$

die durch Umwandlung der Gl. 4 entsteht, zeigt den Einfluß von ξ auf die aus einem Motor erzielbare Leistung. Man könnte hieraus zu dem Schluß kommen, das Hub-Bohrungsverhältnis so klein wie möglich zu wählen, um auf höchstmögliche Leistungen zu kommen. Das hat jedoch seine Grenzen, denn das Hub-Bohrungsverhältnis hat Einfluß auf Motoraufbau und Motorfunktion. Von ξ werden, um nur das Wichtigste zu nennen, beeinflußt:

Motoraußenabmessungen	(Bild 5)
Größe der oszillierenden Massenkräfte	(Bild 6)
Verdichtungsverhältnis	(Bild 7)
Verbrennungsraum	(Bild 9)
Wärmeübergang	(Bild 8)
Drehschwingungslage der Kurbelwelle	

Bild 5 zeigt den Einfluß von ξ auf Länge, Breite und Höhe eines Motors. Die Diagramme wurden aus der rechnerischen Betrachtung eines Vierzylindermotors mit einem Zylinderhubvolumen von 1 *l* unter folgenden Voraussetzungen gewonnen:

Als Motorlänge wird nur die Länge des Kurbelgehäuses von Lagerwand zu Lagerwand betrachtet.

Als Motorhöhe wird die Höhe von Mitte Kurbelwelle bis Oberkante Zylinderkopf betrachtet.

Als Motorbreite wird lediglich die Breite des Kurbelgehäuses ohne Räderkasten oder Schwungradgehäuse eingesetzt.

Diese Vereinfachungen sind notwendig, um eine gewisse Übersicht zu behalten. Sie stören jedoch nicht die grundsätzliche Bedeutung der Beziehungen, da hier nur qualitative Untersuchungen angestellt wurden. Außerdem ist z.B. die Motorhöhe von Mitte Kurbelwelle bis Unterkante Ölwanne bzw. die Motorlänge außerhalb der äußeren Lagerwände sehr vom Geschick des Konstrukteurs oder den Einbauverhältnissen, aber nicht von ξ abhängig.

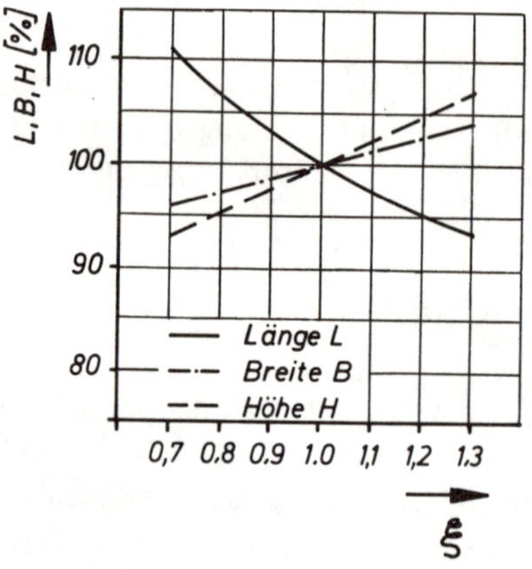

Bild 5. Äußere Motorabmessungen in Abhängigkeit vom Hub-Bohrungsverhältnis ξ

Unter diesen Voraussetzungen ergibt sich, daß die Motorlänge im großen und ganzen dem Zylinderdurchmesser proportional ist. Die Motorhöhe ist proportional dem Hub, der Pleuellänge, der Kolbenhöhe und der Zylinderkopfhöhe. Die Pleuellänge ist wieder eine Funktion des Hubes und die Kolbenhöhe, sowie die Zylinderkopfhöhe sind Funktionen des Zylinderdurchmessers.

Die Motorbreite eines Reihenmotors ist im wesentlichen vom Hub, von den Kurbelzapfenabmessungen und den Abmessungen des großen Pleuelauges, die man beide als Funktionen des Zylinderdurchmessers darstellen kann, abhängig.

Unter diesen Voraussetzungen können Motorlänge, Motorhöhe und Motorbreite abhängig von Hub und Bohrung des Motors dargestellt werden.

Hub und Bohrung aber lassen sich durch das Zylinderhubvolumen

$$V_{h_{Zyl}} = \frac{\pi}{4} D^2 \cdot H$$

und das Hub-Bohrungsverhältnis ξ wie folgt ausdrücken:

$$D = V_{h_{Zyl}}^{1/3} \left(\frac{4}{\pi}\right)^{1/3} \cdot \xi^{-1/3} \tag{8}$$

$$H = V_{h_{Zyl}}^{1/2} \left(\frac{4}{\pi}\right)^{1/3} \cdot \xi^{2/3} \tag{9}$$

Mit diesen Beziehungen wurden die Diagramme von Bild 5 gewonnen. Man sieht, daß die Motorbreite nur wenig durch das Hub-Bohrungsverhältnis beeinflußt wird, während mit größer werdendem ξ die Motorlänge relativ geringer und die Motorhöhe relativ größer wird.

Für die Gewichte der hin- und hergehenden Massen eines Zylinders eines Motors kann man die Beziehung aufstellen:

$$G_h = k \cdot V_{h_{Zyl}} \cdot \xi^{-1} \tag{10}$$

Damit ergeben sich für die Kräfte P_h der hin- und hergehenden Massen, bezogen auf die Kolbengeschwindigkeit bzw. auf die Drehzahl, aus den Gl. 5, 9, 10 und dem Maximalwert für P_h nach Gl. 12

$$P_h = m_h \cdot r \cdot \omega^2 (1 + \lambda)$$

folgende Beziehungen:

$$P_h = C \cdot V_{h_{Zyl}}^{2/3} \cdot c_m^2 \cdot \xi^{-5/3} \text{ [kp]}$$

$$P_h = C \cdot V_{h_{Zyl}}^{4/3} \cdot n^2 \, \xi^{-1/3} \text{ [kp]}$$

Vergleicht man Motoren gleichen Hubvolumens miteinander, so sind die hin- und hergehenden Massenkräfte bei gleicher Kolbengeschwindigkeit proportional $\xi^{-5/3}$, bei gleicher Drehzahl proportional $\xi^{-1/3}$. Das Diagramm Bild 6 zeigt,

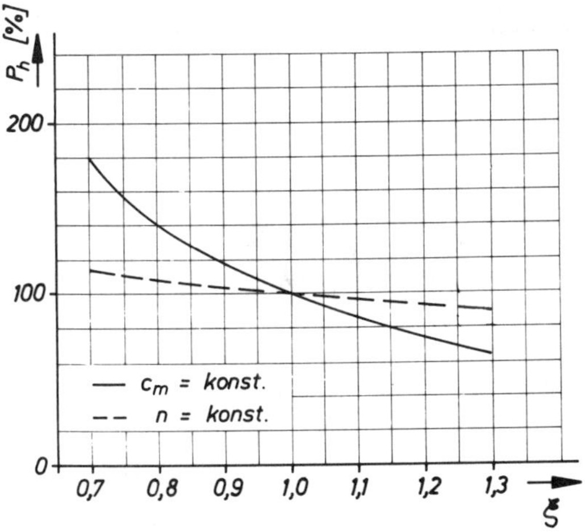

Bild 6. Oszillierende Massenkräfte P_h in Abhängigkeit vom Hub-Bohrungsverhältnis ξ

daß die hin- und hergehenden Massenkräfte in beiden Fällen mit kleiner werdendem Hub-Bohrungsverhältnis ansteigen. Diese Tatsache ist von Bedeutung, da die hin- und hergehenden Massenkräfte mit einfachen Mitteln, d.h. durch Gegengewichte an der Kurbelwelle, nur teilweise auszugleichen sind.

Das Hub-Bohrungsverhältnis hat aber nicht nur Einfluß auf die Abmessungen des Motors, sondern auch auf den Ablauf der Verbrennung, denn es beeinflußt z.B. das erreichbare Verdichtungsverhältnis ϵ, was in Bild 7 am Beispiel eines einfachen zylindrischen Verbrennungsraumes im Kolben dargestellt ist.

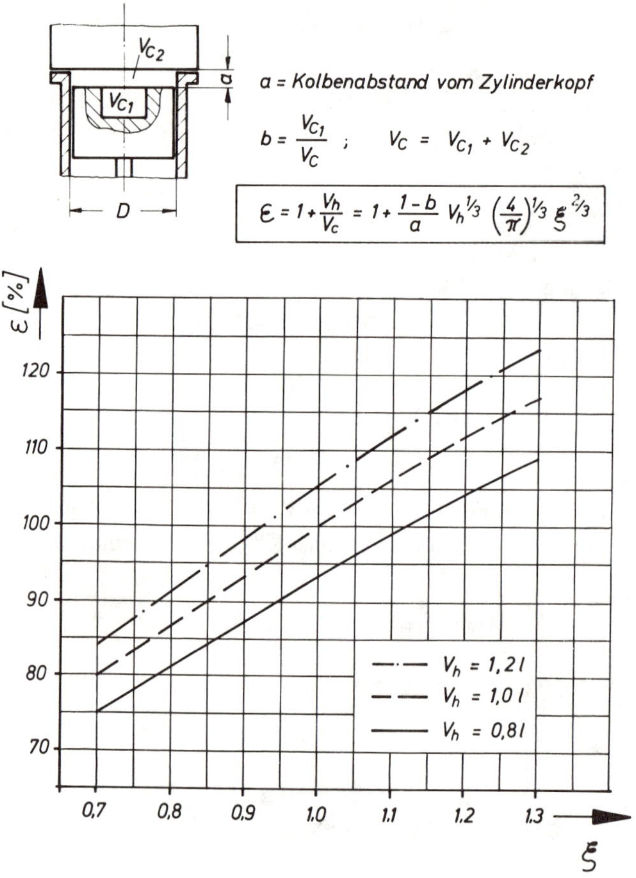

Bild 7. Einfluß des Hub-Bohrungsverhältnisses ξ auf das erreichbare Verdichtungsverhältnis ϵ

Es beeinflußt auch das Verhältnis der Oberfläche des Kompressionsraumes zum Inhalt des Kompressionsraumes (O_c/V_c), wie das Diagramm Bild 8 zeigt. Für den Wirkungsgrad eines Verbrennungsverfahrens ist es von Bedeutung, wieviel Wärme von der Oberfläche des Verbrennungsraumes an das Kühlmedium als Verlust abgeführt wird. Es ist daher anzustreben, das Verhältnis O_c/V_c möglichst klein zu halten. Dieses Verhältnis hat, wie Bild 8 zeigt, die Tendenz mit klei-

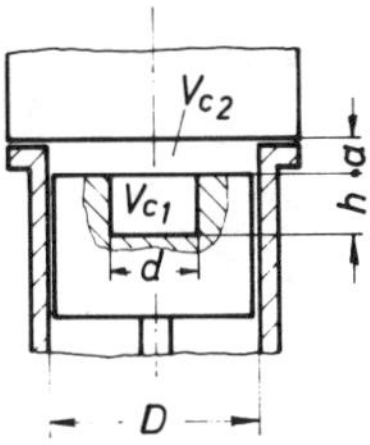

Zylindrischer Brennraum im Kolben (d = h)

$V_c = V_{c1} + V_{c2}$; O_c = Oberfläche von V_c

$$b = \frac{V_{c1}}{V_c}$$

a = Kolbenabstand vom Zylinderkopf

$$\frac{O_c}{V_c} = C_1(\varepsilon-1)^{1/3} \cdot V_h^{-1/3} + C_2(\varepsilon-1)\,V_h^{-2/3} \cdot \xi^{-1/3} + C_3(\varepsilon-1)\,V_h^{-1/3} \cdot \xi^{-2/3}\ [\mathrm{cm}^{-1}]$$

$$C_1 = \pi\left(\frac{4}{\pi}\right)^{2/3} b^{2/3} \qquad C_2 = \pi a\left(\frac{4}{\pi}\right)^{1/3} \qquad C_3 = \frac{\pi}{2}\left(\frac{4}{\pi}\right)^{2/3}$$

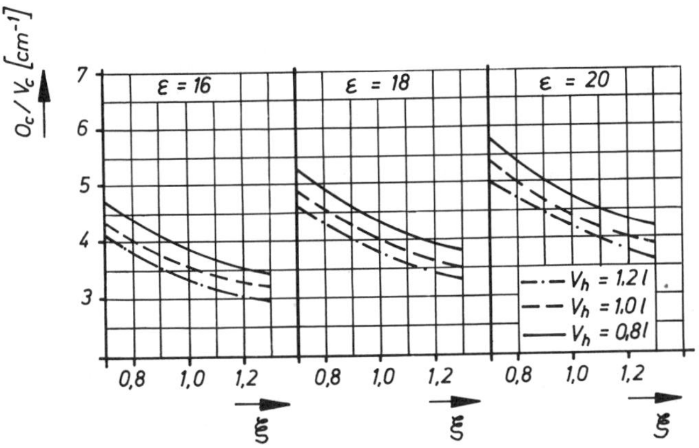

Bild 8. Einfluß des Hub-Bohrungsverhältnisses ξ auf das Verhältnis der Oberfläche O_c des Kompressionsraumes zum Kompressionsraum V_c

ner werdendem ξ größer zu werden. Auf die Verbrennung im Dieselmotor ist von großem Einfluß das Verhältnis b des zum Beispiel im Kolben befindlichen Verbrennungsraumes V_{c_1} zum gesamten Verdichtungsraum V_c. Dieses Verhältnis soll möglichst groß sein, damit der schädliche Raum, der von der Verbrennung und der Ausspülung kaum erfaßt wird, so klein wie möglich ist. Das Diagramm Bild 9 zeigt den Einfluß des Hub-Bohrungsverhältnisses auf b, das bei kleiner werdendem ξ auch kleiner wird.

Mit den Beziehungen von Bild 7 ist :

$$b = \frac{V_{c1}}{V_c} = 1 - a\left(\frac{4}{\pi}\right)^{-1/3} \cdot (\varepsilon - 1)\, V_h^{-1/3} \cdot \xi^{-2/3}$$

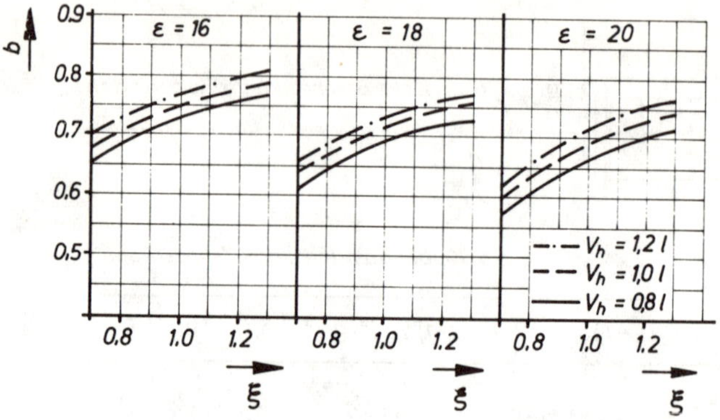

Bild 9. Einfluß des Hub-Bohrungsverhältnisses ξ auf b (b = Verhältnis des Verbrennungsraumes im Kolben V_{c_1} zum Kompressionsraum V_c)

Auch auf das Triebwerk, z.B. die Drehschwingungslage, eines Motors hat das Hub-Bohrungsverhältnis Einfluß, wie die folgenden Betrachtungen für ähnliche Motoren zeigen:

Die Drehfederzahl c der Kurbelwelle ist:

$$c \text{ prop. } \frac{J_p}{L}$$

Die Eigenfrequenz n_e der Kurbelwelle ist:

$$n_e \text{ prop. } \sqrt{\frac{c}{\Theta}}$$

Setzt man nun, J_p prop. d_k^4, d_k prop. D, die Motorlänge L, der die Kurbelwellenlänge entspricht, L prop. D, Θ prop $D^2\ H^3$, dann ist die Eigenfrequenz n_e der Kurbelwelle

$$n_e \text{ prop. } \sqrt{\frac{D^3}{D^2 \cdot H^3}}$$

oder nur in ξ und Zylinderhubvolumen $V_{h_{zyl}}$ ausgedrückt (Gl. 8 und 9):

$$n_e \text{ prop. } V_{h_{zyl}}^{-1/3} \cdot \xi^{-7/6}$$

Das heißt also, vergleicht man zwei Motoren gleichen Hubvolumens, so ist die Eigendrehschwingungszahl n_e der Kurbelwelle annähernd proportional $1/\xi$. Mit anderen Worten, je kleiner das Hub-Bohrungsverhältnis ist, desto größer ist die Eigendrehschwingungszahl der Kurbelwelle. Kleine Hub-Bohrungsverhältnisse erlauben von der Drehschwingungslage her also höhere Drehzahlen und Kolbengeschwindigkeiten als große Hub-Bohrungsverhältnisse.

Zusammenfassend kann über den Einfluß des Hub-Bohrungsverhältnisses auf die Motorkonstruktion gesagt werden, daß man im Interesse einer möglichst hohen Leistungsausbeute und geringer äußerer Abmessungen das Hub-Bohrungsverhältnis so klein wie möglich wählen sollte, dagegen mit Rücksicht auf die Massenkräfte und einen guten Wirkungsgrad der Verbrennung so groß wie möglich.

Es gibt also keine eindeutige Aussage. Der Konstrukteur muß daher die Vor- und Nachteile gegeneinander abwägen und muß die Erfahrungen, die bei seiner Versuchsabteilung in bezug auf Hub-Bohrungsverhältnis und Verbrennung vorliegen, berücksichtigen. Er wird dann nach dem heutigen Stand zu einem Wert für ξ kommen, der etwa zwischen 0,95 und 1,1 liegt, was einen guten Kompromiß zwischen den verschiedenartigen Anforderungen darstellt.

1.2.2. Festlegung des Zylinderabstandes a

Der Zylinderabstand a, d.h. der Abstand der Mittellinien zweier benachbarter Zylinder, ist eine wichtige Größe für den Motor. Von ihm hängt die Motorlänge ab und damit die Abmessungen der Kurbelwelle. Beim Reihenmotor (Bilder 316, 317, 322, 328, 340, 341, 361) ist der Zylinderabstand wassergekühlter Motoren im wesentlichen gegeben durch den Zylinderdurchmesser,

Tafel II. Relativer Zylinderabstand a/D von schnellaufenden Dieselmotoren verschiedener Bauarten

Bauart	Zylinderabstand a/D	Bemerkungen
wassergekühler Reihenmotor mit integralen Zylinderbuchsen	1,17 – 1,25	vgl. Bilder 316, 317, 328, 340
wassergekühlter Reihenmotor mit trockenen Zylinderbuchsen	1,19 – 1,27	vgl. Bilder 322, 336
wassergekühlter Reihenmotor mit nassen Zylinderbuchsen	1,25 – 1,3	vgl. Bild 341
Luftgekühlter Reihenmotor	1,3 – 1,4	vgl. Bild 361
wassergekühlter V-Motor mit nassen Zylinderbuchsen	1,35 – 1,45	vgl. Bilder 329, 331 344, 350, 354, 355
Luftgekühlter V-Motor	1,35 – 1,45	vgl. Bild 362

die Wandstärke der Zylinder, den Wasserraum zwischen den Zylindern und eine bei nassen Zylinderbuchsen zwischen den Zylindern befindliche Kurbelgehäuse-Zwischenwand. Bei luftgekühlten Reihenmotoren bestimmt die Verrippung des Zylinderkopfes und des Zylinders den Zylinderabstand. Bei V-Motoren (Bilder 315, 323, 329, 331, 336, 344, 350, 354, 355, 362) ist der Zylinderabstand in erster Linie durch die Abmessung des Triebwerkes bestimmt.
Der Zylinderabstand bestimmt beim Reihenmotor die Dicke der Kurbelwangen und die Breite der Haupt- und Pleuellager. Was die Breite der Pleuellager betrifft, so ist diese jedoch nur bei Reihenmotoren vom Zylinderabstand abhängig. Bei V-Motoren mit auf dem Kurbelzapfen nebeneinander liegenden Pleuelstangen ist die Pleuellagerbreite allein vom Versatz der beiden Zylinderreihen zueinander bestimmt. Von der Dicke der Kurbelwangen ist wieder die Festigkeit der Kurbelwelle und der zur Unterbringung der Gegengewichte an den Kurbelwangen verfügbare Raum bestimmt. So wird auch der Massenausgleich des Motors durch den Zylinderabstand beeinflußt. Für den ersten Entwurf kann man sich einer Verhältniszahl zur Bestimmung des Zylinderabstandes, die sein Verhältnis zum Zylinderdurchmesser angibt, bedienen. Tafel II gibt hierfür einige Anhaltswerte.

1.2.3 Auswahl der Bauart

(siehe auch [4, I, Kap. A 10])

Die Bauart eines Motors richtet sich nach verschiedenen Gesichtspunkten, z.B.

Zylinderzahl,
Leistungsbereich,
Anwendungsgebiet.

Ausgesprochene Einzylindermotoren, die infolge ihres Aufbaues keine Erweiterung für größere Zylinderzahlen zulassen, werden nur für kleinste Leistungen bis ca. 15 PS gebaut. Hier findet man oft, um einen größeren Leistungsbereich zu überdecken, Familien von Einzylindermotoren, die nach gleichen Grundsätzen und für gleiche Fertigungseinrichtungen aufgebaut sind, jedoch in Hub und Bohrung variieren (vgl. 6.2.1). Gelegentlich werden sie auch noch durch Zweizylindermotoren in Sonderbauart, z.B. Boxermotoren oder V-Motoren, ergänzt.

Will man mit einem Zylinderhubvolumen einen größeren Leistungsbereich bestreichen, dann werden die einzelnen Zylinder in der Reihenbauart aneinandergereiht. Die Grenze für die Aneinanderreihung der Zylinder liegt bei den schnellaufenden Motoren normalerweise bei 6 Zylindern. Bei größeren Zylinderzahlen liegt die kritische Drehzahl der Kurbelwelle wegen ihrer Länge so niedrig, daß z.B. beim Achtzylindermotor die Drehkritische 4. Ordnung (siehe 3.1.3) in den Bereich der Betriebsdrehzahl kommen kann, womit ein

Motorbetrieb nicht mehr möglich ist (Kurbelwellenbruch). Bei Zylinderzahlen über 6 verwendet man daher fast ausschließlich die Zweireihenbauweise in V-Form. Bei den V-Motoren spielt dann wieder die Wahl des V-Winkels eine Rolle. Hierauf wird noch näher in 3.1.1.3.3 eingegangen. Es sei hier nur so viel gesagt, daß aus Gründen des Massenausgleichs für eine Motorenreihe, die z.B. vom Achtzylinder bis zum Sechzehnzylinder geht, ein V-Winkel von 90° am günstigsten ist. Ist jedoch nur ein Motor mit *einer* Zylinderzahl zu bauen, so kann man den günstigsten V-Winkel γ aus der Beziehung $\gamma = \frac{720}{Z}$ bestimmen.

1.3 Gang der Vorarbeiten, dargestellt an einem Beispiel

Die in den vorhergegangenen Abschnitten geschilderten Vorarbeiten für die Konstruktion eines Motors sollen nun kurz an einem Beispiel verfolgt werden.

Es soll ein wassergekühlter Fahrzeugdieselmotor konstruiert werden, der eine Fahrzeugleistung nach DIN 70020 von 130 PS bei n = 3200 U/min haben soll. Dieser Motor soll neben seiner Verwendung in kleineren Lastwagen z.B. auch in landwirtschaftlichen Schleppern und als Industrieeinbaumotor Verwendung finden, um wegen der notwendigen Investitionen für die Fertigung eine möglichst breite Verkaufsbasis zu haben. Diese Anwendungsmöglichkeiten bringen schon gleich einige Randbedingungen mit sich. Wenn der Motor z.B. auch als Antrieb für Elektroaggregate, deren synchrone Drehzahl für 50 Hz Wechselstrom 3000 U/min ist (Generatoren mit einem Polpaar), eingesetzt wird, so sollte die mittlere Kolbengeschwindigkeit c_m im Dauerbetrieb bei n = 3000 U/min nicht über 10,5 m/sec liegen. Damit ergibt sich im vorliegenden Falle für den Fahrzeugbetrieb bei n = 3200 U/min eine mittl. Kolbengeschwindigkeit von 11,2 m/sec, was ein erträglicher Wert für diesen Betrieb ist.

Den mittleren effektiven Druck entnehmen wir aus Tafel I für einen Saugmotor mit 3200 U/min zu $p_{m_e} = 6{,}8$ kp/cm^2. Dieser Wert soll für die Neukonstruktion eines Motors so gewählt werden, daß er noch nicht an der oberen Grenze liegt. Er soll noch eine kleine Reserve enthalten, und man muß berücksichtigen, daß er für die Nettoleistung von 130 PS gilt, d.h. es kommt in Wirklichkeit noch ein Betrag von 6 bis 10% hinzu für die Hilfstriebe, wie Wasserpumpe und Ventilator.

Für das Hub-Bohrungsverhältnis ξ wird der Wert 1 gewählt, d.h. Hub und Bohrung sind gleich. Aus Gl. 4 ergibt sich dann die Zylinderzahl Z.

$$Z = \frac{130 \cdot 3200^2 \cdot 1}{23500 \cdot 6{,}8 \cdot 11{,}2^3} = 5{,}9$$

Die Zylinderzahl wird auf 6 aufgerundet. In diesem Beispiel ist der Aufrundungsbetrag nicht sehr groß. Es ist jedoch durchaus möglich, daß sich auch andere Zahlen ergeben, z.B. 7,2, was ziemlich weit von den möglichen Zahlen 6 oder 8 entfernt ist. Man muß dann seine Annahmen ändern. Die Gl. 4 gibt einen Überblick über die möglichen Änderungen und ihre Auswirkungen. Die Leistung N und die Drehzahl n sind Bestandteil der gestellten Aufgabe und können daher nicht variiert werden. Der mittlere effektive Druck wird meistens auch optimal dem Stande der Technik entsprechend angenommen, so daß man ihn nicht ändern sollte, abgesehen davon, daß eine Änderung nicht sehr viel bringt, da er nur in der 1. Potenz vorkommt. Es bleiben daher nur das Hub-Bohrungsverhältnis ξ und die mittlere Kolbengeschwindigkeit c_m. Hier wirken sich kleine Änderungen schon stärker aus, da diese Faktoren in der 2. bzw. 3. Potenz vorkommen. ξ sollte jedoch im Interesse einer guten Verbrennung nicht kleiner als 0,95 eingesetzt werden.

Bei der Variation der mittleren Kolbengeschwindigkeit wird man für Dauerbetrieb Werte von 10,5 m/sec und für Fahrzeugbetrieb von 12 m/sec möglichst nicht überschreiten.

Im Falle unseres Beispiels weicht die errechnete Zylinderzahl nur wenig von der möglichen Zahl 6 ab, weshalb in diesem Falle der mittlere effektive Druck geringfügig von 6,8 kp/cm^2 auf 6,7 kp/cm^2 herabgesetzt wurde.

Aus Leistung, Drehzahl und Mitteldruck wird jetzt nach Gl. 1 das Hubvolumen zu

$$V_h = \frac{900}{6,7} \cdot \frac{130}{3200} = 5,46\ l$$

und das Hubvolumen pro Zylinder

$$V_{h_{zyl}} = \frac{5,46}{6} = 0,91\ l$$

ermittelt.

Zylinderdurchmesser D und Hub H ergeben sich aus den Gleichungen 5 und 6 Im vorliegenden Falle mit $\xi = 1$, d.h. H = D, ist:

$$H = 105\ \text{mm} \qquad D = 105\ \text{mm}.$$

Der Zylinderabstand wird nach Tafel II zu

$$a = 1,3 \cdot D$$

für einen wassergekühlten Reihenmotor mit nassen Zylinderbuchsen festgelegt.

Bei D = 105 mm ergibt sich für a = 136 mm; d.h. es bleiben für zwei Zylinderwandstärken, 2 Wassermäntel und eine Kurbelgehäusewand 31 mm (Bild 10). Bei einer Zylinderwandstärke von ~ 0,067 · D = 7 mm, die bei einem Schnellläufer auch im Hinblick auf Kavitation ausreichend sein dürfte, und einer

Kurbelgehäusewandstärke von 6 mm, ergeben sich für die Stärke der Kühlwassermäntel je 5,5 mm, was ausreichend ist.

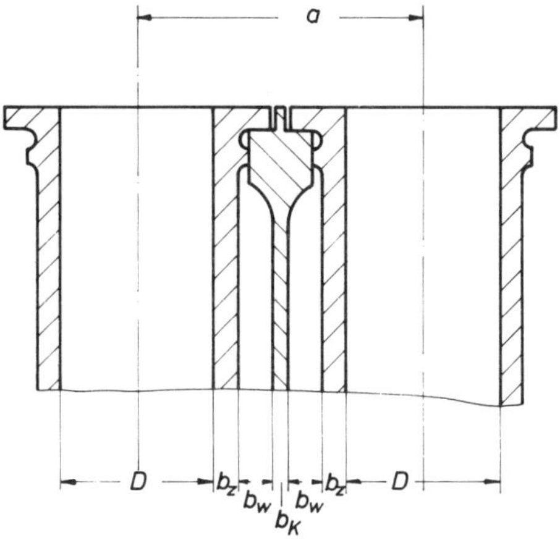

a = Zylinderabstand
D = Zylinderdurchmesser
b_z = Wandstärke des Zylinders
b_w = Wasserraumbreite
b_K = Wandstärke des Kurbelgehäuses

$$a = D + b_K + 2(b_z + b_w)$$

Bild 10. Ermittlung des Zylinderabstandes a

Wie schon oben ausgeführt, wird ein Sechszylindermotor als Reihenmotor gebaut. Mit einer Zylinderleistung von 21,7 PS bei 3200 Umdrehungen kann nun für kleine LKW's eine Motorenreihe von Vierzylindermotoren mit ~ 87 PS, evtl. auch Fünfzylindermotoren mit ~ 110 PS, und Sechszylindermotoren von 130 PS entwickelt werden. Für landwirtschaftliche Schlepper wird die Drehzahl etwas herabgesetzt auf max. 2500 U/min. Infolge der niedrigeren Drehzahl kann der mittl. eff. Druck mit $p_{m_e} = 7$ kp/cm^2 etwas höher angesetzt und die Zylinderzahlen können noch durch Zwei- und Dreizylindermotoren ergänzt werden. Mit einer Zylinderleistung von 17,7 PS wird dann für dieses Gebiet ein Leistungsbereich von 35 PS bis 105 PS abgedeckt.

2. Der Ablauf der Konstruktionsarbeiten

Nachdem die wichtigsten Daten und die Bauart des Motors festgelegt worden sind, kann mit dem Entwurf begonnen werden.

Anhand mehrerer Entwürfe wird der gesamte Aufbau des zu konstruierenden Motors studiert. Dazu gehören außer den Einzelentwürfen für die Hauptteile wie Zylinderkopf, Zylinder, Kurbelgehäuse und Triebwerk, Untersuchungen über die Anordnung des Rädertriebes zum Antrieb der Ventile und der Einspritzpumpe, die Anordnung von Schmierölpumpen und Schmierölfiltern, die Auslegung des Schmierölkreislaufes, die Anordnung der Wasserpumpe oder des Kühlgebläses bei luftgekühlten Motoren. Es müssen Möglichkeiten für den Antrieb von Hilfsgeräten, z.B.: Hydraulikpumpen oder weitere zusätzliche Abtriebsmöglichkeiten vorgesehen werden. Bei Aufladung müssen die Auslegung der Abgasturbolader, ihre Anordnung am Motor, die Luft- und Abgasführung, die Lage eventueller Ladeluftkühler im Entwurf untersucht werden. Der Entwurf muß also im wesentlichen aus einem Längs- und Querschnitt des gesamten Motors, aus Ansichten der wichtigsten Motorseiten und aus Teilschnitten bestehen, anhand derer alle die genannten Probleme untersucht werden können. Dabei geht der Weg von den ersten Entwürfen, die schnell unter Verzicht auf letzte Genauigkeit im Detail die verschiedenen Gestaltungsmöglichkeiten aufzeigen und die Grundlage für die Erarbeitung einer Entscheidung für die endgültige Ausführung darstellen sollen, zum letzten, endgültigen Entwurf.

Da der endgültige Entwurf die Grundlage für die Detailkonstruktion ist, wird er in allen Einzelheiten sorgfältig durchgearbeitet, so daß bei der Detailkonstruktion keine grundlegenden Änderungen der Motorkonzeption mehr erfolgen müssen. Dabei werden so wichtige Motorteile wie Zylinderkopf, Kurbelgehäuse und Triebwerk bereits bis in alle Einzelheiten festgelegt. Das bedeutet, daß während des Entwurfs schon eingehende Berechnungen und Detailuntersuchungen gemacht werden.

Während des Entwurfs ist es ratsam, dauernden Kontakt mit der Versuchsabteilung zu halten. Das gilt insbesondere für den Teil des Entwurfs, der sich mit dem Zylinderkopf, dem Kolben und dem Zylinder befaßt und bei diesen speziell für die Gestaltung des Verbrennungsraumes, die Lage der Einspritzdüse, die Formgebung der Ein- und Auslaßkanäle und die Ausbildung der Kühlung. In allen diesen Punkten muß der Konstrukteur die in der Versuchsabteilung vorliegenden Erfahrungen bei seiner Konstruktion verwerten.

Weiter kann der Konstrukteur bei der Entwurfsarbeit auf keinen Fall auf den Gedankenaustausch mit der Fertigung verzichten. Gegebenenfalls muß der Entwurf auf vorhandene Fertigungseinrichtungen abgestimmt werden, oder, wenn neue Fertigungseinrichtungen für den Motor erstellt werden sollen, so ist eine frühzeitige Information der Fertigung anhand des Entwurfs unerläßlich. Unter Fertigung ist aber nicht allein die mechanische Bearbeitung zu verstehen. Der Konstrukteur muß sich auch mit der Gießerei über Fragen der Modellteilung, der Möglichkeit der Kernherstellung, der Kern- oder Gießformmontage abstimmen. Es sind dieses alles Punkte, die die Konstruktion der großen und schwierigen Gußteile, wie z.B. Kurbelgehäuse und Zylinderkopf, entscheidend beeinflussen und die daher schon während des Entwurfs geklärt werden müssen.

Unerläßlich ist die Zusammenarbeit des Konstrukteurs mit der Wertanalyse. Sie soll nicht erst dann beginnen, wenn der Motor schon im Detail fertig konstruiert ist, sondern schon im Entstehen des Motors, beim Entwurf. Dabei kann die Wertanalyse dem Konstrukteur wertvolle Hilfe, z.B. durch eine Schätzkalkulation des Motors nach der Entwurfszeichnung leisten zur Überprüfung, ob das gesteckte Ziel in bezug auf die Herstellkosten erreicht wurde oder nicht. Es hat sich in jahrelanger Wertanalysepraxis gezeigt, daß die Anzahl der Teile, aus denen sich ein Motor zusammensetzt, maßgebend für die Höhe der Herstellkosten ist. Der Konstrukteur hat damit schon im Entwurfsstadium einen Maßstab für die Herstellkosten zur Hand und wird sich bemühen, die Teilezahl möglichst gering zu halten.

Schließlich muß auch der Entwurf mit den Einbauabteilungen abgestimmt werden. Das geschieht zweckmäßigerweise so, daß nach dem Entwurf vorläufige Einbauzeichnungen für die verschiedenen Verwendungszwecke angefertigt und mit den entsprechenden Einbauabteilungen diskutiert werden.

Nach Vorliegen des endgültigen Entwurfs beginnt die Konstruktion der Einzelteile, die in 3 eingehender behandelt wird. Dabei wird nach einer bestimmten Reihenfolge vorgegangen. Es werden die Teile des Motors, die umfangreiche Modell- oder Gesenkeinrichtungen zu ihrer Herstellung erfordern, die dementsprechend auch lange Zeit zu ihrer Anfertigung benötigen, in der Konstruktion zuerst vorgenommen. Das gleiche gilt für die Teile, die schon vor der Erprobung des ganzen Motors für sich in der Versuchsabteilung oder im Festigkeitslabor untersucht und erprobt werden. Es handelt sich im wesentlichen um folgende Teile:

Kurbelwelle
Pleuelstange
Zylinderkopf
Kurbelgehäuse
Ventiltrieb
Kühlwasserpumpen
Kühlgebläse.

Sobald die Konstruktion dieser Teile festliegt, ist es ratsam, zu Versuchszwekken einen Einzylindermotor zur Erprobung und Entwicklung des Verbrennungsverfahrens zu konstruieren.

Die wesentlichen Teile des Einzylindermotors, der Zylinderkopf mit seinen Ein- und Auslaßventilen, den Ein- und Auslaßkanälen und der Lage der Einspritzdüse sowie Zylinder, Kolben, Pleuelstange, Kurbelzapfen und Ventiltrieb, müssen genau denen des zu konstruierenden Mehrzylindermotors entsprechen, damit die Versuchsergebnisse des Einzylindermotors mit möglichst großer Annäherung auch auf den Vollmotor übertragen werden können.

Wenn bei der Konstruktion so vorgegangen wird, dann können die bei den Vorversuchen angefallenen Ergebnisse noch bei der Konstruktion des Vollmotors verwendet werden. Um einen Überblick über die vielfach nebenher laufenden Arbeiten, besonders im Zusammenspiel von Konstruktion, Versuch bzw. Festigkeitslabor und den Werkstätten, die den Prototyp herstellen, zu behalten, empfiehlt es sich, einen Terminplan bis zur Bereitstellung des Prototypmotors auf dem Prüfstand zu erstellen.

3. Die Konstruktion der Einzelteile des Motors

3.1 Triebwerk und Lagerung

3.1.1 Massenkräfte im Triebwerk und Massenausgleich

3.1.1.1 Massenkräfte im Einzeltriebwerk

Der Kurbeltrieb eines Kolbenmotors, und zwar einer Zylindereinheit, (Einzeltriebwerk) besteht aus dem Kolben mit Kolbenbolzen und Kolbenringen, der Pleuelstange und der Kurbelkröpfung, die sich aus Hauptlagerzapfen, Kurbelzapfen und Kurbelwangen zusammensetzt (Bild 11). Denkt man sich die Masse

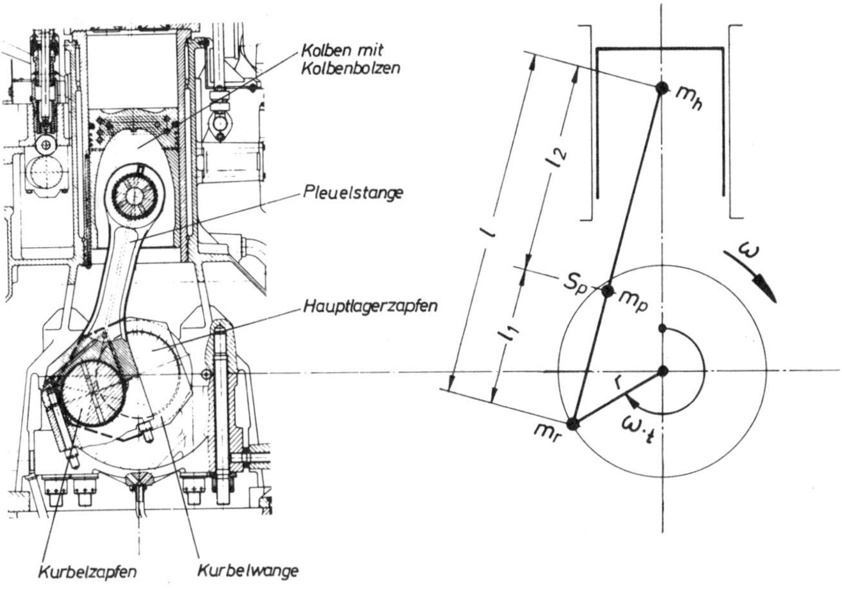

Bild 11. Kurbeltrieb

der Pleuelstange auf das kleine und große Auge so verteilt, daß der Pleuelstangenschwerpunkt erhalten bleibt, so führen die Massen der Kurbelkröpfung und der im großen Auge der Pleuelstange konzentrierte Massenanteil der Pleuelstange rotierende Bewegungen aus, während die Massen des Kolbens mit Kolbenbolzen und des im kleinen Pleuelauge konzentrierten Massenanteils der Pleuelstange hin und her gehen (oszillieren).

Die Massenkraft der rotierenden Teile mit der Masse m_r ist eine mit der Kurbelwellendrehgeschwindigkeit ω umlaufende Fliehkraft der Größe

$$P_r = m_r \cdot r \cdot \omega^2 \ [kp] \tag{11}$$

Die nur in Richtung der Zylinderachse wirkende Massenkraft der hin- und hergehenden (oszillierenden) Teile des Einzeltriebwerks mit der Masse m_h ist

$$P_h = - m_h \cdot r \cdot \omega^2 (\cos \omega t + \lambda \cos 2 \omega t) \ [kp] \tag{12}$$

Um den Rahmen des Buches nicht zu sprengen, wird auf die Ableitung dieser Beziehungen hier nicht eingegangen. Sie ergibt sich aus den Beschleunigungsverhältnissen des Schubkurbelgetriebes und ist in der einschlägigen Literatur des öfteren und eingehend behandelt [80].

P_h besteht aus zwei Komponenten, und zwar der oszillierenden Massenkraft 1. Ordnung

$$P_{hI} = - m_h \cdot r \cdot \omega^2 \cdot \cos \omega t \ [kp] \tag{13}$$

die mit der Frequenz der Kurbelwellendrehgeschwindigkeit hin- und hergeht, und aus der oszillierenden Massenkraft 2. Ordnung,

$$P_{hII} = - m_h \cdot r \cdot \omega^2 \lambda \cdot \cos 2 \omega t \ [kp] \tag{14}$$

die mit der doppelten Frequenz oszilliert. Die o.e. Ableitung enthält auch noch Glieder höherer Ordnungen. Da diese jedoch sehr klein sind, kann man sich, ohne einen großen Fehler zu machen, auf die Glieder 1. und 2. Ordnung beschränken.

Man kann die hin- und hergehenden Massenkräfte 1. und 2. Ordnung, die nur in Richtung der Zylinderachse wirken, auch betrachten als zwei gegenläufig mit ω bzw. 2ω rotierende Vektoren, deren Vektorsumme nach Größe und Richtung der hin- und hergehenden Massenkraft 1. bzw. 2. Ordnung entspricht, wie in Bild 12 dargestellt. Mit dieser Betrachtungsweise werden auch die oszillierenden Massenkräfte 1. und 2. Ordnung auf rotierende Massenkräfte zurückgeführt, die in Kurbelwellendrehrichtung bzw. entgegen der Kurbelwellendrehrichtung rotieren. Man erkennt daraus, daß sich ein Teil der oszillierenden Massenkräfte 1. Ordnung auch durch Gegengewichte an der Kurbelkröpfung ausgleichen läßt, nämlich der Teil, der durch den in Kurbelwellendrehrichtung rotierenden Anteil $\frac{1}{2} m_h \cdot r \cdot \omega^2$ (Bild 12) dargestellt ist. Die Zerlegung der oszillierenden Massenkräfte in gegenläufig rotierende Vektoren ist weiter nützlich bei der Ermittlung der Massenkräfte und Massenmomente von Mehrzylinderreihen- und V-Motoren. Sie erlaubt z.B. bei V-Motoren eine schnelle und übersichtliche Zusammenfassung der oszillierenden Massenkräfte 1. und 2. Ordnung beider Zylinderreihen und eine schnelle Feststellung, in welchem Umfang sich z.B. in Abhängigkeit vom V-Winkel oszillierende Massenkräfte 1. Ordnung durch Gegengewichte an den Kurbelkröpfungen ausgleichen lassen (siehe auch

3.1. 1.3.3). Weiter gibt diese Betrachtungsweise die Grundlage zur Auslegung eines vollständigen Ausgleichs der oszillierenden Massenkräfte 1. und 2. Ordnung durch Gegengewichtspaare, die gegenläufig über Zahnräder angetrieben werden (siehe auch 3.1. 1.3.1, 3.1. 1.3.2 und 3.1. 1.3.3).

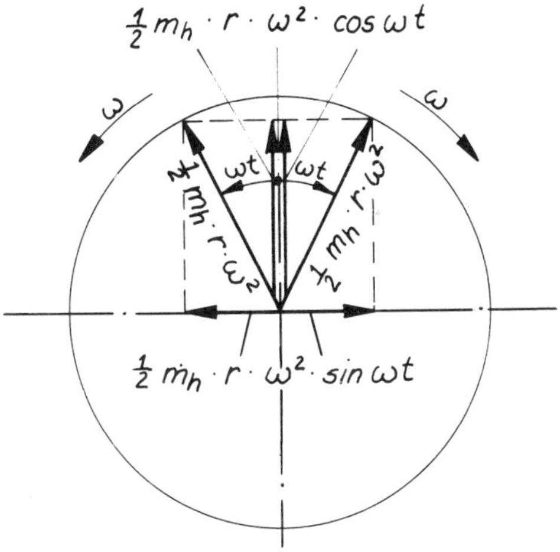

Die beiden cos-Komponenten der gegenläufig rotierenden Vektoren $\frac{1}{2} m_h \cdot r \cdot \omega^2$ sind gleichgerichtet und addieren sich zu $P_{h_I} = m_h \cdot r \cdot \omega^2 \cdot \cos \omega t$. Die beiden sin-Komponenten sind entgegengesetzt gerichtet und heben sich gegenseitig auf.

Bild 12. Ersatz der oszillierenden Masenkraft 1. Ordnung P_{h_I} durch zwei gegenläufig mit Kurbelwellendrehzahl rotierende Vektoren

Die hin- und hergehende Massenkraft P_h erzeugt weiter nach Bild 13 am Kurbelradius eine Massendrehkraft T_h, die mit dem Kurbelradius r ein Massendrehmoment M_w bildet, und eine Massenradialkraft R_h, welche die Lager beansprucht. Nach Bild 13 ergeben sich für T_h und R_h folgende Beziehungen:

$$T_h = P_h \left(\sin \omega t + \frac{1}{2} \lambda \sin 2 \omega t\right) \tag{15}$$

$$R_h = P_h (\cos \omega t - \lambda \sin^2 \omega t) \tag{16}$$

Wird Gl. 12 in Gl. 15 und 16 eingesetzt, so ergeben sich näherungsweise

$$T_h = m_h \cdot r \cdot \omega^2 \left(\frac{\lambda}{4} \sin \omega t - \frac{1}{2} \sin 2 \omega t - \frac{3}{4} \sin 3 \omega t\right) \tag{17}$$

$$R_h = m_h \cdot r \cdot \omega^2 \left(- \frac{1}{2} - \frac{1}{2} \lambda \cos \omega t + \frac{1}{2} \cos 2 \omega t - \frac{3}{4} \lambda \cos 3 \omega t\right) \tag{18}$$

T_h und R_h setzen sich aus Gliedern 1., 2. und 3. Ordnung zusammen.

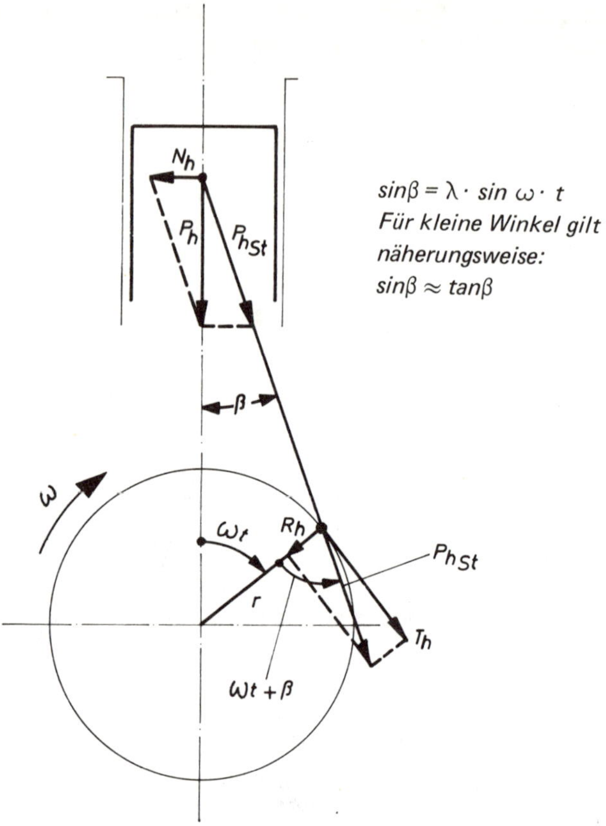

Bild 13. Massendrehkraft T_h und Massenradialkraft R_h im Kurbeltrieb

3.1.1.2 Auswirkungen der freien Massenkräfte des Kurbeltriebs

Die freien Massen des Kurbeltriebs verursachen beim Einzylindermotor Massenkräfte und Massendrehmomente, bei Mehrzylindermotoren Massenkräfte, Massenmomente, innere Biegemomente in der Kurbelwelle und Massendrehmomente.

Diese Auswirkungen der freien Massen bewirken Bewegungen des Motors (Ursachen: Massenkräfte, Massenmomente und Massendrehmomente), Beanspruchungen der Lager (Ursachen: rotierende Massenkräfte, Massenradialkräfte) und Verformungen der Kurbelwelle und des Kurbelgehäuses (Ursachen: innere Biegemomente). Sie können verringert oder ganz beseitigt werden durch zwei Maßnahmen:

a) Massen des Triebwerks so klein wie möglich halten, was besonders für Schnellläufer gilt [7;8].

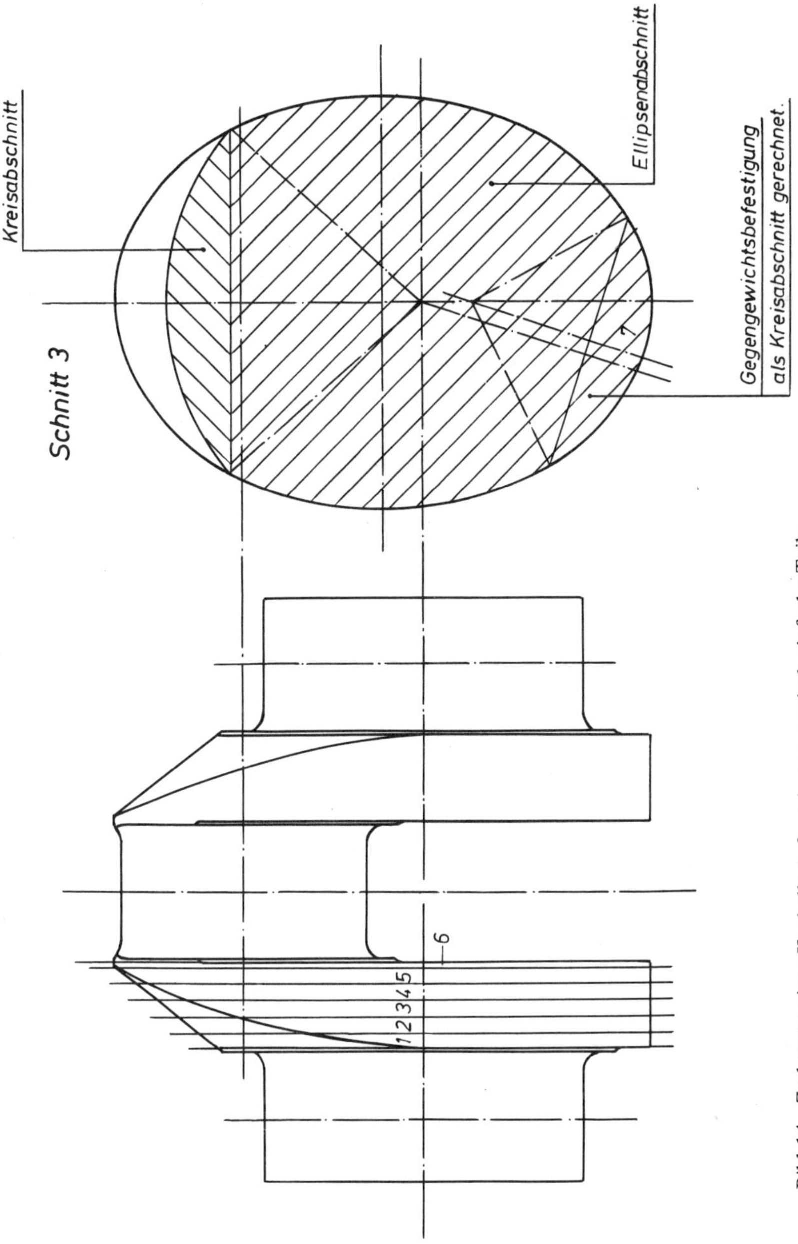

Bild 14. Zerlegung einer Kurbelkröpfung in geometrisch einfache Teile

b) Ausgleich der Massen durch Gegengewichte an der Kurbelwelle, womit sich der nächste Abschnitt befaßt.

3.1.1.3 Massenausgleich

3.1.1.3.1 Einzylindermotor

Zum Ausgleich der Massenkräfte durch Gegengewichte ist die Kenntnis der Größe dieser Kräfte notwendig. Nachdem in Abschn. 3.1.1.1 die Beziehungen für die rotierenden und oszilllierenden Massenkräfte angegeben wurden, muß man zu ihrer Berechnung die Größe der rotierenden und oszillierenden Massen m_r bzw. m_h ermitteln.

Für den Einzylindermotor werden die Massen des Einzeltriebwerks, bestehend aus einer Kurbelkröpfung mit Pleuelstange und Kolben, berechnet. Da sich das Triebwerk der Mehrzylindermotoren aus einer Reihe von unter sich gleichen Einzeltriebwerken zusammensetzt, ist die Berechnung der Massen des Einzeltriebwerks auch für den Mehrzylindermotor erforderlich. Die Kurbelkröpfung, Bild 14, wird ebenso wie die Pleuelstange, Bild 15, in Teilkörper zerlegt,

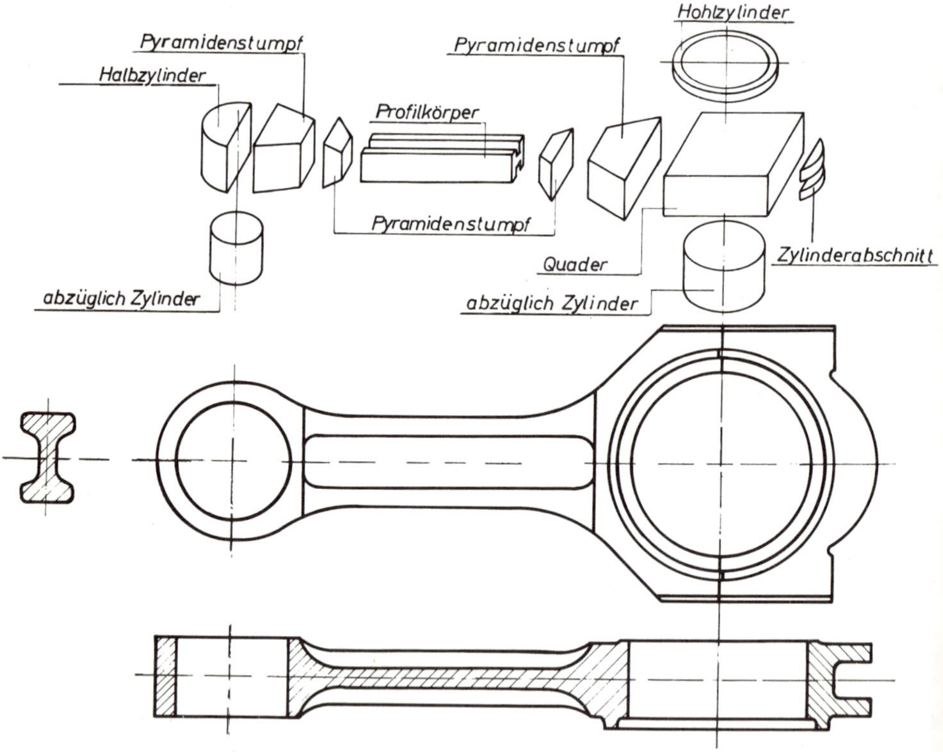

Bild 15. Zerlegung einer Pleuelstange in geometrisch einfache Teile

deren Volumen und Schwerpunkt sich einfach ermitteln lassen. Hierbei leisten zahlreiche Zusammenstellungen über Volumen und Schwerpunkt solcher einfachen Teilkörper in der einschlägigen Literatur [57;69] gute Hilfe.

Das Gesamtgewicht der Kurbelkröpfung bzw. der Pleuelstange ist die Summe der Gewichte der Teilkörper. Der Gesamtschwerpunkt wird nach den Regeln der Mechanik aus der Gleichgewichtsbedingung der statischen Momente bestimmt. Aus dem jeweiligen Gesamtgewicht ergibt sich die Masse aus der Division des Gewichtes G durch die Erdbeschleunigung g.

Für die Kurbelkröpfung ergibt sich hiernach eine Masse m_{K_1} mit einem Schwerpunktabstand r_1 von der Kurbelwellenachse. Der Einfachheit halber wird diese Masse m_{K_1} auf den Kurbelradius r bezogen:

$$m_{r_K} = m_{K_1} \frac{r_1}{r}$$

Da die Pleuelstange sowohl sozillierende als auch rotiende Bewegungen ausführt, teilt man ihre Masse auf in einen rotierenden Anteil m_{r_p}, der im großen Auge, und einen oszillierenden Teil m_{hp}, der im kleinen Pleuelauge konzentriert ist, und zwar so, daß der Gesamtschwerpunkt erhalten bleibt (Bild 16).

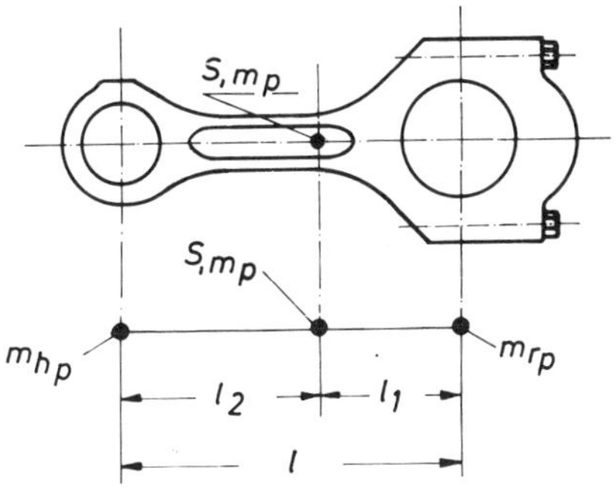

$$m_{r_p} = \frac{m_p \cdot l_2}{l}$$

$$m_{h_p} = \frac{m_p \cdot l_1}{l}$$

Bild 16. Aufteilung der Pleuelstangenmasse auf kleines und großes Pleuelauge

Das Gewicht des Kolbens G_{Ko} mit Kolbenringen und Kolbenbolzen erfragt man am besten von den Kolbenherstellern, die genügend Erfahrung darüber besitzen. Die Kolbenmasse

$$m_{Ko} = \frac{G_{Ko}}{g}$$

führt eine oszilliernde Bewegung aus und wird der oszilliernden Masse der Pleuelstange hinzugezählt. Jetzt können die gesamten rotierenden und oszillierenden Massen angegeben werden:

$$m_r = m_{r_K} + m_{r_P}$$

$$m_h = m_{hP} + m_{Ko}$$

womit auch die entsprechenden Massenkräfte nach den Gleichungen 11, 13 und 14 berechnet werden können.

Die rotierenden Massenkräfte P_r werden durch Gegengewichte an den Wangen der Kurbelkröpfung ausgeglichen (Bild 17). Die Darstellung der oszillierenden

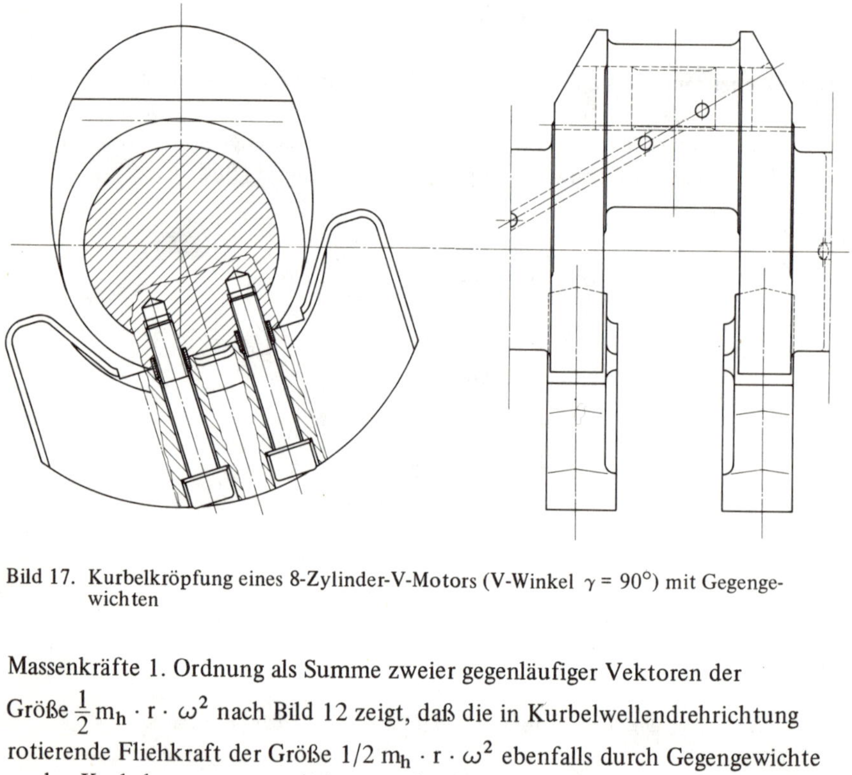

Bild 17. Kurbelkröpfung eines 8-Zylinder-V-Motors (V-Winkel γ = 90°) mit Gegengewichten

Massenkräfte 1. Ordnung als Summe zweier gegenläufiger Vektoren der Größe $\frac{1}{2} m_h \cdot r \cdot \omega^2$ nach Bild 12 zeigt, daß die in Kurbelwellendrehrichtung rotierende Fliehkraft der Größe $1/2\ m_h \cdot r \cdot \omega^2$ ebenfalls durch Gegengewichte an den Kurbelwangen ausgeglichen werden kann, so daß nur eine unausgeglichene entgegen dem Kurbelwellendrehsinn rotierende Massenkraft der Größe $1/2\ m_h \cdot r \cdot \omega^2$ übrig bleibt. Auf diesem Wege der Zerlegung der oszillierenden Massenkräfte in gegenläufig rotierende Vektoren ergibt sich auch die bekannte Auslegung des Massenausgleichs für Einzylindermotoren, wonach durch Gegengewichte an der Kurbelkröpfung die rotierende Massenkraft P_r

vollständig und von der oszillierenden Massenkraft erster Ordnung P_{h_I} 50% ausgeglichen werden, was ebenfalls zu der nachstehend angegebenen Größe der Gegengewichte an der Kurbelwelle führt.

Die Größe der Gegengewichte an der Kurbelkröpfung zum Ausgleich der rotierenden Massenkräfte wird wie folgt bestimmt:

$$2\,\frac{G_g}{g} \cdot r_g \cdot \omega^2 = (m_r + 1/2\, m_h) \cdot r \cdot \omega^2$$

$$G_g = \frac{1}{2}\,(m_r + 1/2\, m_h)\, g\, \frac{r}{r_g}$$

$$G_g = \frac{1}{2}\,(G_r + \frac{1}{2}\, G_h)\, \frac{r}{r_g}$$

G_g ist das Gewicht eines Gegengewichts an einer Kurbelwange.

Mit Gegengewichten an der Kurbelwelle allein kann kein vollkommener Ausgleich der oszillierenden Massenkräfte 1. Ordnung erreicht werden. Das ist nur möglich, wenn man gemäß der Vektorbetrachtung von Bild 12 für Massenkräfte 1. Ordnung noch ein zusätzliches Gewicht G_g' vorsieht, das über einen entsprechenden Zahnradtrieb mit Kurbelwellendrehzahl angetrieben entgegen dem Kurbelwellendrehsinn rotiert, was bei Einzylindermotoren des öfteren angewandt wird (Bild 18). Nach Bild 18 berechnet sich G_g' folgendermaßen:

$$\frac{G'_g}{g} \cdot r'_g \cdot \omega^2 = \frac{1}{2}\, m_h \cdot r \cdot \omega^2$$

$$G'_g = \frac{1}{2}\, G_h \cdot \frac{r}{r'_g}$$

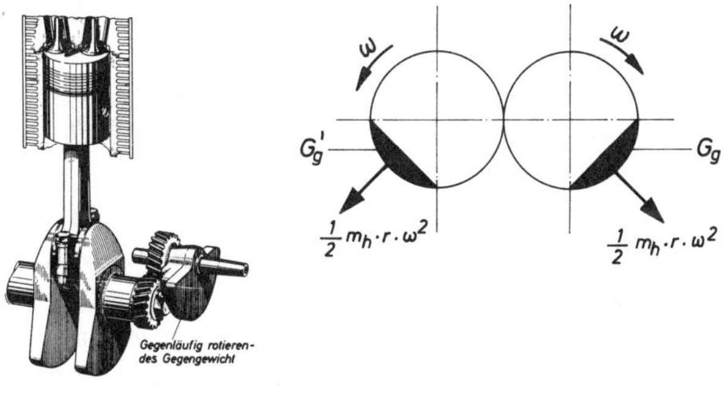

Bild 18. Vollständiger Ausgleich der Massenkräfte erster Ordnung eines Einzylindermotors durch zwei Gegengewichte an der Kurbelwelle und ein über ein Hilfsgetriebe angetriebenes Gegengewicht

Die oszillierenden Kräfte 2. Ordnung lassen sich, da sie mit doppelter Kurbelwellenfrequenz hin- und hergehen, nicht durch Gegengewichte an der Kurbelwelle ausgleichen, sondern nur durch zwei gegenläufig mit doppelter Kurbelwellendrehzahl rotierende Gegengewichte (Bild 19), deren Größe leicht ermit-

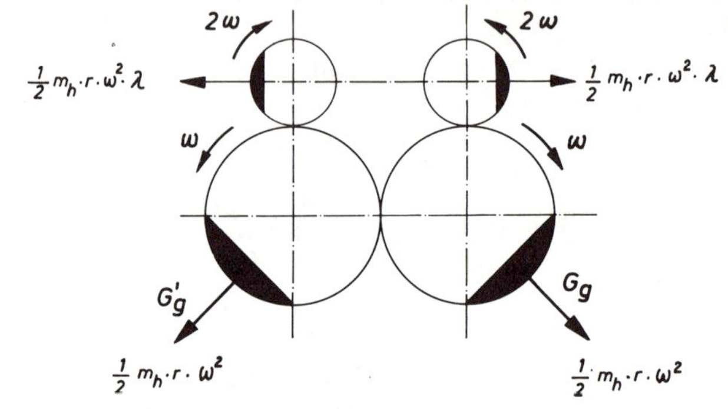

Bild 19. Vollständiger Ausgleich der Massenkräfte 1. und 2. Ordnung eines Einzylindermotors durch Gegengewichte angetrieben über Hilfsgetriebe

telt werden kann, wenn man die hin- und hergehenden Kräfte 2. Ordnung auch wieder nach Bild 12 als Summe zweier gegenläufig rotierender Vektoren der Größe $1/2\ m_h \cdot r \cdot \omega^2 \cdot \lambda$ betrachtet. Der Aufwand eines Getriebes hierfür bei einem Einzylindermotor ist jedoch sehr groß, so daß dieser Ausgleich bei Einzylindermotoren kaum angewandt wird.

3.1.1.3.2 Mehrzylinderreihenmotoren

a) Massenkräfte

Die nachstehenden Ausführungen beziehen sich auf homogene Motoren. Homogene Motoren sind folgendermaßen gekennzeichnet:

> Die Triebwerksmassen der einzelnen Zylinder ohne Gegengewichte sind untereinander gleich. Die Zylinderabstände a der einzelnen Zylinder sind untereinander gleich.

Diese Voraussetzungen treffen bei modernen schnellaufenden Motoren im Allgemeinen zu, Ausnahme: z.B. 90°-V-Motor mit verstärkten Endwangen (Bild 64). Zur Ermittlung der Massenkräfte eines Mehrzylinderreihenmotors denkt man sich die rotierenden und oszillierenden Massenkräfte der einzelnen Zylinder im Schwerpunkt des Motors vereinigt und vektoriell addiert. Dabei sind die Vektoren der einzelnen Kröpfungen in ihrer Größe gleich, da es sich um homogene Motoren handelt. Die Richtungen der einzelnen Vektoren entsprechen den Richtungen der einzelnen Kröpfungen. Das gilt sowohl für die rotierenden Massenkräfte als auch für die oszillierenden; denn wir haben ja in Abschn. 3.1.1.1 gesehen, daß auch die oszillierenden Massenkräfte als Summe zweier gegenläufig rotierender Vektoren angesehen werden können. Um die Massenkräfte der einzelnen Zylinder vektoriell addieren zu können, muß die Kurbelwelle in ihrer Kröpfungsanordnung bekannt sein. Die Winkelversetzung der einzelnen Kröpfungen gegeneinander ergibt sich aus der Forderung nach gleichmäßiger Zündfolge für den Viertaktmotor zu:

$$\delta_K = \frac{720}{Z}$$

Mit dieser Beziehung kann nun der Kurbelstern (Bild 20) der Kurbelwelle,

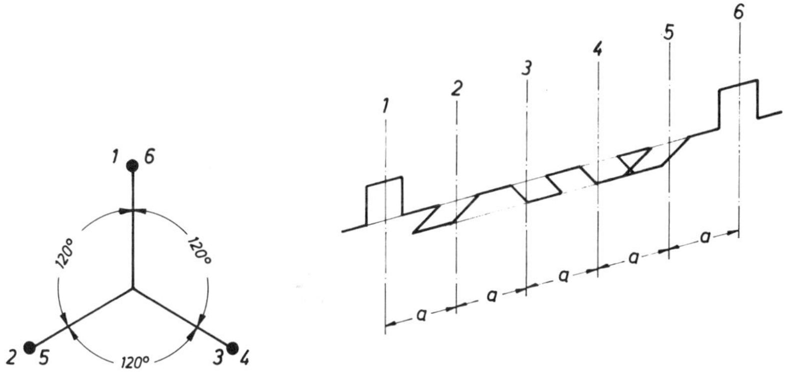

Bild 20. Kurbelstern einer 6-Zylinder-Kurbelwelle

d.h. ihre Stirnansicht aufgezeichnet werden. Mit Hilfe des Kurbelsterns wird die vektorielle Addition der Massenkraftvektoren der einzelnen Zylinder vorgenommen, und zwar sowohl der rotierenden Kräfte als auch der oszillierenden Kräfte 1. und 2. Ordnung. Dazu ist es notwendig, für die oszillierenden Kräfte höherer Ordnung jeweils den Kurbelstern der betreffenden Ordnung aufzuzeichnen. Er entsteht nach Bild 21 z.B. für die Kräfte 2. Ordnung durch Verdoppeln der Kurbelwinkel, für die hier nicht betrachteten Kräfte der 4. Ordnung durch Vervierfachen der Kurbelwinkel usw. Man sieht hieraus leicht, daß bei allen Reihenmotoren, die einen zentralsymmetrischen Kurbelstern 1. oder 2. Ordnung haben, die Massenkräfte 1. oder 2. Ordnung sich gegenseitig aufheben. Diese Motoren haben einen natürlichen Ausgleich der Massenkräfte. Demnach sind bei allen Viertaktreihenmotoren mit gleichmäßiger Zündfolge mit Ausnahme des Zweizylindermotors die rotierenden und oszillierenden Massenkräfte 1. Ordnung gleich Null.

Wie Bild 21 zeigt, ist das bei den Massenkräften 2. Ordnung nicht der Fall, z.B. hat der Vierzylindermotor, dessen Kurbelstern 2. Ordnung vier gleichgerichtete Kurbeln hat, beachtliche Massenkräfte 2. Ordnung. Sie sind viermal so groß wie die Massenkräfte 2. Ordnung des Einzeltriebwerks. Wegen ihrer Größe und wegen ihres Einflusses auf die Standruhe der Vierzylinder-Reihenmotoren geht man bei schnellaufenden Vierzylindermotoren immer mehr dazu über, die Massenkräfte 2. Ordnung durch ein gegenläufig mit doppelter Kurbelwellendrehzahl rotierendes Gegengewichtspaar auszugleichen.

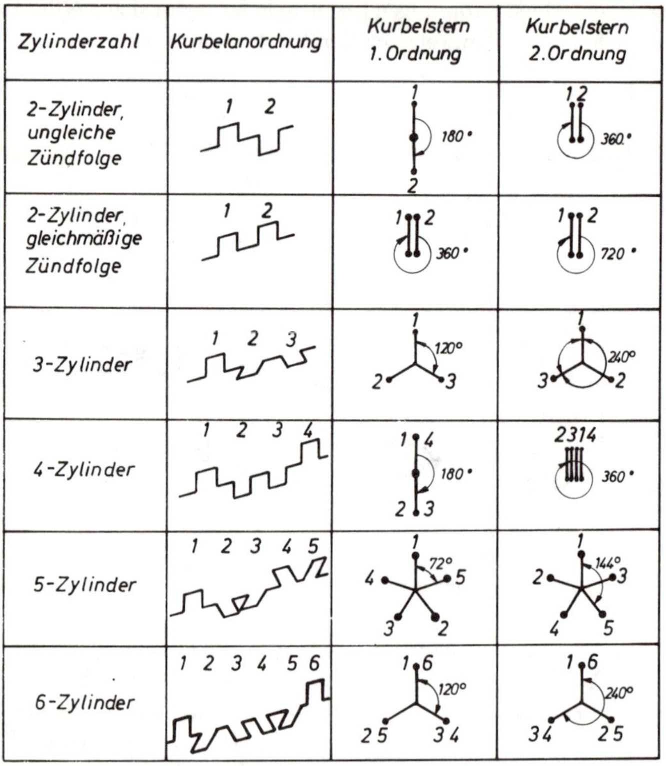

Bild 21. Kurbelsterne 1. und 2. Ordnung für Kurbelwellen verschiedener Zylinderzahlen (Reihenmotoren)

Die Wirkungsweise eines solchen Massenausgleichs 2. Ordnung kann man sich klarmachen, wenn man nach 3.1.1.1 die oszillierenden Massenkräfte 2. Ordnung des Einzeltriebwerks als Vektorsumme zweier gegenläufig mit doppelter Kurbelwellendrehzahl rotierender Vektoren der Größe

$$1/2 \cdot m_h \cdot r \cdot \omega^2 \cdot \lambda$$

betrachtet. Nach Bild 22 ergeben sich beim Vierzylindermotor zwei gegenläufig mit doppelter Kurbelwellendrehzahl rotierende Vektoren der Größe:

$$4 \cdot 1/2 \cdot m_h \cdot r \cdot \omega^2 \cdot \lambda =$$
$$2\, m_h \cdot r \cdot \omega^2 \cdot \lambda\,,$$

da nach Bild 21 sich alle vier Vektoren der einzelnen Zylinder addieren. Die Größe der Gegengewichte des Gegengewichtspaares wird nach Bild 22 wie folgt berechnet:

$$m_g \cdot r_g \cdot (2\,\omega)^2 = 2 \cdot m_h \cdot r \cdot \omega^2 \cdot \lambda$$

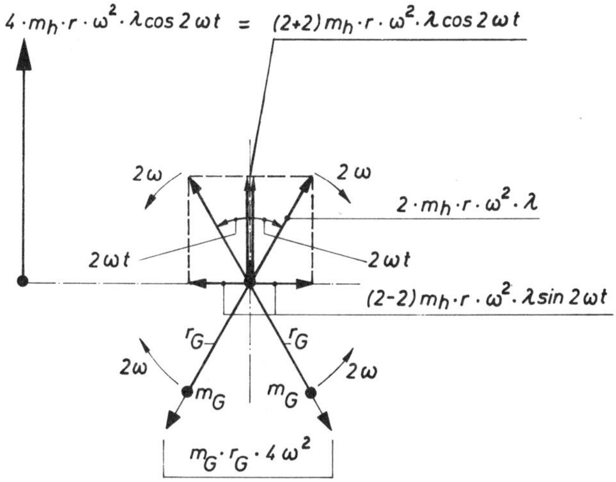

Bild 22. Schema des vollständigen Massenausgleichs 2. Ordnung für einen 4-Zylinder-Reihenmotor

Die Ausführung eines solchen Massenausgleichs für einen Vierzylindermotor zeigt Bild 23. Zur konstruktiven Ausbildung eines Massenausgleichgetriebes nach Bild 23 nachstehend einige Regeln:

Die Gegengewichte müssen in Stirn- und Längsansicht des Motors symmetrisch zur Hochachse des Motors angeordnet sein, um zusätzliche Momente zu vermeiden. Die Gegengewichte sind so zu gestalten, daß bei möglichst großer Masse ein möglichst kleines Trägheitsmoment vorhanden ist. Das heißt, es ist ratsam, die Gegengewichte nach Bild 23 möglichst über die gesamte Motorlänge zu verteilen. Dadurch wird die Beanspruchung der Antriebszahnräder verringert, welche die infolge der Ungleichförmigkeit der Motordrehgeschwindigkeit beim Beschleunigen und Verzögern der Gegengewichte auftretenden Trägheitskräfte aufnehmen müssen. Diese Kräfte wirken auf beide Zahnflanken und können Pittings verursachen. Es hat sich bewährt, die Antriebszahnräder eines solchen Massenausgleichs im Salzbad zu nitrieren oder zu härten, um Pittingsbildung zu vermeiden.

Die Gleitlager der Massenausgleichswellen sind durch die umlaufende Punktlast der Fliehkräfte hoch beansprucht. Hierzu kommen ungünstige Schmierverhältnisse dadurch, daß das Schmieröl dem Lager nur an einer feststehenden

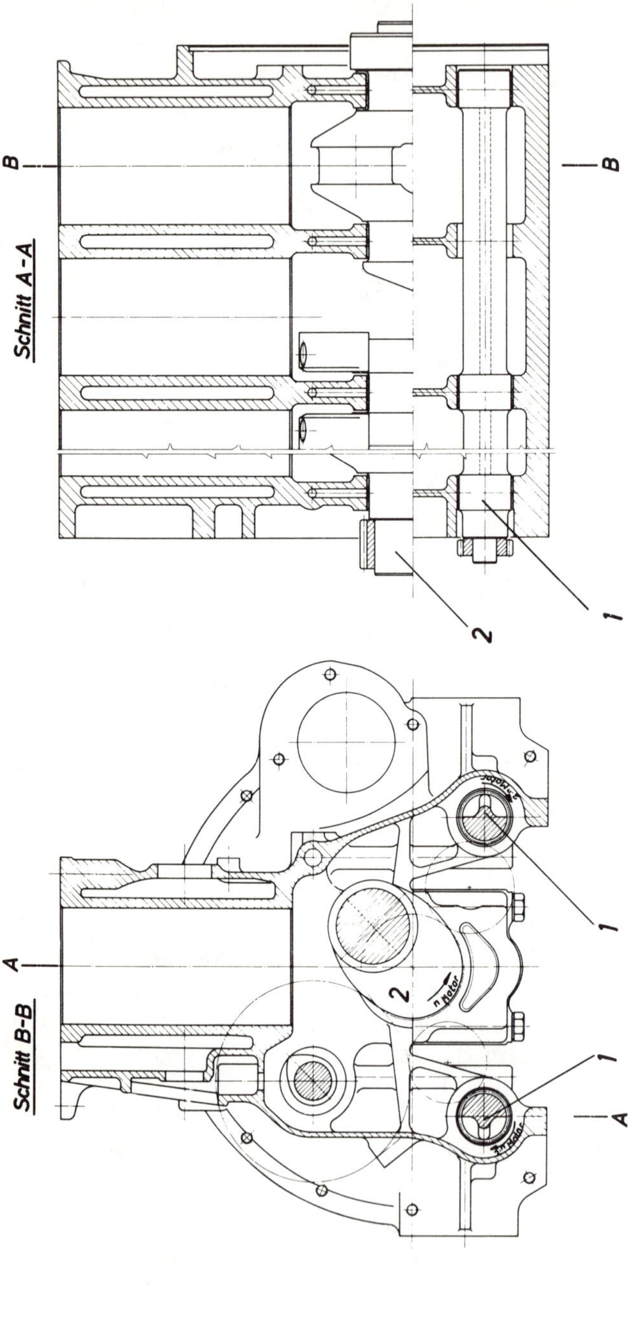

1 Welle mit Gegengewicht (Das Gegengewicht ist über die ganze Motorlänge verteilt)
2 Kurbelwelle

Bild 23. Ausgleichsgetriebe für den Ausgleich der Massenkräfte 2. Ordnung eines Vierzylinderreihenmotors

Stelle von außen zugeführt werden kann. Die Lagerbelastung durch Fliehkräfte sollte erfahrungsgemäß einen Wert von 100 kp/cm^2 nicht überschreiten. Hier haben sich gerollte Dreistofflagerbuchsen und salzbadnitrierte Lagerstellen auf der Massenausgleichswelle bewährt.

b) Massenmomente

Da die Massenkräfte der einzelnen Zylinder nicht, wie im vorhergehenden Abschnitt bei der Ermittlung der Massenkräfte angenommen, im Schwerpunkt des Motors vereinigt, sondern längs des Motors verteilt sind, treten bei Mehrzylinderreihenmotoren Massenmomente auf. Wie die Massenmomente nach Größe und Richtung ermittelt werden, wird am Beispiel eines Fünfzylindermotors dargestellt.

Zunächst werden die Kurbelwelle in Längsansicht und der Kurbelstern aufgezeichnet (Bild 24), die Kurbeln entsprechend beziffert und der Zylinderab-

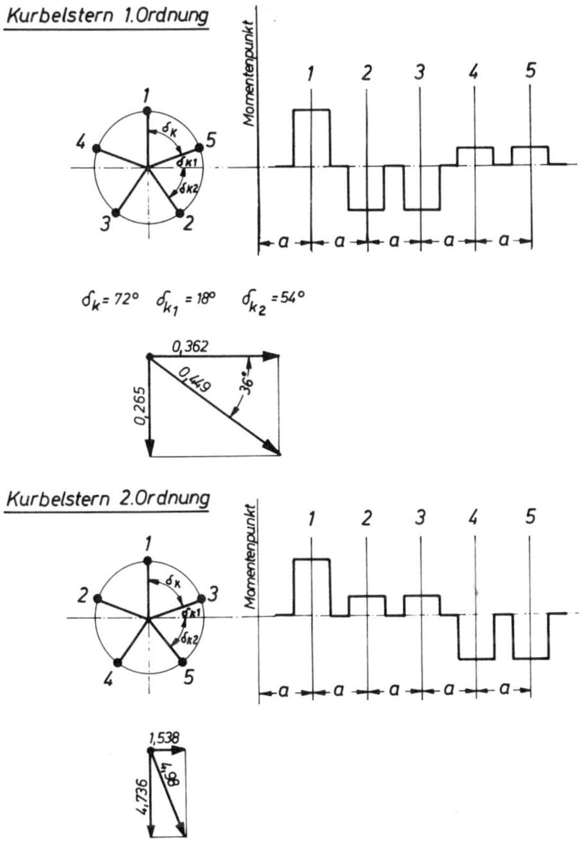

Bild 24. Zur Ermittlung der Massenmomente eines 5-Zylinder-Reihenmotors

stand mit a bezeichnet. Danach werden die Massenkräfte der einzelnen Kurbeln, die gleich 1 gesetzt sind, in senkrechte und waagerechte Komponenten zerlegt. Für jede Richtung wird das Massenmoment jeder einzelnen Kurbel in bezug auf einen Momentenpunkt, der zweckmäßigerweise im Abstand a von Zylinder 1 außerhalb des Motors liegt, bestimmt. Für die senkrechte Komponente des Massenmoments ergibt sich dann:

$$M_y = a - 2a \sin \delta_{K_2} - 3a \sin \delta_{K_2} + 4a \sin \delta_{K_1} + 5a \sin \delta_{K_1}$$

und für die waagerechte Komponente:

$$M_x = 0 + 2a \cos \delta_{K_2} - 3a \cos \delta_{K_2} - 4a \cos \delta_{K_1} + 5a \cos \delta_{K_1}$$

Setzt man a = 1, so ergibt sich mit $\delta_{k_1} = 18^\circ$ und $\delta_{k_2} = 54^\circ$ beim Fünfzylindermotor für die senkrechte Komponente ein Wert von 0 und für die waagerechte Komponente ein Wert von 0,449.
Da der Kurbelstern 1. Ordnung betrachtet wurde, so ist das Moment der rotierenden Massenkräfte

$$M_r = 0{,}449 \cdot m_r \cdot r \cdot \omega^2 \cdot a$$

und das der oszillierenden Massenkräfte 1. Ordnung

$$M_{h_I} = 0{,}449 \cdot m_h \cdot r \cdot \omega^2 \cdot a \cdot \cos \omega t$$

M_r rotiert mit der Kurbelwellendrehzahl, und zwar bezogen auf Kurbel 1 um 126° versetzt.
Die Wirkungsebene von M_{h_I} liegt in Richtung der Zylinderachse.
In gleicher Weise kann auch das Massenmoment 2. Ordnung ermittelt werden, nachdem entsprechend Bild 24 der Kurbelstern 2. Ordnung aufgezeichnet wurde. Es ergibt sich für $M_{h_{II}}$, dessen Wirkungsebene ebenfalls in Richtung der Zylinderachse liegt:

$$M_{h_{II}} = 4.98 \cdot m_h \cdot r \cdot \omega^2 \cdot \lambda \cdot a \cdot \cos 2\,\omega t$$

Für dieses Beispiel wurde die für Fünfzylindermotoren übliche Kröpfungsanordnung gewählt, die das kleinste Moment der oszillierenden Massenkräfte 1. Ordnung ergibt. Für jeden anderen Kurbelstern, der vom Gesichtspunkt der gleichmäßigen Zündfolge auch möglich wäre, ergeben sich andere größere Werte.

Aus der an dem Beispiel eines Fünfzylindermotors dargestellten Methode zur Bestimmung der Massenmomente von Reihenmotoren lassen sich zwei Regeln ableiten:

Vollsymmetrische Kurbelwellen, d.h. solche, die sowohl einen zentralsymmetrischen Kurbelstern haben, als auch in ihrer Längsansicht zu einer senkrechten Achse symmetrisch sind, also mit gerader Kröpfungszahl, Beispiel Sechszylinder-Viertakt-Kurbelwelle mit zwei gleichgerichteten Kurbeln in der Mitte (Bild 20), haben weder freie Massenkräfte, wie wir unter a) gesehen haben, noch freie Massenmomente 1. und 2. Ordnung.

Teilsymmetrische Kurbelwellen, d.h. solche, bei denen nur der Kurbelstern zentralsymmetrisch ist, während in der Längsansicht keine Symmetrie herrscht (Beispiel: Fünfzylinder-Viertakt-Kurbelwelle), haben keine freien Massenkräfte, jedoch freie Massenmomente 1. und 2. Ordnung, die jedoch durch entsprechende Anordnung der Kröpfungen längs der Kurbelwelle zu einen Minimum bzw. zu 0 werden können. Näheres hierüber kann aus der Literatur [10; 80; 81] entnommen werden.

Das rotierende Massenmoment M_r

$$M_r = k \cdot m_r \cdot r \cdot \omega^2 \cdot a$$

kann durch Gegengewichtspaare an der Kurbelwelle vollständig ausgeglichen werden. k ist ein Faktor, der für jede Zylinderzahl und für jede Kröpfungsfolge verschieden ist. Im oben betrachteten Falle des Fünfzylindermotors wurde er z.B. zu 0,449 ermittelt. Das oszillierende Massenmoment 1. Ordnung

$$M_{h_I} = k \cdot m_h \cdot r \cdot \omega^2 \cdot a \cdot \cos \omega t$$

kann genau wie die oszillierenden Massenkräfte entstanden gedacht sein aus der Vektorsumme zweier gegenläufig mit Kurbelwellendrehzahl rotierender Momentenvektoren der Größe $\frac{1}{2} k \cdot m_h \cdot r \cdot \omega^2 \cdot a$. Dementsprechend kann das in Kurbelwellendrehrichtung rotierende Massenmoment

$$\frac{1}{2} k \cdot m_h \cdot r \cdot \omega^2 \cdot a$$

durch Gegengewichtspaare an der Kurbelwelle ausgeglichen werden, während es für das entgegengesetzt rotierende Moment der gleichen Größe keinen Ausgleich gibt, es sei denn, man ließe über ein Getriebe ein entsprechendes Gegengewicht entgegen dem Kurbelwellendrehsinn rotieren. Das gleiche gilt sinngemäß für das oszillierende Massenmoment 2. Ordnung $M_{h_{II}}$. Für die Größe des durch Gegengewichte an der Kurbelwelle ausgleichbaren Massenmoments 1. Ordnung ergibt sich nach dem oben gesagten nun

$$M_I = k\,(m_r + 1/2\ m_h)\, r \cdot \omega^2 \cdot a$$

Seine Richtung wird nach Bild 24 durch vektorielle Zusammensetzung der waagerechten und senkrechten Komponenten ermittelt. Die Gegengewichte zum Ausgleich von M_I werden so an der Kurbelwelle angebracht, daß sie ein Moment erzeugen, das gleich groß und entgegengesetzt gerichtet ist wie M_I.
Das Einfachste wäre es nun, ein Gegengewichtspaar von zwei um 180° versetzten Gegengewichten in einem Abstand voneinander auf der Kurbelwelle anzuordnen, der möglichst groß ist, also auf den beiden Außenwangen der Kurbelwelle oder sogar noch außerhalb des Kurbelgehäuses. Die Richtung, in der diese Gegengewichte angebracht werden müßten, geht aus Bild 24 hervor. Ein solches Vorgehen würde zwar die geringste Anzahl von Gegengewichten ergeben, aber die Notwendigkeit des Ausgleichs der inneren Biegemomente und der Lagerentlastung

nicht berücksichtigen. Das gleiche gilt auch, wenn man die mit natürlichem Kräfte- und Momentenausgleich versehenen vollsymmetrischen Kurbelwellen der Sechs- und Achtzylinderreihenmotoren ohne Gegengewichte ließe..Es sei daher hier kurz auf die inneren Biegemomente und die Lagerbelastungen, hervorgerufen durch Massenkräfte, eingegangen.

Bisher war angenommen worden, daß die Kurbelwelle starr ist. Unter dieser Voraussetzung ist z.B. ein Sechszylinderreihenmotor nach außen ohne Gegengewichte auf der Kurbelwelle vollkommen ausgeglichen. Tatsächlich ist die Kurbelwelle jedoch nicht als starr anzusehen, sondern sie versucht mit ihren Teilmomenten, den inneren Momenten, das Kurbelgehäuse durch Biegung zu verformen. Weil aber eine freie Verformung der Kurbelwelle durch die Lagerung behindert wird, ergibt sich durch die zusätzlichen Lagerkräfte eine Biegebeanspruchung des Kurbelgehäuses. Weiter kommt es zu unruhigem Lauf des Motors, da die Verformungen Unwuchten verursachen. Es muß daher insbesondere bei Schnelläufern auch für einen Ausgleich der inneren Biegemomente, d.h. der Teilmomente, gesorgt werden.

Eine ausgezeichnete Darstellung dieses Problems ist in zwei Veröffentlichungen von *Benz* [22; 25] gegeben, auf die zu einem eingehenderen Studium verwiesen wird. Am Beispiel eines Achtzylinderreihenmotors (Bild 25) soll hier die Ermitt-

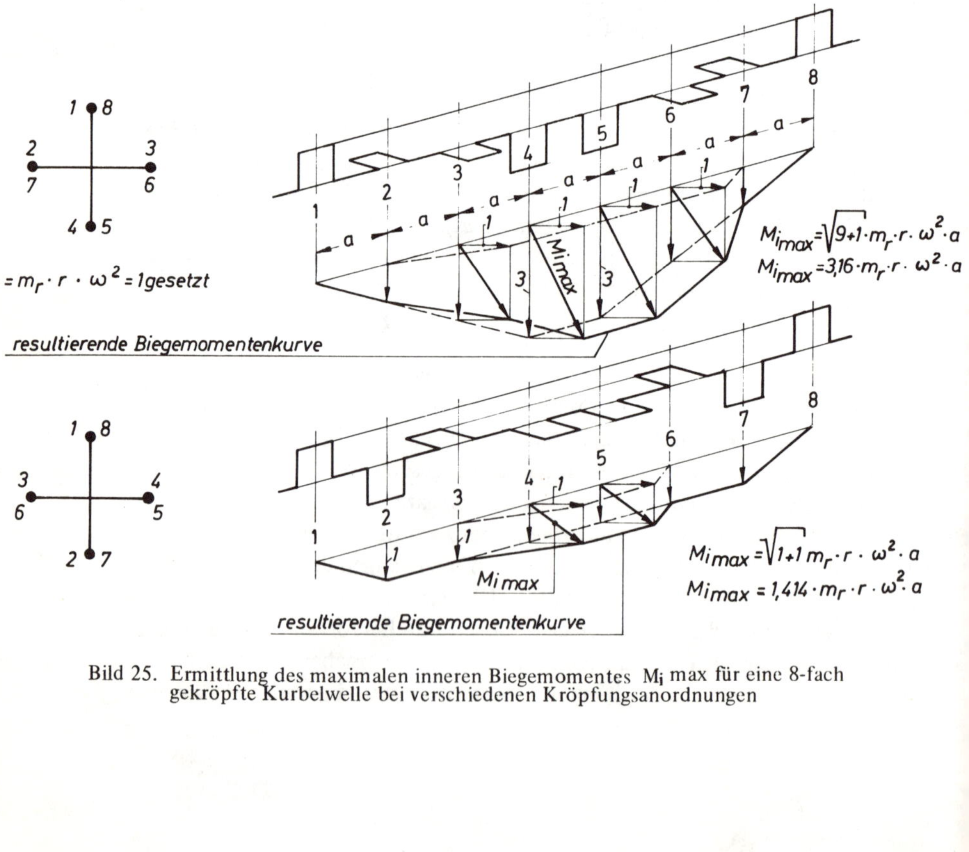

Bild 25. Ermittlung des maximalen inneren Biegemomentes M_i max für eine 8-fach gekröpfte Kurbelwelle bei verschiedenen Kröpfungsanordnungen

lung der Größe der inneren Biegemomente gezeigt und darauf hingewiesen werden, daß die Wahl der Kröpfungsfolge beim Achtzylindermotor einen erheblichen Einfluß auf die Größe der inneren Biegemomente hat.

Im folgenden werden nur die rotierenden Massenkräfte betrachtet, deren innere Momente das Kurbelgehäuse, da sie rotieren, sowohl in Zylinderrichtung als auch quer dazu beanspruchen. In letzterer Richtung ist das Kurbelgehäuse verhältnismäßig weich. Dagegen beanspruchen die inneren Momente der oszillierenden Massenkräfte das Kurbelgehäuse nur in Zylinderrichtung, in der es wesentlich steifer als quer dazu ist. Zur Ermittlung der inneren Biegemomente wird die rotierende Massenkraft eines Zylinders (Voraussetzung: homogener Motor)

$$P_r = m_r \cdot r \cdot \omega^2$$

gleich 1 gesetzt. Da die Massenkräfte der einzelnen Kröpfungen räumlich verteilt sind, werden sie in zwei um 90° versetzte Richtungen zerlegt. Da beim Achtzylindermotor die Kröpfungen um 90° gegeneinander versetzt sind, erübrigt sich das hier, ist jedoch in allen anderen Fällen, z.B. beim Sechszylindermotor, notwendig. Von Zylinder 1 beginnend werden nun nach Bild 25 die Momente für jede Kröpfung und für jede Richtung bestimmt. Die beiden um 90° versetzten Moment-Vektoren einer jeden Kröpfung werden zu einer Resultierenden zusammengefaßt. Die Endpunkte der Resultierenden werden durch die räumlich verlaufende resultierende Biegemomentkurve verbunden. Diese Prozedur braucht im vorliegenden Fall einer längssymmetrischen Kurbelwelle nur für eine Hälfte durchgeführt zu werden. Nach Bild 25 gewinnt man hierdurch das größte innere Biegemoment M_i, das je nach Kröpfungsfolge Werte von

$$M_i = 1{,}414 \cdot m_r \cdot r \cdot \omega^2 \cdot a$$

bis

$$M_i = 3{,}16 \cdot m_r \cdot r \cdot \omega^2 \cdot a$$

annehmen kann. Die Kröpfungsfolge muß dementsprechend ausgewählt werden. Es müssen nun zum Ausgleich der inneren Biegemomente Gegengewichte an den einzelnen Kurbeln nach [43; 57; 69; 80] angebracht werden, obwohl der äußere Ausgleich auch ohne Gegengewichte vorhanden ist. Gleichzeitig muß auch das mittlere Lager zwischen den beiden gleichgerichteten Kurbeln 4 und 5 durch Gegengewichte von den rotierenden Massenkräften entlastet werden. Da die Richtungen der Gegengewichte zum Ausgleich der inneren Biegemomente und zur Entlastung der Lager nicht zusammenfallen, muß ein guter Kompromiß für die Anordnung der Gegengewichte gefunden werden. Wie man dabei vorgeht, ist ausführlich bei *Benz* [22; 25] dargestellt.

Bei jedem Massenausgleich ist grundsätzlich darauf zu achten, daß die Gegengewichte so angeordnet werden, daß durch diese keine zusätzlichen Kräfte oder Momente entstehen. Mit anderen Worten, im Kurbelstern müssen die Gegengewichte zentralsymmetrisch und in Längsansicht symmetrisch zur Mittelachse der Kurbelwelle angeordnet sein.

In 3.1.1.1 sind die Massendrehmomente $M_w = T_h \cdot r$ erwähnt, die von den oszillierenden Massendrehkräften T_h (Gl. 15 und 17) erzeugt werden. Diese Massenwechseldrehmomente erster und höherer Ordnungen heben sich bei zentralsymmetrischen Kurbelsternen erster und höherer Ordnungen auf. Ergibt sich jedoch ein Kurbelstern höherer Ordnung mit lauter gleichgerichteten Kurbeln, wie es zum Beispiel beim Vierzylinderreihenmotor (Bild 21) und beim Achtzylinder-V-Motor mit ebener Kurbelwelle bei der 2. Ordnung der Fall ist, so addieren sich die Massendrehmomente 2. Ordnung aller vier Kurbeln z.B. beim Vierzylindermotor zu dem beachtlichen Wert von

$$M_{w_{II}} = 4 \cdot r \cdot m_h \cdot r \cdot \omega^2 \,(1/2 \sin 2\,\omega t)$$
$$M_{w_{II}} = 2\, m_h \cdot r^2 \cdot \omega^2 \cdot \sin 2\,\omega t$$

Dieses Massenwechseldrehmoment 2. Ordnung ergibt ein entsprechendes Reaktionsmoment in der Aufhängung des Motors und verschlechtert dessen Standruhe. Da es mit der Drehzahl quadratisch anwächst und ein entsprechender Ausgleich hierfür nicht geschaffen werden kann, muß in diesen Fällen besonders bei Schnelläufern das Triebwerk sorgfältig auf kleinstmögliche Triebwerksmassen ausgebildet werden.

3.1.1.3.3 V-Motoren

Um einen Überblick über die Massenkräfte und Massenmomente eines V-Motors zu erhalten, wird zunächst eine V-Motoreneinheit, bestehend aus zwei Zylindereinheiten nach Bild 26, betrachtet, und zwar eine V-Motoreneinheit allgemeiner Form mit einem V-Winkel γ und zwei um einen Winkel α versetzten Kurbelzapfen an einer Kurbel, die in der Längsrichtung um einen Abstand b gegeneinander versetzt sind.

Normalerweise ist ein V-Motor so ausgebildet, daß zwei Pleuelstangen nebeneinander auf einer Kröpfung laufen, d.h. $\alpha = 0$. Nun muß aber, wenn man gleichmäßige Zündfolge erhalten will, der V-Winkel der nachstehenden Beziehungen gehorchen

$$\gamma = \frac{720}{Z}$$

Wählt man aber einen davon abweichenden V-Winkel γ', sei es aus konstruktiven Gründen (Baubreite) oder sei es, daß man bei einer Baureihe von V-Motoren verschiedener Zylinderzahlen aus konstruktiven Gründen und Fertigungsgründen einen durchgehend gleichen V-Winkel haben will, so kann man trotzdem gleichmäßige Zündfolge erreichen, wenn man mit versetzten Kröpfungen arbeitet und $\alpha = \gamma' + n \cdot \gamma$ macht, worin n = 0, 1, 2 . . . . . ist. Man erhält dann eine solche

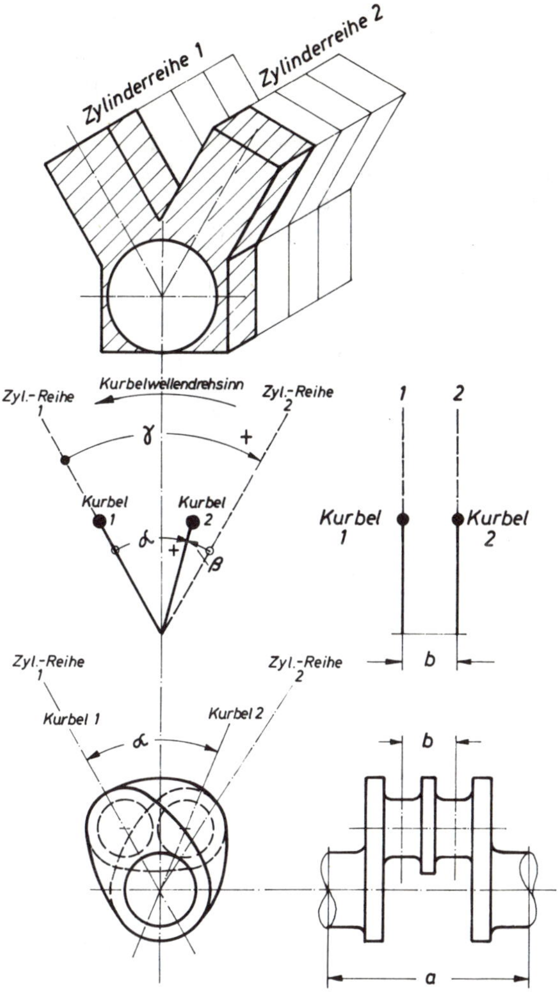

Bild 26. V-Motoreneinheit allgemeiner Form

V-Motoreneinheit allgemeiner Form. Beispiele hierfür sind: 4-Zylinder-V-Motor des Personenwagens Ford 12 M ($\gamma = 60^\circ$, $\alpha = 240^\circ$) und Rechenbeispiel Seite 52, 8-Zylinder-Viertaktmotor mit 60° V-Winkel ($\gamma = 60^\circ$, $\alpha = 60^\circ$). Dieses Beispiel entspricht dem 8-Zylinder-V-Motor GMC D 637 der General Motors Corporation.

Die rotierende Massenkraft einer V-Motoreneinheit ist nach Bild 26, da die rotierenden Massenkräfte in der Richtung der jeweiligen Kurbel wirken:

$$P_r = 2 \cdot m_r \cdot r \cdot \omega^2 \cdot \cos \frac{\alpha}{2} \tag{19}$$

Hierin ist m_r die Summe der rotierenden Masse m_{rK} einer Kurbel und der rotierenden Masse m_{rP} einer Pleuelstange

$$m_r = m_{rK} + m_{rP}$$

Die oszillierenden Massenkräfte 1. und 2. Ordnung werden in bekannter Weise wieder in gegenläufig rotierende Vektoren zerlegt. Die oszillierenden Massenkräfte 1. Ordnung werden dann nach Bild 27 zu zwei gegenläufig mit Kurbelwellendrehzahl rotierenden Massenkräften $\overleftarrow{P_I}$ und $\overrightarrow{P_I}$

$$\overleftarrow{P_I} = m_h \cdot r \cdot \omega^2 \cdot \cos\frac{\alpha}{2} \tag{20}$$

$$\overrightarrow{P_I} = m_h \cdot r \cdot \omega^2 \cos\left(\gamma - \frac{\alpha}{2}\right) \tag{21}$$

m_h ist die oszillierende Masse einer Zylindereinheit.

$\overleftarrow{P_I}$ liegt zur Kröpfung 1 um den Winkel $\alpha/2$ versetzt, $\overrightarrow{P_I}$ um den Winkel $\gamma - \alpha/2$.

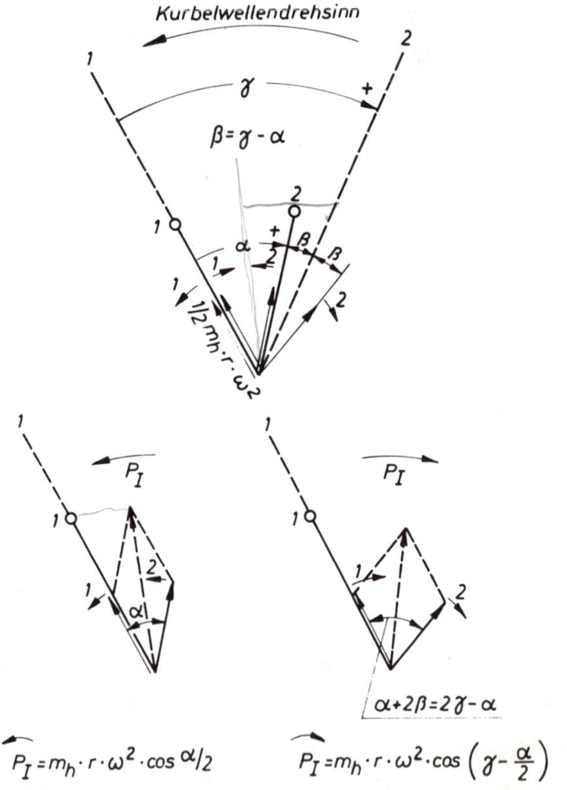

Bild 27. Zur Ermittlung der oszillierenden Massenkräfte 1. Ordnung einer V-Motoreneinheit

Aus den Beziehungen 19, 20 und 21 läßt sich folgendes ablesen. Voller Massenausgleich 1. Ordnung in bezug auf Massenkräfte und Massenmomente nur durch Gegengewichte an der Kurbelwelle läßt sich für alle V-Motoren mit zentralsymmetrischem Kurbelstern erzielen, wenn $\gamma - \alpha/2 = 90°$ ist. In diesem Fall können die im Kurbelwellendrehsinn rotierenden Massenkräfte nach den Gleichungen 19 und 20 durch Gegengewichte an der Kurbelwelle ausgeglichen werden und die gegenläufig rotierenden nach Gl. 21 werden wegen $\gamma - \alpha/2 = 90°$ zu null. Dieser Fall tritt immer ein bei dem normalen 90°-V-Motor, mit zwei auf einem Kurbelzapfen nebeneinanderliegenden Pleueln ($\gamma = 90°$, $\alpha = 0$) oder bei V-Motoren mit versetzten Kurbelzapfen, wenn $\gamma - \alpha/2 = 90°$ ist, z.B. $\gamma = 60°$, $\alpha = -60°$.

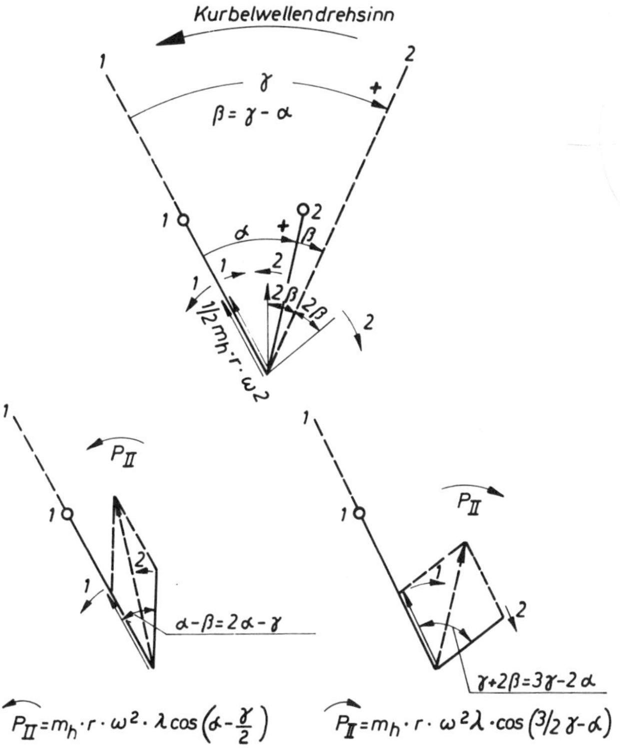

Bild 28. Zur Ermittlung der oszillierenden Massenkräfte 2. Ordnung einer V-Motoreneinheit

Die oszillierenden Massenkräfte 2. Ordnung werden nach Bild 28 ebenfalls zu zwei gegenläufig mit doppelter Kurbelwellendrehzahl rotierenden Massenkräften $\overleftarrow{P_{II}}$ und $\overrightarrow{P_{II}}$

$$\overleftarrow{P_{II}} = m_h \cdot r \cdot \omega^2 \cdot \lambda \cdot \cos(\alpha - \gamma/2) \quad (22)$$

$$\overrightarrow{P_{II}} = m_h \cdot r \cdot \omega^2 \cdot \lambda \cdot \cos(3/2 \cdot \gamma - \alpha) \quad (23)$$

Da die beiden Kurbelkröpfungen in Längsansicht um die Strecke b versetzt sind (Bild 26), ergeben sich aus dieser Versetzung gegenläufig rotierende Momente 1. und 2. Ordnung nach Bild 29 und Bild 30

$$\overset{\curvearrowleft}{M}_{r_{IK}} = \frac{1}{2}\, m_h \cdot r \cdot \omega^2 \cdot b \cdot \sin \alpha/2 \tag{24}$$

$$\overset{\curvearrowright}{M}_{r_{IK}} = \frac{1}{2}\, m_h \cdot r \cdot \omega^2 \cdot b \cdot \sin\left(\gamma - \frac{\alpha}{2}\right) \tag{25}$$

$$\overset{\curvearrowleft}{M}_{r_{IIK}} = \frac{1}{2}\, m_h \cdot r \cdot \omega^2 \cdot \lambda \cdot b \cdot \sin(\alpha - \gamma/2) \tag{26}$$

$$\overset{\curvearrowright}{M}_{r_{IIK}} = \frac{1}{2}\, m_h \cdot r \cdot \omega^2 \cdot \lambda \cdot b \cdot \sin(3/2 \cdot \gamma - \alpha) \tag{27}$$

Das Moment $\overset{\curvearrowleft}{M}_{r_{IK}}$ wird normalerweise zu Null, da die beiden in Kurbelwellendrehrichtung rotierenden Kraftvektoren $1/2\ m_h \cdot r \cdot \omega^2$ durch Gegengewichte voll ausgeglichen werden, wie oben dargelegt.

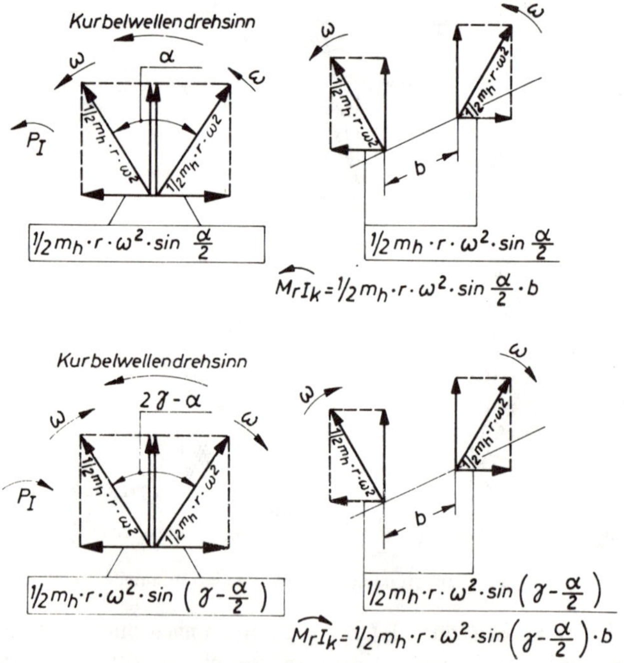

Nach Bild 27 sind sowohl $\overset{\curvearrowleft}{P_I}$ als auch $\overset{\curvearrowright}{P_I}$ die geometrische Summe zweier mit ω rotierender Vektoren $1/2\ m_h \cdot r \cdot \omega^2$

Bild 29. Zur Ermittlung der Massenmomente 1. Ordnung der oszillierenden Massen einer V-Motoreneinheit

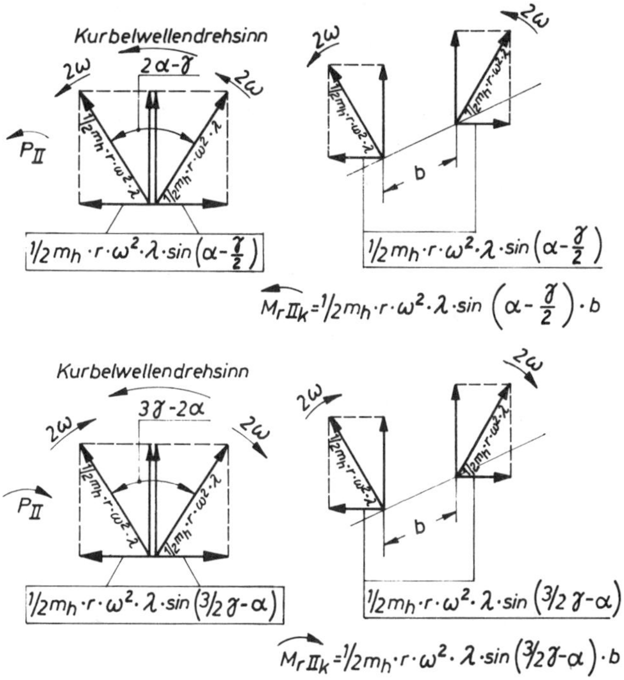

Nach Bild 28 sind sowohl $\overleftarrow{P_{II}}$ als auch $\overrightarrow{P_{II}}$ die geometrische Summe zweier mit 2 ω rotierender Vektoren $1/2\ m_h \cdot r \cdot \omega^2 \cdot \lambda$

Bild 30. Zur Ermittlung der Massenmomente 2. Ordnung der oszillierenden Massen einer V-Motoreneinheit

Die rotierenden Massenkräfte 1. und 2. Ordnung (Gleichungen 19 bis 23) können nun nach den schon bei den Reihenmotoren abgeleiteten Regeln für die aus mehreren V-Einheiten zusammengesetzten V-Motoren zusammengesetzt werden (Kap. 3.1.1.3.2). Dabei ergibt sich auch hier, daß die Massenkräfte bei zentralsymmetrischen Kurbelsternen 0 werden. Das gleiche gilt für die Momente 1. und 2. Ordnung (Gleichungen 24 bis 27), die sich aus der Kurbelversetzung b (Bild 26) ergeben.

Die sich aus den rotierenden Massenkräften 1. und 2. Ordnung (Gleichungen 19 bis 23) bei dem aus mehreren V-Motoreinheiten zusammengesetzten Vollmotor ergebenden rotierenden Massenmomente 1. und 2. Ordnung werden nach den gleichen Regeln wie bei den Reihenmotoren (Kap. 3.1.1.3.2) nach Größe und Richtung ermittelt.
Das Vorgehen soll an zwei Beispielen erläutert werden.

8-Zylinder-Viertakt-Motor mit 90°-V-Winkel

Es handelt sich hier um die normale Bauart eines 8-Zylinder-V-Motors mit zwei auf einem Kurbelzapfen liegenden Pleueln, bei dem nur durch Gegengewichte auf der Kurbelwelle ein vollkommener Massenausgleich 1. und 2. Ordnung erreicht wird.

Die ausgeführte Kurbelwelle eines solchen Motors zeigt Bild 64. Auf Bild 31

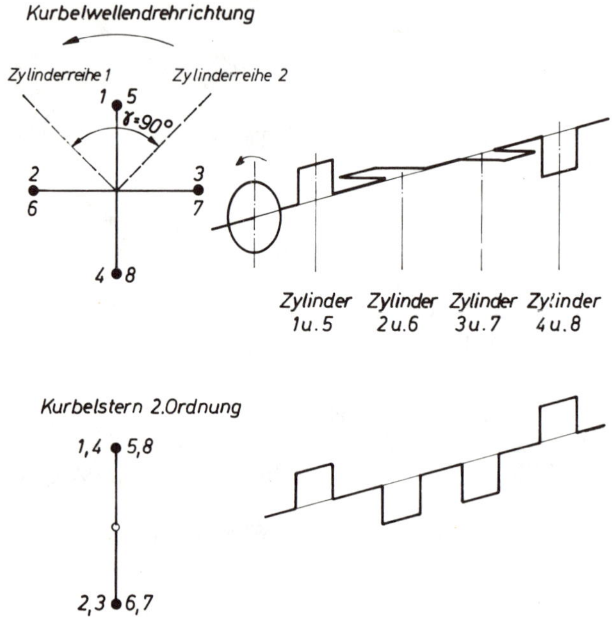

Bild 31. Schema der Kurbelwelle eines 8-Zylinder-V-Motors mit 90°-V-Winkel

ist die Kurbelwelle schematisch mit den Kurbelsternen 1. und 2. Ordnung dargestellt. Bei diesem Motor ist der V-Winkel $\gamma = 90°$ und der Kröpfungsversetzungswinkel $\alpha = 0°$, da beide Pleuelstangen auf einem Kurbelzapfen sitzen (Bilder 315, 323, 331, 336, 350).

Die oben abgeleiteten Beziehungen für die Kräfte 1. Ordnung ergeben für das Einzeltriebwerk (V-Motoreneinheit Bild 26) aus Gl. 19

$$P_r = 2\, m_r \cdot r \cdot \omega^2 \cdot \cos 0$$

Da Gl. 19 sich auf den allgemeinen Fall zweier um α gegeneinander versetzten Kröpfungen je Zylindereinheit bezieht, ergibt sich für die rotierenden Massen m_r der Faktor 2. Diese Schreibweise wurde auch hier beibehalten, obwohl bei dem Achtzylindermotor mit 90°-V-Winkel die Kröpfungen nicht gegeneinander versetzt und somit zu einer Doppelkröpfung geworden sind, auf der beide

Pleuelstangen nebeneinander sitzen. In m_r ist daher in diesem Falle die halbe rotierende Masse $\frac{m_{r_K}}{2}$ dieser Doppelkröpfung einzusetzen, also

$$m_r = \frac{m_{r_K}}{2} + m_{r_P}$$

Es ergibt sich weiter aus Gl. 20

$$\overset{\frown}{P_I} = m_h \cdot r \cdot \omega^2 \cdot \cos 0$$

aus Gl. 21

$$\overset{\frown}{P_I} = m_h \cdot r \cdot \omega^2 \cdot \cos 90^\circ$$

Die entgegen dem Kurbelwellendrehsinn umlaufende Massenkraft 1. Ordnung wird 0 und die in Kurbelwellendrehrichtung umlaufenden Massenkräfte 1. Ordnung P_r und $\overset{\frown}{P_I}$ lassen sich zusammenfassen zu

$$P_r' = (2\, m_r + m_h)\, r \cdot \omega^2$$

Da der Motor einen zentralsymmetrischen Kurbelstern 1. Ordnung hat, gleichen sich die Massenkräfte P_r' der Einzeltriebwerke vollständig aus. Sie bilden jedoch ein Massenmoment. Zu dessen Ausgleich könnte man an jeder Kröpfung Gegengewichte anbringen, um P_r' an jeder Kröpfung auszugleichen, womit auch das Massenmoment 1. Ordnung voll ausgeglichen wäre, jedoch ergibt das sehr viele und sehr große Gegengewichte, und die große Anzahl der Gegengewichte ist aus Drehschwingungsgründen unerwünscht. Es muß daher nach den in 3.1.1.3.2 gegebenen Regeln das Massenmoment 1. Ordnung ermittelt werden. Das ist nach Bild 32

$$M_I = \sqrt{10}\,(2\, m_r + m_h)\, r \cdot \omega^2 \cdot a$$

Dieses Moment läuft in Kurbelwellendrehrichtung um und ist gegenüber der Ebene der Kröpfungen 1 und 4 um 18,4° in Kurbelwellendrehrichtung versetzt. In dieser Ebene müssen auch die Gewichte angebracht werden, die ein Gegenmoment zu M_I erzeugen. Die Gegengewichte werden hierzu zweckmäßigerweise auf die Wangen W_1 bis W_3 bzw. W_6 bis W_8 verteilt, was auch noch eine Entlastung für die Hauptlager 2 und 4 bringt.

Dabei ist es ratsam, die Wangen W_1 und W_8 etwas stärker zu machen, um hier breitere Gegengewichte anbringen zu können, da es sonst schwierig wird, die notwendigen Gegengewichtsgrößen innerhalb des Kurbelgehäuses unterzubringen Es wird, besonders bei schnellaufenden Motoren, davon abgeraten, Gegengewichte außerhalb des Kurbelgehäuses anzuordnen, obwohl diese wegen des großen Abstandes voneinander sehr wirksam wären. Eine solche Anordnung verschlechtert den Ausgleich der inneren Biegemomente und bringt zusätzliche Biegebeanspruchungen in die Kurbelwelle. Mit dieser Gegengewichtsanordnung (Bild 32) ist der Motor in der 1. Ordnung vollständig ausgeglichen.

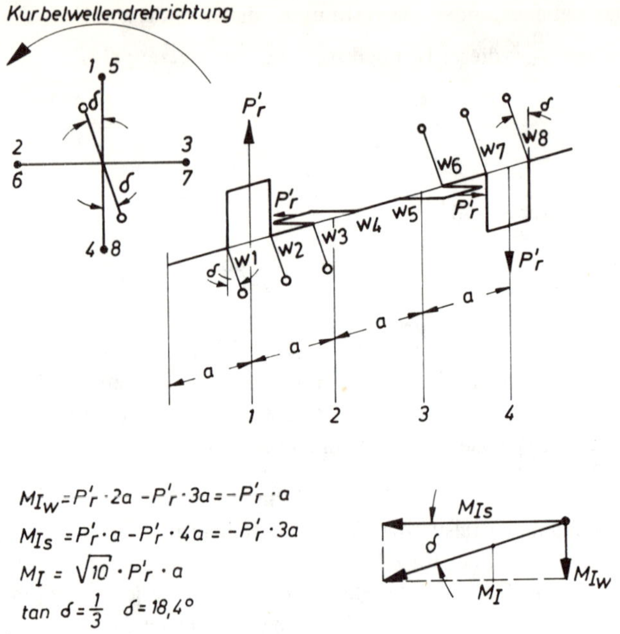

Bild 32. Ermittlung des Massenmoments 1. Ordnung für einen 8-Zylinder-V-Motor ($\gamma = 90^\circ$)

Die Massenmomente 1. und 2. Ordnung aus dem Längsversatz b der Pleuel (Gleichungen 24 bis 27), die wie die Massenkräfte entsprechend den Kurbelsternen zusammengesetzt werden, verschwinden, da die Kurbelsterne 1. und 2. Ordnung nach Bild 31 zentralsymmetrisch sind.

Die Massenkräfte 2. Ordnung (Gleichungen 22 und 23) und die sich daraus ergebenden Momente 2. Ordnung werden ebenfalls zu 0, wie sich aus dem Kurbelstern 2. Ordnung (zentralsymmetrisch) und der entsprechenden Längsanordnung der Kurbeln (symmetrisch zur senkrechten Mittelachse) – Bild 31 – ablesen läßt.

8-Zylinder-Viertakt-Motor mit 60°-V-Winkel

Aus Gründen der Baubreite ist es manchmal erwünscht, den V-Winkel zu verringern, z.B. auf $\gamma' = 60^\circ$. In diesem Falle wäre eine gleichmäßige Zündfolge nicht mehr gewährleistet, da

$$\gamma' \neq \frac{720}{Z} = \frac{720}{8} = 90^\circ$$

Um nun trotzdem eine gleichmäßige Zündfolge und damit gleichmäßiges Drehmoment zu erhalten, ist es nötig, die Kröpfungen der einzelnen V-Einheiten um einen Winkel α gegeneinander zu versetzen (siehe auch S. 44). Bedingung für eine gleichmäßige Zündfolge ist in diesem Fall $\gamma' = \alpha$, d.h. die Kröpfungen sind auch um 60° gegeneinander versetzt (Bild 33).

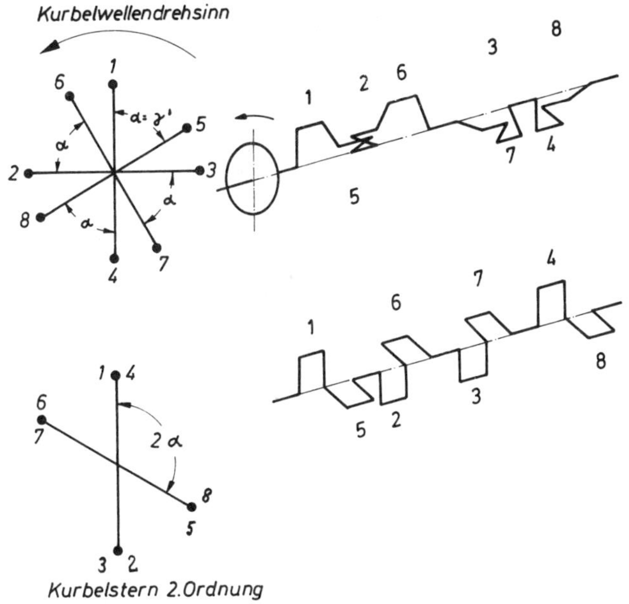

Bild 33. Schema der Kurbelwelle eines 8-Zylinder-V-Motors mit 60°-V-Winkel und versetzten Kurbeln

Nach den Gleichungen 19 bis 21 ergibt sich nun für die rotierenden Massenkräfte 1. Ordnung einer V-Einheit:

$$P_r = 2\, m_r \cdot r \cdot \omega^2 \cdot \cos\frac{\alpha}{2}\,; \quad \alpha = 60°$$

$$= 2\, m_r \cdot r \cdot \omega^2 \cdot 0{,}866$$

$$\overset{\frown}{P_I} = m_h \cdot r \cdot \omega^2 \cdot \cos\frac{\alpha}{2}$$

$$= m_h \cdot r \cdot \omega^2 \cdot 0{,}866$$

$$P_r' = (2\, m_r + m_h) \cdot r \cdot \omega^2 \cdot 0{,}866$$

P_r' läuft im Kurbelwellendrehsinn um und eilt der Kurbel 1 um den Winkel $\frac{\alpha}{2} = 30°$ nach

$$\overset{\frown}{P_I} = m_h \cdot r \cdot \omega^2 \cdot \cos\left(\gamma - \frac{\alpha}{2}\right); \quad \gamma - \frac{\alpha}{2} = 30°$$

$$\overset{\frown}{P_I} = m_h \cdot r \cdot \omega^2 \cdot 0{,}866$$

$\overset{\curvearrowright}{P_I}$ läuft entgegen dem Kurbelwellendrehsinn um und ist, wenn Kurbel 1 im Totpunkt steht, um den Winkel $\gamma - \frac{\alpha}{2} = 30°$ gegen diese entgegen dem Kurbelwellendrehsinn versetzt. Wie beim vorigen Beispiel gleichen sich die Massenkräfte 1. Ordnung untereinander aus, da der Kröpfungsstern 1. Ordnung zentralsymmetrisch ist.

Analog Bild 32 ergibt sich für die Massenmomente 1. Ordnung:

a) in Kurbelwellendrehsinn umlaufend

$$\overset{\curvearrowleft}{M_I} = \sqrt{10} \cdot P_r' \cdot a$$

$\overset{\curvearrowleft}{M_I}$ eilt der Kurbel 1 um den Winkel $\frac{\alpha}{2} - 18{,}4°$, also um $11{,}6°$ nach.
Dieses Moment $\overset{\curvearrowleft}{M_I}$ kann durch Gegengewichte an der Kurbelwelle nach den Regeln, die beim ersten Beispiel gegeben wurden, ausgeglichen werden (Bild 34).

b) entgegen dem Kurbelwellendrehsinn umlaufend

$$\overset{\curvearrowright}{M_I} = \sqrt{10} \cdot \overset{\curvearrowright}{P_I} \cdot a$$

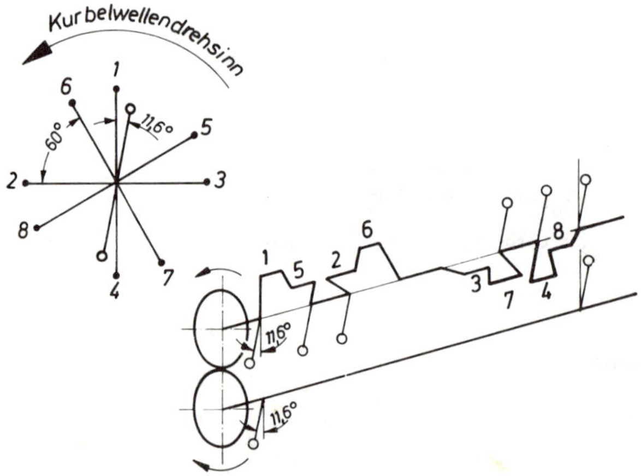

Bild 34. Vollständiger Massenmomentenausgleich 1. Ordnung für einen 8-Zylinder-V-Motor mit einem V-Winkel $\gamma = 60°$

Wenn Kurbel 1 im Totpunkt steht, ist die Ebene dieses Moments um den Winkel $\gamma - \frac{\alpha}{2} - 18{,}4° = 11{,}6°$ gegen Kurbel 1 entgegen dem Kurbelwellendrehsinn versetzt.

Das entgegen dem Kurbelwellendrehsinn umlaufende Moment $\overset{\curvearrowright}{M_I}$ kann nur durch ein entgegen dem Kurbelwellendrehsinn umlaufendes Gegengewichtspaar ausgeglichen werden. Die Größe der Gegengewichte ergibt sich aus der oben ermittelten Größe und Lage des Moments $\overset{\curvearrowright}{M_I}$. Bild 34 zeigt schematisch die Anordnung eines solchen Gegengewichtspaares.

Wie beim ersten Beispiel sind auch hier die Momente 1. und 2. Ordnung aus dem Längsversatz b der Pleuel (Gleichungen 24 bis 27) für den ganzen Motor = 0, da die Kurbelsterne 1. und 2. Ordnung nach Bild 33 zentralsymmetrisch sind.

Auch die Massenkräfte und Massenmomente 2. Ordnung werden zu 0, wie sich aus dem Kurbelstern 2. Ordnung und der entsprechenden Längsverteilung der Kurbeln nach Bild 33 ablesen läßt.

Der Achtzylinder-V-Motor mit einem V-Winkel von 60° und gleichmäßiger Zündfolge erreicht den vollständigen Massenausgleich 1. und 2. Ordnung außer mit den Gegengewichten an der Kurbelwelle nur mit einem Gegengewichtspaar, das durch ein Zahnradgetriebe mit Kurbelwellendrehzahl entgegen dem Kurbelwellendrehsinn umläuft.

3.1.2 Die Gaskräfte und das Motordrehmoment

Die Kenntnis der Größe und des zeitlichen Verlaufs der Gaskräfte ist wichtig, da die hieraus resultierenden Gasdrehkräfte zusammen mit den Massendrehkräften (Kap. 3.1.1.1, Gl. 17) die zeitlich veränderliche Drehkraftlinie des Motors und damit sein Drehmoment ergeben. Die zeitlich veränderliche Drehkraft ist die Ursache für das Entstehen von Drehschwingungen der Kurbelwelle. Es soll hier nun nicht der Gang der Berechnung der Drehkraftlinie oder im späteren Kapitel der Drehschwingungen gezeigt werden. Das würde den Umfang dieses Buches sprengen und ist überdies in der einschlägigen Literatur eingehend behandelt [43; 57; 80].

Hier wird nur soweit darauf eingegangen, wie es nötig ist, um dem Konstrukteur einen Einblick in die Zusammenhänge und das Verständnis für die Gestaltung des Triebwerks im Hinblick auf den ungleichförmigen Verlauf der Drehkraftlinie und die Drehschwingungen zu geben.

3.1.2.1 Gaskräfte im Einzeltriebwerk und resultierende Drehkraftlinie des Einzeltriebwerks

Auf den Kolben eines Verbrennungsmotors wirkt der aus der Verbrennung herrührende Gasdruck. Seine Größe ändert sich entsprechend dem zeitlich veränderlichen Hub mit der Zeit bzw. mit dem Kurbelwinkel. Sie kann aus einem Indikatordiagramm, p-t-Diagramm, (Bild 35), entnommen werden. Die auf den Kolben wirkende Gaskraft P_G wird wie die Massenkraft, Kap. 3.1.1.3.1, über die Stangenkraft in eine Radialkraft und eine Tangentialkraft zerlegt. Die Radialkraft beansprucht die Lager. Die Tangentialkraft ergibt am Kurbelradius r das Nutzdrehmoment des Motors. Wie später gezeigt wird, setzt man die Gasdrehkraft und die Massendrehkraft zusammen, um den zeitlichen Verlauf der resultierenden Drehkraft, die Drehkraftkurve, zu erhalten. Dazu wird die Gasdrehkraft mit Hilfe der harmonischen Analyse [43; 57; 80] in einzelne harmonische Schwingungen zerlegt, wie Bild 36 zeigt. Nach der harmonischen Analyse stellt sich die Gasdrehkraft wie folgt dar:

$$P_{t_G} = P_{tG_0} + \sum_{i=0,5}^{i=k} A_i \cdot \cos i\varphi + \sum_{i=0,5}^{i=k} B_i \cdot \sin i\varphi \tag{28}$$

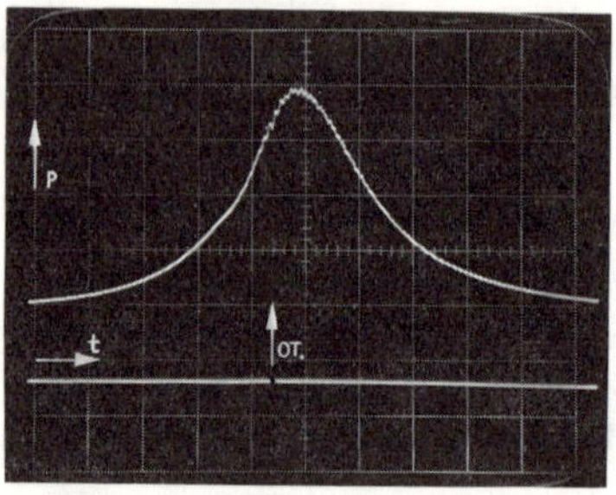

Bild 35. p-t-Diagramm eines schnellaufenden Dieselmotors mit direkter Einspritzung

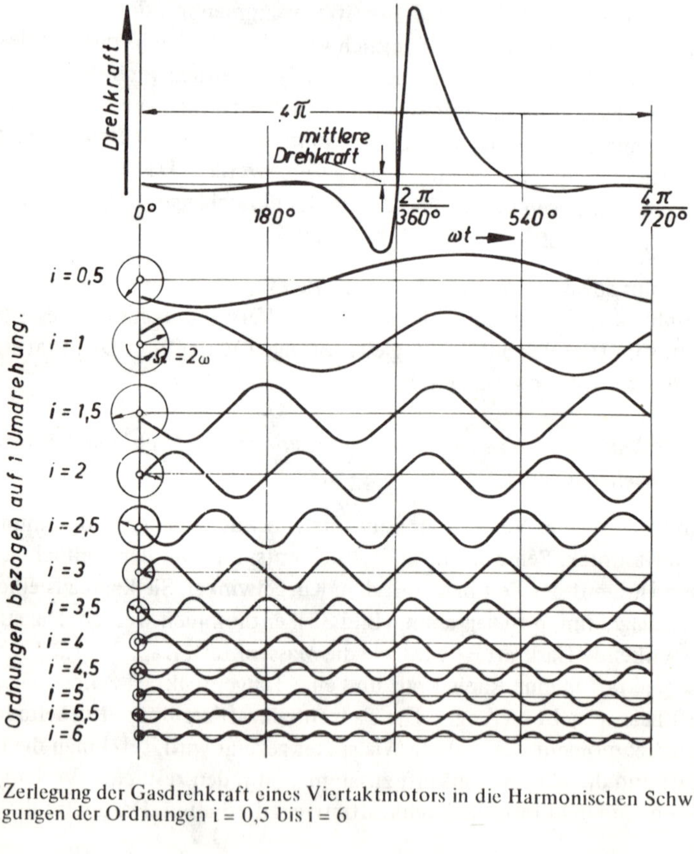

Bild 36. Zerlegung der Gasdrehkraft eines Viertaktmotors in die Harmonischen Schwingungen der Ordnungen i = 0,5 bis i = 6

Sie setzt sich also aus einem konstanten Teil, der der mittleren Drehkraft entspricht, und einer Reihe von harmonischen Schwingungen mit sin- und cos- Gliedern zusammen. i ist die Ordnungszahl der harmonischen Schwingungen, bezogen auf eine Motorumdrehung als Grundperiode. Bei den Gasdrehkräften eines Viertaktmotors treten anders als bei den Massenkräften, bei denen es nur ganzzahlige Ordnungen gibt, auch halbzahlige Ordnungen auf, da nur bei jeder zweiten Umdrehung eine Zündung erfolgt. $\varphi = \omega t$ ist der Kurbelwinkel.

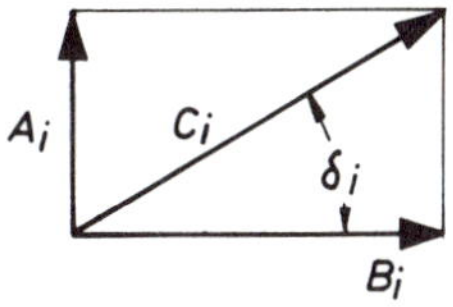

Bild 37. Harmonische Erregerkraft C_i

Setzt man nach Bild 37 A_i und B_i zur harmonischen Erregerkraft

$$C_i = \sqrt{A_i^2 + B_i^2}$$

zusammen und fügt noch aus Gl. 15 die Koeffizienten der harmonischen Schwingungen der Massendrehkraft

$$B_{i_M} = P_h\,;\, P_h \cdot 1/2\,\lambda;\,.\,.\,.\,.\,.\,.\,.$$

hinzu

$$C_i = \sqrt{A_i^2 + (B_i + B_{i_M})^2},$$

so läßt sich Gleichung 28 schreiben:

$$P_t = P_{t_{G_0}} + \sum_{i=0,5}^{i=k} C_i \cdot \sin(i \cdot \omega t + \delta_i) \qquad (29)$$

δ_i siehe Bild 37

Mit dieser Gleichung ist der resultierende Drehkraftverlauf eines Zylinders dargestellt (Tangentialkraftdiagramm Bild 38).

Aus Gl. 29 ergibt sich auch der Verlauf des Drehmoments eines Zylinders als Funktion des Kurbelwinkels $\varphi = \omega t$

$$M_d = F_K \cdot r\,[p_{t_{G_0}} + \sum_{i=0,5}^{i=k} c_i \cdot \sin(i\varphi + \delta_i)]$$

Hierin ist $p_{t_{G_0}}$ die auf die Kolbenfläche bezogene Gasdrehkraft in kp/cm^2

und c_i die auf die Kolbenfläche F_K bezogene harmonische Erregerkraft C_i in kp/cm^2. Durch Umwandlung erhält man:

$$M_d = \frac{1}{2} V_{h_1} [p_{t_{G_0}} + \sum_{i=0,5}^{i=k} c_i \cdot \sin(i\varphi + \delta_i)] \tag{30}$$

Hierin ist $V_{h_1} = \frac{\pi}{4} D^2 \cdot H$ = Hubvolumen eines Zylinders in cm^3.

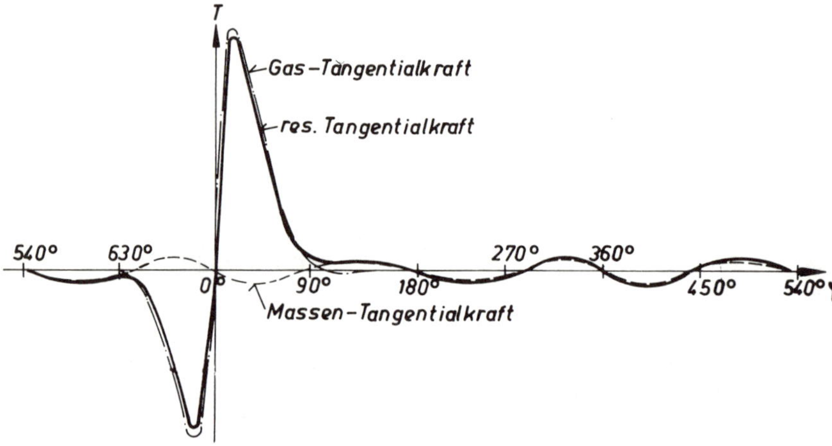

Bild 38. Tangentialkraftdiagramm für einen Viertakt-Einzylindermotor [57]

Die Kenntnis der harmonischen Erregerkräfte c_i, durch welche die Drehschwingungen erregt werden, ist für die Drehschwingungsrechnung wichtig. In den Berechnungsabteilungen liegen hierfür entsprechende Diagramme vor, aus denen die Größe von c_i in Abhängigkeit vom mittleren Druck p_{m_i}, von der Kolbengeschwindigkeit c_m und von dem Verhältnis des Gewichts der oszillierenden Triebswerkteile zum Hubvolumen G_h/V_h eines Zylinders entnommen werden kann. Bild 39 zeigt solche Diagramme für schnellaufende Viertaktmotoren mit einem Verdichtungsverhältnis von $\epsilon = 17$ und einem Pleuelstangenverhältnis $\lambda = 0{,}263$.

Man sieht aus den Diagrammen Bild 39, daß die harmonischen Errgerkräfte halbzahliger Ordnungen mit höherer Ordnungszahl kleiner werden. Bei den ganzzahligen Ordnungen, bei denen auch die Massendrehkräfte wirksam sind (Bild 39b, c, d, e), ist diese Tendenz je nach c_m, p_{m_i} und G_h/V_h, verschieden. Bei der harmonischen Erregerkraft 4. Ordnung ist der Einfluß der Massendrehkraft schon sehr klein geworden, bei den höheren ganzzahligen Ordnungen verschwindet er praktisch ganz.

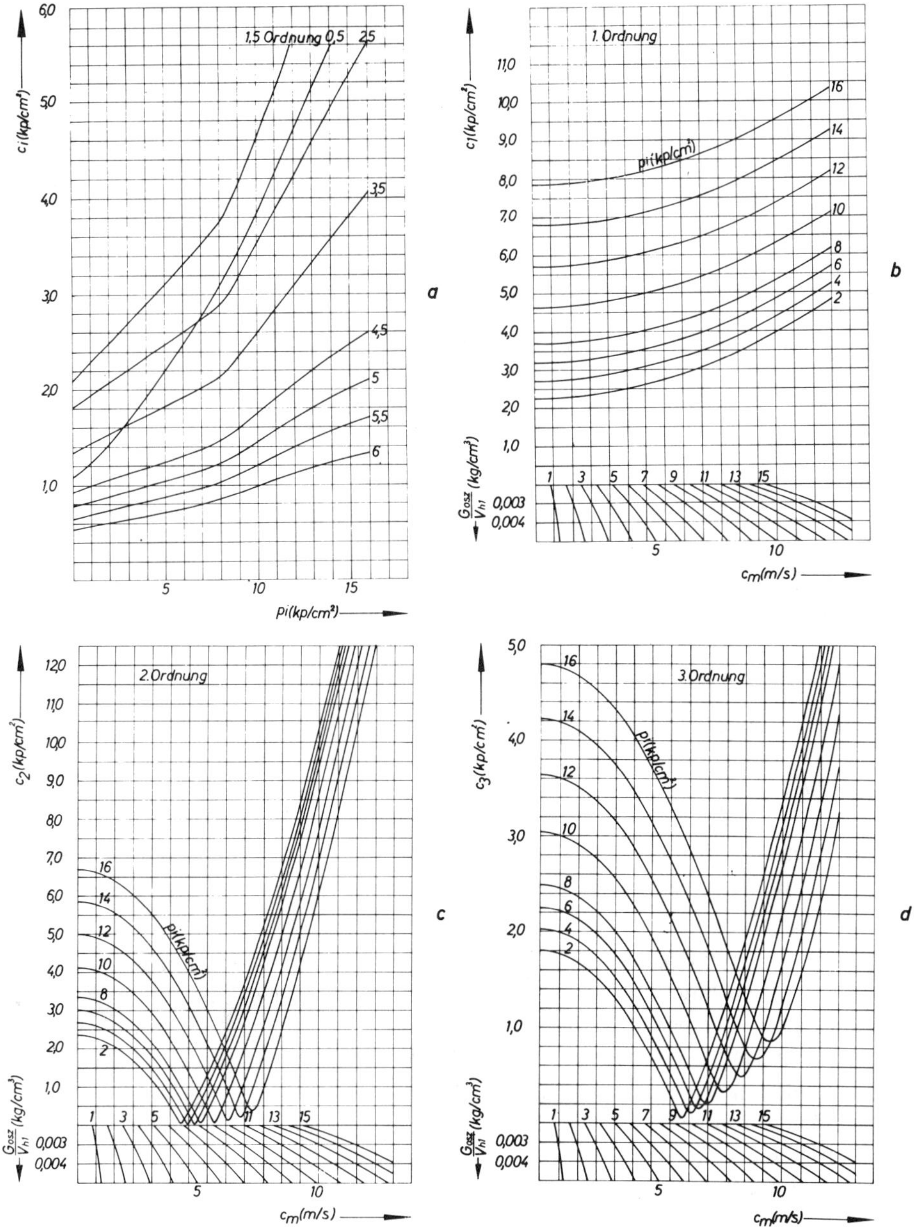

Bild 39. Harmonische Erregerkraft c_i in kp/cm^2 Kolbenfläche
a) c_i der Ordnungen ohne Massendrehkräfte
b) c_i 1. Ordnung mit Massendrehkraft
c) c_i 2. Ordnung mit Massendrehkraft
d) c_i 3. Ordnung mit Massendrehkraft

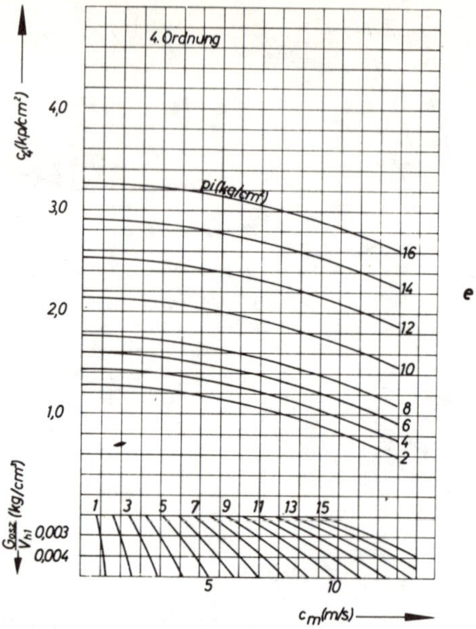

Bild 39. Harmonische Erregerkraft c_i in kp/cm² Kolbenfläche
e) c_i 4. Ordnung mit Massendrehkraft

3.1.2.2 Die Drehkraftlinie des Mehrzylindermotors

Die Kenntnis des Drehkraftverlaufs ist für Motoren kleinerer Zylinderzahl bis zu vier Zylindern wichtig für die Auslegung des Schwungrades, das mit seinem Trägheitsmoment die Ungleichförmigkeit des Drehmomentverlaufs abbauen soll. Sie ist notwendig für die Auslegung der elastischen Lagerung eines Motors, die über das ungleichförmige Reaktionsmoment erregt wird und für die Behandlung der Drehschwingungen der Kurbelwelle, die durch die harmonischen Erregerkräfte C_i erregt werden.

Das Drehkraftdiagramm eines Mehrzylindermotors wird folgendermaßen gewonnen: Das Einzylinderdrehkraftdiagramm (Bild 38) wird über 2 Umdrehungen, d.h. 720°, so oft wie der Zylinderzahl entspricht, jeweils um den Kurbelwinkel δ_K versetzt aufgezeichnet. Alle Linienzüge werden dann zeichnerisch addiert zur resultierenden Drehkraftlinie. Die mittlere Drehkraft ergibt sich hieraus als Höhe eines Rechteckes über 720°, das flächengleich der Fläche unter der resultierenden Drehkraftlinie ist. Die mittlere Drehkraft steht mit dem Nutzmoment des Motors über die bekannte Gleichung

$$T_m \cdot r = \frac{M_d}{\eta_M} = \frac{716{,}20 \cdot N}{\eta_M \cdot n}$$

im Zusammenhang. Bild 40 zeigt eine Reihe von Drehkraftdiagrammen für

Motoren verschiedener Zylinderzahlen und Zylinderanordnungen. Man sieht, daß die Ungleichförmigkeit der Drehkraftlinie mit steigender Zylinderzahl immer geringer wird, daß aber bei ungleichmäßiger Zündfolge die Ungleichförmigkeit größer wird.

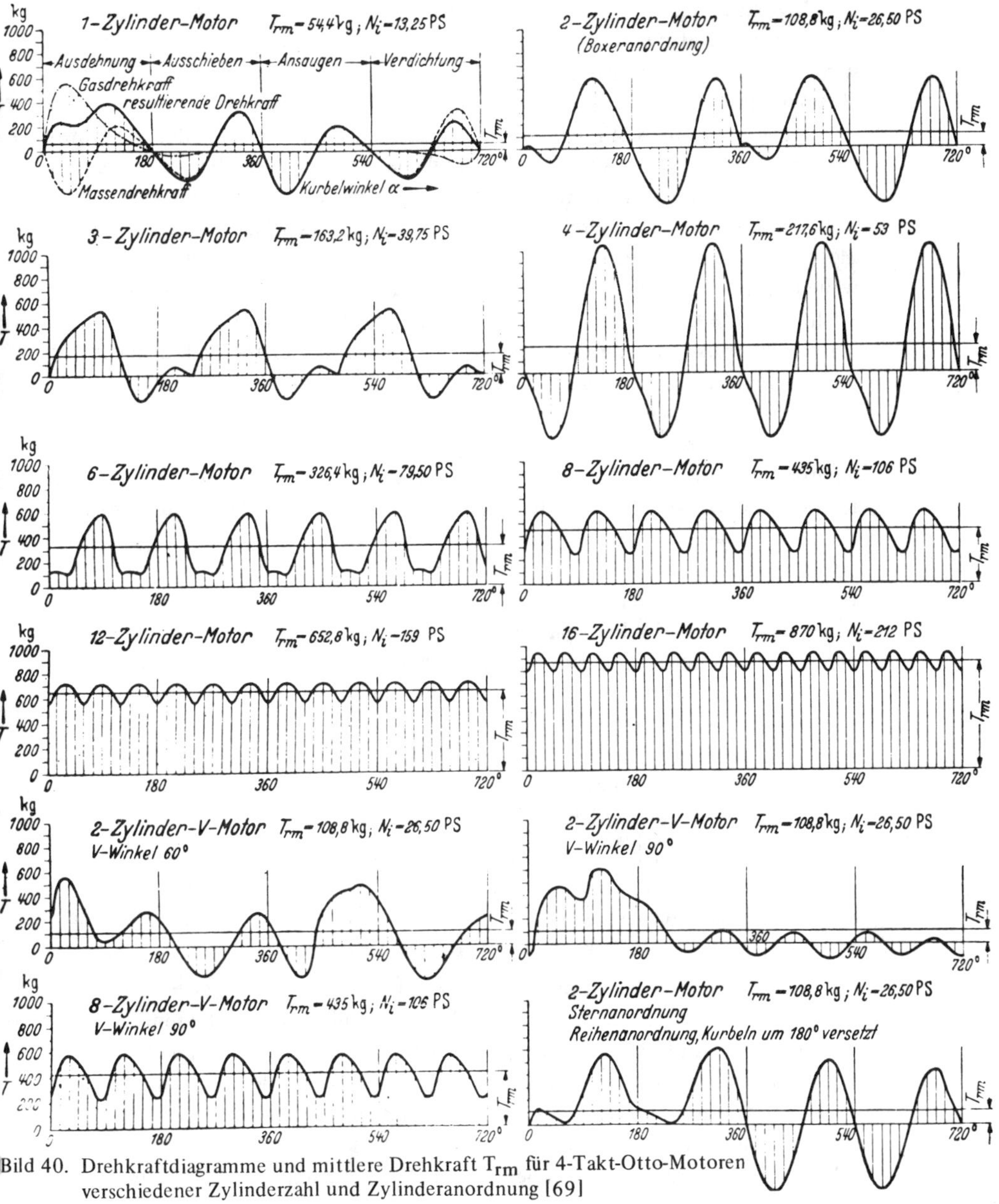

Bild 40. Drehkraftdiagramme und mittlere Drehkraft T_{rm} für 4-Takt-Otto-Motoren verschiedener Zylinderzahl und Zylinderanordnung [69]

3.1.3 Drehschwingungen

Die Kurbelwelle eines Verbrennungsmotors stellt mit ihren Massen (Kurbelwange, Kurbelzapfen, Pleuelstange und Kolben) und ihrer Drehfedrigkeit ein schwingungsfähiges Gebilde dar, das durch die oben beschriebenen harmonischen Erregerkräfte C_i der Gas- und Massenkräfte zu Drehschwingungen erregt wird. Erfolgt diese Erregung in einer Frequenz, die der Eigenfrequenz oder einem Vielfachen der Eigenfrequenz der Kurbelwelle entspricht, so tritt Resonanz ein. In diesem Falle können die Drehschwingungsausschläge so groß werden, daß ein Torsionsdauerbruch der Welle die Folge ist. Aber auch, wenn die Drehschwingungsbeanspruchung noch unter der Dauerfestigkeit der Kurbelwelle liegt, so stören die Drehschwingungsausschläge den Massenausgleich des Motors, der ja unter der Bedingung einer nichtverwundenen, starren Kurbelwelle ermittelt wurde, der Motor steht unruhig und es ergeben sich zusätzliche hochfrequente Lagerbelastungen. Außerdem werden Zahnradtriebe, die von der Kurbelwelle ausgehen, durch die Schwingungsausschläge zusätzlich beansprucht, was zu Geräuschbildung und Pittingsbildung auf den Zahnflanken führt. Aus diesem Grunde ist es ratsam, Zahnradtriebe bei größeren Mehrzylindermotoren ab 6 Zylindern in der Nähe des Schwingungsknotens am Orte möglichst geringer Drehschwingungsausschläge anzubringen, was meistens am Schwungradende der Kurbelwelle ist. Allerdings kann der Schwingungsknoten je nach Bauart auch auf der entgegengesetzten Seite oder in Motormitte liegen. Es ist nun Aufgabe der Drehschwingungsrechnung, die harmonischen Erregerkräfte C_i des Einzeltriebwerks, die Eigenfrequenz der Kurbelwelle bzw. der gesamten Anlage, die kritischen Drehzahlen, die Resonanzausschläge in den kritischen Drehzahlen und daraus die Drehschwingungsbeanspruchung der Kurbelwelle zu berechnen. Es kann hier nicht auf den Rechnungsgang und die Probleme der Drehschwingungen eingegangen werden. Hierüber gibt es eine spezielle Literatur [43; 55; 57; 80]. Hier soll nur so weit darauf eingegangen werden, daß dem Konstrukteur das Wesen der Drehschwingungen klar wird, und daß er weiß, wie das Triebwerk zu gestalten ist, um die Drehschwingungen zu beeinflussen.

Zur Bestimmung der Eigenfrequenz der Kurbelwelle wird diese auf eine glatte Welle reduziert, deren Verdrehung unter einem bestimmten Drehmoment gleich derjenigen der wirklichen Kurbelwelle ist. Hierfür gibt es entsprechende empirisch ermittelte Reduktionsformeln für die Kurbelkröpfungen [43; 57].

An der Stelle der Kurbelkröpfungen der Ersatzwelle denkt man sich Scheiben angebracht, deren Massen der Wirkung der rotierenden und oszillierenden Massen einer Kröpfung entsprechen. Für die Ermittlung dieser Trägheitsmomente finden sich in der Literatur [43; 80] entsprechende Rechnungswege. Hiermit ergibt sich für den gesamten Motor ein Ersatzsystem, wie auf Bild 41 dargestellt. Ein solches n-Massensystem hat (n–1) Eigenschwingungszahlen n_e und (n–1) Schwingungsformen, von denen jedoch im allgemeinen nur die ersten und zweiten Grades interessant sind. Die Schwingungsformen sind gekennzeichnet durch die Anzahl der Schwingungsknoten. Bei dem Ersatzsystem Bild 41 handelt es sich z.B. um eine Schwingungsform 1. Grades. Mit der Schwingungsrechnung werden auch die Ausschläge a_n der einzelnen Massen ermittelt. (Bild 41).

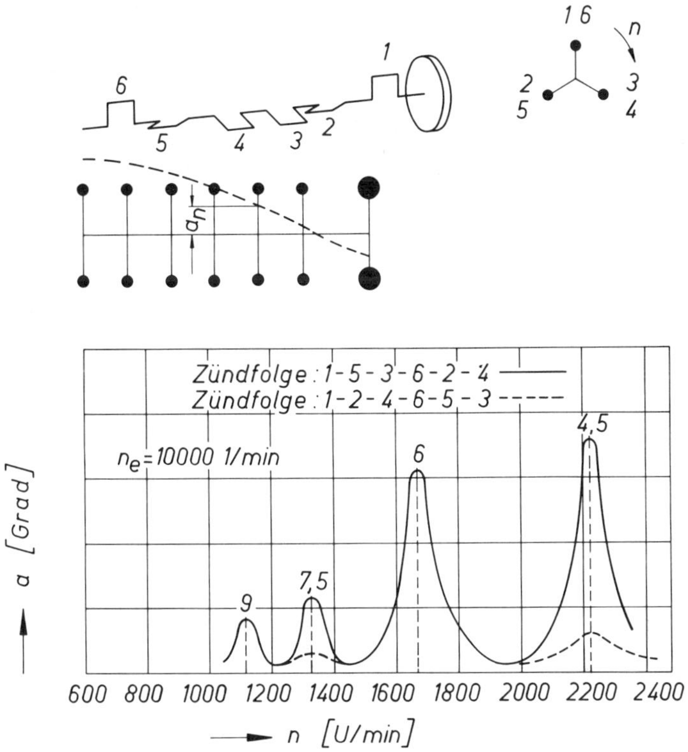

Bild 41. Ersatzsystem eines Sechszylinder-Viertaktmotors; Einfluß der Zündfolge; nach [21]

Die Drehschwingungen werden von den harmonischen Erregerkräften C_i erregt. Dabei wird eine Erregungsarbeit $\vec{\Sigma} a_n C_i$, das ist die Vektorsumme der einzelnen Erregungsarbeiten $a_n C_i$, verrichtet. Um diese Vektorsumme bilden zu können, müssen zunächst die Richtungssterne der einzelnen Ordnungen i aufgestellt werden. Die Richtungssterne entstehen aus dem Kurbelstern, der mit dem Richtungsstern 1. Ordnung identisch ist, durch Multiplikation des Kröpfungswinkels δ_K mit den entsprechenden Ordnungszahlen i = 0,5; 1; 1,5; 2; 2,5; 3; 3,5 . . . (Bild 42). Sie geben die Phasenlagen der entsprechenden harmonischen Erregerkräfte C_i an (Bild 42). Die Vektorsumme der Erregungsarbeiten $\vec{\Sigma} a_n C_i$ wird dann entsprechend den Richtungssternen der einzelnen Ordnungen gebildet.

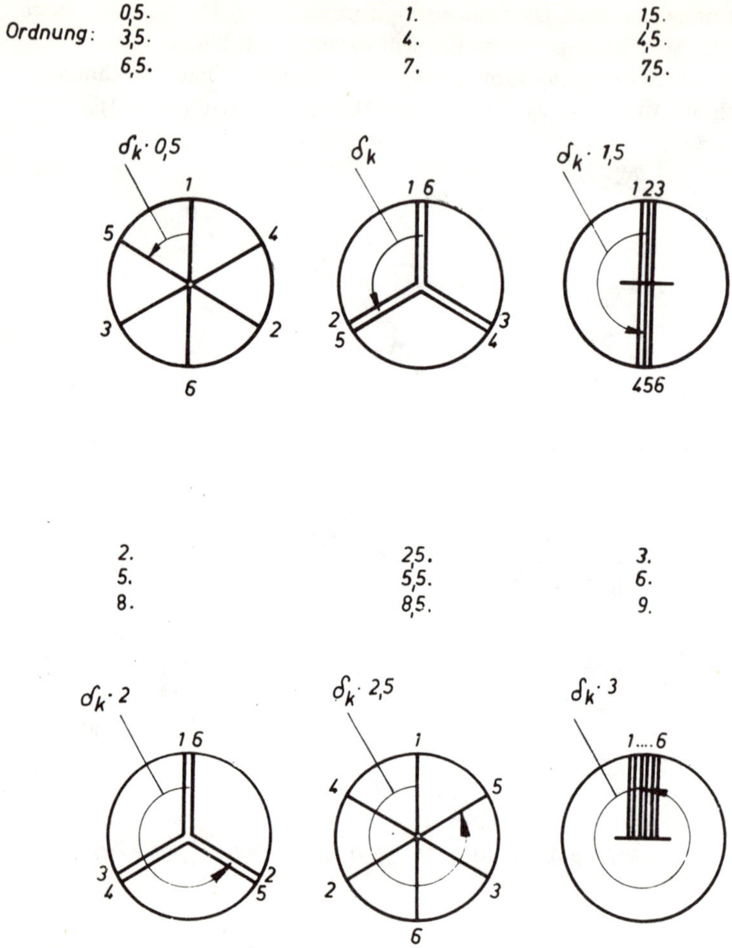

Bild 42. Richtungssterne der Ordnungen i = 0,5 bis i = 9 eines Sechszylinderreihenmotors (Zündfolge 1 – 5 – 3 – 6 – 2 – 4)

Als Hauptkritische ergeben sich dabei die Ordnungen, bei denen die Strahlen des Richtungssternes alle in eine Richtung weisen. In diesem Falle wird aus der Vektorsumme $\vec{\Sigma}\, a_n\, C_i$ die algebraische Summe $\Sigma\, a_n\, C_i$ und die Erregungsarbeit erreicht ein Maximum. Im Falle von Bild 42 sind die Hauptkritischen von der 3., 6. und 9. Ordnung. Die Hauptkritischen sind bei Viertaktmotoren bei gleichmäßiger Zündfolge

$$i = k \cdot \frac{Z}{2} \qquad k = 1, 2, 3, \ldots\ldots$$

Die entsprechenden kritischen Drehzahlen, bei denen Erregerfrequenz und Eigenfrequenz der Kurbelwelle zusammenfallen und somit Resonanz entsteht, sind

$$n_{kr} = \frac{n_e}{i}$$

Obwohl die Richtungssterne der anderen, nicht hauptkritischen Ordnungen, zentralsymmetrisch sind, wird in diesen Fällen die Erregerarbeit $\Sigma \vec{a_n C_i}$ nicht 0, da infolge der Drehelastizität der Kurbelwelle der Ausschlag a_n für jede Kröpfung einen anderen Wert hat (Bild 41). Die Erregungsarbeit $\vec{\Sigma a_n} \cdot C_i$ hat also auch für die zentralsymmetrischen Richtungssterne einen bestimmten Wert, was zum Auftreten von Nebenkritischen führt. Diese Nebenkritischen, z.B. in Bild 41 der 4,5. und 7,5. Ordnung, lassen sich durch die Wahl der Zündfolge in ihrer Größe beeinflussen (Bild 41). Der Einfluß der Zündfolge beruht darauf, daß sich mit ihr die Richtungssterne der nicht ganzzahligen Ordnungen ändern. Damit ändert sich dann auch die Größe der Vektorsumme $\vec{\Sigma a_n} \cdot C_i$. Die Hauptkritischen sind dagegen durch die Wahl der Zündfolge nicht beeinflußbar.

Was kann nun der Konstrukteur tun, um die Gefahr von Drehschwingungsbrüchen der Kurbelwelle zu vermeiden? Zunächst einmal muß man die Eigenschwingungszahl der Kurbelwelle so hoch legen, daß die Hauptkritischen kleiner Ordnung ($k = 1; 2$) außerhalb des Betriebsdrehzahlbereiches liegen. Dazu ist es notwendig, besonders bei den schnellaufenden Hochleistungsmotoren, die Triebwerksmassen, so weit es die Festigkeitsanforderungen gestatten, so klein wie möglich zu halten. Die Kurbelwelle muß so steif wie möglich sein, d.h. dicke Kurbelzapfen, jedoch hohlgebohrt, um die Trägheitsmomente klein zu halten und große Überschneidung des Kurbel- und Wellenzapfens, wie sie sich bei kurzhubiger Bauweise ($\xi \approx 1$) von selbst ergibt. Es wurde schon in 1.2.1 in den Ausführungen über die Bedeutung des Hub-Bohrungsverhältnisses ξ auf den Einfluß von ξ auf die Drehschwingungslage der Kurbelwelle hingewiesen. Ein kurzhubiger Motor erlaubt von der Drehschwingungsbeanspruchung her höhere Drehzahlen, weshalb ξ so klein wie möglich gewählt werden sollte. Weiter müssen die auf dem vorderen Kurbelwellenende sitzenden Keilriemenscheiben oder anderen Abtriebselemente so ausgebildet werden, daß ihr Trägheitsmoment so klein wie möglich ist. Die Anzahl und das Trägheitsmoment der Gegengewichte zum Massenausgleich müssen so klein wie möglich sein. Das heißt, das Verhältnis von Trägheitsmoment zum statischen Moment der Gegengewichte muß möglichst klein sein.

Alle diese Maßnahmen sind jedoch nur in begrenztem Umfang wirksam, und es ist besonders bei schnellaufenden Motoren mit hoher Kolbengeschwindigkeit nicht zu vermeiden, daß kritische Drehzahlen, wenn auch keine gefährlichen

Hauptkritischen niedriger Ordnungszahlen, in den Bereich der Betriebsdrehzahl kommen. Nun werden zwar die Ausschläge bei Resonanz zu einem Teil durch die innere Dämpfung im Triebwerk des Motors – das ist z.B. Werkstoffdämpfung, Dämpfung in der Gleitlagerung und Kolbenreibung – begrenzt. Doch kann es trotz dieser inneren Dämpfung noch zu gefährlich hohen Ausschlägen kommen, die die Kurbelwelle über ihre Dauerfestigkeit hinaus beanspruchen, so daß es zu Drehschwingungsbrüchen kommt.

Da bei Schnelläufern, die über einen großen Drehzahlbereich betrieben werden, eine Sperrung bestimmter Drehzahlbereiche, in denen kritische Resonanzausschläge auftreten, nicht akzeptabel ist, müssen die gefährlichen Resonanzausschläge durch Drehschwingungsdämpfer begrenzt werden. Die Aufgabe des Drehschwingungsdämpfers ist es, das Gleichgewicht zwischen Erregungsarbeit und Dämpfungsarbeit bei zulässigen Schwingungsausschlägen herzustellen. Der Drehschwingungsdämpfer wird dazu auf der Kurbelwelle an der Stelle, an der Schwingungsenergie am leichtesten zu vernichten ist, also am Ort der größten Drehschwingungsausschläge, angebracht. Das ist normalerweise das dem Schwungrad entgegengesetzte Ende der Kurbelwelle.

Die gebräuchlichsten Drehschwingungsdämpfer sind:

Reibungsdämpfer	(Bild 43)
Gummidämpfer	(Bilder 44 und 45)
Viskositätsdämpfer	(Bild 46)

Es soll hier nicht auf die Theorie und Berechnung der Schwingungsdämpfer eingegangen werden, das kann aus der einschlägigen Literatur [23; 32; 43; 75] entnommen werden, sondern es wird hier nur kurz ihre Wirkungsweise geschildert.

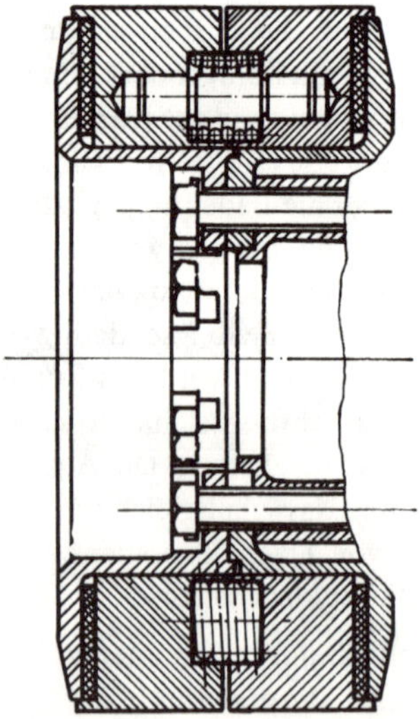

Bild 43. Reibungsschwingungsdämpfer

Beim Reibungsdämpfer wird eine Zusatzmasse über federbelastete Reibebeläge an das vordere Ende der Kurbelwelle angekuppelt (Rutschkupplung). Wird beim Auftreten von Drehschwingungen das Höchstmoment dieser Rutschkupplung überschritten, so tritt Rutschen ein, und die Masse wird sozusagen von der Kurbelwelle abgekuppelt. Dabei wird gleichzeitig die Kurbelwelleneigenfrequenz geändert und Schwingungsenergie durch Reibungsarbeit verzehrt Es werden dadurch sowohl Resonanzspitzen abgebaut als auch die Ausbildung von Resonanzspitzen vermieden. Die Reibungsdämpfer haben einige Nachteile, weshalb sie bei Schnelläufern nur noch selten angewandt werden; denn die Größe der Reibung unterliegt leicht äußeren Einflüssen, z.B. Feuchtigkeit oder Verschmutzung oder Verschleiß der Reibflächen, wodurch sich die bei der Berechnung der Reibungsdämpfer vorausgesetzten Reibungseigenschaften ändern können.

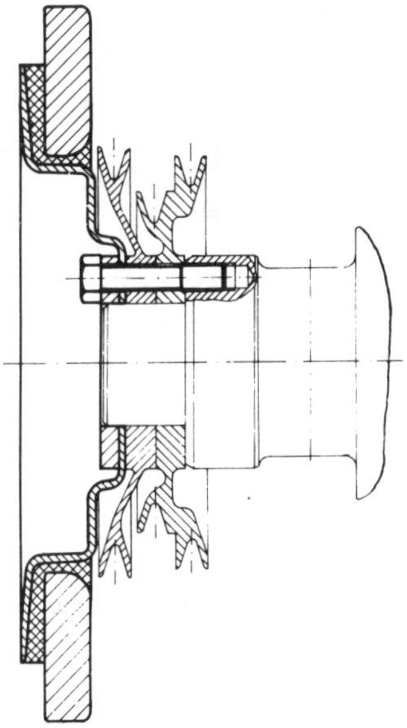

Bild 44. Gummischwingungsdämpfer

Für kleinere Motoren bis zu Leistungen von ca. 600 PS wird heute vorzugsweise der kostengünstige Gummischwingungsdämpfer vorgesehen. Beim Gummischwingungsdämpfer ist eine Schwungmasse, die Sekundärmasse, über eine aufvulkanisierte oder eingepreßte Gummischicht federnd mit dem Primärteil, das mit dem Vorderende der Kurbelwelle starr verbunden ist, gekoppelt. Seine Wirkungsweise beruht auf der Materialdämpfung des Gummis. Sobald Drehschwingungen auftreten, vollführt die Sekundärmasse Relativbewegungen gegenüber der Kurbelwelle. Dadurch wird der Gummi verformt und verzehrt durch die innere Reibung Schwingungsenergie. Da der Gummi auch Federeigenschaften hat,

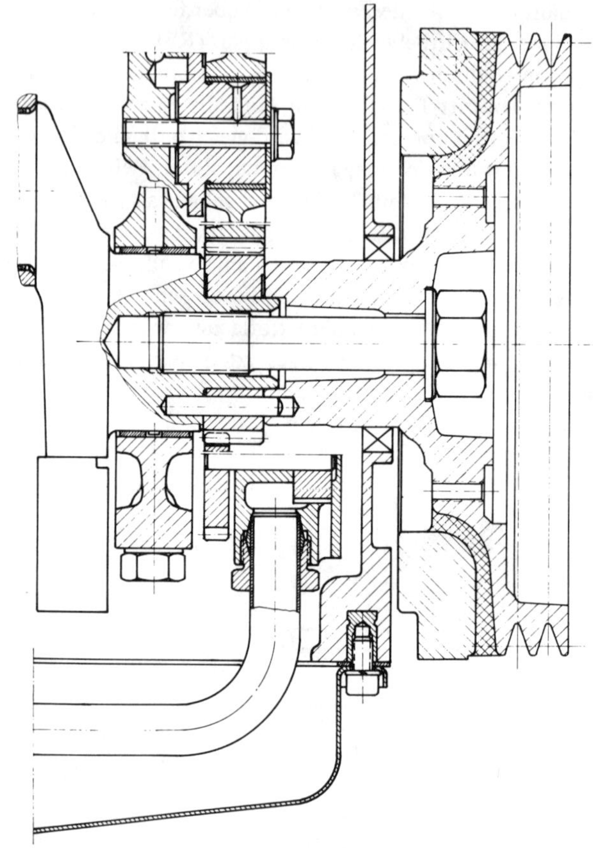

Bild 45. Gummischwingungsdämpfer kombiniert mit Keilriemenscheibe

wird in den Resonanzstellen durch die größeren Resonanzausschläge der Sekundärmasse die Dämpfungsarbeit noch vergrößert. Kennzeichen der Gummischwingungsdämpfer ist es, daß die Kurbelwelle statt einer hohen Resonanzspitze jeder Ordnung nunmehr deren zwei, jedoch infolge der Dämpfung geringerer Größe hat. Die Leistung der Gummischwingungsdämpfer wird durch die Temperatur, die sich infolge der inneren Reibung im Gummi bildet, begrenzt, da Gummi nur bis zu einer bestimmten Temperatur beständig ist. Beim Anbau dieser Dämpfer muß hierauf Rücksicht genommen werden; die Kühlung der Gummischwingungsdämpfer darf nicht behindert sein. Sie dürfen deshalb auch nicht eingekapselt werden; Kühlluft muß möglichst von allen Seiten frei hinzutreten können. Gelegentlich findet man auch Gummischwingungsdämpfer, die mit einer Keilriemenscheibe kombiniert sind (Bilder 45 und 329), eine raumsparende Konstruktion.

Beim Viskositätsschwingungsdämpfer befindet sich in einem Gehäuse, das mit der Kurbelwelle starr gekuppelt ist, eine Sekundärmasse mit geringem Abstand zu den Gehäusewänden. In axialer und radialer Richtung ist sie durch entsprechende Distanzringe geführt. Die Spalte zwischen Sekundärmasse und Gehäuse sind mit Silikonöl hoher Viskosität gefüllt, das durch einen relativ

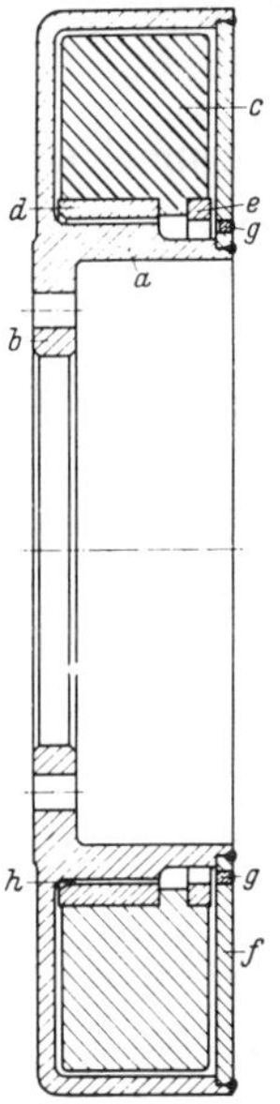

Bild 46. Schnitt durch einen Viskositätsdämpfer (Holset) [32]
a Gehäuse
b Befestigungsflansch
c Dämpfermasse
d Führungsbuchse
e Führungsring
f Deckplatte
g Füllstopfen
h Verteilnuten

flachen Verlauf der Viskositäts-Temperaturkurve gekennzeichnet ist. Das bedeutet weitgehende Temperaturunabhängigkeit der Dämpfungswirkung. Treten Drehschwingungen auf, so führt die Sekundärmasse Relativbewegungen zum Gehäuse aus. Die dabei auftretenden Schubkräfte im Silikonöl ergeben ein dämpfendes Moment, das die Schwingungsenergie aufzehrt. Der Viskositätsdämpfer arbeitet mit geschwindigkeitsproportionaler Dämpfung. Er kann bis zu den größten Motorleistungen angewandt werden. Aber auch hier muß für einen Einbau gesorgt werden, der eine gute Wärmeabfuhr aus dem Dämpfer zuläßt. Am besten wird er daher außerhalb des Kurbelgehäuses angebaut. In diesem Falle müssen aber die Einbauverhältnisse des Motors so sein, daß die

Kühlung des Schwingungsdämpfers nicht behindert wird. Wenn er innerhalb des Kurbelgehäuses angebracht wird, so ist für eine Kühlung durch Anspritzen mit ausreichend kaltem Schmieröl, das unmittelbar hinter dem Schmierölkühler abgezweigt wird, zu sorgen.

3.1.4 Beanspruchung, Bemessung und Gestaltung der Kurbelwelle

Die Kurbelwelle wird durch Biegung und Verdrehung beansprucht. Die Biegung wird durch die Gas- und Massenkräfte hervorgerufen (Bild 47). Dabei treten

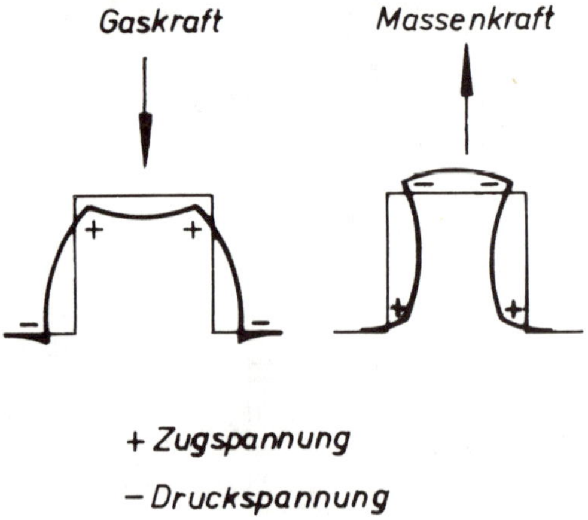

Bild 47. Schema der Verformung einer Kurbelkröpfung durch Gas- und Massenkräfte

in den Übergangsradien von den Lagerzapfen zu den Wangen, den Hohlkehlen, Spannungsspitzen auf, und zwar Zugspannungen in den Hohlkehlen des Kurbelzapfens bzw. Druckspannungen in den Hohlkehlen der Hauptlagerzapfen bei Beanspruchung durch die Gaskraft und umgekehrt bei Beanspruchung durch die Massenkraft. Beide Beanspruchungen zusammen ergeben eine Biegewechselbeanspruchung der Kurbelwelle, deren Ausschläge um die Mittelspannung aus den folgendermaßen ermittelten Kräften bestimmt werden:

Max. Kraft P_{max_z} im Zündtotpunkt

$$P_{max_z} = P_z - P_m$$

P_z = Zündkraft (Gaskraft)

P_m = Massenkraft

Max. Kraft $P_{max_ü}$ im Überschneidungstotpunkt, in dem die Gaskräfte praktisch gleich 0 sind:

$$P_{max_ü} = - P_m$$

Die Mittelkraft ist dann:

$$P_{Mittel} = \frac{P_{max_z} + P_{max_ü}}{2} = \frac{P_z - 2\,P_m}{2}$$

und der Ausschlag der Kräfte

$$P_a = P_{max_z} - P_{max_ü} = P_z - P_m + P_m = P_z$$

Die maximale Wechselbeanspruchung der Kurbelwelle wird bei den hier betrachteten Motoren durch die Zündkraft des Gasdrucks bestimmt. Bei Motoren mit sehr hohen Drehzahlen z.B. Pkw-Motoren (Otto-Motoren) überwiegt der Einfluß der Massenkräfte.

Außer den Biegebeanspruchungen durch die Gas- und Massenkräfte [63] können noch weitere Biegebeanspruchungen besonders an den Endkröpfungen auftreten z.B. durch fliegend angeordnete Abtriebe (Keilriementriebe!), die Wechselbiegemomente erzeugen, die besonders gefährlich werden, wenn ihre Kraftrichtung in Zylinderachse liegt und infolgedessen mit der Kraftrichtung der maximalen Gas- oder Massenkräfte zusammenfällt. Liegen solche Beanspruchungen vor, so müssen diese unbedingt bei der Berechnung der Biegespannungen der Kurbelwelle berücksichtigt werden. Zusätzliche Biegebeanspruchungen der Endkröpfungen können durch Schwungradflattern oder Schwingungsdämpferflattern hervorgerufen werden, die durch die Verformung der Kurbelwelle beim Anstieg der Zündkraft entstehen. [24]

Die Kurbelwelle wird auf Verdrehung beansprucht durch das durch die Kurbelwelle hindurchgeleitete Nutzdrehmoment und die zusätzlichen Verdrehbeanspruchungen von Wechseldrehmoment (Kap. 3.1.2.1 u. 3.1.2.2) und Drehschwingungen. Dabei sind die Wechselverdrehbeanspruchungen in der Hohlkehle durch die Schwankungen der Tangentialkraft (Wechseldrehmoment) klein, so daß sie bei der Rechnung gegenüber den Verdrehwechselspannungen der Drehschwingungen vernachlässigt werden können. Während die Verdrehbeanspruchungen in der Hohlkehle allein keine große Rolle spielen, sondern erst zusammen mit den dort auftretenden Biegebeanspruchungen, ist es im Bereich der Ölbohrungen grundsätzlich anders. Hier können sich die Verdrehbeanspruchungen allein gefährlich auswirken, weshalb die Partie der Ölbohrungen sorgfältig gestaltet werden muß. Hierauf wird später noch eingegangen.

Für die ersten Entwürfe des Motors, mit denen die verschiedenen Gestaltungsmöglichkeiten untersucht werden, braucht noch keine eingehende Kurbelwellenberechnung vorzuliegen. Man kann hier die Abmessungen nach Bild 48 zunächst nach Faustformeln festlegen. Hierfür mögen folgende Richtlinien gelten:

$$d_K \approx 0{,}7\,D$$

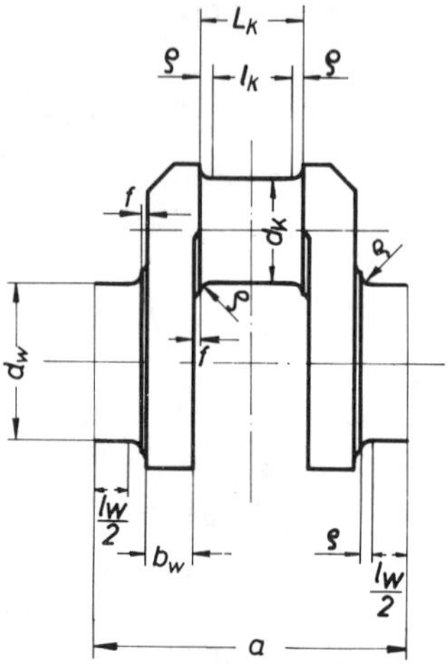

Bild 48. Kurbelkröpfung

Mit dieser Bemessung hat man erfahrungsmäßig auch die Gewähr, daß die Pleuelstange durch die nicht ausgebaute Zylinderbuchse hindurch herausgezogen werden kann.

$$\varrho \approx 0{,}045 \cdot D$$

$$L_K = l_K + 2\,\varrho \approx 0{,}34 \cdot D$$

Dieser Länge des Kurbelzapfens entspricht bei einem angenommenen Zünddruck von $p_z = 100\ \text{kp/cm}^2$ eine spezifische Lagerbelastung p_L von etwa $450\ \text{kp/cm}^2$. Hierbei ist

$$p_L = \frac{p_z \cdot \frac{\pi}{4} D^2}{d_K \cdot l_K}$$

mit l_K als tragender Lagerbreite. Der Wert p_L ist aber keineswegs als Rechenwert für die Lagerbelastung aufzufassen, sondern nur als Richtwert für die Bemessung der Kurbelwelle. Bei V-Motoren mit zwei nebeneinander liegenden Pleuelstangen auf einem Kurbelzapfen ist

$$L_K = 2\,l_K + 2\,\varrho \approx 0{,}6\,D$$

Die Stärke f des Anlaufspiegels der Kurbelwelle ist von der Fertigung und der Zylinderzahl her bestimmt. Sie ist bei ganz bearbeiteten Kurbelwellen ca. 0,5 bis 1,0 mm. Bei unbearbeiteten Wangen, die bei Kleinmotoren aus Kostengründen oft bevorzugt werden, sollte f ca. 4 mm sein. Mit Rücksicht auf eine drehsteife Kurbelwelle wird der Durchmesser des Hauptlagerzapfens

$$d_W \approx 0{,}8 \cdot D$$

gewählt und seine Länge

$$L_W = l_W + 2\varrho \approx 0{,}3 \cdot D$$

Der Hohlkehlenradius ϱ des Lagerzapfens ist gleich dem des Kurbelzapfens. Der so bestimmten Länge L_W des Hauptlagerzapfens entspricht bei einem Zünddruck $p_z = 100$ kp/cm, wie oben, eine spezifische Lagerbelastung p_{L_W} von etwa 230 kp/cm^2. Hierbei ist

$$p_{L_W} = \frac{\frac{p_z}{2} \cdot \frac{\pi}{4} D^2}{d_W \cdot l_W}$$

mit l_W als tragender Lagerbreite.

Die Kurbelwelle erfährt wie gesagt Biege- und Verdrehbeanspruchungen. Beide setzen sich zu einer Vergleichsbiegebeanspruchung σ_v zusammen, die nach der Hypothese der größten Gestaltsänderungsarbeit folgendermaßen berechnet wird:

$$\sigma_v = \sqrt{\sigma_{b_{max}}^2 + 3\,\tau_{max}^2} \tag{31}$$

Dabei wird vereinfachend angenommen, daß die max. Biegebeanspruchung im oberen Totpunkt auftritt und daß Biege- und Verdrehbeanspruchungen gleichzeitig auftreten. Das letztere ist zwar nicht der Fall, jedoch liegt man mit dieser Annahme auf der sicheren Seite.

Es ist nun Aufgabe der Kurbelwellenberechnung, aus den leicht berechenbaren Nennspannungen σ_{b_n} und τ_n die maximalen Spannungen $\sigma_{b_{max}}$ und τ_{max} in der Hohlkehle des Kurbelzapfens zu bestimmen. $\sigma_{b_{max}}$ und τ_{max} werden aus den entsprechenden Nennspannungen über die Formziffern α_b bzw. α_t ermittelt.

$$\sigma_{b_{max}} = \sigma_{b_n} \cdot \alpha_b \tag{32}$$

$$\tau_{max} = \tau_n \cdot \alpha_t \tag{33}$$

Die Formziffern werden nach Lejkin [54; 59] berechnet mit Hilfe der bei *Maaß* [61] angegebenen Diagramme Bild 49. Nach dieser Methode können übrigens nicht nur die Biegewechselspannungen in der Hohlkehle des Kurbelzapfens sondern auch die des Hauptlagerzapfens berechnet werden [54]. Das kann von Interesse sein, wenn bei Überwiegen von Massenkräften die Hohlkehlen der Hauptlagerzapfen gefährdet sind.

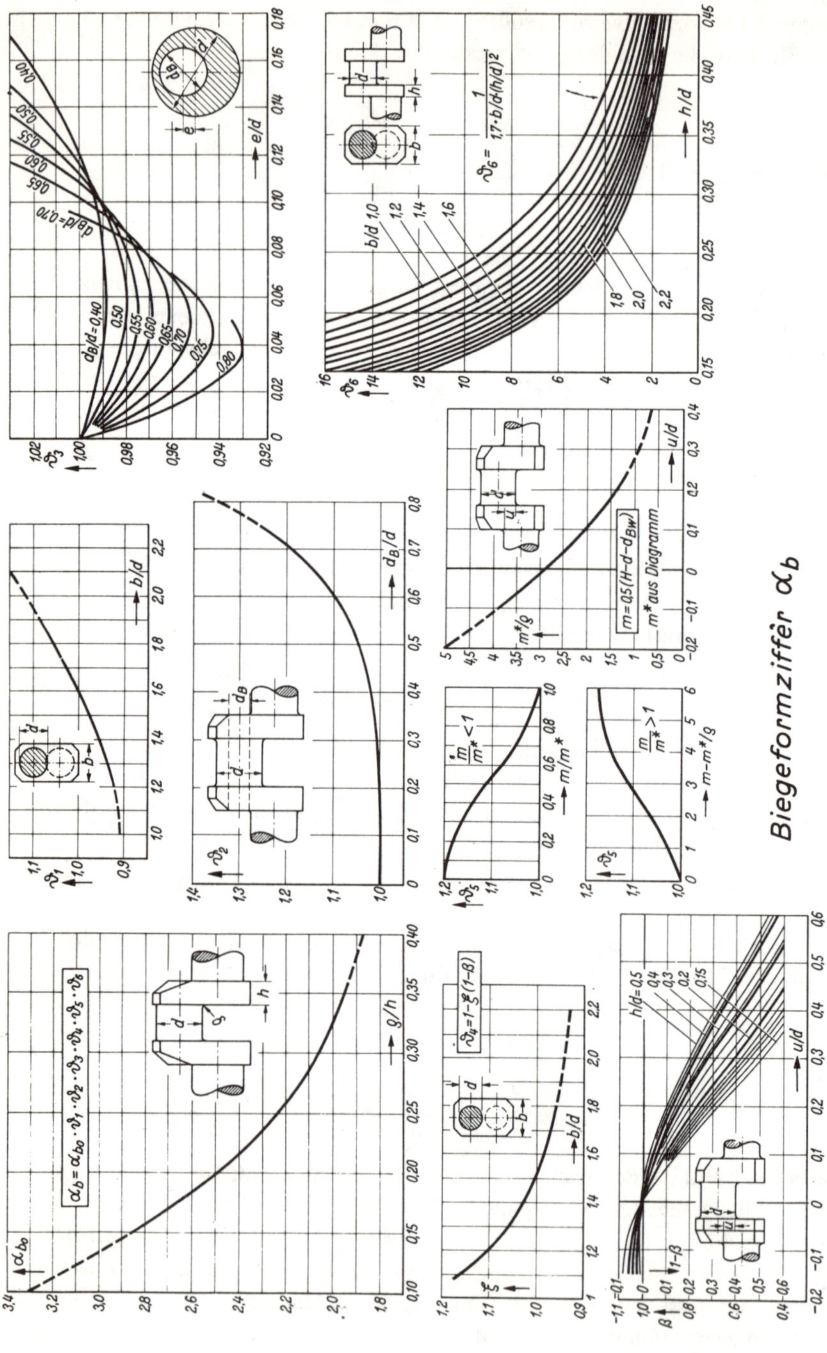

Bild 49. a) Ermittlung der Formziffer α_b nach Lejkin [61]

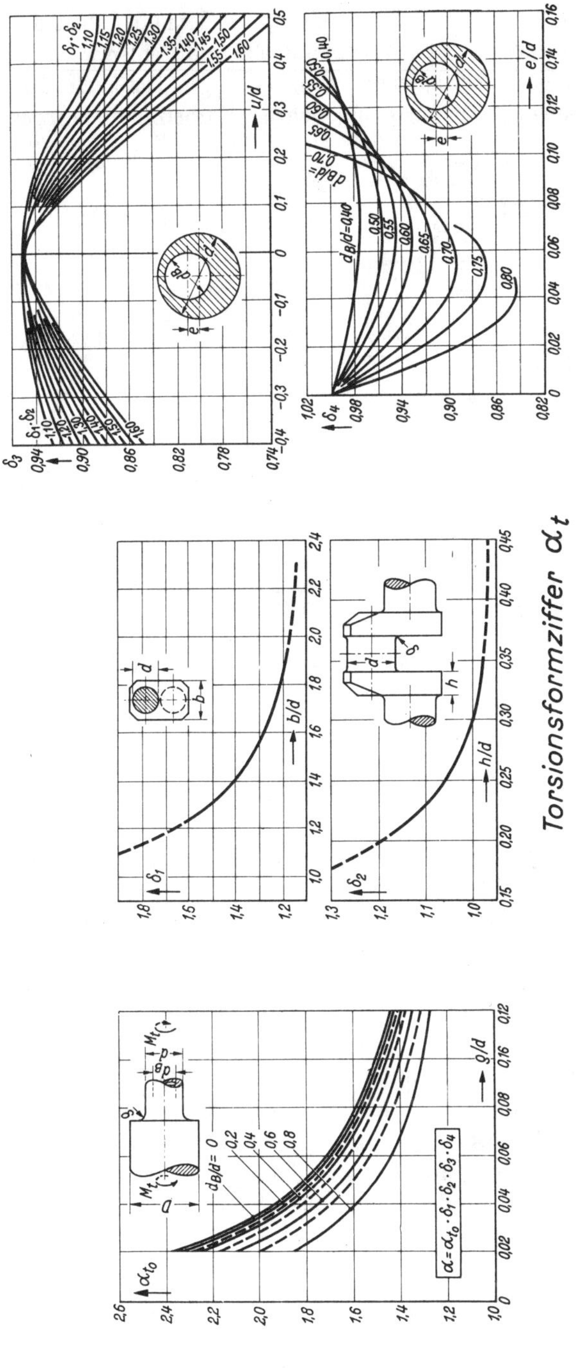

Bild 49. b) Ermittlung der Formziffer α_t nach Lejkin [61]

Nach der Arbeit von *Maaß* [61] wird als Rechengröße das in der Mitte der Kurbelwange wirkende Biegemoment angesetzt und alle Formzahlen werden auf den nicht ausgebohrten Kurbelzapfenquerschnitt bezogen. Das heißt, daß auch die Biegenennspannung auf den nicht ausgebohrten Kurbelzapfen bezogen wird.

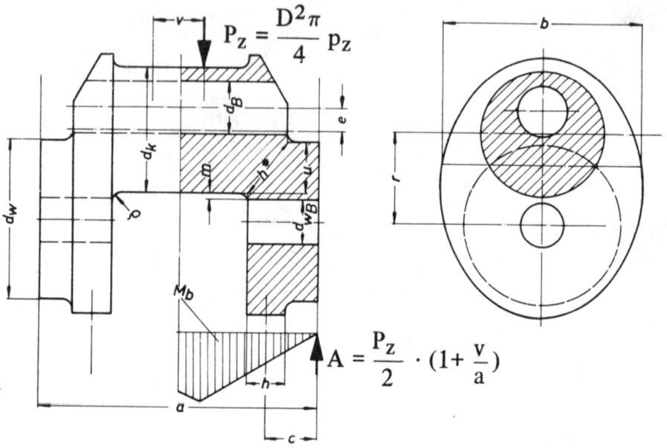

Bild 50. Kurbelkröpfung. Zur Berechnung der Formziffern α_b und α_t (dargestellt ist der allgemeine Fall eines V-Motors mit zwei nebeneinander liegenden Pleuelstangen mit einem Versatz v, bei Reihenmotoren wird v = 0)

Nach Bild 50 ergibt sich dann für das Biegemoment in Mitte Kurbelwange:

$$M_b = 0{,}5 \cdot P_z \cdot c\,(1 + \frac{v}{a})$$

$$M_b = 0{,}5\,\frac{\pi}{4}\,D^2 \cdot p_z \cdot c\,(1 + \frac{v}{a}) \tag{34}$$

Normalerweise wird für P_z die Zündkraft eines Zylinders angesetzt. Es kann jedoch bei V-Motoren mit zwei nebeneinander liegenden Pleueln vorkommen, daß aus Drehschwingungsgründen eine Zündfolge gewählt werden muß, bei der die beiden auf einen Kurbelzapfen wirkenden Zylinder nacheinander zünden. In diesem Falle müssen die Biegemomente beider Zylinder überlagert werden, wobei die eine Zündkraft voll eingesetzt wird, die andere nur in der Höhe, die sie hat, wenn der andere Zylinder im Zünd-OT steht. Der Anteil ist je nach V-Winkel verschieden; er ist umso größer, je kleiner der V-Winkel ist, und kann z.B. bei einem V-Winkel von 60° zu ungefähr 20% bis 25% der maximalen Zündkraft angenommen werden. Der Anteil ist auch vom mittleren eff. Druck p_{me} abhängig. Je höher dieser ist, desto völliger wird das p-t-Diagramm (Bild 35) und der Anteil wird größer. Mit dem äquatorialen Widerstandsmoment des unausgebohrten Pleuelzapfens:

$$W = \frac{\pi \cdot d_K^3}{32} \tag{35}$$

wird der Ausschlag der Biegenennspannung

$$\pm \sigma_{b_n} = \frac{M_b}{2\,W} = 2 \cdot \frac{D^2}{d_K^3} \cdot p_z \cdot c\,(1 + \frac{v}{a}) \tag{36}$$

Die maximale Biegenennspannung in der Hohlkehle des Kurbelzapfens ist dann

$$\pm \sigma_{b\,max} = \alpha_b\,(\pm \sigma_{b_n}) \tag{37}$$

Die Biegeformzahl wird nach *Lejkin* wie folgt bestimmt:

$$\alpha_b = \alpha_{b_0} \cdot \vartheta_1\ \vartheta_2\ \vartheta_3\ \vartheta_4\ \vartheta_5\ \vartheta_6 \tag{38}$$

α_{b0} und die Faktoren $\vartheta_{1.....6}$ werden aus den Diagrammen Bild 49 entnommen. Ähnlich wird die maximale Verdrehspannung $\pm \tau_{max}$ ermittelt. Hierfür ergibt sich die Nennwechselverdrehspannung $\pm \tau_n$ als Summe der Verdrehspannungen des Wechseldrehmoments und der Drehschwingungen. $\pm \tau_n$ ist auf den Kurbelzapfen mit dem polaren Widerstandsmoment

$$W_p = \frac{d_K^4 - d_B^4}{d_K} \cdot \frac{\pi}{16}$$

bezogen. Hierin wird eine außermittige Lage der Kurbelzapfenbohrung mit dem Durchmesser d_B nicht berücksichtigt.

Liegt τ_n bei der Konstruktion noch nicht vor, so können hierfür zunächst ca. 4 kg/mm^2 angenommen werden. Für $\pm \tau_{max}$ ergibt sich:

$$\pm \tau_{max} = \alpha_t\,(\pm \tau_n) \tag{39}$$

$$\alpha_t = \alpha_{t_0} \cdot \delta_1\ \delta_2\ \delta_3\ \delta_4 \tag{40}$$

α_{t0} und die Beiwerte $\delta_{1.....4}$ werden wieder den Diagrammen von Bild 49 entnommen. $\pm \sigma_{b_{max}}$ und $\pm \tau_{max}$ werden nach Gl. 31 zur Vergleichsbiegespannung $\pm \sigma_v$ zusammengesetzt.

Der Wert σ_v muß einen entsprechenden Sicherheitsabstand von der Dauerfestigkeit des verwendeten Wellenmaterials haben. In der Literatur [57] wird für Kurbelwellen mit Durchmessern bis 150 mm, induktionsgehärteten Zapfen und mit einer Zugfestigkeit von 80 bis 100 kp/mm^2 eine Biegewechselfestigkeit von 30 kp/mm^2 angegeben. Nach vorliegenden Erfahrungen kann man sich an diesen Wert halten, wenn man für $\pm \sigma_v$ höchstens 80% dieses Wertes zuläßt. In jedem Fall soll man bei diesen Berechnungen immer auf den Werten bereits bewährter Kurbelwellen aufbauen, und wenn man diese bewährten Werte überschreiten muß, so sollte dies nur in kleinsten Schritten erfolgen. Gleichzeitig muß, insbesondere bei Hochleistungsmotoren, eine intensive Bauteilerprobung vor der Erprobung des Motors vorgenommen werden, die einerseits in der Messung der in den Hohlkehlen auftretenden Spannungen mittels Dehnmeßstreifen und damit der Überprüfung der berechneten Formzahlen, andererseits in der Ermittlung der Dauerfestigkeit der Kurbelwelle im Pulsator besteht. Auf diese Weise kann man sich dann auch die nötigen experimentell gesicherten Unterlagen für die Bemessung neuer Kurbelwellen erwerben.

In letzter Zeit sind jedoch auch Methoden bekannt geworden, die sich z.T. auf solche experimentellen Untersuchungen stützen und nach denen sich die Dauerfestigkeit von Kurbelwellen berechnen läßt mit einer Genauigkeit, die sich den empirisch ermittelten Werten recht gut annähert [64]. Danach wird die Bauteilfestigkeit σ_{bwx} (Dauerfestigkeit des zu berechnenden Bauteiles) aus der Biegewechselfestigkeit der 10 mm Probe σ_{bw10} mit Hilfe einer Reihe von Faktoren errechnet

$$\sigma_{bwx} = \sigma_{v_{zul}} = \sigma_{bw_{10}} \frac{f \cdot z \cdot b \cdot o \cdot h}{\kappa} \tag{41}$$

$\sigma_{bw_{10}}$ ist fast linear von der Bruchfestigkeit des Werkstoffes abhängig (Bild 51).

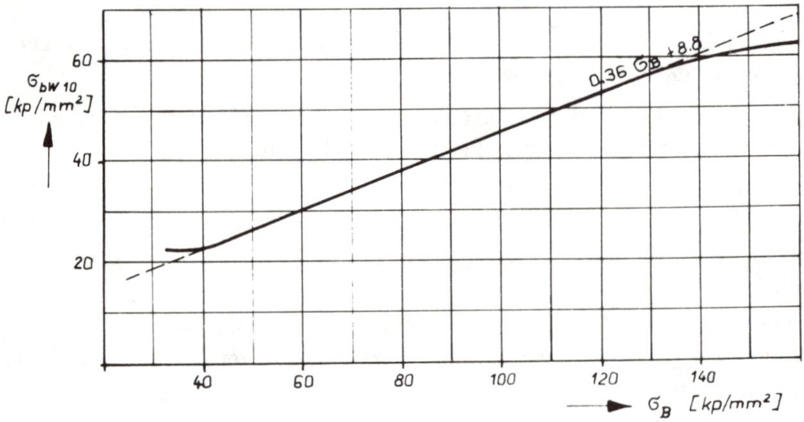

Bild 51. Biegewechselfestigkeit der 10 mm Probe

Der Faktor f gibt den Einfluß des Faserverlaufes auf die Dauerfestigkeit des Bauteils, d.h. der Kurbelwelle, an (Bild 52). Die Kurven a und b sind die Grenzkurven für ungestörten Faserverlauf (a) und unterbrochenen Faserverlauf (b). Die Kurven für gesenkgeschmiedete Kurbelwellen (c) und für freiformgeschmiedete (d) mit teilweise unterbrochenem Faserverlauf liegen dazwischen. Der Faktor z zeigt den Einfluß des Verschmiedungsgrades auf die Dauerfestigkeit (Bild 53). Er wird auch von der Oberflächengüte beeinflußt, was im Diagramm

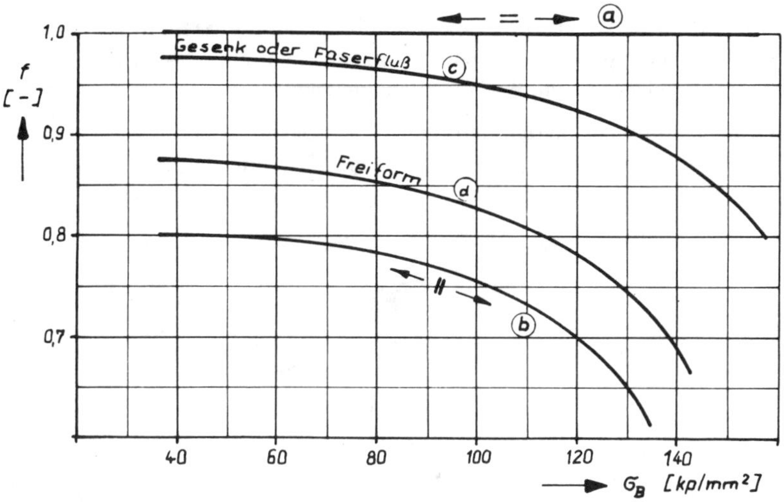

Bild 52. Einfluß des Faserverlaufes (Faktor f) auf die Biegewechselfestigkeit

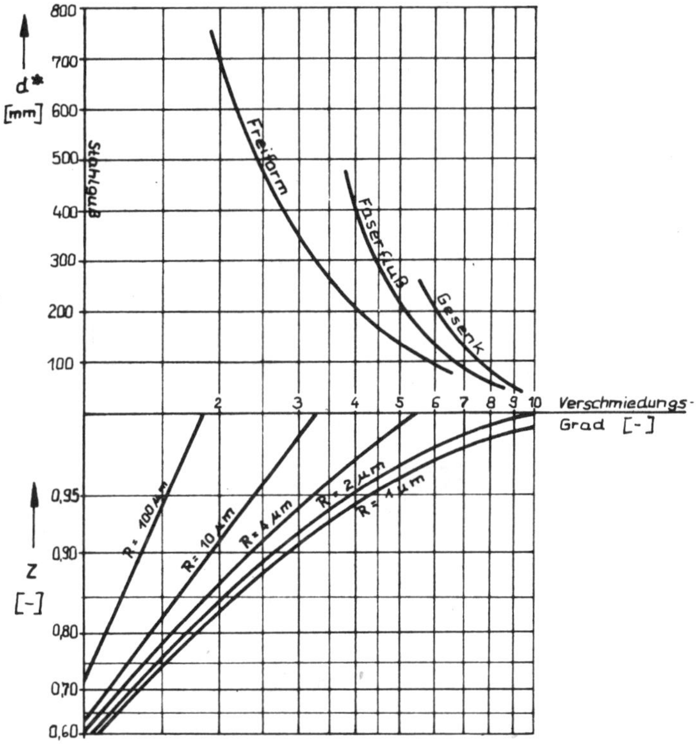

Bild 53. Einflußfaktor z des Verschmiedungsgrades

Bild 53 berücksichtigt ist. Das Diagramm Bild 53 gibt die Verhältnisse für die bei Kurbelwellen möglichen Verschmiedungsgrade an. Für d* wird ein Mittelwert zwischen Kurbelzapfen und Wellenzapfen eingesetzt.

Der Größeneinfluß des Bauteils auf die Dauerfestigkeit ist durch den Faktor b gekennzeichnet (Bild 54), der aufgrund von Versuchen ermittelt wurde. Die Ober-

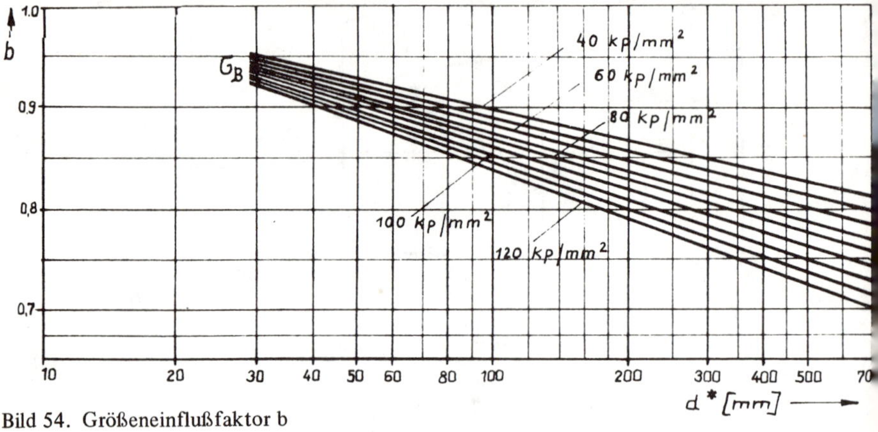

Bild 54. Größeneinflußfaktor b

flächengüte geht in die Dauerfestigkeit mit dem Faktor o ein (Bild 55). Allerdings gilt für den Faktor o die Gl. 41 nur näherungsweise, da z.B. eine schlechte Ober-

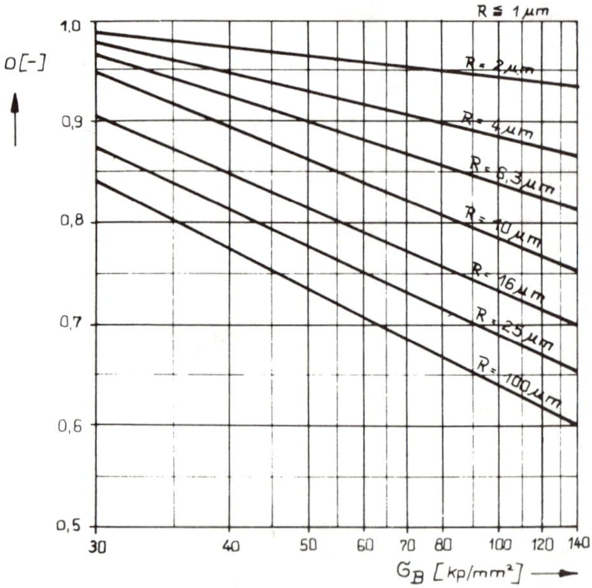

Bild 55. Einflußfaktor o, Oberflächengüte am gekerbten Bauteil

flächengüte bei großen Bauteilen geringen Verschmiedungsgrades und geringer Festigkeit nur wenig Einfluß auf die Dauerfestigkeit hat. Die Oberflächenbehandlung, d.h. die Erzeugung von Druckvorspannungen durch Rollen, Härten oder Nitrieren geht in Formel 41 mit dem Faktor h (Bilder 56 und 57) ein.

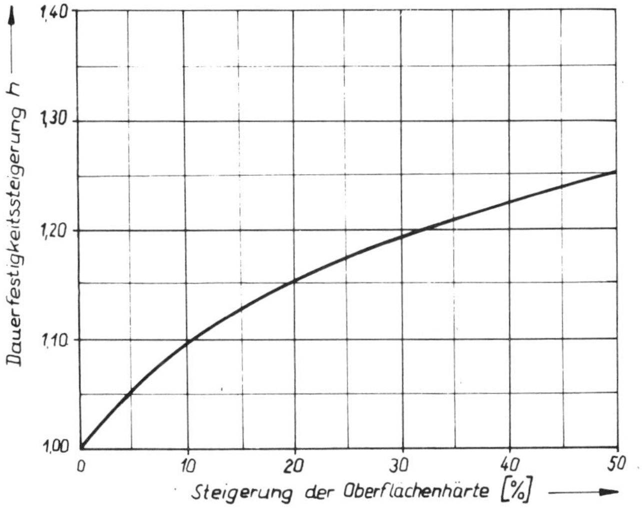

Bild 56. Einflußfaktor h, Steigerung der Dauerfestigkeit durch Oberflächenverfestigung (z.B. Rollen, Kugelstrahlen)

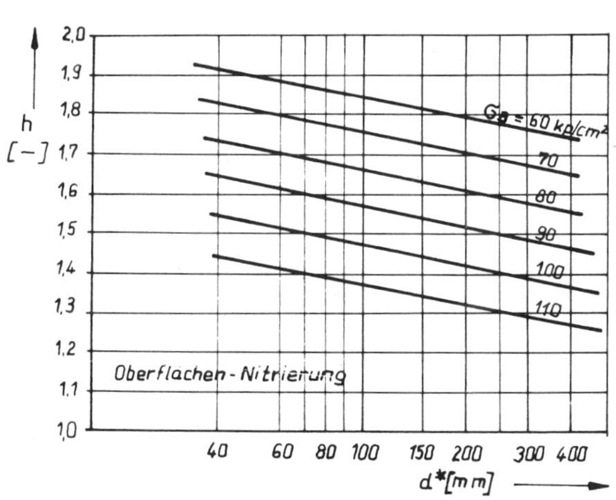

Bild 57. Einflußfaktor h für Oberflächennitrierung (H_v – 750)

Beim Härten der Kurbel- bzw. Wellenzapfen treten am Rande der Druckspannungszone Eigenspannungen auf, die die Dauerfestigkeit in der Randzone unterhalb der Härteschicht herabsetzen. Diese Eigenspannung σ_e unterhalb der Härteschicht hat etwa die Größe

$$\sigma_e = k \cdot \sigma_s \tag{42}$$

k kann aus dem Diagramm Bild 58 entnommen werden für eine entsprechende

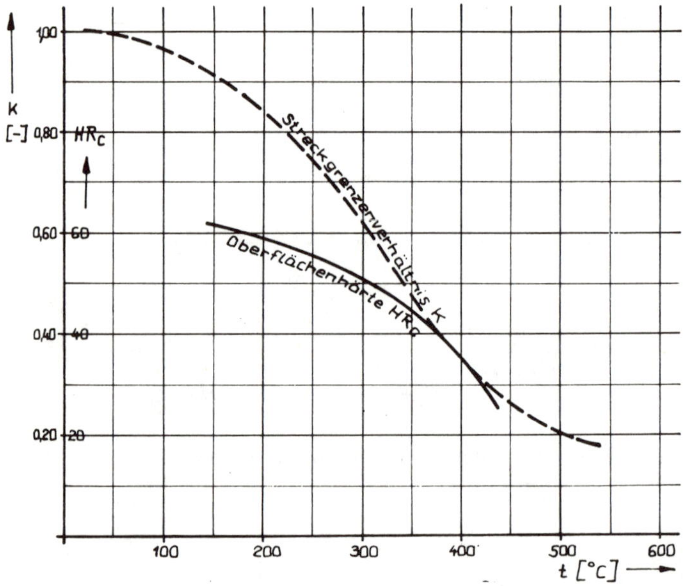

Bild 58. Mittlere Streckgrenze und erreichbare Oberflächenhärte in Abhängigkeit von der Anlaßtemperatur (Einflußfaktor k)

Oberflächenhärte. Die nach Gl. 41 berechnete Dauerfestigkeit σ_{bwx} muß entsprechend reduziert werden, da σ_e als Mittelspannung angesehen entsprechend dem Festigkeitsschaubild (Bild 59) die zulässige Dauerfestigkeit herabsetzt.

$$\sigma_{bwx\,(e)} = \sigma_{bwx}\,\left(1 - \frac{0{,}3\ \sigma_e}{\sigma_{bw\,10}}\right) = k_e \cdot \sigma_{bwx} \tag{43}$$

$\sigma_e + \sigma_{bwx(e)}$ muß kleiner als σ_s sein. Ist es gleich oder größer als σ_s, dann gilt

$$\sigma_{bwx\,(e)} = \sigma_{bwx}\,\left(\frac{\sigma_{bw\,10} - 0{,}3\ \sigma_s}{\sigma_{bw\,10} - 0{,}3\ \sigma_{bwx}}\right) \tag{44}$$

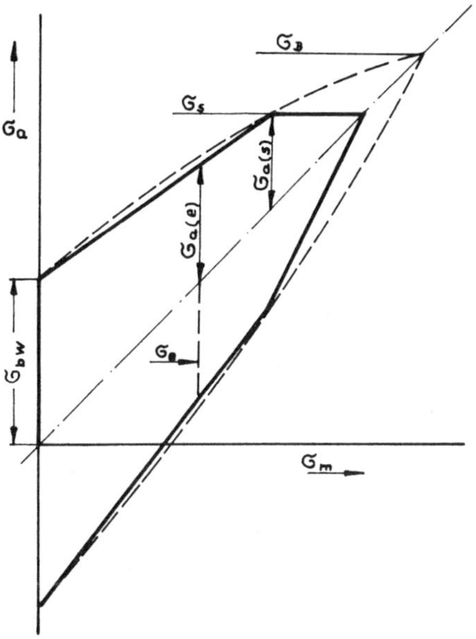

Bild 59. Festigkeitsschaubild

Für die Hohlkehle einer Kurbelwelle, deren Lagerstellen gehärtet sind (Randzone neben der Härteschicht), ist eine Beziehung ähnlich Gl. 42 noch nicht bekannt. Hier kann man erfahrungsgemäß mit einem $\sigma_e = 10 \text{ kp/mm}^2$ rechnen. Es ist bekannt, daß gekerbte Bauteile höhere Beanspruchungen ertragen, als sich aus der Formziffer α ergeben. Das ist durch die Kerbwirkungsziffer β (nach *Thum*) gekennzeichnet. In der Gl. 41 wird dieser Tatsache durch den Beiwert

$$\kappa = \frac{\beta}{\alpha}$$

Rechnung getragen. κ kann aus Bild 60 entnommen werden für die Verhältnisse von Hohlkehlenradius ϱ zu Zapfendurchmesser d von

$$\frac{\varrho}{d} = \frac{1}{10} \text{ und } \frac{1}{15}.$$

Nach diesem Rechnungsgang kann die Dauerfestigkeit für alle gefährdeten Stellen der Kurbelwelle, also nicht nur für die Hohlkehlen, mit ausreichender Genauigkeit berechnet werden. Dazu dient noch Bild 61, aus dem κ für einen quergebohrten Zapfen (Ölbohrung) entnommen werden kann.

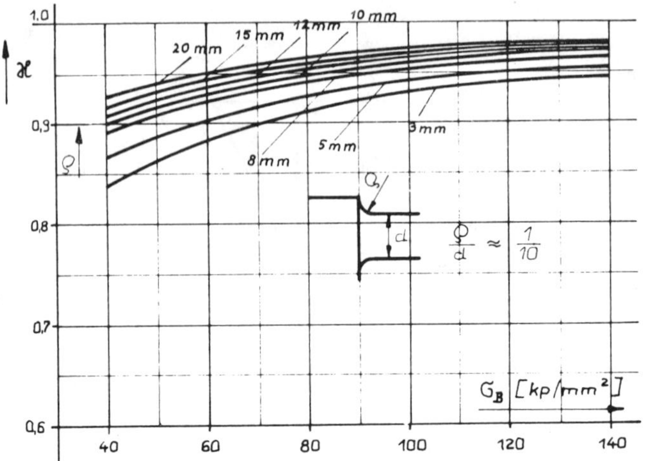

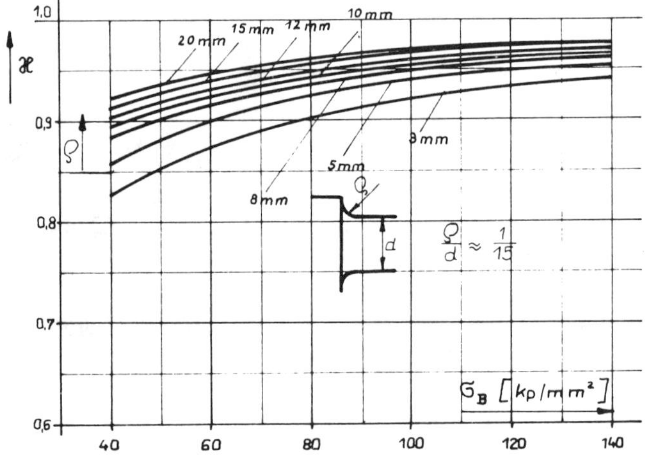

Bild 60. Einfluß des Spannungsgefälles auf die Dauerfestigkeit eines Bauteiles bei Biegebelastung

Zum Schluß sei die Berechnung der Vergleichsbiegespannung σ_v an einem Beispiel dargestellt, wobei die Bezeichnungen von Bild 50 zugrunde gelegt werden. Es handelt sich um die Kurbelwelle eines hochaufgeladenen, schnelllaufenden Achtzylinder-Dieselmotors in V-Bauweise mit einem V-Winkel von 90°.

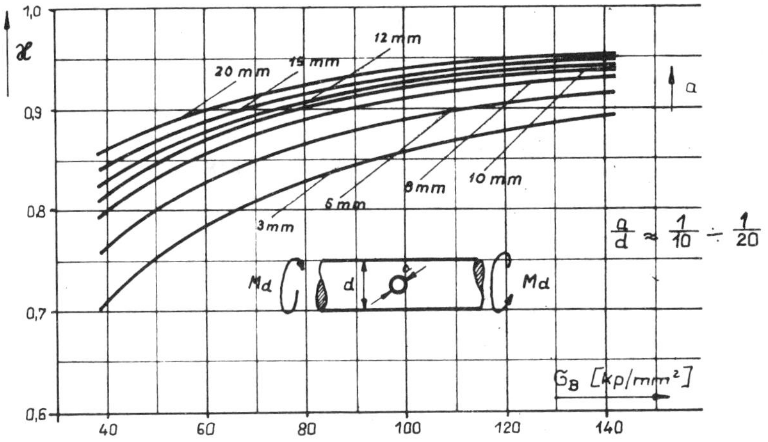

Bild 61. Einfluß des Spannungsgefälles bei tordierten, quer gebohrten Zapfen

Die Kenndaten des Motors sind:

$H = 155$ mm
$D = 155$ mm
$p_z = 140$ kp/cm^2.

Die Kenndaten der Kurbelwelle sind:

$d_W = 132$ mm,	$d_K = 112$ mm,	$d_B = 45$ mm, $v = 43$ mm
$e = 15{,}5$ mm,	$d_{WB} = 0$ mm,	$\varrho = 7$ mm
$m = 21{,}5$ mm,	$u = 44{,}5$ mm,	$a = 215$ mm
$c = 42{,}5$ mm,	$h = 29$ mm,	$b = 186$ mm

Aus den Gleichungen 34, 35 und 36 wird $\pm\sigma_n$ zu 2,44 kp/mm^2 berechnet. Die Drehschwingungsrechnung lieferte $\pm\,\tau_n = 3{,}88$ kp/mm^2. Zur Berechnung der maximalen Biegespannung in der Hohlkehle werden α_{bo} und die Beiwerte $\vartheta_{1.....6}$ der Gl. 38 aus Bild 49 ermittelt zu

$\alpha_{bo} = 2{,}27$; $\vartheta_1 = 1{,}015$; $\vartheta_2 = 1{,}015$; $\vartheta_3 = 1{,}008$
$\vartheta_4 = 0{,}58$; $\vartheta_5 = 1{,}08$; $\vartheta_6 = 5{,}28$

Hieraus ergibt sich nach Gl. 38

$$\alpha_b = 7{,}82$$

und nach Gl. 37

$$\pm\,\sigma_{b_{max}} = 19{,}1 \text{ kp/mm}^2.$$

Die max. Verdrehbeanspruchung in der Hohlkehle wird folgendermaßen bestimmt:

α_{to} und die Beiwerte $\delta_{1.....4}$ der Gl. 40 werden den Diagrammen von Bild 49 entnommen

$$\alpha_{t_0} = 1{,}64; \quad \delta_1 = 1{,}26; \quad \delta_2 = 1{,}045$$
$$\delta_3 = 0{,}846; \quad \delta_4 = 1{,}00 \quad \text{(extrapoliert)}$$

Nach Gl. 40 ist dann

$$\alpha_t = 1{,}83$$

und nach Gl. 39

$$\pm \tau_{max} = 7{,}1 \text{ kp/mm}^2$$

Die Vergleichsspannung $\pm \sigma_v$ ist dann nach Gl. 31

$$\pm \sigma_v = 22{,}7 \text{ kp/mm}^2$$

Berechnung der Dauerfestigkeit $\sigma_{bwx(e)} = \sigma_{v\,zul}$ der Kurbelwelle des Berechnungsbeispieles:

Die Kurbelwelle nach Bild 50 ist aus einem Stahl 36 Cr Ni Mo mit folgenden Festigkeitswerten

$$\sigma_B = 100 \text{ kp/mm}^2$$
$$\sigma_S \geqslant 75 \text{ kp/mm}^2$$

Die Lagerzapfen sind gehärtet (60 Rc), die Hohlkehlen sind ungehärtet und haben eine Rauhtiefe $R_t = 4\ \mu m$.
Für die ungehärtete Hohlkehle des gehärteten Kurbelzapfens ergibt sich für die Faktoren der Gl. 41:

$\sigma_{bw\,10} = 44{,}8$ kp/mm^2	Bild 51,	$\sigma_B = 100$ kp/mm^2
$f = 0{,}95$	Bild 52, Gesenk	$\sigma_B = 100$ kp/mm^2
$z = 1$	Bild 53, Gesenk	$R_t = 4\ \mu m$
$b = 0{,}84$	Bild 54,	$d^* = 122$ mm $\sigma_B = 100$ kp/mm^2
$o = 0{,}885$	Bild 55,	$\sigma_B = 100$ kp/mm^2 $R_t = 4\ \mu m$
$h = 1$	Bild 56, unbehandelt	
$\kappa = 0{,}945$	Bild 60,	$\varrho = 7$ mm $\varrho / d_K = 1/15$ $\sigma_B = 100$ kp/mm^2

$\sigma_e = 10$ kp/mm^2 (angenommen)

nach Gl. 41 ist

$$\sigma_{bwx} = 44{,}8 \frac{0{,}95 \cdot 1 \cdot 0{,}84 \cdot 0{,}885 \cdot 1}{0{,}945} = 33{,}5 \text{ kp/mm}^2$$

Minderung der Dauerfestigkeit durch die Eigenspannung der Härterandzone neben der Hohlkehle:

$$k_e = 1 - \frac{0{,}3 \cdot 10}{44{,}8} = 0{,}993 \text{ (nach Gl. 43)}$$

$$\sigma_{bwx\,(e)} = 0{,}933 \cdot 33{,}5 = 31{,}3 \text{ kp/mm}^2 \quad \text{(nach Gl. 43)}$$

Kontrolle:

$$\sigma_e + \sigma_{bwx\,(e)} = 10 + 31{,}3 = 41{,}3 \text{ kp/mm}^2 < \sigma_s$$

Es konnte also, wie geschehen, Gl. 43 angewandt werden. Die mit 22,7 kp/mm^2 für die Hohlkehle des Kurbelzapfens ermittelte Vergleichsspannung liegt unter der zu 31,3 kp/mm^2 ermittelten Dauerfestigkeit $\left(S = \frac{31{,}3}{22{,}7} = 1{,}38 \right)$

Für Motoren, die auf Seeschiffen als Hauptantriebsmotoren oder Aggregatmotoren eingesetzt werden sollen, müssen die Kurbelwellen den Vorschriften der Klassifikationsgesellschaften genügen, die in den Unterlagen der einzelnen Klassifikationsgesellschaften enthalten sind [61].

Aus den Diagrammen des Bildes 49 lassen sich für die Gestaltung der Kurbelwelle einige Richtlinien ablesen.

a) Die relative Größe des Hohlkehlenradius ϱ, bezogen auf h bzw. d, hat einen entscheidenden Einfluß auf die Formzahlen α_b bzw. α_t, die umso kleiner werden, je größer ϱ wird. Der Hohlkehlenradius soll daher möglichst nicht kleiner als $0{,}06 \cdot d_K$ ausgeführt werden.

b) Je größer Wangenstärke h und Wangenbreite b sind, desto kleiner werden die Formzahlen α_b und α_t.

c) Je größer die Zapfenüberschneidung u ist, desto kleiner wird die Formzahl α_b, was sich besonders bei Kurbelwellen mit schwachen, schmalen Kurbelwangen (kleines h) auswirkt. Ist man daher bei kompakten Motoren, insbesondere V-Motoren, gezwungen, die Kurbelwangen schmal zu machen, so muß unbedingt eine große Zapfenüberschneidung u und ein großer Radius ϱ vorgesehen werden.

d) Erleichterungsbohrungen im Kurbelzapfen vergrößern im gewissen Sinne die Formzahlen α_b und α_t, besonders mit größer werdendem Abstand e, während bei kleinem e wieder eine Verminderung eintritt. e sollte sowieso bei gehärteten Kurbelzapfen nicht zu groß gewählt werden, um Härterisse zu vermeiden. Als

Richtlinie kann für den kleinsten Abstand zwischen der Innenfläche der Bohrung d_B und der Außenfläche des Kurbelzapfens d_K 12 bis 14 mm gelten.

Außer diesen, aus den Diagrammen der *Lejkin*'schen Arbeit abgeleiteten Gestaltungsrichtlinien sind bei der Konstruktion der Kurbelwelle noch folgende Regeln zu beachten. Die Kurbelwangen werden oval ausgeführt. Sie sollen so breit sein, daß beide Zapfen weit umfaßt werden. Das Widerstandsmoment der Wange in bezug auf Biegung wird möglichst so groß gemacht wie das des Kurbelzapfens. Erleichterungsbohrungen im Kurbelzapfen entlasten die Hohlkehlen der Hauptlagerzapfen, Bohrungen in den Hauptlagerzapfen entlasten die Hohlkehlen der Kurbelzapfen. Es ist ratsam, wenigstens den Hauptlagerzapfen am schwungradseitigen Ende der Kurbelwelle auszubohren, da die Hohlkehlen des letzten Kurbelzapfens u.U. durch Schwungradflattern zusätzlich beansprucht werden können. Das gilt besonders für nicht sehr stark bemessene Kurbelwellen. Überhaupt ist die schwungradseitige Kröpfung der Kurbelwelle im allgemeinen besonders hoch beansprucht (gesamtes Drehmoment, Drehschwingungen, Schwungradeinflüsse). Es muß daher darauf geachtet werden, daß der Abstand zwischen letztem Hauptlager und dem Schwungrad klein gehalten wird. Das ist in erster Linie dadurch zu erreichen, daß der Rädertrieb des Motors auf der dem Schwungrad entgegengesetzten Seite der Kurbelwelle angeordnet wird, was auch Vorteile in bezug auf die Ausbildung der Schwungradbefestigung bringt. Leider läßt sich diese Maßnahme nur bei kleinen Zylinderzahlen und relativ drehsteifen Kurbelwellen anwenden, da ein vorn gelegener Zahnradtrieb durch Drehschwingungen der Kurbelwelle, deren Ausschläge am vorderen Kurbelwellenende den größten Wert erreichten, gefährdet ist. Man wird daher bei schnellaufenden Hochleistungsmotoren den Rädertrieb trotz des dadurch bedingten größeren Abstandes des Schwungrades vom letzten Hauptlager auf der Schwungradseite anordnen. Das gilt aber nur dann, wenn der Knotenpunkt der Verdrehung der Kurbelwelle durch Drehschwingungen in der Nähe des Schwungrades liegt, was durch die Drehschwingungsrechnung ausgewiesen wird. Liegt er in der Mitte oder gar bei sehr großen Schwingungsdämpfern nahe dem vorderen Ende der Kurbelwelle, kann dementsprechend der Rädertrieb auch auf der vorderen Seite angeordnet werden. Der höheren Beanspruchung der schwungradseitigen Kröpfung ist auch dadurch zu begegnen, daß die Endwange breiter ausgeführt wird als die anderen Wangen. Das wird besonders bei 90°-V-Motoren angewandt, wo verstärkte Endwangen auch Platz für größere Gegengewichte bringen (z.B. Achtzylinder-90°-V-Motor). Bei der Konstruktion einer Motorenreihe über mehrere Zylinderzahlen werden die Abmessungen der Kurbel- und Hauptlagerzapfen aufgrund der Drehschwingungsrechnung durch den Motor mit der größten Drehschwingungsbeanspruchung bestimmt. Das bringt oft kostenmäßige Belastungen der Motoren mit kleineren Zylinderzahlen. Es muß daher sorgfältig abgewogen werden, über welchen Zylinderbereich sich eine Motorenreihe erstrecken soll.

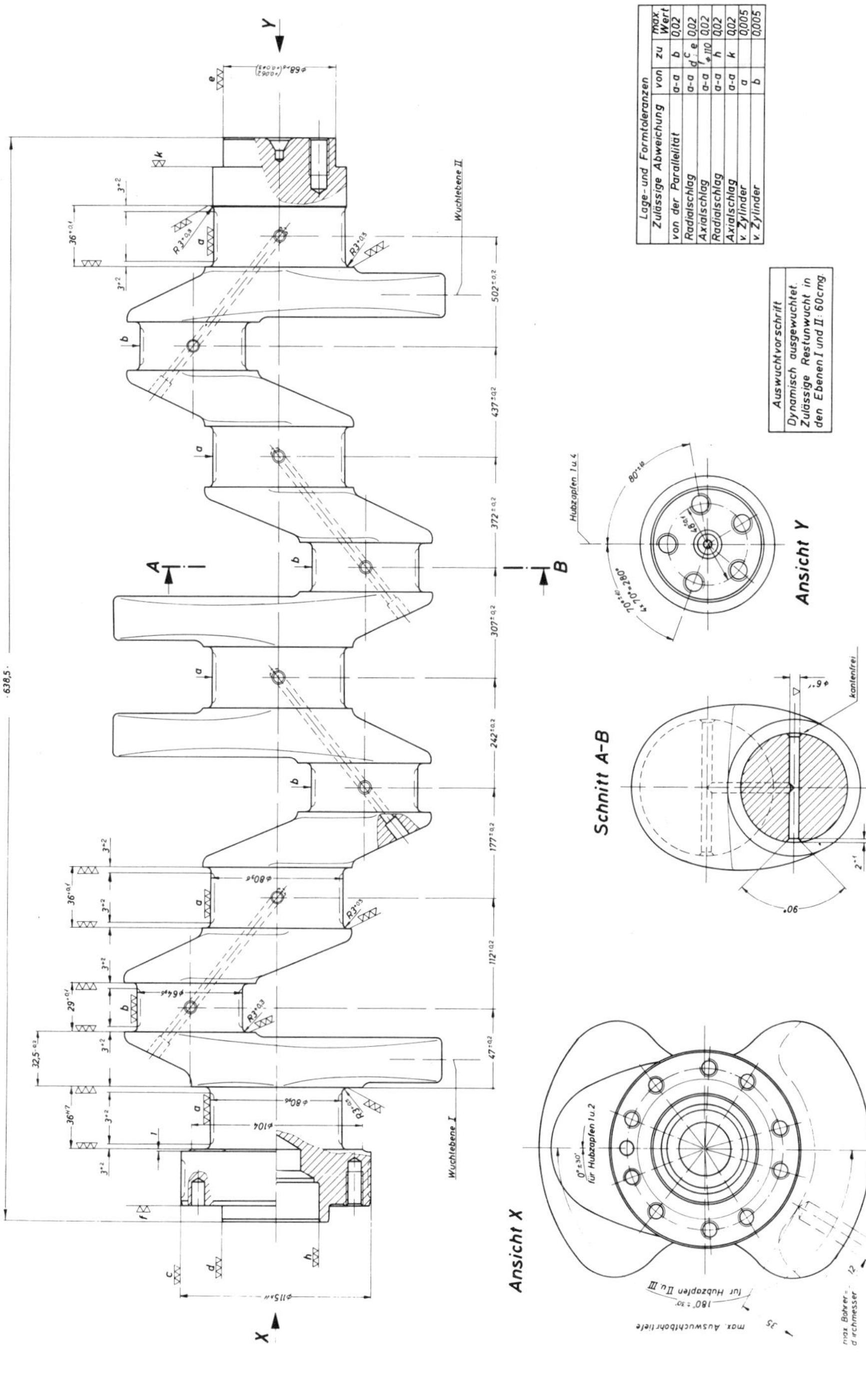

Bild 62. Kurbelwelle eines 4-Zylinder-Dieselmotors mit angeschmiedeten Gegengewichten (Reihenmotor)

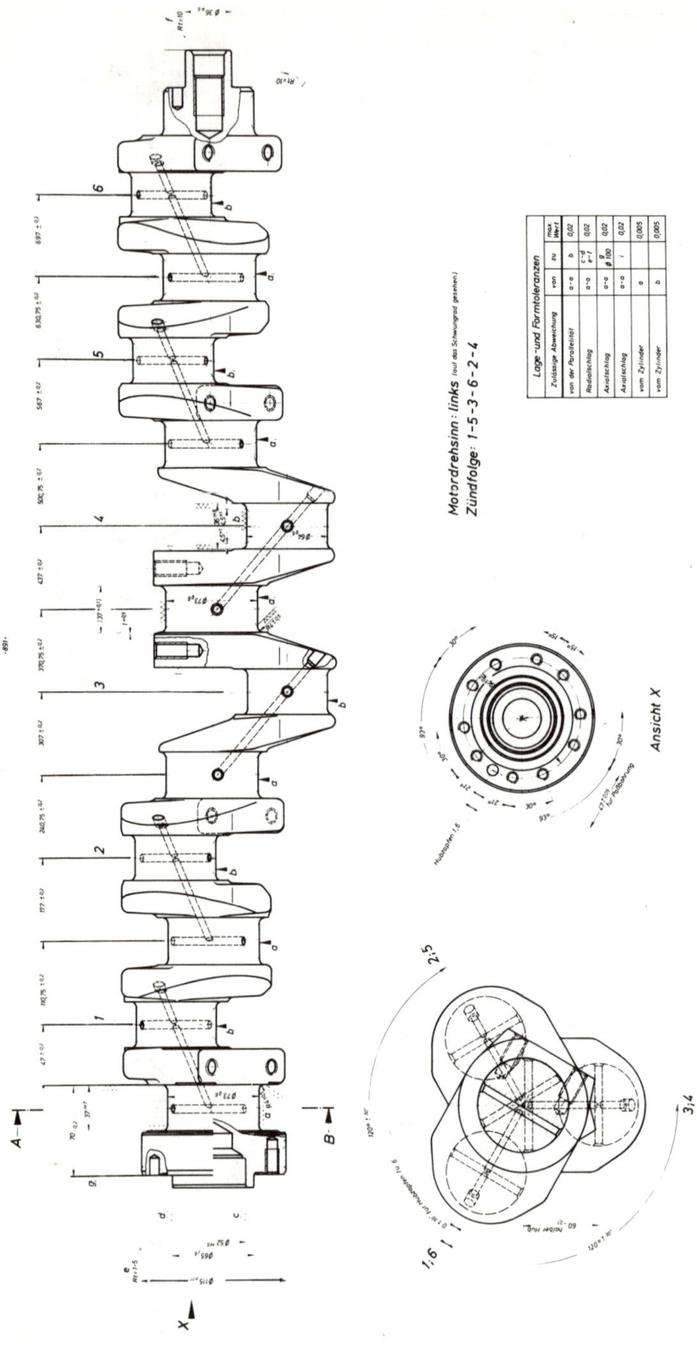

Lage- und Formtoleranzen			
Zulässige Abweichung	von	zu	max. Wert
von der Parallelität	a-a	b	0,02
Radialschlag	a-a	c-d e-f	0,02
Axialschlag	a-a	g ø 100	0,02
Axialschlag	a-a	i	0,02
vom Zylinder	a		0,005
vom Zylinder	b		0,005

Bild 63. Kurbelwelle eines 6-Zylinder-Dieselmotors mit unbearbeiteten Wangen und angeschraubten Gegengewichten (Reihenmotor)

Die Kurbelwellen für die hier behandelten schnellaufenden Dieselmotoren werden ausnahmslos im Gesenk geschmiedet. Darauf muß der Konstrukteur Rücksicht nehmen und bei Kurbelwellen mit unbearbeiteten Kurbelwangen die entsprechenden Ausziehschrägen vorsehen und Hinterschneidungen vermeiden. Das ist besonders zu beachten bei Kurbelwellen, deren Kröpfungen nicht in einer Ebene liegen (wie z.B. bei einem Vierzylinder-Reihenmotor), sondern räumlich verteilt (z.B. Sechszylinder-Reihenmotor). Kurbelwellen kleiner, nicht sehr kompakter und nicht sehr hoch beanspruchter Motoren haben unbearbeitete Kurbelwangen und angeschmiedete Gegengewichte (Bild 62) oder angeschraubte Gegengewichte (Bild 63). Ersteres ist, besonders wenn die Gegengewichte unbearbeitet bleiben können, eine einfache, betriebssichere und kostensparende Konstruktion, die aber in bezug auf Motorabmessungen nicht optimal ist, da die Gegengewichte in der Breite, auch wenn sie bearbeitet werden, begrenzt sind. Sie müssen also im Durchmesser größer werden, was zu langen Pleuelstangen und damit zu höheren Motoren führt. Bei angeschraubten Gegengewichten dagegen kann der vorhandene Raum zwischen Hauptlager und Pleuelstange besser ausgenutzt werden, was breitere Gegengewichte und kürzere Pleuelstangen bringt.

Kompakte Motoren höherer Leistung haben gesenkgeschmiedete, allseitig bearbeitete Kurbelwellen (Bild 64). Der größere Aufwand für die Bearbeitung wird meistens durch kleineren Auswuchtaufwand ausgeglichen.

Die Kurbel- und Wellenzapfen gehen über die Hohlkehle nicht direkt in die Kurbelwange über, sondern der Hohlkehlenradius endet in einem sog. Spiegel (Bild 48). Am Paßlager dient der Spiegel als Führung für die Kurbelwelle. Das Paßlager muß daher an einer Kröpfung angeordnet werden, an der der Spiegel nicht durch Gegengewichtsanschraubflächen unterbrochen wird.

Die Kurbel- und Wellenzapfen der schnellaufenden Motoren sind induktiv gehärtet oder brenngehärtet. In der Zeichnung müssen die Härtezone, die Härtetiefe und die Härte angegeben sein. Der Auslauf der Härtezone muß vom Auslauf des Hohlkehlenradius einen Abstand von mindestens 2 mm haben, um Rißgefahr im Radius beim Richten zu vermeiden. Die Härtetiefe ist im Hinblick auf Nachschleifstufen ca. 2^{+2}mm, die Härte selbst wird mit ca. $50 \div 60$ Rc auf der Zeichnung angegeben. Die Lagerstellen sind geschliffen. Die Oberflächengüte ist mitbestimmend für die Tragfähigkeit des Lagers. Es müssen daher hohe Ansprüche gestellt werden. Mittlere Rauhtiefen von $R_t \leqq 1\,\mu$ sind anzustreben und auch durchaus zu erreichen. Durch die Warmbehandlung wird sich die Kurbelwelle verziehen und muß gerichtet werden. Auf der Zeichnung werden daher für die Lagerzapfen und die Anschraubflächen für das Schwungrad Lage- und Formtoleranzen angegeben, wie in den Bildern 62, 63 und 64 dargestellt. Schließlich muß bei schnellaufenden Motoren die gesamte Kurbelwelle mit Gegengewichten und Meistergewichten für die rotierenden Massen der Pleuelstange auf den Kurbelzapfen ausgewuchtet werden. Auf der Zeichnung muß

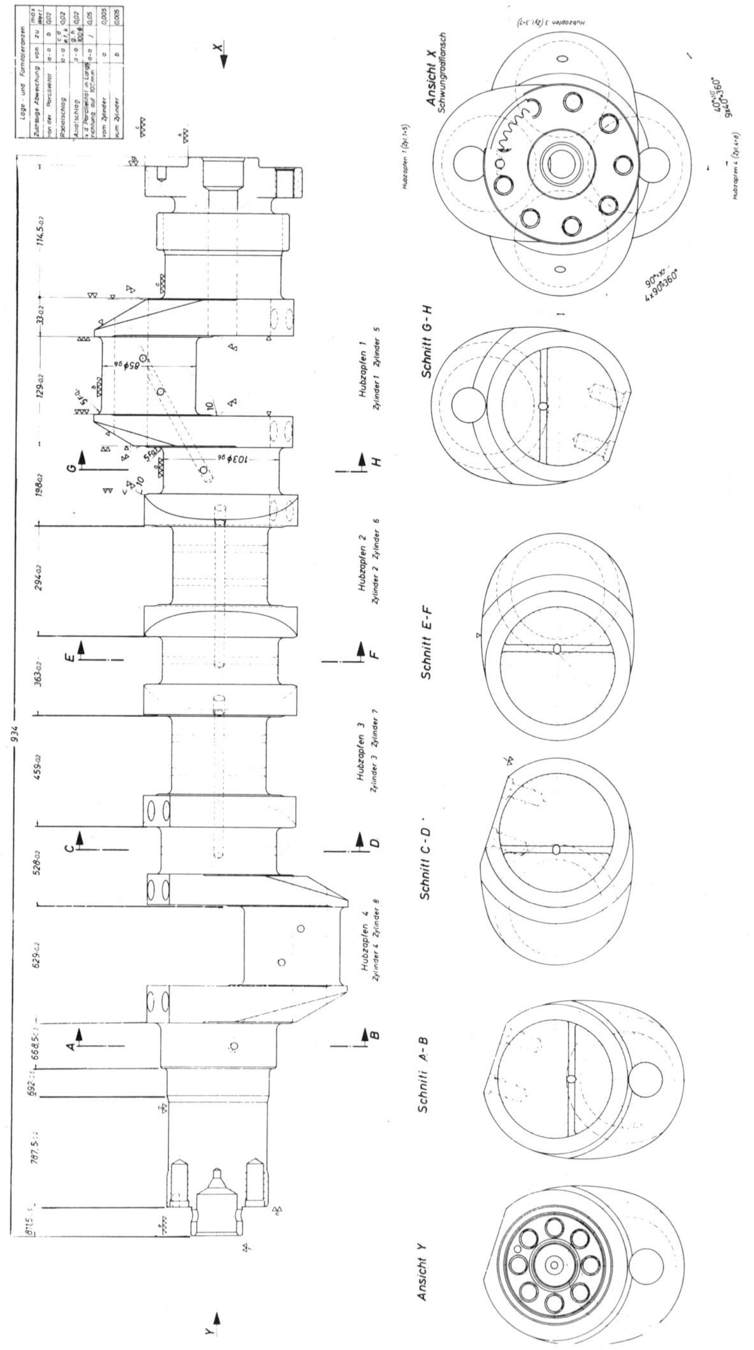

Bild 64. Allseitig bearbeitete Kurbelwelle eines 8-Zylinder-V-Motors (Dieselmotor mit V-Winkel γ = 90°)

der Auswuchtungsrad mit einer zulässigen Unwucht U in gmm angegeben werden. Sind zwei Ausgleichsebenen vorhanden, so entfällt auf jede $\frac{U}{2}$. Die Unwucht darf nicht zu klein vorgeschrieben werden, da sonst die Kosten für das Auswuchten zu groß werden. Als Richtlinie für die zulässige Unwucht kann die Größe der Exzentrizität e gelten, die sich aus der angegebenen Unwucht U pro kg Wuchtmasse folgendermaßen errechnet:

$$e = \frac{U}{m_k} \; [\frac{g\,mm}{kg} \text{ oder } \mu m]$$

Je größer die Kurbelwellendrehzahl ist, desto kleiner muß e sein. Man richtet sich hier am besten nach der VDI-Richtlinie Nr. 2060 „Beurteilungsmaßstäbe für den Auswuchtzustand rotierender starrer Körper". Nach dieser Richtlinie kommt für den Auswuchtzustand von Kurbelwellen der hier betrachteten Motoren eine Gütestufe in Frage, die etwa zwischen Q 2,5 und Q 6,3 liegt. Es hat keinen Sinn, zu hohe Anforderungen an die Auswuchtgüte zu stellen, wenn man bedenkt, daß Kurbelwelle und Kurbelgehäuse im Betrieb Verformungen erleiden, die über die vorgeschriebenen Auswuchtbedingungen hinausgehen.

Die Gegengewichte der Kurbelwelle zum Massenausgleich und zur Lagerentlastung setzen durch ihr Massenträgheitsmoment die Drehschwingungseigenfrequenz der Kurbelwelle herab. Sie sollen daher so geformt sein, daß sie ein möglichst großes statisches Moment bei möglichst kleinem Massenträgheitsmoment haben (Kreisform anstreben). Die angeschraubten Gegengewichte (Bilder 17, 316, 361) werden mit Dehnschrauben befestigt. Bei deren Berechnung ist die maximal auftretende Drehzahl, bei Fahrzeugmotoren eine mindest 30%ige Überdrehzahl, zu berücksichtigen. Die Auflagefläche für die Gegengewichte muß so gestaltet sein, daß ein „Kippeln" vermieden wird, was durch eine Ansenkung in der Mitte der Auflagefläche und eine möglichst breite Auflagefläche erreicht wird. Da die Kurbelwelle zusammen mit den Gegengewichten ausgewuchtet wird, müssen diese in ihrer Lage fixiert werden, am besten durch Paßhülsen um die Befestigungsschrauben. Ein Einpaß der Gegengewichte auf der Kurbelwange zu diesem Zweck ist nicht notwendig und verteuert nur die Kurbelwelle.

Die Ölbohrungen in der Kurbelwelle, die zur Versorgung der Pleuellager von den Hauptlagerzapfen zu den Kurbelzapfen führen, sollen in spannungsarmem Gebiet, d.h. in bezug auf Biegung möglichst in der neutralen Faser liegen. Beispiele für die Lage von Ölbohrungen zeigen die Bilder 62, 63, 64, 361 und 362. Sie dürfen nicht in der Nähe der Hohlkehle liegen, weshalb bei Anordnungen nach Bild 361 durch mehrere Schnitte der Verlauf der Ölbohrungen innerhalb der Kurbelwelle überprüft werden muß. Die Kanten der Austritte müssen gut verrundet, am besten poliert werden. Eventuell ist auch ein Kaltverformen der Bohrungsmündungen durch Eindrücken von Kugeln erforderlich. Bei der Ausführung nach Bild 361, bei der die Ölbohrungen schräg zur Zapfenoberfläche auslaufen, muß darauf geachtet werden, daß der Auslauf nicht in zu kleinem Winkel zur Oberfläche liegt, was durch entsprechende Schnitte zu untersuchen ist. Wird die Zunge zwischen Zapfenoberfläche und Bohrung zu schmal, so besteht die Möglichkeit von Härterissen. Richtlinien für die Ausbildung von Ölbohrungen gibt Bild 65. Wenn irgend möglich, sollten Ölbohrungen in der Aus-

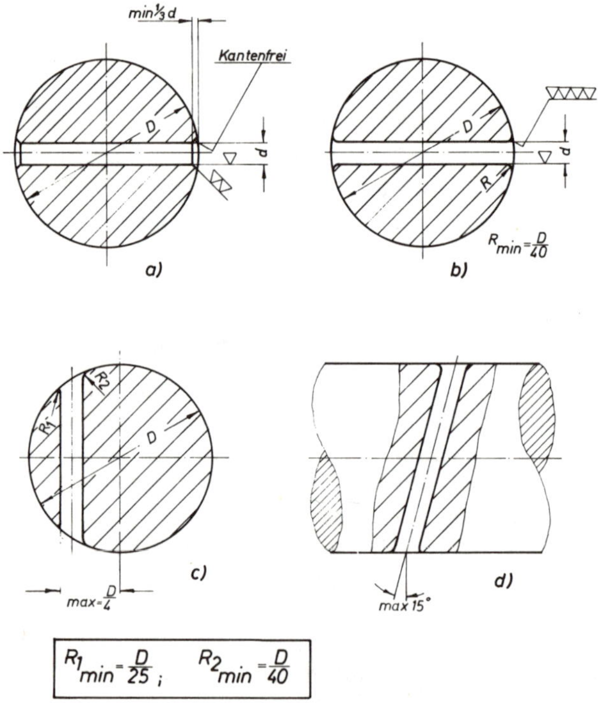

Bild 65. Ausbildung der Ölbohrungen in der Kurbelwelle

führung nach den Bildern 64, 361, 362 bevorzugt werden. Die Pleuellager moderner schnellaufender Dieselmotoren werden über volle 360° mit Schmieröl versorgt. Dazu ist in der Hauptlagerschale bei Ausführung nach Bild 361 eine umlaufende Nut vorzusehen oder die Ausführung nach den Bildern 62, 63 und 64 zu wählen, die auch schmiertechnisch wegen der beiden Austritte im Kurbelzapfen Vorteile hat. Hier ist dann nur eine Nut in der oberen, von den Gaskräften nicht beaufschlagten Lagerschale notwendig. Die Lage der Austritte der Ölbohrungen im Hauptlagerzapfen und Kurbelzapfen muß mit Hilfe der Lagerdruckdiagramme überprüft werden (Kap. 3.1.7).

Die Festigkeit der Hohlkehlen kann gesteigert werden durch Aufbringen von Druckeigenspannungen, die bei Biegebeanspruchungen erst abgebaut werden müssen, ehe Zugspannungen auftreten. Erzeugt werden diese Druckeigenspannungen durch Druckrollen, Härten, Gasnitrieren oder Badnitrieren der Hohlkehlen. Hierdurch lassen sich, wie Bild 66 zeigt, beachtliche Steigerungen der

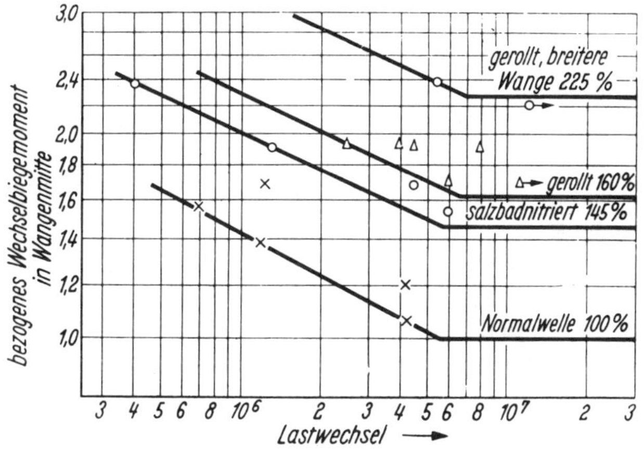

Bild 66. Steigerung des ertragbaren Wechselbiegemoments durch Salzbadnitrieren, Rollen und Verbreitern der Wange [35]

Festigkeit erzielen. Allerdings sollte man in der Praxis höchstens etwas über die Hälfte der hier angegebenen Festigkeitssteigerungen in Rechnung setzen. Die beiden ersten o.g. Verfahren erfordern im allgemeinen ein Richten der Kurbelwelle nach der Behandlung. Das ist aber bei gehärteten Hohlkehlen praktisch nicht möglich wegen der damit verbundenen Rißgefahr. Dieses Verfahren kann daher nicht angewandt werden, es sei denn, man härtet nicht alle Hohlkehlen, sondern nur die gefährdeten, z.B. die der Kröpfung am Schwungrad. Beim Gasnitrieren entsteht nur geringer Verzug, jedoch sind solche Wellen sehr stoßempfindlich und können schon bei unsanfter Behandlung beim Transport reißen. Beim Badnitrieren kann durch entsprechende Warmbehandlung [31] der Verzug so klein gehalten werden, daß ein Richten nicht oder nur in geringem Umfang notwendig ist. Ein Vorteil des Badnitrierens ist, daß die Verbindungszone an der Oberfläche ausgezeichnete Lauf- und Verschleißeigenschaften hat, die jedoch nur zum Tragen kommen, wenn die badnitrierte Oberfläche poliert wird (Rautiefe $R_t \approx 1\ \mu m$). Beide Nitrierarten haben den Nachteil, daß Nachschleifstufen für die Lagerzapfen der Kurbelwelle wegen der geringen Dicke der harten Schicht praktisch nicht möglich sind.

Als Kurbelwellenmaterial für im Gesenk geschmiedete Kurbelwellen kommen in erster Linie Vergütungsstähle nach DIN 17200 in Frage, die auf eine Zugfestigkeit von 80 bis 95 kp/mm^2 vergütet sind und wegen des Härtens der Lagerstellen einen entsprechenden Kohlenstoffgehalt haben müssen. Bei der Festlegung der Zugfestigkeit ist der Größeneinfluß des Werkstückes zu berücksichtigen. Bei größeren Durchmessern sind hohe Vergütungsgrade nur mit legierten Stählen zu erreichen. Als gebräuchlichste Kurbelwellenstähle seien folgende genannt. Für kleine, nicht hoch belastete Kurbelwellen kommt CK 45 in Frage, bei größeren höher belasteten Motoren (z.B. LKW-Motoren auch mit Aufladung) wird 37 Cr 4, 41 CR 4 oder 36 Cr Ni Mo verwandt und große Schnellaufende Hochleistungsmotoren haben Kurbelwellen aus 55 Cro Ni Mo oder 42 Cr Mo 4. Späroguß als Kurbelwellenmaterial hat sich, obwohl durch Badnitrieren entsprechende Festigkeitswerte erreicht werden können [31], bei schnellaufenden Dieselmotoren nicht durchgesetzt, dagegen in manchen Fällen bei Ottomotoren.

Zur Gestaltung der Kurbelwelle im weiteren Sinne gehört auch die Ausbildung der Schwungradverbindung und des dem Schwungrad entgegengesetzten Kurbelwellenendes. Letzteres sollte immer so bemessen sein, daß auch auf dieser Seite die volle Kraft axial abgenommen werden kann. Die Schwungradverbindung wird im wesentlichen durch das auf der Kurbelwelle sitzende Zahnrad für den Antrieb von Nockenwelle und Einspritzpumpe bestimmt, sofern dieser Antrieb auf der Schwungradseite liegt. Der Antrieb auf der entgegengesetzten Seite gibt größere Freiheiten in der Größe des Flansches zur Befestigung des Schwungrades, der in diesem Falle in beliebiger Größe und direkt neben dem letzten Hauptlager an die Kurbelwelle angeschmiedet werden kann (Bild 67a). Das

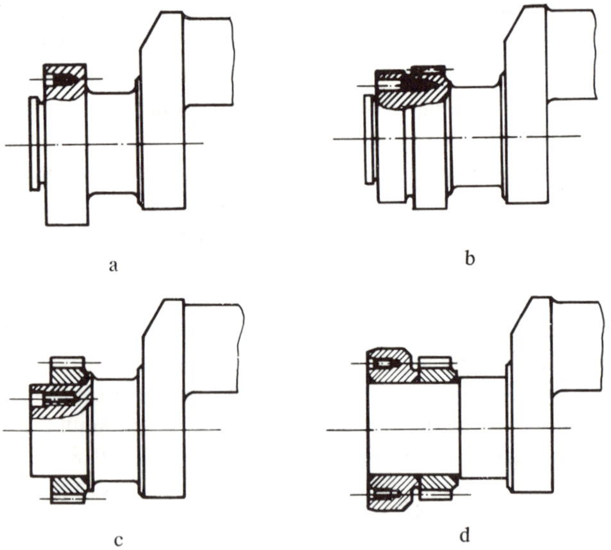

Bild 67. Ausführungen von Schwungradflanschen an der Kurbelwelle

gleiche ist der Fall, wenn das Zahnrad gleich auf die Kurbelwelle aufgeschnitten ist (Bild 67b). Der Nachteil einer solchen Anordnung ist die Beschränkung des Zahnradmaterials auf das Kurbelwellenmaterial, Verzicht auf Badnitrieren, und Erschwerung des Härtens des Zahnrades. Letzteres ist aber bei vielzylindrigen Hochleistungsmotoren unerläßlich, womit sich diese Ausführungsform bei Hochleistungsmotoren von selbst verbietet. Wird das Zahnrad auf die Welle aufgeschrumpft (Bild 67c), so kann das Schwungrad direkt an den Wellenzapfen angeschraubt werden. Das gibt aber nur kleine Flanschdurchmesser zur Drehmomentübertragung, da man normalerweise den Durchmesser des Kurbelwellenzahnrades so klein wie möglich halten will. Reicht dann der Wellendurchmesser zur Übertragung des Drehmomentes nicht mehr aus, so muß auch ein Flansch aufgeschrumpft werden (Bild 67d).

Für die Berechnung des Drehmomentes, das die Schwungradverbindung und demnach auch eine Schrumpfverbindung übertragen muß, hat sich in der Praxis, folgender einfacher Rechnungsgang bewährt. Aus der Überlegung heraus, daß der letzte Kurbelzapfen das volle Nutzdrehmoment des Motors und eventulle Verdrehbeanspruchungen durch Drehschwingungen aushalten muß, ohne zu brechen, ergibt sich dieses Drehmoment aus der zulässigen Verdrehspannung des Kurbelzapfens τ_K und dem Widerstandsmoment des Kurbelzapfens gegen Verdrehung

$$M_{d_{SR}} = \tau_K \cdot W_{p_K} \cdot S$$

$$M_{d_{SR}} = \tau_K \cdot \frac{\pi \, d_K^3}{16} \cdot S$$

Hierin wird τ_K zu 6 kp/mm^2 und der Sicherheitsfaktor S mit 1,6 bis 1,7 angenommen. Dieses Moment muß von der Schwungradverbindung übertragen werden, und zwar sowohl von der Schrumpfverbindung eines aufgeschrumpften Flansches als auch von der Schwungradbefestigung selbst, die als reine Reibschlußverbindung ohne eine ohnehin fragwürdige Unterstützung durch Formschluß von Paßschrauben o.ä ausgeführt wird. Als Reibungskoeffizient wird dabei als Erfahrungswert $\mu = 0{,}17$ angenommen.

Wie die Bilder ausgeführter Motoren in Kap. 6 zeigen, läuft meistens der Wellendichtring zur Ölabdichtung des Kurbelgehäuses auf dem Kurbelwellenflansch, dessen Oberfläche daher gehärtet sein muß. Bei einem aufgeschrumpften Schwungradflansch muß bei der Festlegung der Schrumpftemperatur Rücksicht auf diese Härtung der Flanschoberfläche genommen werden. Aus dieser Anordnung ergibt sich auch u.U. eine Beschränkung des Flanschdurchmessers, da die Umfangsgeschwindigkeit an der Dichtlippe des Dichtringes möglichst nicht größer als 22 m/sec sein sollte. Die Umfangsgeschwindigkeit ist durch das Material des Wellendichtringes begrenzt. Bild 68 gibt einen Überblick über die bei den einzelnen Materialien der Wellendichtringe zulässigen Umfangsgeschwindigkeiten.

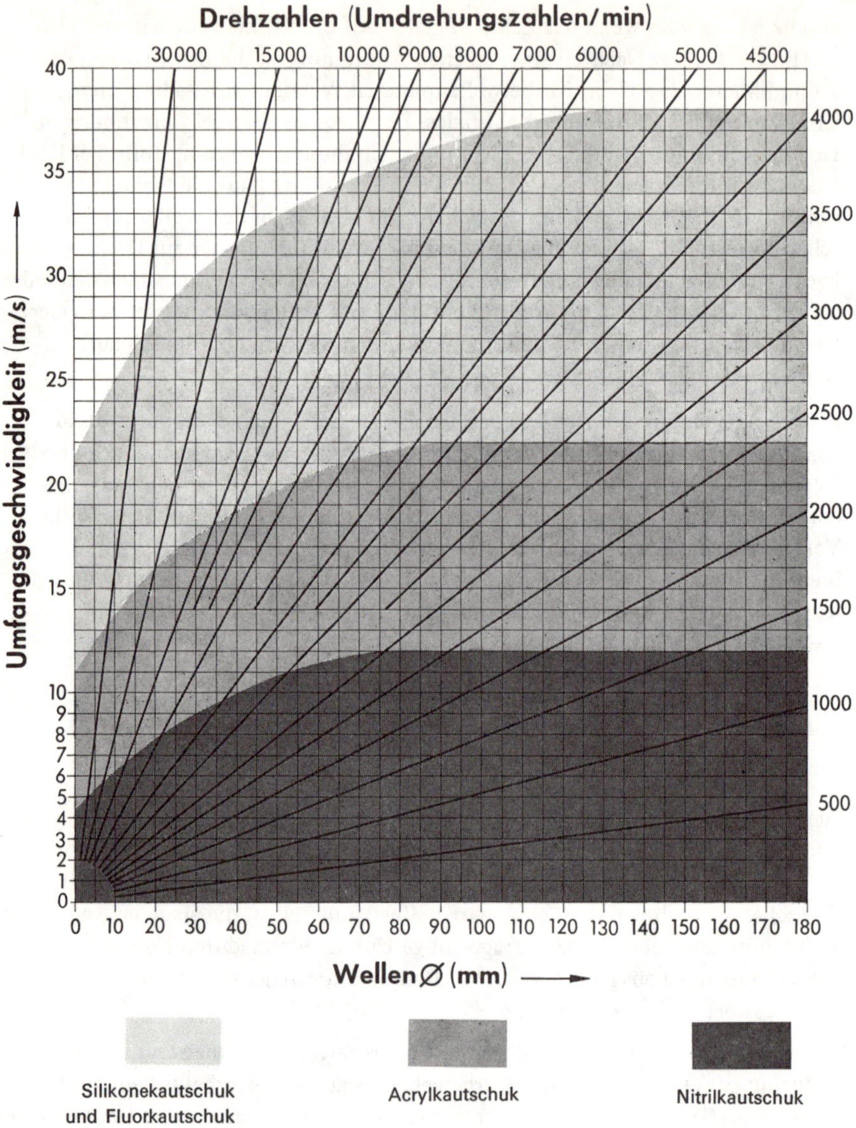

Bild 68. Tafel zur Ermittlung der Umfangsgeschwindigkeiten der Wellen mit Angabe der Bereiche für die geeigneten Manschettenwerkstoffe der Wellendichtringe (aus Druckschrift „Wellendichtringe" der Firma Goetzwerke)

Für die Schrumpfverbindung des Kurbelwellenzahnrades mit dem Kurbelwellenzapfen ist zu berücksichtigen, daß nicht mit einer gleichmäßigen Verteilung der Schubkräfte über den ganzen Umfang gerechnet werden kann, sondern daß diese nur an den im Eingriff befindlichen Zähnen auftreten. Das muß bei der Auslegung der Verbindung berücksichtigt werden. Eine entsprechende Berechnungsmethode ist bei [60] angegeben.

3.1.5 Beanspruchung, Bemessung und Gestaltung der Pleuelstange [21; 33; 57]

Die Pleuelstange (Bilder 78 und 82) verbindet den Kolben mit dem Kurbelzapfen der Kurbelwelle. Über die Pleuelstange und die Kurbelkröpfung wird die hin- und hergehende Bewegung des Kolbens in eine Drehbewegung umgesetzt. Die verschiedenen Abschnitte der Pleuelstange führen daher verschiedenen Bewegungen aus. Das kleine Pleuelauge, das über den Kolbenbolzen den Kolben mit der Pleuelstange verbindet, wird durch die Massenkraft $P_{m_{Ko}}$ des hin- und hergehenden Kolbens beansprucht.

$$P_{m_{Ko}} = m_{Ko} \cdot r \cdot \omega^2 (1 + \lambda) \tag{45}$$

Der Pleuelschaft, der das kleine und das große Pleuelauge miteinander verbindet, wird im wesentlichen durch Zünd- und Massenkräfte P_Z und P_{m_S} im Zünd-OT und Überschneidungs-OT auf Druck und Zug beansprucht:

$$P_Z = \frac{\pi}{4} D^2 \cdot p_Z \tag{46}$$

$$P_{m_S} = (m_{Ko} + m_{h_p}) \cdot r \cdot \omega^2 (1 + \lambda) \tag{47}$$

Außerdem treten noch Biegebeanspruchungen des Pleuelschaftes durch die Massenkräfte der Pleuelstangenmasse in der Schwingungsebene der Pleuelstange auf, die aber bei den betrachteten Pleuelstangen so gering sind, daß sie nicht ins Gewicht fallen. Weiter können unter der Einwirkung der Zündkraft P_z und der oszillierenden Massenkräfte des Kolbens $P_{m_{Ko}}$ Biegewechselbeanspruchungen des Schaftes durch nicht zentralen Kraftangriff am Kolbenbolzen, durch Fertigungstoleranzen und durch Schmiedetoleranzen (z.B. gekrümmter Pleuelschaft) auftreten. Diese Einflüsse lassen sich in der Rechnung schlecht erfassen und sollten daher in den Sicherheitsfaktor eingehen.

Beanspruchungen durch Knickspannungen können bei den hier behandelten Pleuelstangen der Schnelläufer, die relativ kurz und steif sind, vernachlässigt werden, wenn auch aus Sicherheitsgründen eine Überprüfung auf Knickung angezeigt ist.

Das große Pleuelauge (Bild 82), das aus einem mit dem Pleuelschaft verbundenen Teil, dem Pleuelkopf, und dem Pleueldeckel besteht, wird von der oszillierenden und rotierenden Massenkraft P_{m_A} beansprucht.

$$P_{m_A} = P_{m_S} + m'_{rp} \cdot r \cdot \omega^2 \tag{48}$$

P_{m_S} ergibt sich aus Gl. 47 und m'_{rp} ist die rotierende Masse der Pleuelstange ohne die Masse des Pleueldeckels.

Die Pleuelschrauben (Bild 82) erhalten durch P_{m_A} (Gl. 48) eine Zugwechselspannung, die sich als Betriebskraft der Vorspannung durch den Anzug überlagert. Außerdem werden sie auf Biegung beansprucht, die sich aus der Verformung des großen Pleuelauges unter der Einwirkung der Massenkraft P_{m_A} ergibt.

Die exakte Berechnung des großen und kleinen Auges der Pleuelstange erfordert eine umfangreiche Rechenarbeit, die nur mit einer elektronischen Rechenanlage durchgeführt werden kann. Eine solche Berechnung kann jedoch erst erfolgen, wenn die Konstruktion der Pleuelstange festliegt. Der Konstrukteur muß aber schon bei der Entwurfsarbeit Unterlagen für die Bemessung der Pleuelstange haben. Diese kann er sich erarbeiten durch Vergleichsrechnungen, deren Ergebnisse mit denen ausgeführter bewährter Pleuelstangen verglichen werden müssen. Eine solche Vergleichsrechnung kann mit erträglichem Rechenaufwand auf der Basis der Beziehungen erfolgen, die für einen fest eingespannten, gekrümmten Balken gelten. Es werden dabei die Biegemomente, Normal- und Querkräfte, die sich unter der Einwirkung der äußeren Kräfte nach den Gleichungen 45 und 48 in jedem Querschnitt φ des kleinen und großen Pleuelauges (Bild 69) ergeben und die daraus resultierenden Spannungen berechnet. Weiter lassen sich damit auch die Schraubenkräfte ermitteln. Sie ergeben sich aus den an der Trennstelle des großen Pleuelauges wirkenden Biegemomenten, Normal- und Querkräften (Bild 70). Dem folgenden Berechnungsgang liegt eine Arbeit von Baumann [20] zugrunde. Dabei werden sowohl das kleine als auch das große Pleuelauge vereinfachend auf einen Kreisring mit rechteckigem Querschnitt zurückgeführt (Bild 69) und es wird für die Berechnung der Biegemomente, Normal- und Querkräfte nur die Biegeverformung zugrunde gelegt. Als Einspannstelle wird die Stelle gewählt, bei der in dem verlaufenden Übergang vom Kreisring zum Pleuelschaft das Flächenträgheitsmoment etwa das 6-fache desjenigen des Kreisringquerschnittes beträgt. Der Winkel α dieser Einspannstelle liegt bei den hier betrachteten Pleuelstangen schnellaufender Motoren meistens bei 20 bis 25 Grad.

Das Pleuelauge wird durch zwei äußere Kräfte P/2 beansprucht gedacht, die unter einem Winkel γ von ca. 30° am Kreisring angreifen (Bild 69). Für das kleine Pleuelauge ist $P/2 = P_{m_{Ko}}/2$ (Gl. 45), für das große Pleuelauge ist $P/2 = P_{m_A}/2$ (Gl. 48). Genauere Berechnungen mit dem Elektronenrechner haben gezeigt, daß für eine solche Vergleichsrechnung die Annahme der Belastung durch zwei Kräfte keinen großen Unterschied zu der Annahme einer größeren Anzahl von z.B. in Annäherung an den im Schmierspalt herrschenden Druck sinusförmig verteilten Kräften, deren Resultierende $P_{m_{Ko}}$ bzw. P_{m_A} ist, ergibt (Bild 73).

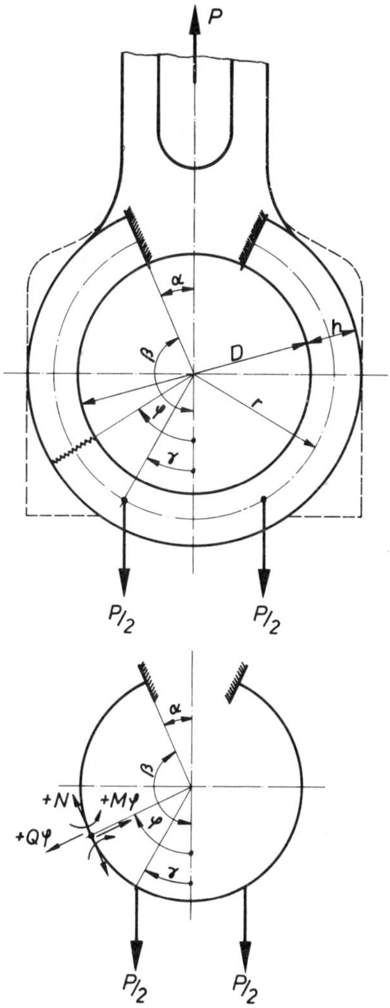

Bild 69. Zur Berechnung des großen und kleinen Pleuelauges als gekrümmte Balken

Die Belastung durch zwei äußere Kräfte wurde deshalb auch den nachstehenden Beziehungen, die für das große Pleuelauge gerade und schräg geteilter Pleuelstangen und für das kleine Pleuelauge angewandt werden können, zugrunde gelegt.

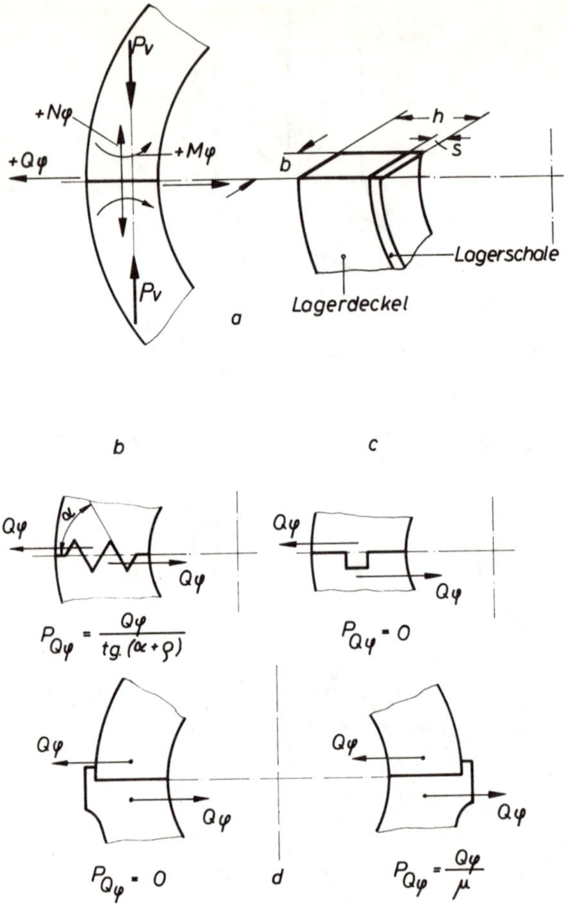

Bild 70. Zur Berechnung der Pleuelschrauben des großen Pleuelauges
a) Kräfte und Momente an der Trennstelle
b) Verklammerung der Trennfläche durch Verzahnung
c) desgleichen durch Nut und Feder
d) desgleichen durch Einpass

Biegemoment $M\varphi$, Normalkraft $N\varphi$ und Querkraft $Q\varphi$ für $\varphi < \gamma$ (Bild 69):

$$M_\varphi = P \cdot r\,[x_1 + x_2\,(1 - \cos\varphi)] \tag{49}$$

$$N_\varphi = P \cdot x_2 \cdot \cos\varphi \tag{50}$$

$$Q_\varphi = - P \cdot x_2 \cdot \sin\varphi \tag{51}$$

desgleichen für $\gamma < \varphi < \beta$:

$$M_\varphi = P \cdot r\,[x_1 + x_2\,(1 - \cos\varphi) - 0{,}5\,(\sin\varphi - \sin\gamma)] \tag{49a}$$

$$N_\varphi = P \cdot (0{,}5 \sin\varphi + x_2 \cos\varphi) \tag{50a}$$

$$Q_\varphi = P \cdot (0{,}5 \cos\varphi - x_2 \sin\varphi) \tag{51a}$$

Die Beiwerte x_1 und x_2 sind von der Lage der Einspannstelle (β) und dem Ort des Kraftangriffs (γ) abhängig

$$x_1 = \frac{B \cdot E - C \cdot D}{A \cdot D - B^2}\,; \quad x_2 = \frac{B \cdot C - A \cdot E}{A \cdot D - B^2}$$

$$A = \operatorname{arc}\beta; \quad B = \operatorname{arc}\beta - \sin\beta$$

$$C = 0{,}5\,[\cos\beta - \cos\gamma + \sin\gamma\,(\operatorname{arc}\beta - \operatorname{arc}\gamma)]$$

$$D = 1{,}5 \operatorname{arc}\beta - 2\sin\beta + 0{,}25 \sin 2\beta$$

$$E = 0{,}5\,[\cos\beta - \cos\gamma + \sin\gamma\,(\operatorname{arc}\beta - \operatorname{arc}\gamma - \sin\beta + \sin\gamma) + 0{,}5\,(\sin^2\beta - \sin^2\gamma)]$$

Die Berechnungen brauchen nur für eine Hälfte des Pleuelauges durchgeführt zu werden, da der Verlauf der Kräfte und Momente symmetrisch zur senkrechten Mittellinie der Pleuelstange ist. Die so ermittelten Biegemomente, Normalkräfte und Querkräfte eines jeden Querschnittes φ ergeben dann die entsprechenden Spannungen in den Querschnitten φ (Bild 71):

Biegespannung $\sigma_b = \frac{M_\varphi}{W}$ [kp/mm²]

Zugspannung $\sigma_z = \frac{N_\varphi}{F}$ [kp/mm²]

Schubspannung $\tau = \frac{Q_\varphi}{F}$ [kp/mm²]

Vergleichsspannung $\sigma_v = \sqrt{(\sigma_b + \sigma_z)^2 + 3\,\tau^2}$ (52)

W [mm³] = Widerstandsmoment des Querschnittes φ

F [mm²] = Fläche des Querschnittes φ

Die Vorspannkraft P_V der Pleuelschrauben muß so groß sein, daß in der Trennfuge des großen Pleuelauges mit Sicherheit ein Abheben unter der Wirkung der Normalkraft $N\varphi$, ein Klaffen unter der Wirkung des Biegemomentes $M\varphi$ und ein Rutschen unter der Einwirkung der Querkraft $Q\varphi$ vermieden wird. Außerdem muß mit der Vorspannkraft P_V noch die für den einwandfreien Sitz der Lagerschalen erforderliche Tangentialspannung σ_L in der Lagerschale erzeugt werden (siehe 3.1.7 und [78]).

a) Notwendige Schraubenvorspannkraft P_V, um Abheben unter der Wirkung von $N\varphi$ und $M\varphi$ zu verhindern.

Bedingung für das Nichtabheben ist, daß in der Trennfuge keine Zugspannung auftritt.

$$P_V = P_T + P_{D_A}$$

P_T ist die Kraft, die im Lagerschalenquerschnitt die Tangentialspannung σ_L erzeugt. Unter der Einwirkung von P_T verkürzt sich die Lagerschale um den Überstand und die Trennfuge schließt sich.

$$P_T = \sigma_L \cdot b \cdot s \qquad \text{(Bild 70)}$$

σ_L erhält man aus der Lagerberechnung (Kap. 3.1.7 und [78]).

P_{D_A} ist die Kraft, die in der Trennfuge nach dem Zusammendrücken der Lagerschale eine Druckspannung σ_{D_A} erzeugt, die das Abheben verhindert.

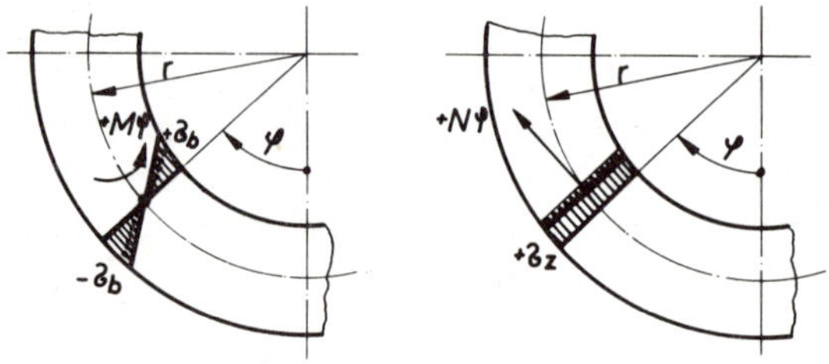

Bild 71. Spannungsverlauf im gekrümmten Balken

$$\sigma_{D_A} = \sigma_b + \sigma_z \qquad \text{(Bild 71)}$$

$$\sigma_b = \frac{M_\varphi \cdot 6}{b \cdot h^2}; \qquad \sigma_z = \frac{N_\varphi}{b \cdot h}$$

$$P_{D_A} = \sigma_{D_A} \cdot b \cdot h$$

$$P_V \geqq \sigma_L \cdot b \cdot s + \frac{M_\varphi \cdot 6}{h} + N_\varphi \qquad (53)$$

In der Gl. 53 stellt $\frac{M\varphi \cdot 6}{h} + N\varphi$ die Betriebskraft P_B des Dehnschraubendiagramms dar (Bild 72). Streng genommen trägt aber nur der Anteil $P_B \frac{c_p}{c_p + c_s}$ zum Abheben der Schraubenverbindung bei. Man liegt also, wenn in Gl. 53 die volle Betriebskraft P_B eingesetzt wird, mit der so gewonnenen Schraubenvorspannkraft P_V auf der sicheren Seite.

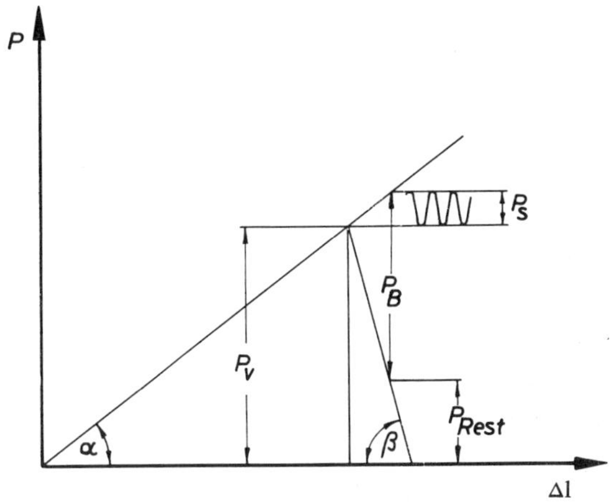

$$\tan\alpha = \frac{P}{\Delta l} = c_s = \text{Steifigkeit der Schraube}$$

$$\tan\beta = \frac{P}{\Delta l} = c_p = \text{Steifigkeit der Schraubenpfeife}$$

Bild 72. Dehnschraubendiagramm

b) Notwendige Schraubenvorspannkraft P_V, um Rutschen in der Trennfuge zu vermeiden.

Bedingung ist, daß in der Trennfuge eine Druckspannung auftritt, die so groß ist, daß der Reibungsschluß in der Trennfuge ein Rutschen unter der Einwirkung der Querkraft $Q\varphi$ verhindert.

$$P_V = P_T + P_{D_R} \tag{54}$$

P_{D_R} ist die Kraft, die in der Trennfuge nach dem Zusammendrücken der Lagerschale eine Druckspannung σ_{D_R} erzeugt, die das Rutschen verhindert.

$$\sigma_{D_R} = \frac{\tau}{\mu} \qquad \mu = \text{Reibungskoeffizient} \approx 0{,}15$$

$$\tau = \frac{Q_\varphi}{b \cdot h} \qquad P_{D_R} = \sigma_{D_R} \cdot b \cdot h = \frac{Q_\varphi}{\mu} \tag{55}$$

$$P_T = \sigma_L \cdot b \cdot s \quad \text{– siehe unter a) –}$$

Bei der Ermittlung der Vorspannkraft P_V muß jetzt berücksichtigt werden, daß P_V entsprechend dem Dehnschraubendiagramm Bild 72 durch die Betriebskraft P_B bis auf die Restkraft P_R abgebaut wird. Es geht also Gl. 54 über in 56

$$P_R = P_T + P_{D_R} \tag{56}$$

Aus Bild 72 ergibt sich

$$P_R = P_V - P_B \frac{c_p}{c_p + c_s} \tag{57}$$

Darin ist

$$P_B = N_\varphi + \frac{M_\varphi \cdot 6}{h}$$

Wird nach der vorhergehenden Rechnung die Bedingung „Kein Abheben" erfüllt, so ändert das Biegemoment $M\varphi$ zwar die Pressungsverteilung in der Trennfuge, aber nicht die Anpresskraft. Es wird also das Biegemoment in der Beziehung P_B nicht berücksichtigt, und es ergibt sich

$$P_B = N_\varphi \tag{58}$$

Mit den Gl. 56, 57 und 58 wird die Schraubenvorspannkraft

$$P_V \geqq P_T + P_{D_R} + N_\varphi \frac{c_p}{c_p + c_s}$$

$$P_V \geqq \sigma_L \cdot b \cdot s + \frac{Q_\varphi}{\mu} + N_\varphi \frac{c_p}{c_p + c_s} \tag{59}$$

Diese Beziehung gilt unter der Voraussetzung, daß die Lagerschale einen Pressungsanteil überträgt, der der mittleren Druckspannung σ_{D_R} entspricht. Haben wir eine sehr dicke Lagerschale, die steif genug ist, ihren eigenen Pressungsanteil auch voll zu übertragen, dann geht die Gl. 59 über in 60

$$P_V \geqq \frac{Q_\varphi}{\mu} + N_\varphi \frac{c_p}{c_p + c_s} \tag{60}$$

Liegt der Fall einer sehr dünnen Lagerschale vor, die so biegeweich ist, daß sie keine Querkraft aufnehmen kann, dann muß die Druckspannung in der Trennfuge allein ohne Lagerschalenquerschnitt so groß sein, daß die Querkraft aufgenommen wird. In diesem Falle wird die Schraubenvorspannkraft

$$P_V \geqq \sigma_L \cdot b \cdot s + \left(\frac{Q_\varphi}{\mu} + N_\varphi \frac{c_p}{c_p + c_s}\right) \frac{h}{h - s} \tag{61}$$

Wie der Verlauf der Querkraft Q zeigt (Bilder 74 und 75), ist diese bei einer schräggeteilten Pleuelstange im Vergleich zu einer gerade geteilten in der Trennstelle verhältnismäßig groß. Wollte man hier das Rutschen allein durch den Reibungsschluß der Pleuelschrauben verhindern, so müßten diese übermäßig stark dimensioniert werden. Man sieht daher bei schräggeteilten Pleuelstangen in der Trennfuge entweder eine Verzahnung vor (c in Bild 82) oder Nut und Feder (d und e in Bild 82). Im ersteren Fall wird nach Bild 70 aus Gl. 55

$$P_{D_R} = \frac{Q_\varphi}{\operatorname{tg}(\alpha + \varrho)}$$

worin

$$\varrho \approx 8{,}5°,\ \text{da}\ \mu = \operatorname{tg} \varrho \approx 0{,}15$$

Die Gl. 59, 60 und 61 für die Mindestschraubenvorspannung P_V gehen dann bei einer schräggeteilten Pleuelstange mit Verzahnung in der Trennfläche über in

$$P_V \geqq \sigma_L \cdot b \cdot s + \frac{Q_\varphi}{\operatorname{tg}(\alpha + \varrho)} + N_\varphi \frac{c_p}{c_p + c_s} \tag{59a}$$

$$P_V \geqq \frac{Q_\varphi}{\operatorname{tg}(\alpha + \varrho)} + N_\varphi \frac{c_p}{c_p + c_s} \tag{60a}$$

$$P_V \geqq \sigma_L \cdot b \cdot s + \left(\frac{Q_\varphi}{\operatorname{tg}(\alpha + \varrho)} + N_\varphi \frac{c_p}{c_p + c_s}\right) \frac{h}{h - s} \tag{61a}$$

Wird bei einer schräggeteilten Pleuelstange in der Trennfläche eine Verklammerung durch Nut und Feder vorgesehen, so wird die Querkraft $Q\varphi$ von der Verklammerung aufgenommen und die Vorspannkraft wird nach Gl. 53 berechnet.

Je nachdem, ob die größere Vorspannkraft P_V zur Verhinderung des Abhebens oder des Rutschens notwendig ist, wird P_V nach Gl. 53 oder 59 bzw. 60 berechnet. Gl. 53 gilt sowohl für gerade als auch für schräggeteilte Pleuelstangen. Die Pleuelschrauben werden als Dehnschrauben ausgeführt und nach der Theorie der Dehnschrauben berechnet [26; 67; 84]. Dabei wird der Kraftangriffspunkt als unter dem Schraubenkopf liegend angenommen, was nicht ganz der Wirklichkeit entspricht. Der genaue Angriffspunkt liegt irgendwo in der Schraubenpfeife. Die Erfahrung zeigt aber, daß man mit dieser Annahme auf der sicheren Seite liegt. Auch die Steifigkeit der Schraubenpfeife kann nicht exakt ermittelt werden, weshalb die Steifigkeit einer gedachten Pfeife in Form eines Hohlzylinders mit dem äußeren Durchmesser der Schraubenkopfauflage und dem inneren der Schraubenbohrung der Rechnung zugrunde gelegt wird. Die Betriebskraft P_B der Pleuelschraube im Dehnschraubendiagramm (Bild 72), die sich aus der Massenkraft P_{m_A} ergibt, ist:

$$P_B = N_\varphi + \frac{M_\varphi \cdot 6}{h} \quad \text{bzw.}$$

$$P_B = N_\varphi + \frac{M_\varphi \cdot 6}{h} + \frac{Q_\varphi}{\operatorname{tg}(\alpha + \varrho)}$$

bei einer schräg geteilten Pleuelstange mit Verzahnung (Bild 82).

Aus dem Dehnschraubendiagramm Bild 72 ergibt sich aus der Betriebskraft P_B die Beanspruchung der Pleuelschraube durch eine schwellende Kraft P_S

$$P_S = P_B \frac{c_s}{c_s + c_p}$$

Mit P_S ist der Spannungsausschlag $\pm \sigma_A$ im Spannungsquerschnitt F_S des Gewindes der Pleuelschraube

$$\sigma_A = \frac{P_s}{2 F_S}$$

Ist der Querschnitt des Dehnschaftes der Pleuelschrauben kleiner als 0,8 · Gewindekerndurchmesser, so muß für F_S der Querschnitt des Dehnschaftes eingesetzt werden. Die Schwellbeanspruchung der Pleuelschraube $\pm \sigma_A$ darf den Wert von 5 bis 6 kp/mm^2 nicht überschreiten. Weiter muß die Vergleichsspannung σ_v für die Pleuelschraube ermittelt werden:

$$\sigma_v = \sqrt{\sigma^2 + 3 \tau^2}$$

Hierin ist $\sigma = \frac{P_V}{F_S} + 2 \sigma_A$ und τ die Torsionsspannung, die sich beim Anziehen der Schraube aus der Gewindereibung [84] ergibt. Um die Schraube voll auszunutzen, soll σ_v die Streckgrenze erreichen. In die Zeichnung für die Pleuelstange muß eine Anziehvorschrift für die Pleuelschrauben eingetragen werden, wobei sich in der Praxis die Angabe eines Anzugswinkels [48] anstelle eines Anziehmomentes bewährt hat. Diese Methode gibt eine bessere Gewähr für gleichmäßigen Anzug, da hierbei der Einfluß der Reibung in der Schraubenverbindung ausgeschaltet ist. Voraussetzung ist allerdings, daß ein gewisser Voranzug in Form eines Anziehmomentes in mkp vorgeschrieben wird, unter dem die Trennfuge zwischen Pleuelkopf und Pleueldeckel einwandfrei geschlossen wird. Die Größe dieses Voranzugmomentes ist abhängig vom Lagerschalenüberstand, d.h. vom Preßsitz der Lagerschalen in der Aufnahmebohrung des großen Pleuelauges (siehe auch 3.1.7). Als Pleuelschraubenwerkstoff kommt für die hier betrachteten Motoren Stahl 10.9 oder 12.9 in Frage.

Zur Berechnung der Biegemomente, Normal- und Schubkräfte, Verformungen und Spannungen des kleinen und großen Pleuelauges unter der Einwirkung der Massenkräfte mit Hilfe des Elektronenrechners werden beide durch eine Folge gerader Stäbe ersetzt, die untereinander biegesteif verbunden sind und miteinander beliebige Winkel einschließen (Bild 74). Die beiden Enden dieses Stabzuges sind gegen Verformung und Verdrehung starr eingespannt gedacht. Jedes Stabelement ist ein Träger mit konstantem Querschnitt. Die Querschnitte der verschiedenen Träger können unter sich beliebig verschieden sein. Die innere Begrenzung aller Querschnitte ist ein Kreis mit dem Durchmesser der Innenbohrung des kleinen oder großen Pleuelauges (Bild 74). Die äußeren Kräfte greifen in den Endpunkten der Stabelemente an (Bild 74). Die Berechnung wird durchgeführt unter Berücksichtigung der Verformung durch Biegung, Zug und Schub. Mit einem solchen Stabwerk läßt sich insbesondere das große Pleuelauge in

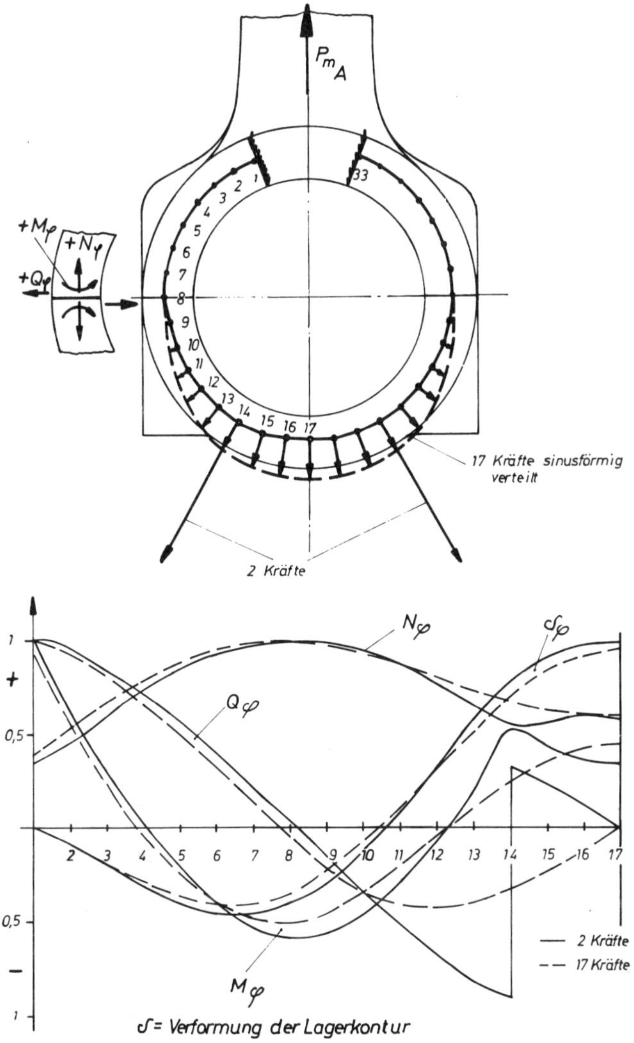

Bild 73. Großes Pleuelauge als Kreisring mit rechteckigem Querschnitt
Biegemomente M_φ, Normalkräfte N_φ, Schubkräfte Q_φ und Verformung δ_φ der Lagerkontur bei Annahme von zwei äußeren Kräften und 17 sinusförmig verteilten äußeren Kräften

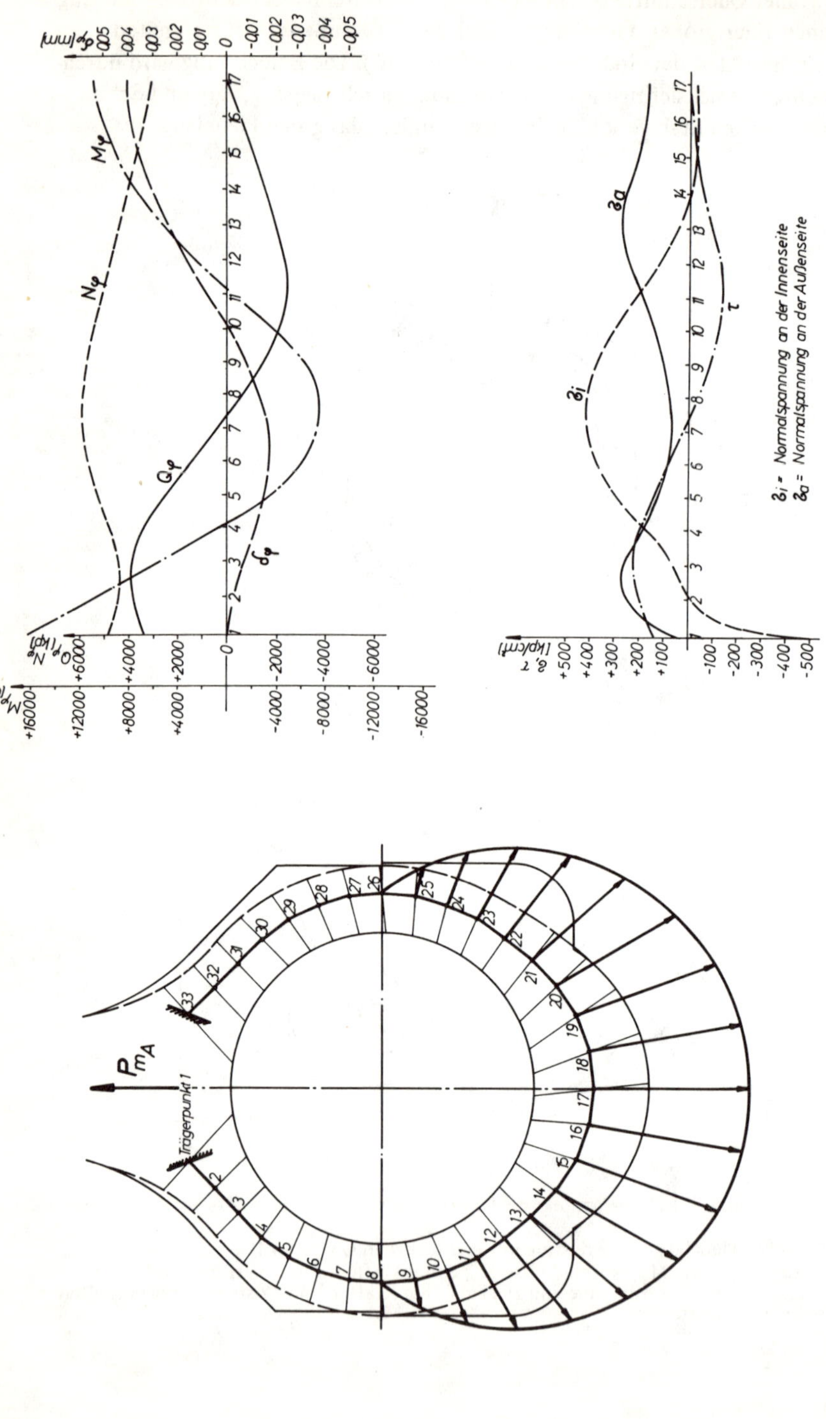

Bild 74. Großes Pleuelauge mit veränderlichem Querschnitt. Kräfte, Biegemomente, Verformungen und Spannungen bei Belastung durch Massenkraft P_{m_A} (17 äußere Kräfte sinusförmig verteilt)

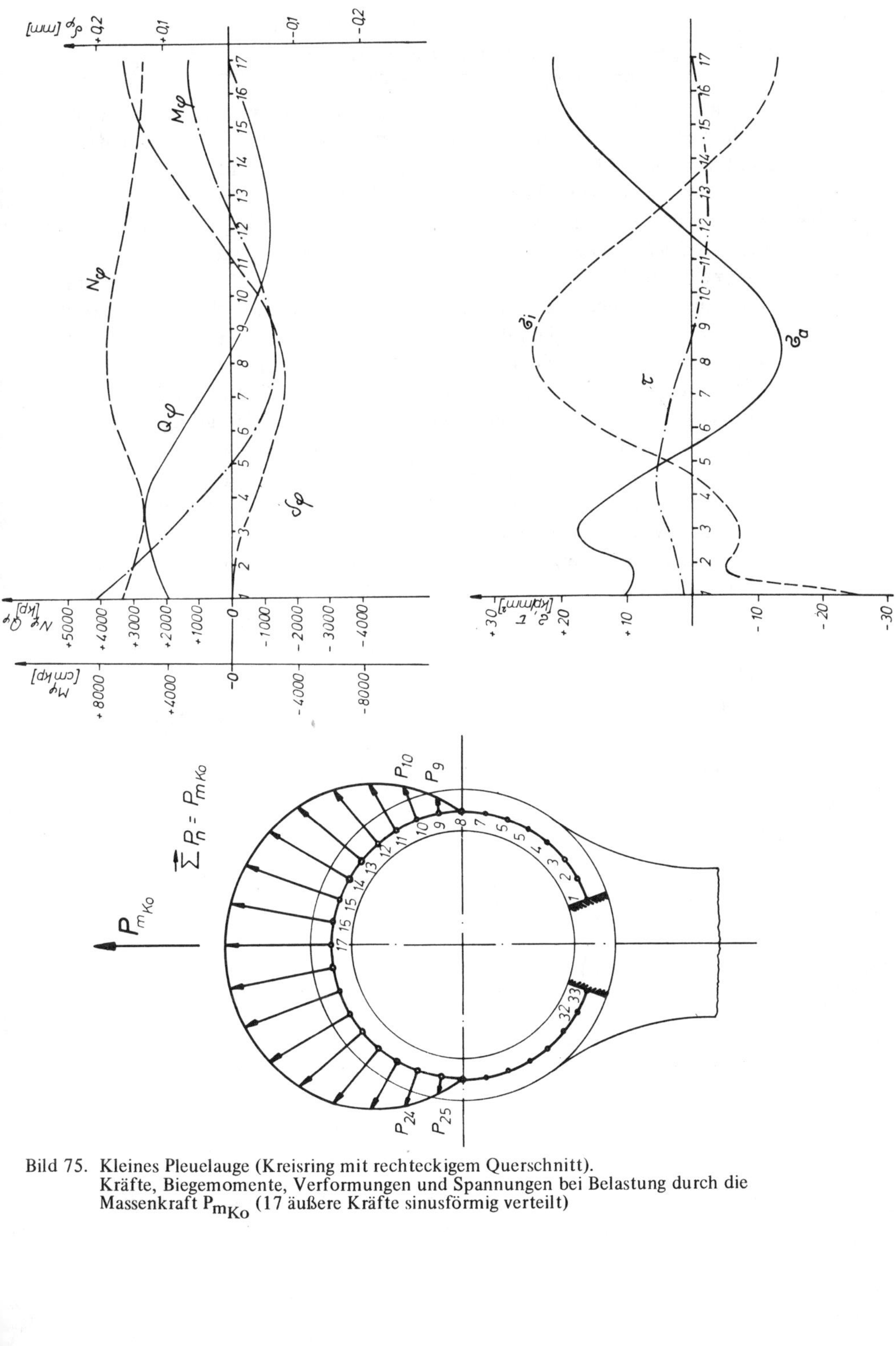

Bild 75. Kleines Pleuelauge (Kreisring mit rechteckigem Querschnitt).
Kräfte, Biegemomente, Verformungen und Spannungen bei Belastung durch die Massenkraft $P_{m_{Ko}}$ (17 äußere Kräfte sinusförmig verteilt)

seiner wirklichen Form berechnen, da jedes Stabelement ein gegenüber dem vorhergehenden anderes, der wirklichen Kontur des großen Pleuelauges entsprechendes, Flächenträgheitsmoment haben kann. Auf die Rechnung selbst kann hier nicht näher eingegangen werden. Sicher wird man sich für eine solche Rechnung in einer zukünftigen Entwicklung auch der Rechenverfahren der Elementmethode der Elastostatik [87] bedienen. Im Grunde genommen entspricht die Rechnung mit dem Elektronenrechner im Prinzip der oben erwähnten Berechnung des gekrümmten Balkens nur in iterativer, der Eigenart des Elektronenrechners angepaßter Form. Mit Hilfe des Elektronenrechners wurden die Diagramme der Bilder 73, 74 und 75 gewonnen, die einen Einblick in die Kräfteverhältnisse und Beanspruchungen des großen und kleinen Pleuelauges vermitteln und anhand derer die Formgebung der Pleuelstange später behandelt wird. Dabei wurden in den Bildern 74 und 75 die äußeren Kräfte in sinusförmiger Verteilung entsprechend einem idealisierten Verlauf des Druckes im Ölfilm des Schmierspaltes (siehe 3.1.7) am Pleueldeckel des großen Pleuelauges und am kleinen Pleuelauge angebracht. Bild 73 zeigt die Berechnungsergebnisse für ein großes Pleuelauge mit Kreisringform, wie es der oben geschilderten Vergleichsrechnung zugrunde gelegt wurde, und zwar sowohl für zwei als auch für 17 sinusförmig verteilte äußere Kräfte deren Resultierende in beiden Fällen gleichgroß und entgegengesetzt P_{m_A} ist. Bild 74 zeigt die Berechnungsergebnisse für ein großes Pleuelauge, dessen Stabwerk der wirklichen Kontur des großen Pleuelauges mehr angenähert ist als ein Kreisring. In Bild 75 sind die Berechnungsergebnisse für das kleine Pleuelauge dargestellt, bei dem die Annahme der Kreisringform gut der wirklichen Ausbildung des kleinen Pleuelauges entspricht.

Der Pleuelschaft erhält Druck-Zug-Wechselspannungen durch die Zünd- und Massenkräfte P_z (Gl. 46) und P_{mS} (Gl. 47). Dabei sind zwei Fälle zu unterscheiden. Stationäre Motoren mit nur geringem Drehzahlwechsel und Fahrzeugmo-

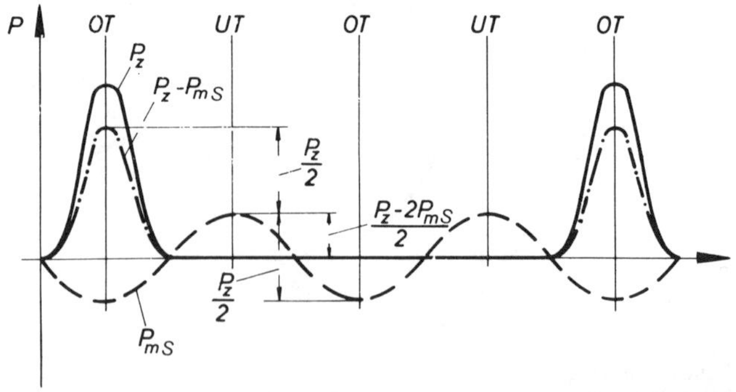

Bild 76. Zur Ermittlung der Beanspruchung des Pleuelschaftes bei einem stationären Motor

toren mit ständigem Drehzahlwechsel. Im ersten Fall sind Mittelspannung und Spannungsausschlag nach Bild 76

$$\sigma_m \pm \sigma_A = \frac{P_Z - 2\,P_{mS}}{2\,F_S} \pm \frac{P_Z}{2\,F_S}$$

Hierin ist F_S der Querschnitt des Pleuelschaftes. Der Berechnung ist der Mindestquerschnitt $F_{S_{min}}$ zugrunde zu legen, der sich aus den zulässigen Schmiedetoleranzen ergibt.

Man sieht aus dieser Beziehung, daß die Größe der Mittelspannung σ_m und ihre Lage im Druck- oder Zuggebiet von der Zündkraft und der Drehzahl bestimmt wird. Die Wechselspannung $\pm\,\sigma_A$ dagegen ist allein von der Zündkraft P_Z abhängig.

Bei Fahrzeugmotoren werden laufend Perioden niedriger Drehzahl, verbunden mit hohem Drehmoment

$$(P_Z \to \max; \quad P_{mS} \to O)$$

von solchen hoher Drehzahl mit geringem Drehmoment

$$(P_Z \to O; \qquad P_m \to \max)$$

abgelöst und umgekehrt. In diesem Fall ist für die Berechnung der Gesamtausschlag zu berücksichtigen (Bild 77) und es ergibt sich:

$$\sigma_m \pm \sigma_A = \frac{P_Z - P_{mS}}{2\,F_S} \pm \frac{P_Z + P_{mS}}{2\,F_S}$$

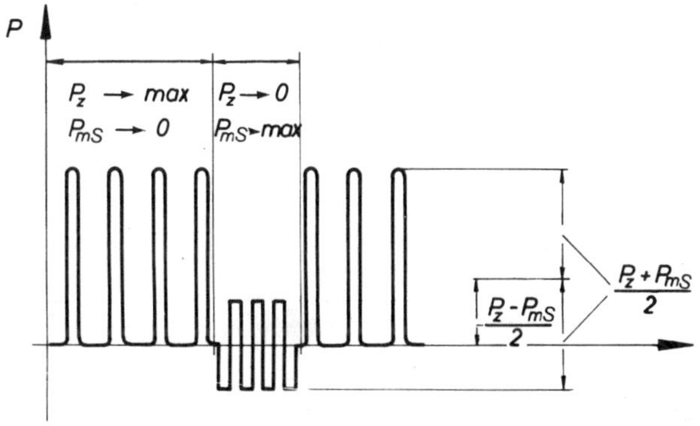

Bild 77. Zur Ermittlung der Beanspruchung des Pleuelschaftes bei einem Fahrzeugmotor

In diesem Fall wird die Wechselspannung im Gegensatz zum stationären Motor außer durch die Zündkraft auch von Massenkräften bestimmt. In beiden Fällen ist zur Berücksichtigung von Überdrehzahlen mit 1,1 · n_{max} zu rechnen und ein Sicherheitszuschlag von 20% zu machen. Unter diesen Bedingungen ist bei dem für Pleuelstangen schnellaufender Motoren viel verwendeten Stahl 41 Cr 4 V aus den Erfahrungen ausgeführter Motoren ein $\pm\,\sigma_A = \pm\,17$ kp/mm² zulässig. Dieser Wert gilt für geschmiedete, unbearbeitete Pleuelstangen, wie sie normalerweise bei schnellaufenden Dieselmotoren verwendet werden. Bei schnellaufenden Hochleistungsmotoren mit hohen Aufladegraden werden auch voll bearbeitete Pleuelstangen verwendet. Bei diesen Stangen kann für $\pm\sigma_A$ ein Wert von ~ 22 kp/mm² als zulässig angesehen werden. Im übrigen ist auch hier ein Vergleich zu ausgeführten und bewährten Pleuelstangen angeraten.

Pleuelstangen für die hier behandelten schnellaufenden Dieselmotoren werden im Gesenk geschmiedet. Normal verwendeter Werkstoff ist ein Vergütungsstahl 41 Cr 4 V, der auf 100 bis 120 kp/mm² Festigkeit vergütet ist. Pleuelstange und Pleueldeckel werden in einem Stück (Bild 78) geschmiedet. Beide werden

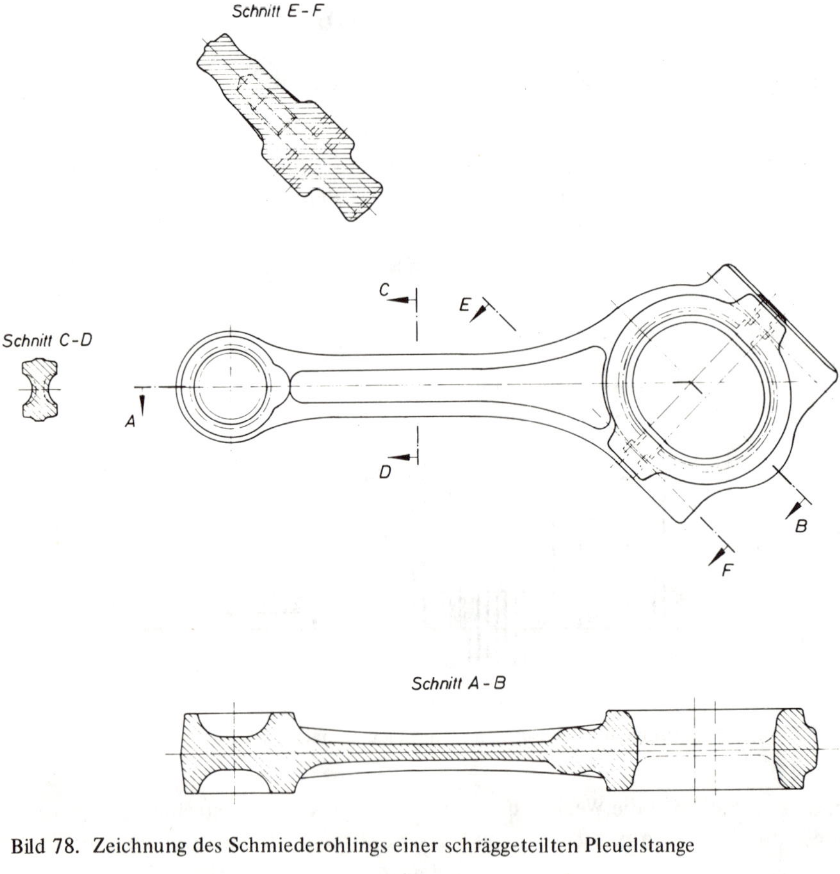

Bild 78. Zeichnung des Schmiederohlings einer schräggeteilten Pleuelstange

erst bei der Bearbeitung getrennt, einem der ersten Arbeitsgänge nach dem Bohren der Schraubenlöcher und Gewinde. Pleuelstange und Pleueldeckel werden in ihrer Gestaltung durch die Forderung des Gesenkschmiedens geprägt, womit sich für den Schaft das Doppel-T-Profil und für den Deckel die Verstärkungsrippe in der Mitte ergibt. Letzteres ist auch von der Lagerschale her gesehen die günstigere Form wegen der an den Kanten etwas geringeren Steifigkeit.

Grundregeln für die Gestaltung der Pleuelstange eines schnellaufenden Dieselmotors ist, ihre bewegte Masse so klein wie möglich zu halten, natürlich bei größtmöglicher Betriebssicherheit. Für die Betrachtungen über die Gestaltung der Pleuelstange seien die Bilder 74, 75, die Kräfte, Momente, Verformungen und Spannungen im großen und kleinen Pleuelauge aufgrund von Berechnungen zeigen, sowie Bild 83, auf dem die gemessene Verformung des großen Auges einer schräg geteilten Pleuelstange dargestellt ist, und Bild 80 mit den gefährdeten Querschnitten einer Pleuelstange zugrunde gelegt.
Beim kleinen Pleuelauge (Bild 75) treten verhältnismäßig hohe Zugspannungen σ_a (Außenseite) in der Nähe der Einspannstelle, also am Übergang vom Auge in den Schaft auf. An dieser Stelle werden auch die Druckkräfte aus der Gaskraft in den Schaft eingeleitet. Der Übergang vom kleinen Pleuelauge in den Schaft soll daher mit einem großen, schlanken Radius erfolgen. Große Zugspannungen σ_i (Innenseite) treten im Bereich der waagerechten Mittellinie auf. Der Querschnitt ist hier entsprechend zu bemessen, was u.U. ein Abweichen vom Kreisringquerschnitt bedeutet. In diesem Bereich dürfen auch keine Bohrungen zur Schmierung des Kolbenbolzenlagers angebracht sein. Das gleiche gilt für den Bereich der senkrechten Mittellinie im oberen Bereich des kleinen Auges. Hier sind die Zugspannungen σ_a am Außenrand am höchsten. Ölbohrungen liegen daher am besten etwa unter 45° zur senkrechten Mittellinie.

Der Pleuelschaft wird mit einem I-Querschnitt ausgeführt. An sich könnte der Schaft bei den kurzen, knicksicheren Pleuelstangen auch ein Rechteck mit gut abgerundeten Kanten sein, jedoch ist, da der Schaft unter gewissen Voraussetzungen auch Biegebeanspruchungen erhalten kann, der I-Querschnitt vorzuziehen. Bild 79 zeigt einen solchen Querschnitt.Aus schmiedetechnischen Grün-

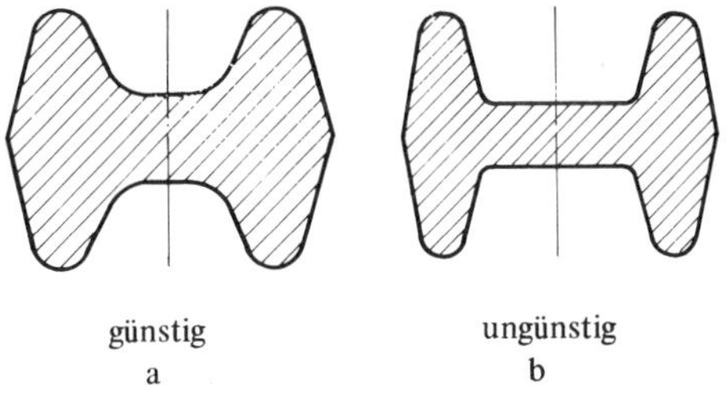

Bild 79. Ausbildung des Schaftquerschnitts der Pleuelstange

den sind schmale, hohe Querschnitte mit kleinen Radien ungünstig. Der hierbei notwendige hohe Verformungsgrad erfordert ein Schmieden mit hohen Temperaturen, was die Gefahr von Schmiederissen besonders auf den außenliegenden Kanten in sich birgt. Außerdem ist der Gesenkverschleiß verhältnismäßig groß. Diese Kanten sollen auch nicht zu schmal sein, da sich durch schmale Kanten Spannungsspitzen bilden. Eine Ausbildung mit breiten, gut abgerundeten Kanten ist am günstigsten. Der Schmiedegrat längs des Schaftes wird durch Abschleifen beseitigt, was nur in Längsrichtung der Pleuelstange, auf keinen Fall quer dazu, vorgenommen werden darf, da durch Querschleifriefen Bruchgefahr im Pleuelschaft besteht. Die Zeichnung muß daher eine entsprechende Vorschrift über

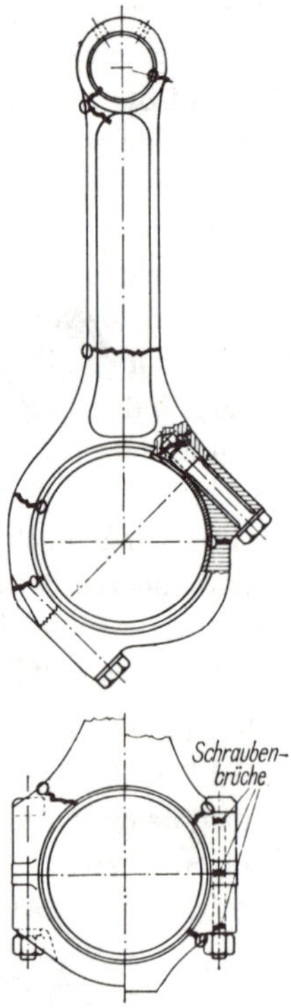

Bild 80. Bruchverlauf und Bruchausgangsstellen (o) bei gerade und schräggeteilten Pleuelstangen [57]

die Art der Gratentfernung enthalten. Weiter muß bei unbearbeiteten Stangen auch eine bestimmte Oberflächenrauhigkeit an den Ausläufen des I-Querschnittes vorgeschrieben sein. Eine Narbentiefe von 0,06 mm bis 0,1 mm je nach Größe der Pleuelstange dürfte zulässig sein. Bei höher beanspruchten Pleuelstangen hat es sich bewährt, die Ausläufer des I-Querschnittes zu überschleifen. Man erreicht dadurch, daß die Zonen der Randentkohlung, die verminderte Festigkeit haben, sowie kleine Schmiederisse mit Sicherheit weggeschliffen werden. Trotzdem ist in die Zeichnung noch eine Vorschrift über eine Rißprüfung aufzunehmen. Die Pleuelstangen hochbelasteter, schnellaufender Motoren werden allseitig bearbeitet. Eine weitere Festigkeitssteigerung kann noch durch Kugelstrahlen oder Badnitrieren der Oberflächen erfolgen.

Der Übergang vom Schaft in den Pleuelkopf besteht aus großen schlanken Radien, um eine gute Einleitung der Kräfte in das große Pleuelauge sicherzustellen. Bild 80 zeigt die gefährdeten Stellen des großen Pleuelauges von gerade und schräggeteilten Pleuelstangen. Eine schräge Teilung ist in vielen Fällen notwendig, um auch bei dicken Kurbelzapfen die Pleuelstange durch den Zylinder herausziehen zu können. Wegen der unübersichtlichen Beanspruchungsverhältnisse bei der schräggeteilten Pleuelstange sollte man allerdings, soweit es irgend möglich ist, bei schnellaufenden Motoren einer gerade geteilten Pleuelstange den Vorzug geben.

Die gefährdeten Stellen bei geradegeteilten Pleuelstangen sind durch die Kerbwirkungen, die durch den Übergang von den Schraubenauflagen in den Körper des großen Pleuelauges entstehen, gekennzeichnet. Diese Stellen liegen aber auch, wie Bild 74 zeigt, auf der Außenseite im Bereich von Zugspannungen σ_a. Diese Übergänge müssen daher sorgfältig ausgebildet werden – große Übergangsradien und riefenfreie Bearbeitung.

Bei der schräggeteilten Pleuelstange ist das obere Sackgewinde besonders gefährdet. Dieses Sackgewinde liegt genau im Kraftfluß und damit im Gebiet wechselnder Zug- und Druckbeanspruchungen, die durch die Kerbwirkung des Gewindes noch erhöht werden, was hohe Bruchgefahr in sich birgt (Bild 81).

Bild 81. Schräggeteilte Pleuelstange, Bruch ausgehend vom oberen Gewinde

Der Querschnitt um dieses Gewinde herum muß daher besonders reichlich sein. Nach Bild 74 treten im Gebiet um die waagerechte Mittellinie Zugspannungen

σ_i und σ_a auf. Der Querschnitt einer schräggeteilten Pleuelstange muß an diesen Stellen entsprechend bemessen werden und der Übergang von der Schraubenauflage in den Körper des Pleuelauges, der eine hohe Formziffer hat, muß gut abgerundet und riefenfrei bearbeitet sein. In diesem Bereich liegt auch das Gewinde der tiefer liegenden Pleuelschraube. Dieses wird am günstigsten ebenfalls als Sackgewinde ausgeführt, da ein Durchgangsgewindeloch, das zwar einfacher zu fertigen wäre, gerade in einem hoch beanspruchten Teil des Pleuelkopfes austritt. Daher soll auch oberhalb des Sackgewindes nach außen noch genügend Wandstärke vorhanden sein (Bild 82). Läßt sich ein Durchgangsloch an dieser Stelle nicht vermeiden, so darf auf keinen Fall das Gewinde durchgeschnitten werden, sondern das Gewindeloch muß von außen auf eine gewisse Tiefe so aufgebohrt werden, daß die Gewindegänge verschwinden. Die Kanten dieser Bohrung müssen gut abgerundet sein.

Die Bilder 73 und 74 zeigen, daß die Verformungen, die zum Kleinerwerden der Lageraufnahmebohrung des großen Pleuelauges (wie auch des kleinen Auges) führen, im Bereich der waagerechten Mittellinie am größten sind. Da eine solche Einschnürung die Ausbildung eines tragfähigen Schmierfilmes beeinträchtigt oder

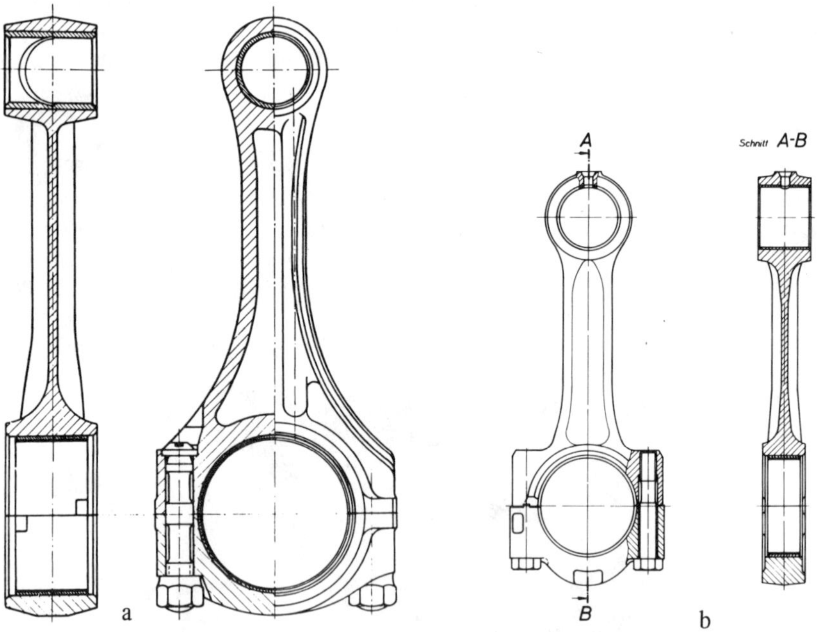

Bild 82. Ausführungsformen des großen Pleuelstangenauges
a) gerade geteilt; Durchsteckschrauben, Fixierung längs und quer durch Schraubenbund
b) gerade geteilt; Kopfschrauben, Fixierung quer durch Nut und Feder, längs durch Schraube

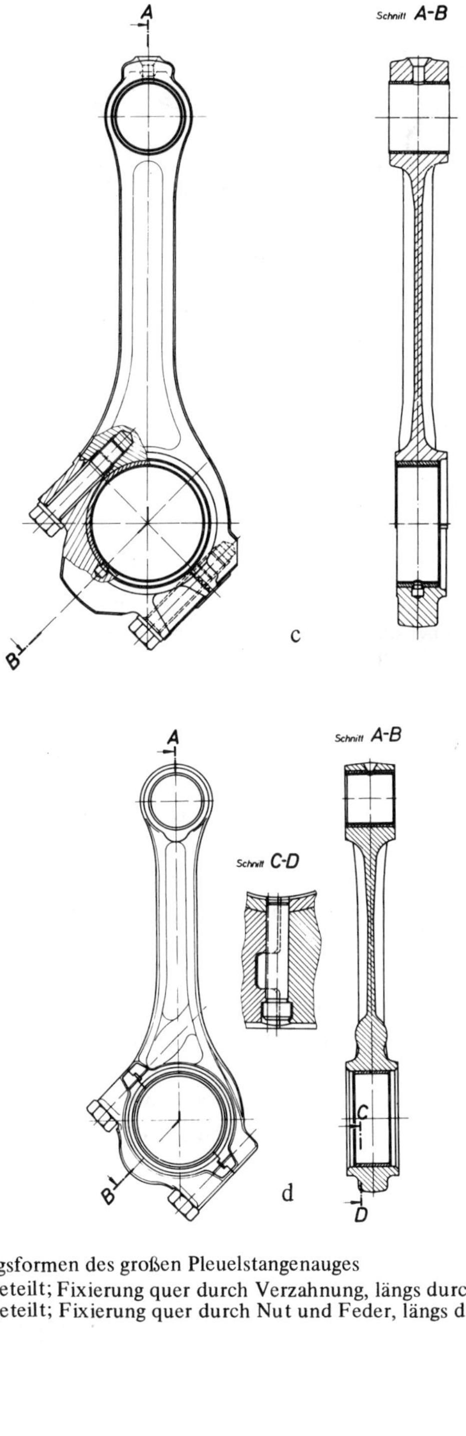

Bild 82. Ausführungsformen des großen Pleuelstangenauges
c) schräg geteilt; Fixierung quer durch Verzahnung, längs durch Schraube
d) schräg geteilt; Fixierung quer durch Nut und Feder, längs durch Fixierbolzen (C-D)

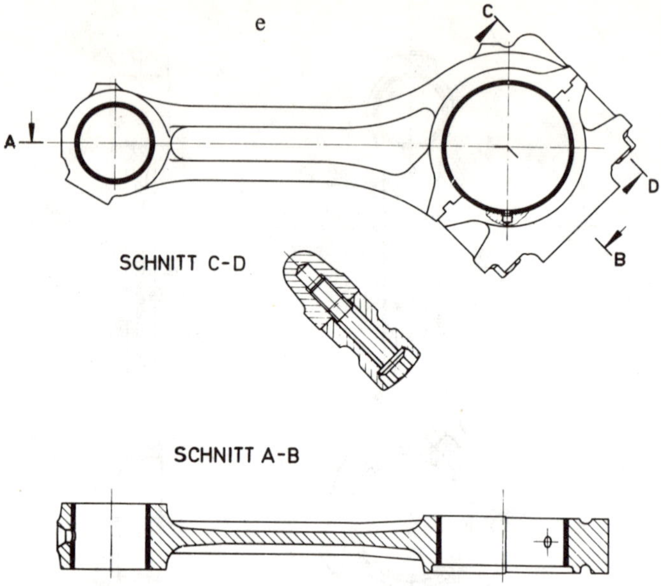

Bild 82. Ausführungsformen des großen Pleuelstangenauges
e) schräg geteilt; Fixierung quer durch Nut und Feder, längs durch Schraube

sogar ganz verhindern kann, ist durch eine entsprechende Verstärkung des Querschnittes dafür zu sorgen, daß die Verformung möglichst gering bleibt. Bild 83 zeigt eine solche, gemessene Verformung und ihre Verringerung durch eine entsprechende Verstärkung des großen Pleuelauges. Im unteren Bereich des großen Pleuelauges liegt das Maximum der Verformung, die zu einer Aufweitung führt (Bilder 73, 74), was ebenfalls zu einer Beeinträchtigung in der Ausbildung des Schmierfilmes führen kann. Durch die Verformungen wird außerdem der feste Sitz der Lagerschale im Pleuelauge beeinträchtigt und es kommt zu Reibrostbildung an den Sitzflächen zwischen Lagerschale und Pleuelauge [68]. Das große Pleuelauge wird am günstigsten so gestaltet, daß um die Lagerbohrung herum ein gleichmäßig dicker Ring hoher Steifigkeit gelegt wird, an den die Schraubenpfeifen anwachsen. Dieser Ring kann, um die Verformungen zu verringern, im Bereich der senkrechten Mittellinie unten in seinem Querschnitt vergrößert werden, womit sich ein Querschnittsverlauf ähnlich Bild 74 ergibt.

Die Pleuelschrauben können als Durchsteckschrauben oder als Kopfschrauben mit dem Muttergewinde im Pleuelkopf ausgebildet werden (Bild 82). Letzteres wird vornehmlich bei schräggeteilten Pleuelstangen ausgeführt. Besonders

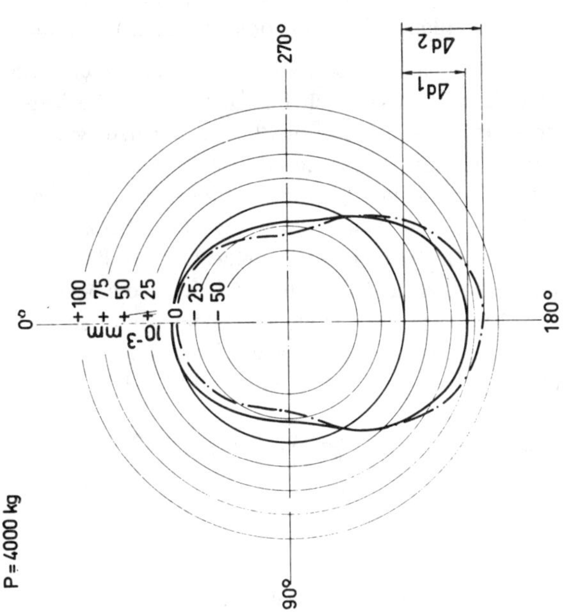

Relative Ovalität $\Delta\,\psi_1 = \frac{\Delta d_1}{D} = 0{,}85‰$

$\Delta\,\psi_2 = \frac{\Delta d_2}{D} = 1{,}15‰$

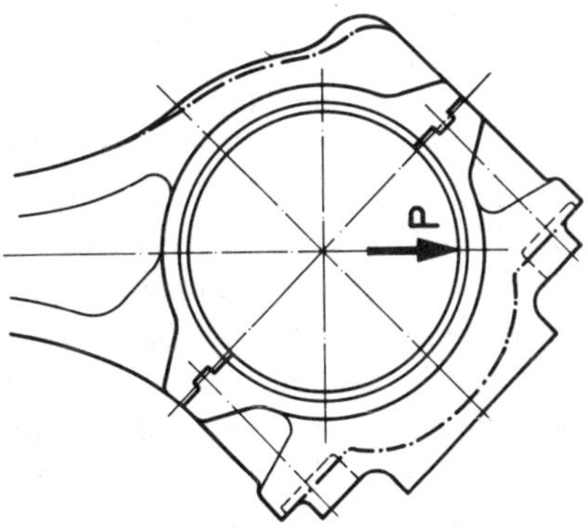

—·— original
—— verstärkt

Bild 83. Verformung der Pleuelstange durch die Massenkräfte

sorgfältig muß in diesem Falle die Partie um das Sackgewinde der oberen Schraube im Pleuelkopf gestaltet werden, wie schon oben ausgeführt wurde.

Die Schraubenpfeifen im Pleueldeckel müssen sowohl im Interesse einer geringen Wechselbeanspruchung der Schrauben als auch im Hinblick auf die Verformung des Pleueldeckels so steif wie möglich sein. Bei zu weichen Schraubenpfeifen werden diese beim Anzug zusammengedrückt, und es ergeben sich außer unzulässigen Verformungen im Deckel Zugvorspannungen in Querrichtung, die in den Übergangsradien von der Schraubenauflage zum Deckel gefährlich werden können. Bei der Gestaltung des Pleueldeckels wird so vorgegangen, daß man die Schraubenlöcher so nahe wie möglich an die Lagerbohrung heranrückt, allerdings ohne diese anzuschneiden. Sodann wird sowohl in Kurbelzapfenrichtung als auch quer dazu soviel Material wie möglich um das Schraubenloch herum angebracht, damit die Pfeife steif wird (Bild 84).

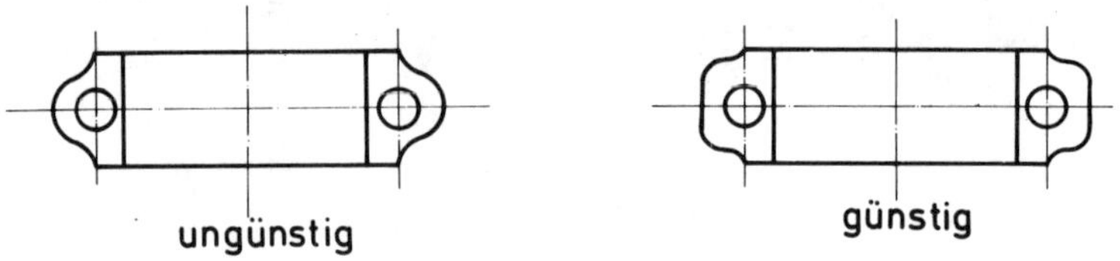

Bild 84. Ausbildung der Schraubenpfeife und der Trennfläche des großen Pleuelstangenauges

Dabei muß auch die Flächenpressung in den Trennflächen überprüft werden. Pleueldeckel und Pleuelkopf müssen gegeneinander in Quer- und Längsrichtung fixiert sein. Bei gerade geteilten Pleuelstangen wird der Pleueldeckel gegen den Pleuelkopf über einen entsprechenden Fixierbund an der Pleuelschraube festgelegt (Bild 82). Bei Kopfschrauben, also besonders bei schräggeteilten Pleuelstangen, wird in Querrichtung entweder über eine Verzahnung oder über Nut und Feder fixiert (Bild 82). Dabei kann die Längsfixierung über das etwas herausstehende Gewinde der Pleuelschraube erfolgen. Voraussetzung für diese einfache Fixierung ist eine entsprechende Tolerierung der Schraubenbohrung im Pleueldeckel und eine geringfügige Zurücknahme der Breite des Pleueldeckels gegenüber dem Pleuelkopf. Die dadurch überstehenden Kanten des Pleuelkopfes müssen gut abgeschrägt werden, damit es nicht zu einem Verschleiß am Spiegel der Kurbelwelle oder bei V-Motoren am daneben liegenden Pleuel kommt. Bei der Fixierung durch Nut und Feder, die spielfrei sein müssen, ist zu berücksichtigen, daß Feder und Steg Biege- und Schubbeanspruchungen durch die Querkraft (Bild 70) erhalten. Die Querschnitte sind daher entsprechend zu bemessen; Nut und Feder sind so niedrig wie möglich zu machen und entsprechend große Übergangsradien vorzusehen. Mit Rücksicht auf die Verformung des großen Pleuelauges und die damit verbundene Biegebeanspruchung der Verbindung Nut und Feder werden diese so angeordnet, wie in Bild 82 gezeigt.

Auf der Zeichnung der Pleuelstange müssen entsprechend den Anforderungen, die einbaufertige Lager stellen (siehe 3.1.7), die Lagerbohrungen des kleinen und großen Pleuelauges mit H6 toleriert werden. Die Rauhtiefe muß mit $R_t \leqq 8\ \mu m$ vorgeschrieben werden. Außerdem sind Lage- und Formtoleranzen für die beiden Bohrungen vorzuschreiben. Das Gesamtgewicht der Pleuelstange sowie der oszillierende Gewichtsanteil G_h und der rotierende Gewichtsanteil G_r müssen auf der Zeichnung mit entsprechenden Toleranzen angegeben sein. Die beiden letzteren können leicht durch Auswiegen (Bild 85) festge-

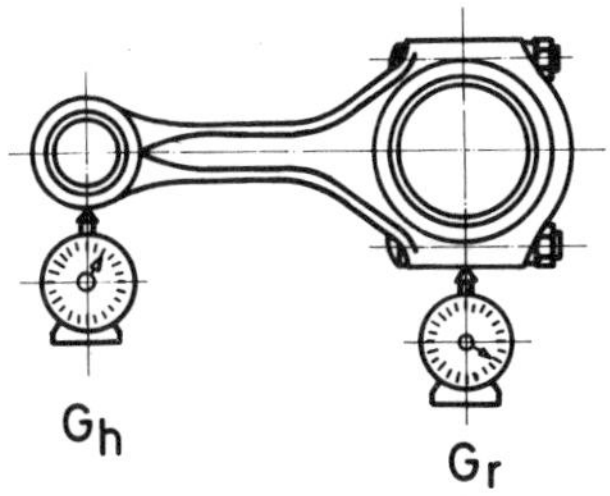

Bild 85. Bestimmung der rotierenden und oszillierenden Gewichte der Pleuelstange durch Auswiegen

stellt werden. Die zulässigen Abweichungen im Gewicht können bei einem Genauschmiedestück, wie es die Pleuelstange eines schnellaufenden Dieselmotors sein sollte, ± 4 bis 5% vom Nenngewicht betragen. Diese Genauigkeit reicht normalerweise bei Reihenmotoren mit zur Mittelebene symmetrischen Kurbelwellen aus. Hier können ggf. auch noch größere Abweichungen zugelassen werden, wenn jeweils zwei gleichschwere Pleuelstangen gepaart eingebaut werden.

Bei unsymmetrischen Kurbelwellen, also insbesondere bei V-Motoren, reichen diese Toleranzen u.U. nicht aus. Es müssen dann am kleinen und großen Auge Ausgleichsbutzen angebracht werden (Bild 82). Durch entsprechende Bearbeitung dieser Ausgleichsbutzen können die Gewichte G_h und G_r auf die vorgeschriebenen Werte gebracht werden.

Zum Schluß sei noch ein Wort über die Länge der Pleuelstange verloren. Die Länge l zwischen den Mittellinien des großen und kleinen Auges der Pleuelstange beeinflußt

a) das Pleuelstangengewicht, das wegen der Massenkräfte bei einem schnelllaufenden Motor so klein wie möglich sein soll,

b) die Größe der Massenkräfte 2. Ordnung über den Faktor $\lambda = \frac{r}{l}$,

c) die Größe der Gegengewichte an der Kurbelwelle,

d) die Motorhöhe (Absch. 1.2.1) und damit auch das Motorgewicht.

Nach a) und d) sollte l so klein wie möglich gewählt werden, nach b) und c) so groß wie möglich. Es muß also ein Kompromiß geschlossen werden. Werte für λ von 0,27 bis 0,29 für kompakte Motoren tragen dem Rechnung. Bei V-Motoren mit 90°-V-Winkel, bei denen die Massenwirkungen 1. Ordnung vollständig durch Gegengewichte an der Kurbelwelle ausgeglichen werden, liegt λ an der unteren Grenze oder noch ein wenig darunter. Braucht keine Rücksicht auf Gegengewichte genommen zu werden, so kann λ bis zu 0,3 sein. Die durch kurze Pleuelstangen verursachte geringfügige Erhöhung der Massenkräfte 2. Ordnung und der Kolbennormalkraft fällt gegenüber den Vorteilen in bezug auf die Kompaktheit des Motors praktisch kaum ins Gewicht.

3.1.6 Beanspruchung, Bemessung und Gestaltung des Kolbens mit Kolbenringen und Kolbenbolzen

Der Kolben (Bild 86) hat die Aufgabe, die Gaskräfte auf die Pleuelstange zu übertragen. Dabei muß er auch die Geradführung des Kurbeltriebes übernehmen, muß den Verbrennungsraum zum Kurbelgehäuse abdichten, muß einen Teil der im Verbrennungsraum entstehenden Wärme über die Kolbenringe und seinen Schaft an die Zylinderbuchse abführen und mit seinen Kolbenringen und durch die Formgebung seines Schaftes seinen Schmierölhaushalt regulieren. Dabei ist er hohen thermischen und durch Gas- und Massenkräfte hohen mechanischen Wechselbeanspruchungen ausgesetzt, die eine entsprechende Bemessung und Formgebung seiner Wände erfordern. Er muß aber gleichzeitig so leicht wie möglich sein, stellt er doch mit Ringen und Kolbenbolzen zusammen den Hauptanteil der oszillierenden Massen des Kurbeltriebs. Vergegenwärtigt man sich diese komplexen Anforderungen an den Kolben und gleichzeitig die Tatsache, daß er in Millionen von Zylindern von Verbrennungskraftmaschinen anstandslos läuft, dann hat man einen Begriff davon, welche Ingenieurleistung bei der Entwicklung von Kolben für Verbrennungsmotoren bisher vollbracht wurde.

Eine exakte Berechnung des Kolbens und seiner Beanspruchung durch die Gas- und Massenkräfte sowie der durch den Wärmeanfall verursachten Wärmespannungen ist verhältnismäßig schwierig. In letzter Zeit sind jedoch solche Berechnungen mit elektronischen Rechenmaschinen unter Verwendung der Rechenverfahren der Elementmethode der Elastostatik [76; 87] durchgeführt worden. Außerdem bedient man sich hierfür auch der Spannungsoptik [76]. Das Schliffbild des Kolbens jedoch, also seine äußere Form, läßt sich noch nicht berechnen. Hier ist man auf den Versuch im Motor und die Erfahrungen der Kolben- und Motorenhersteller angewiesen.

Da Berechnungsergebnisse und Versuchsergebnisse beim Entwurf eines Motors meistens noch nicht vorliegen, sollen im folgenden einige Richtlinien für

Tafel III. Zusammensetzung, Festigkeitsrichtwerte und physikalische Eigenschaften der Kolbenlegierungen (aus Aluminium-Taschenbuch)

Festigkeitsrichtwerte und physikalische Eigenschaften der Kolbenlegierungen

Zustandsbezeichnung: GK = Kokillenguß[1] P = gepreßt

Die Kolben sind einer auf den Motorbetrieb abgestimmten Wärmebehandlung unterzogen. Für Sonderfälle kann die Wärmebehandlung auf höhere Härtewerte – zu Lasten anderer Eigenschaften, z.B. Volumenstabilität – abgestimmt werden.

Bezeichnung	Zustand	0,2-Grenze $\sigma_{0,2}$[1] kp/mm²	Zugfestigkeit σ_B[1] kp/mm²	Bruchdehnung δ_5[1]	Brinellhärte HB kp/mm²	Biegewechselfestigkeit σ_{bW}[1] kp/mm²	Warmfestigkeit σ_B bei[2] 150 °C kp/mm²	Warmfestigkeit σ_B bei[2] 250 °C kp/mm²	Warmhärte HB bei[3] 150 °C kp/mm²	Warmhärte HB bei[3] 250 °C kp/mm²	Elastizitätsmodul E kp/mm²	Spez. Gewicht γ g/cm³	Wärmeleitfähigkeit λ $\frac{cal}{cm \cdot s \cdot {}^\circ C}$	Mittlere lineare Wärmeausdehnung 20–200° 1/°C x 10^{-6}
AlSi 12 CuNi														
KS 1275, MAHLE 124, NÜRAL 3210	GK	19-23	20-25	0,3-0,8	90-125	8-12	18-23	10-15	70- 90	30-40	7500	2,70	0,33-0,37	20,5-21,5
	P	28-34	30-37	1 -3	90-125	11-14	25-30	11-17	70- 90	30-40	7500	2,70	0,34-0,37	20,5-21,5
AlSi 18 CuNi														
KS 281.1, MAHLE 138	GK	17-20	18-22	0,2-0,7	90-125	8-11	17-20	10-14	70- 90	35-45	8000	2,68	0,30-0,34	18,5-19,5
	P	22-26	23-30	0,5-1,5	90-125	9-12	20-24	11-17	70- 90	30-45	8000	2,68	0,30-0,35	18,5-19,5
NÜRAL 1761	GK	17-20	19-23	0,2-0,7	90-125	8-11	17-20	10-15	75-100	40-60	8600	2,78	0,28-0,32	18,0-19,0
AlSi 21 CuNi														
KS 280	GK	17-20	18-22	0,1-0,5	90-125	8-10	17-20	10-14	70- 90	35-45	8600	2,68	0,28-0,32	17,5-18,5
AlSi 25 CuNi														
KS 282, MAHLE 244, NÜRAL 2361	GK	17-20	18-22	0,1-0,3	90-125	7-10	17-20	10-14	70- 90	35-45	8600	2,65	0,28-0,32	17 -18

1 Die angegebenen Werte gelten bei gegossenen Legierungen für getrennt in Kokille gegossene Probestäbe.
2 Nach Erwärmung auf Prüftemperatur zwischen 20 und 100 Stunden.
3 Nach 250 Stunden Erwärmung auf Prüftemperatur.

Tafel III. Zusammensetzung, Festigkeitsrichtwerte und physikalische Eigenschaften der Kolbenlegierungen (aus Aluminium-Taschenbuch)

Zusammensetzung von Kolbenlegierungen

Kurzzeichen und Werksbezeichnung	Legierungsbestandteile in % Cu	Mg	Mn	Si	Ni	in ( ) zul. Beimengungen in % Cr	Co	Fe	Ti	Zn
AlSi 12 CuNi										
KS 1275 } MAHLE 124 } NÜRAL 3210 }	0,8-1,5	0,8-1,3	(0,2)	11-13	0,8-1,3	-	-	(0,7)	(0,2)	(0,2)
AlSi CuNi										
KS 281.1 } MAHLE 138 }	0,8-1,5	0,8-1,3	(0,2)	17-19	0,8-1,3	-	-	(0,7)	(0,2)	(0,2)
NÜRAL 1761	0,8-1,2	0,7-1,2	0,4-0,6	16,4-17,5	3,2-3,6	0,4-0,6	-	(0,8)	(0,2)	(0,2)
AlSi 21 CuNi										
KS 280	1,4-1,8	0,4-0,6	0,6-0,8	20-22	1,4-1,6	-	(0,7)	(0,7)	(0,2)	(0,2)
AlSi 25 CuNi										
KS 282 }						-	(0,5)			
MAHLE 244 }	0,8-1,5	0,8-1,3	(0,2)	23-26	0,8-1,3	0,3-0,6	-	(0,7)	(0,2)	(0,2)
NÜRAL 2361 }						0,3-0,6	-			

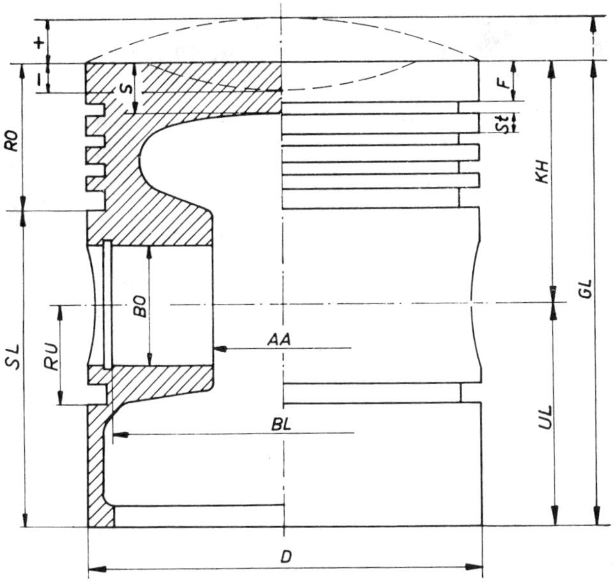

D = Durchmesser (Zylinderdurchmesser)
KH = Kompressionshöhe
(zusätzlich + für Überhöhung oder Nase,
– für Vertiefung)
GL = Ganze Länge (einschließlich Überhöhung)
AA = Augenabstand
F = Feuersteghöhe
RO = Ringlage oben
RU = Ringlage unten
S = Bodenstärke
ST = Ringsteghöhe
SL = Schaftlänge
BO = Bolzendurchmesser
BL = Bolzenlänge
UL = Untere Länge

Bild 86. Die Hauptabmessungen des Kolbens [90]

die Gestaltung des Kolbens gegeben werden, die schon bei der Entwurfskonstruktion berücksichtigt werden.

Als Material für die Kolben der hier betrachteten schnellaufenden Motoren kommt ausschließlich Leichtmetall aus Gewichtsgründen und aus Gründen der Wärmeleitung in Frage. In Tafel III sind die verschiedenen Kolbenlegierungen mit ihren Zusammensetzungen, Festigkeitseigenschaften und physikalischen Werten aufgeführt. Die Auswahl der Kolbenlegierung sollte in enger

Zusammenarbeit mit dem Kolbenhersteller erfolgen. Sie richtet sich nach dem Verwendungszweck. Normal beanspruchte Motoren kommen im allgemeinen mit gegossenen Kolben aus. Hochbeanspruchte Motoren, insbesondere schnelllaufende Auflademotoren, erfordern geschmiedete Kolben, die höhere Festigkeit haben. Werden höhere Anforderungen in bezug auf geringen Laufspielunterschied zwischen Vollast und Teillast gestellt, so finden übereutektische Legierungen der Legierungsgruppen Al Si 18 Cu Ni Mg, Al Si 21 Cu Ni Mg und Al Si 25 Cu Ni Mg Verwendung, deren Wärmedehnung geringer ist als die der eutektischen Legierungen der Legierungsgruppe Al Si 12 Cu Ni Mg. Außerdem ist die Warmhärte der übereutektischen Legierungen höher als die der eutektischen, so daß hiermit auch der Ringnutenverschleiß in gewissen Grenzen eingedämmt werden kann. Bei der Auswahl der übereutektischen Legierungen ist zu beachten, daß die Legierungen mit hohem Siliziumgehalt nur noch gegossen verwendet werden können. Der Ringnutenverschleiß entsteht durch die Reibbewegungen des axial und radial vom Gasdruck beaufschlagten Kolbenringes auf der Nutenflanke beim Anlagewechsel des Kolbens. Treten hierzu noch hohe Temperaturen, die die Festigkeit des Kolbenmaterials herabsetzen, auf, dann läßt sich der Verschleiß kaum noch beherrschen, weshalb bei Hochleistungsmotoren und für Motoren mit langer Lebensdauer fast ausschließlich Ringträgerkolben (Bild 87) verwendet werden. Bei diesen Kolben wird für den obersten

Bild 87. Ringträgerkolben [90]

Kolbenring manchmal auch für beide oberen Kolbenringe ein Trägerring aus einem Material mit einer Wärmedehnung, die der des Leichtmetalls nahekommt (z.B. Ni-Resist), im Al-Fin-Verfahren mit dem Leichtmetall eingegossen. Die Wahl eines Ringträgerkolbens bedingt die Verwendung von gegossenen Legierungen. Es sind jedoch vielversprechende Versuche im Gange, Ringträger auch in geschmiedete Kolben einzuschmieden.

Die Gestaltung des Kolbenbodens richtet sich danach, ob ein Verbrennungsraum im Kolben vorgesehen ist, wie bei Motoren mit direkter Einspritzung, oder nicht, wie z.B. bei Motoren mit Vorkammer. Seine Dicke liegt bei Dieselmotoren nach

[90] je nach Ausbildung des Verbrennungsraumes im Kolben zwischen 0,08 bis 0,25 · D. Der Übergang in den Kolbenkörper in der Kolbenringzone muß aus Gründen der guten Wärmeleitung zu den Kolbenringen und aus Festigkeitsgründen mit einem großen Übergangsradius erfolgen. Im Bereich des Kolbenbolzenauges geht die Abrundung vom Kolbenboden aus in kräftige Wülste zur Abstützung

a

b

Bild 88. Abstützung des Kolbenbolzenauges durch Rippen (a) und Blockabstützung (b) [90]

des Kolbenbolzenauges über (Bild 88a). Diese Abstützung ist bei geschmiedeten Kolben nicht möglich, hier wendet man die Blockabstützung an (Bild 88b), die übrigens bei hochbeanspruchten Kolben, auch wenn sie gegossen sind, die Regel ist. Bei kurzen Kolben kommt man leicht in Versuchung, um Baulänge zu sparen, den Abstand zwischen Bolzenauge und Kolbenauge sehr klein zu machen. Nach [74] darf dieser Abstand nicht zu klein sein, da sich sonst infolge zu geringer Dehnlänge D_L (Bild 89) gefährliche Spannungskonzentrationen im Bolzenloch ergeben, die zu Spaltbrüchen führen. Bild 89 gibt einige Erfahrungswerte für die Dehnlänge in Prozent von D an. Der Augenabstand A–A (Bild 86) soll so gering wie möglich sein; er ist gegeben durch die zulässige Flächenpressung der Kolbenbolzenbüchse (siehe 3.1.7.3). Die Flächenpressung im Kolbenbolzenauge muß ebenfalls überprüft werden. Als Richtlinie gilt, daß sie bei max. Zünddruck ca. 400–600 kp/cm^2 betragen darf. Bei hochaufgeladenen Motoren mit hohen Zünddrücken findet man, um unter dem Zünddruck erträgliche Flächenpressungen sowohl im Bolzenauge als auch in der Kolbenbolzenbüchse in der Pleuelstange zu erhalten, eine Konstruktion nach Bild 90, die sog. Trapezabstützung.

Der Kolbenbolzen hat die Aufgabe, die Kolbenkräfte auf die Pleuelstange zu übertragen. Der Kolbenbolzen ist im Kolben schwimmend gelagert, das heißt, daß er sich bei Montage ohne Anwärmung des Kolbens einführen lassen muß. Sein Kaltspiel ist im allgemeinen ~ 0,005 mm. Seine Abmessungen können nach den Empfehlungen der Kolben- und Kolbenbolzenhersteller, (Tafel IV), festgelegt werden, die auch Angaben über das Kolbenbolzenmaterial enthalten. Es

Tafel IV. Kolbenbolzen für Otto- und Dieselmotoren. Empfehlungen der Kolben- und Kolbenbolzenhersteller.

Kolbenbolzen für Hochleistungs-Ottomotoren
gilt nicht für Nadellagerung und Schrumpfpleuel*
Berechnet unter Zugrundelegung eines Zünddrucks von 60 ÷ 70 atü.

Für Zyl. φ bis	Kolbenbolzen Nenn-φ	Außendurchmesser d_1 Normal-Toleranz 2	Außendurchmesser d_1 Gruppen-Toleranz 1 weiß	Außendurchmesser d_1 Gruppen-Toleranz 1 schwarz	Bohrung $d_2 - 0,2$	max. zul. Länge $l - 0,3$	Außenkanten-Verrundung $r \pm 0,1$	Einsatzhärtungstiefe am fertigen Kolbenbolzen aus Einsatzstahl außen	Einsatzhärtungstiefe am fertigen Kolbenbolzen aus Einsatzstahl innen	Nitriertiefe am fertigen Kolbenbolzen aus Nitrierstahl außen und innen je
39	10	0 bis −0,003	0 bis −0,002	−0,002 bis −0,004	5	32	0,2	0,3 bis 0,5	min. 0,05	0,2 bis 0,3
46	12		0 bis −0,0025	−0,0025 bis −0,005	7	38				
55	15				8	46		0,3 bis 0,6	min. 0,05	
67	18				11	58				0,3 bis 0,4
75	20	0 bis −0,004	0 bis −0,003	−0,003 bis −0,006	12	66				
82	22				14	72	0,3	0,4 bis 0,7	min. 0,1	
87	24				15	76				
91	25				16	80				
96	26				17	84				
103	28				18	92				
111	30				19	100				

Alle Maße in mm.
Die Bolzenlänge muß gestuft werden in ganzen mm-Maßen
* Bei Verwendung eines Schrumpfpleuels ist die Innenbohrung um 1 mm kleiner zu wählen

Werkstoffe: 1. 15Cr3 (Regelgüte) 2. 15CrNi6 3. 31 CrM o V9 4. 34 CrA16

Tafel IV. Kolbenbolzen für Otto- und Dieselmotoren. Empfehlungen der Kolben- und Kolbenbolzenhersteller.

Kolbenbolzen für Dieselmotoren
(gilt nicht für Aufladung bzw. Vielstoffbetrieb)

Berechnet unter Zugrundelegung eines Zünddrucks von 120 atü.

Für Zyl. ϕ bis	Kolbenbolzen Nenn-ϕ	Außendurchmesser d_1 Normal-Toleranz 2	Außendurchmesser d_1 Gruppen-Toleranz 1 weiß	Außendurchmesser d_1 Gruppen-Toleranz 1 schwarz	Bohrung d_2 −0,2	max. zul. Länge l −0,3	Außenkanten-Verrundung r ±0,1	Einsatzhärtungstiefe am fertigen Kolbenbolzen aus Einsatzstahl außen	Einsatzhärtungstiefe am fertigen Kolbenbolzen aus Einsatzstahl innen	Nitriertiefe am fertigen Kolbenbolzen aus Nitrierstahl außen und innen je
66	25	0	0	−0,003	13	52		0,5 bis 0,8		
72	28	bis	bis	bis	15	56	0,3			
77	30	−0,004	−0,003	−0,006	15	62				
84	32				17	66		0,6 bis 1,0		
89	35				19	70				
91	36				19	72				
97	38	0	0	−0,0035	20	76				
102	40	bis	bis	bis	21	80			min. 0,4	0,3 bis 0,4
108	42	−0,005	−0,0035	−0,007	22	86				
116	45				23	92				
122	48				25	98	0,4	0,6 bis 1,2		
127	50				26	102				
134	52				27	108				
141	55	0	0	−0,004	28	114				
147	58	bis	bis	bis	30	120				
152	60	−0,006	−0,004	−0,008	31	124				
166	65				34	136				
178	70	0	0	−0,005	37	148		0,8 bis 1,5		
191	75	bis	bis	bis	39	158				
200	80	−0,007	−0,005	−0,010	41	168				

Alle Maße in mm.
Die Bolzenlänge muß gestuft werden in ganzen mm-Maßen.

Werkstoffe: 1. 15Cr3 (Regelgüte) 2. 16MnCr5 3. 15CrNi6 4. 31CRMoV9

Tafel IV. Kolbenbolzen für Otto- und Dieselmotoren. Empfehlungen der Kolben- und Kolbenbolzenhersteller.

Kolbenbolzen für Dieselmotoren mit Aufladung bzw. Vielstoffbetrieb
Berechnet unter Zugrundelegung eines Zünddrucks von 140 atü

Für Zyl. φ bis	Kolbenbolzen Nenn-φ	Außendurchmesser d_1 Normal Toleranz 2	Außendurchmesser d_1 Gruppen-Toleranz 1 weiß	Außendurchmesser d_1 Gruppen-Toleranz 1 schwarz	Bohrung d_2 −0,2	max. zul. Länge l −0,3	Außenkanten-Verrundung r ±0,1	Einsatzhärtungstiefe am fertigen Kolbenbolzen aus Einsatzstahl außen	Einsatzhärtungstiefe am fertigen Kolbenbolzen aus Einsatzstahl innen	Nitriertiefe am fertigen Kolbenbolzen aus Nitrierstahl außen und innen je
66	25	0	0	−0,003	12	52		0,5 bis 0,8		
72	28	bis	bis	bis	14	56	0,3			
77	30	−0,004	−0,003	−0,006	14	62				
84	32				16	66				
89	35				18	70		0,6 bis 1,0		
91	36				18	72				
97	38				19	76				
102	40	0	0	−0,0035	20	80				
108	42	bis	bis	bis	21	86			min. 0,4	0,3 bis 0,4
116	45	−0,005	−0,0035	−0,007	22	92	0,4	0,6 bis 1,2		
122	48				24	98				
127	50				25	102				
134	52				26	108				
141	55	0	0	−0,004	27	114				
147	58	bis	bis	bis	29	120				
152	60	−0,006	−0,004	−0,008	30	124				
166	65				33	136		0,8 bis 1,5		
178	70	0	0	−0,005	36	148				
191	75	bis	bis	bis	38	158				
200	80	−0,007	−0,005	−0,010	40	168				

Alle Maße in mm.
Die Bolzenlänge muß gestuft werden in ganzen mm-Maßen

Werkstoffe: 1. 15Cr3 (Regelgüte) 2. 16 MnCr5 3. 15CrNi6 4. 31CrMoV9

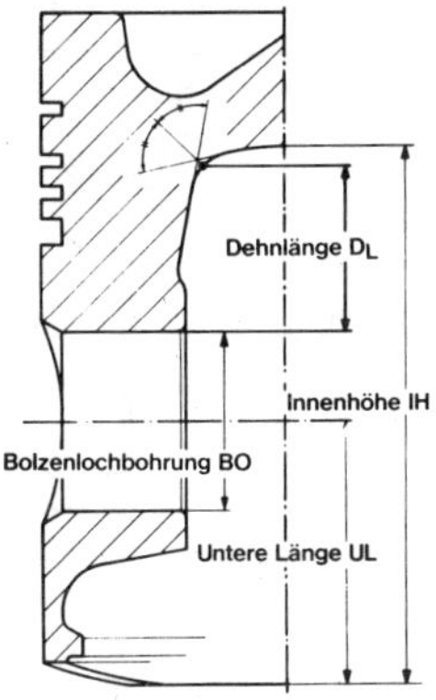

Arbeitsdruck p_e	Kolbenflächen-leistung N_F	Dehnlänge D_L
kp/cm²	PS/cm²	%
kleiner 8	kleiner 0,25	kleiner 20
8–10	0,25–0,30	20–30
größer 10	größer 0,30	30–35

Kolbenflächenleistung N_F berechnet nach:

$$N_F = \frac{\text{Leistung pro Zylinder} \quad (\text{PS})}{\text{Kolbenfläche}\sqrt{\text{Hub/Kolbendurchmesser}} \quad (\text{cm}^2)}$$

Bild 89. Definition der Dehnlänge D_L und Richtwerte für die Dehnlänge D_L in % vom Kolbendurchmesser [74]

ist jedoch in jedem Fall zu empfehlen, den Kolbenbolzen auf Biegung und Ovalverformung nachzurechnen. Die Ovalverformung des Kolbenbolzens kann eine zu hohe Beanspruchung der Kolbenbolzennabe im Kolben verursachen, deren Folge Spaltbrüche, ausgehend von der Kolbenbolzenbohrung im Kolben sind. Hier hat sich die Berechnung nach *Schlaefke* [79] bewährt. Als größte Kraft, die auf den Kolben kommt und damit auch auf den Kolbenbolzen wirkt, wird die Zündkraft (Gl. 46) eingesetzt. Mit den Bezeichnungen von Bild 91 ergibt sich für

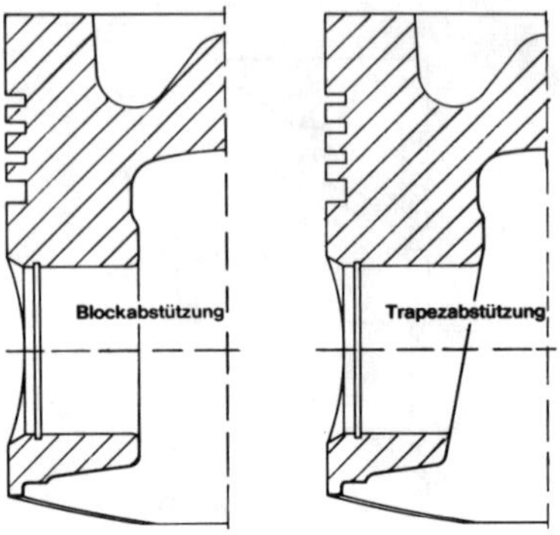

Bild 90. Abstützung des Kolbenbolzenauges im Kolben [74]

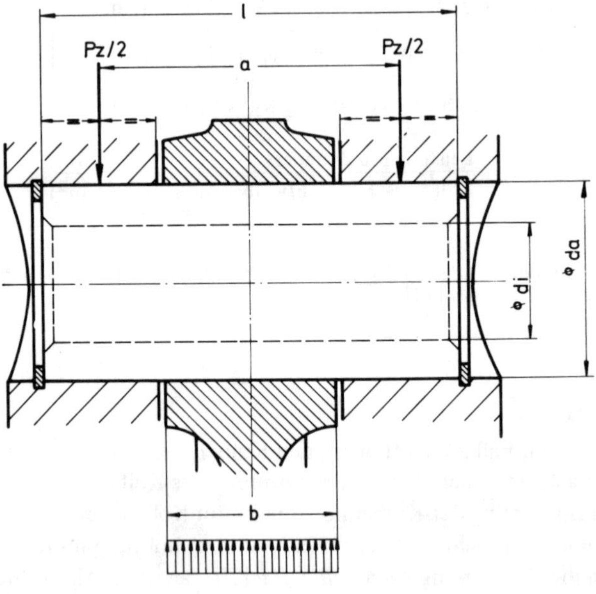

Bild 91. Zur Berechnung des Kolbenbolzens auf Durchbiegung und Ovalverformung

die Durchbiegung f:

$$f = \gamma \frac{P_Z \cdot a^3}{48 \cdot E \cdot J_A}$$

hierin sind:

$\gamma = 1 - \frac{b}{2a}$ der Lastverteilungsfaktor für die gleichmäßige Verteilung der Last im Kolbenbolzenlager

$J_A = \frac{\pi}{64} (d_a^4 - d_i^4)$ das axiale Trägheitsmoment des Kolbenbolzenquerschnittes

E der Elastizitätsmodul des Kolbenbolzenwerkstoffes

Die Ovalverformung ist

$$\Delta d = 0{,}0833 \frac{P_Z \cdot r^3}{E \cdot J_A}$$

hierin sind:

$r = \frac{d_a + d_i}{4}$ der mittlere Kolbenbolzenradius

$J_A = 1 \frac{(d_a + d_i)^3}{96}$ das axiale Trägheitsmoment des auf Biegung beanspruchten Kolbenbolzenlängsschnittes

Der Arbeit von *Kuhm* [56] entnehmen wir die zulässigen Werte für die Durchbiegung und die Ovalverformung

$$f_{zul} = 0{,}015 \frac{D}{100}$$

$$\Delta d_{zul} = 0{,}025 \frac{100 + 0{,}5 (D - 100)}{100}$$

Darüber hinaus verfügen die Kolbenhersteller über gewisse Erfahrungswerte für f_{zul} und Δd_{zul}, auf die bei der Festlegung der Kolbenbolzenabmessungen zurückzugreifen, ratsam ist. Der Kolbenbolzen muß gegen axiale Bewegung gesichert sein, was normalerweise durch sogenannte Seegerringe geschieht, die in Rillen im äußeren Teil der Kolbenbolzenbohrung sitzen.

Der Feuersteg (Bild 86) hat die Aufgabe, den obersten Kolbenring vor zu hoher Wärmeeinwirkung aus dem Verbrennungsraum zu schützen. Nach [90] liegt seine

Höhe bei den hier betrachteten Motoren bei 10 bis 18% des Kolbendurchmessers. Um die Abdichtwirkung des Feuersteges zu erhöhen, wird er in manchen Fällen „gestrählt", d.h. mit einem feinen Profil versehen (Bild 92).

Bild 92. Kolben mit gesträhltem Feuersteg, links Ringzone im Schnitt [90]

Die Kolbenringe haben vielfältige Aufgaben. Sie dichten den Verbrennungsraum zum Kurbelgehäuse ab, leiten einen großen Teil der Kolbenwärme in die Zylinderwand ab und regulieren den Schmierölhaushalt am Kolben. Die Anzahl der Kolbenringe ist von Wichtigkeit für den Wirkungsgrad des Motors, da die Reibungsverluste an den Kolbenringen in den spezifischen Brennstoffverbrauch des Motors eingehen. Ihre Zahl soll daher so klein wie möglich sein. Die Normalausrüstung der hier betrachteten Motoren besteht aus drei Verdichtungsringen und einem Ölabstreifring, der über dem Kolbenbolzen liegt. Bei kleinen Motoren bis etwa 120 mm Zylinderdurchmesser sind bei manchen Motoren auch nur zwei Verdichtungsringe üblich. Voraussetzung hierfür ist eine in allen Betriebszuständen nahezu runde Zylinderbuchse. Bei der Konstruktion des Zylinders und der Kühlräume um den Zylinder herum und auch bei der Festlegung der Feuersteghöhe muß darauf geachtet werden, daß der oberste Kolbenring sowohl im oberen als auch im unteren Totpunkt noch in der gekühlten Zone des Zylinders liegt. Die endgültige Festlegung der Form der Kolbenringe muß im Versuchslauf erfolgen. Hier soll daher nur kurz auf die verschiedenen Kolbenringformen, ihre Wirkung und Anwendung eingegangen werden. Normalerweise sind die Kolbenringe aus Grauguß hergestellt, für höhere dynamische Beanspruchungen kommt

Kugelgraphitguß und in Sonderfällen auch Stahl in Frage. Letzterer muß aber, um gute Notlaufeigenschaften zu erzielen, eine Oberflächenbehandlung, z.B. Verchromung, erhalten.

Die Abmessungen und Ausführungsarten der Kolbenringe sind in den DIN-Blättern 24909 bis 24948 festgehalten. Bild 93 zeigt eine Übersicht über ihre Ausführungsformen. Als Kompressionsringe kommen normalerweise Rechteckringe in Frage; die Lauffläche des obersten Kolbenringes wird bei höher beanspruchten Motoren ballig verchromt. Besteht bei hochbeanspruchten Motoren, besonders bei im Kolben befindlichem Verbrennungsraum, eine Neigung zum Ringstecken durch Ölverkokung, so werden in der ersten Nut auch Trapezringe mit verchromter Lauffläche eingesetzt. Minutenringe werden als Kompressionsringe verwendet zur Verringerung der Einlaufzeit. Außerdem beeinflussen sie den Ölverbrauch, da sie eine ölabstreifende Wirkung haben. Sie müssen daher auch in der richtigen Lage eingebaut werden, und zwar so, daß sie beim Niedergang des Kolbens das Öl abstreifen, sonst tritt die umgekehrte Wirkung ein. Ist der Ölverbrauch eines Motors nur schwer zu beherrschen, so wird als letzter Kompressionsring vor dem Ölabstreifring ein Nasenring eingesetzt, der eine starke, ölabstreifende Wirkung hat. Die Ölabstreifringe haben, wie ihr Name schon sagt, die Aufgabe, den Ölverbrauch des Motors in zulässigen Grenzen zu halten. Mit der Breite der Laufstege dieser Ringe wird der Anpreßdruck und damit die Ölabstreifung geregelt. Am stärksten ist die Ölabstreifwirkung der Gleichfasenringe. In besonders schwierigen Fällen, z.B. bei unrunden Zylindern, werden auch Ölabstreifringe mit geringem Widerstandsmoment, die flexibler sind, verwandt. Der notwendige Anpreßdruck wird dann durch in den Ring eingelegte Stahlstützfedern erzeugt. Bei hohen Anpreßdrücken werden seine Laufflächen verchromt. Zur Abfuhr des abgestreiften Öls in das Kolbeninnere gehen von der Ringnut aus Bohrungen, die jedoch nicht über dem Kolbenbolzenauge angebracht werden dürfen.

Auf eine Erscheinung, und zwar die Brandspurbildung auf den Laufflächen der Kolbenringe („brandige Ringe"), soll hier noch kurz eingegangen werden. Auf diesem Gebiet sind in der letzten Zeit eingehende Untersuchungen vorgenommen worden, um die Ursachen zu klären und Abhilfemaßnahmen zu finden [85]. Brandspuren treten auf den Laufflächen der Kolbenringe, aber auch der Zylinder, auf und haben hohen Verschleiß zur Folge. Sie können schließlich, wenn infolge des Verschleißes die Durchblasemenge zu hoch wird, auch zu Kolbenfressern führen. Brandspuren entstehen, wenn die Tragfähigkeit des Ölfilms des im Gebiet der Mischreibung laufenden Kolbenringes durch zu hohe Temperaturen verringert wird. Durch die dabei sich verstärkende Reibung erhöht sich die Temperatur der Oberflächen von Kolbenring und Zylinderbuchse weiter, bis es zu Verschweißungen der beiden Oberflächen kommt, die dann als Brandspuren sichtbar werden. Motoren mit hohem mittleren effektiven Druck, hohen Zylinderwandtemperaturen, nicht ausreichender Zylinderschmierung (enge Lagerspiele), zu starker Ölabstreifung, hohen Schmieröltemperaturen neigen zu brandigen

Kolbenringformen		*Kurzzeichen*	*Einbauvorschrift*
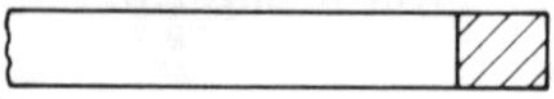	Rechteckring (Kompressionsring)	**R**	Kann in beiden Richtungen eingebaut werden
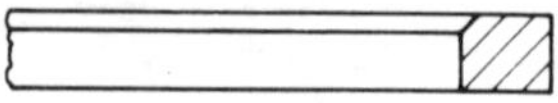	Rechteckring mit Innenfase (Innenfasenring)	**IF**	Die Fase liegt in Richtung Kolbenboden
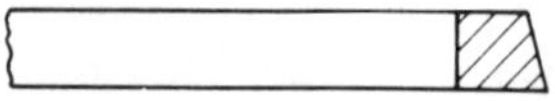	Minutenring	**M**	Die mit „TOP" bezeichnete Ringflanke liegt in Richtung Kolbenboden
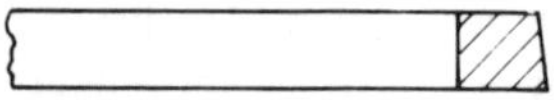	Schwachminutenring	**SM**	Die mit „TOP 2" bezeichnete Ringflanke liegt in Richtung Kolbenboden
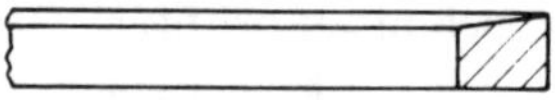	Trapezring (einseitig)	**Tr**	Die konische Ringflanke liegt in Richtung Kolbenboden
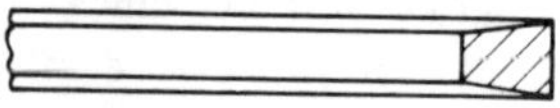	Trapezring (doppelseitig)	**Tr**	Kann in beiden Richtungen eingebaut werden
	Lamellenringe	**La**	Oberster Ring muß mit der hohlen Seite nach unten und unterster Ring mit der hohlen Seite nach oben montiert werden
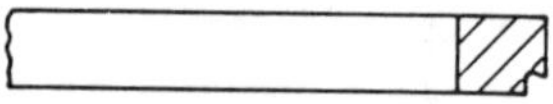	Nasenring	**N**	Der ausgedrehte Winkel liegt in Richtung offenes Schaftende
	Nasenring mit Expanderfeder	**N/Exp.**	Der ausgedrehte Winkel liegt in Richtung offenes Schaftende
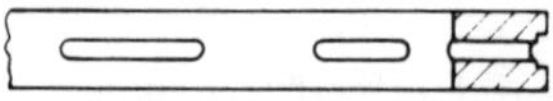	Ölschlitzring (normal)	**O**	Kann in beiden Richtungen eingebaut werden
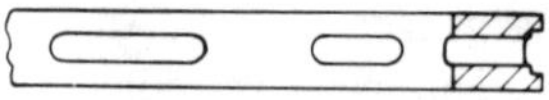	Ölbreitschlitzring	**BS**	Kann in beiden Richtungen eingebaut werden
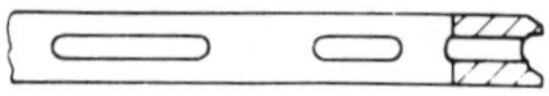	Gleichfasen-Ölschlitzring	**GF**	Die Fase an den beiden Laufflächen und das Topzeichen liegen in Richtung Kolbenboden
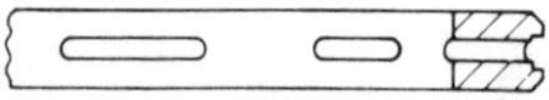	Dachfasen-Ölschlitzring	**DF**	Kann in beiden Richtungen eingebaut werden
	Ölring mit Expanderfeder	**O/Exp.**	Kann in beiden Richtungen eingebaut werden
	Schlauchfeder Ölschlitzring	**S**	Schlauchfeder-Ölschlitzringe gibt es in den Ausführungen Normal, BS, GF und DF

Bild 93. Kolbenringformen [90]

Ringen. Abhilfemaßnahmen dagegen sind Kolbenringe mit verchromten Laufflächen und in schwierigeren Fällen Kolbenringe mit einer auf die Lauffläche aufgespritzten Molybdänschicht. Aber auch die Zylinderlauffläche spielt eine Rolle. Blechmantelbildung in der Lauffläche (siehe 3.2.2) begünstigt die Brandspurbildung. Phosphatieren von fein gehonten Zylinderlaufflächen vermindert die Neigung zur Brandspurbildung.

Der Kolbenschaft hat die Aufgabe der Führung des Kolbens im Zylinder, er muß weiter die Kolbennormalkraft aufnehmen und ist auch an der Wärmeabfuhr in den Zylinder und an der Regulierung des Ölhaushaltes am Kolben beteiligt. Die Führung des Kolbens ist am besten, wenn der Schaft so lang wie möglich ist. Dem steht die Forderung nach einem kompakten Motor entgegen, der einen möglichst kurzen Kolben verlangt. Hier muß der Konstrukteur zusammen mit dem Kolbenspezialisten eine optimale Lösung finden. Das Kolbenspiel über den ganzen Schaft und den Feuersteg wird durch die ungleichmäßige Temperaturverteilung im Kolben (Bild 94) und die Wärmeausdehnungsverhältnisse zwischen

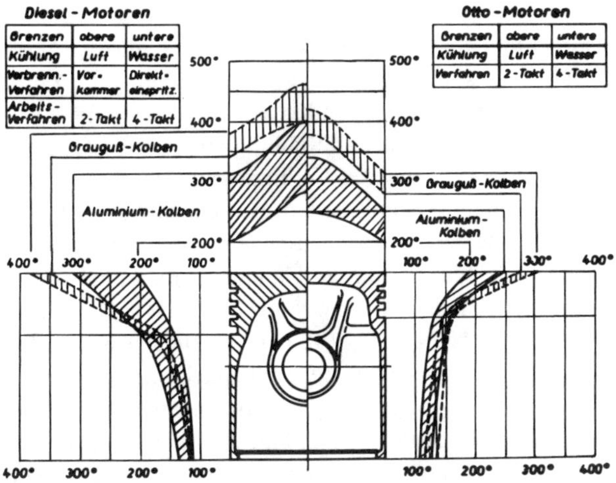

Bild 94. Betriebstemperaturen von Kolben (schematisch) [90]

Leichtmetallkolben und Graugußzylinder bestimmt. Es läßt sich nur angenähert berechnen, so daß auf eine Spielermittlung im Motorenversuch nicht verzichtet werden kann. Der Kolbenschaft ist nicht zylindrisch, sondern ballig-oval geschliffen, wie es beispielsweise im Bild 95 dargestellt ist.

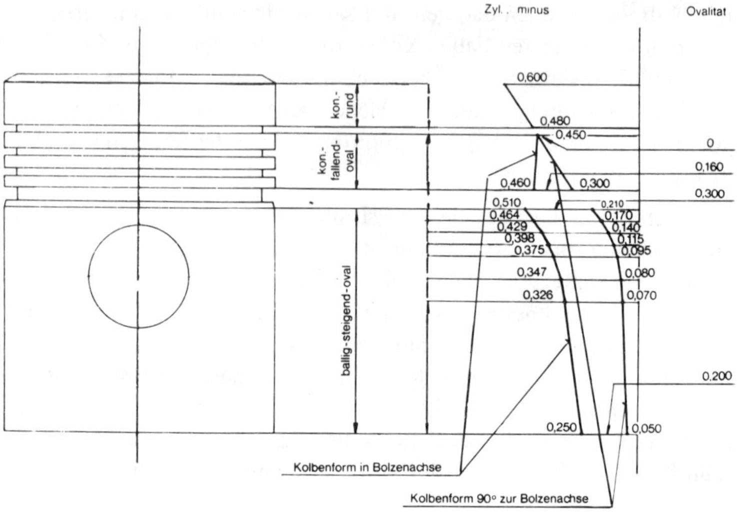

Bild 95. Beispiel eines Kolbenbearbeitungsprofils [90]

Bei hochbeanspruchten Motoren, insbesondere solchen, die den Verbrennungsraum im Kolben haben, ist es notwendig, zur Beherrschung der Kolbenboden- und Kolbenringnutentemperaturen den Kolben zu kühlen, und zwar mit Schmieröl. Eine Grenze anzugeben, von der ab Kühlung notwendig ist, dürfte nicht leicht sein und hängt sehr vom verwendeten Verbrennungsverfahren ab. Während früher eine Kolbenkühlung nur bei großen Motoren üblich war, findet sie jetzt auch immer mehr bei kleineren, schnellaufenden Motoren Eingang. Für die Notwendigkeit der Kolbenkühlung kann nur ein ungefährer Anhaltswert angegeben werden in Gestalt der Kolbenflächenbelastung N/F_K (N = Motorleistung, F_K = gesamte Kolbenfläche). Ab $N/F_K \approx 0{,}27$ PS/cm^2 dürfte eine Kolbenkühlung notwendig sein. Die verschiedenen Arten der Kolbenkühlung sind auf Bild 96 dargestellt. Einfach und doch wirkungsvoll ist das Anspritzen des Kolbenbodens über Spritzdüsen, womit kleine schnellaufende Motoren im allgemeinen auskommen (Bild 96a). Eine Abwandlung davon ist der sogenannte “Shaker”-Kolben (Bild 96b), bei dem das Kühlöl durch die Bewegung des Kolbens in einer Mulde geschüttelt wird, wodurch sich der Wärmeübergang verbessert. Motoren mit Zylinderdurchmessern über 140 mm, und solche mit hohen Aufladegraden, werden vielfach mit Zwangskühlung ausgerüstet. Bei der Zwangskühlung wird das Kühlöl entweder durch Spritzdüsen dem Kolben zugeführt, jedoch so, daß es in eine Bohrung im Kolben spritzt, die zu einem Kühlkanal im Kolben führt, oder das Kühlöl wird über Pleuelstange und Kolbenbolzen dem Kühlkanal direkt zugeführt. Für die Ausführung der Kühlkanäle gibt es verschiedene Möglichkeiten entsprechend den Bildern 96c bis 96e. Auf Bild 96e ist eine Ausführung dargestellt,

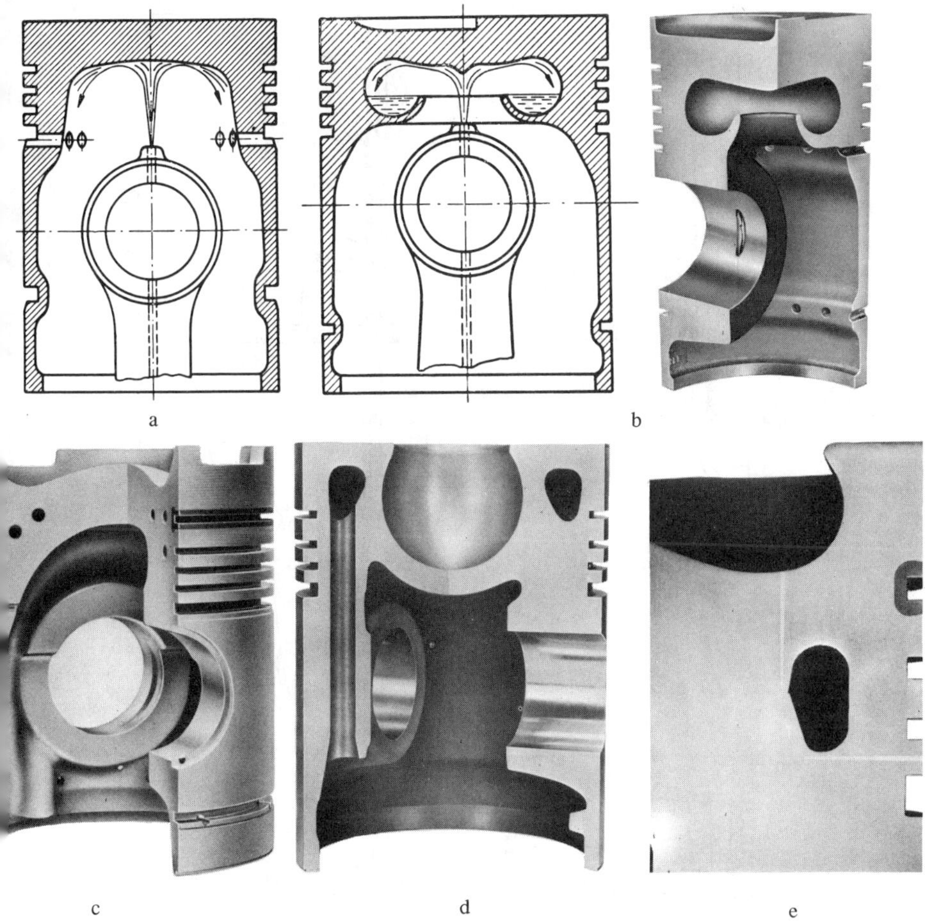

Bild 96. Ausführungsformen der Kolbenkühlung (nach Unterlagen der Firma Mahle KG und [50; 66])
a) Spritzkühlung
b) Shakerkühlung
c) Kühlschlangenkolben
d) Kolben mit eingegossenem Kühlkanal
e) Elektronenstrahlgeschweißter Kühlkanalkolben

bei der der Kühlkanal durch einen mit Hilfe des Elektronenstrahlschweißverfahrens auf den Kolben aufgeschweißten Ringkörper gebildet wird. Dieses Schweißverfahren macht es möglich, auch geschmiedete Kolben mit einem Kühlkanal und einem Ringträger zu versehen; der Ringträger kann nämlich vorher in den aufgeschweißten Ringkörper eingegossen werden. Entsprechend Bild 97 ist bei der Konstruktion des Kurbelgehäuses (Spritzdüsen) oder der Pleuelstange bereits Rücksicht zu nehmen auf die Art der Kolbenkühlung. Ebenso muß bei

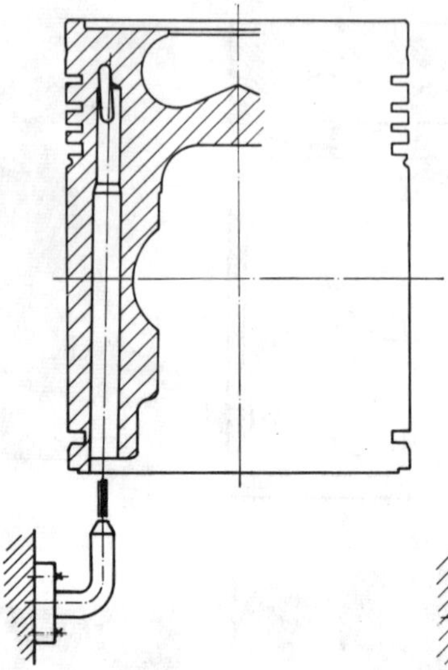

a) über Düse am Gehäuse fest

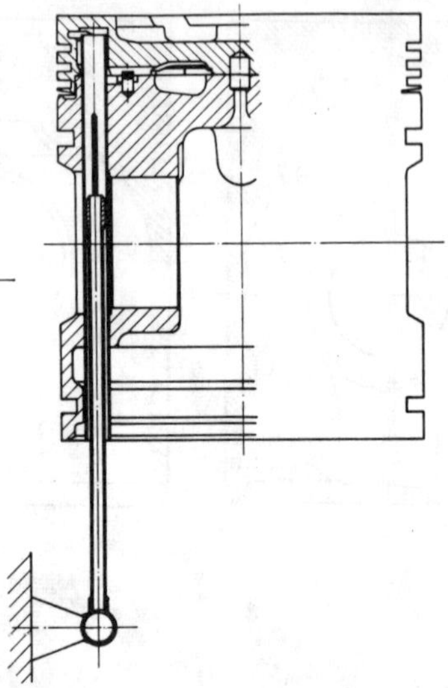

b) durch Posaune

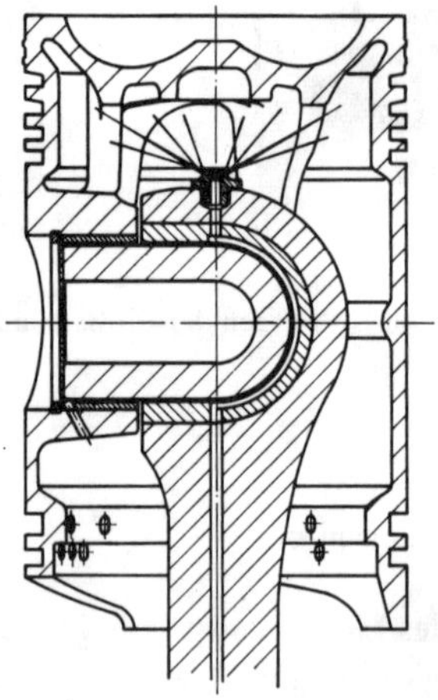

c) über Düse am kleinen Pleuelauge

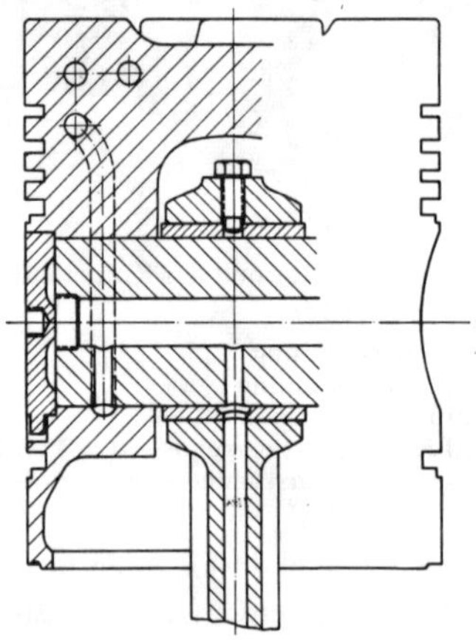

d) durch Pleuel und Bolzen

Bild 97. Ausführungsformen der Kühlölzufuhr zum gekühlten Kolben (nach Kolbeninformation 4/67 der Firma Mahle KG)

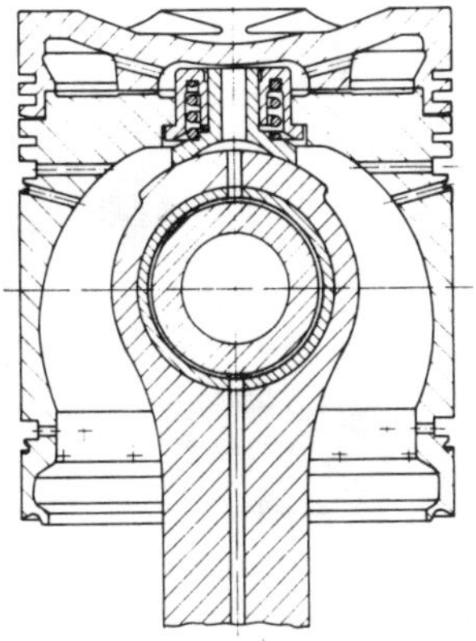

e) durch Pleuel über Gleitschuh

Bild 97. Ausführungsformen der Kühlzufuhr zum gekühlten Kolben (nach Kolbeninformationen 4/67 der Firma Mahle KG)

der Auslegung der Schmierölpumpen (erhöhte Ölmenge) und der Schmierölkühler (erhöhte Ölwärme) die Möglichkeit einer Kolbenkühlung in Betracht gezogen werden.

Mit der Steigerung der Mitteldrücke bei aufgeladenen Motoren über Werte von ca. 14 kp/cm^2 hinaus steigen die thermischen und mechanischen Anforderungen an den Kolben besonders bei schnellaufenden Motoren so stark an, daß normale Kolbenbauarten nicht mehr ausreichen und auf mehrteilige, gekühlte Kolben, sogenannte gebaute Kolben übergegangen werden muß. Hier ist der Kolbenboden entweder aus Stahl geschmiedet oder aus Späroguß oder Grauguß und der restliche Kolben aus Leichtmetall. Beide Teile sind durch Schrauben miteinander verbunden. Bild 98 zeigt einige Ausführungsarten gebauter Kolben.

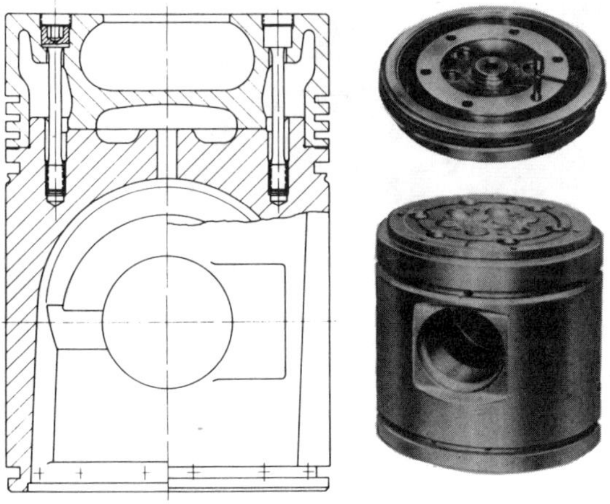

Gebauter gekühlter Kolben mit Verschraubung des Bodens von außen

Bild 98. Ausführungsformen gebauter Kolben (nach Unterlagen der Firma Mahle KG und [72; 86])

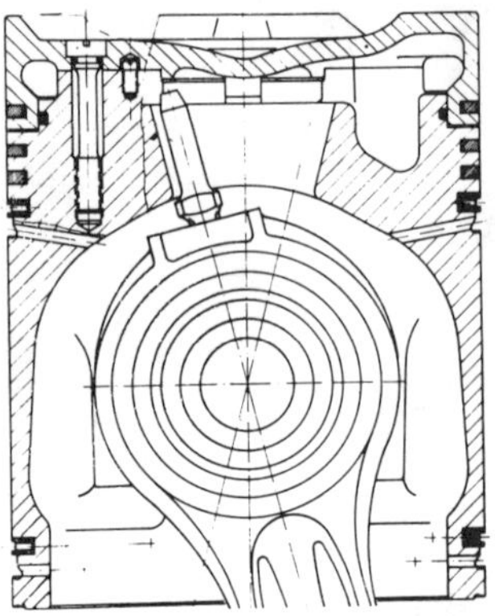

Gebauter gekühlter Kolben
mit Verschraubung des Bodens
von außen

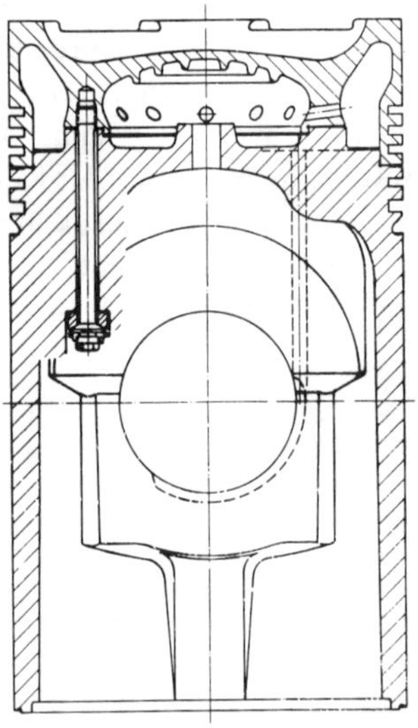

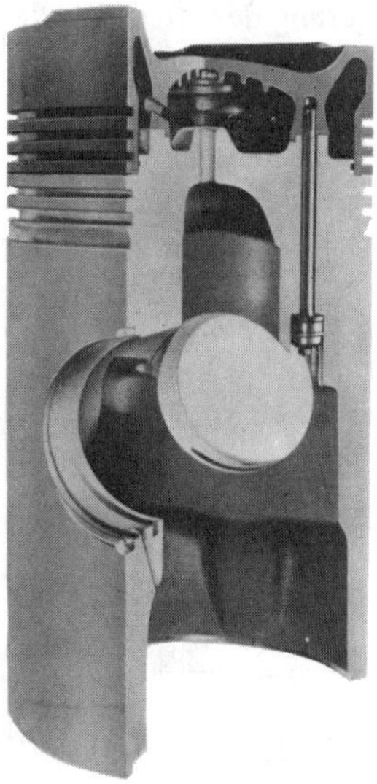

Gebauter gekühlter Kolben
mit Verschraubung des Bodens
von innen

Bild 98. Ausführungsformen gebauter Kolben (nach Unterlagen der Firma Mahle KG und [72; 86])

3.1.7 Beanspruchung, Bemessung und Gestaltung der Lager des Triebwerks

Die Lager des Triebwerks einer Verbrennungskraftmaschine haben die Aufgabe, bei der Umwandlung der oszillierenden Bewegung des Kolbens in die rotierende Bewegung der Kurbelwelle über den Kurbeltrieb die oszillierenden und rotierenden Teile des Kurbeltriebs zu führen.

Auf die Lager des Triebwerks, und zwar die Kolbenbolzenlager, die Pleuellager und die Hauptlager wirken dabei die Gas- und Massenkräfte, die auch das Triebwerk selbst beanspruchen (Bild 99). Auf das Kolbenbolzenlager wirkt die

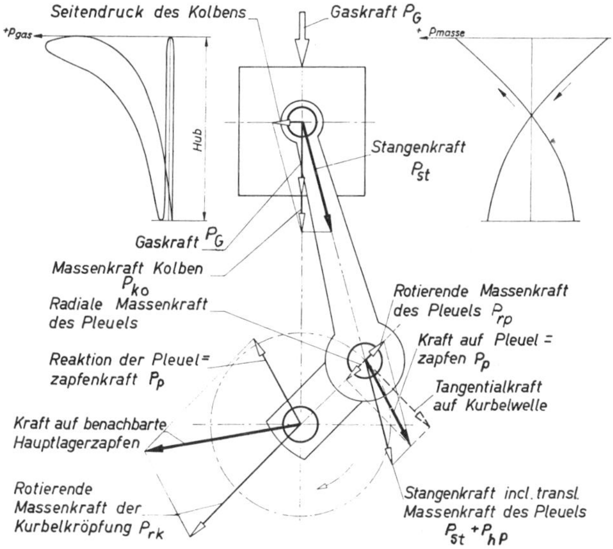

Bild 99. Kräfte am Kurbeltrieb einer Verbrennungskraftmaschine (Miba-Werkbild)

Stangenkraft P_{St}, die sich nach Bild 13 analog zu den in diesem Bild für die Massenkräfte gezeigten Verhältnissen ergibt:

$$P_{St} = \frac{P_G + P_{K_o}}{\cos \beta}$$

Mit Gl. 12 wird P_{St} ermittelt zu

$$P_{St} = \frac{P_G - m_{Ko} \cdot r \cdot \omega^2 (\cos \omega t + \lambda \cos 2 \omega t)}{\cos \beta}$$

Der zeitliche Verlauf der Gaskraft P_G wird aus einem p-t-Diagramm, wie es Bild 35 zeigt, entnommen.

Auf das Pleuellager wirkt die Stangenkraft P_{St}, die oszillierende Massenkraft P_{hp} aus der oszillierenden Masse m_{hp} der Pleuelstange entsprechend Gl. 13 und 14

$$P_{hp} = m_{hp} \cdot r \cdot \omega^2 \, (\cos \omega t + \lambda \cos 2\, \omega t)$$

und die rotierende Massenkraft P_{rp} aus den rotierenden Massen m_{rp} der Pleuelstange entsprechend Gl. 11

$$P_{rp} = m_{rp} \cdot r \cdot \omega^2$$

die sich nach Bild 99 zu der Pleuellagerkraft P_P zusammensetzen.

Auf jedes Hauptlager wirken nach Bild 99 gleichzeitig von jeder der beiden benachbarten Kröpfungen die halben Pleuellagerkräfte $P_P/2$ als Reaktionskräfte und die Hälfte der rotierenden Massenkräfte P_{r_K} der benachbarten Kurbelkröpfungen:

$$P_{r_K} = m_{r_K} \cdot r \cdot \omega^2$$

Die Pleuellagerkräfte $P_P/2$ der benachbarten Pleuellager und die rotierenden Massenkräfte $P_{r_K}/2$ der benachbarten Kröpfungen werden entsprechend ihrem zeitlichen Verlauf bzw. ihren Richtungen zu der resultierenden Hauptlagerkraft P_L zusammengesetzt. Bei V-Motoren ist der Tatsache Rechnung zu tragen, daß auf jede Kröpfung die Gas- und Massenkräfte zweier Zylinder wirken mit ihren zeitlich verschiedenen Abläufen und ihren verschiedenen Richtungen.

Mit Hilfe der oben genannten Beziehungen lassen sich die Lagerkraftdiagramme aufstellen für die Pleuellager und Hauptlager (Bilder 100 und 101a), wobei für

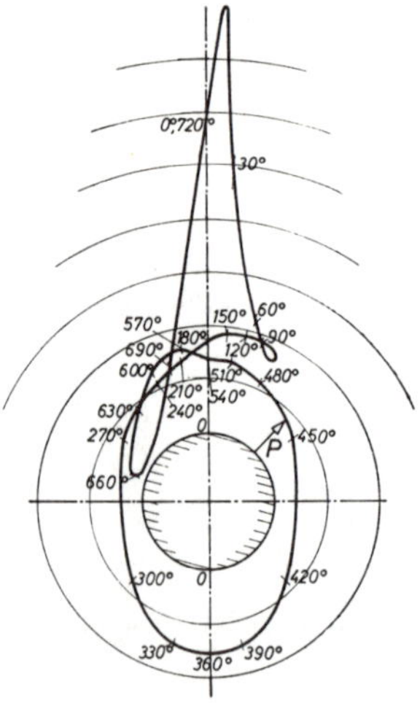

Bild 100. Polardiagramm der Lagerkräfte eines Pleuellagers (Viertaktmaschine) - Verlauf der Lagerkräfte über ein Arbeitsspiel von 720° Kurbelwinkel (Miba-Werkbild)

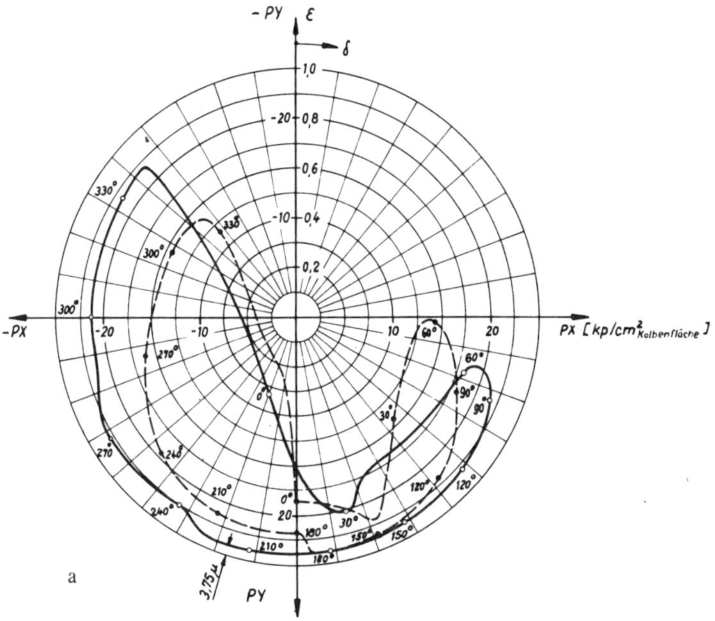

a

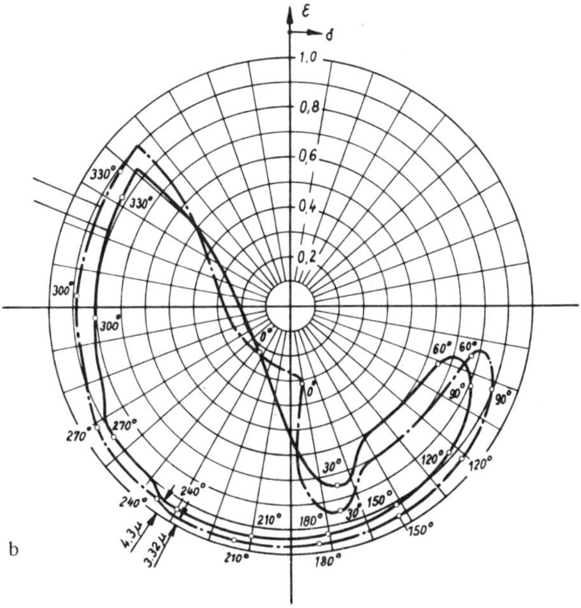

b

Bild 101. Lagerkraftdiagramme und Diagramme der Verlagerungsbahnen
a) Kraftverlauf - - - und Verlagerungsbahn —— des Mittellagers eines mittelschnellaufenden Dieselmotors (n = 500 U/min)
b) desgl. Einfluß des Lagerspiels (– · – Größtspiel, —— Kleinstspiel)

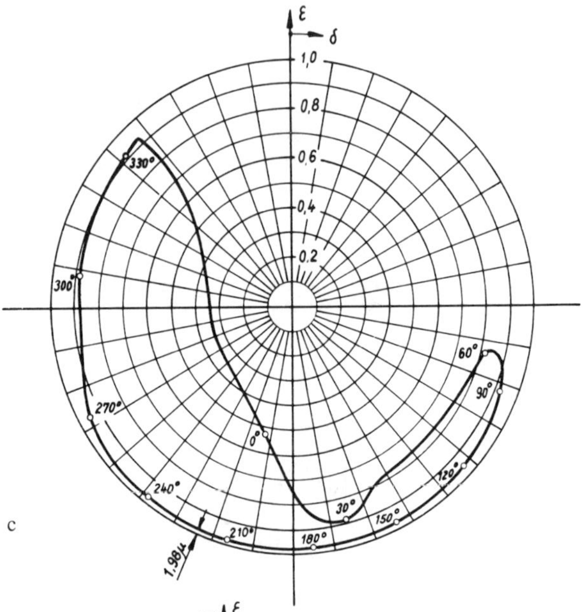

c

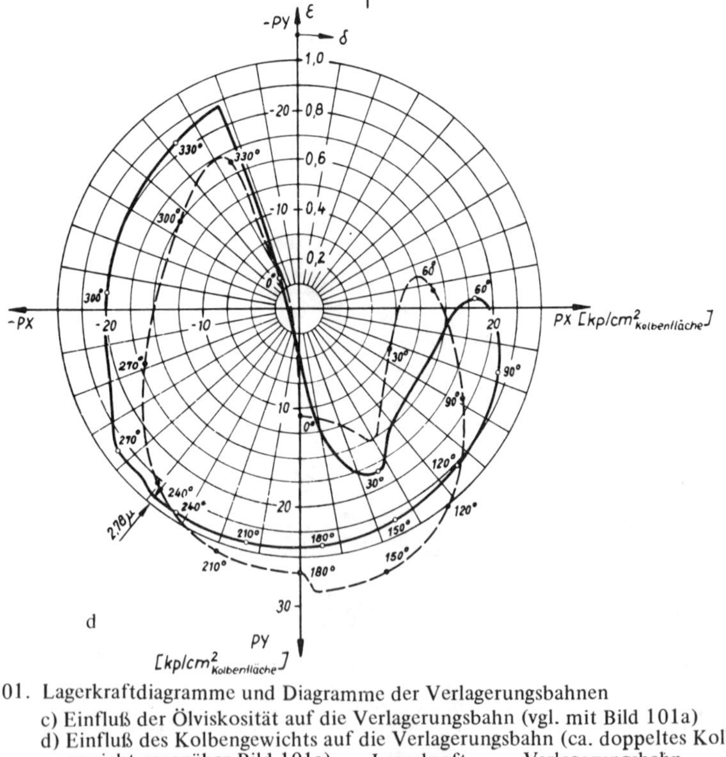

d

Bild 101. Lagerkraftdiagramme und Diagramme der Verlagerungsbahnen
c) Einfluß der Ölviskosität auf die Verlagerungsbahn (vgl. mit Bild 101a)
d) Einfluß des Kolbengewichts auf die Verlagerungsbahn (ca. doppeltes Kolbengewicht gegenüber Bild 101a) --- Lagerkraft, —— Verlagerungsbahn

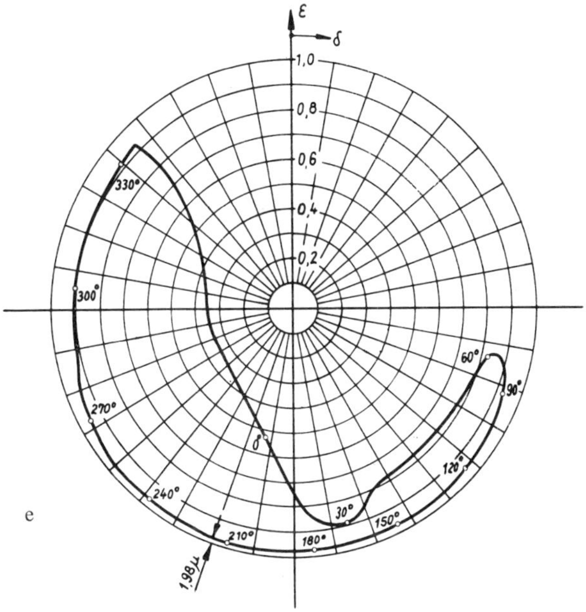

e

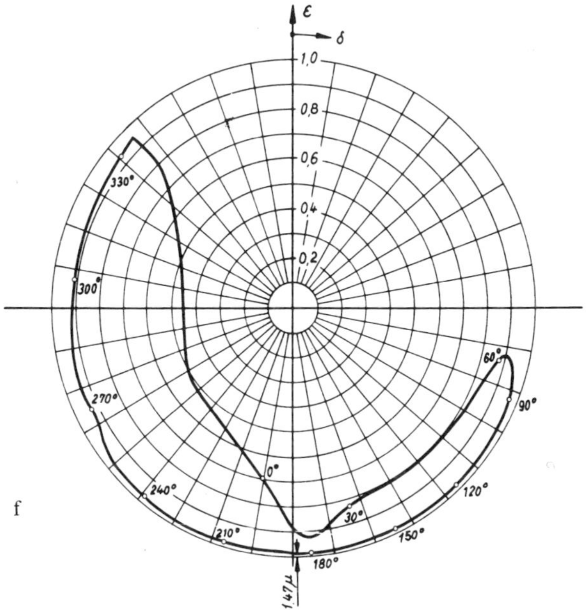

f

Bild 101. Lagerkraftdiagramme und Diagramme der Verlagerungsbahnen
e) Einfluß der Lagerkraft auf die Verlagerungsbahn (Lagerkraft doppelt so wie in Bild 101a)
f) Einfluß einer umlaufenden Mittelnut auf die Verlagerungsbahn (vgl. mit Bild 101a)

jedes Hauptlager eines Mehrzylindermotors ein besonderes Diagramm erstellt werden muß, da bei jedem Hauptlager die Einflüsse der benachbarten Kröpfungen und der Gegengewichte verschieden sind im Gegensatz zu den Pleuellagern, deren Diagramme alle gleich sind. Die Berechnung der Diagramme ist sehr zeitraubend und wird daher ausschließlich mit elektronischen Rechenmaschinen durchgeführt. Die Lagerkraftdiagramme liefern die genauen Kräfte zur Berechnung der Lagerdeckel und der Lagerdeckelschrauben und für die Berechnung der Verlagerungsbahnen der Lagerzapfen und damit des geringsten Schmierspalts. Hierzu ein Blick auf die hydrodynamische Schmiertheorie. Damit die Lager die auf sie wirkenden Kräfte übertragen können, ohne daß durch direkte Berührung von Lagerschale und Lagerzapfen Trockenreibung oder auch Mischreibung entsteht, wodurch in kürzester Zeit durch die dadurch auftretende Reibung und Erwärmung das Lager zerstört würde, muß für die Ausbildung eines tragfähigen Schmierfilms zwischen Lagerschale und Lagerzapfen gesorgt werden. Nach der hydrodynamischen Schmiertheorie zieht ein Zapfen, der sich in einer um das Lagerspiel größeren Bohrung unter der Einwirkung der Lagerkraft dreht (Bild 102), das Schmieröl in den sich keilförmig verengenden Schmierspalt hinein,

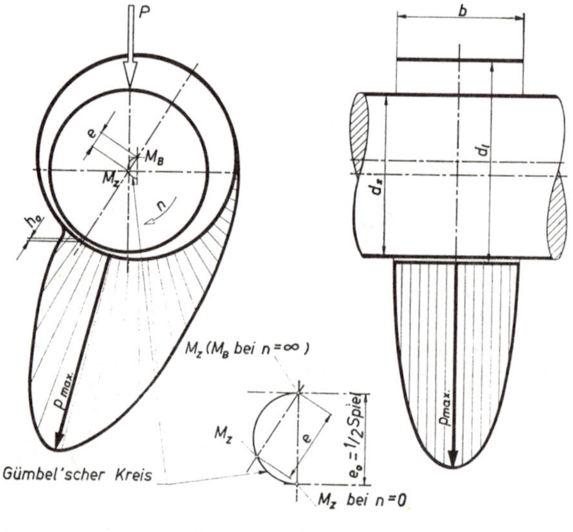

Bild 102. Druckverlauf und Gümbel'scher Kreis in einem Gleitlager bei Vollschmierung (Miba-Werkbild)

wobei sich im Schmierspalt ein Schmierfilmdruck nach Bild 102 aufbaut. Dieser Druck übt auf den Zapfen eine Kraft aus, gleichgroß und entgegengesetzt der Lagerkraft. Beim stationär belasteten Gleitlager (n = konst, P nach Größe und Richtung = konst) nimmt dabei der Zapfen eine stabile Lage, gekennzeichnet durch die Exzentrizität e, ein, womit auch die minimale Schmierfilmdicke h_o

bestimmt ist. Nun haben wir es aber bei den Lagern der Verbrennungsmotoren mit instationär belasteten Lagern zu tun, d.h. die Lagerkräfte ändern sich, wie wir oben gesehen haben, nach Größe und Richtung unter wechselnder Drehzahl. Dementsprechend bewegt sich der Zapfenmittelpunkt auf einer veränderlichen Bahn, der Zapfenverlagerungsbahn; und auch der Lastpunkt, d.h. der Punkt der minimalen Schmierfilmstärke h_o führt eine entsprechende Bewegung aus. Diese Lastpunktbewegung hat eine entscheidende Bedeutung für die Tragfähigkeit des Gleitlagers, was man sich anhand der Sommerfeldzahl So leicht klarmachen kann. Die Sommerfeldzahl

$$So = \frac{P \cdot \psi^2}{b \cdot d \cdot \eta \cdot \overline{\omega}}$$

kann als Maßzahl für die Tragfähigkeit des hydrodynamischen Schmierfilms zwischen Welle und Lagerschale angesehen werden. Je kleiner So ist, desto größer ist die Tragfähigkeit. In dieser Zahl ist P die Lagerkraft in kp, $\psi = \frac{R - r}{r}$ das relative Lagerspiel (Bild 103), b die Lagerbreite in cm, d der Lagerdurchmesser in cm,

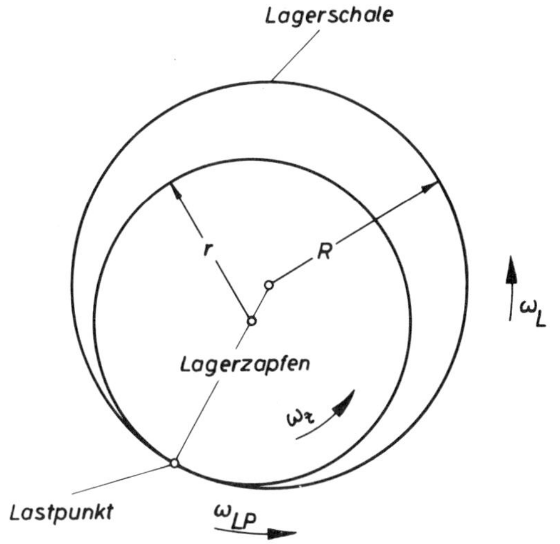

Bild 103. Zur Bestimmung der wirksamen Winkelgeschwindigkeit des Lagerzapfens

η die dynamische Zähigkeit des Schmiermittels in kp sec cm^{-2}, $\overline{\omega}$ die wirksame Winkelgeschwindigkeit des Zapfens in sec^{-1}. $\overline{\omega}$ ist nach Bild 103

$$\overline{\omega} = \omega_L + \omega_Z - 2\,\omega_{Lp}$$

darin ist ω_L die Winkelgeschwindigkeit der Lagerschale (im Fall des Hauptlagers = 0, beim Pleuellager eine Schwenkbewegung), ω_Z die Winkelgeschwindigkeit des Wellenzapfens und ω_{Lp} die Winkelgeschwindigkeit des Lastpunktes bzw. des Punktes des engsten Schmierspalts. Wenn $\bar{\omega} = 0$ ist, dann bildet sich kein tragfähiger Schmierfilm aus und die Tragfähigkeit des Lagers bricht zusammen. Das ist der Fall z.B. beim Hauptlager, wenn $\omega_{Lp} = 0{,}5 \cdot \omega_Z$. Bei den instationär belasteten Gleitlagern der Verbrennungsmotoren wird ω_{L_p} durch den Einfluß der Gegengewichte, der Massenkräfte und der Gaskräfte beeinflußt, und es ist unvermeidlich, daß zeitweilig $\bar{\omega}$ beinahe 0 oder 0 wird, d.h. daß die Tragfähigkeit des Lagers zusammenbrechen würde. Daß dieser Zustand bei den instationär belasteten Gleitlagern der Verbrennungsmotoren trotzdem nicht eintritt, verdanken wir der Tatsache, daß außer der Bildung eines tragfähigen Schmierfilms im Schmierspalt durch Drehung die gleiche Wirkung auch durch Verdrängung entsteht, wenn sich nämlich der Zapfen schnell unter der Einwirkung der Gaskräfte radial verlagert. Die modernen Berechnungsmethoden für die instationär belasteten Gleitlager der Verbrennungsmotoren [30; 38; 39; 40; 44; 45; 57] befassen sich damit, die Verlagerungsbahn des Zapfens und damit auch den engsten Schmiespalt h_o zu ermitteln unter Berücksichtigung der Schmierfilmbildung durch Drehung und Verdrängung. Grundlage für die Berechnung sind die Lagerkraftdiagramme (Bilder 100 und 101a). Die Ergebnisse dieser langwierigen Berechnungen, die nur mit elektronischen Rechenmaschinen durchgeführt werden können, sind Polardiagramme, die die Verlagerungsbahn des Zapfens angeben (Bild 101). Die Betriebssicherheit der Lager wird dann nach Größe und zeitlicher Ausdehnung des kleinsten Schmierspalts beurteilt. Bei diesen Berechnungen werden eine Reihe von Voraussetzungen gemacht, die nicht immer ganz zutreffen, und zwar:

Zapfen und Lagerbohrung werden als kreisrund angenommen. Das trifft dann nicht zu, wenn z.B. Schmiertaschen im Lager vorgesehen sind.

Die Achsen von Zapfen und Lager werden als parallel angenommen, was nicht zutrifft, da die Kurbelwelle sich unter dem Zünddruck durchbiegt, und zwar in Größenordnungen, die weit über denen der errechneten kleinsten Schmierspalte liegen.

Die Lagerkraftdiagramme entsprechen den wirklichen Belastungsverhältnissen. Das ist nicht ganz richtig, da sie ohne Berücksichtigung der statischen Unbestimmtheit der Kurbelwelle ermittelt werden.

Lagerbelastungen als Folge von Drehschwingungen werden vernachlässigt. Das ist sicher nicht ganz zulässig, da die Drehmomente in der Kurbelwelle den Wellenzapfen aus der Kröpfungsebene hinauszwingen.

Die Ergebnisse der Verlagerungsbahn- und Schmierspaltberechnung sollten daher nur zu einer vergleichenden, qualitativen Beurteilung der Betriebssicherheit der Lager herangezogen werden.

Doch noch einmal zurück zur Sommerfeldzahl So, aus der für die Konstruktion der Lager eine Reihe von Richtlinien abgelesen werden kann. Je größer das Produkt b · d ist, desto größer ist die Tragfähigkeit. Hier ist die Grenze gegeben, wenn die Lager so breit werden, daß Kantenpressung auftreten kann. Diese Grenze liegt bei etwa b/d = 0,5. Schnellaufende Dieselmotoren haben b/d = 0,28 bis 0,4, wobei die kleineren Werte für Hauptlager, die größeren für Pleuellager gelten. Weiter kann aus der Sommerfeldzahl abgelesen werden, daß die Tragfähigkeit des Lagers umso größer wird, je größer die kinematische Zähigkeit des Schmiermittels ist. Das zeigt die Bedeutung der Öltemperatur bzw. Kühlung des Lagers durch entsprechend große und kühle Schmierölmengen. Bild 101 c zeigt den Einfluß der Öltemperatur auf die Verlagerungsbahn des Zapfens und den engsten Schmierspalt. Die Verlagerungsbahn des Bildes 101c gilt für eine Öltemperatur, die ca. 25°C über der des Bildes 101a liegt. Man sieht, daß infolge der geringeren Viskosität der engste Schmierspalt sich beinahe auf die Hälfte verkleinert hat und sich über einen wesentlich größeren Kurbelwinkelbereich erstreckt, was für die Tragfähigkeit des Lagers ungünstig ist. In diesem Zusammenhang haben sich umlaufende Schmiernuten in Hauptlagern bewährt. Obwohl sie die tragende Lagerfläche b · d verringern, bringen sie doch Vorteile besonders bei schnellaufenden Motoren durch die Erhöhung des Schmieröldurchsatzes durch das Lager. Es hat sich auch gezeigt, daß Kavitation im Hauptlager durch umlaufende Nuten verringert werden kann. Kavitation kann dadurch entstehen, daß der Schmierspalt nicht immer voll Öl ist. Eine umlaufende Nut sorgt nun dafür, daß Öl in das Lager an jeder Stelle eintreten kann, an der der Schmierfilmdruck unter den Schmieröldruck sinkt. Mit anderen Worten, das Öl ist automatisch dort zur Stelle, wo es gebraucht wird. Jedoch ist bei schmalen Lagern Vorsicht mit einer umlaufenden Nut geboten, da damit die Lagertragfläche geringer wird und außerdem der tragfähige Schmierfilm im Bereich der Nut zusammenbricht, womit die Gesamttragfähigkeit des Lagers geringer wird. Die ungünstige Auswirkung einer umlaufenden Nut zeigt Bild 101f gegenüber Bild 101a in bezug auf geringsten Schmierspalt und seine zeitliche Erstreckung.

Man kann aus der Sommerfeldzahl weiter ablesen, daß die Tragfähigkeit des Lagers umso größer wird, je kleiner das relative Lagerspiel ist. Bild 101b zeigt, daß bei kleinem Lagerspiel der minimale Schmierspalt h_0 größer ist als bei großem Lagerspiel und somit das Lager auch in bezug auf seine Tragfähigkeit sicherer ist. Eine Grenze ist hier jedoch dadurch gesetzt, daß bei zu kleinem Lagerspiel die Wärmeerzeugung im Lager so groß wird, daß dadurch die Tragfähigkeit infolge kleinerer, kinematischer Zähigkeit η des Schmieröles wieder herabgesetzt wird. Als Richtwert für das relative Lagerspiel kann gelten:

$$\psi \approx 1 - 1{,}5\ \text{‰}$$

Das nach diesen Richtlinien gewählte Lagerspiel muß im Versuch überprüft werden. Außerdem empfiehlt sich eine Nachrechnung nach den oben genannten

Verfahren. Zur Ausbildung eines tragfähigen Schmierfilms im Lager wird nur ein kleiner Teil des zugeführten Schmieröles verwendet. Der größte Teil dient zur Abfuhr der im Lager entstehenden Reibungswärme. Es muß also dafür gesorgt werden, daß die notwendige Schmierölmenge auch das Lager durchfließen kann. Die Schmierölbohrungen müssen daher so angebracht werden, daß das Schmieröl auch austreten kann, d.h. sie sollen in einem Bereich liegen, wo die Lagerkräfte gering sind, was anhand eines Lagerkraftdiagrammes kontrolliert werden kann. Andererseits stellen Bohrungsaustritte, Nuten und Schmiertaschen im Lager eine Verringerung der tragenden Lagerfläche und damit der Tragfähigkeit des Lagers dar. Sie sollten darum möglichst in solchen Zonen des Lagers liegen, in denen die Schmierfilmdicke groß ist. Zapfenbezogene Verlagerungsdiagramme dienen zur Festlegung der Austritte der Ölbohrungen im Zapfen und lagerschalenbezogene Verlagerungsdiagramme zur Festlegung der Nuten und Taschen in der Lagerschale.

Die Ergebnisse der genannten Berechnungsmethoden können dem Konstrukteur erst nach Abschluß seiner Konstruktionsarbeiten am Triebwerk zur Verfügung gestellt werden. Er rechnet deshalb zunächst mit Vergleichswerten. Es handelt sich hier einfach um die spezifische Belastung der Lager unter der Einwirkung des auftretenden maximalen Zünddruckes nach der Beziehung

$$p_L = \frac{P_z}{b \cdot d} \quad [\mathrm{kp/cm^2}]$$

Für p_L können für Pleuellager bei sorgfältiger Gestaltung und entsprechender Oberflächengüte der Lagerzapfen (siehe 3.1.4) Werte von max. 600 kp/cm^2, für Hauptlager entsprechend 350 kp/cm^2 und für Kolbenbolzenlager in der Pleuelstange bis 700 kp/cm^2 zugelassen werden. Diese Werte für p_L können als Vergleichswerte jedoch nur für Lager herangezogen werden, die unter vergleichbaren Bedingungen z.B. bezüglich der Schmierung laufen und in ihren Abmessungen b/d ähnlich sind. Sie dienen zur Kontrolle der angenommenen Lagerabmessungen und sollten durch die erwähnten, ausführlichen Berechnungen überprüft werden.

Für die Herstellung der Lager der Verbrennungsmotoren gibt es eine spezialisierte Zubehörindustrie, von der auch eine Reihe von Veröffentlichungen [36; 77; 78] stammt, aus denen ein Teil der nachstehenden Angaben entnommen ist. Die Haupt- und Pleuellagerzapfen der Kurbelwelle sind gehärtet. In Verbindung damit werden ausschließlich Dreistofflager verwendet. Dreistofflager bestehen aus dünnen Stahlstützschalen (Halbschalen). Auf die Stahlstützschale ist eine Bleibronzeschicht von etwa 0,5 mm Stärke je nach Lagergröße aufgegossen, und auf der Bleibronzeschicht sitzt die Laufschicht von ca. 0,02 mm bis 0,03 mm Stärke aus einer Blei-Zinn-Legierung oder Blei-Indium-Legierung. Anstelle der Bleibronze kann auch eine Leichtmetallschicht aufgebracht werden. In diesem Fall wird das Leichtmetall nicht aufgegossen, sondern aufplattiert, d.h. die Leicht-

metallschicht wird aufgewalzt, wobei gleichzeitig die Stauchfestigkeit der Stahlstützschale durch Kaltverfestigung gesteigert wird. Auf diese Leichtmetallschicht wird dann wie beim Bleibronzelager die Laufschicht galvanisch aufgebracht.
Die Lagerschalen sind etwa 1,5 bis 5 mm stark, je nach Lagerdurchmesser. Es ist anzustreben, die Wandstärke der Lagerschalen möglichst klein zu halten, was der Steifigkeit der Lagerdeckel zugute kommt. Bild 104 zeigt die Zeichnung

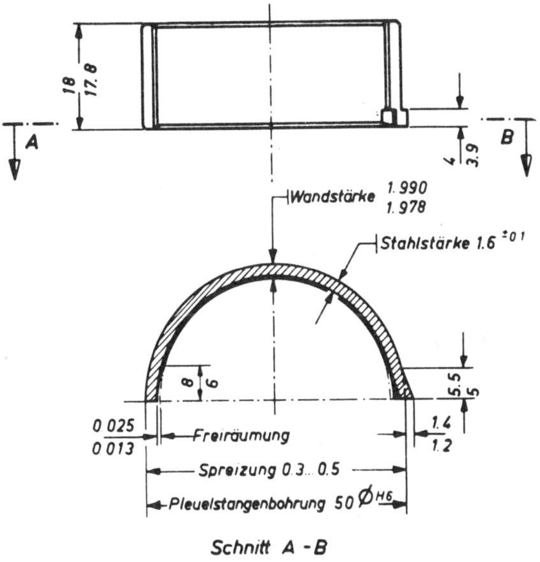

Bild 104. Zeichnung einer glatten Lagerschale (Dreistofflager) [77]

einer Lagerschale. Zur Fixierung werden aus den Lagerschalen Nasen herausgedrückt, was bis zu Wandstärken von 5 mm möglich ist. Die Lager erhalten, wie Bild 104 zeigt, eine gewisse Spreizung, d.h. der Lagerschalendurchmesser ist an der Trennfläche etwas größer als der Gehäusebohrungsdurchmesser. Die Spreizung erleichtert den Einbau der Lagerschalen und verhindert das Zusammengehen der Lagerschalen am Stoß beim Anziehen der Lagerdeckelschrauben. Die Spreizung muß auch nach längerer Betriebszeit erhalten bleiben. Der Wiedereinbau einer Schale ohne Spreizung nach einer Reparatur ist nicht zulässig. An den Trennflächen der Lagerschalen wird die Wandstärke um ca. 0,02 mm verringert, um zu verhindern, daß der Schmierfilm an den sonst an dieser Stelle entstehenden Kanten abreißt.

Für die Kolbenbolzenlager im kleinen Pleuelauge werden bei den schnellaufenden Dieselmotoren ebenfalls Dreistofflager verwendet, die jedoch als Buchsen ausgebildet sind (volle oder aus dünnem Bandstahl gerollte Buchsen).

Die Hauptlager, Pleuellager und Kolbenbolzenbuchsen sind einbaufertige Lager, d.h. sie werden im eingebauten Zustand nicht mehr bearbeitet. Das stellt an die Ausführung der Lagerzapfen der Kurbelwelle in bezug auf Durchmessertoleranz (Toleranz g6), Rundheit, Konizität und Fluchtung Bilder 62, 63 und 64) besondere Anforderungen. Auch die Aufnahmebohrungen in der Pleuelstange und im Kurbelgehäuse müssen entsprechenden Anforderungen genügen (siehe 3.1.5).

Einbaufertige Lagerschalen für Haupt- und Pleuellager müssen im eingebauten Zustand so fest in den Gehäusebohrungen sitzen, daß sie nicht nur gegen Verdrehen gesichert sind, sondern auch unter den hohen dynamischen Belastungen durch Gas- und Massenkräfte ihren festen Sitz behalten, da sonst an den Rückseiten der Lagerschalen und in den Bohrungen Passungsrost auftritt, der in schweren Fällen zur Zerstörung der Lager und z.B. zu Pleuelbrüchen führen kann. Voraussetzung für einen festen Sitz sind ein unter allen Belastungen, auch denen der Wärmedehnung des Lagerstuhls im Betrieb, möglichst steifer Lagerverband und ausreichend großer Radialdruck p_r zwischen Lagerschale und Aufnahmebohrung. Der Radialdruck wird dadurch erzeugt, daß die Lagerschalen mit einem bestimmten Übermaß im Durchmesser bzw. im Umfang durch den Lagerdeckel in die Aufnahmebohrung hineingepreßt werden. Dabei wird der Umfang der Lagerschale so weit elastisch verkürzt, bis er den durch das Einpressen der Lagerschale erweiterten Umfang der Aufnahmebohrung erreicht hat. Die dabei in der Lagerschale auftretende Tangentialspannung σ_L (Lagervorspannung) darf die Stauchkriechgrenze (0,01%-Grenze) der Stahlstützschale nicht überschreiten. Die Berechnungsgrundlagen hierfür sind in [78] angegeben. Der Radialdruck p_r ist in seiner Größe abhängig von der Steifigkeit des ganzen Lagerverbandes. Je steifer z.B. das große Pleuelstangenauge ist, desto geringer kann der Radialdruck p_r sein. Da man bei schnellaufenden Hochleistungsmotoren gezwungen ist, leicht zu bauen, was sich auch auf die Steifigkeit der Pleuelstange auswirken kann, um bei diesem Beispiel zu bleiben, muß man bei der Auslegung der Pleuellagerschalen mit entsprechend hohen Radialdrücken rechnen. Werte von $p_r = 1$ kp/mm^2 sind durchaus üblich. Wie gesagt, wird der Radialdruck durch die Tangentialspannung der Lagerschale erzeugt, was in [78] ausführlich dargestellt ist. Den Zusammenhang zwischen p_r und σ_L zeigt das Diagramm Bild 105 in Abhängigkeit von dem Verhältnis der effektiven Wandstärke W_{eff} zum Außendurchmesser Q des Lagers. Für W_{eff} wird dabei die Dicke der Stahlschale zuzüglich der halben Bleibronze- bzw. Leichtmetallschicht eingesetzt. Man sieht aus diesem Diagramm, daß bei einem gegebenen p_r die Tangentialspannung σ_L umso höher sein muß, je dünner die Wandstärke der Lagerschale ist. Man ist nun aber bestrebt, bei gegebenen Außenabmessungen für den Triebwerksraum die Lagerschalen im Interesse eines dicken Lagerzapfens oder einer steifen Pleuelstange so dünn wie möglich zu machen. Eine Grenze dafür bildet die Stauchfestigkeit des Stahlschalenmaterials. In der Auswahl des Stahlschalenmaterials ist man aus

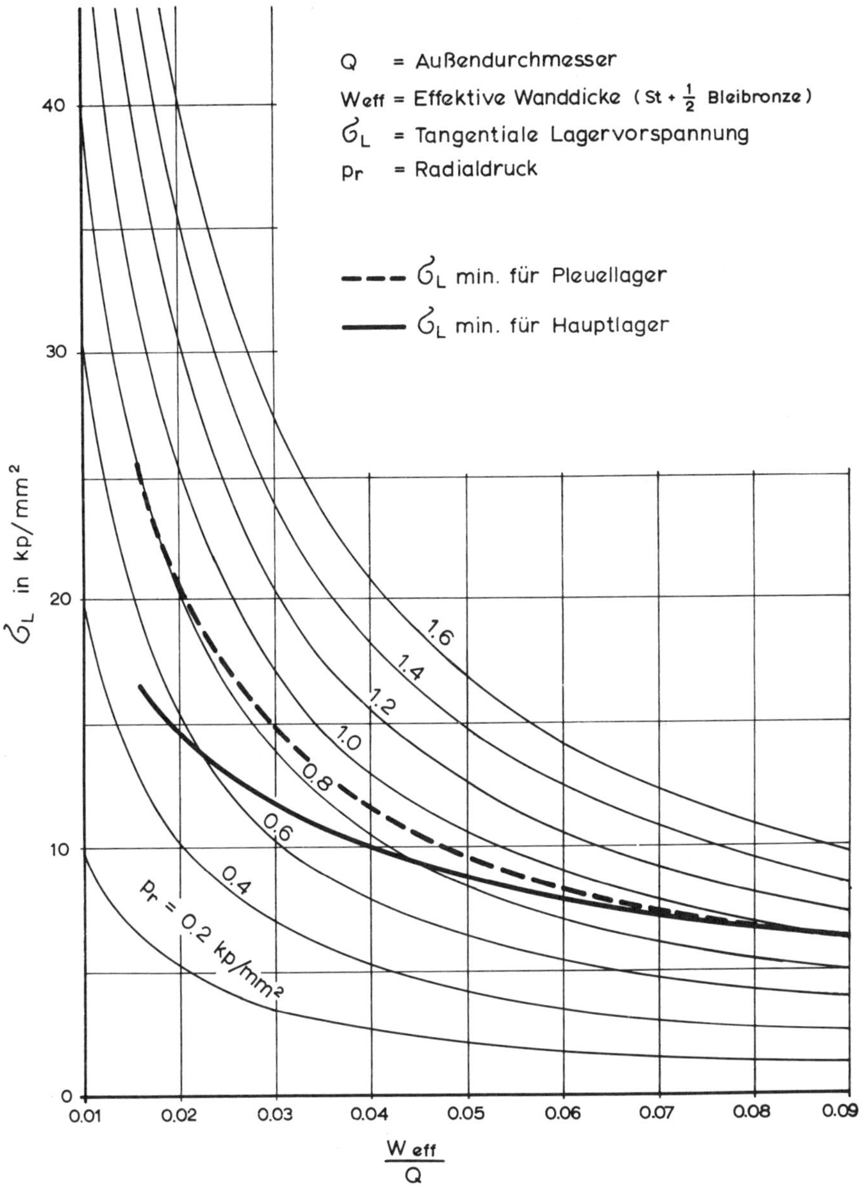

Bild 105. Empfohlene Lagervorspannung σ_L bis Q = 150 mm Außendurchmesser (aus Handbuch der Glyco-Metallwerke)

Gründen der Bindung zwischen Stahl und Bleibronze und aus Bearbeitungsgründen auf einen Stahl Ck 10 angewiesen, dessen an sich geringe Stauchfestigkeit durch Walzen erhöht wird. Man erreicht dabei Werte für die 0,01%-Stauchgrenze von über 40 kp/mm². Da jedoch mit einer verhältnismäßig großen Toleranzbreite (Stahlqualität, Setzen im Betrieb, Temperatureinflüsse) gerechnet werden muß, können die hohen Festigkeiten in die Rechnung nicht eingesetzt werden. Mit Hilfe des Diagramms Bild 106 kann für gegebenen Außendurchmesser Q des

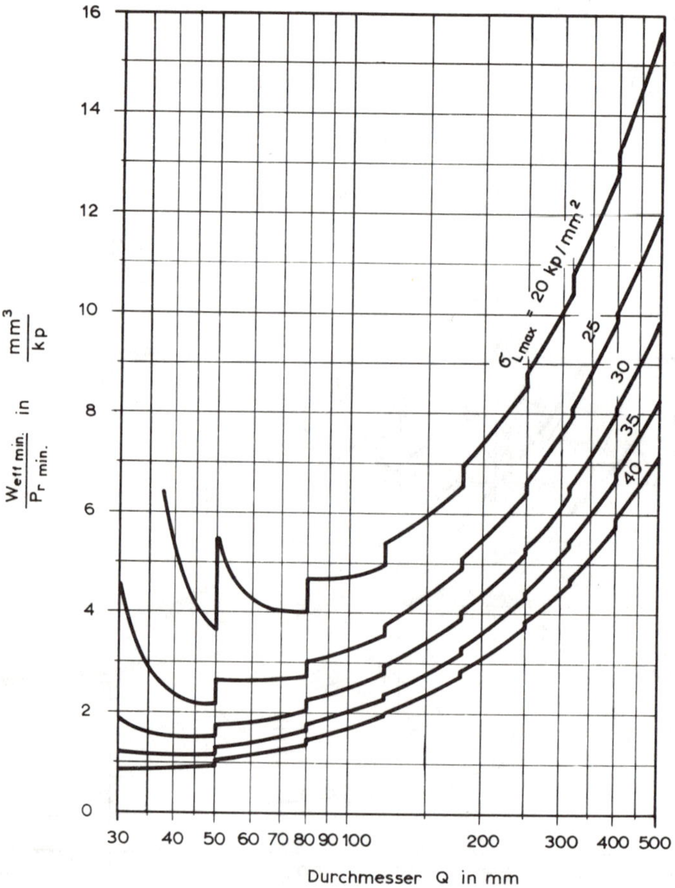

Bild 106. Bestimmung des kleinsten Wertes von W_{eff} bei vorgegebenem $p_{r_{min}}$ und $\sigma_{L_{max}}$ (aus Handbuch der Glyco-Metallwerke)

Lagers in Abhängigkeit vom Radialdruck p_r und von der Tangentialspannung σ_L die effektive Wandstärke W_{eff} bestimmen, wobei aus den oben dargelegten Gründen die Tangentialspannung σ_L nicht über 35 kp/mm² eingesetzt wird.

Die Tangentialspannung wird, wie gesagt, durch einen gegenüber der Aufnahmebohrung vergrößerten Umfang der beiden Lagerschalenhälften erzeugt. Der vergrößerte Umfang erzeugt einen Überstand der in die Aufnahmebohrung eingesetzten Lagerschalenhälfte. Dieser Überstand δ wird nach [78] berechnet oder aus dem Diagramm Bild 107 entnommen. Hierin ist der Faktor G/Q das Verhält-

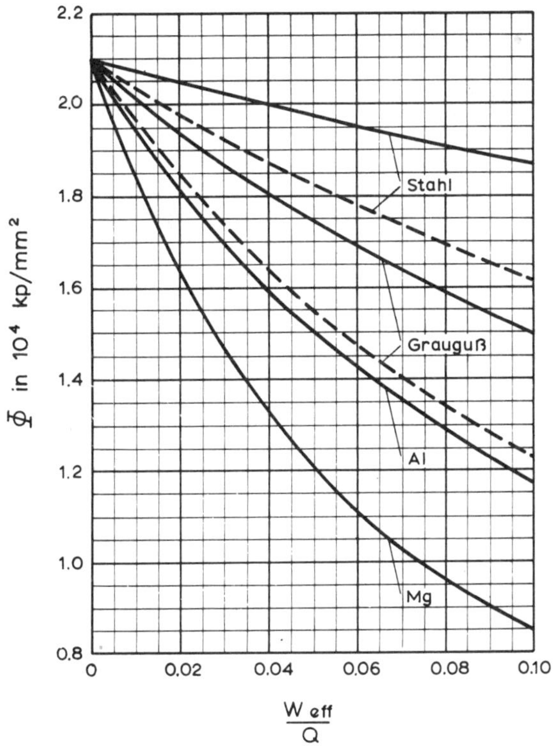

Bild 107. Zur Bestimmung des Überstandes δ (aus Handbuch der Glyco-Metallwerke)

nis des Außenringdurchmessers G zum Innenringdurchmesser Q. Für G/Q kann bei Hauptlagern (Kurbelgehäuse aus Grauguß) 1,5 bis 2 eingesetzt werden, je nach Steifigkeit der Konstruktion, für Pleuellager ein Wert von 1,5. Es ist unbedingt nötig, die so berechneten Lagerschalen im fertigen Kurbelgehäuse und in der fertigen Pleuelstange auf Durchmesser und Rundheit der Lagerbohrungen zu vermessen und in ihren Abmessungen entsprechend den Ergebnissen der Vermessung zu korrigieren. Dabei wird das Lagerspiel durch eine Veränderung der Wandstärke der Lagerschale verändert. Als Maß für das relative Lagerspiel ψ war oben 1 bis 1,5‰ angegeben worden. Hierzu ist zu bemerken, daß höhere Drehzahlen ein etwas größeres Lagerspiel erfordern im Interesse eines größeren Öldurchsatzes. Aus der Berechnung des Preßsitzes der Lagerschalen nach [78] ergibt sich auch die Aufweitung der Gehäusebohrung durch die eingepreßte Lagerschale. Mit diesen Werten lassen sich dann das Kleinstspiel und das Größtspiel des Lagers berechnen.

Kleinstspiel = Kleinster Durchmesser der Gehäusebohrung
+ mittl. Aufweitung der Gehäusebohrung
− 2 · größte Wandstärke der Lagerschale
− größter Zapfendurchmesser.

Das Kleinstspiel soll 0,8‰ des Zapfendurchmessers nicht unterschreiten.

Größtspiel = größter Durchmesser der Gehäusebohrung
+ mittl. Aufweitung der Gehäusebohrung
− 2 · kleinste Wandstärke der Lagerschale
− kleinster Zapfendurchmesser

Die Preßsitze der gerollten Lagerbuchsen für die Kolbenbolzen werden nach [78] ähnlich wie die der Lagerschalen berechnet.

Eines der Hauptlager wird als Paßlager ausgebildet zur axialen Fixierung der Kurbelwelle und zur Aufnahme von Axialkräften, z.B. des Kupplungsdruckes. Das Paßlager ist entweder ein Bundlager (Bild 108) oder besteht aus sogenannten

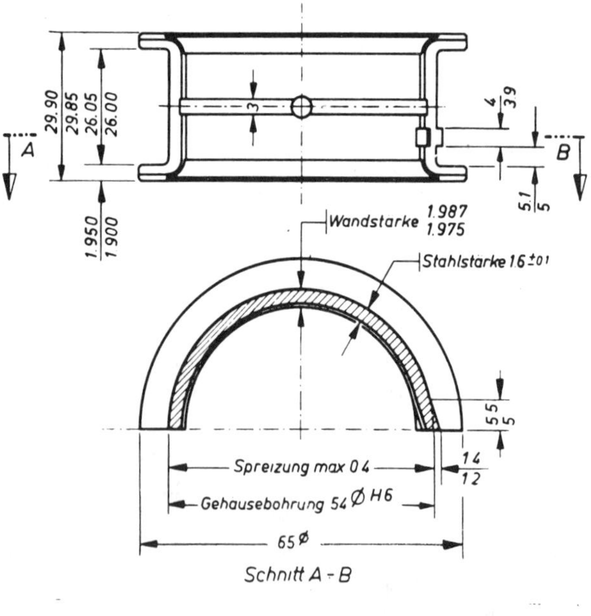

Bild 108. Zeichnung einer Lagerschale mit Bund als Paßlager (Dreistofflager) [77]

Anlaufringen (Bild 109). Dabei haben Anlaufringe den Vorteil, daß die Anlauffläche beliebig groß gemacht werden kann, während die Bundhöhe bei Bundlagern aus Bandstahl aus Fertigungsgründen begrenzt ist. Das Paßlager wird in der Mitte des Motors oder am schwungradseitigen Ende der Kurbelwelle angeordnet (Bild 48).

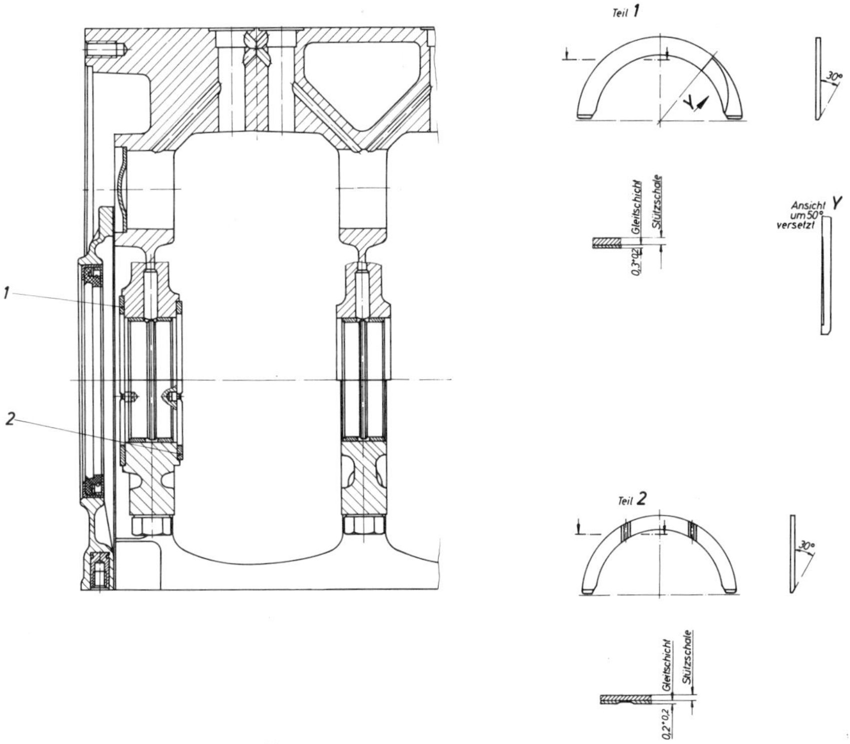

Bild 109. Anlaufringe als Paßlager

3.1.8 Schwungrad

Im Abschn. 3.1.2.2 ist die Entstehung des Drehkraftdiagramms, das den Verlauf des Nutzmoments über zwei Umdrehungen darstellt, beschrieben. Aus den Drehkraftdiagrammen (Bilder 38 und 40) sieht man, daß der Verlauf des Drehmoments je nach Zylinderzahl und Zündfolge – gleichmäßig oder ungleichmäßig – mehr oder weniger ungleichmäßig ist. Das hat eine periodische Beschleunigung und Verzögerung des Triebwerks zur Folge, die durch den Ungleichförmigkeitsgrad

$$\delta_m = \frac{\omega_{max} - \omega_{min}}{\omega_{mittel}}$$

gekennzeichnet ist. Die Ungleichförmigkeit des Antriebs macht sich durch Störungen in den angetriebenen Arbeitsmaschinen, z.B. Generatoren (Lichtflimmern) bemerkbar.

Diese Störungen im Gleichgang des Motors können durch entsprechend große Schwungräder gemildert werden. Das Schwungrad nimmt beim Beschleunigen Energie auf und gibt sie beim Verzögern wieder ab und sorgt damit für einen guten Gleichgang. Außerdem ist auch eine gewisse Schwungradgröße zur Erleichterung des Anlassens nötig, besonders, wenn es sich um handanlaßbare Einzylindermotoren handelt. Weiter dient das Schwungrad auch als Energiespeicher bei stoßartigen Belastungen.

In der Literatur werden Berechnungen angegeben, bei denen die Schwungradgröße aus dem Arbeitsüberschuß des Drehkraftdiagramms ermittelt wird. Diese Berechnungen gelten jedoch nur für ein starres Triebwerk und können allenfalls bei Motoren mit kleinen Zylinderzahlen bis zu etwa drei Zylindern angewandt werden. Bei höheren Zylinderzahlen macht sich schon die Verdrehung der Kurbelwelle infolge von Drehschwingungen bemerkbar, die das Rechenergebnis verfälscht. Außerdem wird bei größeren Zylinderzahlen das Drehkraftdiagramm (Bild 40) immer gleichmäßiger, so daß sich sehr kleine Schwungräder ergeben würden. Sehr kleine Schwungräder ergeben aber ungünstige Voraussetzungen für eine stabile Regelung der Motoren, insbesondere im Generatorbetrieb. Die Schwungräder von Motoren ab 4 Zylindern müssen daher nach regeltechnischen Gesichtspunkten bemessen werden. Hier hat sich die Bemessung der Schwungradgröße nach der Anlaufzeit T_a entsprechend folgender Beziehung bewährt:

$$\Theta_P = \frac{T_a \cdot M_d}{\omega}$$

Hierin ist Θ_P das polare Massenträgheitsmoment des gesamten Motors. Zieht man davon das Massenträgheitsmoment des Triebwerkes ab, so bleibt das polare Massenträgheitsmoment des Schwungrades übrig. Soll das Schwungrad speziell für eine Anlage, z.B. ein Generatoraggregat ausgelegt werden, so ist in Θ_P auch noch das Massenträgheitsmoment des Generators und einer eventuellen Kupplung einzubeziehen. In die obige Gleichung wird für die Anlaufzeit T_a ein Wert von 1,8 bis 2 sec eingesetzt.

Für Fahrzeugmotoren ist diese Berechnungsart nicht anwendbar, da sie bei Motoren über 4 Zylinder zu große Schwungräder ergibt, die das Beschleunigungsvermögen des Motors verschlechtern. Hier wird die Schwungradgröße fast ausschließlich durch die Größe des Anlasserzahnkranzes (Anlasserlage am Kurbelgehäuse) und die Einbaumöglichkeit der Kupplung bestimmt.

Für Motoren kleinerer Zylinderzahlen (bis zu drei Zylindern) wird die Schwungradgröße aus dem Arbeitsüberschuß A_S des Drehkraftdiagramms nach folgender Beziehung bestimmt:

$$\Theta_P = \frac{A_s}{\omega^2 \cdot \delta_m} \tag{62}$$

Oft wird auch statt des polaren Massenträgheitsmomentes Θ_p des Schwungrades das Schwungmoment GD^2 angegeben. Darin ist G das Schwungradgewicht und D der Trägheitsdurchmesser. GD^2 wird wie folgt berechnet:

$$GD^2 = \frac{\Theta_P}{4\,g}$$

Der Arbeitsüberschuß A_S wird aus dem Drehkraftdiagramm (Bild 39) so bestimmt, daß alle Flächen F_i des Drehkraftlinienzuges über 720° Kurbelwinkel, die über der mittleren Drehkraftlinie T_m liegen, nach Bild 110 als positive

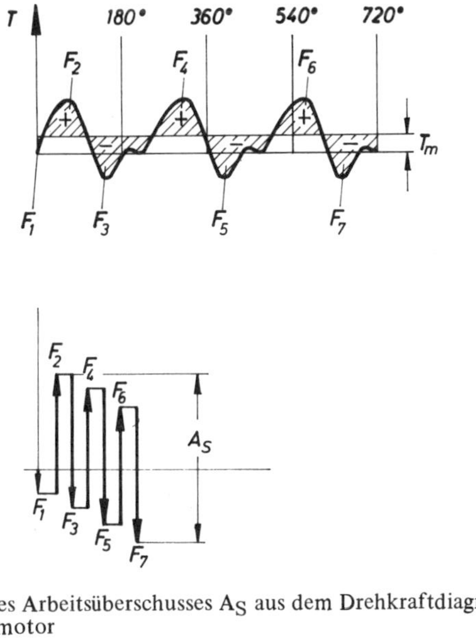

Bild 110. Ermittlung des Arbeitsüberschusses A_S aus dem Drehkraftdiagramm für einen Dreizylindermotor

Strecken (Arbeitsüberschuß), die unter der T_m-Linie liegenden als negative Strecken (Arbeitsunterschuß) aufgetragen werden. Die Strecke A_S ergibt sich dann aus dem größten Unterschied der positiven und negativen Summe. Der so gewonnene Arbeitsüberschuß A_S wird in Gl. 62 eingesetzt. Für den Wert δ_m werden in der Literatur je nach Art der Arbeitsmaschine verschiedene Werte angegeben. Die meisten dieser Werte sind überholt. Es sollen daher nur die Werte von δ_m für die wichtigsten Antriebe diskutiert werden. Für Gleich- und Wechselstrom-Generatoren muß der Ungleichförmigkeitsgrad δ_m so gewählt werden, daß kein Lichtflimmern auftritt. Hierfür gibt es sogenannte Flimmerkurven (Bild 111),

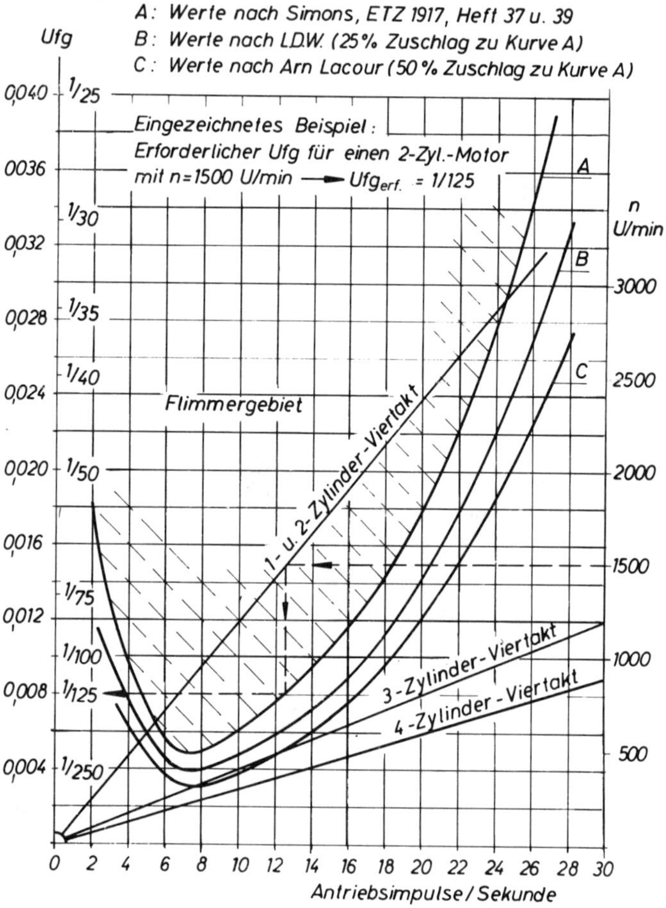

Bild 111. Erforderlicher Ufg. δ_m für flimmerfreies Licht

aus denen der notwendige Ungleichförmigkeitsgrad δ_m abgelesen werden kann. Man sieht hieraus, daß Werte von δ_m, die nach obiger Rechnung nennenswerte Schwungradgrößen ergeben, nur bei Ein- und Zweizylindermotoren, allenfalls noch bei Dreizylindermotoren, auftreten. Außerdem sieht man, daß δ_m von der Drehzahl abhängig ist, weshalb die Angabe von δ_m ohne gleichzeitige Drehzahlangabe nicht richtig ist. Erwähnt werden muß auch, daß die Steifigkeit der elastischen Kupplung zwischen Motor und Generator den Ungleichförmigkeits-

Lage- und Formtoleranzen			
Zulässige Abweichung	von	zu	max Wert
Axialschlag	a	b	0,05
Axialschlag	a/b	c	0,1
Radialschlag	a/b	d	0,1
Axialschlag	a/b	e	0,1
Radialschlag	a/b	f	0,1
Radialschlag	a/b	g	0,1

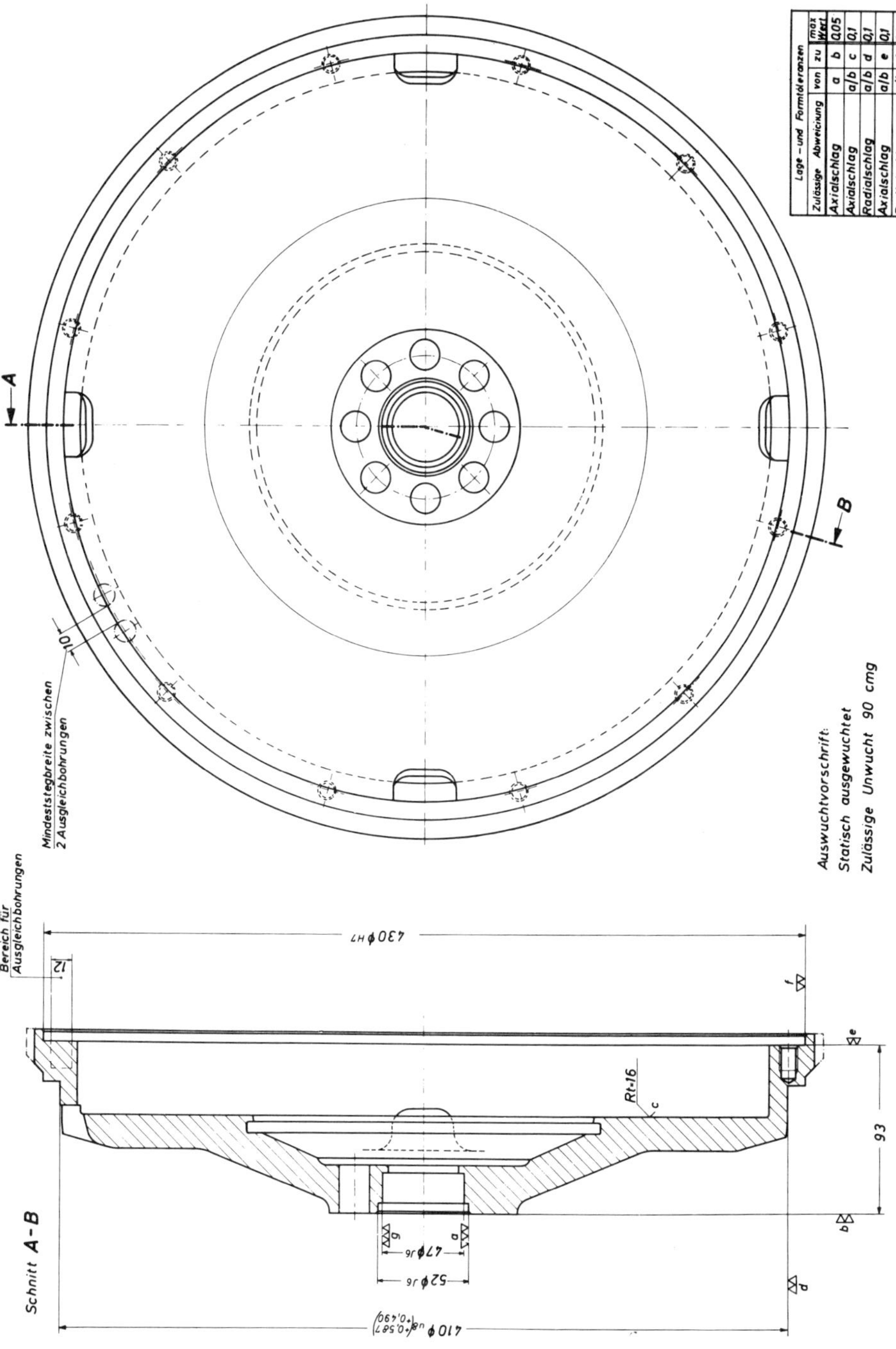

Bild 112. Ausführungsbeispiel eines Schwungrades für einen Fahrzeugmotor

grad δ_m beeinflußt. Je weicher diese ist, desto größer kann δ_m sein. Eine Grenze ist hier durch die Regelung des Motors gesetzt. Für Fahrzeugmotoren ist es sinnvoll, ein δ_m nur für die niedrige Leerlaufdrehzahl (500 bis 700 U/min) anzugeben, und zwar mit einer Größe von $\delta_m = 1/10$. Bei Schiffsantrieben richtet sich δ_m nach der Art der Kupplung, der Wellenanlage und eines evtl. nötigen Getriebes und kann daher nur nach Beurteilung der ganzen Anlage festgelegt werden.

Das erforderliche polare Massenträgheitsmoment Θ_p des Schwungrades wird im wesentlichen von Durchmesser und Breite des Schwungradkranzes bestimmt. Aus Festigkeitsgründen ist man in der Wahl des Durchmessers beschränkt. Als Richtlinie sei angegeben, daß Umfangsgeschwindigkeiten von $u \mp 50$ m/sec bei Gußeisen (GG 26) nicht überschritten werden dürfen, allenfalls 60 m/sec, wenn das Schwungrad festigkeitsmäßig gut durchgebildet ist, d.h. z.B. keine Bohrungen im Kranz und keine Durchbrüche im Übergang von der Scheibe zum Kranz hat.

Sind höhere Umfangsgeschwindigkeiten unbedingt erforderlich, so müssen die Schwungräder aus Sphäroguß ($u_{max} = 80$ m/sec) oder notfalls Stahl gefertigt werden.

Auf der Schwungradzeichnung sind Lage- und Formtoleranzen nach Bild 112 für die Kupplungsflächen und Anschraubflächen anzugeben. Weiter muß auf der Zeichnung eine Vorschrift über das dynamische Auswuchten des Schwungrades in zwei Ebenen stehen (Qualität 6,3 bis 16 nach VDI-Richtlinien 2060), sofern das Verhältnis Schwungradbreite zu Schwungradaußendurchmesser über 0,25 liegt. Liegt es darunter, so genügt es, das Schwungrad statisch auszuwuchten. Als Faustregel für die zulässige statische Unwucht mag gelten: Zulässige Unwucht in cmg = 3 · Gewicht des Schwungrades in kg. Wiegt z.B. ein Schwungrad 30 kg, so ist die zulässige Umwucht 90 cmg. Bei Schwungrädern für Kupplungseinbau muß durch entsprechend angebrachte Bohrungen (Bild 112) für eine Abfuhr des Kupplungsabriebes gesorgt werden. Hierüber gibt es Vorschriften der Kupplungshersteller, die man beachten muß. Die Bohrungen müssen so angebracht werden, daß sie die Festigkeit des Schwungrades nicht verringern, also nicht in der Nähe der Nabe oder des Übergangs zum Kranz, sondern am besten im Kranz selbst. Die Nabe muß entsprechend kräftig ausgebildet werden und einen entsprechend kräftigen Übergang in die Scheibe aufweisen.

3.2 Kurbelgehäuse, Zylinder und Zylinderkopf

3.2.1 Beanspruchung, Bemessung und Gestaltung des Kurbelgehäuses

Das Kurbelgehäuse, das größte und schwerste Teil eines Verbrennungsmotors, hat vielfältige Aufgaben und ist vielerlei inneren und äußeren Beanspruchungen ausgesetzt. Es nimmt die Zylinder auf und bildet mit seinen äußeren Wänden und den Zylinderwänden beim wassergekühlten Motor den Kühlwassermantel. Es trägt beim wassergekühlten Motor die Zylinderköpfe. Es nimmt in seinen Lagerungen die Kurbelwelle und die Nockenwelle auf (vgl. die Bilder ausgeführter Motoren im Kap. 6.). Bei landwirtschaftlichen Schleppern ist das Kurbelgehäuse des Motors ein tragender Bestandteil des Schleppers. Das Nutzdrehmoment des Motors stützt sich über das Kurbelgehäuse auf dem Motorfundament bzw. seiner Lagerung im Fahrzeug ab. Durch die Wände des Kurbelgehäuses werden die Gaskräfte von den Zylinderkopfschrauben in die Lagerdeckelschrauben und Lagerdeckel der Hauptlager geleitet. Durch die inneren Biegemomente der Kurbelwelle wird das Kurbelgehäuse über die Lagerstellen auf Biegung beansprucht, wozu noch äußere Biegebeanspruchungen im Einbau durch Massenmomente 1. und 2. Ordnung und durch äußere Kräfte, wie z.B. beim oben erwähnten Schleppereinbau, kommen können. Und schließlich wird das Kurbelgehäuse noch durch die erwähnte Drehmomentabstützung auf Torsion beansprucht.Das Kurbelgehäuse muß alle diese Beanspruchungen nicht nur im Dauerbetrieb aushalten, sondern auch so steif ausgebildet sein, daß es keine nennenswerten Verformungen erleidet, die z.B. die Lagerung der Kurbelwelle beeinträchtigen können. Außerdem dient das Kurbelgehäuse als Träger der verschiedensten Motor- und Anbauteile, wie Einspritzpumpe, Schmierölpumpe, Wasserpumpe, Schmierölkühler und -filter, Anlasser und Lichtmaschine. Schließlich muß es auch im Hinblick auf geringe Geräuschabstrahlung konstruiert sein. Es ist leicht einzusehen, daß, um diese Forderungen zu erfüllen, das Kurbelgehäuse besonders sorgfältig durchkonstruiert werden muß. Es wurde eingangs dieses Kapitels festgestellt, daß das Kurbelgehäuse das größte und schwerste Teil des Motors ist. Demgemäß ist es auch möglich, durch die Gestaltung des Kurbelgehäuses einen gewissen Beitrag zur Gewichtsverminderung des Motors zu leisten. Die Wandstärken sollen nur an den Stellen, die entsprechenden Beanspruchungen ausgesetzt sind, in ihrer Dicke den Beanspruchungen entsprechend gewählt werden z.B. die Lagerwände s_L; alle anderen Wände, z.B. die Außenwände s_a, können dünner gehalten werden, soweit es die Gießtechnik zuläßt. *Scheiterlein* [16] gibt folgende Regeln für die Wandstärken von Gußeisenkurbelgehäusen kleiner und mittlerer Motoren an, die sich auch nach der Erfahrung des Verfassers bewährt haben:

D	s_a	s_L
90 – 100 mm	4 – 5 mm	5 – 6 mm
100 – 130 mm	5 – 6 mm	7 – 8 mm
130 – 150 mm	6 – 7 mm	8 – 10 mm

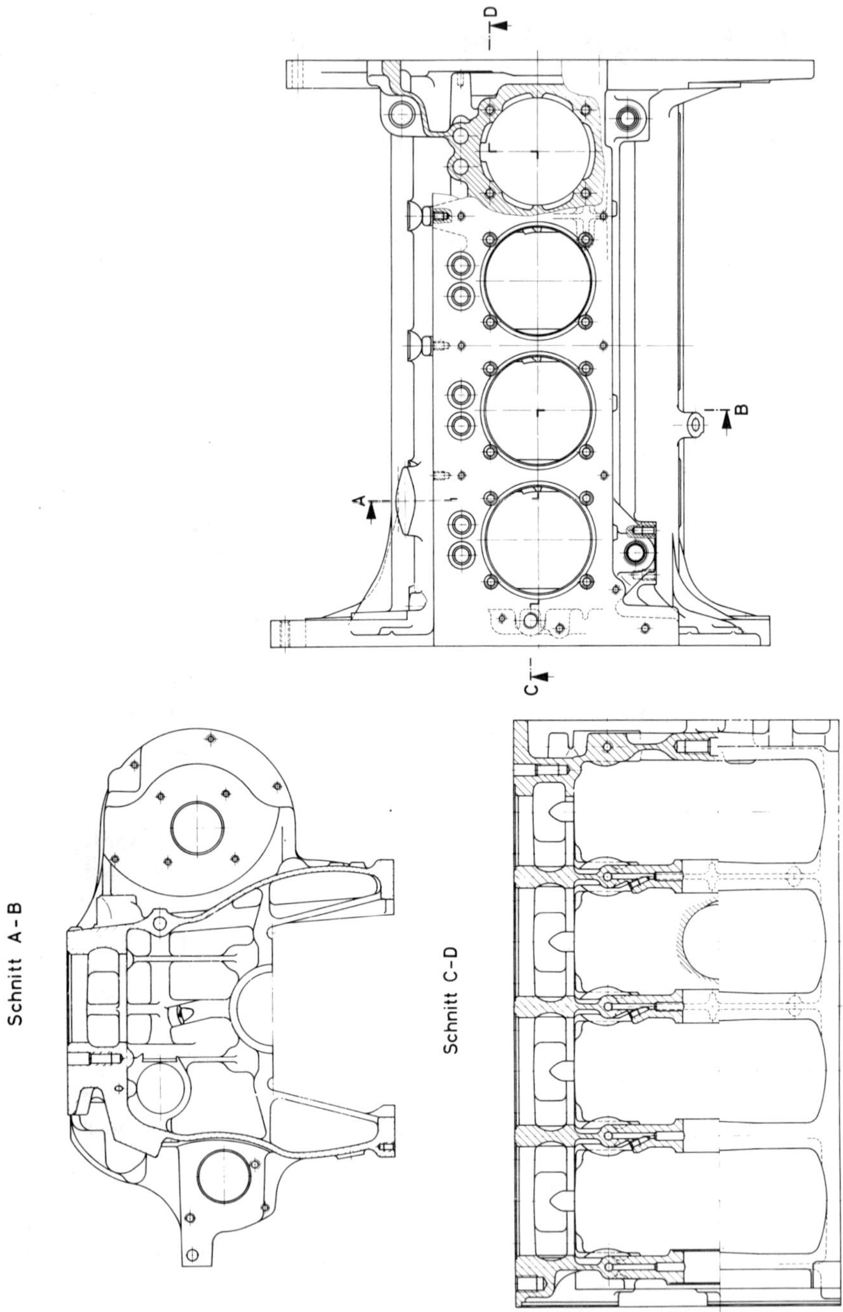

Bild 1.112 Kurbelgehäuse für einen luftgekühlten 4-Zylinder-Reihenmotor ($V_{h\,ges}$ = 0,942 l)

Wenn auch das Kurbelgehäuse mit geringstem Materialaufwand für maximale Steifigkeit und Festigkeit konstruiert wird, so sollte doch der Gewinn im Gewicht, der sich daraus ergibt, nicht überschätzt werden. Große Gewichtsvorteile lassen sich nur durch kleinste Außenabmessungen des Kurbelgehäuses erzielen. Hier spielt der Zylinderabstand (siehe 1.2.1) für die Länge des Kurbelgehäuses eine ausschlaggebende Rolle und das Hub-Bohrungs-Verhältnis sowie die Pleuelstangenlänge und die Kolbenhöhe (siehe 1.2.1 und 3.1.2.5) für Länge, Breite und Höhe des Kurbelgehäuses.

Die Bilder 113 bis 117 zeigen die Zeichnungen einiger typischer Kurbelgehäuse

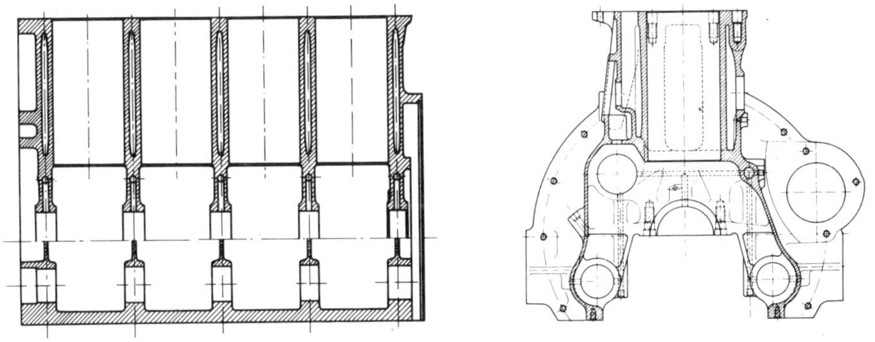

Bild 114. Kurbelgehäuse eines wassergekühlten Vierzylinder-Reihenmotors mit hängenden Lagern und integralen Zylinderbuchsen ($V_{h_{Zyl}}$ = 0,91 l)

(siehe auch die Zeichnungen ausgeführter Motoren im Kap. 6). Kleine Ein- und Zweizylinderkurbelgehäuse für luftgekühlte Motoren werden aus Steifigkeitsgründen gern als Tunnelgehäuse (Bilder 357, 358) ausgeführt, während normalerweise bei den hier betrachteten Motoren die hängende Lagerung der Kurbelwelle mit angeschraubten Lagerdeckeln vorherrscht (Bilder 113 bis 117). Je nach der Lage des Rädertriebs (siehe 3.3.4) muß entweder auf der Schwungradseite ein Abteil des Kurbelgehäuses für die Zahnräder vorgesehen werden (Bilder 115, 116, 117) oder auf der Vorderseite der Räderraum durch einen besonderen Räderkastendeckel (Bilder 113, 114) abgedeckt werden, an den dann bei kleineren Motoren die Einspritzpumpe angeflanscht wird (siehe 3.5.1), und an dem noch Abtriebsmöglichkeiten z.B. für Hydraulikpumpen vorgesehen werden können (siehe 3.3). Nach unten wird das Kurbelgehäuse durch eine Ölwanne aus Blech oder Leichtmetall abgeschlossen (siehe auch die Abbildungen ausgeführter Motoren in Kap. 6). Wird die Ölwanne bei kleineren Motoren aus Gußeisen ausgeführt, so kann sie beim Einbau des Motors in landwirtschaftliche Schlepper, bei denen der Motor tragendes Bestandteil des Schleppers ist, zur Unterstützung des Kurbelgehäuses noch zum Tragen herangezogen werden.

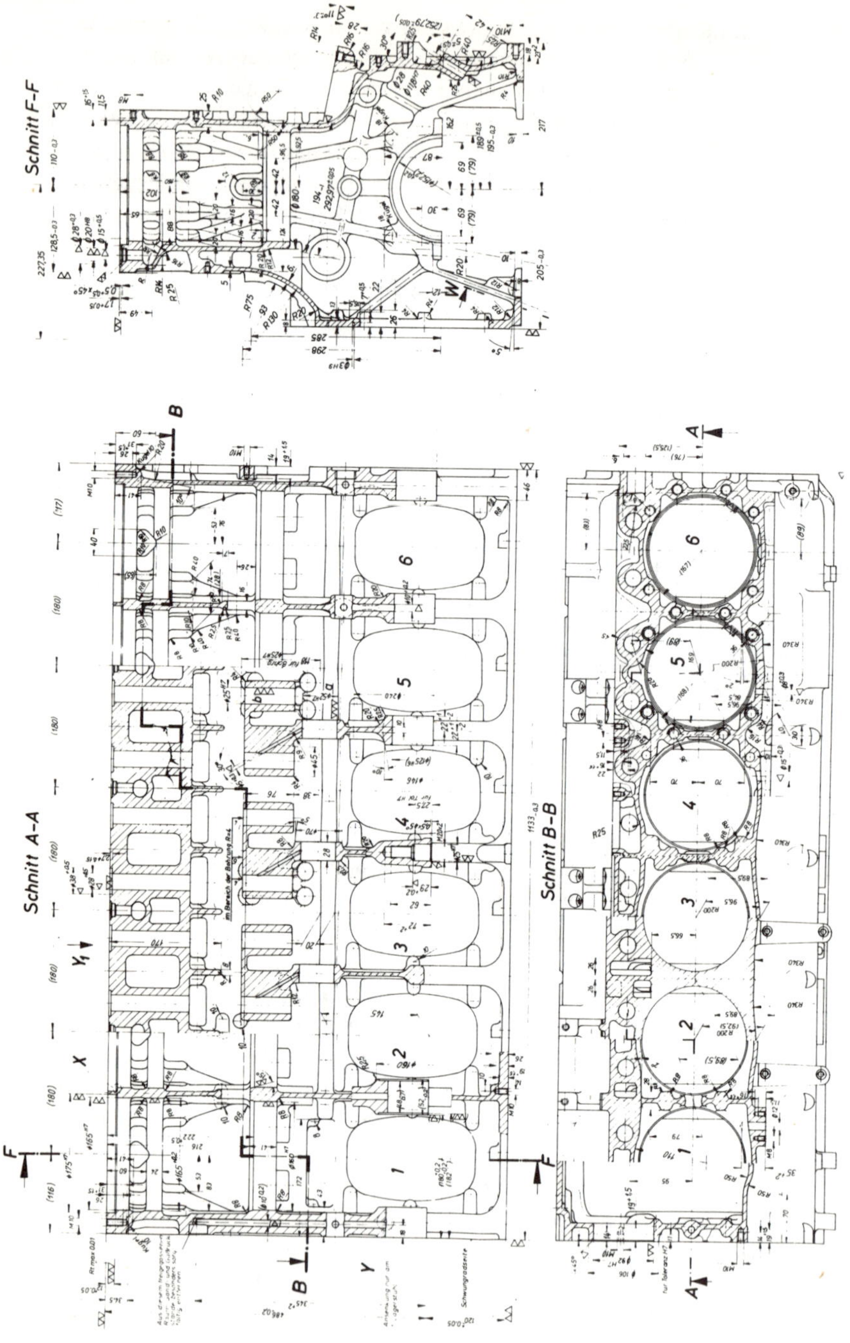

Bild 115. Kurbelgehäuse eines wassergekühlten Reihenmotors ($V_{h_{Zyl}} = 2{,}53$ l) mit nassen Zylinderbuchsen

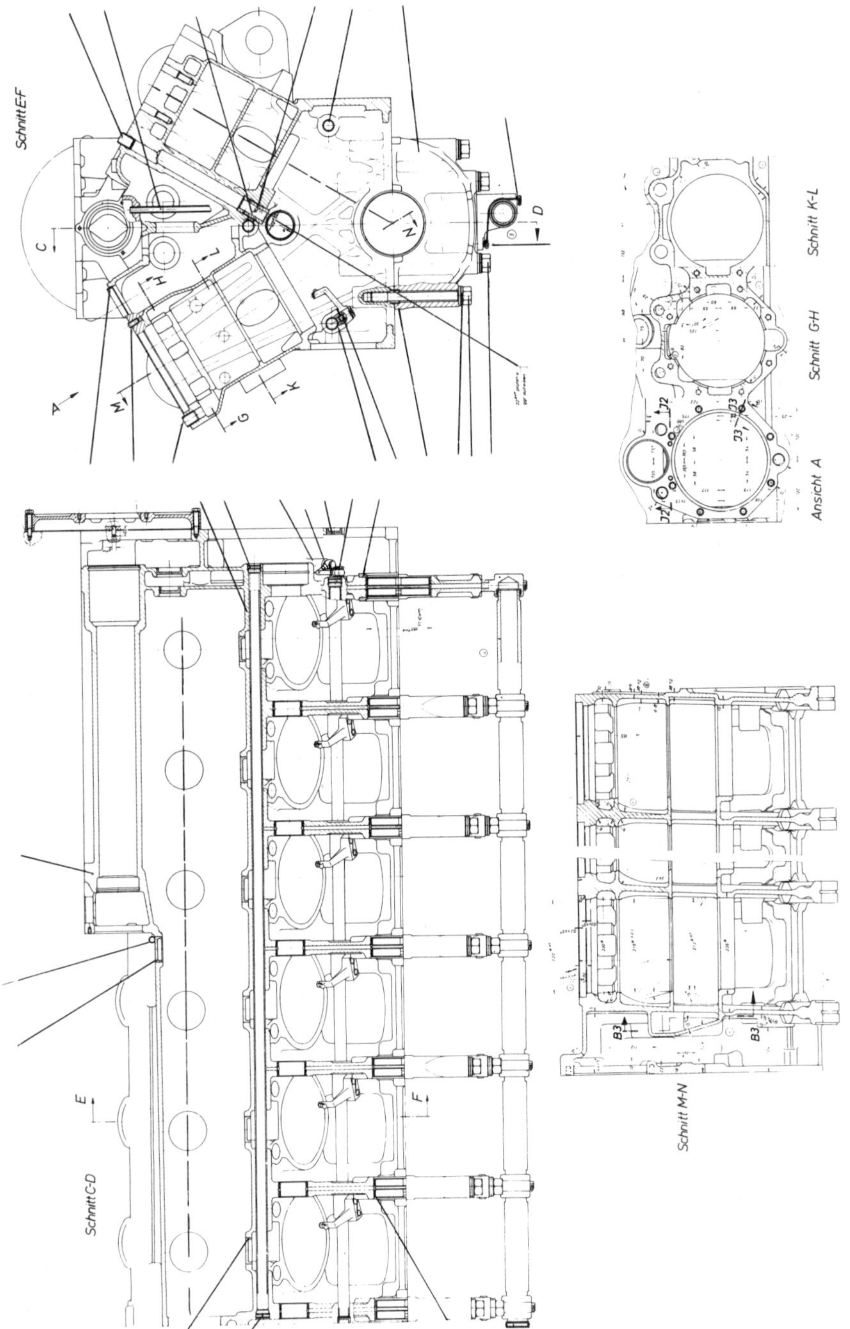

Bild 116. Kurbelgehäuse eines wassergekühlten 12-Zylinder-V-Motors ($V_{h_{Zyl}} = 6$ l) mit nassen Zylinderbuchsen

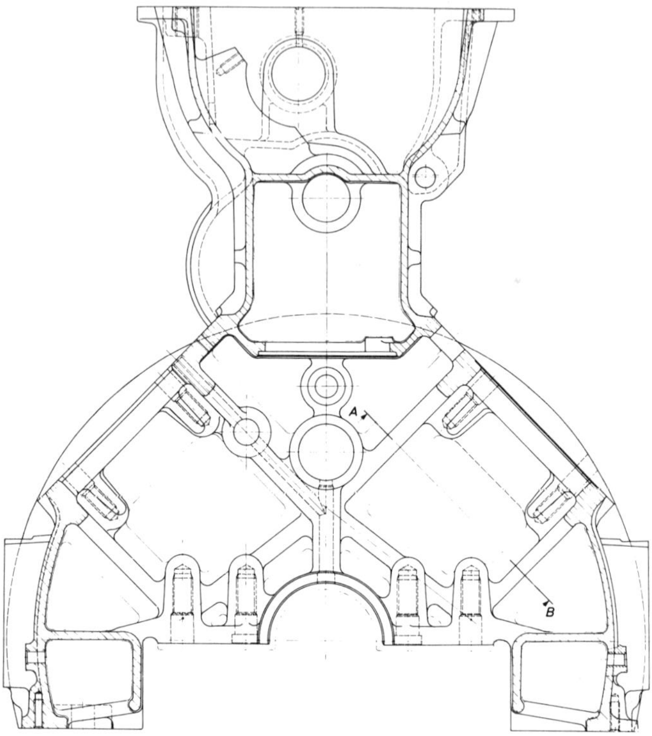

Bild 117. Kurbelgehäuse eines luftgekühlten V-Motors
a) Querschnitt

Die Dichtung zwischen Ölwanne und Kurbelgehäuse muß sorgfältig ausgebildet werden. Die Dichtflansche der Ölwanne müssen steif sein. Sie werden bei Blechölwannen mit einem besonderen Profil versehen (Bild 118), um die Dichtwirkung zu verbessern. Der Schraubenabstand darf nicht zu groß sein, möglichst nicht über 100 mm. Da die kurzen Befestigungsschrauben kaum eine Dehnlänge haben, muß der Dichtungswerkstoff besondere Eigenschaften haben, er darf sich z.B. nur geringfügig setzen und darf unter der Einwirkung heißen Schmieröls ($t_{öl} > 100°C$) nicht spröde werden. Jt-Werkstoffe haben sich hier gut bewährt.

An den beiden Enden des Kurbelgehäuses sind Abschlußdeckel angebracht, in denen die Durchführung der Kurbelwelle meist durch einen Wellendichtring abgedichtet wird.

Besondere Sorgfalt ist bei der Konstruktion des Kurbelgehäuses der richtigen Kräfteleitung von den Zylinderkopfschrauben durch die Lagerwände des Kurbelgehäuses zu den Lagerdeckelschrauben zu widmen. Diese Kräfte müssen durch

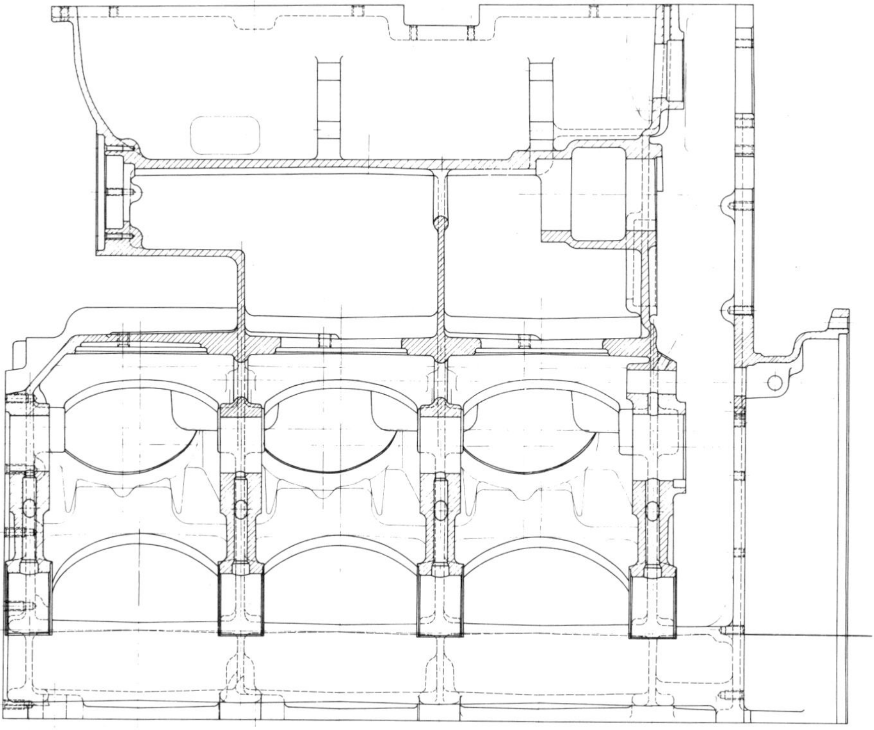

Bild 117. Kurbelgehäuse eines luftgekühlten V-Motors (Längsschnitt)
b) Längsschnitt

Rippen in den Kurbelgehäusewänden geradlinig ohne Umleitungen geführt werden, um Biegespannungen zu vermeiden (Bilder 113, 115, 116). Die Rippen sollen nicht schmal und hoch sein, sondern breit und gerundet mit weichen Übergängen in die Wände. Die Butzen für die Zylinderkopfschrauben sollen nicht frei unter der Deckplatte des Kurbelgehäuses liegen, sondern möglichst mittig zu den Kurbelgehäusewänden angeordnet werden und mit einem schlanken Übergang in diese übergehen (Bild 354). Die Gewinde sollen so tief wie möglich weit ab von der Auflagefläche nasser Zylinderbuchsen im Kurbelgehäuse liegen, da hierdurch die Basis der Druckkegel im Kurbelgehäuse größer wird, womit sich eine gleichmäßigere Verteilung des Dichtdruckes auf dem Zylinderbuchsenbund ergibt. Bei Blockkurbelgehäusen für kleinere Motoren, bei denen die Zylinderbuchsen integraler Bestandteil des Kurbelgehäuses sind (Bilder 114 und 324), müssen die Schraubenbutzen so angeordnet werden, daß sie nicht an die Zylin-

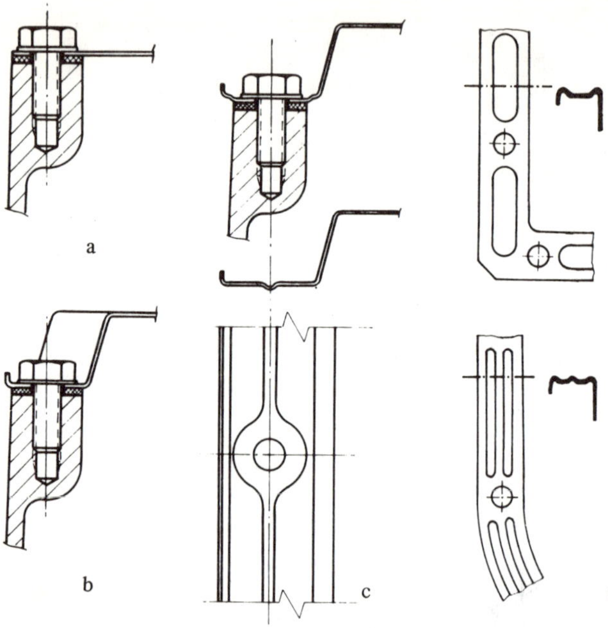

Bild 118. Dichtflächen von Verschlußdeckeln [126]
a) flacher, biegeweicher Deckel
b) tiefgezogener Deckel mit abgebogener Kante und größerer Steifigkeit
c) Deckel mit einer Mittel-Längssicke zur örtlichen Erhöhung der Flächenpressung
d) Dichtfläche mit einer breiten Entlastungssicke (zwei parallele Druckstreifen)
e) Dichtfläche mit zwei schmalen Entlastungssicken (drei parallele Druckstreifen)

derwände anwachsen, da sich sonst die Zylinderbuchsen beim Anziehen der Zylinderkopfschrauben verziehen. Da, wie oben gesagt, die Butzen für die Zylinderkopfschrauben an die Kurbelgehäusewände anwachsen und nicht frei unter der Deckplatte des Kurbelgehäuses liegen sollen, ergibt sich automatisch bei wassergekühlten Motoren, daß die äußeren Kurbelgehäuseseitenwände sich kreisförmig um den Zylinder legen. Das gibt außerdem eine gute und gleichförmige Abstützung der Zylinderbuchsenauflage im Kurbelgehäuse (Bild 119) und schwingungssteife Außenwände, die auch geräuschmäßig günstig sind.

Bei wassergekühlten Motoren mit nassen Zylinderbuchsen (Bilder 115, 116 – vgl. auch Bilder ausgeführter Motoren in Kap. 6) muß zwischen den Zylindern aus Steifigkeitsgründen im Interesse der Zylinderkopfdichtung eine Wand im Kühlwasserraum heruntergezogen werden, die nur zum Wasserübertritt von einem Zylinder zum anderen durch einen kleinen, möglichst tief und außerhalb der Zugbänder liegenden Durchbruch unterbrochen wird. Aus Festigkeitsgründen

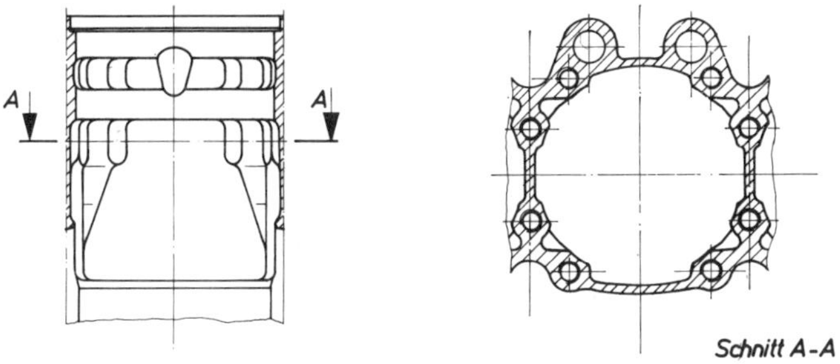

Bild 119. Abstützung der Zylinderbuchsenauflage im Kurbelgehäuse und Lage der Gewinde für die Zylinderkopfschrauben in den Wänden des Kurbelgehäuses

und aus gießtechnischen Gründen müssen die Ränder dieses Durchbruches einen Wulst haben.

Bei mehr als vier Zylinderkopfschrauben liegen nicht mehr alle Schrauben in der Ebene der Lagerwände, sondern z.T. in der Ebene der Außenwände. Ihre Kräfte müssen daher auf Umwegen über Brücken in die Lagerwände geführt werden. Bild 120 zeigt eine gute Lösung dieses Problems.

Die Auflage der Zylinderbuchsen im Kurbelgehäuse muß rundum gleichmäßig steif sein, um Zylinderbuchsenverzug und ungleichmäßige Dichtdruckverteilung zu vermeiden. Die Deckplatte des Kurbelgehäuses muß daher ausreichend stark bemessen werden. Bild 113 zeigt eine gute Lösung dieses Problems für einen luftgekühlten Motor, die eine ausreichende Steifigkeit der Zylinderauflage bei geringstem Materialaufwand ergibt. Die Bilder 115 und 116 zeigen die Ausführung der Deckplatte bei einem wassergekühlten Motor. Eine steife Deckplatte trägt auch zur Biegesteifigkeit des gesamten Kurbelgehäuses bei, was besonders bei luftgekühlten Motoren wichtig ist. Bei wassergekühlten Motoren wird eine ausreichende Steifigkeit durch den Wassermantel der Zylinderreihe erzielt, der bei luftgekühlten Motoren entfällt. Tief unter Mitte Kurbelwelle heruntergezogene Kurbelgehäuseseitenwände und durchlaufende Versteifungsrahmen und -rippen sind deshalb bei luftgekühlten Motoren unerläßlich. Bild 117 zeigt ein in dieser Hinsicht vorbildlich durchkonstruietes Kurbelgehäuse eines luftgekühlten V-Motors, bei dem noch die hoch hinaufgezogene Tragwanne für die Einspritzpumpe zur Verbesserung der Biegesteifigkeit beiträgt, während die kreisförmig nach außen gewölbten und tief heruntergezogenen Kurbelgehäuseaußenwände die Torsionssteifigkeit verbessern. Am ersten fertig bearbeiteten Abguß des Kurbelgehäuses muß man sich durch eine Spannungsmessung mit Dehnmeßstreifen von der Wirksamkeit der Konstruktion überzeugen. Dabei wird eine Zylindereinheit des Kurbelgehäuses mit der maximalen Zündkraft über Kolben und Kur-

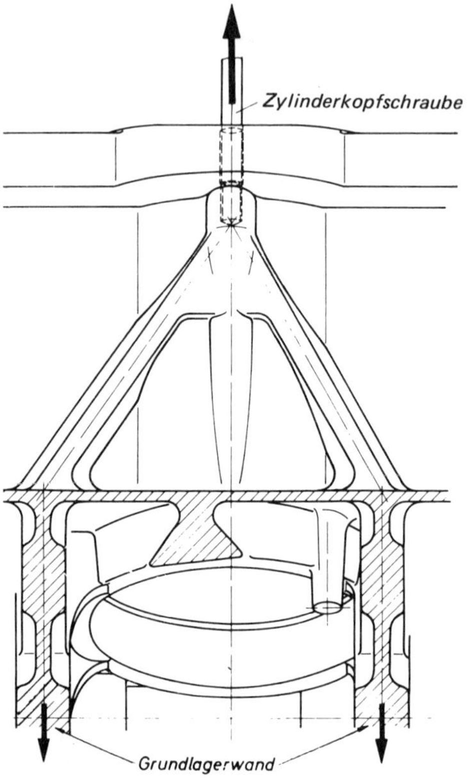

Bild 120. Einleitung der Kräfte aus der in einer Kurbelgehäuseseitenwand sitzenden Zylinderkopfschraube in die Lagerwände [37]

belwelle beansprucht, wobei je nach Zündfolge auch die Einwirkung der Nachbarzylinder besonders bei V-Motoren berücksichtigt werden muß. Die Spannungen werden mittels Dehnmeßstreifen gemessen, die in den kritischen Bereichen des Kurbelgehäuses angebracht werden. Zuvor wurden diese kritischen Bereiche aus einer qualitativen Spannungsanalyse mittels Reißlackverfahren ermittelt[99]. Die Kühlwasserräume um die Zylinder sollen, um Kavitationsgefahr (siehe 3.2.2.1) an den Zylinderbuchsen und Kurbelgehäusewänden zu verringern, nicht zu klein sein. Ein Mindestabstand von 5 bis 6 mm zwischen den Zylinderbuchsen und den Kurbelgehäusewänden sollte nicht unterschritten werden, insbesondere in den Partien des Kühlwassermantels, die quer zur Kurbelwellenachse liegen. In diesen durch Kavitation gefährdeten Zonen sollen keine plötzlichen Querschnittsänderungen des Kühlwasserraumes durch vorspringende Kanten und Ecken, z.B. Schraubenbutzen, vorhanden sein. Auf gute Kühlung des oberen

Teils der Zylinderbuchsen ist besonders zu achten. Wenn die Schraubenbutzen zu nahe an die Zylinderbuchsen heranreichen, was von der Kräfteeinleitung her an sich erwünscht ist, so muß eine Bearbeitung an dieser Stelle vorgesehen werden, um einerseits den notwendigen Kühlraumquerschnitt und andererseits die notwendige Schraubenbutzenstärke unabhängig vom Gußversatz zu gewährleisten. Bei Blockkurbelgehäusen (Bild 114) muß aus gießtechnischen Gründen zwischen den Zylinderwänden ein Mindestabstand von mindestens 4 bis 5 mm eingehalten werden. Notfalls können die Zylinderwände an dieser Stelle etwas abgeflacht werden, um den notwendigen Raum zu schaffen. Ein Zusammenwachsen sollte man möglichst vermeiden, da ungleichmäßige Kühlung der Zylinder und dadurch unrunde Zylinder die Folge sind. Die Kühlwasserräume um die Zylinder müssen so weit reichen, daß der oberste Kolbenring sowohl im oberen Totpunkt als auch im unteren Totpunkt noch im gekühlten Bereich des Zylinders liegt. Bei luftgekühlten Motoren gilt das sinngemäß für die Verrippung (siehe 3.2.2.2). Die Kühlwasserzufuhr von der Wasserpumpe zum Kurbelgehäuse braucht bei Motoren mit kleinen Zylinderzahlen nicht in einer besonderen Verteilerleitung zu erfolgen, wenn in den Zwischenwänden zwischen den Zylindern genügend große Übertrittsquerschnitte vorgesehen sind. Das Kühlwasser kann dann an der Stirnseite des Kurbelgehäuses oder an der Seitenwand eintreten. Das Kühlwasser muß die Zylinderbuchse gut umspülen, d.h. Kühlwassereintritt ins Kurbelgehäuse und Kühlwasseraustritt aus dem Kurbelgehäuse müssen sich gegenüberliegen. Ist das aus Gründen der günstigen Ausbildung der Kühlwasserleitungen oder der Zylinderkopfkonstruktion nicht möglich, so muß durch geeignete Maßnahmen der Kühlwasserstrom im Kurbelgehäuse umgeleitet werden. Diese Umleitung z.B. durch einen Bund an der Zylinderbuchse sollte so hoch wie möglich liegen, um damit auch die Strömungsgeschwindigkeit des Kühlwassers am Oberteil der Zylinderbuchse im Interesse einer wirksamen Wärmeabfuhr zu erhöhen (Bild 121). Aus dem Kurbelgehäuse tritt das Kühlwasser durch Bohrungen, je Zylinder mindestens eine, in den Zylinderkopf über. Bei Flachdichtungen (siehe 3.2.2.1), die bei kleinen Motoren üblich sind, werden die Wasserübertritte durch die Zylinderkopfdichtung mit abgedichtet. Bei Einzeldichtungen (Ringdichtungen, siehe 3.2.2.1) wird der Wasserübertritt, wie auch alle anderen Übertritte (Öl, Stoßstangen), durch Dichtringe mit kreisförmigem Querschnitt, die je nach Beanspruchung aus Perbunan, Siliconkautschuk oder Viton bestehen, abgedichtet (Bild 122). Wichtig ist bei dieser Abdichtung, daß der Dichtring am Ausweichen gehindert wird. Partien des Kühlwasserraumes, aus denen das Kühlwasser nicht in den Zylinderkopf übertreten kann, müssen durch besondere Wasserübertrittsbohrungen mit dem Zylinderkopf verbunden werden, um Dampfblasenbildung zu vermeiden. Das ist besonders bei den geneigten Zylindern der V-Motoren zu beachten.

Der Kühlwasserraum wird bei nassen Zylinderbuchsen nach unten zum Triebwerksraum des Kurbelgehäuses durch zwei Dichtringe mit kreisförmigem Quer-

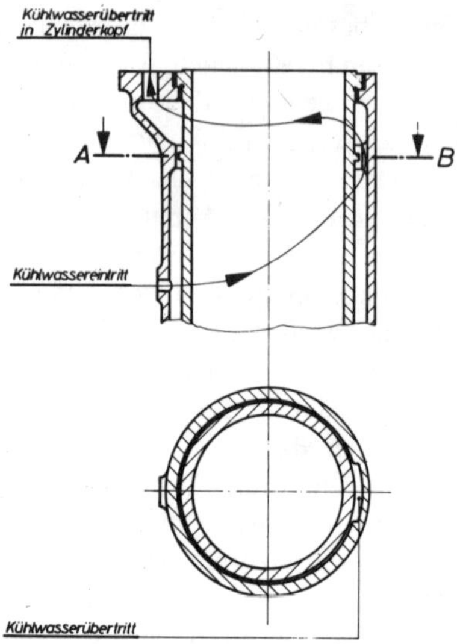

Bild 121. Schema einer Kühlwasserführung im Kurbelgehäuse

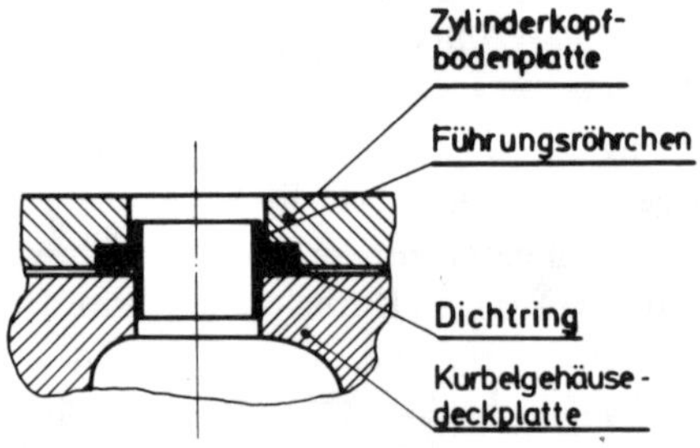

Bild 122. Schematische Darstellung eines Wasserübertrittes vom Kurbelgehäuse zum Zylinderkopf

schnitt zwischen Kurbelgehäuse und Zylinder abgedichtet (Bild 123). Der oberste Ring muß gegenüber dem heißen Kühlwasser (max. 90°C) und gegenüber Frostschutzzusätzen sowie Korrosionsschutzöl beständig sein. Hier hat sich der Werkstoff Viton bewährt. Der untere Ring muß gegen heißes Schmieröl (max. 110°C) beständig sein, eine Bedingung, die Siliconkautschukringe erfüllen. Der Spalt zwischen Zylinderbuchse und Kurbelgehäuse ist bevorzugter Angriffspunkt für Spaltkavitation, er sollte daher möglichst weit sein und durch einen zusätzlichen Dichtring (Bilder 123 und 332) geschlossen werden.

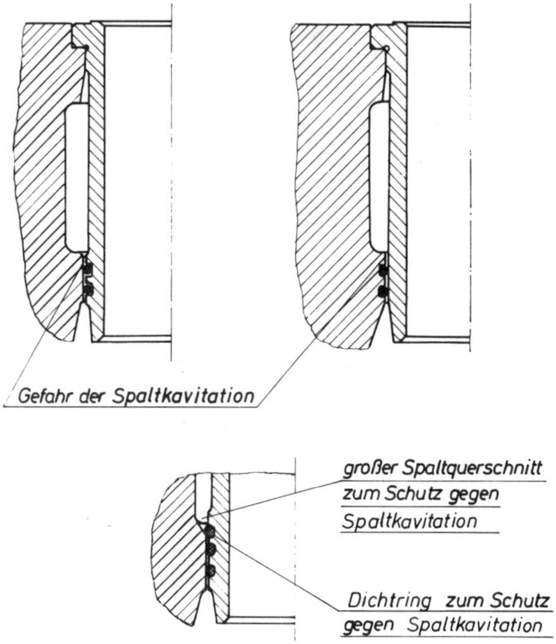

Bild 123. Untere Abdichtung der nassen Zylinderbuchse im Kurbelgehäuse

Die Auflage der nassen Zylinderbuchse im Kurbelgehäuse muß sorgfältig ausgebildet werden. Die Auflagefläche des Zylinderbundes wird so dimensioniert, daß unter dem Anpreßdruck der Zylinderkopfschrauben eine Pressung von max. 30 kp/mm^2 nicht überschritten wird. Ungünstig ausgebildete Abstützungen der Zylinderbuchse im Kurbelgehäuse können zu sogenannten „Balkonrissen" führen, d.h. der Unterstützungsbund im Kurbelgehäuse reißt ein, manchmal erst nach tausenden von Betriebsstunden. Bild 124 aus [37] zeigt die spannungsoptische Aufnahme einer ungünstig und einer günstig ausgebildeten Zylinderbuchsenabstützung im Kurbelgehäuse. Bei größeren Motoren wird die Zylinderbuchse auch direkt auf die Kurbelgehäuseoberfläche aufgesetzt (Bild 125), womit Spannungskonzentrationen in der Hohlkehle des Balkons vermieden werden (siehe auch Bild 350).

Der Triebwerksraum des Kurbelgehäuses wird entsprechend der Außenkontur der umlaufenden Pleuelstange (sogenannte Pleuelgeige, eingezeichnet in den Motorquerschnitten der Bilder 341 und 361) bemessen. Die Kurbelgehäuseaußenwände müssen genügend Abstand von der Pleuelstange haben, und zwar aus zwei Grün-

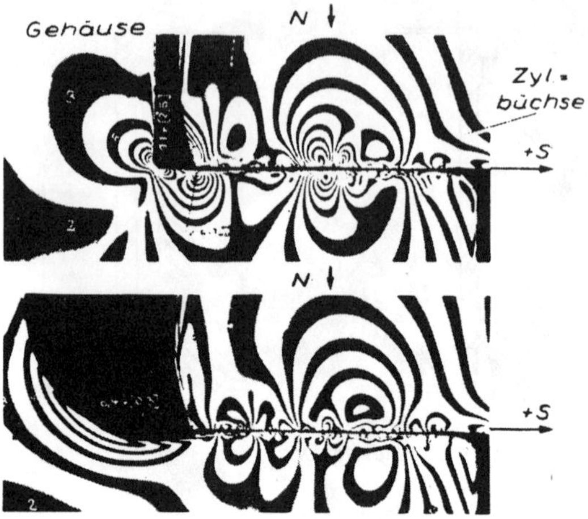

Bild 124. Spannungsoptische Messungen am Zylinderbuchsen-Auflagebund im Motorgehäuse mit Zylinderbuchsen mit Auflagekraft N und Radialkraft S [37]
oben: ungünstige Form, hohe Spannungen in Gehäuseecke
unten: verbesserte Form

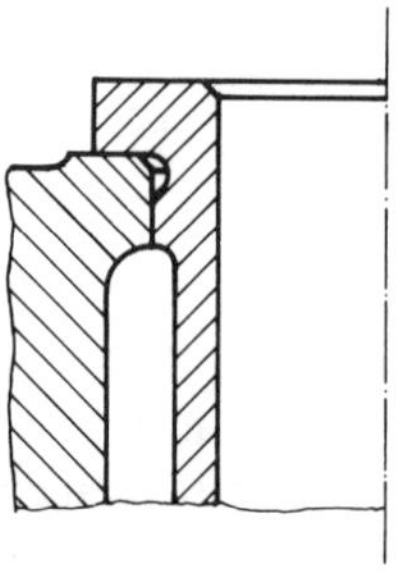

Bild 125. Auflage einer nassen Zylinderbuchse auf der Deckplatte des Kurbelgehäuses

den: Ein gewisser Gußversatz ist nicht zu vermeiden und darf nicht zum Anstoßen der Pleuelstange an die Kurbelgehäusewand führen. Es muß genügend freier Raum zwischen Pleuelstange und Kurbelgehäuseseitenwand sein, damit das aus den Lagern und den Kolbenkühlöldüsen auftretende Schmieröl ohne Behinderung in die Ölwanne zurückfließen kann. Wird das nicht beachtet, so können Ölstauungen auftreten, die unzulässig hohe Schmieröltemperaturen und Leistungsverlust zur Folge haben.

Die Anforderungen der Gießtechnik müssen bei der Konstruktion beachtet werden. Das bedingt enge Zusammenarbeit von Konstrukteur, Modellbauer und Gießer. Die Triebwerks- und Kühlwasserräume einer jeden Zylindereinheit werden soweit möglich untereinander gleich ausgeführt, selbst auf die Gefahr hin, daß dabei z.B. Butzen in jeder Zylindereinheit auftreten, obwohl sie nur an einer benötigt werden. Man benötigt so für Kurbelgehäuse beliebiger Zylinderzahl für die Triebwerks- und Kühlwasserraumkerne aller Zylindereinheiten nur einen Kernkasten, was rationelles Arbeiten in der Gießerei ermöglicht.

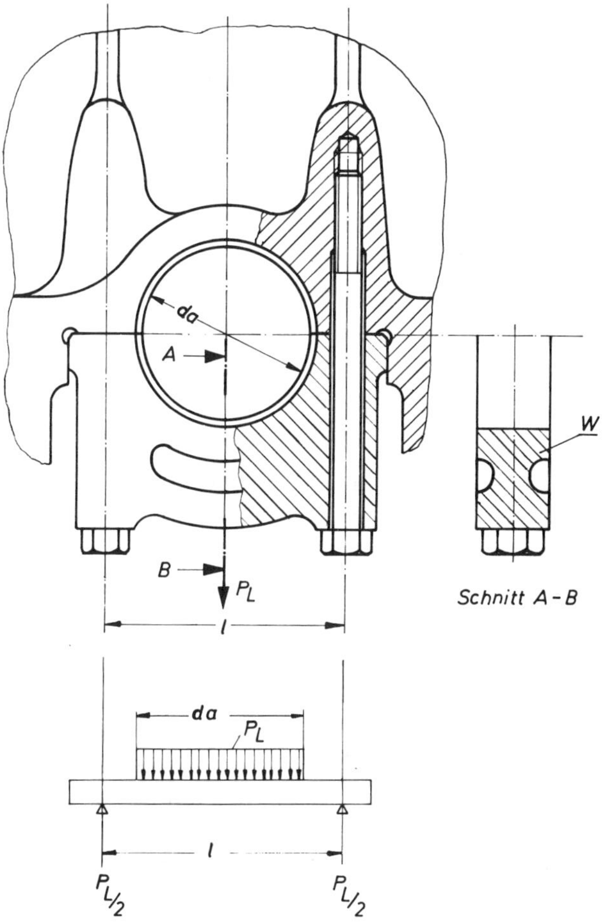

Bild 126. Zur Berechnung des Lagerdeckels

Die Lagerung der Kurbelwelle zur Hälfte in den Lagerwänden des Kurbelgehäuses, zur anderen Hälfte in den Lagerdeckeln (Bild 129), muß sorgfältig durchkonstruiert werden. Der in den Lagerwänden des Kurbelgehäuses liegende Teil der Lagerung, der Lagerstuhl, ist von Natur aus durch die dicken Lagerwände steif. Seine Bemessung ist durch Durchmesser und Breite der Lagerschalen bestimmt. Es ist nur darauf zu achten, daß die Gewindelöcher der Lagerdeckelschrauben tief genug in der Kurbelgehäusewand versenkt sind, um eine Beeinflussung der Lagerbohrung beim Anziehen der Schrauben zu vermeiden. Der Lagerdeckel muß so steif konstruiert sein, daß er unter dem Anzug der Lagerdeckelschrauben und unter dem Einfluß der Lagerkraft P_L keine unzulässigen Verformungen erleidet. Abgesehen davon muß sein Querschnitt so groß sein, daß kein Bruch auftritt. Ein gebrochener Lagerdeckel läßt sich normalerweise bei der durch die einbaufertigen Lagerschalen bedingten Bearbeitungsart, nämlich gemeinsames Ausbohren aller Lagerbohrungen mit höchster Genauigkeit, nicht einfach auswechseln, sondern es muß das ganze Kurbelgehäuse mit neuen Lagerdeckeln wieder neu mit größerem Durchmesser ausgebohrt werden, worauf dann dickere Lagerschalen eingebaut werden.

Für den ersten Entwurf kann der Querschnitt in Lagerdeckelmitte vereinfacht berechnet werden unter der Annahme, daß die Lagerkraft P_L gleichmäßig über die Projektion des Lagerdeckeldurchmessers verteilt ist (Bild 126). Es ist dann

$$M_b = P_L \left(\frac{l}{2} - \frac{d_a}{4} \right)$$

$$\sigma_{zul} = \frac{M_b}{W}$$

Hierin ist P_L die vertikale Lagerkraft, die für einen Reihenmotor der halben Zündkraft P_Z nach Gl. 46 entspricht, und W das Widerstandsmoment in Lagerdeckelmitte. Bei einem V-Motor mit dem V-Winkel γ ist P_L mit den Bezeichnungen von Bild 50

$$P_L = A \cdot \cos \frac{\gamma}{2}$$

$$P_L = \frac{P_z}{2} \left(1 + \frac{v}{a}\right) \cos \frac{\gamma}{2}$$

Diese Berechnung kann nur als Vergleichsrechnung gewertet werden. Die zulässigen Spannungen σ_{zul} müssen mit denen bewährter, ähnlich ausgeführter Lagerdeckel verglichen werden. Als Richtwert wird für Gußeisen GG 25 ein max. σ_{zul} von 7 kp/mm^2 angegeben. Darüber muß man den Lagerdeckel aus Sphäroguß oder Stahl ausführen. Das hat dann auch infolge des gegenüber Gußeisen höheren Elastizitätsmoduls dieser Werkstoffe den Vorteil größerer Steifigkeit. Bei der Bestimmung der Zündkraft P_Z muß man berücksichtigen, daß ggf. je nach Zündfolge Anteile benachbarter Zylinder hinzukommen, besonders bei den V-Motoren bei denen zwei Zylinder auf eine Kurbelkröpfung wirken, wenn beide Zylinder nacheinander zünden.

Die Lagerschrauben haben die Aufgabe, die nötige Kraft zum Vorspannen der Lagerschalen aufzubringen, das Abheben des Lagerdeckels unter Einfluß der Betriebskräfte (Normalkräfte und Momente an der Einspannstelle) zu verhindern und ein Rutschen des Lagerdeckels unter dem Einfluß der Querkräfte zu unterbinden. Nach *Benz* [26] werden diese Forderungen erfüllt, wenn die Vorspannkraft der Schrauben $P_V \approx 5 \cdot \frac{P_Z}{2}$ gewählt wird. Dieser Wert kann jedoch nur als Richtwert für den ersten Entwurf gelten.

Für eine genauere Berechnung der Beanspruchung des Lagerdeckels und die Auslegung der Lagerdeckelschrauben müssen Biegemoment M_φ, Normalkraft N_φ und Querkraft Q_φ an der Kraftangriffstelle und Biegemoment M_o, Normalkraft N_o und Querkraft Q_o in der Trennfläche ermittelt werden, die sich aus der Lagerkraft P_L ergeben. Da auch diese Rechnung eine Vergleichsrechnung ist, genügt es, als Lagerkraft die halbe Zündkraft P_Z (Gl. 46) einzusetzen. Es ist somit bei Reihenmotoren

$$P_L = \frac{P_z}{2}$$

und bei V-Motoren unter Berücksichtigung des Zylinderversatzes mit den Bezeichnungen von Bild 50

$$P_L = \frac{P_z}{2}\left(1 + \frac{v}{a}\right)$$

Bei Reihenmotoren wirkt P_L senkrecht nach unten, d.h. nach Bild 127 unter einem Winkel $\varphi = 90°$, bei V- Motoren unter einem Winkel $\varphi = 90° - \frac{\gamma}{2}$ (γ = V-Winkel).

Für die Berechnung von M, N und Q wird für den Lagerdeckel ähnlich wie bei der Berechnung des großen Pleuelauges (siehe 3.1.5) vereinfachend angenommen, daß er ein halbkreisförmiger Träger mit rechteckigem Querschnitt ist, der überall gleiches Flächenträgheitsmoment hat (Bild 127), der weiter auf eine vollkommen steife Wand, die Lagerwand, so fest aufgeschraubt ist, daß er in der Trennfläche nicht arbeitet. Unter diesen Voraussetzungen kann der Lagerdeckel als eingespannter, gekrümmter Träger betrachtet werden, und es können in einem Berechnungsgang, der auf [20] aufbaut und nur die Biegeverformung berücksichtigt, Biegemoment M_o, Normalkraft N_o und Querkraft Q_o an der Einspannstelle und Biegemoment M_φ, Normalkraft N_φ, Querkraft $Q_{\varphi 1}$ für die linke Seite des Lagerdeckels gerechnet vom Kraftangriffspunkt aus und Q_{φ_2} für die rechte Seite, an der Kraftangriffsstelle berechnet werden. Das Ergebnis einer solchen Berechnung ist im Diagramm Bild 128 festgehalten. Aus diesem Diagramm können die Kräfte und Momente an der Einspannstelle und am Angriffspunkt der Lagerkraft P_L in Abhängigkeit von ihrer Lage (Winkel φ) entnommen werden. Die Beanspruchung im Lagerdeckel an der Kraftangriffstelle wird dann nach Gl. 52 (siehe 3.1.5) berechnet und die Vorspannkraft P_V der Lagerdeckelschrauben wird

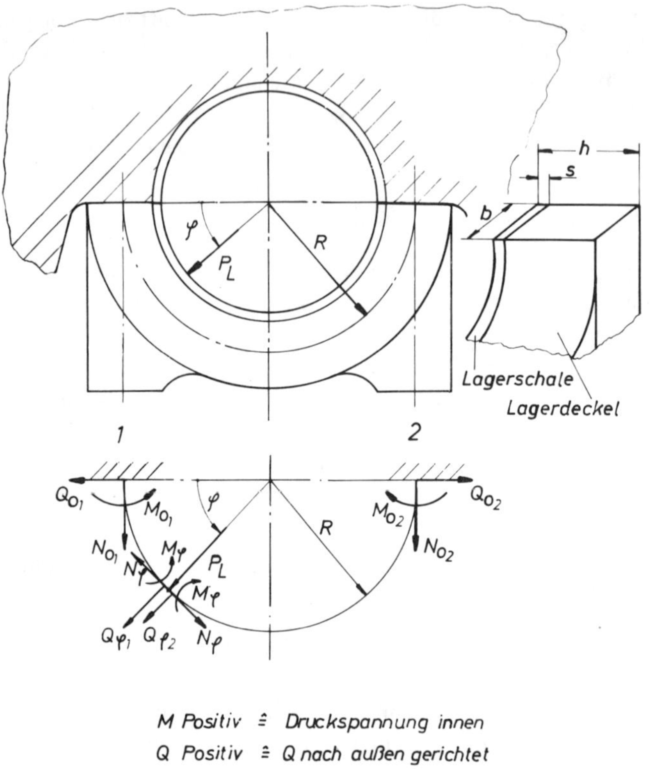

Bild 127. Zur Berechnung des Hauptlagerdeckels als eingespannter gekrümmter Balken

mit M_o, N_o und Q_o aus den Gleichungen 53 (Sicherheit gegen Abheben) bzw. 59, 60, 61 (Sicherheit gegen Rutschen) ermittelt. Dabei werden für N_o, M_o und Q_o jeweils die größten sich aus dem Diagramm nach Bild 128 ergebenden Werte eingesetzt. Bei der Berechnung der Vorspannkraft zur Verhinderung des Rutschens ist zu berücksichtigen, daß auch bei einem Lagerdeckel mit spielfreiem Einpaß im Kurbelgehäuse (Bilder 126, 129), der mit einer Passung H6/n6 ausgeführt wird, die Querkraft durch Reibungsschluß aufgenommen werden muß, da wie Bild 70 zeigt, ein Einpaß Ausführung d nur die nach außen gerichtete Querkraft aufnehmen kann. Nun zeigt aber das Diagramm Bild 128, daß die Querkraft Q_o je nach Richtung der Lagerkraft P_L an beiden Schenkeln des Lagerdeckels entweder nach innen gerichtet sein kann (z.B. $\varphi = 90°$) oder am Schenkel 1 nach außen und am Schenkel 2 nach innen (z.B. $\varphi = 45°$). Allerdings gewinnt ein spielfreier Einpaß des Lagerdeckels an Bedeutung im Hinblick auf die Aufnahme der Querkraft Q_o bei großen V-Winkeln, d.h. kleinem Winkel φ. In diesem Falle braucht nämlich für die Bestimmung der Schraubenvorspannung P_V nur die kleinere nach innen gerichtete Querkraft Q_{o_2} (Bild 128) der Rechnung zugrunde gelegt zu werden,

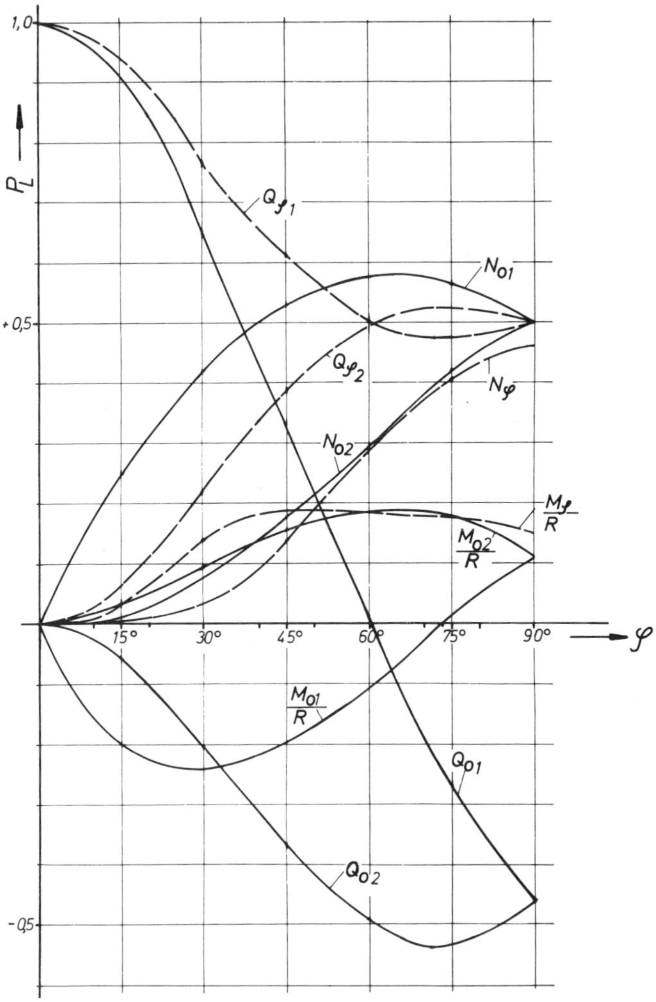

Bild 128. Biegemomente M, Normalkräfte N und Querkräfte Q am Hauptlagerdeckel nach Bild 127

da die größere nach außen gerichtete Querkraft Q_{o_1} vom Einpaß aufgenommen wird. Das Diagramm Bild 128 zeigt weiter, daß in der Trennebene des Lagerdeckels auch beim Reihenmotor ($\varphi = 90°$) beachtliche, nach innen gerichtete Querkräfte Q_o in der Trennebene auftreten, die allein vom Reibungsschluß der Lagerdeckelschrauben aufgenommen werden müssen. Ein Einpaß hat beim Reihenmotor also in dieser Hinsicht keinerlei Bedeutung.

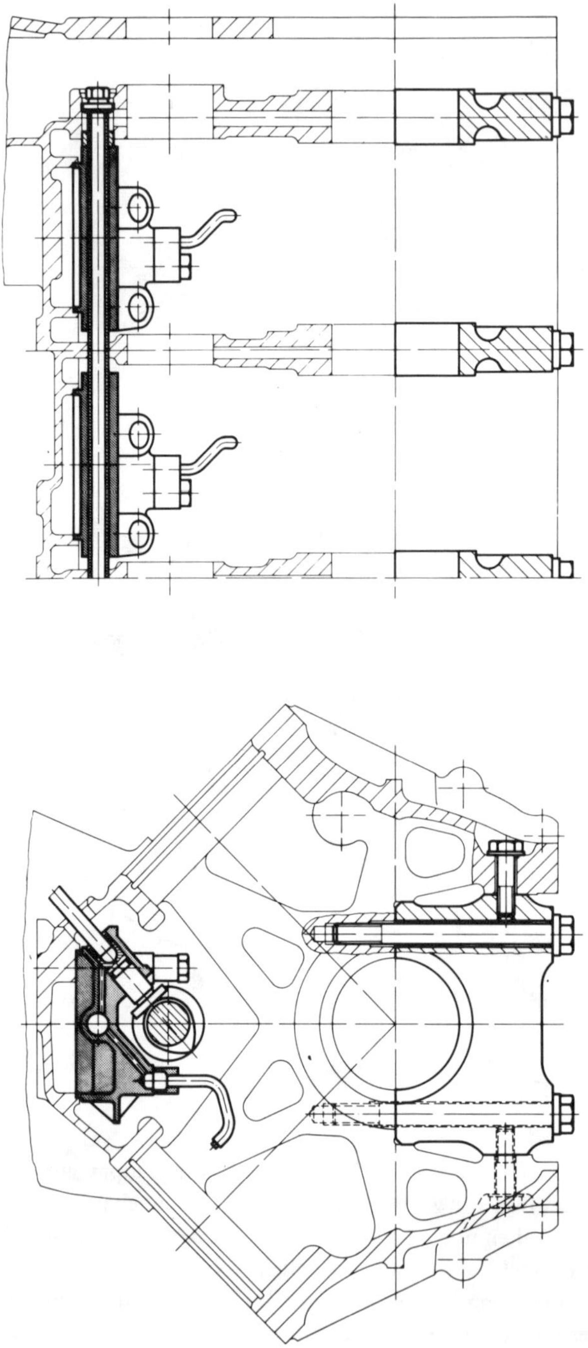

Bild 129. Kurbelgehäuse eines luftgekühlten V-Motors mit Lagerdeckel

Um die Schraubenvorspannung P_V zu verringern, empfiehlt es sich, wenn Gl. 53 angewandt wird, die Auflage h des Deckels so breit wie möglich zu machen, da hierdurch der Anteil $\frac{M_\varphi \cdot 6}{h}$ von P_V klein wird.

Man findet bei V-Motoren vielfach eine Querverschraubung des Lagerdeckels (z.B. Bild 129). Die Querschnitte der Querschrauben werden dabei etwa mit 70 bis 80% des Querschnitts der Lagerdeckelschrauben ausgeführt. Eine solche Querverschraubung hat in bezug auf die Aufnahme von Querkräften nur dann eine gewisse Wirkung, wenn der Lagerdeckel sehr steif ausgeführt ist und die Querschrauben nicht zu weit von der Auflagefläche des Lagerdeckels entfernt angeordnet sind. Der Hauptvorteil einer Querverschraubung liegt jedoch darin, daß sie durch die Verbindung der Kurbelgehäuseseitenwände mit den Lagerdeckeln dem ganzen Kurbelgehäuse mehr Steifigkeit verleiht. Eine derartige Verbindung kann auch geräuschmäßig günstig sein. Die Kurbelgehäuseseitenwände sind nämlich stark an der Schallabstrahlung beteiligt, und diese wird umso geringer, je steifer die Seitenwände sind.

Die Lagerdeckelschrauben werden als Dehnschrauben ausgebildet [26, 67, 84] und nach dem gleichen Rechnungsgang, wie in 3.1.5 für die Pleuelschrauben angegeben, berechnet, wobei als Betriebskraft

$$P_B = \left(N_o + \frac{M_o \cdot 6}{h}\right)_{max}$$

eingesetzt wird.

Die Auflagefläche der Schraubenköpfe auf dem Lagerdeckel muß auf die zulässige Druckbeanspruchung des verwendeten Lagerdeckelmaterials unter der Schraubenvorspannung nachgerechnet werden. Dabei muß berücksichtigt werden, daß die Schraubenpfeifen des Lagerdeckels keine zu dünnen Wände haben – sie sollten bei Gußeisen mindestens 5 mm stark sein –, damit keine Verformung der Pfeifen eintritt. Eine starke Verformung der Pfeifen kann hohe Zugvorspannungen im Lagerdeckel hervorrufen, und es kommt unter der zusätzlichen Beanspruchung durch wechselnde Betriebskräfte zu Lagerdeckelbrüchen (Bild 130).

Die Auflagefläche der Schrauben auf dem Lagerdeckel muß so ausgebildet sein, daß durch die Bearbeitung keine scharfen Übergänge entstehen; es müssen also große, riefenfreie Ausrundungsradien vorgeschrieben werden. Am günstigsten ist eine Ausbildung dieser Partie des Lagerdeckels nach Bild 129, die ein Durchbearbeiten der Auflagefläche gestattet, ohne daß ein Radius in der Bearbeitung vorgesehen werden muß. Die Flächenpressung im Lagerdeckelsitz muß genügend weit von der Druckfestigkeit des Materials entfernt sein ($< 0{,}5 \cdot \sigma_s$). Das ist meistens schon gegeben, wenn die Auflagebreite h (Bild 127) so groß wie möglich gemacht wird, um das Klaffen des Lagerdeckels unter dem Einfluß des Moments entsprechend Gl. 53 zu vermeiden. Die Lagerdeckelschrauben werden dicht an die Hauptlagerbohrung herangesetzt – Mindestabstand des Gewindebohrungsaußenrandes vom Hauptlagerbohrungsrand ~ 1,5 mm.

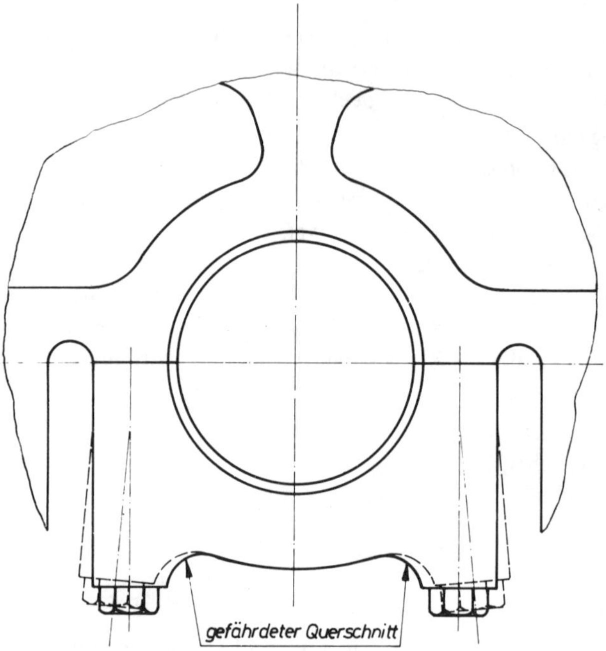

Bild 130. Überhöhte Zugvorspannung in der Hohlkehle eines Lagerdeckels infolge Verzugs der Schraubenpfeife unter der Einwirkung der Schraubenkraft

Der Lagerdeckel muß in seiner Lage fixiert werden. Das kann durch den schon genannten Einpaß im Kurbelgehäuse erfolgen (Bilder 126 und 129). Da ein solcher Einpaß spielfrei sein soll (H6/n6), kann es zu Überdeckungen kommen, die zu Zugvorspannungen in der Hohlkehle im Übergang vom Einpaß zur Lagerdeckelauflage in der Lagerwand führen. An dieser Stelle muß daher ein genügend großer Radius vorgesehen werden, um die Formziffer klein zu halten. Die Lagerfixierung kann auch durch Paßhülsen um die Schrauben (Bild 116) erreicht werden. Bei der Berechnung der notwendigen Schraubenvorspannung zur Aufnahme der Querkräfte darf jedoch ein solcher Formschluß durch Paßhülsen nicht berücksichtigt werden, da die Paßhülsen hierfür zu schwach sind.

Auf der Zeichnung des Kurbelgehäuses müssen für die Hauptlagerbohrungen folgende Lage- und Formtoleranzen eingetragen werden:

Toleranz der Bohrungen:	H6
Konizität der Bohrungen:	je nach Lagerbreite (25 bis 30 mm) $3-8\ \mu m$

Unrundheit:	innerhalb H6
Fluchtungsfehler:	gesamt 0,02 mm von Bohrung zu Bohrung 0,01 mm
Oberflächenrauhigkeit:	R_t max. 8 μm

Auf die Lage der Nockenwelle im Kurbelgehäuse wird in 3.3.1 näher eingegangen. In bezug auf das Kurbelgehäuse hierzu noch einige konstruktive Einzelheiten: Die Nockenwelle wird in jeder Lagerwand des Kurbelgehäuses gelagert, direkt im Gußeisen bei kleineren Motoren, sonst in einbaufertigen, gerollten Lagerbuchsen. Bei kleineren Motoren kann auch in jeder zweiten Lagerwand gelagert werden. Die Durchbrüche in den Zwischenlagerwänden werden dann mit einem Wulst versehen. Lage- und Formtoleranzen müssen auch für die Nockenwellenlager entsprechend den Angaben für die Hauptlager auf der Zeichnung vorgeschrieben werden. Das Nockenwellenlager wird bei Reihenmotoren mit Rücksicht auf die Motorbreite so nahe wie möglich an die Pleuelgeige herangelegt. Man muß jedoch darauf achten, daß der Kraftfluß von den Zylinderkopfschrauben zu den Lagerdeckelschrauben nicht durch die Lagerbohrung gestört wird. Die Nockenwellenlagerbohrung darf weiter nicht zu nahe an der Kurbelgehäusewand liegen. Es muß nämlich genügend Platz für eine Führung der Bohrstange zum Ausbohren der Lagerbohrungen vorhanden sein (wichtig bei Zylinderzahlen über drei). Hierüber muß sich der Konstrukteur mit der Fertigung abstimmen.

Die im Kurbelgehäuse befindlichen Haupt- und Nockenwellenlager werden über Bohrungen im Kurbelgehäuse mit Schmieröl versorgt. Diese Bohrungen gehen von einer großen durch das ganze Kurbelgehäuse gehenden Hauptversorgungsleitung ab, die je nach Motorgröße entweder gebohrt ist oder aus einem eingewalzten Rohr besteht (Bilder 113 bis 116). Die Schmierölbohrungen in den Lagerwänden der Kurbelgehäuse sollen so liegen, daß der Kraftfluß in der Wand nicht gestört wird. Das ist nicht immer möglich, deshalb müssen die Bohrungswülste dick genug sein und ihre Übergänge in die Lagerwände sanft. Wichtig ist, daß die Bohrungen in Wandmitte liegen (Gußversatz berücksichtigen!) – Bild 131 –, da sich sonst gefährliche Spannungskonzentrationen ergeben [37]. Wenn zwei Schmierölbohrungen aufeinanderstoßen, so dürfen keine Säcke entstehen, die nur sehr schlecht oder gar nicht von Bearbeitungsspänen oder sonstigen Rückständen der Fertigung gereinigt werden können. Da kein schützendes Filter mehr vor den Lagern liegt, können solche Rückstände aus den Sacklöchern mit dem Schmieröl in die Lager gespült werden und zu Lagerschäden führen. Aus diesem Grunde werden auch eingegossene Schmierölpassagen im Kurbelgehäuse vermieden, sofern diese hinter den Schmierölfiltern liegen.

Auf der Schwungradseite des Kurbelgehäuses muß eine Möglichkeit vorgesehen werden, um Kupplungsgehäuse, Getriebegehäuse oder Generatoren anflanschen zu können. Dazu ist eine sogenannte Schwungradglocke notwendig, die entweder

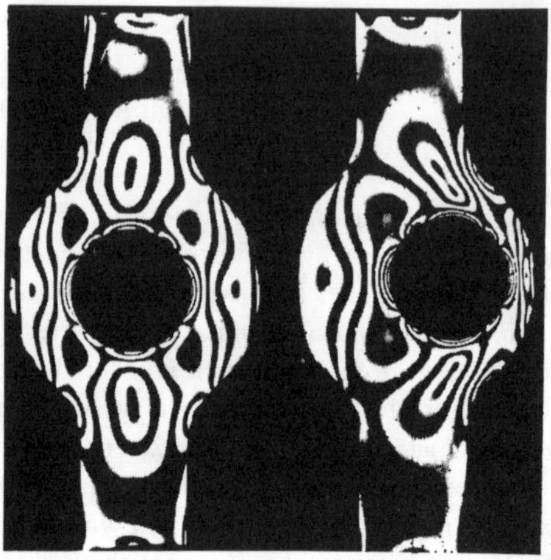

Bild 131. Isochromaten-Aufnahmen einer durchbohrten belasteten Kurbelgehäuselagerwand bei mittiger und exzentrischer Lager der Bohrung [37]

angegossen ist (Bilder 113 und 114) und u.U. zu einem Flansch zusammengeschrumpft oder angeschraubt ist (siehe Bilder ausgeführter Motoren in Kap. 6). In beiden Fällen muß die Schwungradglocke steif mit dem Kurbelgehäuse verbunden sein; d.h. wenn sie angegossen ist, muß sie direkt in durchgehende Kurbelgehäuselängswände übergehen, und wenn sie angeschraubt ist, müssen die Schraubenpfeifen ebenfalls in den Längswänden des Kurbelgehäuses sitzen. Diese Forderung ist bei einem auf der Schwungradseite liegenden Rädertrieb nicht leicht zu erfüllen und erfordert einiges Geschick bei der Konstruktion.

Längs der Kolbenringe treten zwischen Kolben und Zylinder laufend kleine Mengen von Abgas in das Kurbelgehäuse über, die, solange sie nicht 1% des Produktes aus Gesamthubvolumen V_h des Motors und Motordrehzahl n überschreiten, ungefährlich sind. Treten größere Mengen Abgas in das Kurbelgehäuse über, besteht Verdacht auf steckende Kolbenringe mit der Gefahr eines Kolbenfressers. Die normal in das Kurbelgehäuse eintretenden Abgase müssen abgeführt werden, sonst entsteht ein Überdruck im Kurbelgehäuse, der aus Dichtigkeitsgründen unerwünscht ist. Der einfachste Weg ist, sie durch eine entsprechende Leitung ins Freie abzuleiten. Eine solche Entlüftungsleitung muß an einer Stelle des Kurbelgehäuses angebracht werden, die frei von Spritzöl ist. Es ist nicht leicht, eine solche Stelle im Kurbelgehäuse zu finden. Bei wassergekühlten Motoren kann sie z.B. unter der Ventilhaube liegen. Ein Anschluß an den Räderkasten ist wegen des von den Zahnrädern abgespritzten Schmieröles nicht zu empfehlen. Die Nähe von Druckhalteventilen des Schmierölkreislaufs ist ebenso zu vermeiden. Gegebenenfalls muß z.B. am Räderkasten ein Beruhigungsraum mit Ölabscheidungsmöglichkeiten geschaffen werden, an den die Leitung angeschlossen wird. Ölmitreißen durch die Entlüftungsleitung muß unter allen Umständen vermieden werden; deshalb dürfen auch die Querschnitte solcher Leitungen nicht zu klein sein. Im Zusammenhang damit muß man darauf achten, daß genügend große Übertrittsquerschnitte zwischen den einzelnen Kurbelgehäuseabteilen vorhanden sind und daß die Entlüftung auch bei Motorschräglagen nicht gestört ist. Im Hinblick auf die Verunreinigung der Luft durch Abgas setzt sich in letzter Zeit das Absaugen der Abgase aus dem Kurbelgehäuse mit Hilfe des Unterdrucks in der Ansaugleitung durch. Dabei muß, um zu hohen Unterdruck im Kurbelgehäuse zu vermeiden, eine zusätzliche Verbindung vom Kurbelgehäuse nach außen geschaffen werden, die mit einem Luftfilter versehen ist, damit kein Staub angesaugt wird. Eine andre, bessere Möglichkeit der Kurbelgehäuseentlüftung ist das Absaugen der Kurbelgehäuseatmospäre mittels des Ansaugeunterdrucks über ein Regelventil. Das Regelventil (Bild 323) sorgt für die Aufrechterhaltung eines bestimmten geringen Unterdrucks im Kurbelgehäuse, unabhängig von Motordrehzahl und Motorbelastung. Das ist dann eine sogenannte geschlossene Kurbelgehäuseentlüftung ohne Frischluftzufuhr, die wohl die beste Lösung darstellt. In 6.1a (Bild 315) ist eine solche geschlossene Kurbelgehäuseentlüftung näher beschrieben.

Als Kurbelgehäusewerkstoff kommt bei den hier betrachteten Motoren in erster Linie Gußeisen in Frage, bei höheren Beanspruchungen auch Sphäroguß. Aus Stahl geschweißte Kurbelgehäuse werden erst bei sehr großen Motoren verwendet. Bei besonderen Anforderungen an das Motorgewicht wird auch Leichtmetall verwandt. Bei Leichtmetall muß man bei der Konstruktion mit der Bemessung der Wandstärken nicht nur darauf Rücksicht nehmen, daß die Festigkeit von Leichtmetall u.U. geringer ist als die von Gußeisen. Es müssen vielmehr bei einer Leichtmetallkonstruktion, die gleich steif wie eine Gußeisenkonstruktion sein soll, die Trägheitsmomente der Querschnitte entsprechend dem Verhältnis der Elastizitätsmoduln der beiden Werkstoffe E_G/E_L vergrößert werden. Der Elastizitätsmodul von Leichtmetall ist wesentlich kleiner als der von Gußeisen. Weiter muß auch die größere Wärmedehnung von Leichtmetall gegenüber Gußeisen berücksichtigt werden, und man muß immer bedenken, daß Leichtmetall keine ausgesprochene Dauerfestigkeit besitzt.

Schließlich sei noch kurz auf die Gestaltung des Kurbelgehäuses im Hinblick auf die Bearbeitung eingegangen. Es muß angestrebt werden, das Kurbelgehäuse so zu gestalten, daß die Bearbeitungsflächen der Längsseiten so liegen, daß sie durchbearbeitet werden können. Das ist nicht immer leicht zu erreichen. Eine enge Zusammenarbeit mit der Fertigung schon beim Entwurf ist daher unerläßlich. Die Bohrungen am Kurbelgehäuse werden möglichst so angeordnet, daß sie alle in den Hauptbearbeitungsrichtungen liegen. Zu viele verschiedene Bohrrichtungen bedeuten eine umständliche Einzelfertigung und bei Transferstraßen zusätzliche Stationen, d.h. hohe Investionen.

3.2.2 Beanspruchung, Bemessung und Gestaltung der Zylinder

3.2.2.1 Wassergekühlte Zylinder, Dichtung zwischen Zylinder und Zylinderkopf

Es gibt drei verschiedene Ausführungen von wassergekühlten Zylindern. Da sind zunächst die sogenannten integralen Zylinderbuchsen. Das sind solche, bei denen Zylinderbuchse und Kurbelgehäuse aus einem Stück bestehen. Die Zylinderbuchsen sind sozusagen integraler Bestandteil des Kurbelgehäuses. Sie werden überwiegend bei Ottomotoren und kleineren, weniger hoch belasteten Dieselmotoren angewandt (Bild 114). In Verbindung mit integralen Zylinderbuchsen werden fast ausschließlich weiche Flachdichtungen verwandt, auf die später noch näher eingegangen wird. Ein solches Zylinderkurbelgehäuse stellt an die Kerntechnik der Gießerei verhältnismäßig hohe Anforderungen. Außerdem ist auch die Materialfrage nicht einfach zu lösen. Wegen der für die Zylinderlaufbahn geforderten hohen Verschleißfestigkeit muß das ganze Kurbelgehäuse aus verschleißfestem, perlitischen Gußeisen gegossen werden. Die Reparaturfrage, z.B. nach einem Kolbenfresser, ist entweder nur durch Nachbohren der Zylinderbohrungen oder Einsetzen einer Zylinderbuchse, einer sogenannten trockenen Buchse (siehe unten), zu lösen – ein etwas aufwendiges Verfahren. Obwohl eine Blockkonstruktion mit integralen Zylinderbuchsen ein verhältnismäßig steifes Kurbelgehäuse ergibt, muß man doch durch sorgfältige Gestaltung von Kurbelgehäuse, Zylindern, Zylinderkopfdichtung und Zylinderkopf dafür sorgen, daß der Zylinderbuchsenverzug besonders in der oberen Partei in erträglichen Grenzen bleibt. Voraussetzungen dafür sind: Gleichmäßige Verteilung des Dichtdruckes vom Zylinderkopf über die Dichtung auf die Zylinderbuchsen, die Pfeifen der Zylinderkopfschrauben dürfen auf keinen Fall an die Zylinderwände anwachsen, die Zylinderkopfschrauben sind so tief wie möglich in den Kurbelgehäusewänden zu versenken, die obere Platte des Kurbelgehäuses muß so dick wie möglich sein, die Wandstärke der Zylinder soll ca. $0{,}07 \cdot D$ sein, benachbarte Zylinder dürfen auf keinen Fall zusammenwachsen. Eine Konstruktion mit integralen Zylindern erlaubt den kleinstmöglichen Zylinderabstand a. Werte von $\frac{a}{D} \leqq 1{,}2$ sind hier durchaus zu erreichen.

Aus den integralen Zylinderbuchsen sind, sicher zunächst als Reparaturlösung, später als Serienlösung, die sogenannten trockenen Zylinderbuchsen, Bild 132, entstanden. Die Buchsen mit einer Wandstärke von 2,5 mm bis 3,5 mm je nach Zylinderdurchmesser sind in die Zylinderbohrungen des Kurbelgehäuses eingepreßt mit einer Paarung H6 – r6 und werden im Kurbelgehäuse fertig bearbeitet. In letzter Zeit haben sich aber auch sogenannte "slip-fit"-Buchsen durchgesetzt, die im kalten Zustand ohne große Kraftanstrengung von Hand in die Gehäusebohrungen eingesetzt (H6–g6) und danach nicht mehr bearbeitet werden. Am oberen Ende wird die trockene Zylinderbuchse meist mit einem Bund versehen, auf dem die Bördelung der Zylinderkopfdichtung aufliegt. Die Hohlkehle des Kragens muß sorgfältig ausgerundet werden (r ≈ 1 mm). Die Rundheit der trockenen Zylinderbuchse wird durch die Rundheit der Aufnahmebohrung bestimmt. Im übrigen gelten für die Gestaltung der Zylinderwände im Kurbelgehäuse die oben für integrale Zylinder gegebenen Richtlinien. Ein Vorteil der trockenen Zylinderbuchse gegenüber integralen Zylindern, deren Vorteile – steifes Kurbelgehäuse und kompakte Bauweise – auch für die trockenen Zylinderbuchsen gelten, liegt in der leichteren Reparaturmöglichkeit und der Freiheit in der Wahl des Zylindermaterials. Nachteile sind sowohl gegenüber integralen als auch nassen Zylinderbuchsen die höheren Kosten durch zusätzliche hochwertige Bearbeitung der Bohrung im Kurbelgehäuse und der schlechtere Wärmeübergang gegenüber nassen Zylinderbuchsen. Angewandt wird die trockene Zylinderbuchse im allgemeinen vornehmlich bei kleinen und mittelgroßen Fahrzeugmotoren mit Zylinderdurchmessern bis ca. 120 mm.

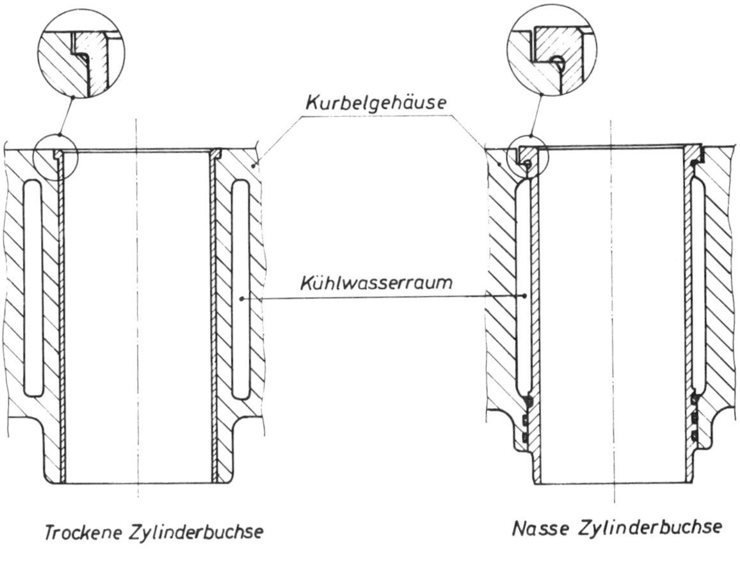

Bild 132. Trockene und nasse Zylinderbuchse

Vorherrschend ist bei wassergekühlten Dieselmotoren bis zu den höchsten Leistungen die nasse Zylinderbuchse (Bild 132). Nasse Zylinderbuchsen haben den Vorteil leichter Auswechselbarkeit, guter Kühlung, geringen Verzuges bei der in Bild 132 dargestellten Aufhängung am oberen Buchsenbund, einfacher Gestaltung des Kurbelgehäuses in gießtechnischer Hinsicht und voller Freiheit in der Wahl des Zylindermaterials, unabhängig vom Material des Kurbelgehäuses.

Die nasse Zylinderbuchse erhält oben einen Bund, mit dem sie im Kurbelgehäuse – dicht gegen das Kühlwasser – aufliegt. Konstruktionen, bei denen im Interesse einer guten Kühlung der oberen Zylinderpartie der Aufnahmebund weiter unten liegt, sind wegen des damit verbundenen Zylinderbuchsenverzuges ungünstig und sollten vermieden werden. Unterhalb des Bundes wird die Zylinderbuchse mit einer Zentrierung im Kurbelgehäuse geführt. Bis zu dieser Zentrierung ist die Zylinderbuchse ungekühlt. Der oberste Kolbenring darf im oberen Totpunkt nicht in diese Zone hineingelangen.

An dieser Stelle soll auf die Dichtung zwischen Zylinder und Zylinderkopf eingegangen werden. Diese Abdichtung wird wesentlich durch die Ausbildung des Kurbelgehäuses, der Zylinderbuchse und des Zylinderkopfes beeinflußt. Es gibt zwei grundsätzlich verschiedene Arten der Abdichtung, und zwar die Abdichtung durch Flachdichtungen (Bild 133) und durch Ringdichtungen (Bild 134).

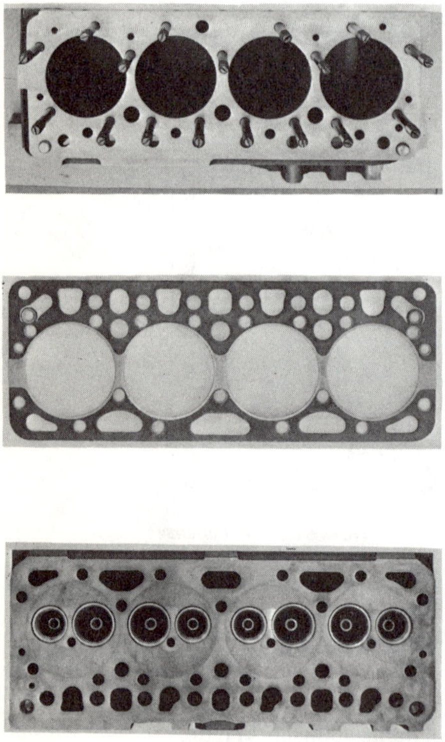

a

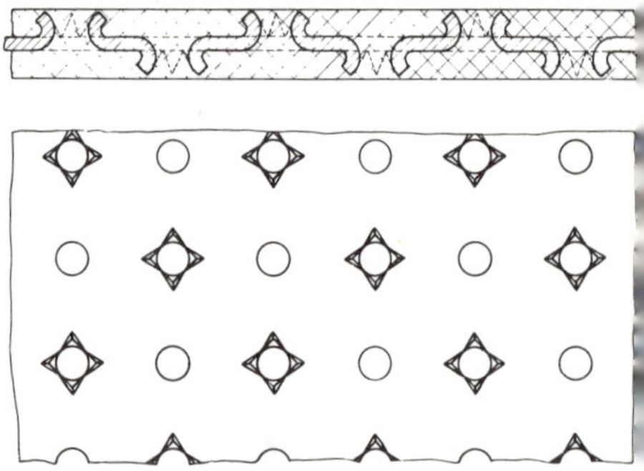

b

Bild 133. a) Flachdichtung für einen 4-Zylindermotor mit den dazugehörigen Dichtflächen des Zylinderkopfes und des Kurbelgehäuses
b) Aufbau einer Flachdichtung
(Nach Unterlagen der Firma Elring)

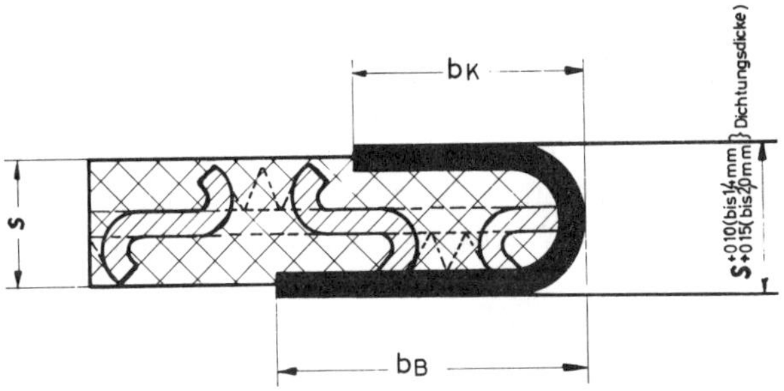

c

d

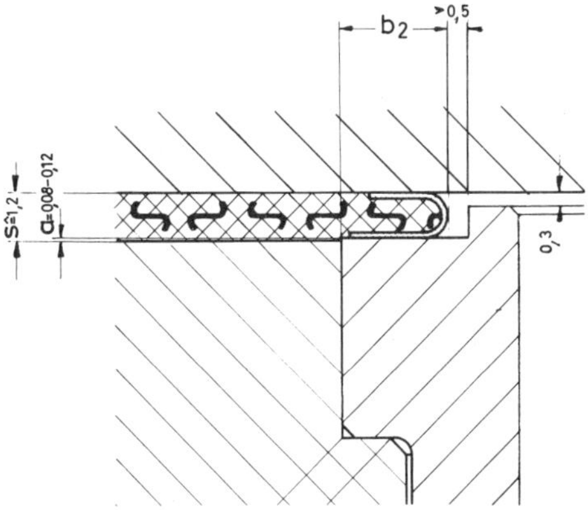

e

Bild 133. c) Flachdichtung mit Brennraumeinfassung
d) Flachdichtung mit Feuerschutzring
e) Flachdichtungseinbau bei nasser Zylinderbuchse
(Nach Unterlagen der Firma Elring)

Die Flachdichtungen bestehen im allgemeinen aus einem Weichstoff mit einer Stützeinlage aus Metall. Der Rand zum Verbrennungsraum ist mit einem Blechbördel eingefaßt. Flachdichtungen werden bei niedrig belasteten Motoren angewandt, insbesondere bei Blockzylinderköpfen, d.h. Zylinderköpfen, bei denen mehrere Zylinder zu einem Block zusammengefaßt sind. Sie können für Motoren mit Zünddrücken bis zu 110 kp/cm^2 verwendet werden und haben den Vorzug, daß auch die Wasser-, Öl- und Stoßstangenübertritte mit dieser Dichtung abgedichtet werden können. Flachdichtungen können bei allen drei genannten Zylinderbuchsenarten angewandt werden. Sie erfordern bei trockenen und nassen Zylinderbuchsen einen gewissen Überstand der Buchse von 0,05 bis 0,1 mm, um eine sichere Gasdichtung zu erreichen. Bei integralen Zylindern wird die Gasdichtheit mit der Bördelstärke der Dichtung gesteuert, wobei jedoch zu berücksichtigen ist, daß mit größerer Bördelstärke auch der Zylinderbuchsenverzug größer wird. Auch für hochbeanspruchte Motoren werden Flachdichtungen verwendet. Diese sind dann aber nicht mehr aus Weichstoff, sondern aus Stahlblech oder Aluminium ([126; 129], siehe auch 6.1 m). Flachdichtungen haben gegenüber Ringdichtungen generell den Vorteil, daß auf den Zylinderkopf keine Biegebeanspruchungen durch den Anzug der Zylinderkopfschrauben kommen, da der Zylinderkopf bis zu den Zylinderkopfschrauben gänzlich auf der Flachdichtung abgestützt ist. Flachdichtungen erfordern verhältnismäßig hohe Schraubenkräfte, da nur ein Teil dieser Kräfte als Dichtkraft zur Verfügung steht. Die Zylinderkopfschrauben werden daher so ausgelegt, daß ihre Vorspannung ca. $(3{,}5 \text{ bis } 4) \cdot p_z \frac{\pi}{4} D_i^2$ ist.

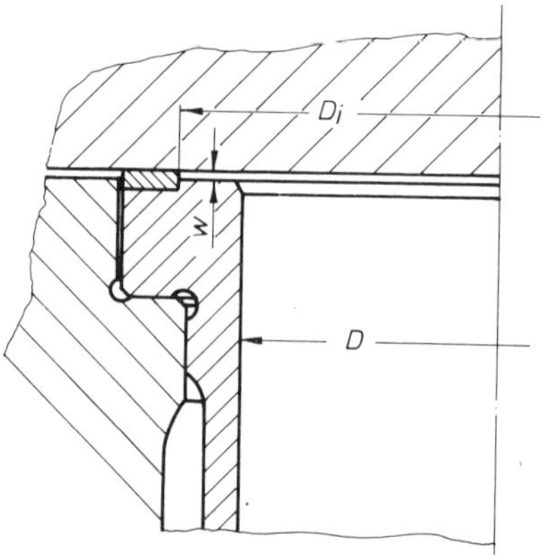

Bild 134. Abdichtung einer nassen Zylinderbuchse durch eine Ringdichtung

Dabei ist zu beachten, daß D_i größer ist als der Zylinderdurchmesser. Es ist wichtig, sowohl bei Flachdichtungen als auch bei Runddichtungen, daß der von den Zylinderkopfschrauben aufgebrachte Dichtdruck am Umfang des Zylinderbuchsenbundes gleichmäßig ist. Dazu ist Voraussetzung, daß die Schrauben so tief wie möglich im Kurbelgehäuse versenkt werden, und daß Zylinderkopf und Kurbelgehäuse zwischen den Schrauben genügend und gleichmäßig steif sind, damit die Dichtkräfte gleichmäßig auf die Dichtung übertragen werden können. Beim Kurbelgehäuse wurde hierauf schon hingewiesen. Das gleiche gilt auch für die Konstruktion des Zylinderkopfes. Die Schraubenpfeifen im Zylinderkopf müssen durch möglichst nicht unterbrochene Wände, die über dem Zylinderbuchsenbund liegen sollen, verbunden sein (Bilder 145 und 146). Hierauf wird noch in 3.2.3.1 eingegangen. Es ist zweckmäßig, sich am fertigen Motor von der Wirksamkeit der konstruktiven Maßnahmen in dieser Hinsicht zu überzeugen durch eine Messung der Dichtdruckverteilung und je nach Meßergebnis die Konstruktion zu verbessern. Bei Flachdichtungen haben sich für die Messung der Dichtdruckverteilung das Kugeldruckverfahren und die Bleiklötzchenmethode bewährt [118; 127]. Beim Kugeldruckverfahren wird die Dichtdruckverteilung über den verschieden tiefen Eindruck von über die Dichtfläche verteilten Kugeln bestimmt (Bild 135). Bild 136 zeigt das Ergebnis einer solchen Messung an einem Dieselmotor mit nassen Zylinderbuchsen. Mit diesem Verfahren läßt sich auch die Steifigkeit von Zylinderkopf und Kurbelgehäuse bestimmen (Bild 135 c), so daß der Konstrukteur hiermit ein gutes Mittel in der Hand hat, seine Zylinderkopf- und Kurbelgehäusekonstruktion auf Steifigkeit im Hinblick auf die Zylinderkopfdichtung zu überprüfen.

Bei dem Bleiklötzchenverfahren werden in eine dafür vorbereitete Dichtung Bleiklötzchen eingesetzt (Bild 137), deren Verformung nach dem Anziehen der Zylinderkopfschrauben gemessen wird. Bild 137 zeigt eine damit gewonnene Druckverteilung.

Die Ringdichtung nach Bild 134 wird ausschließlich bei Einzelzylinderköpfen und nassen Zylinderbuchsen angewandt und ergibt eine gute Gasabdichtung für hohe Zünddrücke, also für aufgeladene Hochleistungsmotoren. Sie erfordert geringere Schraubenkräfte als die Flachdichtung, da die gesamte Vorspannkraft der Zylinderkopfschrauben auf den Zylinderbuchsenbund wirkt und zur Gasabdichtung zur Verfügung steht. Für die Abdichtung der Wasser-, Öl und Stoßstangenübertritte müssen besondere Gummiringabdichtungen nach Bild 122 vorgesehen werden. Die Ringdichtung hat eine Dicke von 1 bis 4 mm je nach Zylinderdurchmesser und ist je nach Beanspruchung aus verkupfertem Weicheisen mit einer Brinellhärte von 90 bis 100 kp/mm^2 oder aus verkupfertem Stahlblech (St 37; St 50). Sie wird nach innen (Verbrennungsraum) durch einen Absatz in der Zylinderbuchse geführt (Bilder 134; 355) und nach außen durch entsprechende Rezesse im Zylinderkopf (Bild 355), im Kurbelgehäuse (Bild 134) oder in der Zylinderbuchse; zum Teil werden die genannten Führungsmöglichkeiten auch kombiniert. Die Vorspannkraft der Schrauben muß so gewählt werden, daß von allen Schrauben ein Dichtdruck von ca. $(2 \text{ bis } 2{,}5) \cdot p_z \frac{\pi}{4} D_i^2$ ausgeübt wird. Auch das ist wieder nur ein Richtwert. Maßgebend ist, daß der Dichtdruck an jeder Stelle der Dichtung ausreichend ist. Das muß durch die schon geschilderten konstruktiven Maßnahmen erreicht werden.

Die Zylinderkopfdichtung ist beim Anziehen der Schrauben und im Betrieb mannigfachen Verformungen und wechselnden Beanspruchungen ausgesetzt. Beim Anziehen der Zylinderkopfschrauben findet insbesondere bei Abdichtungen nach Bild 134, weniger bei Flachdichtungen, ein Verzug des Zylinderkopfbodens infolge des Moments $M_c = P_D \cdot c$ statt, da der Zylinderkopf nicht oder nur gering über die Gummiringe der Öl- und Wasserübertrittsstellen abgestützt ist (Bild 138). Das Moment M_c ist schwellend, da auch P_D nach Gl. 63

a) Vorbereitung eines Kurbelgehäuses zur Kugeldruckmessung

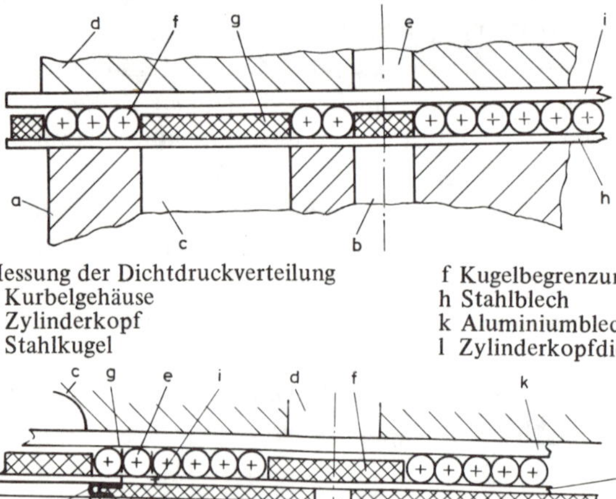

b) Messung der Dichtdruckverteilung
a Kurbelgehäuse
c Zylinderkopf
e Stahlkugel
f Kugelbegrenzung
h Stahlblech
k Aluminiumblech
l Zylinderkopfdichtung

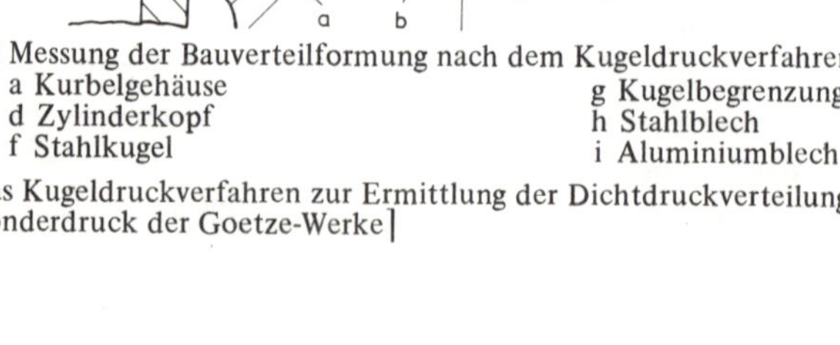

c) Messung der Bauverteilformung nach dem Kugeldruckverfahren
a Kurbelgehäuse
d Zylinderkopf
f Stahlkugel
g Kugelbegrenzung
h Stahlblech
i Aluminiumblech

Bild 135. Das Kugeldruckverfahren zur Ermittlung der Dichtdruckverteilung [127 und Sonderdruck der Goetze-Werke]

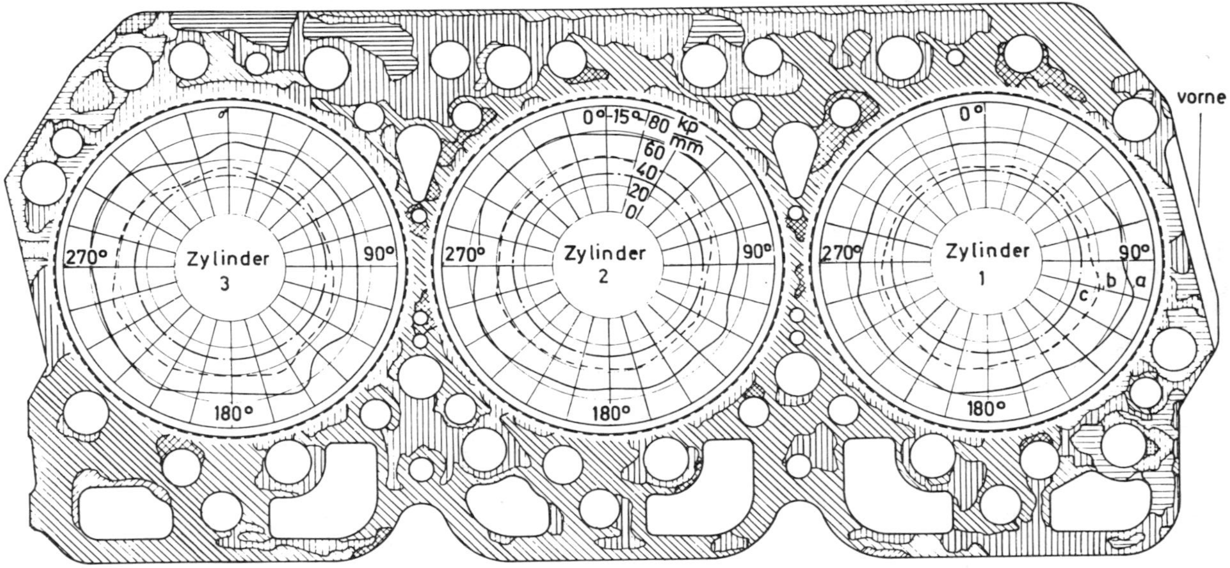

Druckverteilung		
Kalotten-durchmesser	Pressung	Kenn-zeichnung
0 - 0,30 mm	0 - 50 kp/cm²	
0,31 0,39	50 100	
0,40 0,53	100 200	
0,54 0,64	200 300	
0,65 0,75	300 400	
0,76 0,84	400 500	
0,85 0,92	500 600	

Umfangspressungen:

a) Buchsenbund ———
b) Einfassung (Feder + Weichstoff) - - - -
c) Feder —·—

Bild 136. Ergebnis der Druckverteilungsmessung an einer Zylinderkopfdichtung nach Bild 135

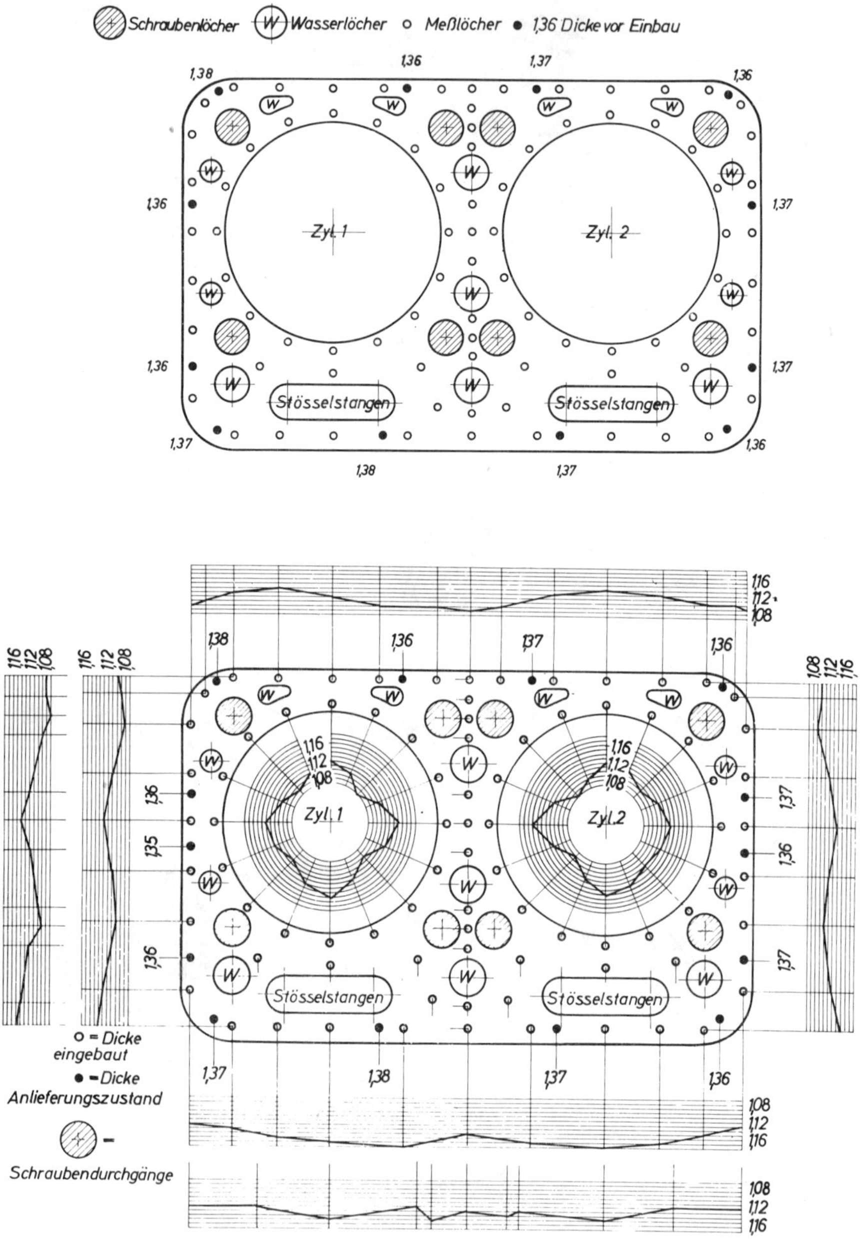

Bild 137. Messung der Druckverteilung nach dem Elring-Bleiklötzchenverfahren und Ergebnis einer solchen Messung [118]

schwellend ist. M_c soll klein sein, also wird man die Zylinderkopfschrauben so nahe wie möglich an die Zylinderbuchse heransetzen, damit c klein wird. Weiter wird die Dichtung durch Relativbewegungen zwischen Zylinderkopf und Zylinderbuchse infolge der Wärmedehnung des Zylinderkopfbodens, und zwar wechselnd entsprechend den Betriebszuständen des Motors, beansprucht. Durch gute Kühlung des Zylinderkopfbodens, besonders auf der Auslaßventilseite, kann diese Beanspruchung in gewissem Maße verringert werden (siehe auch 3.2.3.1). Die Dichtung wird weiter durch axiale Schwingungen am Dichtspalt [125] infolge des schwellenden Dichtdrucks nach Gl. 63 beansprucht. Dem überlagern sich noch radiale, schwellende Beanspruchungen durch den Zünddruck der Größe $p_z \cdot \pi \cdot D_i \cdot w$ (Bild 134). Diese Beanspruchung kann verringert werden durch möglichst steife Zylinderkopfschrauben, und durch dünne Dichtungen,

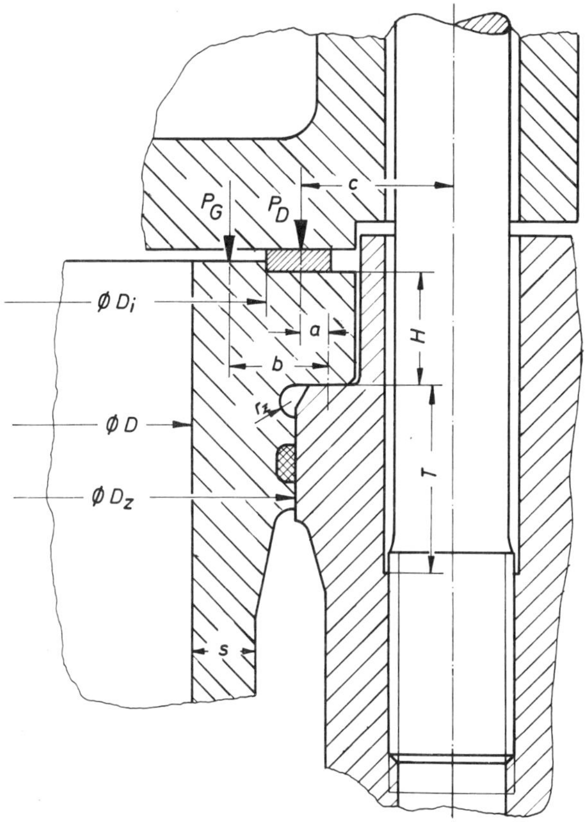

Bild 138. Beanspruchungsverhältnisse am Dichtverband einer nassen Zylinderbuchse

die nach [125] die Schwingweite herabsetzen. Nun sollen aber, wie oben ausgeführt, die Zylinderkopfschrauben tief in das Kurbelgehäuse versenkt werden, was zu langen, weichen Zylinderkopfschrauben führt. Hier muß zwischen den beiden Anforderungen ein guter Kompromiß gefunden werden.

Nun aber wieder zurück zu der Zylinderbuchse selbst, und zwar zu den Beanspruchungen, denen die Zylinderbuchse ausgesetzt ist. Auf den Kragen der nassen Zylinderbuchse wirken eine Reihe von Beanspruchungen (Bild 138) und zwar:

a) Druckbeanspruchung:
Schwellende Druckbeanspruchung, die sich aus der Schraubenvorspannung durch die Zündkraft ergibt.

$$P_D = -(P_S - \frac{P_Z}{2}) \pm \frac{P_Z}{2} \qquad (63)$$

P_S ist die Vorspannkraft der Schrauben und $P_Z = p_z \cdot \frac{\pi}{4} D_i^2$ die Zündkraft. Diese Beziehung gilt streng genommen nur dann, wenn man den Angriff der Betriebskraft [67; 102], nämlich der Zündkraft P_Z, für eine nicht im Kurbelgehäuse versenkte Schraube am unteren Ende der Hülse, also am Zylinderkopfboden annimmt. In Wirklichkeit wird aber bei einem Zylinderkopf erstens die Schraube im Kurbelgehäuse versenkt sein und zweitens die Kraft sicher verteilt über die ganze Höhe des Zylinderkopfes in die Hülse eingeleitet werden. Die Verhältnisse nähern sich damit mehr dem Fall des Kraftangriffes unter dem Schraubenkopf, wodurch der Wechselanteil der Dichtkraft P_D sich gegenüber dem der Gl. 63 etwas vermindert. Wendet man also Gl. 63 an, so liegt man, was den Wechselanteil der Dichtkraft P_D anbelangt, mehr auf der sicheren Seite. Die maximale Druckbeanspruchung in der Dichtungsauflage oder in der Auflage der Zylinderbuchse auf dem Kurbelgehäuse tritt bei $P_Z = 0$ auf. Sie soll bei Graugußkurbelgehäusen nicht über 30 kp/mm^2 liegen.

b) Biegebeanspruchung:
Es wirken zwei Biegemomente auf den Zylinderbuchsenbund:

$$M_a = P_D \cdot a$$

M_a wirkt auf die Dichtung und auf den Zylinderbuchsenbund sowie auf den Balkon des Kurbelgehäuses. M_a ist kein konstantes Moment sondern ein schwellendes. Es sollte so klein wie möglich gehalten werden, d.h. a soll möglichst zu 0 werden.

$$M_b = (\frac{P_G}{2} \pm \frac{P_G}{2})\, b$$

Hierin ist

$$P_G = \frac{\pi}{4} (D_i^2 - D^2) \cdot p_z$$

M_b wirkt ausschließlich auf den Zylinderbuchsenbund. Auch M_b soll so klein wie möglich gehalten werden. M_b würde verschwinden, wenn $D_i = D$ ist. Das aber bedeutet, die Dichtung so nahe wie möglich an den inneren Buchsenrand zu legen, wodurch wieder a und damit M_a sehr groß wird. Läßt man andererseits b kleiner werden, so wird damit die vom Zünddruck beaufschlagte Fläche $\frac{\pi}{4}(D_i^2 - D^2)$ wieder größer. Durch entsprechende Wahl der Lage der Dichtung läßt sich ein Minimum der schwellenden Biegebeanspruchung des Zylinderbuchsenkragens durch die Biegemomente M_a und M_b erzielen.

c) Zugbeanspruchung:
Zugbeanspruchungen, die durch das Aufweiten des Zylinders unter dem Einfluß des Zünddruckes entstehen, rufen Tangentialspannungen im Zylinderbuchsenkragen hervor. Im Hinblick auf die Beanspruchungen nach a, b und c ergeben sich für die Zylinderbuchse gewisse Konstruktionsrichtlinien:

Minimum der schwellenden Biegebeanspruchung des Buchsenkragens durch richtige Wahl der Lage der Dichtung erreichen.

Bundhöhe H (Bild 138) groß genug machen. $H \approx (0{,}08 \text{ bis } 0{,}1) \cdot D$, jedoch nicht zu hoch wegen ausreichender Kühlung des Zylinderbuchsenoberteils.

Formziffer des Übergangs vom Buchsenkragen in den Zylinder (Bild 138) durch großen Radius r_z klein halten.

Übergang vom Zylinderbuchsenpaßbund in die Zylinderwand mit schlankem Konus (Bild 138) ausführen.

Zylinderbuchsenauflage im Kurbelgehäuse muß plan sein, um zusätzliche Biegebeanspruchungen des Zylinderbuchsenkragens zu vermeiden. Das erfordert entsprechende Zeichnungsvorschriften für Buchsenbund und Auflagefläche im Kurbelgehäuse. Letztere darf nicht angesenkt werden, sondern muß plangezogen sein.

Ein an den Zylinderbuchsenaußenwänden, aber auch an der gegenüberliegenden Kurbelgehäusewänden schnellaufender Dieselmotoren höherer Leistung oft auftretender Schaden ist der Lochfraß durch Kavitation. Die Kavitation tritt in erster Linie an den Zylinderaußenwänden quer zur Kurbelwellenachse, insbesondere an der Kolbendruckseite auf und hat ihre Ursache in hochfrequenten Schwingungen der Zylinderbuchsenwände. Das Kühlwasser kann diesen schnellen Bewegungen nicht folgen. Es bilden sich so an der Zylinderwand viele, sehr kleine Hohlräume im Kühlwasser in denen ein Druck kleiner als der Dampfdruck des Wassers herrscht. Es entstehen also Gas- oder Dampfblasen, die im nächsten Augenblick wieder zusammenbrechen (Implosion). Die Implosion erzeugt sehr hohe Drücke auf sehr kleinen Oberflächen der Zylinderwand, die die Festigkeit des Materials überschreiten. Dadurch werden kleinste Teilchen aus der Zylinderoberfläche herausgelöst, und es entsteht der sogenannte Lochfraß (Kavitation). Erschwerend kommt hinzu, daß durch die Kavitation schützende Deckschichten der Zylinderbuchsenaußenwand (z.B. Gusshäute) zerstört werden, womit zusätzlich noch der Korrosion ihr werkstoffzerstörender Angriff erleichtert wird, sofern das Kühlwasser entsprechend aggressiv ist. Über diese hier nur ganz kurz geschilderte Erscheinung gibt es eine umfangreiche Literatur [137; 138], deren Studium zum weiteren Eindringen in die Materie empfohlen wird. Man begegnet der Kavitation mit gutem Erfolg durch Zusatz von Korrosionsschutzöl zum Kühlwasser und entsprechende Aufbereitung des Kühlwassers. Was kann aber der Konstrukteur tun, um den Motor von vornherein so kavitationssicher wie möglich zu machen? Hierzu einige Konstruktionsregeln:

a) Die Schwingungen der Zylinderbuchse werden durch den Zündschlag und das Kolbenkippen angeregt. Der Anstieg des Zünddruckes ist konstruktiv nicht beeinflußbar. Es muß Ziel der Verbrennungsentwicklung sein, diesen auch schon aus Geräuschgründen so gering wie möglich zu halten. Die Energie des Kolbenkippens ist vom Kolbenspiel und von der Drehzahl abhängig, also auch vom Lastzustand des Motors. Das erklärt, warum Hochleistungsmotoren kavitationsgefährdet sind. Bei diesen Motoren muß das Kolbenspiel auf die Maximalleistung ausgelegt werden. Sie fahren dann im Teillastgebiet mit relativ großem Kolbenspiel, was hohe Kolbenkippenenergie zur Folge hat. Das Kolbenspiel sollte also so klein wie möglich sein. Gegebenenfalls können übereutektische Legierungen verwandt werden (Tafel IV) oder Regelkolben [73].

b) Die Schwingungsamplitude ist abhängig von der Zylinderwandstärke und dem Elastizitätsmodul des Zylindermaterials. Möglichst dicke Zylinderwände ($s \approx 0{,}065$ bis $0{,}07 \cdot D$) und großer E-Modul des Zylindermaterials sind also günstig.

c) Die Blasenbildung wird durch die Ausbildung der Kühlwasserräume beeinflußt: Keine zu engen Kühlwasserräume, keine plötzlichen Querschnittsänderungen.

d) In schweren Fällen von Kavitation hat sich das Verchromen der Zylinderbuchsenaußenwände bewährt. Die Chromschicht muß etwa 0,25 mm stark und absolut porenfrei sein.

Außer der oben geschilderten Kavitation kann bei schnellaufenden Motoren noch die sogenannte Spaltkavitation an den Zylinderbuchsen vorkommen. Wie der Name sagt, tritt dieser Schaden vornehmlich an engen Spalten, die mit Kühlwasser gefüllt sind, auf, und zwar dadurch, daß durch die Zylinderbuchsenschwingungen das Wasser aus dem Spalt mit hoher Geschwindigkeit hinausgetrieben und wieder hineingezogen wird, wobei hohe Unterdrücke entstehen. Bevorzugt ist der Spalt zwischen unterem Dichtungsbund der Zylinderbuchse und Kurbelgehäuseeinpaß. Ein wirksames Mittel dagegen ist ein zusätzlicher Dichtring an dieser Stelle, wie ihn die Bilder 123 und 332 zeigen.

Für gute Kühlung der Zylinderbuchse muß besonders in der oberen Partie gesorgt werden. Hier ist gegebenenfalls durch geeignete Maßnahmen (Bild 121) für hohe Strömungsgeschwindigkeit des Kühlwassers zu sorgen.

Als Material für trockene und nasse Zylinderbuchsen kommt Grauguß GG 25, und zwar Schleuderguß oder Standguß mit hoher Verschleißfestigkeit, in Frage, was gewisse Vorschriften für das Gefüge des Materials notwendig macht. Es soll frei von Ferrit sein und ein Phosphideutektikum in Form eines geschlossenen Netzwerkes haben. Gut bewährt haben sich auch Zylinderbuchsen aus legiertem Schleuderguß etwa folgender Zusammensetzung:

C_{ges}	3,2 .... 3,5%
Si	1,7 .... 2,2%
Mn	0,6 .... 0,9%
P	0,3 .... 0,5%
S	0,07% max.
Cr	0,2 .... 0,4%
Mo	0,35 .... 0,6%

Im Hinblick auf geringe Ausschläge bei Zylinderwandschwingungen (Kavitation!) kann es auch nützlich sein, ein legiertes Material wie oben angegeben mit vorgeschriebenem, hohen Elastizitätsmodul von mindestens $E = 11500\ kp/mm^2$, gemessen bei einer Belastung von $8\ kp/mm^2$, zu verwenden.

Um einen guten Einlauf der Kolbenringe zu gewährleisten und brandige Ringe (eine Folge nicht ausreichender Schmierung der Zylinderlauffläche) zu vermeiden, darf die Zylinderlauffläche nicht zu glatt sein. Eine Rauhtiefe von $R_t = 6$ bis $8\ \mu m$ genügt dieser Forderung. Der letzte Bearbeitungsgang der Zylinderlauffläche ist das Honen, das, um die sogenannte „Blechmantelbildung" zu vermeiden [97; 131], mit keramischen Honahlen erfolgen soll. Unter „Blechmantelbildung" ist eine Deformation der Zylinderlauffläche beim Honvorgang zu verstehen, durch die die Grafitlamellen des Zylinderwerkstoffes abgequetscht werden und sich sozusagen umlegen. Gute Einlaufbedingungen werden auch durch Bondern der Zylinderlaufflächen geschaffen.

3.2.2.2 Luftgekühlte Zylinder, Dichtung zwischen Zylinder und Zylinderkopf

Die von der Innenwand des Zylinders bei der Verbrennung direkt und die über den Kolben von der Zylinderwand indirekt aufgenommene Wärme muß nach außen, d.h. an die am Zylinder vorbeistreichende Kühlluft abgegeben werden. Dabei muß der Tatsache Rechnung getragen werden, daß die Wärmeübergangszahl von Metall an Luft wesentlich kleiner ist als die Wärmeübergangszahl von Metall an Wasser. Als Anhaltswert sei ein Faktor von ca. 33 genannt, um den die Wärmeübergangszahl von Metall auf Wasser größer ist als die von Metall auf Luft. Die Größe der Wärmeübergangszahl hängt jedoch sowohl bei Wasser als auch bei

Luft von der Strömunggeschwindigkeit des jeweiligen Kühlmediums ab. Etwas gemildert wird dieses schlechte Verhältnis dadurch, daß man der Luft eine höhere Strömungsgeschwindigkeit geben kann als dem Kühlwasser und daß die Temperaturdifferenz von der Kühlluft zur Zylinderwand höher ist als die des Kühlwassers zur Zylinderwand. Das allein reicht jedoch nicht aus, um die Differenz der Wärmeübergangszahlen zwischen Luft- und Wasserkühlung zu überbrücken. Es muß daher die wärmeabgehende Oberfläche des luftgekühlten Zylinders durch Rippen soweit vergrößert werden, daß die anfallenden Wärmemengen abgeführt werden können, ohne daß an der Zylinderinnenwand eine mit Rücksicht auf die Kolbenringe zulässige Temperatur von max. 220°C überschritten wird. Bild 139 zeigt einen Zylinder für einen luftgekühlten Dieselmotor. Man sieht aus diesem Bild, daß Kühlrippen nicht in beliebiger Größe angebracht werden können, da hierdurch der Zylinderabstand des Motors bestimmt wird. Daher ist

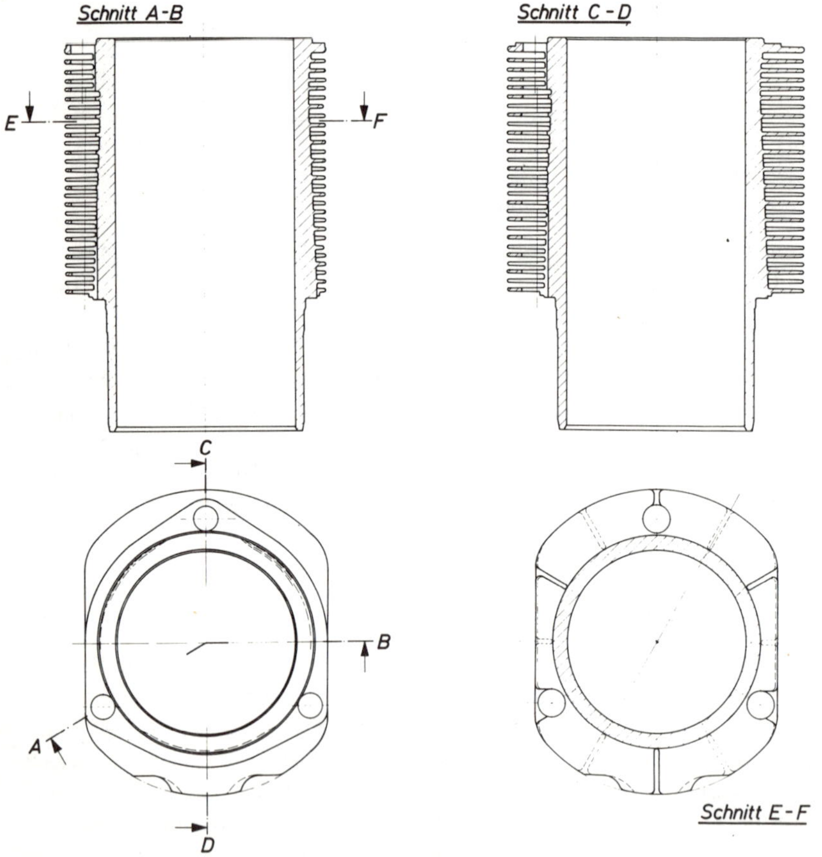

Bild 139. Zeichnung einer luftgekühlten Zylinderbuchse

es beim luftgekühlten Motor von Wichtigkeit, ein Verbrennungsverfahren zu wählen mit möglichst geringem Brennstoffverbrauch und dementsprechend geringem Anfall an abzuführender Wärme. Demnach ist für luftgekühlte Motoren z.B. die direkte Einspritzung gut geeignet. Mit diesem Verbrennungsverfahren ist es möglich, bei Reihenmotoren Zylinderabstände bis zu a = 1,3 · D bei verhältnismäßig hohen Leistungen zu verwirklichen. Was in bezug auf den relativen Zylinderabstand $\frac{a}{D}$ durch Ausfeilen des Verbrennungsverfahrens erreicht werden kann, zeigt Bild 140. Hier ist die Entwicklung des Zylinderdurchmessers D des Motors FL 912 der Klöckner-Humboldt-Deutz AG dargestellt. Er konnte bei gleichbleibendem Zylinderabstand a im Lauf der Entwicklung von 90 auf 95 mm mit Wirbelkammer und auf 100 mm bei Übergang auf direkte Einspritzung gesteigert werden.

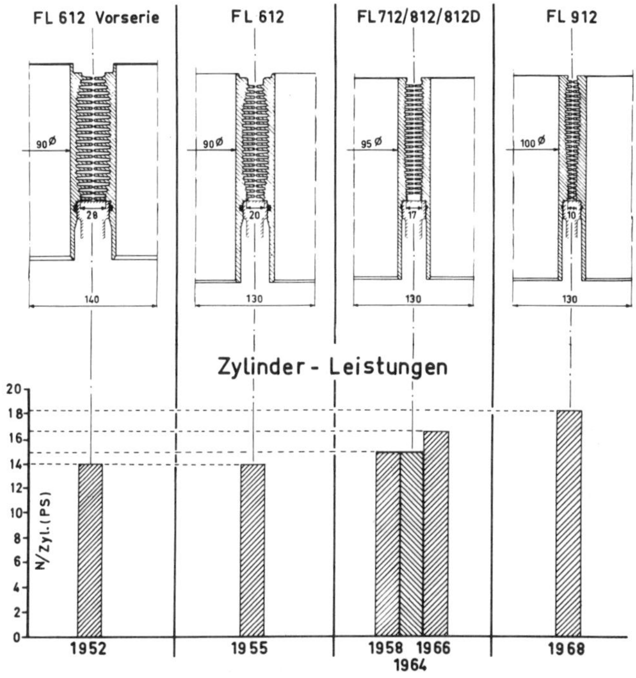

Bild 140. Zylinderdurchmesser und Zylinderabstand eines luftgekühlten Motors

Da der größte Wandwärmeanfall im Bereich des oberen Totpunktes zur Zeit der Zündung auftritt, ist es erforderlich, besonders im oberen Drittel des luftgekühlten Zylinders wirksame Kühlrippen anzubringen. Um eine möglichst große Kühlfläche zu erhalten, könnte man nun sehr lange Kühlrippen vorsehen. Das verbietet sich jedoch aus zwei Gründen, und zwar erstens im Interesse eines möglichst kleinen Zylinderabstandes a und zweitens aus gießtechnischen Gründen. Aber auch wärmetechnische Gründe sprechen gegen lange und dünne Rippen aus Gußeisen; denn sie können nur genügend Wärme abführen, wenn ihre Temperaturen gegenüber der Kühllufttemperatur noch eine Differenz aufweisen. Das ist aber infolge der geringen Wärmeleitfähigkeit von Gußeisen an den Spitzen von langen und dünnen Rippen nicht mehr der Fall, sie sind also für die Kühlung wirkungslos. Weiter darf die Teilung der Kühlrippen, abgesehen von gießtechnischen Gründen, nicht so eng sein, daß im Grund zwischen den Rippen kaum noch eine Luftströmung herrscht. Bei Gußeisen, dem in der Regel für luftgekühlte Motoren verwendeten Zylindermaterial, hat sich eine Rippenausbildung nach Bild 141 bewährt. Die Rippenwirksamkeit läßt sich weiter verbessern durch

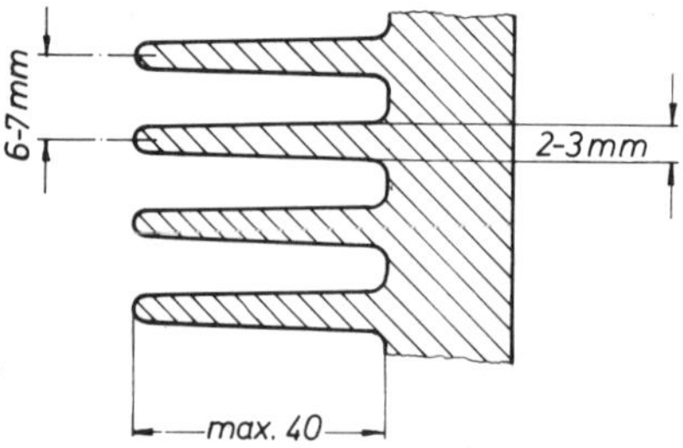

Bild 141. Ausbildung der Kühlrippen eines luftgekühlten Zylinders aus Gußeisen

Verwendung unterteilter Rippen (Bild 139), bei denen durch Wirbelablösung der Kühlluft an jeder Unterteilung die Wärmeübergangszahlen größer werden.

Durch den bei der Verbrennung im Zündtotpunkt herrschenden Zünddruck treten in der oberen Partie des Zylinders Tangentialspannungen auf. Die obere Zylinderwandpartie wird daher dicker ausgeführt als die mittlere (Bild 139). Außerdem ist es zu empfehlen, die oberen Rippen nicht zu unterteilen (Bild 139), sondern geschlossen zu lassen, was sich auch auf die Zylinderverformung in dieser Partie günstig auswirkt.

Die im allgemeinen bei modernen, luftgekühlten Motoren angewandte Zugankerkonstruktion (Bild 142) ruft durch die am oberen Ende des Zylinders angreifenden Dichtkräfte und die unten erfolgende Abstützung einen mechanischen Zylinderverzug hervor, der durch entsprechende Zylinderwandstärken ($\sim 0{,}08 \cdot D$), entsprechende Verstärkungen der Zylinderwände am oberen und unteren Ende (Bilder 139 und 142) so gering wie möglich gehalten wird. Einen nicht zu unterschätzenden Einfluß auf den mechanischen Zylinderverzug übt auch die Steifigkeit des Zylinderkopfes und der Auflagepartie des Kurbelgehäuses aus. Bild 113 zeigt ein Kurbelgehäuse mit einer gut steif ausgebildeten Zylinderauflage. Um den Hebelarm des verziehenden Moments so klein wie möglich zu halten, werden die Zuganker so nahe wie möglich am Zylinder angeordnet.

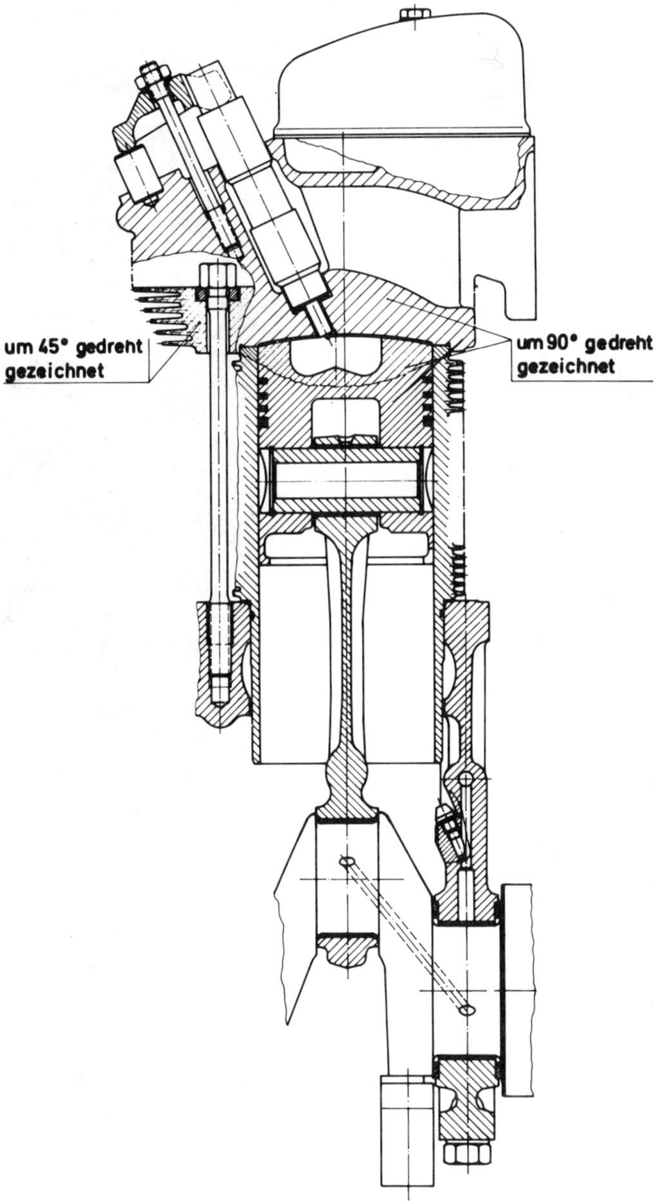

Bild 142. Zylindereinheiten luftgekühlter Motoren

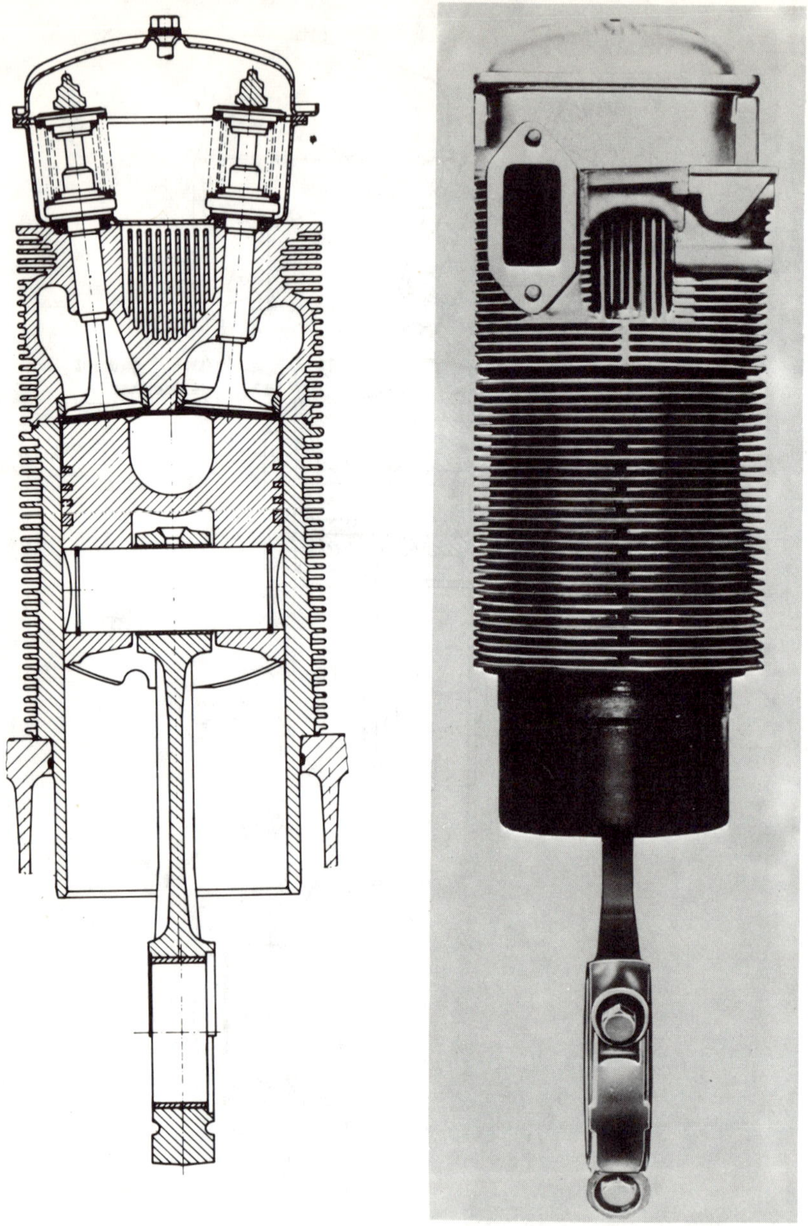

Bild 142. Zylindereinheiten Luftgekühlter Motoren

Ein thermischer Verzug des Zylinders ergibt sich daraus, daß er auf der einen Seite mit kalter Kühlluft angeblasen wird, und daß diese Kühlluft sich beim Umströmen des Zylinders so weit erwärmt, daß sie den Zylinder mit einer um ca. 80°C erhöhten Temperatur wieder verläßt. Die Temperaturverteilung um den Zylinder ist also recht ungleichmäßig. Sie kann verbessert werden durch kürzere Kühlrippen auf der Anblasseite und längere auf der Abluftseite. Um eine gleichmäßigere, radiale Temperaturverteilung im Zylinder zu erreichen, muß dafür gesorgt werden, daß der Kühlluftstrom sich auch auf der Abluftseite gut an den Zylinder anlegt. Auf der Anblasseite ist das ohne besondere Maßnahmen gegeben. Auf der Abluftseite muß es durch besondere Führungsbleche erzwungen werden. Näheres hierüber in 3.5.2.1.

Die für wassergekühlte Zylinderbuchsen angegebenen Richtlinien für das Material und die Oberflächenbeschaffenheit der Zylinderlaufbahn gelten sinngemäß auch für luftgekühlte Zylinder. Es gibt jedoch für luftgekühlte Zylinder noch die Möglichkeit, einen gußeisernen Zylinder z.B. im Alfin-Verfahren mit einem Leichtmetallmantel und entsprechenden Rippen zu umgießen. Der Vorteil solcher Zylinder liegt nicht in einer besseren Wärmeübergangszahl vom Leichtmetall auf die Kühlluft – diese ändert sich nur geringfügig –, sondern in einer besseren Wärmeverteilung über den Umfang und die Länge des Zylinders durch den besseren Wärmefluß in beiden Richtungen. Damit werden auch die unteren Partien besser zur Kühlung herangezogen. Außerdem ist es aus gieß- und wärmetechnischen Gründen möglich, in Leichtmetall längere und schmalere Rippen und kleinere Rippenteilungen zu verwirklichen und so die Kühlung des Zylinders noch zu verbessern. Jedoch ist eine solche Ausführung mit wesentlich höheren Kosten verbunden und verringert die Steifigkeit der Zylinder, da die zur Weiterleitung der Dichtkräfte allein in Frage kommende gußeiserne Zylinderbuchse in ihrer Wandstärke wegen der Leichtmetallummantelung begrenzt ist.

Bei den meisten luftgekühlten Motoren werden Zylinder und Zylinderkopf durch lange Dehnschrauben (Bild 142) zusammengehalten. Aufgabe dieser Dehnschrauben ist es, eine elastische Dichtverbindung zwischen Zylinder und Zylinderkopf herzustellen, die auch unter den Wechselbeanspruchungen der Gaskräfte und unter den thermischen Beanspruchungen im Betrieb dicht bleibt, und die Gaskräfte vom Zylinderkopf unter Umgehung des Zylinders direkt in das Kurbelgehäuse einzuleiten. Voraussetzung für eine dichte Verbindung ist auch hier eine möglichst gleichmäßige Schraubenteilung und ein gleichmäßig steifer Zylinderkopf (siehe auch 3.2.3.3).

Die Zylinderkopfschrauben eines luftgekühlten Motors mit einem Zylinderkopf aus Leichtmetall, wie er für Motoren höherer Leistung üblich ist, werden als schlanke Dehnschrauben ausgebildet mit einem Dehnschaft, dessen Durchmesser ungefähr 80 bis 85% des Gewindedurchmessers ist. Bild 143 zeigt eine solche Dehnschraube für einen schnellaufenden Dieselmotor mit einem Zylinderhubvolumen von 0,94 l. Mit dieser Auslegung der Dehnschraube, zusammen mit möglichst steifem Zylinder und Zylinderkopf, wird sowohl die Wechselbeanspruchung der Zylinderkopfschraube durch die Gaskräfte klein gehalten als auch

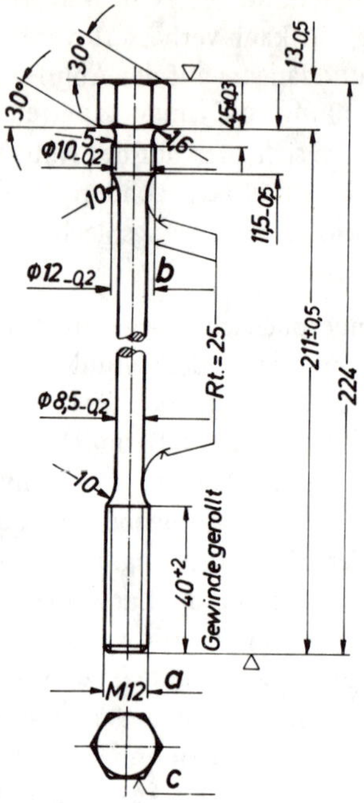

Lage- und Formtoleranzen			
Zulässige Abweichung	von	zu	max. Wert
Radialschlag	a Gewinde	b	2
von der Mittigkeit	c	b Auf Umschlag gemessen	0,27

Bild 143. Zylinderkopfschraube für einen luftgekühlten Dieselmotor

der Anstieg der Vorspannkraft in der Schraube, der sich durch die größere Wärmedehnung von Leichtmetallzylinderkopf und Zylinder gegenüber der besser gekühlten Zylinderkopfschraube im Betrieb ergibt. Der Anstieg der Vorspannkraft durch die Erwärmung kann einerseits zu einer plastischen Verformung der Schraube führen und andererseits zu einer unzulässigen Verformung des Leichtmetallzylinderkopfes, dessen Festigkeit mit zunehmender Temperatur merkbar abnimmt. Weiter erhöht sich der Dichtdruck stark durch den Anstieg der Vorspannkraft, was auch wieder wegen der verminderten Warmfestigkeit des Zylinderkopfmaterials zum Setzen des Dichtverbandes, besonders in der Gegend des Auslaßventils, führen kann. Beides kann zur Folge haben, daß beim Abkühlen des Motors der Dichtverband nicht mehr dicht ist, d.h. der Zylinderkopf

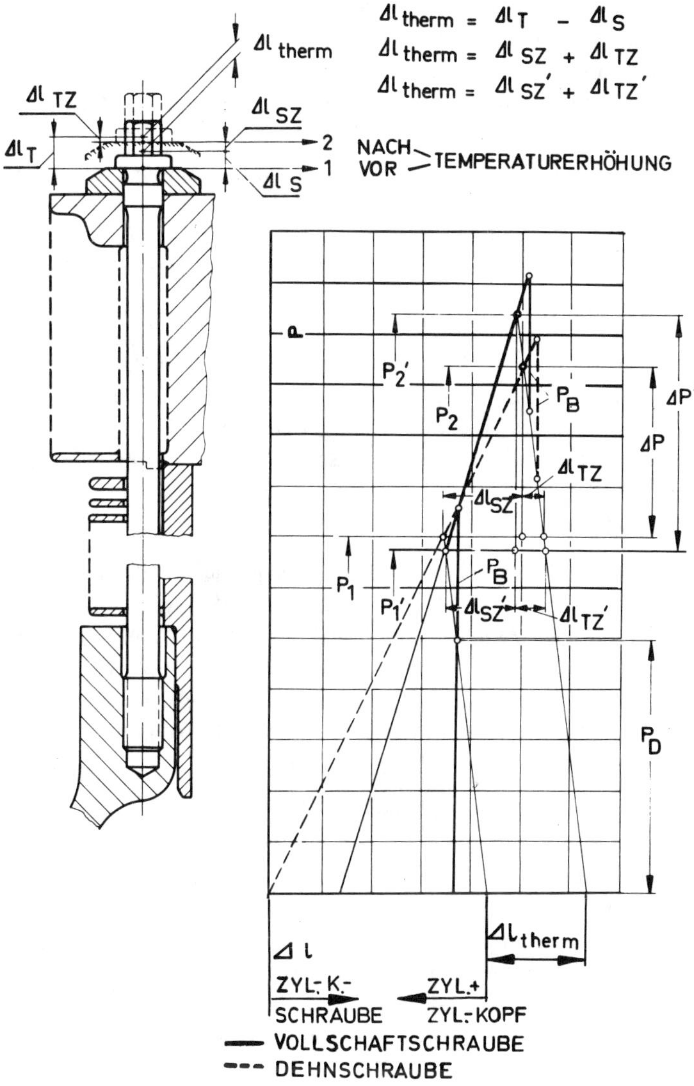

Bild 144. Dehnschraubendiagramm der Zylinderkopfverschraubung eines luftgekühlten Motors

bläst beim Starten durch. Eine sehr schlanke Dehnschraube hoher Festigkeit, wie oben beschrieben, mildert diese Auswirkungen der größeren Wärmedehnung von Zylinder und Zylinderkopf gegenüber den Zylinderkopfschrauben ab. Das sei kurz anhand des bekannten Dehnschraubendiagramms erläutert. In Bild 144 ist das Verspannungsdiagramm für den Verband Zylinder, Zylinderkopf und Zylinderkopfschrauben dargestellt, und zwar für eine Vollschaftschraube und eine Dehnschraube. Ausgegangen wird von einem erforderlichen Dichtdruck P_D im kalten Zustand. Damit ergibt sich für die Vollschaftschraube eine Vorspannkraft P_1' und für die Dehnschraube eine Vorspannkraft P_1. Wird der Verband erwärmt, so würden sich die unverspannte Schraube um Δl_s und die unverspannten Zylinder und Zylinderkopf um Δl_T ausdehnen. Die Differenz $\Delta l_T - \Delta l_s$ wird mit Δl_{therm} bezeichnet. Das gilt sowohl für die Vollschaftschraube als auch für die Dehnschraube. Δl_{therm} bestimmt die Größe der Änderung der Vorspannkraft. Für die zusätzliche Längung der Schraube Δl_{SZ} bzw. Verkürzung von Zylinder und Zylinderkopf Δl_{TZ} bei Erwärmung des Verbandes im verspannten Zustand gilt:
$\Delta l_{therm} = \Delta l_{SZ} + \Delta l_{TZ}$ für die Dehnschraube und $\Delta l_{therm} = \Delta l_{SZ}' + \Delta l_{TZ}'$ für die Vollschaftschraube. Mit Δl_{therm} ergeben sich neue Verspannungsdiagramme mit den erhöhten Vorspannkräften P_2' bzw. P_2. Man sieht daraus, daß sich bei Erwärmung des Verbandes die Vorspannkraft bei einer Vollschaftschraube viel stärker erhöht als bei einer Dehnschraube. Das gleiche gilt auch für die Dichtkraft P_D, die sich nach Einführung der Betriebskraft P_B in das Verspannungsdiagramm ergibt.

Zur Auslegung der Zylinderkopfschraube dienen folgende Erfahrungswerte.
Die Vorspannkraft aller Zylinderkopfschrauben muß so groß sein, daß auch bei Entlastung durch den Zünddruck die Restkraft, d.h. die Dichtkraft, immer noch so groß ist, daß eine einwandfreie Dichtung gewährleistet ist. Wegen der Gefahr der Verspannung des Zylinders und des Zylinderkopfes kann aber die Vorspannkraft nicht beliebig hoch gewählt werden. Die Erfahrung hat gezeigt, daß mit einer Vorspannkraft der Schrauben, die etwa das 2,5-fache der Zündkraft $P_Z = \frac{\pi}{4} D^2 p_Z$ beträgt, auszukommen ist. Diese Vorspannkraft muß mit einer rechnerischen Zugspannung im Dehnschaft, die 70% der Streckgrenze des Schraubenmaterials nicht überschreitet, erreicht werden. Mit diesem Wert wird dann erfahrungsgemäß die Streckgrenze des Schraubenmaterials unter dem Einfluß der Vorspannung, der Verdrehspannung beim Anziehen der Schraube, der Betriebswechselspannung und der zusätzlichen Vorspannung durch die Erwärmung im Betrieb nicht überschritten. Um die notwendige Vorspannkraft auch bei einer sehr schlanken Dehnschraube nach Bild 143 zu erreichen, verwendet man einen Werkstoff hoher Festigkeit, z.B. einen Stahl 42 Cr Mo 4 V, der auf eine Zugfestigkeit von 120 bis 140 kp/mm^2 bei einer Streckgrenze von 115 kp/mm^2 vergütet ist.

Bei einem Zylinderkopf aus Leichtmetall ist es nicht notwendig, zwischen Zylinder und Zylinderkopf eine Dichtung zu legen. Die Aufgabe eines besonderen Dichtringes wird in diesem Falle vom Leichtmetall des Zylinderkopfes selbst wahrgenommen. Die Dichtflächen des Zylinders und Zylinderkopfes sollen so glatt wie möglich sein, um Bewegungen des Zylinderkopfes gegenüber dem Zylinder, die sich infolge der verschiedenen Wärmedehnung von Leichtmetall und Gußeisen ergeben, möglich zu machen und so zusätzliche mechanische Beanspruchung des Zylinders zu verhindern.

3.2.3 Beanspruchung und Gestaltung des Zylinderkopfs

3.2.3.1 Aufgaben und Beanspruchung des Zylinderkopfes

Der Zylinderkopf eines Verbrennungsmotors hat vielfältige Aufgaben. Er muß den Verbrennungsraum nach oben abdichten, er enthält die Ein- und Auslaßventile und die Gaskanäle und ist Träger des Einspritzventils und des Ventilbestätigungsmechanismus. Er enthält bei Motoren mit abgeteiltem Brennraum, z.B. einer Vorkammer auch einen Teil des Verbrennungsraumes. In manchen Fällen ist im Zylinderkopf auch noch ein Anlaßventil zum direkten Anlassen des Motors mit Druckluft untergebracht.

Der Zylinderkopf wird mechanisch durch die Zünddrücke und die Schraubenkräfte beansprucht. Die thermische Beanspruchung des Zylinderkopfes ist hoch, da der Wärmeübergang auf den Zylinderkopfboden im Zünd-OT durch die hohen Drücke, Temperaturen und Geschwindigkeiten der Verbrennungsgase besonders groß ist. Das gleiche gilt für die Auslaßventilsitze im Zylinderkopfboden, die von den Abgasen mit hoher Temperatur und Geschwindigkeit beaufschlagt werden, während im Wechsel damit durch die Einlaßventile kalte Verbrennungsluft einströmt. Die dadurch auftretenden Wärmespannungen überlagern sich den mechanischen Spannungen, ja sie überwiegen weitaus gegenüber diesen. Aus alledem ersieht man, daß der Zylinderkopf besonders sorgfältig durchkonstruiert werden muß, was viel Erfahrung und Kenntnis der Zusammenhänge voraussetzt, umsomehr, als diese Probleme heute Berechnungen noch wenig zugänglich sind.

3.2.3.2 Gestaltung der Zylinderköpfe wassergekühlter Motoren

Die Zylinderköpfe wassergekühlter Motoren werden als Blockzylinderköpfe (Bild 145) oder Einzelzylinderköpfe (Bild 146) ausgeführt. Beim Blockzylinderkopf sind mehrere Zylinderköpfe (bis zu 6) zu einem Block zusammengefaßt. Ein solcher Kopf kommt meistens nur für kleinere Motoren bis zu einem Zylinderdurchmesser von etwa 130 mm in Frage. Er hat den Nachteil, daß bei einer Motorenreihe von Motoren mit mehreren Zylindern für jede Zylinderzahl ein besonderer Zylinderkopf vorgesehen werden muß. Er wird daher meistens nur dort

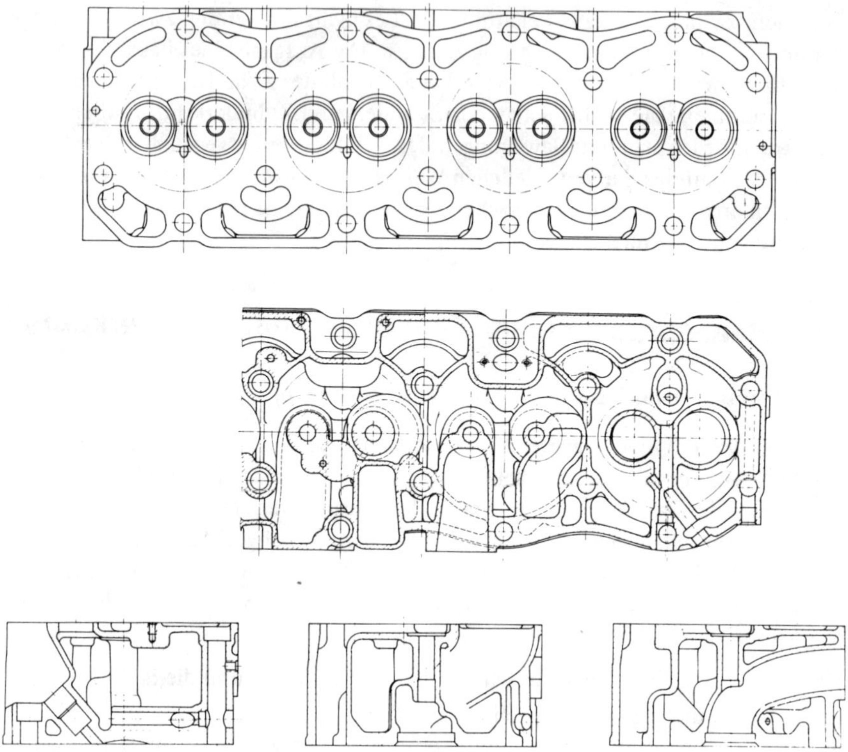

Bild 145. Blockzylinderkopf für einen wassergekühlten Motor

angewandt, wo entweder nur ein Motor mit einer bestimmtem Zylinderzahl gebaut wird, z.B. nur Sechszylindermotoren, oder die Stückzahlen der einzelnen Zylinderzahlen sehr groß sind. Außerdem stellt ein Blockkopf, je mehr Zylinder in ihm zusammengefaßt sind, desto größere Anforderungen an die Kunst der Gießerei. In allen anderen als den erwähnten Fällen wird man daher Einzelzylinderköpfe verwenden, muß dann allerdings eine gewisse Beschränkung in bezug auf kleinsten Zylinderabstand in Kauf nehmen und muß auf gewisse Vereinfachungen, wie sie der Blockkopf bietet, z.B. Rückführung des Kühlwassers durch den Kopf ohne Verwendung einer besonderen Leitung, verzichten. Andererseits bietet ein Einzelzylinderkopf den Vorteil größerer Steifigkeit in bezug auf die Übertragung der Schraubenkräfte auf die Dichtung; denn die Seitenwände sind im Gegensatz zum Blockkopf durchgehend. Er bietet weiter Vorteile in der Ersatzteilhaltung und Reparatur und weiter in der Fertigung; denn bei mittleren Motorenstückzahlen ergeben sich schon große Zylinderkopfstückzahlen, die Einrichtungen für eine rationelle und genaue Fertigung rechtfertigen.

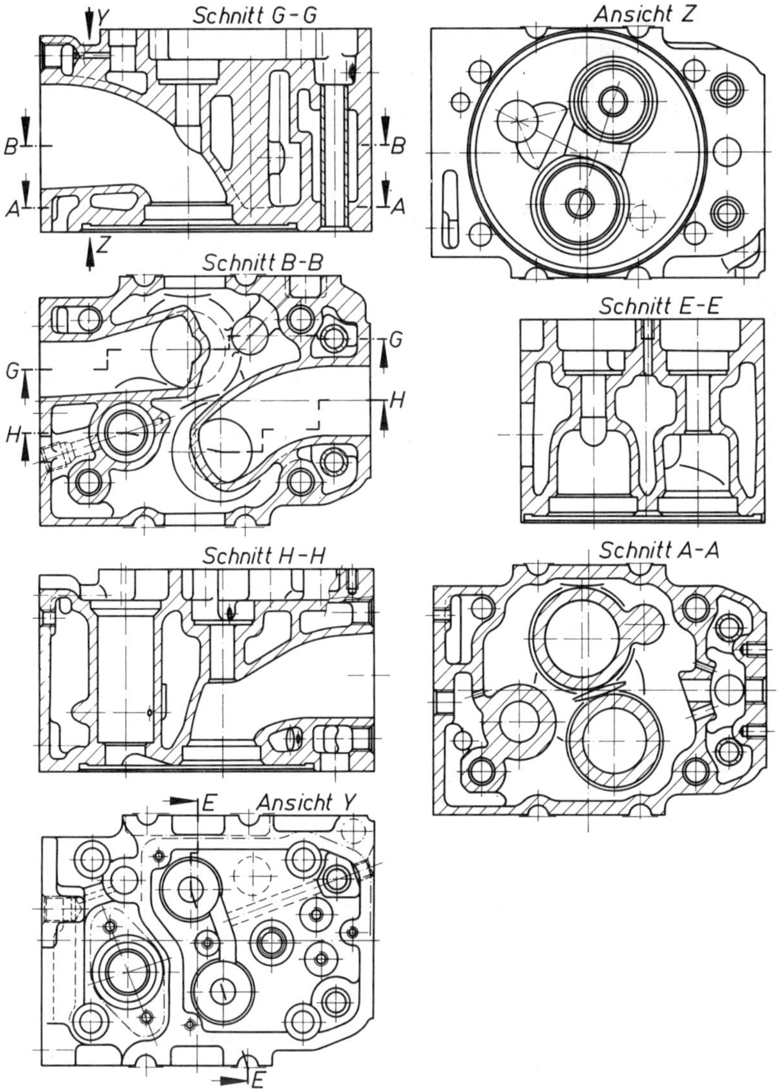

Bild 146. Wassergekühlter Einzelzylinderkopf eines Vorkammermotors

Der Zylinderkopf baut sich im Prinzip aus einer Bodenplatte, den Seitenwänden und der Deckplatte auf. Bodenplatte und Deckplatte sind außer durch die Seitenwände noch über einen Teil der Ventilkanäle und die Pfeifen für die Ventilführungen (Bilder 145, 146) sowie die Pfeife für die Einspritzdüse oder den Verbrennungsraum miteinander verbunden, was dem ganzen Zylinderkopf eine gewisse Steifigkeit gegen Verformung durch den Verbrennungsdruck gibt. Die Bodenplatte muß besonders bei aufgeladenen Motoren mit hohen Verbrennungsdrücken eine gewisse Dicke haben, um einen Verzug der Einlaßventile und damit Verschleiß der Einlaßventilsitze zu vermeiden [141].

Sie darf jedoch andererseits, besonders im mittleren Bereich des Zylinderkopfbodens, wo seine spezifische Wärmebelastung am höchsten ist (Bereich der Düsenbohrung bei direkter Einspritzung, Bereich der Vorkammer, Bereich des oder der Auslaßventile und des Steges zwischen je zwei Auslaßventilen beim Vierventilkopf bzw. zwischen Ein- und Auslaßventil beim Zweiventilkopf), wegen des Wärmedurchgangs zum Kühlmittel nicht zu dick sein, da sonst die Temperaturen an der Verbrennungsraumseite des Zylinderkopfbodens zu hoch werden. Zur Bestimmung der maximalen Stärke des Zylinderkopfbodens dienen folgende Überlegungen.
Für die Wärmeleitung im Zylinderkopfboden gilt (vgl. auch Bild 157):

$$t_{w_i} - t_{w_a} = \Delta t = \frac{q}{F} \cdot \frac{\delta}{\lambda} \quad [°C]$$

Hierin ist t_{wi} [°C] die Zylinderkopfbodentemperatur auf der Brennraumseite, t_{wa} [°C] die Zylinderkopfbodentemperatur auf der Kühlwasserseite, q/F [kcal/m² h] die spezifische örtliche Wärmebelastung des Zylinderkopfbodens λ [kcal/h m °C] die Wärmeleitfähigkeit des Zylinderkopfmaterials und δ[m] die örtliche Bodenstärke des Zylinderkopfes. Für die Bodenstärke δ ergibt sich durch Umwandlung der oben genannten Beziehung.

$$\delta = \frac{\lambda \cdot \Delta t}{q/F} \quad [m]$$

Hiermit kann die maximale Bodenstärke des Zylinderkopfes annähernd bestimmt werden. Nach [107] sind die Temperaturen an der Wasserseite des Zylinderkopfbodens praktisch konstant und unabhängig von der örtlichen spezifischen Wärmebelastung und damit auch der Zylinderleistung. Sie liegen z.B. nach [107] in der Mitte des Zylinderkopfbodens zwischen 133 und 140°C. Für t_{wi} kann man für Gußeisen ca. 350°C annehmen und für λ ca. 42 kcal/m h °C. Die örtliche spezifische Wärmebelastung muß aus früheren Messungen bekannt sein. Bei [107] werden hierfür Meßwerte angegeben. Um den Wärmedurchgang an der besonders rißgefährdeten Stelle der Bodenplatte im Steg zwischen Ein- und Auslaßventil zu verbessern, hat es sich bewährt, an dieser Stelle die Bodenplatte durch eine Ansenkung vom Brennraum her in ihrer Stärke zu verringern.

Es wurde schon erwähnt, daß der Kopf im Interesse einer guten Abdichtung so steif wie möglich sein soll, damit die Schraubenkräfte in voller Höhe und gleichmäßig auf die Dichtung gebracht werden. Dazu muß der Zylinderkopf eine gewisse Höhe haben. Als Richtwert sei für die Zylinderkopfhöhe $h_K \approx D$ angegeben. Einen in bezug auf die Dichtung steifen Zylinderkopf erhält man, wenn man die einzelnen Schraubenpfeifen durch einen Hohlzylinder in voller Zylinderkopfhöhe verbindet, der möglichst den Durchmesser der Zylinderkopfdichtung haben soll (Bilder 145, 146). Dieser Hohlzylinder wird beim Einzelzylinderkopf normalerweise durch die Außenwände des Zylinderkopfes gebildet. Mit einer solchen Konstruktion werden die Schraubenkräfte gleichmäßig auf die Dichtung übertragen, wenn diese Wände außer durch die notwendigen Durchbrüche für Ein- und Auslaßkanäle so wenig wie möglich z.B. durch Kühlwasserübertritte oder Kernlochverschlüsse unterbrochen werden. Die unumgänglich notwendigen Kernlochverschlüsse müssen im Hinblick auf gleichmäßige Dichtdruckverteilung richtig bemessen und angebracht werden, d.h. sie sollen so klein wie möglich sein und so hoch wie möglich liegen. Die Bilder 145 und 146 zeigen Zylinderköpfe, die nach diesen Richtlinien konstruiert wurden. Man sieht, daß dieses Konstruktionsprinzip nicht nur auf Einzelzylinderköpfe, sondern auch auf Blockzylinderköpfe angewandt werden kann. Dabei können natürlich im Interesse des Wasserübergangs von Zylindereinheit zu Zylindereinheit im Zylinderkopf und im Interesse eines einfachen Kernaufbaus die beiden jeweils zwischen den Zylindereinheiten liegenden Schrauben nicht durch eine Wand miteinander verbunden werden. Dafür müssen aber Rippen so weit wie möglich vorgezogen werden und mit großen Abrundungen in den Zylinderkopfboden übergehen.

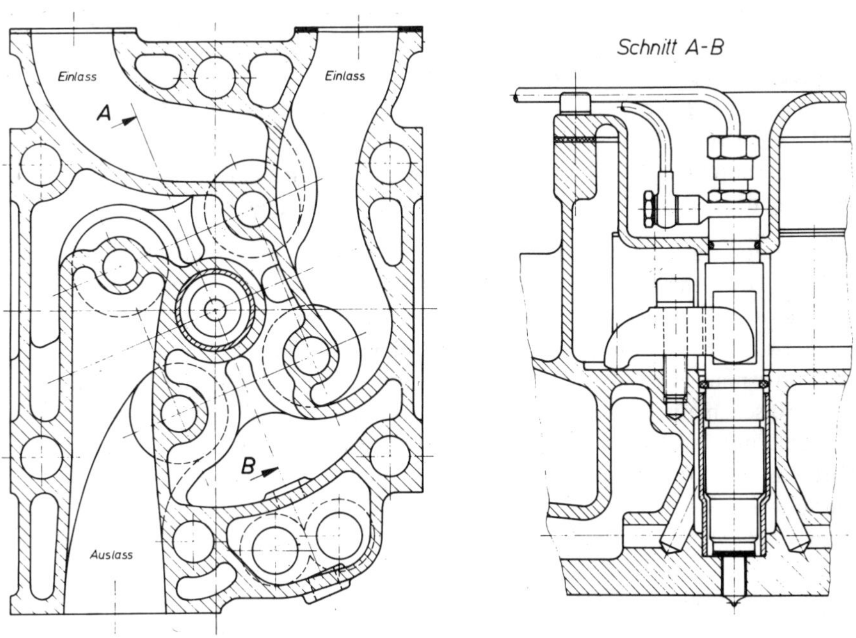

Bild 147. Vierventilzylinderkopf mit Einlaßdrallkanälen und zentral sitzendem Einspritzventil

Die Anordnung der Ein- und Auslaßkanäle im Zylinderkopf ist weitgehend durch die Lage des Rädertriebs bestimmt.. Bei einem Reihenmotor wird z.B. auf der Seite, auf der die Einspritzpumpe liegt, sowohl bei Vorkammermotoren als auch bei Direkteinspritzmotoren mit zwei Ventilen, auch die Einspritzdüse sitzen (Bilder 154 und 318). Liegt dann auch noch die Nockenwelle auf derselben Seite wie die Einspritzpumpe (Bild 184 b u. c), dann ist für die Ein- und Auslaßkanäle auf dieser Seite kein Platz mehr und sie müssen beide auf der anderen Seite des Zylinderkopfes liegen, wie z.B. die Bilder 145 und 322 zeigen. Anders ist es bei Vierventilzylinderköpfen, bei denen, ob Vorkammer oder direkte Einspritzung, die Einspritzdüse senkrecht in der Mitte des Zylinderkopfes liegt (Bild 147). Hier besteht dann mehr Freiheit in der Anordnung der Ein- und Auslaßkanäle.

Die Ausbildung und Formgebung der Ein- und Auslaßkanäle richtet sich nach dem vorgesehenen Verbrennungsverfahren, was die Einlaßkanäle anbelangt, und nach der Frage Saugmotor oder Auflademotor, was die Auslaßkanäle betrifft.

Die Einlaßkanäle für Verbrennungsverfahren, die keine Drehung der Zylinderladung zur Gemischbildung benötigen (Vorkammer oder Wirbelkammer), werden nur im Hinblick auf maximalen Durchfluß gestaltet. Dazu wird der Eingangsquerschnitt beim Eintritt in den Zylinderkopf etwa 20% größer gemacht als der lichte Ventilquerschnitt. Von da ab soll der Querschnitt abnehmen, so daß der Durchfluß bis zum Ventil stetig beschleunigt wird (Bild 148). Plötzliche Querschnittsänderungen sind schädlich. Der Übergang vom Kanal in den Ventilsitz wird bearbeitet (Bild 149). Kurz vor dem Ventilsitz kann eine Einschnürung erfolgen von ungefähr $0{,}82 \cdot d_i$, was sich besonders gut bei Ventilsitzringen darstellen läßt (Bild 158). Bei der Bemessung der Kanalquerschnitte ist zu berücksichtigen, daß die Ventilführung in den Kanal hineinragt, was durch eine entsprechende Ausnehmung des Kanals nach der Seite hin ausgeglichen werden muß.

Verbrennungsverfahren der direkten Einspritzung mit offenem Brennraum im Kolben erfordern zur Gemischbildung eine Drehbewegung der Ladung, den sogenannten Drall, der durch entsprechende Ausbildung der Einlaßkanäle erzeugt wird. Es gibt im wesentlichen zwei Möglichkeiten, die Drehbewegung der Verbrennungsluft durch Ausbildung des Einlaßkanals zu erzeugen, die in Bild 150 schematisch dargestellt sind, und zwar den Schrägkanal oder Tangentialkanal, mit dem ein tangential zum Zylinder gerichtetes Ausströmen der Verbrennungsluft erzwungen wird, und den Spiral- der Drallkanal. Der erstere soll so wenig wie möglich geneigt sein. Die maximale Luftgeschwindigkeit soll so nahe wie möglich am Ventilsitz erreicht werden, und der Luftstrahl soll so weit wie möglich von der Zylindermitte entfernt aus dem Ventil austreten. Schrägkanäle sind für kleinere und mittlere Leistungen geeignet. Sie sind in ihrer Streuung in bezug auf die erreichbare Luftdrehung von Kanal zu Kanal schwer zu beherrschen und erfordern daher sehr genauen Guß. Aus diesem Grunde sieht

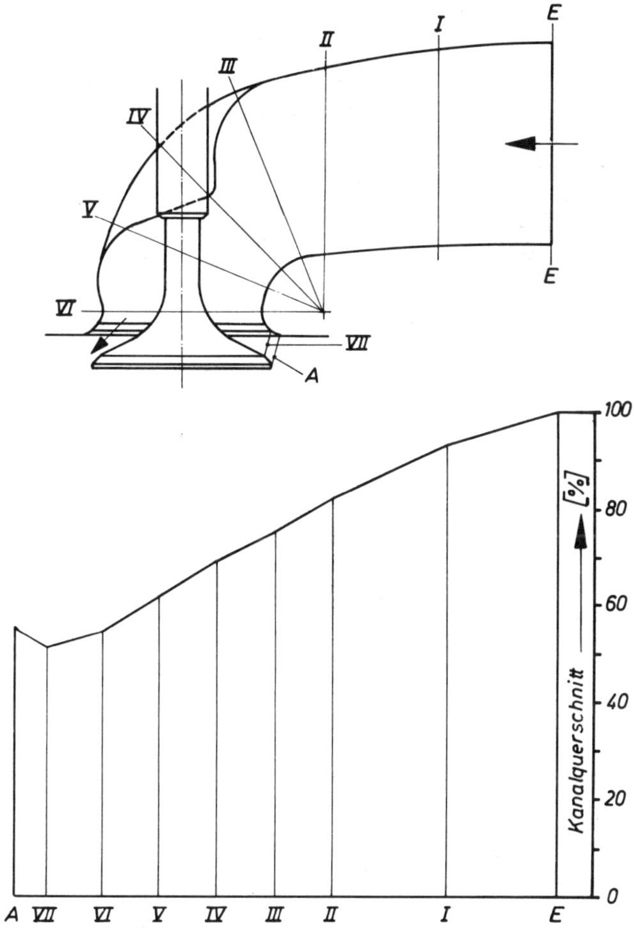

Bild 148. Querschnittsverlauf eines Einlaßkanals

z.B. Perkins bei seinen Motoren voll bearbeitete Einlaßkanäle vor (Bild 322) [96]. Ein Spiral- oder Drallkanal erlaubt die Erzeugung mittlerer und starker Luftdrehungen. Hier rotiert die Luft um den Ventilschaft, bevor sie tangential senkrecht zur Zylinderachse den Kanal verläßt. Der Luftdrall wird durch eine spiralförmige Ausbildung des Kanals erzeugt. Der Kanal selbst besteht aus mehreren Teilen, einem Einlauf, an den sich ein düsenförmiger Teil anschließt, der dann über eine Spirale in einen Ringraum oberhalb des zylindrischen Teils des Ventilsitzes übergeht. Im Einlauf und in der Düse herrscht eine konstante Beschleunigung. Beide haben meist einen rechteckigen Querschnitt mit großen Abrundungen. Beide sollen nicht waagerecht sondern geneigt verlaufen. Sehr

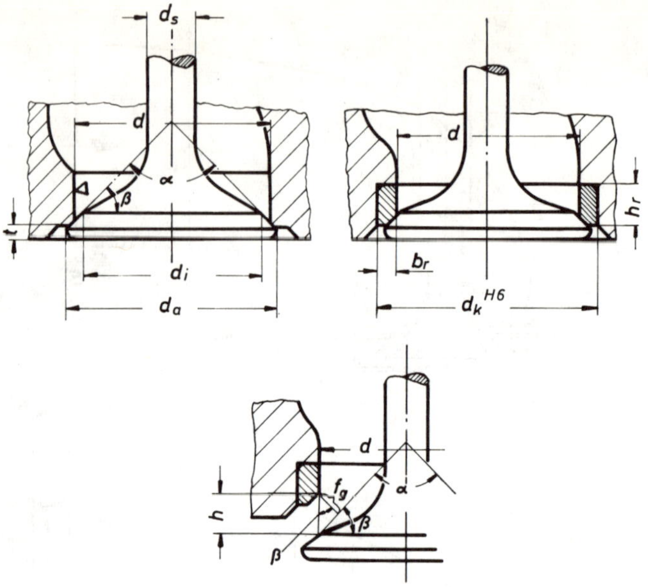

Bild 149. Ausbildung der Ventilsitzpartie im Zylinderkopf

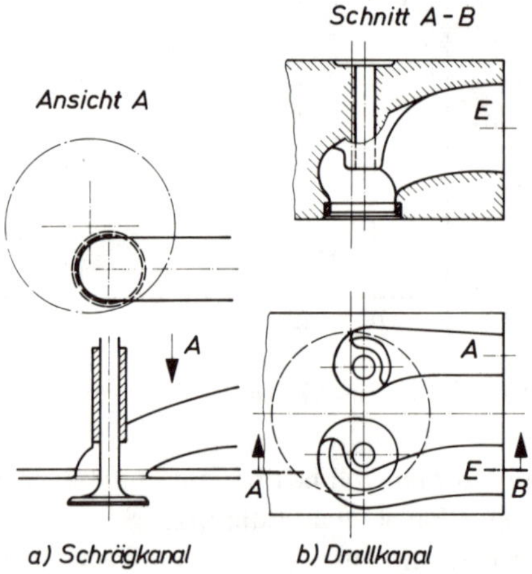

Bild 150. Schematische Darstellung von Einlaßkanälen, die eine Drehung der Verbrennungsluft bewirken

gut verhält sich ein fallender Einlaßkanal, wie ihn Bild 145 zeigt. Damit die austretende Verbrennungsluft nicht direkt auf die Zylinderwand auftrifft oder mitten in den Zylinderraum austritt, was den Drall im Zylinderraum beeinträchtigt, muß die Achse des düsenförmigen Teiles des Kanals in einem bestimmtem Winkel zur Kurbelwellenachse liegen (Bild 151). Das beeinflußt die Zylinderkopf-

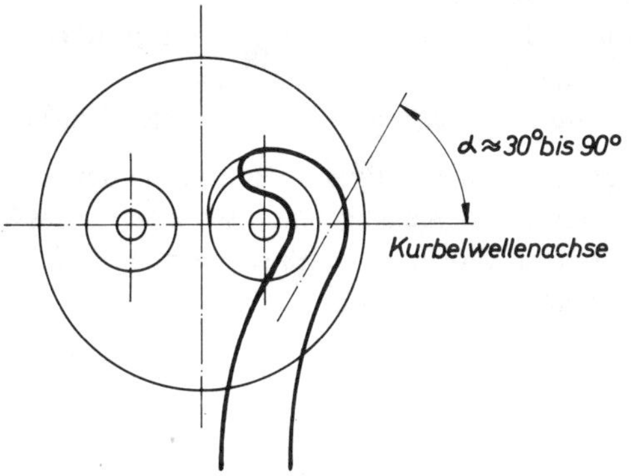

Bild 151. Lage des Drallkanals zur Kurbelwellenachse

konstruktion, was die Lage der Einspritzdüse, der Zylinderkopfschrauben und Stoßstrangendurchtritte anbelangt. Die Größe des geforderten Dralls ist abhängig vom Verbrennungsverfahren und vom Einspritzgesetz. Zu beachten ist jedoch, daß der Durchflußbeiwert μ des Kanals umso schlechter wird, je höher der Drall ist (Bild 152). Der Durchflußbeiwert μ des Kanals beeinflußt die Durchflußziffer α_K, die ein Maß für den Liefergrad des Zylinders ist. Hierauf wird später noch näher eingegangen. Es bedarf daher sorgfältiger Versuchsarbeit, den Drallkanal auf einem speziellen Prüfstand [104; 122] auf optimales Verhältnis von Drallzahl und Durchflußbeiwert μ auszubilden. Ein solcher Drallkanal kann konstruktiv in der Zeichnung nicht festgelegt werden, sondern muß nach einem Modell gefertigt werden, das auf dem Drallprüfstand und in Verbrennungsversuchen festgelegt wird.

Vor Beginn der Verbrennungsversuche eines neu entwickelten Motors wird der Einlaßkanal in einem Durchströmversuch auf einem speziellen Prüfstand auf seine Wirksamkeit untersucht. Dabei wird ein Kanalmodell entweder in einem Zylinderkopf oder in einem entsprechenden Aufsatz auf dem dazugehörigen Zylinder unterkritisch durchströmt und die Durchflußziffer in Abhängigkeit vom Ventilhub bestimmt. Unter der dimensionslosen Durchflußziffer α_K wird dabei das Verhältnis der axialen Luftgeschwindigkeit c_a im Zylinder zur Luftgeschwindigkeit c_e im engsten Querschnitt f_e verstanden:

$$\alpha_K = \frac{c_a}{c_e} = \frac{V_l/F_K}{\sqrt{\frac{\Delta p}{\varrho/2}}}$$

Hierin sind

V_1	=	sekundliches Durchströmvolumen	$[m^3/sec]$
F_K	=	Kolbenquerschnitt	$[m^2]$
Δp	=	Druckdifferenz Kanaleintritt – Kanalaustritt	$[kp/m^2]$
ϱ	=	mittlere Luftdichte	$[kp\ s^2/m^4]$

Die Durchflußziffer α_k ist ein wichtiges Hilfsmittel für den Konstrukteur zur Bemessung des Einlaßventiles. Sie ist geometrisch gesehen das Verhältnis des effektiv von der durch das geöffnete Ventil strömenden Luft eingenommenen Querschnittes f_e zur Kolbenfläche F_K.

$$\alpha_k = \frac{f_e}{F_K}$$

Der effektive Querschnitt f_e ist um den Faktor μ, der die im Einlaßkanal und am Ventilspalt auftretenden Verluste kennzeichnet, kleiner als der geometrische Durchtrittsquerschnitt f_g.

$$f_e = \mu \cdot f_g$$

Als f_g wird eine Kegelmantelfläche im Ventilspalt senkrecht zur Sitzfläche angenommen. Sie ist mit den Bezeichnungen von Bild 149:

$$f_g = \pi \cdot h \cdot \cos\beta\,(d + h \sin\beta \cdot \cos\beta)$$

Für α_k ergibt sich dann:

$$\alpha_k = \mu \frac{f_g}{F_K} = \mu\ \sigma_k$$

$\sigma_k = \frac{f_g}{F_K}$ wird als Öffnungsziffer bezogen auf den Kolbenquerschnitt $F_K = \frac{\pi}{4} D^2$ bezeichnet. Führt man die Öffnungsziffer σ_v bezogen auf den Ventilquerschnitt $F_V = \frac{\pi}{4} d^2$ ein, so ist

$$\sigma_V = \frac{f_g}{Z \cdot F_V}$$

Z = Anzahl der Ventile pro Zylinderkopf

$$\frac{\sigma_k}{\sigma_V} = \frac{d^2}{D^2} \cdot Z$$

und es wird

$$\alpha_k = \mu \cdot \sigma_V \frac{d^2}{D^2} \cdot Z$$

Daraus ergibt sich der lichte Ventildurchmesser

$$d = D \sqrt{\frac{\alpha_k}{\mu \cdot \sigma_V \cdot Z}}$$

Für α_k ist aus Messungen ein Erfahrungswert abhängig von der mittleren Kolbengeschwindigkeit c_m bekannt, bei dem ein ausreichender Liefergrad erreicht wird

$$\alpha_k \geqq 0{,}007 \cdot c_m \quad (c_m \text{ in m/sec})$$

σ_V ist ein reiner Konstruktionswert, der sich für den üblichen Ventilsitzwinkel $\alpha = 90^\circ$ ($\beta = 45^\circ$) aus der obigen Beziehung für f_g ergibt zu:

$$\sigma_V = \frac{f_g}{F_V} = 2{,}83 \frac{h}{d} (1 + 0{,}5 \frac{h}{d})$$

Für das Verhältnis h_{max}/d ist üblich

$$\frac{h_{max}}{d} = 0{,}25 \text{ bis } 0{,}3$$

Der Durchflußbeiwert μ ist abhängig

vom Verhältnis h_{max}/d (siehe Bild 152)
vom Abstand a des Ventiltellers von der Zylinderwand
vom Drall (siehe Bild 152)
von der Kanalform, d.h. Kanallänge, Querschnittsverlauf, Neigungswinkel

Für a gilt ein Erfahrungswert, bei dem guter Liefergrad erreicht wird:

$$\frac{a_{min}}{d_a} = 0{,}05 \text{ bis } 0{,}08$$

Der Durchflußbeiwert μ kann nach dem Diagramm Bild 152 für den ersten Entwurf in Abhängigkeit von der Drallzahl c_u/c_a abgeschätzt werden. Zur Definition der Drallzahl: Die Drallzahl wird ebenfalls auf dem oben erwähnten Prüfstand ermittelt. Sie ist das Verhältnis der Umfangsgeschwindigkeit c_u (gemessen mit einem Anemometerflügel) zur Axialgeschwindigkeit c_a der in den Zylinder einströmenden Luft. Zum Durchflußbeiwert sei noch bemerkt, daß für den Vergleich von Durchflußbeiwerten μ aus verschiedenen Quellen gemäß der Definition von $\mu = \frac{f_e}{f_g}$ berücksichtigt werden muß, wie f_g definiert ist. In der Literatur gibt es verschiedene Definitionen von f_g.

Hat man mit Hilfe der oben genannten Beziehung den lichten Ventildurchmesser d zunächst für Z = 1, d.h. einen Zweiventilkopf ermittelt, so muß überprüft werden, ob dieser auch in dem vorgegebenen Zylinderdurchmesser D unterzubringen ist. Dabei muß der Abstand a des Ventiltellers von der Zylinderwand nach der obigen Beziehung eingehalten werden. Der Ventiltellerdurchmesser d_a ergibt sich daraus, daß die Sitzbreite im Zylinderkopf etwas schmaler gehalten wird als die des Ventils (Bild 149). Für die Sitzbreite des Ventils gilt

$$\frac{d_i}{d_a} \approx 1{,}05 \text{ bis } 1{,}1.$$

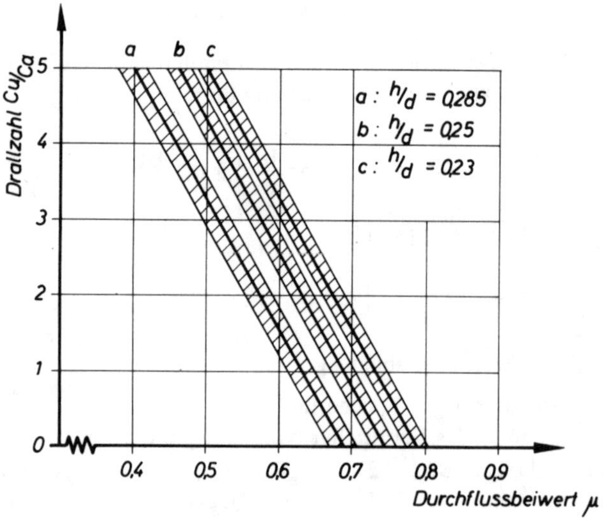

Bild 152. Gemessene Abhängigkeit des Durchflußbeiwertes μ von der Drallzahl c_u/c_a bei verschiedenen Verhältnissen h/d

Es muß weiter überprüft werden, ob die Stegbreite zwischen Ein- und Auslaßventil ausreichend ist für einen genügend großen gegossenen oder bearbeiteten Wasserdurchtritt zwischen Ein- und Auslaßventil. Das Auslaßventil wird beim Zweiventilkopf etwas kleiner gemacht als das Einlaßventil $d_{a_A}/d_{a_E} \approx 0{,}85$ bis 0,9. Für den Abstand des Auslaßventiltellers von der Zylinderwand gilt das gleiche wie für den des Einlaßventiltellers. Werden Ventilsitzringe vorgesehen (Bild 149), dann richtet sich die Stegbreite auch noch nach deren Abmaßen. Weiter muß berücksichtigt werden, daß je nach Verbrennungsverfahren die Verbindungslinie der Mitten von Ein- und Auslaßventil mehr oder weniger entfernt liegt von der Zylindermittellinie in Kurbelwellenrichtung. Das gilt z.B. bei direkter Einspritzung, wo durch das Wegrücken der Ein- und Auslaßventile Platz für die Einspritzdüse geschaffen werden muß, die möglichst nahe der Zylindermitte aus dem Zylinderkopfboden austreten soll (Bild 145). Ergibt sich unter Berücksichtigung dieser Richtlinien, daß der berechnete lichte Ventildurchmesser d nicht im vorgesehenen Zylinderdurchmesser D unterzubringen ist, dann muß man zu einem Vierventilkopf übergehen. Der lichte Ventildurchmesser d der beiden Einlaßventile wird dann so ermittelt, daß in die Beziehung für d der Wert Z = 2 eingesetzt wird. Damit ist auch eine Entscheidung gefunden für die Frage, wann man einen Zwei- oder Vierventilkopf vorsehen muß. Es muß weiter überprüft werden, wenn d festliegt, ober der aus dem gewählten Verhältnis $\frac{h_{max}}{d}$ sich ergebende maximale Ventilhub in bezug auf die Drehzahlfestigkeit des gewählten Ventiltriebs zulässig ist. Auch hieraus kann sich eine Grenze für einen Zweiventilkopf ergeben. Bei der Frage, ob Zwei- oder Vierventilkopf muß allerdings auch die Größe des Ventildurchmessers selbst berücksichtigt werden. Ventile mit allzu großen Tellerdurchmessern im Verhältnis zum Schaftdurchmesser sind empfindlich gegen Verzug (siehe 3.3.3).

Die oben abgeleitete Beziehung für den lichten Ventildurchmesser

$$d = D\sqrt{\frac{\alpha_k}{\mu \cdot \sigma_V \cdot Z}}$$

zeigt auch seine Abhängigkeiten. d wird größer

mit größer werdendem Zylinderdurchmesser D
mit größer werdender Kolbengeschwindigkeit c_m (α_k wird größer)
mit schlechter Kanalausbildung (kleines μ)
mit größer werdendem Drall (kleines μ)
mit größer werdendem relativen Ventilhub h_{max}/d (σ_v wird größer)
mit kleiner werdender Ventilzahl Z

Bei Zylinderköpfen mit zwei Ventilen wird bei direkter Einspritzung die Einspritzdüse schräg im Zylinderkopf angeordnet (Bild 145). Entsprechend kann auch die Lage einer Vorkammer gestaltet werden (Bild 316).

Wird eine Vierventilausführung gewählt, so wird normalerweise die Einspritzdüse bzw. eine Vorkammer in der Mitte zwischen den vier Ventilen angeordnet (Bild 154). Bei einem Vierventilkopf mit einem Verbrennungsverfahren, das keine Einlaßkanäle erfordert, die der Verbrennungsluft eine Drehbewegung erteilen, können sowohl die Auslaß- als auch die Einlaßkanäle zusammengefaßt werden. Sind die Einlaßkanäle als Drallkanäle ausgebildet, z.B. bei direkter Einspritzung, so müssen sie, damit sie sich nicht gegenseitig beeinflussen, getrennt geführt werden. Bild 147 zeigt eine solche Ausführung. Bei Vierventilzylinderköpfen sind normalerweise Ein- und Auslaßventile gleich groß, jedoch kann es auch hier notwendig sein, insbesondere, um den Liefergrad bei Drallkanälen zu verbessern, die Einlaßventile größer als die Auslaßventile zu machen.

Bild 149 zeigt die Ausbildung der Ventilsitzpartie im Zylinderkopf. Der Ventilsitzwinkel α ist meistens 90°. Für hochaufgeladene Motoren kann auch ein größerer Winkel, z.B. 120°, gewählt werden, der nach [141] günstigere Verhältnisse in bezug auf Verschleiß des Einlaßventilsitzes bringt.

Höher belastete Motoren erhalten Ventilsitzringe (Bild 149) aus verschleißfestem Material, z.B. einer Schleudergußlegierung mit folgender Zusammensetzung:

C :	1,7	bis	2,1%
Si :	0,5	bis	1,0%
Mn :	0,5	bis	0,9%
Cr :	10,5	bis	13,5%
Mo :	2,0	bis	2,5%

und einer Brinellhärte HB 30 von 400 bis 450 kp/mm^2. Die Höhe h_r soll ca. 0,18 bis 0,2 · d_i sein, ihre Wandstärke ca. 0,07 bis 0,09 · d_i. Sie werden mit einer Überdeckung gegenüber der Bohrung d_k H6 im Zylinderkopf von ca. 0,002 · d_k ausgeführt und müssen daher zum Einbau unterkühlt werden. Die Überdeckung ist daraufhin zu prüfen, daß der Sitzring im eingebauten Zustand nicht über seine Streckgrenze hinaus verformt wird. Wie aus Bild 149 ersichtlich, werden die Ventile um einen gewissen Betrag t im Zylinderkopf versenkt. Die Größe von t ist abhängig von den Steuerzeiten und dem Mindestabstand des Kolbens von den Ventilen im Zeitpunkt der Überschneidung (siehe 3.3).

Auch der Auslaßkanal muß, besonders bei Auflademotoren, strömungsgünstig ausgebildet werden. Vom Ventilsitz aus geht er über eine Abrundung in den Kanalanfang über. Von hier aus bis kurz hinter die Ventilführung kann der Kanalquerschnitt annähernd gleich bleiben, um sich dann möglichst diffusorartig bis zum Austritt aus dem Zylinderkopf auf den Querschnitt der Auspuffleitung der etwa 10% größer ist als der lichte Ventilquerschnitt d zu erweitern (Bild 153). Besonders sorgfältig muß der Innenradius des gekrümmten Kanalteiles ausgebildet werden, da hier Gefahr der Ablösung der Strömung besteht. Ein großer Radius und ein nach der Krümmung leicht ansteigender Kanal verringern die Gefahr. Es ist auch beim Auslaßkanal zu empfehlen, seinen Durchflußbeiwert im Strömungslabor zu überprüfen und, wenn nötig, seine Formgebung daraufhin zu korrigieren. Der Auslaßkanal selbst soll so kurz wie möglich im Zylinderkopf geführt sein, und seine Oberfläche soll so klein wie möglich sein, um den Wärmeübergang in das Kühlwasser auf ein Minimum zu beschränken.

Die Ventilschäfte können bei kleineren, niedrig belasteten Motoren direkt im Material des Zylinderkopfes (Grauguß) laufen. Bei größeren und höher belasteten Motoren werden besondere Ventilführungen in den Kopf eingepreßt. Sie müssen ähnlich wie Zylinderbuchsen aus einem verschleißfesten Gußeisen sein, z.B. Grauguß mit einem Phosphorgehalt von 0,7 bis 1%. Die Ausführungen von Ventilführungen zeigt Bild 153. Die Bohrungen der Ventilführungen im Zylinderkopf werden mit der Toleranzgruppe H6 ausgeführt. Sie werden in einem Arbeitsgang mit den Ventilsitzen bearbeitet. Damit die Bohrung einwandfrei rund ist und fluchtet, darf sie nicht direkt in die schräge Wand des Ventilkanals auslaufen, sondern in eine Ansenkung größeren Durchmessers (Bild 153). Die Ventilführung des Einlaßventils darf in den Einlaßkanal frei hineinragen. Beim Auslaßkanal ist dies unter allen Umständen zu vermeiden, da sich die Führung infolge der Aufheizung durch die Abgase unten aufweitet und sich in dieser Aufweitung Ablagerungen bilden, die ein Fressen des Ventilschaftes in der Ventilführung verursachen. Der Außendurchmesser der Ventilführung wird mit p6 toleriert.

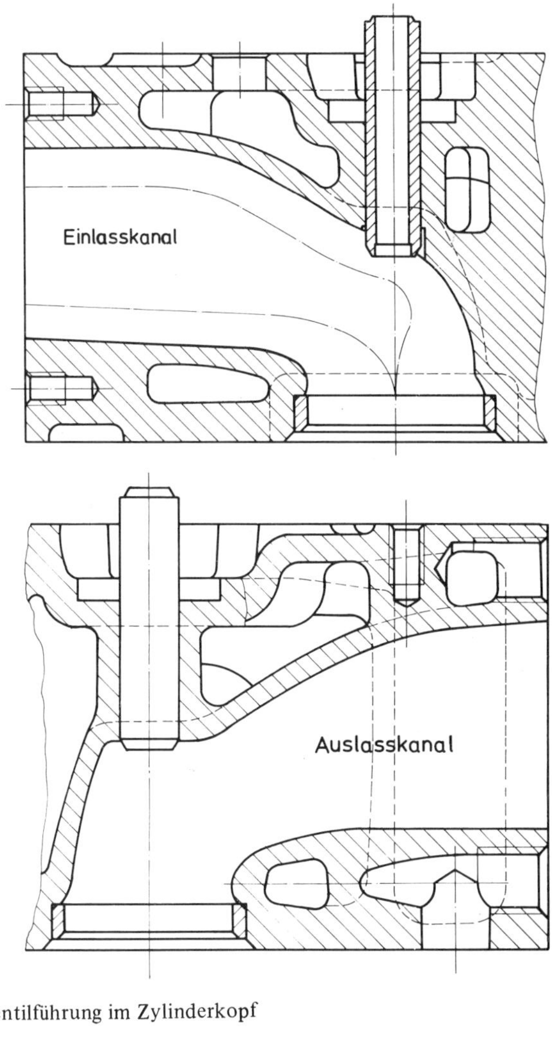

Bild 153. Ventilführung im Zylinderkopf

Für das Einspritzventil im Zylinderkopf wird eine Pfeife vorgesehen (Bild 145). Sehr oft versperrt aber eine solche Pfeife die zur Kühlung der Ventile notwendigen Querschnitte, weshalb das Einspritzventil auch in einem eingewalzten oder eingesteckten Rohr geführt wird (Bilder 336 und 340). In diesem Falle besteht die Gefahr, daß beim Anziehen der Einspritzventilschrauben die Bodenplatte nach außen gedrückt wird, wenn die Schrauben nur in der Deckplatte sitzen. Es muß daher angestrebt werden, den Kraftfluß der Einspritzventilschrauben auf direktem Wege in die Bodenplatte zu leiten. Das kann z.B. dadurch geschehen, daß die Schraubenbutzen an die Ventilkanäle anwachsen. Liegt der Verbrennungsraum z.B. bei einer Vorkammer im Zylinderkopf, so zeigen die Bilder 154 und 318 beispielsweise die Ausführung der Vorkammer und des Zylinderkopfes in dieser Partie.

Die Ausbildung der Vorkammer selbst kann nur in enger Zusammenarbeit mit der Versuchsabteilung erfolgen, da hier die Erfahrungen der Verbrennungsversuche verwertet werden müssen. Als Anhalt für ihre Bemessung sei hier angegeben, daß der Anteil des Vorkammervolumens am Kompressionsraum ca. 25 bis 30% betragen soll. Je kleiner dieser Anteil ist, desto geringer werden die den Brennstoffverbrauch beeinflussen Überschubverluste, und der Vorkammermotor nähert sich in seinem Verhalten einem Direkteinspritzmotor. Die Vorkammer ist hohen thermischen Belastungen ausgesetzt, besonders in ihrem unteren Teil mit den Blaslöchern. Sie muß deshalb aus einem hochwarmfesten Werkstoff bestehen. Für normal belastete Motoren kommt hierfür z.B. Nimonic 80a, für hoch belastete Motoren (hohe Kolbengeschwindigkeit $c_m > 10$ m/sec und hohe Mitteldrücke $pm_e > 13$ kp/cm^2) z.B. Nimonic 105 in Frage. Die auf Bild 154b dargestellte Vorkammer besteht nur in ihrem unteren angeschweißten Teil aus hochwarmfestem Material, während das Mittelteil aus Gründen der guten Schweißbarkeit aus 16 Mn Cr 5 und das Oberteil aus St 52 besteht.

Das Einspritzventil wird so angeordnet, daß es nicht gemeinsam mit den Steuerungsteilen unter der Zylinderkopfhaube liegt, da sonst Gefahr besteht, daß bei Bruch einer Einspritzleitung das Schmieröl des Motors verdünnt wird und es zu Lagerschäden kommt, weil der Bruch nicht bemerkt werden kann. Diese Anordnung bietet meist keine konstruktiven Schwierigkeiten bei Zweiventilköpfen, bei denen die Einspritzdüse schräg steht und so automatisch außerhalb der Zylinderkopfhaube liegt. Bei Vierventilköpfen jedoch, mit in der Mitte senkrecht stehendem Einspritzventil, muß schon viel Sorgfalt in die Konstruktion der Zylinderkopfhaube gesteckt werden, um dieser Forderung zu genügen (Bilder 147 u. 154). Es besteht allerdings auch hier die Möglichkeit, das Einspritzventil schräg zu stellen, jedoch mit größerem konstruktiven Aufwand und u.U. mit Verzicht auf Ventilgröße, da zwei der vier Ventile auseinandergerückt werden müssen, um Platz für das Ventil zu schaffen. Bild 155 zeigt eine solche Konstruktion beim Motor MA 12 V 956 der MTU. Schrägstehende Einspritzventile müssen in ihrer Lage fixiert werden wegen der Lage der Düsenbohrungen.

Die Kühlung des Zylinderkopfes muß mit besonderer Sorgfalt ausgebildet werden. Das Kühlwasser tritt vom Kurbelgehäuse aus über einen oder mehrere Über-

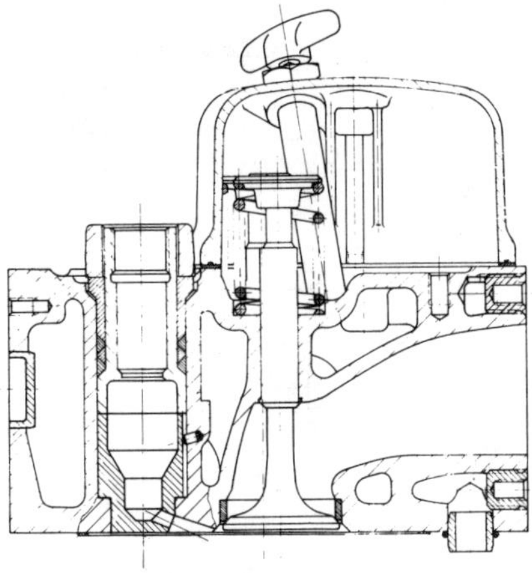

a

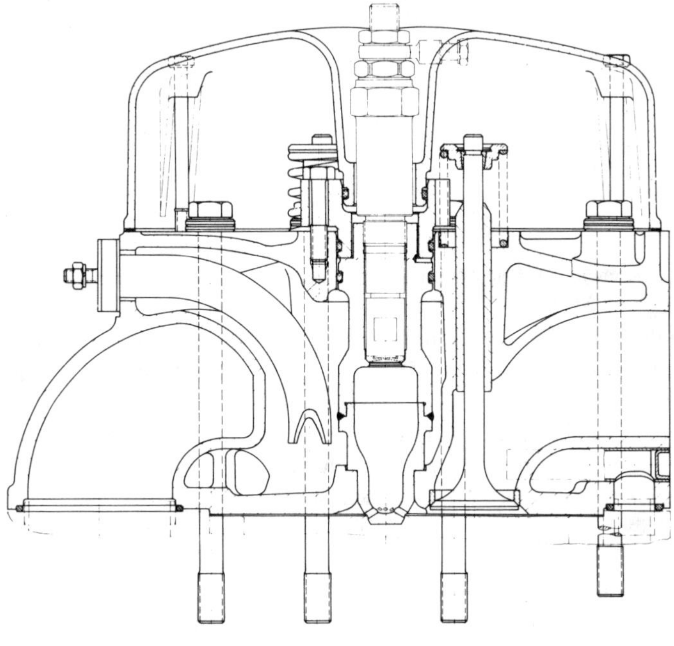

b

Bild 154. Vorkammerausführungen schnellaufender Dieselmotoren

a) Vorkammer eines Dieselmotors mit einem Zylinderhubvolumen von 2,3 l, n = 2000 U/min (2-Ventilkopf)

b) Vorkammer eines Dieselmotors mit einem Zylinderhubvolumen von 6 l, n = 1500 U/min (4-Ventilkopf)

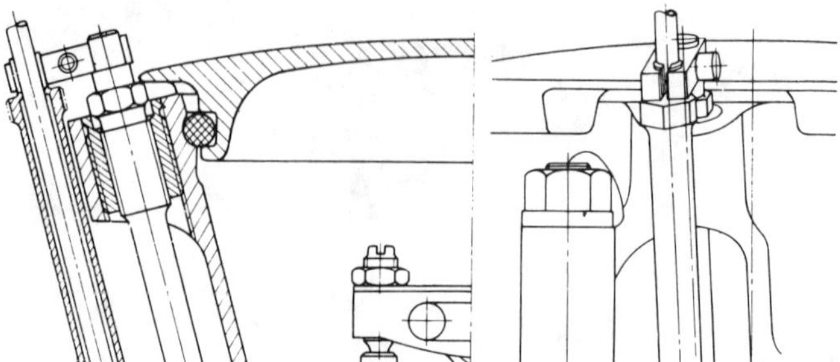

Bild 155. Düseneinbau in den Zylinderkopf eines schnellaufenden Hochleistungsdieselmotors [7]

tritte in den Zylinderkopf ein und wird an der höchsten Stelle des Zylinderkopfwasserraumes wieder abgeführt. Dabei muß darauf geachtet werden, daß sich keine Dampfnester bilden, d.h. daß im Wasserraum des Zylinderkopfes keine abflußlosen Stellen höher liegen als der Wasseraustritt. Das ist besonders wichtig bei V-Motoren mit ihren schräg liegenden Zylinderköpfen. Die Hauptaufgabe des Kühlwassers im Zylinderkopf ist die wirksame Kühlung des Steges zwischen Ein- und Auslaßventil und weiter zwischen den beiden Auslaßventilen beim Vierventilkopf, die Kühlung der Einspritzdüse und die intensive Kühlung des Zylinderkopfbodens um das oder die Auslaßventile herum. Das Ziel der Kühlung ist, eine möglichst gleichmäßige Temperaturverteilung im Zylinderkopfboden zu erreichen und so Risse im Steg zwischen Ein- und Auslaßventil und zwischen Auslaßventil und Düsenbohrung bzw. Vorkammerbohrung zu vermeiden. Diese Risse kommen folgendermaßen zustande. Der Steg wird durch den Wärmeübergang vom Verbrennungsraum her und durch die mit hoher Strömungsgeschwindigkeit durch die Auslaßventile austretenden Abgase stark aufgeheizt. Dabei ist die Aufheizung vom Verbrennungsraum her umso intensiver, je stärker die

Drehungsgeschwindigkeit der Ladung im Verbrennungsraum ist. Zylinderköpfe mit Hochdrallkanälen sind also besonders gefährdet. Die aufgeheizten Partien des Ventilsteges werden jedoch an ihrer Ausdehnung gehindert durch die kälteren Außenpartien des Zylinderkopfbodens, der in der Gegend der Einlaßventile durch die eintretende Verbrennungsluft sogar intensiv gekühlt wird. Die Ausdehnungsbehinderung durch die unterschiedliche Temperaturverteilung im Zylinderkopfboden führt zu starken Druckspannungen im Steg, die bis zur Festigkeitsgrenze des Gußeisens gehen können. Wird der Zylinderkopf bei Teillast oder im Leerlauf abgekühlt, so werden die Druckspannungen wieder abgebaut. Bei häufiger Wiederholung dieses Vorganges wird nach einer bestimmtem Betriebszeit die Zeitfestigkeit des Zylinderkopfbodens in der Stegpartie überschritten. und es kommt zu Anrissen in der Oberfläche des Stegs, die dann nach genügend langer Zeit zum Durchriß mit Wasseraustritt führen. Es ist daher klar, daß Motoren mit starken Wechselbetrieb, z.B. Fahrzeug- und Lokomotivmotoren, besonders anfällig gegen Stegrisse sind. Die Stegrißgefahr läßt sich in erster Linie durch eine gezielte Kühlung des Ventilsteges und durch eine intensive Kühlung des Zylinderkopfbodens in der Auslaßventilpartie verringern. Ziel der Kühlung muß eine möglichst gleichmäßige Temperaturverteilung über den gesamten Zylinderkopfboden sein. Daraus ergibt sich, daß die Einlaßventilpartien des Zylinderkopfbodens nur wenig gekühlt zu werden brauchen. Maßnahmen für eine gezielte Kühlung des Ventilsteges sind in Bild 156 dargestellt. Bild 156a zeigt eine Bohrung, durch die der Kühlwasserstrahl auf den Ventilsteg und die Vorkammer gerichtet wird. Hier muß darauf geachtet werden, daß der gegossene Kühlwasserraum zwischen den Ventilen möglichst weit bis zum Zylinderkopfboden heruntergeht. Man muß hier einen günstigen Kompromiß zwischen Ventilgröße und Kühlwasserraumgröße finden; denn aus gießtechnischen Gründen darf dieser Raum nicht zu schmal gemacht werden. Ein Radius von 3 mm am Grund dürfte das mindeste sein, was ausführbar ist. Wählt man diese Ausführung, so muß durch konstruktive Maßnahmen sichergestellt sein, daß eine Möglichkeit zum Putzen des Raumes zwischen den Ventilen und zum Überprüfen, ob wirklich Durchgang vorhanden ist, besteht. Besser ist es daher, den Raum zwischen den Ventilen voll zu gießen und dann einen Kanal zu bohren, durch den das gesamte Kühlwasser für den Zylinderkopf mit hoher Strömungsgeschwindigkeit hindurchtritt und dann die Einspritzdüse umspült (Bild 156c). Seitliche Bohrungen aus diesem Kanal heraus sorgen dann noch für eine vollständige Umspülung des Auslaßventilsitzes. Diese Ausführung hat noch den Vorteil, daß in der Bohrung keine Gußhaut den Wärmeübergang behindert. Eine dritte Möglichkeit der gezielten Kühlung zeigt Bild 156b. Hier wird das in den Zylinderkopf eingetretene Kühlwasser durch ein Röhrchen abgesaugt. Dieses Röhrchen sitzt so weit wie möglich mitten zwischen den Ventilen und mit seiner Mündung so nahe wie möglich am Zylinderkopfboden. Dadurch wird der gesamte Kühlwasserstrom an den Zylinderkopfboden und zwischen die Ventile gezwungen. Bei dieser Ausführung muß jedoch durch zusätzliche Bohrungen für Entdampfung gesorgt werden. Das Röhrchen kann natürlich bei Einzelköpfen auch gleich in die Kühlwassersammelleitung geführt werden (Bild 154). In Bild 156b ist ein Blockzylinderkopf dargestellt, bei dem die Kühlwasserrückführung ohne besondere Leitung im Zylinderkopf erfolgt, was bei der Kühlwasserführung mit Röhrchen einen Zwischenboden erfordert. Dieser Zwischenboden muß natürlich auch mit Entdampfungsbohrungen versehen werden.

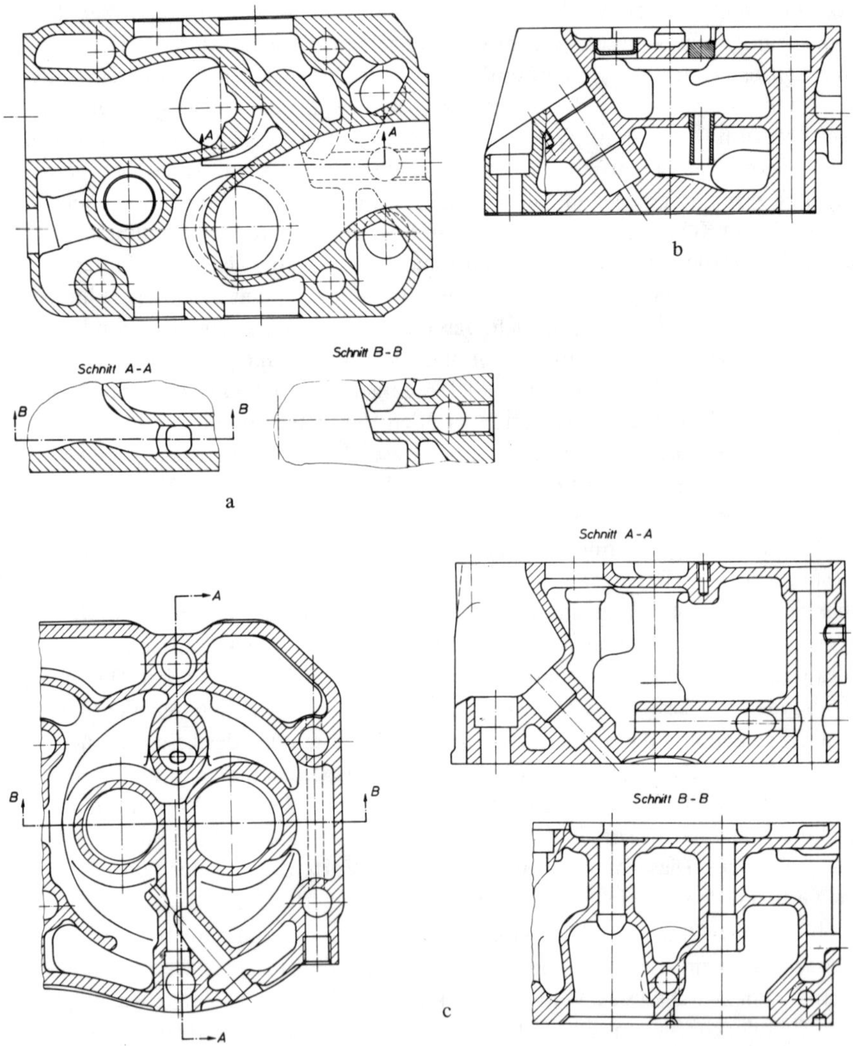

Bild 156. Kühlung des Ventilstegs bei wassergekühlten Zylinderköpfen

Der Zylinderkopf trägt einen Teil des Ventiltriebes, und zwar den Kipphebelbock. Der Ventiltrieb muß beim Schnelläufer so steif wie möglich sein. Das bedeutet aber auch die Befestigung des Kipphebelbockes auf dem Zylinderkopf steif zu gestalten, d.h. der Kipphebelbock darf nicht auf der Deckplatte des Zylinderkopfes dort befestigt werden, wo sie sich unter den Kräften, die auf den Kipphebelbock wirken, wie eine Membrane durchbiegen kann. Der Befestigungspunkt soll vielmehr an einer Stelle der Deckplatte liegen, die steif mit dem Zylinderkopfboden verbunden ist, sei es durch Kanalwände oder sonstige Pfeifen.

Die Ventilfedern werden in den Zylinderkopf so weit versenkt, wie die Ein- und Auslaßkanäle das zulassen, um die Gesamthöhe des Zylinderkopfes so gering wie möglich zu halten. Dabei muß jedoch beachtet werden, daß die Ventilfedern nicht in einem abflußlosen Ölsumpf stehen, da sonst infolge von Kondenswasser, das sich in diesem Sumpf bilden kann, Bruchgefahr für die Federn durch Korrosion besteht. Es muß also für eine einwandfreie Drainage solcher Versenkungen für die Ventilfedern gesorgt werden. Weiter muß der ganze Kipphebelraum einen guten Abfluß für das Schmieröl haben. Bei Reihenmotoren kann das Schmieröl einfach durch die Durchbrüche für die Stoßstangen ins Kurbelgehäuse zurücklaufen. Bei V-Motoren mit innenliegender Nockenwelle ist das nicht möglich, hier müssen besondere Bohrungen oder Leitungen dafür vorgesehen werden. Bei Blockzylinderköpfen genügt dafür nicht eine Leitung oder Bohrung, sondern wegen möglicher Schräglagen des Motors muß an jedem Ende des Zylinderkopfes ein Abfluß mit großem Querschnitt vorgesehen werden.

Als Zylinderkopfmaterial kommt normalerweise Grauguß GG 25 in Frage, gegebenenfalls mit Chrom und Molybdän legiert. Für höhere Beanspruchungen bei größeren Motoren ist u.U. auch Sphäroguß zu empfehlen. Dabei ist zu berücksichtigen, daß die schlechtere Wärmeleitfähigkeit von Sphäroguß gegenüber Grauguß dünnere Bodenstärken erfordert. Leichtmetall wird nur in Sonderfällen verwendet, obwohl es wegen seiner guten Wärmeleitfähigkeit und seines niedrigen E-Moduls gewisse Vorteile hinsichtlich der erwähnten Stegrisse bietet. Wird Leichtmetall verwandt, so sind in jedem Falle Ventilsitzringe notwendig, weiter müssen im Hinblick auf die Steifigkeit die Wandstärken gegenüber Gußeisen im Verhältnis der Elastizitätsmodule beider Materialien verstärkt werden. Um die Stegrißanfälligkeit zu verringern, wird bei [117] ein Gußeisen mit einem niedrigen Elastizitätsmodul von 6000 bis 8000 kp/mm^2 vorgeschlagen. Betrachtet man die Beziehung für die Druckspannung, die sich aus der verhinderten Wärmedehnung ergibt

$$\sigma = E \cdot \alpha \cdot \Delta t$$

in der E der Elastizitätsmodul, $\alpha = \frac{\epsilon}{\Delta t}$ der Wärmeausdehnungskoeffizient und Δt die Temperaturdifferenz ist, so sieht man, daß bei gleicher Temperaturdifferenz Δt die Druckspannung mit kleiner werdendem Elastizitätsmodul ebenfalls kleiner und somit die Gefahr von Stegrissen in gewissem Umfang verringert wird.

3.2.3.3 Die Gestaltung der Zylinderköpfe luftgekühlter Motoren

Ein Teil der Ausführungen des vorangegangenen Kapitels über wassergekühlte Zylinderköpfe gilt sinngemäß auch für luftgekühlte Zylinderköpfe. Auch beim luftgekühlten Zylinderkopf ist der Ventilsteg die gefährdete Partie, und was beim wassergekühlten Zylinderkopf über den Mechanismus der Ventilstegrisse gesagt wurde, gilt ähnlich auch für den luftgekühlten Zylinderkopf. Auch hier treten infolge Dehnungsbehinderungen durch die kühleren Außenpartien des Zylinderkopfbodens (Bild 160) hohe Druckspannungen im Ventilsteg auf. Sie führen jedoch bei Leichtmetall, das im Gegensatz zu Gußeisen eine ausgesprochene Streckgrenze $\sigma_{0,2}$ hat, beim Überschreiten der Streckgrenze zu einer plastischen Verformung des Materials im Ventilsteg. Es kommt noch hinzu, daß die Streckgrenze von Leichtmetall bei den herrschenden hohen Temperaturen stark herabgesetztist. Sie fällt z.B. bei dem in Tafel V aufgeführten Zylinderkopfmaterial Hy 511 von $\sigma_{0,2}$ = 10 bis 12 kp/mm^2 bei 20°C auf 7,4 bis 8,7 kp/mm^2 bei 300°C bzw. 4,1 kp/mm^2 bei 400°C. Die Bruchfestigkeit σ_b fällt bei den gleichen Temperaturen von 20,5 bis 21,5 kp/mm^2 über 11 bis 12 kp/mm^2 auf ca. 6 kp/mm^2 Beim Abkühlen des Zylinderkopfes im Teillastgebiet oder bei Leerlauf will das Material sich wieder zusammenziehen, woran es aber durch die vorausgegangene plastische Verformung gehindert wird. Es ergeben sich also hohe Zugspannungen im Ventilsteg, die bei häufiger Wiederholung des Vorganges zum Stegriß führen. Auch hier sind Motoren mit starken Belastungsschwankungen besonders gefährdet. Dieser Mechanismus der Stegrisse beim Leichtmetallzylinderkopf, der von dem der wassergekühlten Gußeisenzylinderköpfe abweicht, macht wirksame Abhilfemaßnahmen in Form der in Bild 161 dargestellten Stegbleche möglich.

Auch für die Anordnung und Ausbildung der Ein- und Auslaßkanäle und für die Ventilgrößen gelten sinngemäß die Ausführungen des vorangegangenen Kapitels über die wassergekühlten Zylinderköpfe. Allerdings bedeutet der Übergang von zwei Ventilen auf vier Ventile bei einem luftgekühlten Zylinderkopf eine ungemeine Erschwerung in der Ausbildung der Zylinderkopfkühlung, weshalb Vierventilköpfe bisher auch nur bei Spezialmotoren hoher Leistungen, z.B. Flugmotoren oder Motoren für Spezialfahrzeuge, vorkamen, aber nicht bei Gebrauchsmotoren, wie sie hier behandelt werden sollen. Interessanterweise ist aufgrund dieser Tatsache auch eine Grenze für die Größe luftgekühlter Motoren gegeben, wenn man annimmt, daß schnellaufende Motoren ab 130 bis 140 mm Zylinderdurchmesser einen Vierventilzylinderkopf benötigen.

Die Frage Blockzylinderkopf oder Einzelzylinderkopf spielt beim luftgekühlten Dieselmotor keine Rolle. Es werden bei Dieselmotoren ausschließlich Einzelzylinderköpfe verwendet, da bei Mehrzylinderköpfen, sofern sie aus Leichtmetall sind, was auch wieder die Regel bei luftgekühlten Motoren ist, die unterschiedliche Wärmedehnung gegenüber dem Gußeisen der Zylinder und des Kurbelgehäuses große Schwierigkeiten macht.

Folgende Punkte beeinflussen die Konstruktion eines luftgekühlten Zylinderkopfes:

a) Material des Zylinderkopfes;
b) wirksame Kühlung der thermisch belasteten Partien und gleichmäßige Temperaturverteilung;
c) genügende Steifigkeit des Zylinderkopfes zur gleichmäßigen Übertragung der Dichtkräfte;
d) Art des Verbrennungsverfahrens;
e) öldichte Ausführung des Ventilmechanismus.

Als Zylinderkopfmaterial für schnellaufende Dieselmotoren kommt ausschließlich Leichtmetall in Frage. Lediglich gering belastete Motoren mit Kolbengeschwindigkeiten unter 9 m/sec und Mitteldrücken bis ca. 5,3 kp/cm^2 können mit Gußeisen als Zylinderkopfwerkstoff auskommen. Warum wird nun Leichtmetall als Werkstoff für luftgekühlte Zylinderköpfe verwendet? Wie wir schon in 3.2.2.2 gesehen haben, ist der Wärmeübergang von der Kühlluft an Leichtmetall keinesfalls besser als der an Gußeisen. Bestimmend für Leichtmetall als Zylinderkopfwerkstoff ist daher allein die bessere Wärmeleitfähigkeit. Jedoch ist hier auch nicht allein die bessere Wärmeleitfähigkeit in Richtung des Temperaturgefälles maßgebend, wie folgende Überlegungen zeigen.
Für die Wärmeleitung in einer Wand z.B. im Zylinderkopfboden, gilt nach Bild 157:

$$t_{W_i} - t_{W_a} = \Delta t = \frac{q \cdot \delta}{\lambda \cdot F}$$

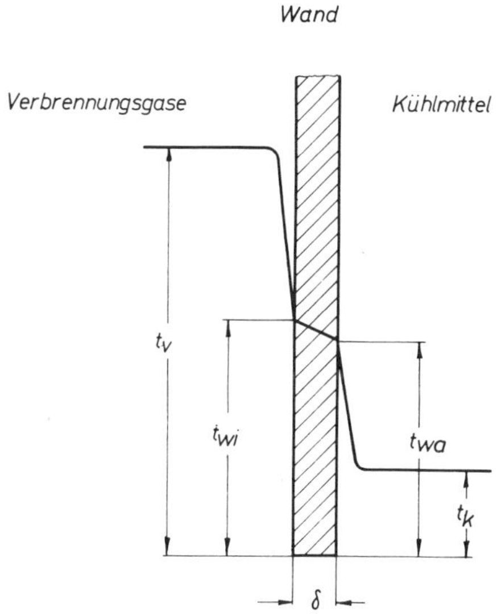

Bild 157. Wärmedurchgang durch eine Wand

Darin ist q die Wärmebelastung der Wand in kcal/h, δ die Wandstärke in m, F die Innen bzw. Außenfläche der Wand in m^2 (beide sind in erster Näherung als gleich angenommen) und λ die Wärmeleitfähigkeit in kcal/h m °C. Schreibt man diese Beziehung für Gußeisen und Leichtmetall an unter Berücksichtigung der Tatsache, daß man die Leichtmetallwand in diesem Falle aus Steifigkeits- und Festigkeitsgründen wesentlich dicker als die Gußeisenwand machen muß, und setzt beide zueinander ins Verhältnis, so ergibt sich unter folgenden Voraussetzungen

$$\frac{\delta_{Ge}}{\delta_{Al}} \approx 0{,}3 \qquad \text{(aus Festigkeits- und Steifigkeitsgründen)}$$

$$\lambda_{Al} \approx 133 \text{ kcal/ m h °C}$$

$$\lambda_{Ge} \approx 42 \text{ kcal/ m h °C}$$

$$\frac{\Delta t_{Ge}}{\Delta t_{Al}} \approx 0{,}3 \cdot \frac{133}{42} \approx 0{,}95$$

Das bedeutet, daß die Temperaturdifferenz in der Wand bei Verwendung von Gußeisen oder Leichtmetall gar nicht so verschieden ist. Es ist also leicht einzusehen, daß aufgrund dieses Ergebnisses die Verwendung von Leichtmetall als Zylinderkopfwerkstoff allein nicht gerechtfertigt ist; denn Leichtmetall hat gegenüber Gußeisen zwei Nachteile, die geringere Warmfestigkeit und den höheren Preis. Man wählt aber trotzdem Leichtmetall als Zylinderkopfmaterial, um wegen seiner großen Wärmeleitfähigkeit eine bessere Wärmeverteilung innerhalb des Zylinderkopfes zu erhalten. Weiterhin bietet Leichtmetall wegen seiner besseren Wärmeleitfähigkeit die Möglichkeit, höhere und dünnere Kühlrippen als bei Gußeisen vorzusehen, deren Spitzen noch so warm sind, daß sie zur Wärmeabfuhr beitragen. Bei Leichtmetallkokillenguß in Verbindung mit Croningkernen lassen sich Rippenstärken von 3 ÷ 1,8 mm vom Fuß bis zur Spitze mit Teilungen von 6 mm bei Rippenhöhen bis 70 mm noch einwandfrei ausführen. (Bilder 142 und 158). Als Material für Leichtmetallzylinderköpfe kommen Legierungen von Aluminium und Silizium in Frage. Bevorzugt wird Hydronalium verwendet. Tafel V gibt einen Überblick über die gebräuchlichsten Leichtmetalllegierungen für

Tafel V. Zusammensetzung der gebräuchlichsten Aluminium-Zylinderkopf-Legierungen [220]

	Mg %	Si %	Mn %	Fe %	Ti %	Cu %	Ni %
Hy 51	5,29	0,95	0,22	0,18	–	–	–
Hy 511	4,95	1,12	0,32	0,18	0,09	0,49	–
Y	1,55	0,20	0,03	0,4	–	4,0	1,55
Al-G_3 (Flw 3140)	0,30	0,30	–	0,7	–	9,96	0,5
G Al-Cu-Si	0,5	3,0	0,6	1,1	–	5,0	0,5
RR 53	1,95	1,51	0,04	0,8	–	2,5	1,28

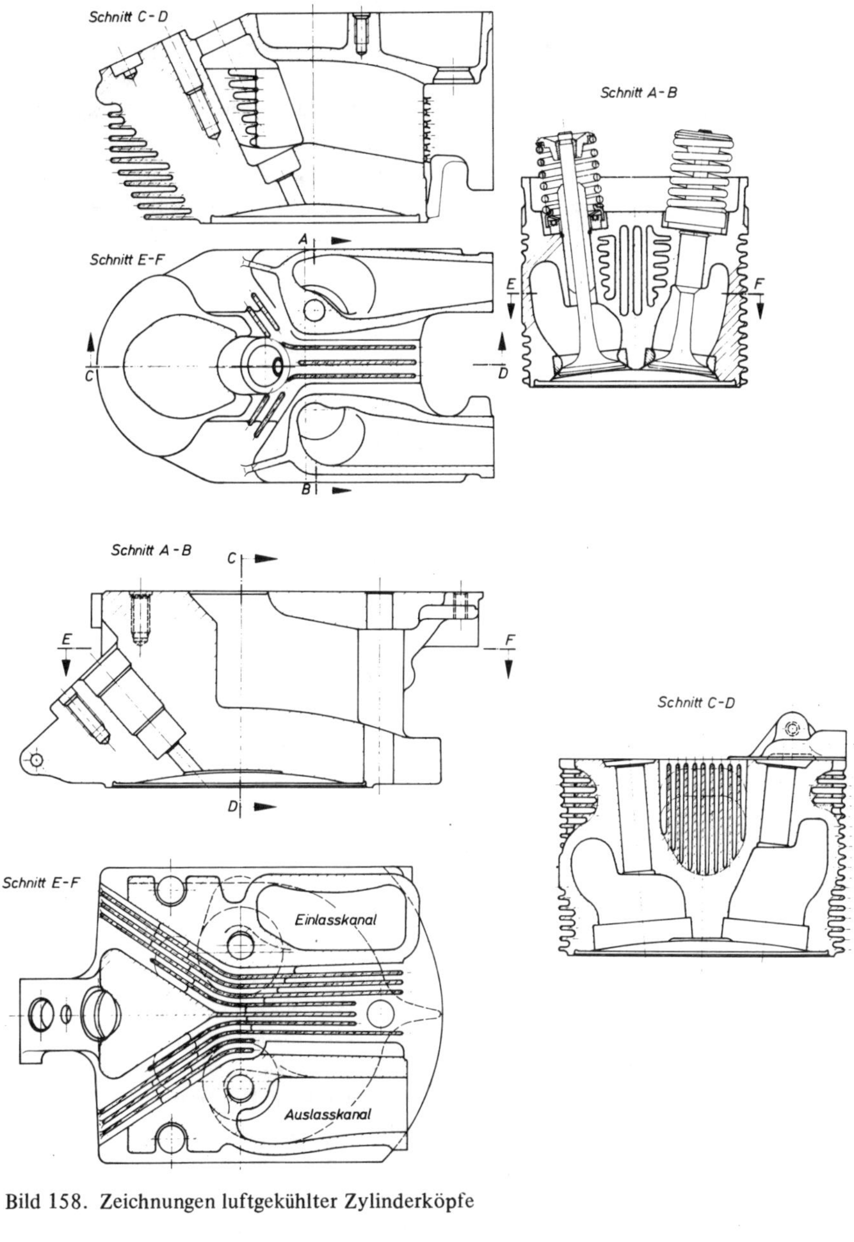

Bild 158. Zeichnungen luftgekühlter Zylinderköpfe

Zylinderköpfe luftgekühlter Motoren. Wie schon gesagt, lassen die Festigkeitswerte von Leichtmetall bei hohen Temperaturen stark nach. Die Kühlung des Zylinderkopfes muß daher so ausgebildet werden, daß die heißesten Stellen keine höhere Temperatur als ca 260°C annehmen. Um das zu erreichen, muß der Zylinderkopf wirksam gekühlt werden. Wegen des gegenüber Wasser als Kühlmedium schlechteren Wärmeüberganges vom Leichtmetall auf die Kühlluft muß die kühlende Oberfläche des Zylinderkopfes durch Kühlrippen vergrößert werden. Es gibt dafür einen Anhaltswert [16], wonach das Verhältnis von Rippenfläche zu Kolbenfläche etwa 30 bis 50 sein soll. Jedoch ist dieser Wert stark vom Wärmeanfall im Zylinderkopf und damit vom Verbrennungsverfahren abhängig. Zylinderköpfe mit einem Verbrennungsraum (Bild 159), z.B. einer Wirkelkammer,

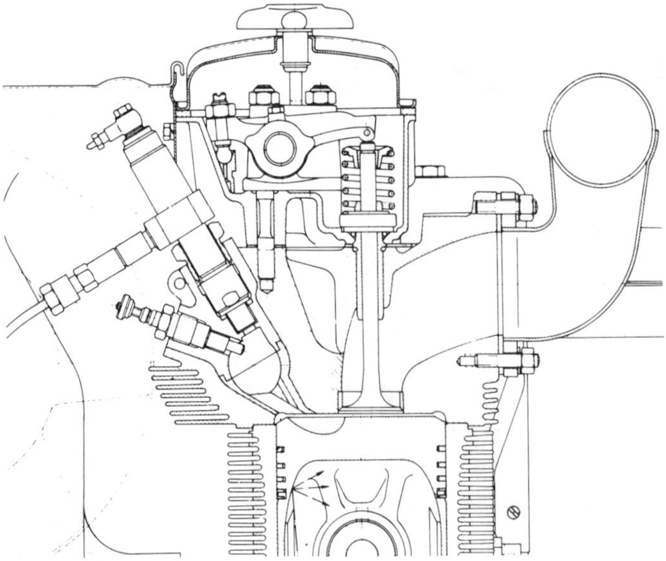

Bild 159. Schnitt durch die Zylindereinheit eines luftgekühlten Wirbelkammermotors

haben einen größeren Wärmeanfall und benötigen relativ größere Rippenflächen als Zylinderköpfe für direkte Einspritzung, bei der der Verbrennungsraum im Kolben liegt. Es ist aber nicht allein Aufgabe einer wirksamen Zylinderkopfkühlung, die Temperaturen an sich herabzusetzen, sondern auch für eine möglichst gleichmäßige Temperaturverteilung zu sorgen. Bild 160 von der Temperaturverteilung im Boden eines luftgekühlten Dieselmotors zeigt z.B., daß es zwar gelingt, durch Übergang von indirekter Einspritzung auf direkte Einspritzung das ganze Temperaturniveau des Zylinderkopfes zu senken, daß aber die ungleichmäßige Temerpaturverteilung, die, wie wir oben gesehen haben, die Ursache für Stegrisse ist, bestehen bleibt. Welche Wege muß man nun beschreiten, um eine gleichmäßige Temperaturverteilung zu erzielen? Zunächst einmal hilft dazu die gute Wärmeleitfähigkeit des Leichtmetalls. Der Temperaturausgleich innerhalb des Zylinderkopfbodens wird besser. Das wird noch unterstützt,

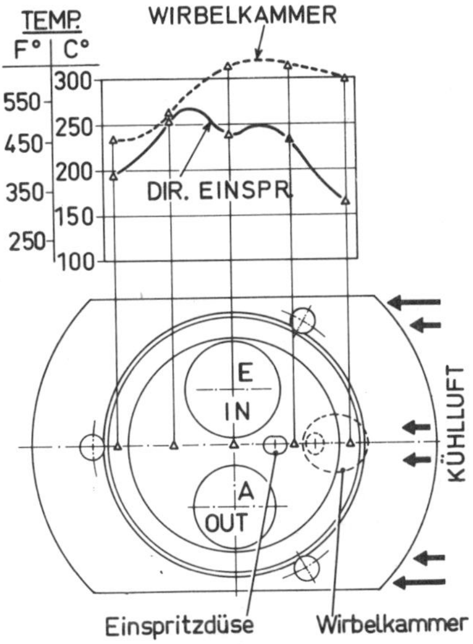

Bild 160. Temperaturverteilung im Boden eines luftgekühlten Zylinderkopfes

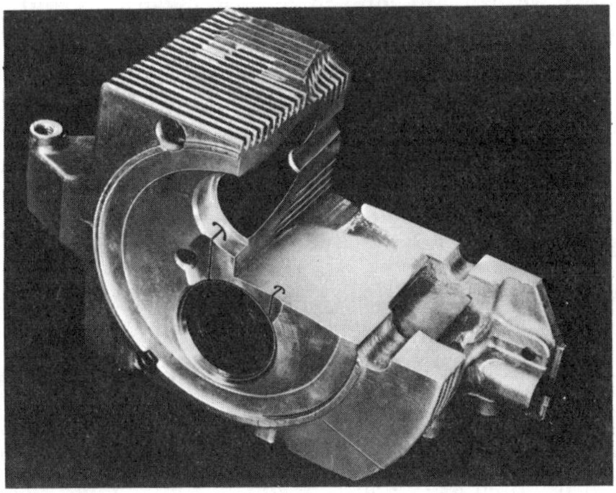

Bild 161. Einlageblech im Ventilsteg eines luftgekühlten Zylinderkopfes

wenn der Zylinderkopfboden möglichst dick ist, womit die Wärmefließquerschnitte groß werden. Der Zylinderkopfboden soll daher ca. 0,4 · D stark sein. Wie auch beim wassergekühlten Zylinderkopf, so ist auch beim luftgekühlten Zylinderkopf der Steg zwischen Ein- und Auslaßventil in bezug auf Risse eine kritische Stelle. Der Steg zwischen Ein- und Auslaßventil muß daher durch Anbringen großflächiger Rippen (Bilder 142 und 158) gut gekühlt werden. Um für die Rippen möglichst viel Platz zu schaffen, empfiehlt es sich, die Ventile schräg zu stellen (Bild 158). Diese Rippen können dann, wenn die Kipphebelschale an den Zylinderkopf angegossen ist, was aus Steifigkeits- und Ölabdichtungsgründen zu empfehlen ist, an diese anwachsen (Bild 361), was zur besseren Wärmeabfuhr und zur größeren Steifigkeit des Kopfes beiträgt. Man darf sich jedoch nicht verleiten lassen, diese Rippen zu dünn zu machen und ihre Teilung zu eng, da zur guten Wärmeabfuhr auch eine entsprechende Luftgeschwindigkeit gehört und diese bei zu engem Rippenabstand nur bei überhöhtem Gebläsedruck erreicht werden kann. Der in Bild 158 unten gezeigte Zylinderkopf dürfte im Hinblick auf Rippenteilung ein Optimum darstellen. Auch eine örtliche Verringerung der Zylinderkopfbodenwandstärke zwischen Ein- und Auslaßventil durch eine Ansenkung, wie auch schon beim wassergekühlten Zylinderkopf beschrieben, verringert die Rißgefahr. Eine interessante Lösung des Problems ist bei den Zylinderköpfen des Motors FL 413 der Klöckner-Humboldt-Deutz AG (Bild 161) zu sehen. Hier sind in den Steg regenschirmförmige Stegbleche eingegossen. Diese Stegbleche erlauben dem Leichtmetall zwischen den Ventilen nach der Verformung durch die geschilderte Dehnungsbehinderung sich beim Erkalten des Kopfes wieder zusammenzuziehen, ohne daß die gefährlichen Zugspannungen auftreten.

Weitere Kühlrippen werden vornehmlich am Auslaßkanal und auf der Auslaßseite der Bodenplatte angebracht (Bild 158). Die Kühlluft wird am Zylinderkopf so geführt, daß sie zunächst die Einspritzdüse bestreicht und dann in möglichst großer Menge dem Steg zwischen dem Ein- und Auslaßventil zugeführt wird. Die Luftführung am Zylinderkopf muß sorgfältig durchkonstruiert werden; auf keinen Fall darf Kühlluft durch einen Nebenschluß ungenutzt entweichen. Alle Kühlluft muß auf die Kühlung der Einspritzdüse, der Auslaßventilpartie und des Ventilsteges verwandt werden.

Die Ein- und Auslaßkanäle werden bei einem luftgekühlten Zylinderkopf möglichst hoch und schmal gemacht, um Platz für Kühlrippen zu gewinnen. Der Auslaßkanal soll so kurz wie möglich im Zylinderkopf verlaufen, um zusätzliche Aufheizung zu vermeiden.

Der Zylinderkopf muß genügend Steifigkeit haben, damit die von den Zylinderkopfschrauben ausgeübten Kräfte auch in vollem Umfang und gleichmäßig als Dichtkräfte wirksam werden. Dazu trägt die schon aus thermischen Gründen dick gehaltene Bodenplatte bei, aber auch eine angegossene Kipphebelschale (Bild 158 oben). Diese muß so ausgebildet sein, daß sie zusammen mit dem Zylinderkopfboden, den beide verbindenden Ventilpfeifen, der Pfeife für die Einspritzdüse, den Ein- und Auslaßkanälen, den Kühlrippen, die Zylinderkopfboden und Kipphebelschale miteinander verbinden, und den Pfeifen für die Zylinderkopfschrauben einen steifen Kasten bildet. Die Zylinderkopfschrauben sollen möglichst auf diesem Kasten aufliegen und nicht in der Höhe der Bodenplatte, wenn dies auch die Ausbildung der Ein- und Auslaßkanäle etwas schwieriger macht. Wie schon beim wassergekühlten Zylinderkopf beschrieben, sollten auch hier die Zylinderkopfschrauben sozusagen durch einen Ring verbunden sein. Natürlich ist diese Forderung bei einem luftgekühlten Zylinderkopf nicht einzuhalten, da sonst der Kühlluftzutritt versperrt würde. Man sollte diese Forderung jedoch versuchen, zu erfüllen durch Anbringung von Rippen, die zum Kühlluftdurchtritt unterbrochen sind, und durch Anordnung der Zylinderkopfschrauben so, daß Ein- und Auslaßkanalwände und Rippen zur Übertragung der Dichtkräfte mit herangezogen werden. Bei der Anordnung der Befestigungsschrauben für die Einspritzdüse muß darauf geachtet werden, daß entweder die Schrauben bis in den Zylinderkopfboden hineingehen – dabei kann dann die Einspritzdüse frei im Luftstrom stehen – oder, daß ein entsprechender Materialquerschnitt bis zum Zylinderkopfboden hinuntergezogen ist (Bild 158), um ein Auseinanderdrücken von Zylinderkopfboden und Deckplatte zu vermeiden. Eine Anordnung nach Bild 158 hat noch den Vorteil, daß durch den großen Materialquerschnitt nach oben der Zylinderkopfboden unter der Einspritzdüse thermisch entlastet wird. Die Zylinderkopfschrauben, meistens 4 Stück, sollen in möglichst gleichmäßigem Abstand, was im Interesse eines kleinen Zylinderabstandes leider nicht immer möglich ist, und möglichst nahe an der Dichtfläche angeordnet werden. Ein Anwachsen der Schraubenpfeife an den Auslaßkanal ist möglichst zu vermeiden.

Der Kipphebelbock muß so auf dem Zylinderkopf befestigt werden, daß von seinen Befestigungsschrauben aus unter Ausnutzung der Ein- und Auslaßkanalwände und mit Hilfe von Versteifungsrippen ein direkter Kraftschluß in den Zylinderkopfboden stattfindet. Wird das nicht beachtet, so kann eine beachtliche Weichheit in den Ventiltrieb hineinkommen.

Die Kipphebelwanne eines luftgekühlten Motors und die Übertritte der Stoßstangenrohre in die Kipphebelwanne müssen einwandfrei öldicht sein. Austreten von Schmieröl aus dem Kipphebelraum oder den Stoßstangenrohrabdichtungen führt zu einer Verschmutzung der Kühlrippen, wodurch die Kühlwirkung stark herabgesetzt wird. Aus diesem Grunde ist die angegossene Kipphebelwanne nach Bild 158 oben, die schon Vorteile hinsichtlich der Steifigkeit hat, einer aufgesetzten Kipphebelwanne nach Bild 158 unten, bzw. Bild 362 mit der schwierigen Abdichtung der Durchtritte für die Ventilführungen vorzuziehen. Bei einer aufgesetzten Kipphebelwanne können zwar auch die Rippen zwischen den Ventilen in Kokille ausgeführt werden, jedoch bringt die angegossene Kipphebelwanne bei der heute schon weit fortgeschrittenen Croningkerntechnik in bezug auf die Ausführung dieser Rippen praktisch keine Schwierigkeiten.

Die Stoßstangen werden beim luftgekühlten Motor vom Kurbelgehäuse zum Zylinderkopf in Rohren geführt, die, da sie meistens auch zur Durchleitung des Schmieröles aus dem Kipphebelraum in das Kurbelgehäuse dienen, am Kurbelgehäuse und am Zylinderkopf gut abgedichtet sein müssen, besonders, wenn sie auf der Zuluft-

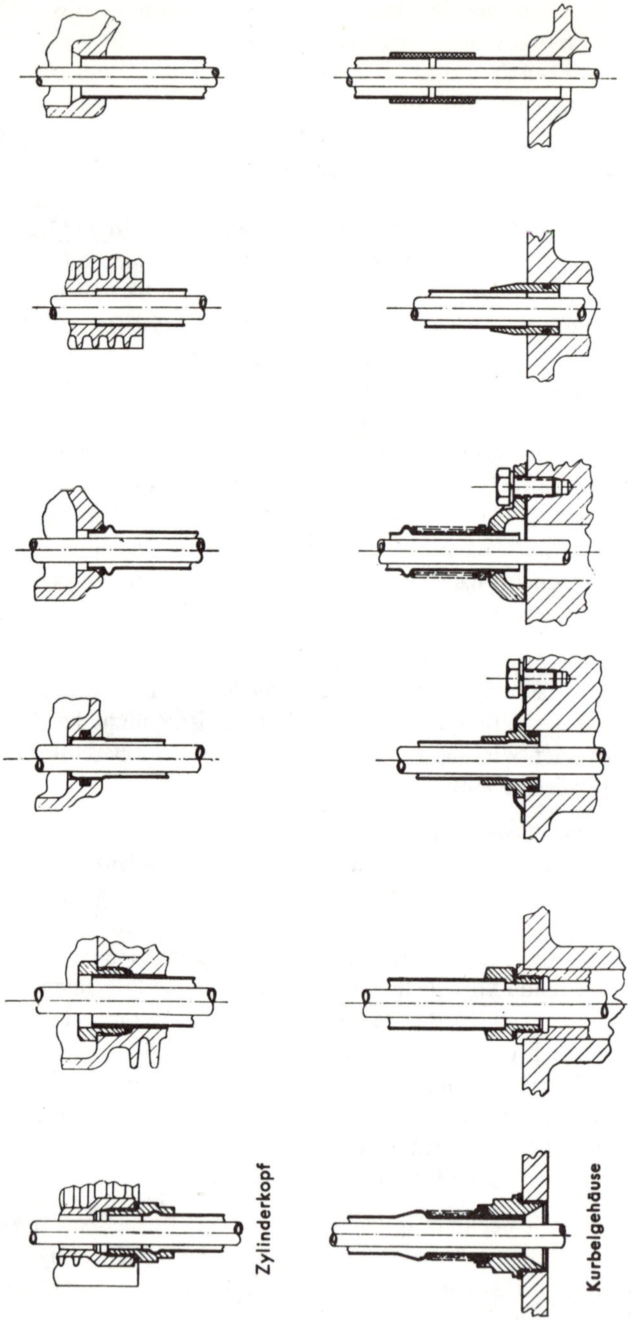

Bild 162. Beispiele von Stoßstangenverkleidungen für luftgekühlte Motoren [93]

seite der Kühlluft liegen. Die Bilder 162, 361 und 362 zeigen einige Stoßstangenrohrabdichtungen.

Bei einem Leichtmetallzylinderkopf sind Ventilsitzringe unerläßlich. Als Werkstoff wird legierter Schleuderguß verwendet mit einer Brinellhärte von 300 bis 400 kg/mm^2. Unter Umständen kommt auch austenitisches Gußeisen in Frage mit einem Wärmeausdehnungskoeffizienten, der sich dem des Leichtmetalls nähert. Sie werden mit einem Übermaß des Sitzringaußendurchmessers von ca. 0,025 bis 0,035 mm gegenüber der Aufnahmebohrung im Zylinderkopf (H7) eingesetzt, nachdem dieser auf ca. 220° C erwärmt wurde. Es hat sich übrigens gezeigt, daß die durch das Einpressen der Ventilsitzringe im Ventilsteg auftretenden Zugvorspannungen die Rißgefahr im Ventilsteg verringern, da diese bei Erwärmung des Steges erst abgebaut werden müssen, ehe die gefährlichen Druckspannungen entstehen [7]. Die Ventilführungen werden mit einer Passung r6 / H6 eingesetzt. Die Ventilführungen des Auslaßventils sollen, um die Wärmeaufnahme zu verringern, ganz in das Leichtmetall des Zylinderkopfes eingebettet sein und kaum in den Kanal hineinragen (Bild 158 oben). Die Ventilfedern liegen nicht direkt auf dem Leichtmetall des Zylinderkopfes auf, sondern auf gehärteten und geschliffenen Unterlagscheiben, wenn keine Ventildrehvorrichtungen vorgesehen sind. Auch unter den Köpfen der Zylinderkopfschrauben liegen entsprechende Unterlagscheiben mit einer Höhe von ca. 5 bis 6 mm.

3.3 Der Ventiltrieb

3.3.1 Allgemeine Betrachtungen

Die hier behandelten Motoren sind in der Regel mit hängenden Ein- und Auslaßventilen in Form von Tellerventilen ausgerüstet, die von einer unten liegenden Nockenwelle, die bei Viertaktmotoren mit halber Motordrehzahl läuft, über Stößel, Stoßstangen und Kipphebel betätigt werden (Bilder 322, 329, 331, 336 340, 341, 350, 354, 355, 358, 359, 361, 362). Bei richtiger, d.h. steifer und leichter Ausbildung der einzelnen Bauteile, können mit einem solchen Ventiltrieb relativ hohe Motordrehzahlen erreicht werden, insbesondere, wenn die Nockenwelle im Kurbelgehäuse so hoch wie möglich liegt (Bild 350). Damit ist diese Bauart die normale für die meisten, schnellaufenden Dieselmotoren und wird hier auch vorzugsweise behandelt. Bei Ottomotoren mit vergleichsweise höheren Drehzahlen wird die obenliegende Nockenwelle (Bilder 315, 316, 317, 328, 344) häufiger angewandt.

Der Ventiltrieb hat die Aufgabe, den Ladungswechsel (siehe auch [4, II, Kap. F und G]) des Verbrennungsmotors zu steuern durch rechtzeitiges Freigeben ausreichender Steuerquerschnitte der Ein- und Auslaßventile. Bild 163 zeigt das

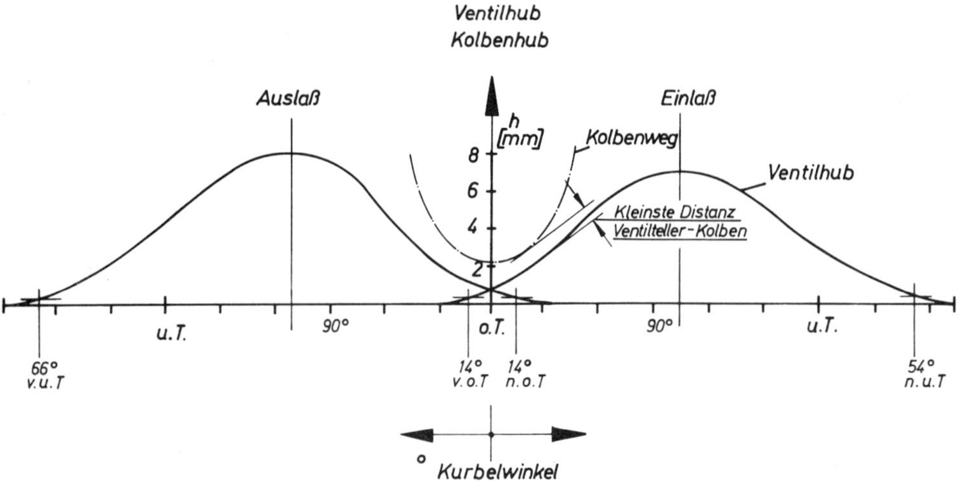

Bild 163. Steuerdiagramm für Ein- und Außlaßventil eines schnelllaufenden Fahrzeugdieselmotors (n_{max} = 2800 U/min)

Steuerdiagramm für einen schnellaufenden Dieselmotor mit einem Zylinderhubvolumen von 1,25 l und einer Nenndrehzahl von 2800 U/min in Form der Ventilhubkurven für Ein- und Auslaßventil. Wie man aus diesen Kurven sieht, öffnet das Auslaßventil schon vor dem UT, in diesem Falle 66° KW vor UT, damit bei Beginn des Ausschiebens im UT ein möglichst großer Steuerquerschnitt zur Verfügung steht. Bei Saugmotoren darf das Öffnen des Auslaßventils nicht zu früh erfolgen, damit nicht zu viel von der Expansion verloren geht. Bei Auflademotoren wird das Auslaßventil oft früher geöffnet, um mehr Energie zum Antrieb des Abgasturboladers zur Verfügung zu haben. Das Auslaßventil wird rasch geöffnet, d.h. nicht schleichend, um die thermische Beanspruchung des Ventils möglichst klein zu halten.

Das Auslaßventil schließt kurz nach dem oberen Totpunkt, in diesem Fall ca. 14°KW nach OT. Gleichzeitig öffnet das Einlaßventil etwa mit dem gleichen Steuerwinkel vor dem OT. Die Zeit, in der beide Ventile geöffnet sind, bezeichnet man mit Überschneidung. Um den Kolbenabstand vom Zylinderkopfboden im OT klein zu halten und damit auch den schädlichen Raum zu verringern, bzw. um Taschen für die Ventile im Kolben zu vermeiden, soll diese Überschneidung so klein wie möglich sein, was allerdings gewisse Auswirkungen auf die Ausbildung des Nockens hat, worauf später noch eingegangen wird. Im Bereich der Überschneidung besteht die Gefahr des Auftreffens der Ventile auf den Kolbenboden. Es muß daher die Kolben- und Ventilbewegung aufgezeichnet werden (Bild 163), um sicherzustellen, daß genügend Abstand zwischen den Ventilen und dem Kolben vorhanden ist. Dabei muß bei der Kolbenbewegung das Spiel der Haupt- und Pleuellager berücksichtigt werden und auch die Tatsache, daß dieses nach längerer Betriebszeit größer wird. Außerdem muß man in Rechnung stellen, daß das Auslaßventil bei den hohen Abgastemperaturen wächst.

Bei Auflademotoren wählt man im allgemeinen die Überschneidung größer als bei Saugmotoren, und zwar etwa 90 bis 110°KW bei schnellaufenden Dieselmotoren. Während der Überschneidung wird beim Auflademotor infolge des Druckgefälles zwischen Ladedruck und Abgasgegendruck der Verbrennungsraum mit Frischluft ausgespült, so daß zur Verbrennung relativ mehr Frischluft zur Verfügung steht, weil der Abgasanteil verringert wird. Einen wesentlichen Einfluß auf die Temperaturen des Kolbens und des Zylinderkopfbodens hat das Durchspülen nicht. Es kühlt aber das Auslaßventil und setzt die Abgastemperaturen herab. Die Überschneidung soll aber auch beim Auflademotor nicht zu groß gewählt werden, da auch hier Ventiltaschen im Kolben möglichst vermieden oder so flach wie möglich gehalten werden müssen und außerdem bei zu großen Überschneidungen im Teillastbereich, wo von einem gewissen Mitteldruck ab der Ladedruck geringer ist als der Abgasgegendruck, die Gefahr besteht, daß während der Überschneidung Abgase in den Verbrennungsraum und auch in die Luftkanäle zurückschlagen. Das letztere führt dann zu Verschmutzungen der Einlaßluftleitungen. Weiter bedeuten große Überschneidungen beim Auflademotor große Spülluftmengen und damit größere Turbolader und größere Ladeluftkühler.

Im Interesse einer guten Füllung des Zylinders mit Frischluft soll die Nockenerhebungskurve des Einlaßventils nach dem Öffnen möglichst völlig sein, d.h. das Einlaßventil soll möglichst schnell aufgerissen werden. Nach dem UT strömt infolge ihrer kinetischen Energie noch weitere Frischluft in den Zylinder ein. Aus diesem Grunde muß auch die Nockenerhebung beim Schließen des Einlaßventils genau wie beim Öffnen noch so völlig wie möglich sein und der Einlaßschluß nach dem OT liegen. Der Zeitpunkt des Einlaßschlußes ist für das Leistungsverhalten des Motors bestimmend. Ein später Einlaßschluß ergibt bei hoher Drehzahl höhere Leistung, dagegen geringere bei niedriger Drehzahl. Ein früher Einlaßschluß zeigt das umgekehrte Verhalten. Da für den Fahrzeugeinsatz elastische Motoren verlangt werden, d.h. Motoren mit gutem Drehmomentanstieg bei fallender Drehzahl, darf hier der Einlaßschluß nicht zu spät liegen. Außerdem beeinflußt ein zu später Einlaßschluß das Startverhalten eines Dieselmotors negativ, da hierdurch bei den niedrigen Startdrehzahlen die Kompression vermindert wird. Der in Bild 163 dargestellte Einlaßschluß von ca. 50° KW nach UT stellt einen guten Kompromiß für einen schnellaufenden Dieselmotor dar. Die in Bild 163 genannten Steuerzeiten beziehen sich auf ein bestimmtes Spiel zwischen Stößel und Nocken, das in diesem Falle 0,2 mm beträgt. Gemessen wird dieses Spiel allerdings zwischen Kipphebel und Ventilschaft als Ventilspiel, das entsprechend dem Kipphebelübersetzungsverhältnis größer ist als das Stößelspiel. Dieses Spiel ist notwendig, um ein einwandfreies Schließen der Ventile zu gewährleisten. Für die Berechnung des Ventiltriebs ist die Kenntnis des maximalen Betriebsventilspiels notwendig. Das Ventilspiel ändert sich je nach Belastung und Temperatur des Motors, da sich die Teile des Ventiltriebs bei Erwärmung des Motors anders ausdehnen als Kurbelgehäuse und Zylinderkopf, insbesondere, wenn wie bei luftgekühlten Motoren der Zylinderkopf aus Leichtmetall ist. Wie sich das Ventilspiel im Betrieb ändert, ist von Motor zu Motor je nach Konstruktion verschieden. Man muß hier auf Erfahrungen aus vorhergehenden Versuchen zurückgreifen.

3.3.2 Die Nockenwelle

Das Öffnen und Schließen der Ventile wird durch einen Nockentrieb besorgt. Die Nocken der Nockenwelle wirken über Flachstößel oder Rollenstößel, Stoßstangen und Kipphebel auf die Ventile. Bei einer oben liegenden Nockenwelle wirkt entweder der Nocken direkt auf den Ventilschaft oder über einen Zwischenhebel (Bilder 321, 328 und 344). Durch die Vorspannung der Ventilfedern werden die Ventile im geschlossenen Zustand auf ihren Sitz gedrückt. Darüber hinaus haben die Ventilfedern die Aufgabe, dafür zu sorgen, daß die Ventile der durch die Nockenform vorgegebenen Hubkurve folgen, auch wenn die Beschleunigungskräfte ein Abweichen herbeiführen wollen. Es ist die Aufgabe der Nockenberechnung, für vorgegebene Werte des maximalen Nockenhubes und der Steuerzeiten die Stößelbeschleunigungen, Stößelgeschwindigkeiten und Stößelhübe in Abhängigkeit vom Kurbelwinkel bzw. Nockenwinkel zu ermitteln.

Aus der maximalen negativen Stößelbeschleunigung und den Massen des Ventiltriebs erhält man unter Berücksichtigung der Kipphebelübersetzung die maximale Verzögerungskraft, nach der die Ventilfeder berechnet wird. Die maximale Stößelgeschwindigkeit dient zur Bestimmung des Stößeldurchmessers beim Flachstößel. Die Hubkurve in Abhängigkeit vom Nockenwinkel liefert die für die Fertigung des Nockens notwendigen Angaben.

Auf diese Berechnungen näher einzugehen, ist im begrenzten Rahmen dieses Buches nicht möglich. Es sei deshalb auf die einschlägige Fachliteratur [149; 173] verwiesen, besonders auf die ausgezeichnete Darstellung dieser Fragen in dem Buch von *Bensinger* [149]. Überdies werden heute alle diese Berechnungen ausschließlich mit Hilfe elektronischer Rechenmaschinen ausgeführt. Es soll daher in diesem Rahmen nur versucht werden, dem Konstrukteur eines Verbrennungsmotors die wesentlichen Zusammenhänge nahezubringen, so daß es ihm möglich ist, die richtigen Angaben für die Berechnungen zu machen und die Ergebnisse, die der Elektronenrechner bringt, zu beurteilen. Das soll am Beispiel eines Kreisbogennockens, der mit einem Flachstößel gepaart ist, dem harmonischen Nocken (Bild 164), geschehen. In Bild 164 sind:

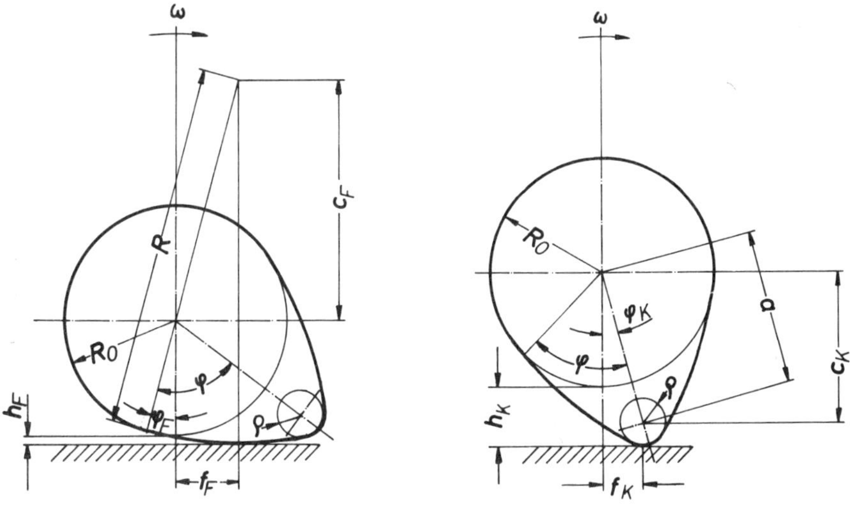

Bild 164. Harmonischer Nocken

ω = Drehgeschwindigkeit der Nockenwelle
R_o = Grundkreisradius
R = Krümmungsradius der Nockenflanke
ϱ = Nockenkuppenradius
$h_{F,K}$ = Stößelhub
φ = Nockenwinkel = $\varphi_{F\,max} + \varphi_{K\,max}$

φ_F = Flankenwinkel
φ_K = Kuppenwinkel
$f_{K,F}$ = Abstand der Berührungslinie von der Stößelmitte
= Maß für die Stößelgeschwindigkeit
$c_{K,F}$ = Maß für die Stößelbeschleunigung

Damit ergeben sich für die Flanken:

Stößelhub $h_F = (R - R_o)(1 - \cos\varphi_F)$ (64a)

Stößelgeschwindigkeit $v_F = \omega (R - R_0) \sin\varphi_F$ (65a)

$\frac{v_F}{\omega} = f_F = (R - R_o) \sin\varphi_F$ (66a)

Stößelbeschleunigung $b_F = \omega^2 (R - R_o) \cos\varphi_F$ (67a)

$\frac{b_F}{\omega^2} = c_F = (R - R_o) \cos\varphi_F$

und für die Nockenkuppe:

$h_K = h_{max} - a(1 - \cos\varphi_K)$ (64b)

$v_K = \omega \cdot a \cdot \sin\varphi_K$ (65b)

$\frac{v_K}{\omega} = f_K = a \cdot \sin\varphi_K$ (66b)

$b_K = -\omega^2 \cdot a \cdot \cos\varphi_K$ (67b)

$-\frac{b_K}{\omega^2} = c_K = a \cdot \cos\varphi_K$ (68b)

$a = R_0 + h_{max} - \varrho$ (69)

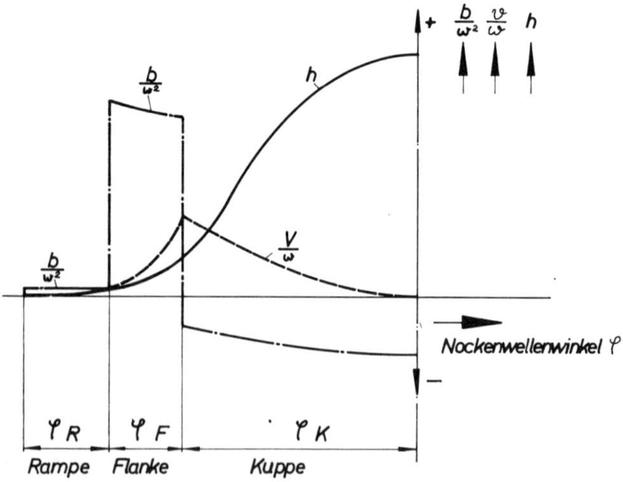

Bild 165. Stößelhub h, Stößelgeschwindigkeit v/ω und Stößelbeschleunigung b/ω^2 für einen harmonischen Kreisbogennocken mit Anlauframpe nach Bild 164

Nach diesen Beziehungen lassen sich Stößelhub, Stößelgeschwindigkeit und Stößelbeschleunigung in Abhängigkeit vom Nockenwellenwinkel berechnen und in einem Diagramm darstellen (Bild 165). Man sieht aus Bild 165, daß beim Kreisbogennocken der Beschleunigungsverlauf nicht stetig ist. Diese Unstetigkeitsstellen ergeben Rucke, die zu größeren, elastischen Verformungen in der Ventilsteuerung führen. Diese sind wiederum Ursachen für erhöhte Beschleunigungen, für erhöhte Geräuschbildung und für Abweichung von der vorgegebenen Stößelerhebungskurve. Man hat daher ruckfreie Nocken entwickelt [149; 163], bei denen der Krümmungsradius R der Flanke sich stetig bis zum Krümmungsradius der Nockenkuppe ändert und zwar so, daß sich ein stetiger – ruckfreier – Verlauf der Beschleunigungskurve ergibt. Bild 166 zeigt die Diagramme für Stößelhub, Stößelgeschwindigkeit und Stößelbeschleunigung eines solchen ruckfreien Nockens mit einem Flachstößel.

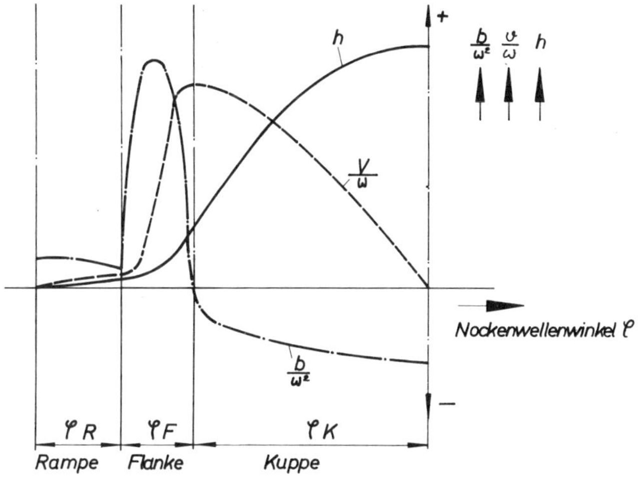

Bild 166. Stößelhub h, Stößelgeschwindigkeit v/ω und Stößelbeschleunigung b/ω^2 eines harmonischen, ruckfreien Nockens mit Anlauframpe

Es wurde oben schon gesagt, daß in der Steuerung ein gewisses Spiel sein muß. Innerhalb dieses Spiels werden Stößel, Stoßstange und Kipphebel vom Nocken angehoben, bis es aufgehoben ist. In diesem Augenblick wird das Ventil plötzlich auf eine Geschwindigkeit gebracht, die der augenblicklich herrschenden Stößelgeschwindigkeit, vergrößert entsprechend dem Kipphebelverhältnis, entspricht (Bild 167). Der sich dabei einstellende Stoß erzeugt starke Geräusche sowohl beim Öffnen als auch beim Schließen des Ventils, bei dem der gleiche Vorgang eintritt. Man setzt daher vor Beginn des eigentlichen Hauptnockens eine Anlauframpe, auch Vornocken genannt. Diese Rampe wird so ausgelegt, daß ihr Hub etwas größer als das maximal im Betrieb auftretende Spiel ist und daß die Auftreff- oder Schließgeschwindigkeit des Stößels nicht größer als 0,3 bis 0,32 m/sec ist [166]. Die Wirkung einer solchen Anlauframpe ist aus Bild 167 zu sehen.

Aus den Beziehungen für den Kreisbogennocken mit Flachstößel (Bild 164) lassen sich einige Betrachtungen ableiten, die dem Konstrukteur Hinweise für die Auslegung und Beurteilung des Nockens geben, die auch qualitativ für den ruckfreien Nocken gelten.

Man ist bestrebt, einen möglichst völligen Nocken zu erhalten, d.h. der Stößelhub soll schon bei kleinen Winkeln φ_F möglichst groß sein. Das wird nach Gl. 64a erreicht durch einen möglichst großen Krümmungsradius R. Das bedeutet aber nach Gl. 66a eine entsprechend hohe Beschleunigung. Diese sollte jedoch möglichst nicht größer als ca. 1000 m/sec^2 sein. Damit ist eine Grenze für die Größe des Krümmungsradius gesetzt. Aus diesen Beziehungen sieht man auch, daß bei gleichen Steuerzeiten, d.h. bei gleichem Nockenwinkel φ ein Kreisbogennocken mit seinem konstanten R immer völliger sein muß als ein ruckfreier Nocken, bei dem ja, um den ruckartigen Anstieg der Beschleunigung abzubauen, der Krümmungsradius R von einem kleinen Wert (etwas größer als R_o) aus stetig zunimmt bis zum Maximalwert bei der maximalen Beschleunigung, um dann wieder stetig abzunehmen bis auf den Krümmungsradius der Nockenkuppe.

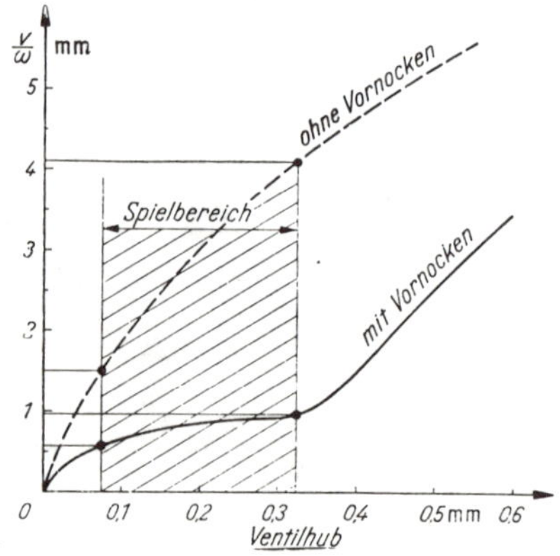

Bild 167. Anhebegeschwindigkeit und Aufsetzgeschwindigkeit des Ventils mit und ohne Anlauframpe [149]

Mit einer Vergrößerung des Grundkreises R_o lassen sich bei gleichem Nockenwinkel φ die Beschleunigungen – Gl. 67a – abbauen, jedoch muß hierfür ein Verlust an Völligkeit – Gl. 64a – hingenommen werden. Mit anderen Worten: Völlige Nocken lassen sich nur mit entsprechend hohen Beschleunigungen erzielen.

Wir haben oben gesehen, daß man u.U. gezwungen ist, die Steuerzeiten, insbesondere des Einlaßventils, zusammenzudrängen, um keine zu großen Überschneidungen zu erhalten. Das ergibt kleine Nockenwinkel φ. Um den Verlust an Völligkeit bei gleichem Hub zu kompensieren, muß man dann schon bei kleinen Winkeln versuchen, große Stößelhübe zu erreichen. Das ist aber, wie oben dargelegt, nur möglich durch schnelle Vergrößerung des Krümmungsradius R, d.h. durch Erhöhung der Beschleunigung. Kleine Nockenwinkel ergeben also hohe Stößelbeschleunigungen.

Aus den Gleichungen 68b und 69 ergibt sich für die maximale negative Beschleunigung

$$-\frac{b}{\omega^2} = R_0 + h_{max} - \varrho \tag{70}$$

Diese Beziehung gilt auch für den ruckfreien Nocken. Die maximale negative Beschleunigung wird einmal durch den Raum, der für die Ventilfeder vorhanden ist, begrenzt – hierauf wird noch später in Kapitel 3.3.3 eingegangen – und andererseits durch die zulässige Hertz'sche Pressung zwischen Nockenkuppe und Flachstößel. Man sieht aus der Gl. 70, daß, wenn die maximale negative Beschleunigung $-\frac{b}{\omega^2}$ und der Nockenkuppenradius ϱ festliegen, die Wahl von R_o und h_{max} nicht mehr frei ist. Durch R_o und h_{max} ist gleichzeitig der Lagerdurchmesser der Nockenwelle bestimmt, der einige Zehntel mm größer gemacht wird als $R_o + 2h_{max}$, damit die Nockenwelle eingebaut werden kann.

Aus der Bedingung $\int |-b|\, d\varphi = \int |+b|\, d\varphi$, d.h. Flächen unter der positiven Beschleunigungskurve gleich Flächen unter der negativen Beschleunigungskurve (Bild 165) in Verbindung mit Gl. 70 ergibt sich, daß man bei gegebener negativer Beschleunigung auch in der Wahl der positiven Beschleunigung nicht mehr frei ist. Das muß bei der Auslegung des Nockens berücksichtigt werden. Aus Bild 164 und Gl. 66a und 66b ergibt sich, daß die Strecke f, d.h. der Abstand des Berührungspunktes des Nockens von der Stößelmitte, ein Maß für die Stößelgeschwindigkeit ist, $f = \frac{v}{\omega}$. Damit ist ein Zusammenhang zwischen der maximalen Stößelgeschwindigkeit $\frac{v_{max}}{\omega}$ und dem Stößeldurchmesser gegeben wenn man die Bedingung stellt, daß auch bei größter Nockenauswanderung $f_{max} = \frac{v_{max}}{\omega}$ der Nocken in seiner ganzen Breite den Stößel berühren soll. Es ist dann

$$r_{St} = \sqrt{\left(\frac{v_{max}}{\omega}\right)^2 + \left(\frac{b_N}{2}\right)^2}$$

Das heißt also, daß der Stößelradius des Flachstößels entsprechend der maximalen Stößelgeschwindigkeit bemessen werden muß (Bild 168). Dabei kann ein geringfügiges Austreten des Nockens unter dem Stößel zugelassen werden, insbesondere dann, wenn, wie es oft geschieht, Stößelmitte und Nockenmitte um 1 bis 2 mm gegeneinander versetzt sind, um eine Stößeldrehung zu erhalten.

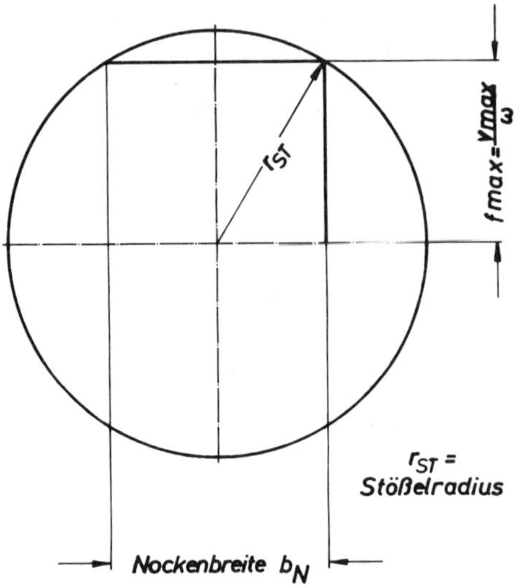

Bild 168. Zusammenhang zwischen der maximalen Stößelgeschwindigkeit v_{max}/ω und der Nockenbreite b_N

Die Lebensdauer von Nocken und Flachstößel wird durch zwei Faktoren beeinflußt, die Hertz'sche Pressung zwischen Nockenkuppe und Stößel und die Schmierverhältnisse zwischen Nocken und Stößel. Außerdem spielt natürlich auch die Materialpaarung eine Rolle. Die Hertz'sche Pressung zwischen Nocken und Stößel wird berechnet nach der bekannten Beziehung

$$p = 0{,}418 \sqrt{\frac{P \cdot E}{r \cdot l}} \quad [\text{kg/mm}^2]$$

Darin ist P die Kraft zwischen Stößel und Nocken, E der Elastizitätsmodul, r der Krümmungsradius an der betrachteten Stelle, also der Kuppenradius, l die Länge der Berührungslinie, also die effektive Nockenbreite. Die Kraft P ist die Summe aus Federkraft und Massenkraft der bewegten Teile des Ventiltriebs, bezogen auf den Stößel. Obwohl die Kraft P in der positiven Beschleunigungskurve, in der sich Federkraft und Massenkraft addieren, am größten ist, ist doch die Nockenkuppe, an der P die Differenz aus Federkraft und Massenkraft ist, der kritische Punkt, für den die Hertz'sche Pressung berechnet werden muß, da an dieser Stelle der Krümmungsradius des Nockens am kleinsten ist. Da an dieser Stelle $P = P_F - P_m$ ist, muß die Berechnung für die kleinste vorkommende Drehzahl des Motors, d.h. die untere Leerlaufdrehzahl, durchgeführt werden, da hier die Massenkraft am kleinsten ist, womit sich bei gleichbleibender Federkraft die größte Kraft P ergibt. Die Erfahrung aus bewährten Ventilsteuerungen zeigt, daß die *Hertz*'sche Pressung p einen Wert von 60 kp/mm² nicht überschreiten soll.

Aber nicht allein die Hertz'sche Pressung zwischen Nockenkuppe und Stößel ist für die Haltbarkeit bestimmend, sondern auch die Schmierverhältnisse zwischen beiden [167]. Zwischen Nocken und Flachstößel muß sich wie in einem Gleitlager ein tragfähiger Schmierfilm ausbilden. Als Maßzahl für diesen Schmierfilm gilt die Schmierzahl S.

$$S = 2\,\varrho - (R_o + h) \tag{71}$$

mit den Bezeichnungen von Bild 169. R_o ist der Grundkreisradius, h der jeweilige Stößelhub und ϱ bei einem ruckfreien Nocken der jeweilige Krümmungsradius. Nach [167] ist die Schmierzahl aus der hydrodynamisch wirksamen Winkelgeschwindigkeit $\overline{\omega}$ der hydrodynamischen Schmiertheorie (vgl. auch 3.1.7) abgeleitet, wobei analog $\overline{\omega} = \omega_L + \omega_Z - 2\omega_{Sp}$ für die translatorischen Geschwindigkeiten des Nockentriebes $\overline{\overline{v}} = v_N + v_{St} - 2v_B$ gebildet wird.

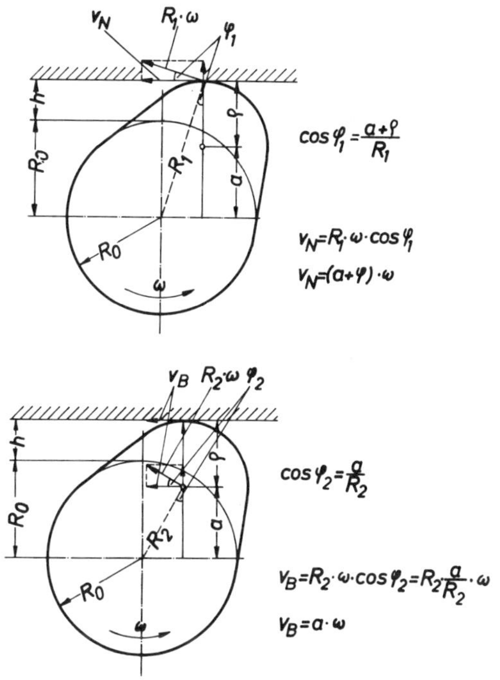

Bild 169. Zur Ableitung der Schmierzahl S

v_N = Absolutgeschwindigkeit der Gleitfläche des Nockens, Bild 169,
v_{St} = Absolutgeschwindigkeit der Gleitfläche des Stößels,
v_B = Absolutgeschwindigkeit des Berührungspunktes von Nocken und Stößel, Bild 169

Die Schmierzahl darf nicht Null werden. Mit den Beziehungen von Bild 169 ist

$$v_N = (a + \varrho) \cdot \omega$$
$$v_{St} = 0$$
$$v_B = a \cdot \omega$$
$$\bar{v} = (a + \varrho)\,\omega + 0 - 2\,a\,\omega$$

Läßt man ω außer Betracht, so ergibt sich als Maß für die Ausbildung eines tragfähigen Schmierfilms die Schmierzahl S der Gl. 71

$$S = \varrho - a = 2\,\varrho - (R_o + h)$$

Wenn S = 0 wird, so bricht der Schmierfilm zwischen Nocken und Stößel zusammen. Auch wenn S über einen längeren Zeitraum sehr klein ist, ist die Schmierung gefährdet. Um die Schmierverhältnisse des Nockentriebs zu überprüfen, muß daher die Schmierzahl S ermittelt und über dem Nockenwinkel aufgetragen werden. Die jeweiligen Werte vom Stößelhub h und Krümmungsradius ϱ in Abhängigkeit vom Nockenwinkel werden den Berechnungstabellen des Nockens (Bild 171) entnommen. Bild 170 zeigt ein S-Diagramm für zwei Nocken, von denen Nocken I schlechte Schmierverhältnisse mit entsprechend schlechtem Betriebsverhalten und Nocken II gute Schmierverhältnisse und entsprechende Lebensdauer hat. Daß S zu 0 wird, läßt sich selbstverständlich nicht vermeiden, jedoch soll bei einem richtig ausgelegten Nockentrieb dieser Nulldurchgang steil sein und die Nullnähe nicht lange andauern. Aus der Gl. 71 und Bild 170 läßt sich entnehmen, daß der Bereich um die Nockenkuppe gefährdet ist, wo auch die größten Hertz'schen Pressungen auftreten, und daß ein großer Krümmungsradius ϱ, besonders an der Nockenkuppe, wenn er auch geringere Hertz'sche Pressungen ergibt, aus Schmierungsgründen nicht immer günstig ist.

Diese Überlegungen über die Ausbildung eines tragfähigen Schmierfilms zwischen Stößel und Nocken haben zur Voraussetzung, daß auch genügend Spritzöl an diese Stelle kommt; denn eine Druckschmierung kann hier nicht vorgesehen werden. Das muß bei der Konstruktion berücksichtigt werden. Notfalls kann man auch einen Ölstrahl aus einer Spritzdüse auf diese Stelle lenken.

Es soll nun kurz der Konstruktionsgang für die Nocken dargelegt werden. Nachdem die Steuerzeiten aufgrund früherer Erfahrungen von Versuchsergebnissen angenommen sind, werden zunächst die Anlauframpen entsprechend dem Betriebsventilspiel festgelegt. Dabei ist zu beachten, daß je nach Länge der Rampe der Nockenwinkel φ durch die Rampe verringert wird, was eventuell durch einen größeren Hub und entsprechend höhere positive Beschleunigungen ausgeglichen werden muß. Als Richtlinie für die Größe des maximalen Ventilhubes wird ein Wert von 25 bis 30% des lichten Ventildurchmessers d (Bild 149) angegeben. Danach wählt man den kleinsten Krümmungsradius der Nockenbahn, d.h. den Radius ϱ der Nockenkuppe und die maximale positive Beschleunigung, die

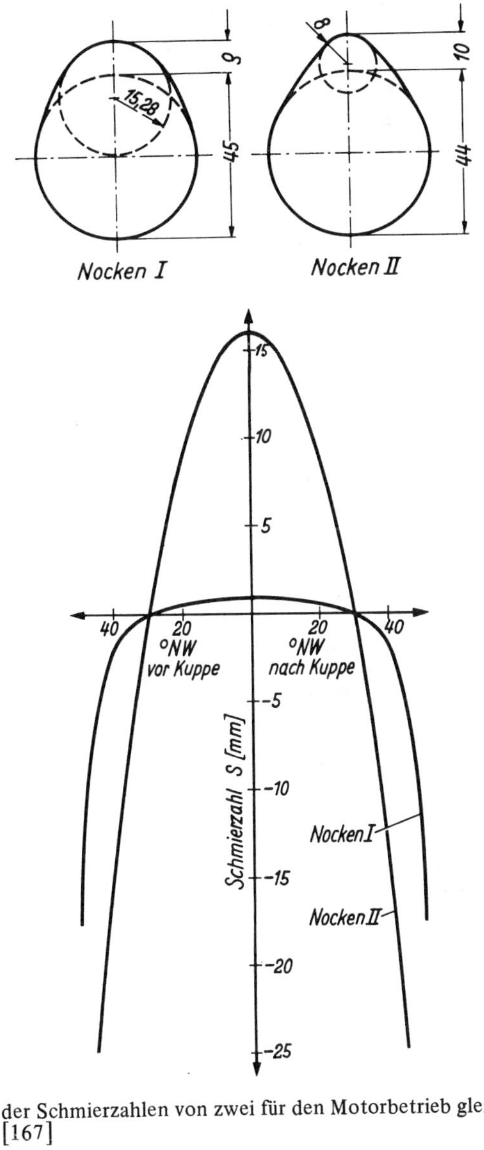

Bild 170. Verlauf der Schmierzahlen von zwei für den Motorbetrieb gleichwertigen Nockenformen [167]

nach den obigen Angaben einen Wert von ca. 1000 m/sec^2 nicht übersteigen soll. Mit diesen Daten und der Drehgeschwindigkeit ω der Nockenwelle, die beim Viertaktmotor der halben Kurbelwellendrehgeschwindigkeit entspricht, werden beim ruckfreien Nocken in Abhängigkeit vom Nockenwinkel der Stößelhub, die Stößelgeschwindigkeit, die Stößelbeschleunigung und der jeweilige Krümmungs-

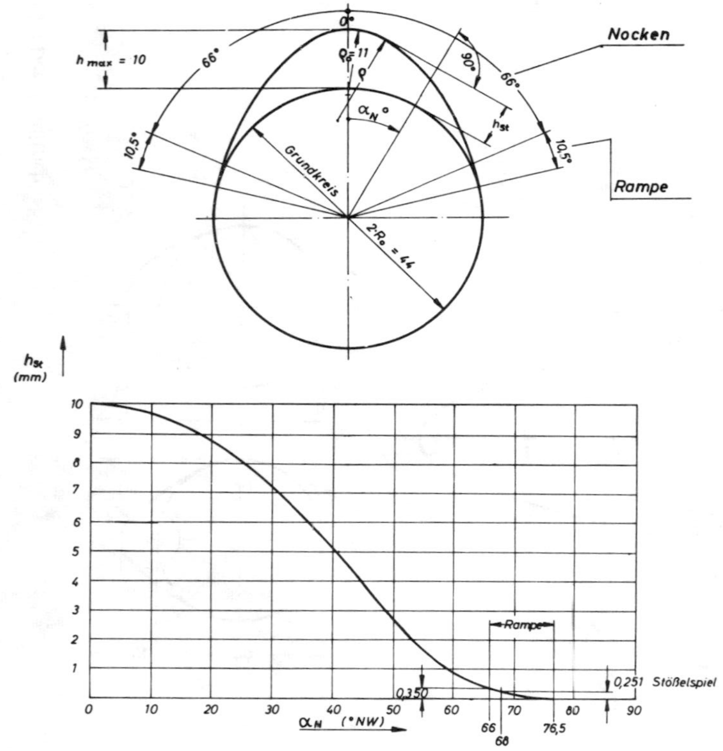

α_N °	h_{st} mm	ϱ mm	α_N °	h_{st} mm	ϱ mm	α_N °	h_{st} mm	ϱ mm	
.00	10.000	11.00	30.50	7.095	11.25	61.00	.694	76.65	
.50	9.999	11.00	31.00	7.002	11.29	61.50	.645	74.69	
1.00	9.997	11.00	31.50	6.907	11.34	62.00	.600	72.03	
1.50	9.993	11.00	32.00	6.810	11.39	62.50	.560	68.61	
2.00	9.987	11.00	32.50	6.713	11.46	63.00	.522	64.42	
2.50	9.980	11.00	33.00	6.614	11.53	63.50	.488	59.41	
3.00	9.971	11.00	33.50	6.514	11.62	64.00	.457	53.58	
3.50	9.961	11.00	34.00	6.412	11.72	64.50	.428	46.92	
4.00	9.949	11.00	34.50	6.310	11.84	65.00	.401	39.47	
4.50	9.935	11.00	35.00	6.206	11.97	65.50	.375	31.26	
5.00	9.920	11.00	35.50	6.100	12.12	66.00	.350	22.39	
5.50	9.903	11.00	36.00	5.994	12.29	66.50	.325	23.814	
6.00	9.885	11.00	36.50	5.886	12.48	67.00	.300	25.278	
6.50	9.865	11.00	37.00	5.777	12.70	67.50	.276	26.742	
7.00	9.843	11.00	37.50	5.668	12.95	68.00	.251	28.206	
7.50	9.820	11.00	38.00	5.556	13.23	68.50	.227	29.671	
8.00	9.796	11.00	38.50	5.444	13.55	69.00	.204	31.137	
8.50	9.769	11.00	39.00	5.331	13.90	69.50	.181	32.603	
9.00	9.741	11.00	39.50	5.217	14.29	70.00	.160	34.070	
9.50	9.712	11.00	40.00	5.102	14.73	70.50	.139	35.538	
10.00	9.681	11.00	40.50	4.985	15.22	71.00	.119	37.007	Rampe
10.50	9.648	11.00	41.00	4.868	15.77	71.50	.100	38.477	
11.00	9.614	11.00	41.50	4.750	16.37	72.00	.083	39.948	
11.50	9.578	11.00	42.00	4.632	17.03	72.50	.067	41.421	
12.00	9.541	11.00	42.50	4.512	17.76	73.00	.052	42.895	
12.50	9.502	11.00	43.00	4.392	18.56	73.50	.039	44.371	
13.00	9.462	11.00	43.50	4.271	19.44	74.00	.027	45.848	
13.50	9.420	11.00	44.00	4.150	20.40	74.50	.018	47.328	
14.00	9.376	11.00	44.50	4.029	21.44	75.00	.010	48.809	
14.50	9.331	11.00	45.00	3.907	22.57	75.50	.005	50.292	
15.00	9.284	11.00	45.50	3.784	23.80	76.00	.001	51.777	
15.50	9.236	11.00	46.00	3.662	25.12	76.50	.000	53.265	
16.00	9.187	11.00	46.50	3.540	26.54				
16.50	9.135	11.00	47.00	3.417	28.06				
17.00	9.082	11.00	47.50	3.295	29.69				
17.50	9.028	11.00	48.00	3.173	31.43				
18.00	8.972	11.00	48.50	3.052	33.27				
18.50	8.915	11.00	49.00	2.931	35.21				
19.00	8.856	11.01	49.50	2.811	37.26				
19.50	8.796	11.01	50.00	2.692	39.41				
20.00	8.734	11.01	50.50	2.574	41.65				
20.50	8.670	11.01	51.00	2.458	43.98				
21.00	8.605	11.01	51.30	2.343	46.40				
21.50	8.539	11.02	52.00	2.229	48.88				
22.00	8.471	11.02	52.50	2.118	51.42				
22.50	8.402	11.02	53.00	2.008	54.00				
23.00	8.331	11.02	53.50	1.901	56.60				
23.50	8.258	11.03	54.00	1.796	59.21				
24.00	8.185	11.03	54.50	1.694	61.79				
24.50	8.109	11.04	55.00	1.595	64.32				
25.00	8.033	11.04	55.50	1.499	66.78				
25.50	7.955	11.05	56.00	1.407	69.12				
26.00	7.375	11.06	56.50	1.318	71.31				
26.50	7.794	11.07	57.00	1.232	73.31				
27.00	7.712	11.08	57.50	1.150	75.07				
27.50	7.628	11.10	58.00	1.073	76.55				
28.00	7.542	11.11	58.50	.999	77.71				
28.50	7.456	11.13	59.00	.929	78.48				
29.00	7.368	11.15	59.50	.864	78.81				
29.50	7.278	11.18	60.00	.803	78.66				
30.00	7.187	11.21	60.50	.746	77.95				

Bild 171. Zeichnung der Nockenform für einen schnellaufenden Dieselmotor mit einem Zylinderhubvolumen von 6 *l* (n_{mot} = 1500 U/min)

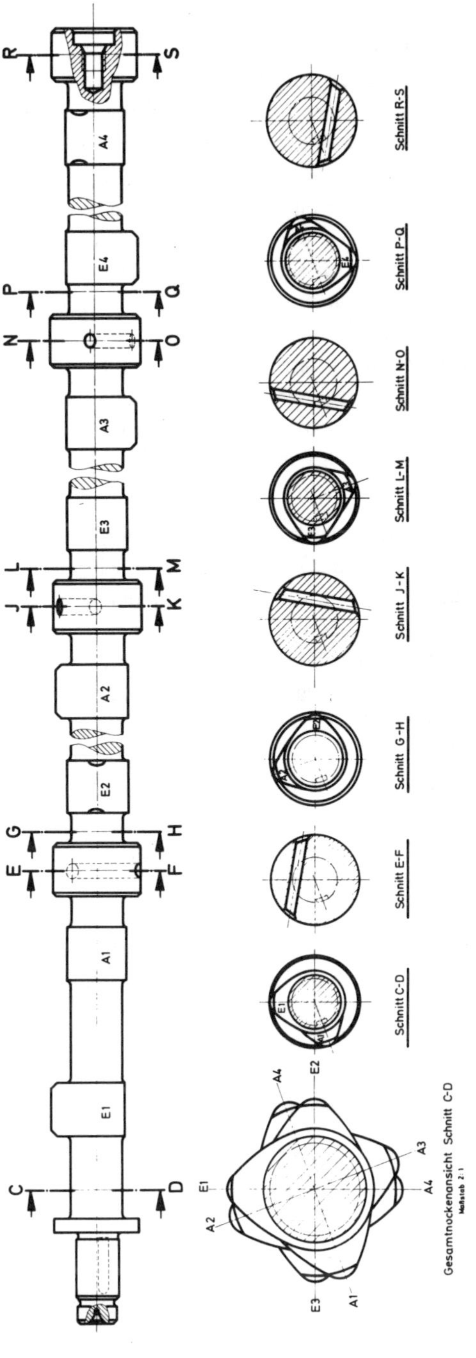

Bild 172. Zeichnung der Nockenwelle für einen 4-Zylindermotor

radius berechnet, und zwar in Schritten von 0,5° Nockenwinkel [149; 163]. Bild 171 zeigt die Zeichnung eines ruckfreien Nockens mit den errechneten Daten. Der Stößelhub h in Abhängigkeit vom Nockenwinkel φ dient als Grundlage für die Fertigung des Nockens. Mit der maximalen Geschwindigkeit v_{max} wird der Stößeldurchmesser festgelegt, und die maximale negative Beschleunigung dient zur Berechnung der Ventilfeder (siehe 3.3.3). Danach werden die Hertz'sche Pressung unter der Nockenkuppe und die Schmierzahl überprüft. Nach den Ergebnissen der Rechnung müssen eventuell die Steuerzeiten oder der Hub korrigiert werden. Es ist dann zweckmäßig, die Hubkurven der verschiedenen Möglichkeiten, die sich aus der Rechnung ergeben, aufzuzeichnen und den Nocken auszuwählen, der bei zulässigen Beschleunigungswerten den größten Zeitquerschnitt ergibt. Dabei ist besonderer Wert darauf zu legen, daß beim Einlaßnocken, aber auch beim Auslaßnocken, der Hub schon bei kleinen Nockenwinkeln so groß wie möglich ist, denn dieser Zeitquerschnitt ist besonders wichtig für eine gute Füllung des Zylinders. Schließlich wird aus $R_o + h_{max}$ der Lagerdurchmesser der Nockenwelle bestimmt, wie oben angegeben.

Die Nockenwelle wird normalerweise in Gleitlagern im Kurbelgehäuse gelagert, und zwar wie die Kurbelwelle mit (Z + 1) Lagern. Nur in kleineren und niedrig belasteten Motoren ist die Nockenwelle nur nach jedem zweiten Zylinder gelagert. Bei niedrig belasteten Motoren kann die Nockenwelle direkt im Material des Kurbelgehäuses laufen, bei höher belasteten Motoren werden dünne, gerollte Dreistofflagerbuchsen eingesetzt. Das Lagerspiel wird etwa zu 1 bis 2‰ des Lagerdurchmessers gewählt. Die Lagerstellen der Nockenwelle werden mit möglichst hoher Oberflächengüte $R_t \approx 2$ bis 2,5 μm ausgeführt. Die Lagerstellen der Nockenwelle und Nocken werden induktiv oder im Einsatz gehärtet. Je nach dem Härteverfahren wird das Nockenwellenmaterial ausgewählt, im ersten Falle ein Stahl Cf 45N oder Cf 53N und im zweiten Fall ein Einsatzstahl, z.B. K 15 Cr 3. Die Nockenwellenlager sind an die Druckschmierung des Motors angeschlossen. Die Zuführungsbohrung muß so gelegt werden, daß sie nicht durch die auf die Nockenwelle wirkenden Ventilfederkräfte zugehalten wird, d.h. möglichst in einem Winkel > 30° zur Stößelachse. Bild 172 zeigt eine ausgeführte Nockenwelle.

3.3.3 Die Steuerelemente des Ventiltriebes

Hauptaufgabe der Gestaltung der Steuerelemente, nämlich des Stößels, der Stoßstange, des Kipphebels und der Ventile ist, diese Teile so leicht wie möglich und so steif wie möglich auszubilden. Je kleiner die Massen des Ventiltriebs sind und je steifer er ist, desto höhere Beschleunigungen können zugelassen werden und desto geringer brauchen die Ventilfederkräfte und die Federreserven zu sein. Das gilt in erhöhtem Maße für schnellaufende Motoren und solche, bei denen man mit hohen Überdrehzahlen rechnen muß, z.B. LKW-Motoren. Bei einem Ventiltrieb mit geringer Steifigkeit und großen Massen können die Steuerelemente der Hubbewegung des Stößels nicht mehr folgen – die Stoßstange verformt sich, der Kipphebel biegt sich durch –, und damit bleibt das Ventil zunächst im Hub zurück. Die durch das Zusammendrücken der elastischen Steuerelemente entstehenden Kräfte üben nun eine zusätzliche Beschleunigung aus, die dem Ventil wieder eine höhere Geschwindigkeit verleiht. Dadurch ergeben sich Abweichungen von dem berechneten Beschleunigungsverlauf des starren Ventiltriebes, wie sie Bild 173 von der rechnerischen Untersuchung eines Ventiltriebs

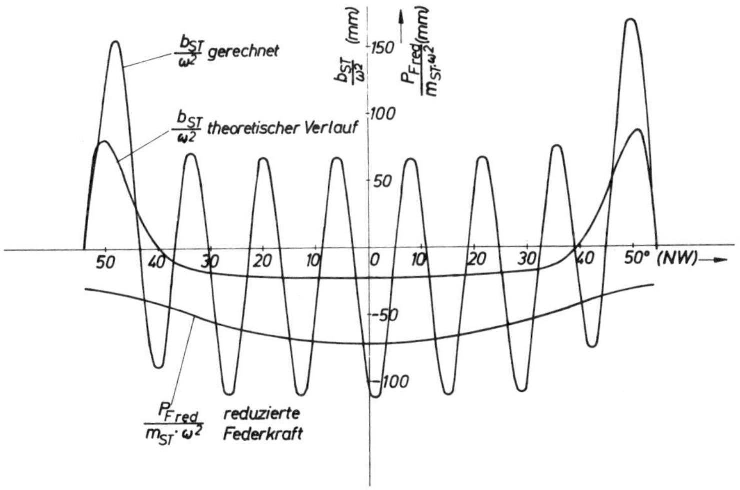

Bild 173. Verlauf der Beschleunigung b_{St} des Stößels mit und ohne Elastizitäten

für einen schnellaufenden LKW-Motor zeigt. Man sieht daraus, daß sich bei einem wenig steifen Ventiltrieb den berechneten Beschleunigungen des starren Triebs Schwingungen überlagern, die den Federkraftüberschuß des starren Triebs merkbar verringern. Das kann so weit führen, daß die Federkraftreserve vollends aufgezehrt wird und es zum Abheben des Ventils kommt.

Der Flachstößel wird als Pilz- oder Topfstößel ausgebildet (Bild 174). Der Topfstößel hat den Vorteil, daß er ausgebaut werden kann, ohne die Nockenwelle demontieren zu müssen. Um Gewicht zu sparen, werden die Stößel z.T. hohlgegossen. Es ist vorteilhaft, den Stößel um etwa 1 bis 2 mm gegenüber der Nockenmitte zu versetzen, um ein Drehen des Stößels zu erzeugen zur Verschleißverringerung. Bei Stahlnockenwellen wird der Stößel aus Hartguß hergestellt. Ein Phosphatieren des Stößels wirkt sich günstig auf die Laufeigenschaft gegenüber dem Nocken aus. Gelegentlich wird auch der Schaft mit einer leichten Balligkeit versehen, um Ungenauigkeiten in den Stößelbohrungen auszugleichen. Das Laufspiel des Stößels ergibt sich aus der Toleranzpaarung H7/g6. Bei größeren

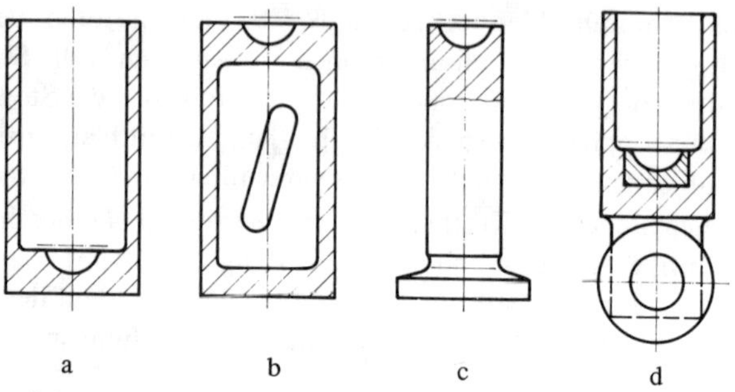

Bild 174. Ausführungsformen von Ventilstößen
a) Topfstößel
b) Flachstößel
c) Pilzstößel
d) Rollenstößel

Motoren mit hohen Beanspruchungen zwischen Nocken und Stößel findet man häufig auch Rollenstößel (Bild 174d). Im Vergleich zum Flachstößel ist bei gleichem Nocken die Hubkurve eines Rollenstößels weniger völlig, weshalb bei Rollenstößeln oft Tangentennocken verwendet werden müssen. Hohlnocken sollte man jedoch aus Herstellungsgründen vermeiden. Ein Nachteil des Rollenstößels ist seine verhältnismäßig große Masse und sein hoher Preis, weshalb er für kleinere, schnellaufende Motoren kaum in Frage kommt.

Die Stoßstange ist entweder aus Stahlrohr oder aus vollem Material hergestellt. Bild 175 zeigt einige Ausführungsformen. Für Leichtmetallmotoren und luftgekühlte Motoren kommt auch Aluminiumrohr in Frage. Die Kuppen der Stoßstangen werden entweder gehärtet oder sie bestehen aus entsprechenden, gehärteten Aufsätzen. Diese Aufsätze werden entweder aufgeschweißt oder bei Leichtmetallstoßstangen eingepreßt. Die Stoßstange soll knicksicher, leicht und steif sein. Unter Umständen muß man der Steifigkeit den Vorzug vor dem Gewicht geben.

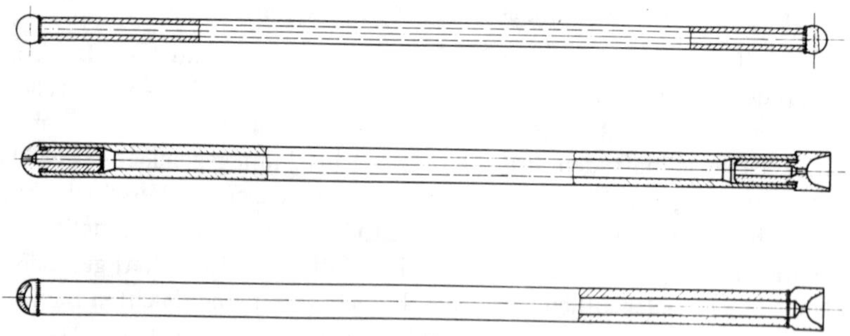

Bild 175. Ausführungsformen von Stoßstangen

Der Kipphebel überträgt die Bewegung der Stoßstange auf das Ventil. Er drückt mit seiner gehärteten Kuppe, deren Radius möglichst groß sein soll, auf den Ventilschaft und trägt am anderen Hebelarm eine Einstellschraube zur Einstellung des Ventilspiels. Seine Hebelarme bestimmen das Übersetzungsverhältnis i: Ventilhub zu Stößelhub; i kann zwischen 1 und 1,5 liegen. Je größer i ist, desto größer werden die Kräfte zwischen Nocken und Stößel. Der Drehpunkt des Kipphebels soll so liegen, daß die Verbindungslinie vom Mittelpunkt der Kipphebelkuppe zum Drehpunkt des Kipphebels bei halbem Ventilhub waagerecht liegt,

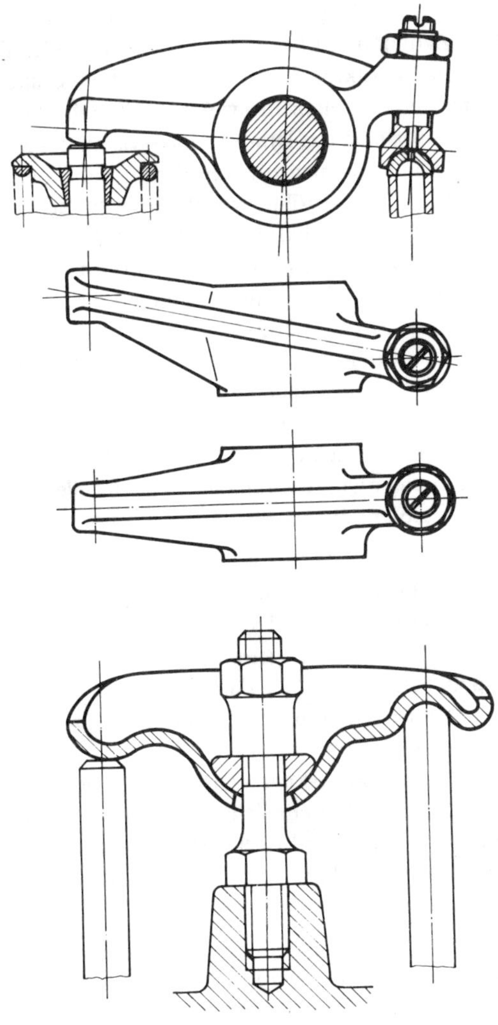

Bild 176. Ausführungsformen von Ventilkipphebeln

(Schwingen über Mitte). Damit ist die seitliche Verschiebung der Kuppe auf der ebenen Ventilschaftkuppe und damit auch die Querkraft auf die Ventilführung am geringsten. Auch der der Stoßstange zugekehrte Hebelarm soll möglichst so liegen, daß er in bezug auf den Stoßstangenhub über Mitte schwingt. Der Kipphebel muß, wie alle Steuerungsteile, so leicht und so steif wie möglich ausgebildet sein, was durch einen ⊥-Querschnitt am besten erreicht wird (Bild 176). Der Kipphebel ist meistens entweder aus Stahl gepreßt oder ein Tempergußteil. Bei PKW-Motoren findet man auch aus Blech gepreßte Kipphebel (Bild 176), die zwar sehr leicht sind, dafür aber weniger steif. Aber nicht nur der Kipphebel selbst muß steif sein, das gleiche gilt auch für den Kipphebelbock und seine Befestigung auf dem Zylinderkopf (sieht 3.2.3), worauf die Kraft $P = P_V (i + 1)$ wirkt, die größer als die Ventilkraft P_V ist. Diese Kraft wirkt auch auf die Kipphebellagerung, die meistens aus einer Bronzebuchse besteht. Sie muß gut geschmiert sein und ist deshalb an das Druckschmiersystem des Motors angeschlossen. Bohrungen im Kipphebel dienen zur Schmierung der Stoßstangenkuppe und der Ventilschaftkuppe. Die Schmierölmenge zur Kipphebelschmierung darf nicht zu groß sein, da sonst die Ventilschäfte überschmiert werden. Sie muß deshalb dosiert werden. Das Öl wird dem Ventiltrieb entweder durch die Stoßstangen oder über Bohrungen im Kurbelgehäuse, Zylinderkopf und Kipphebelbock zugeführt. Die Bilder 341, 361 und 362 zeigen Ausführungsformen von Kipphebelschmierungen bei Ölzuführung durch die Stoßstangen und von Dosierungen der Ölmenge. Die Ölmenge kann entweder dadurch dosiert werden, daß eine Nut im Stößel nur kurzzeitig die Ölzuführungsbohrung überschleift (Bild 362), oder es erfolgt die Dosierung durch eine Querbohrung im Nockenwellenlagerzapfen (Bild 341). Statt einer Querbohrung im Nockenwellenlagerzapfen kann auch eine Nut im Lagerzapfen, die nur über einen bestimmten Winkel umläuft, die Dosierung übernehmen (Bild 361).

Wie Bild 176 zeigt, ist es nicht immer möglich, die Kipphebel als gerade Hebel, bei denen die Verbindungslinie der beiden Kraftangriffspunkte senkrecht zur Kipphebelachse liegt und durch die Lagermitte geht, auszubilden. Bei schrägen oder gekröpften Kipphebeln muß jedoch darauf geachtet werden, daß die Verbindungslinie der beiden Kraftangriffspunkte immer innerhalb der Lagerfläche liegt, und zwar möglichst in deren Mitte.
Die bisher beschriebene einfache Art der Ventilbetätigung über je einen Kipphebel für Ein- und Auslaßventil bezieht sich auf Zweiventilzylinderköpfe. Bei Vierventilköpfen mit je zwei Ein- und Auslaßventilen ist die Steuerung komplizierter. Hier werden die Ventile über Schlepphebel (Bild 177a) oder ein Joch (Bild 173b) oder Gabelhebel (Bilder 336, 340, 349, 352) betätigt.

Die Ausbildung von Ein- und Auslaßventilen zeigt Bild 178. Für die Gestaltung seien noch einige Hinweise gegeben. Der Sitzwinkel ist im allgemeinen 90°.
Bei hochbelasteten aufgeladenen Motoren hat sich jedoch im Hinblick auf Verringerung des Einlaßventilsitzverschleißes [141] auch ein Sitzwinkel von 120°

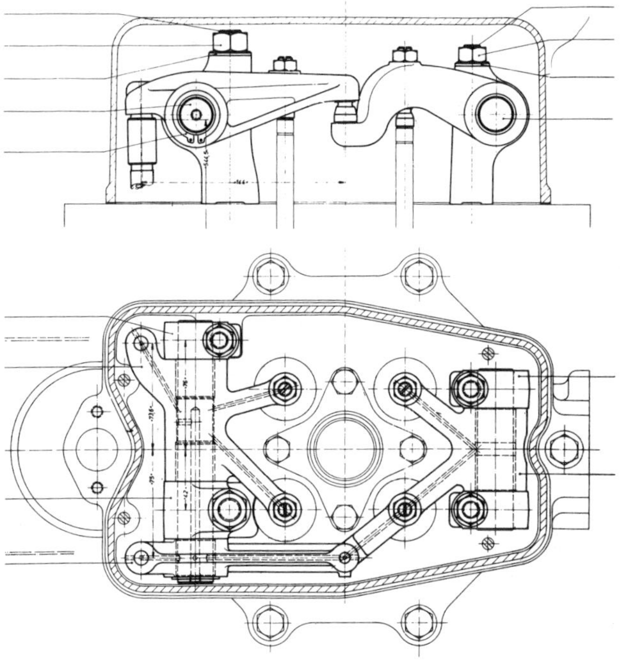

a

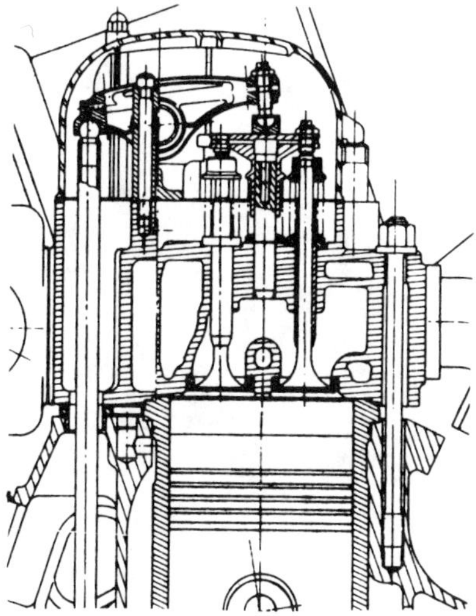

b

Bild 177. Kipphebelsteuerung für einen Vierventilzylinderkopf
a) Schlepphebelsteuerung
b) Jochsteuerung

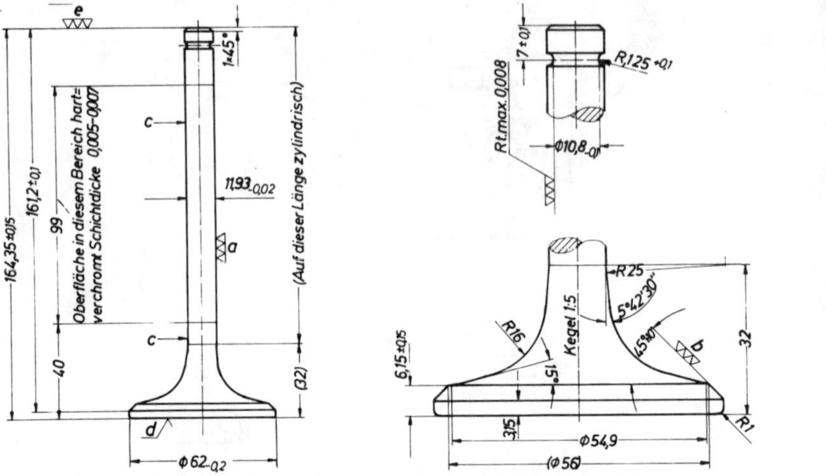

a

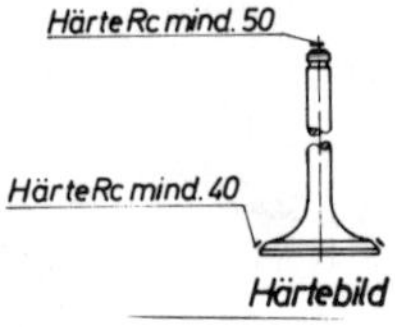

Lage-und Formtoleranzen			
Zulässige Abweichung	von	zu	max. Wert
Schlag, senkrecht zu „b"	a	b	0,02
Radialschlag	c/c	a	0,01
Axialschlag	a	d	0,1
Axialschlag	a	e	0,05

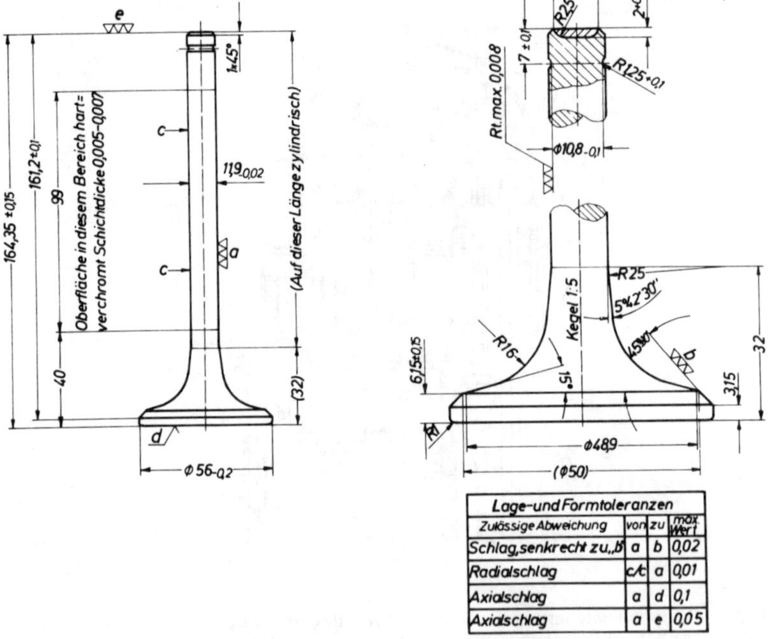

b

Lage-und Formtoleranzen			
Zulässige Abweichung	von	zu	max. Wert
Schlag, senkrecht zu „b"	a	b	0,02
Radialschlag	c/c	a	0,01
Axialschlag	a	d	0,1
Axialschlag	a	e	0,05

Bild 178. Zeichnung eines Einlaßventils (a) und eines Auslaßventils (b)

bewährt. Im Hinblick auf den Einlaßventilsitzverschleiß ist es auch ratsam, den Ventilteller nicht zu schwach zu bemessen. Das Verhältnis Schaftdurchmesser zu Ventiltellerdurchmesser liegt zwischen 1:4 bis 1:5. Der erstere Wert gilt für hochbelastete aufgeladene Motoren, der letztere für Saugmotoren. Der Übergang vom Schaft in den Teller besteht aus einem großen Radius, von dem aus eine Tangente unter einem Winkel von ca. 20° bis 23° an die Oberkante des Ventilsitzes geht. Das sind natürlich nur Anhaltswerte. Bei der Neuentwicklung eines Motors ist es gut, wenn man die günstigste Form des Ventiltellers durch Berechnung und Vergleich mit bewährten Formen ermittelt. Dabei werden mit Hilfe des Elektronenrechners in Abhängigkeit vom Zünddruck die Radialspannung σ_r, die Umfangsspannung σ_u und die Durchbiegung w der Platte des Ventiltellers berechnet. Der Berechnungsgang hierzu stammt aus [145]. Das Ergebnis solcher Berechnungen und den Einfluß der verschiedenen Abmessungen des Ventiltellers zeigt Bild 179. Das erste Diagramm gilt für die Ausgangsform des Ventiltellers. Das zweite Diagramm zeigt bei gleichen Ventilabmessungen den Einfluß des erhöhten Zünddrucks auf w, σ_r und σ_u. Die beiden nächsten Diagramme geben an, wie durch Veränderung der Form des Ventiltellers bei gleich hohem Zünddruck allmählich wieder die Ausgangswerte von σ_r, σ_u und w erreicht werden.

Die Auslaßventile sind hohen thermischen Beanspruchungen ausgesetzt, aber auch die Einlaßventile haben noch beachtliche Temperaturen. Nach [251] erreichen bei Ottomotoren die Einlaßventile Temperaturen von 300° bis 500°C, die Auslaßventile 600 bis 800°C. Bei schnellaufenden Dieselmotoren hoher Leistung werden bei den Auslaßventilen ähnlich hohe Temperaturen erreicht. Die Wärme muß aus den Ventilen in erster Linie über die Ventilsitze abgeführt werden. Daher müssen bei der Zylinderkopfkonstruktion die in 3.2.3 angegebenen Richtlinien für die wirksame Kühlung der Ventilsitze sorgfältig beachtet werden. Bei hochbeanspruchten Ottomotoren und vereinzelt auch schon bei Dieselmotoren findet man auch hohle Ventile, die mit Natrium gefüllt sind [179]. Damit können die Temperaturen um ca. 80° bis 120° gesenkt werden, da durch die Natriumfüllung die über den Ventilschaft angeführte Wärmemenge erhöht wird.

Das obere Ende des Ventilschaftes wird gehärtet. Die hochwarmfesten austenitischen Werkstoffe für Auslaßventile (Tafel VI) lassen sich nicht härten. Es werden statt dessen harte Stellitplättchen aufgeschweißt. Das gleiche gilt für die Ventilsitze, die auch eine Stellitauflage erhalten.

Der Ventilschaft wird zweckmäßigerweise verchromt, wodurch der Verschleiß herabgesetzt und die Gefahr der Ölverkokung verringert wird. Die Festlegung des Spiels zwischen Ventilschaft und Ventilführung ist schwierig und kann endgültig nur nach Versuchen erfolgen. Das Spiel zwischen Schaft und Führung beeinflußt die Schmierung und damit den Verschleiß sowie die Wärmeabfuhr aus dem

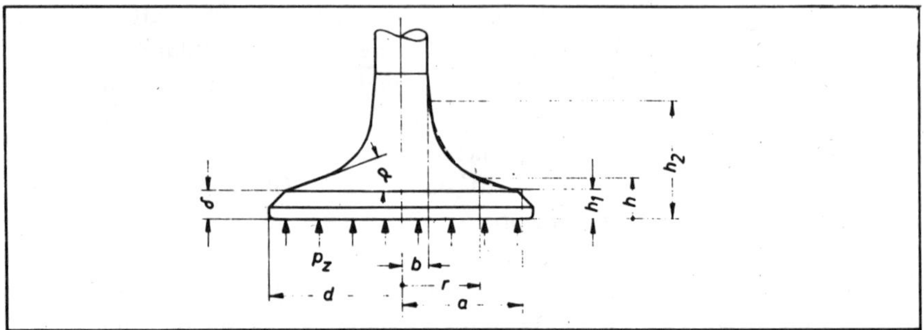

a	b	h_1	h_2	d	δ	$\frac{\delta}{d}$	α	p_z	—— w – – – σ_r —·—·— σ_u
mm	mm	mm	mm	mm	mm	—	grd	$\frac{kp}{cm^2}$	
28	6	6	22,5	62	6,15	0,099	15	110	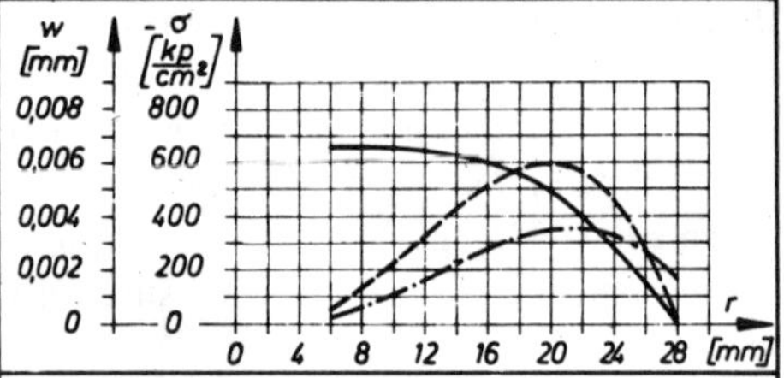
28	6	6	22,5	62	6,15	0,099	15	140	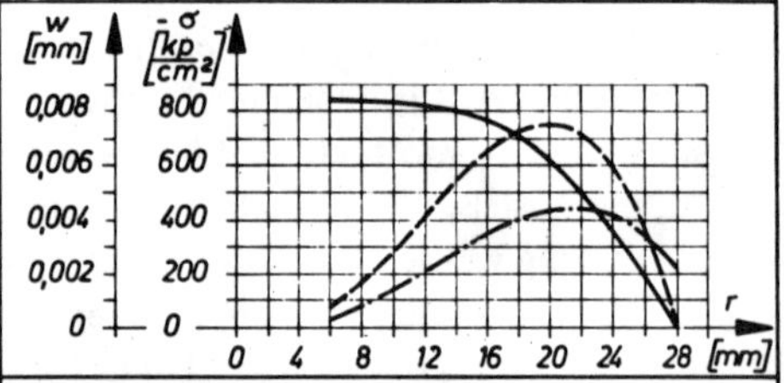
28	6	6,5	23,1	62	6,15	0,099	20	140	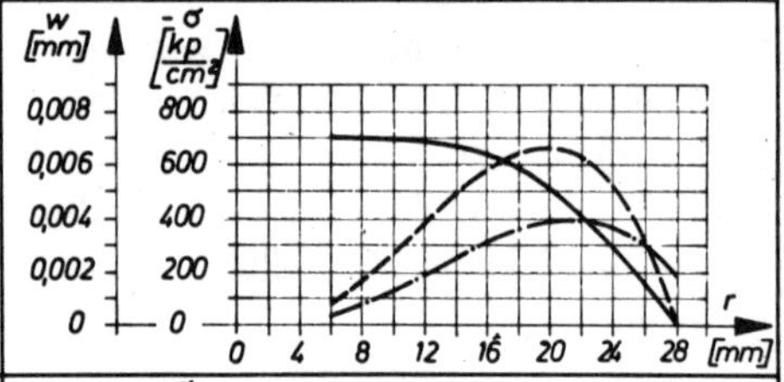
28	6	6,6	23,5	62	6,75	0,109	15	140	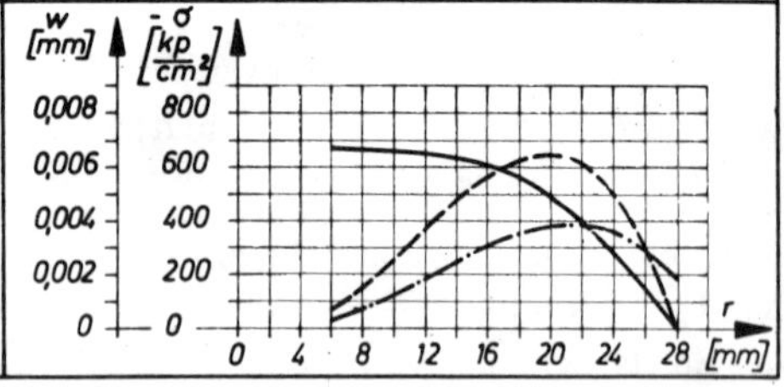

Bild 179. Durchbiegung w, Radialspannung σ_r und Umfangsspannung σ_u eines Ventiltellers unter der Einwirkung des Zünddrucks

Ventil. Je größer das Spiel ist, desto größer ist der Verschleiß und desto schlechter die Wärmeabfuhr. Ein zu kleines Spiel birgt jedoch die Gefahr des Fressens in sich. Als Anhaltswert für das Spiel kann bei ferritischen Stählen (Einlaßventil) 0,06 bis 0,1 mm, bei austenitischen Stählen (Auslaßventil) 0,1 bis 0,15 mm gelten.

Die Tafel VI gibt einen Überblick über die für Ein- und Auslaßventile in Frage kommende Werkstoffe. Meistens werden für Ein- und Auslaßventile entsprechend ihren Beanspruchungen verschiedene Materialien verwendet. Bei gleichgroßen Ein- und Auslaßventilen wird man jedoch auch für die Einlaßventile das gleiche warmfeste Material der Auslaßventile wählen, um der Verwechslungsgefahr zu entgehen.

Der Federteller wird am Ventilschaft durch Klemmkegel gehalten (Bild 180). Bei

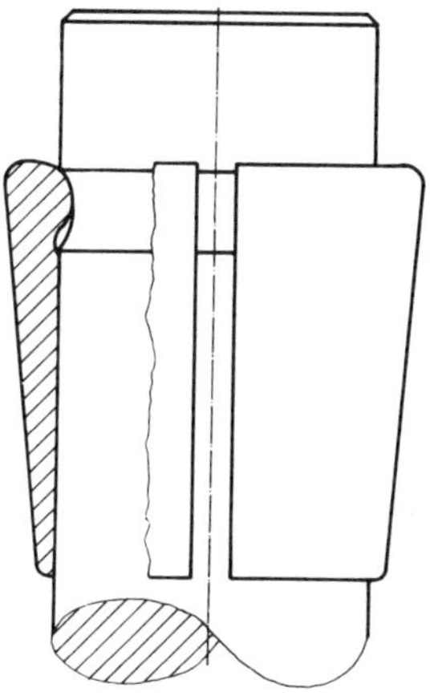

Bild 180. Rillenventilkegelstück

dieser Befestigungsart wird der Ventilschaft am wenigsten geschwächt, und die Kerbspannungen sind in der runden Nut des Schaftes am geringsten. Außerdem erfolgt die Kraftübertragung am vollen Schaft und nicht in der runden Nut.

Aus Gründen der Verschleißminderung und der gleichmäßigen Wärmeverteilung ist es gut, dem Ventil, besonders dem Auslaßventil, eine Drehbewegung zu erteilen. Hierfür bietet die Zubehörindustrie entsprechende Einrichtungen z.B. Rotocap der Fa. ATE an. Sie sollen jedoch so angebracht werden, daß sie die Hubbewegung des Ventils nicht mitmachen, da dadurch die Ventilmassen unnötig ver-

Tafel VI. Die gebräuchlichsten Ventilwerkstoffe (nach Unterlagen der Firma ATE – Teves, Thompson & Co. GmbH)

Werkstoff-Nr. nach DIN 17 007 Bl. 2 / Kurzname nach DIN 17 006 / Kurzbezeichnung	1.4718 X 45 Cr Si 9 Cr Si Stahl	1.4748 X 85 Cr Mo V 182 Cromo 193	1.4873 X 45 Cr Ni W 189 aust. Cr Ni Stahl	1.4871 X 50 Cr Mn Ni 229 21–4N	1.4875 X 55 Cr Mn Ni 208 21 – 2	1.4971 X 12 Cr Co Ni 2120 [ATS 105]	1.4631 Ni Cr 20 Ti Al [ATS 240] [Nimonic 80 A]
Anwendungsgebiet							
	Einlaßventil und Auslaßventil niedriger Beanspruchung	Einlaßventil höherer Beanspruchung und Auslaßventil bei guter Zunderbeständigkeit, Verschleißfestigkeit und Gleiteigenschaft	Auslaßventil höherer Beanspruchung (hohe Warmfestigkeit)	Auslaßventil sehr hoher Beanspruchung und hoher Warmfestigkeit bei gleichzeitiger Korrosionsbeständigkeit		Auslaßventil höchster Beanspruchung	
Analyse							
C	0,48	0,85	0,45	0,50	0,55	0,12	0,07
Si	3,10	–	2,50	max. 0,25	max. 1,00	–	–
Mn	0,45	1,25	1,20	9,00	8,25	–	–
Cr	9,00	17,50	18,00	21,00	20,00	21,00	20,00
Ni	–	–	9,00	3,30	2,00	20,00	72,00
Mo	–	2,35	–	–	–	3,20	–
W	–	–	1,00	–	–	2,50	–
V	–	0,50	–	–	–	–	–
N	–	–	–	0,50	0,30	0,15	–
Co	–	–	–	–	–	20,00	–
Nb	–	–	–	–	–	1,00	–
Al	–	–	–	–	–	–	1,40
Ti	–	–	–	–	–	–	2,40

Festigkeitseigenschaften

Zugfestigkeit	90–105 kp/mm^2	100–120 kp/mm^2	mind. 80 kp/mm^2	mind. 100 kp/mm^2		70–95 kp/mm^2	mind. 100 kp/mm^2
Streckgrenze (kalt)	75 kp/mm^2	90 kp/mm^2	45 kp/mm^2	70 kp/mm^2		mind. 35 kp/mm^2	60 kp/mm^2
Bruchdehnung L = 5 d	12%	10%	35%	10%		20%	20%
Warmstreckgrenze							
500° C	46 kp/mm^2	50 kp/mm^2	30 kp/mm^2	35 kp/mm^2		25 kp/mm^2	55 kp/mm^2
600° C	24 kp/mm^2	28 kp/mm^2	28 kp/mm^2	30 kp/mm^2		24 kp/mm^2	55 kp/mm^2
700° C	10 kp/mm^2	12 kp/mm^2	20 kp/mm^2	25 kp/mm^2		22 kp/mm^2	54 kp/mm^2
						800°C 16 kp/mm^2	800°C 43 kp/mm^2
						900°C 10 kp/mm^2	900°C 20 kp/mm^2
Härteannahme Rc						nicht härtbar	
am Schaftende	mind. 55	mind. 50	nicht härtbar	nach Ausscheidungshärtung mind. 32 Rc			
am Sitz	mind. 42	mind. 42					
am Einstich Rc 62,5 kp	mind. 71	mind. 71					

Physikalische Eigenschaften

Spez. Gewicht	7,6 g/cm^3	7,8 g/cm^3	8,0 g/cm^3	7,8 g/cm^3	7,8 g/cm^3	8,25 g/cm^3	8,17 g/cm^3
Wärmeleitfähigkeit	0,05 cal/cm sec °C	0,05 cal/cm sec °C	0,035 cal/cm sec °C	0,035 cal/cm sec °C	0,035 cal/cm sec °C	0,03 cal/cm sec °C	0,029 cal/cm sec °C
Mittlerer Wärmeausdehnungskoeffizient 20–800°C	13 x 10^{-6}	12 x 10^{-6}	19 x 10^{-6}	18,5 x 10^{-6}	18,5 x 10^{-6}	17,6 x 10^{-6}	15,1 x 10^{-6}

größert werden. Sie werden daher zwischen Ventilfeder und Zylinderkopf angebracht (Bild 158).

Für die Bemessung der Ventilfeder sind die Massen der Steuerelemente des Ventiltriebs und die maximale Verzögerung maßgebend, die an der Nockenkuppe auftritt. Die Ventilfederkraft muß größer sein als die Verzögerungskraft $P_V = -b_{max} \cdot m_T$. Hierin sind $-b_{max}$ die negative Beschleunigung des Ventils, m_T die Summe der Massen der Steuerelemente, beide bezogen auf das Ventil. Die maximale Verzögerung b_{max} ist nach Bild 181 und mit Gl. 70

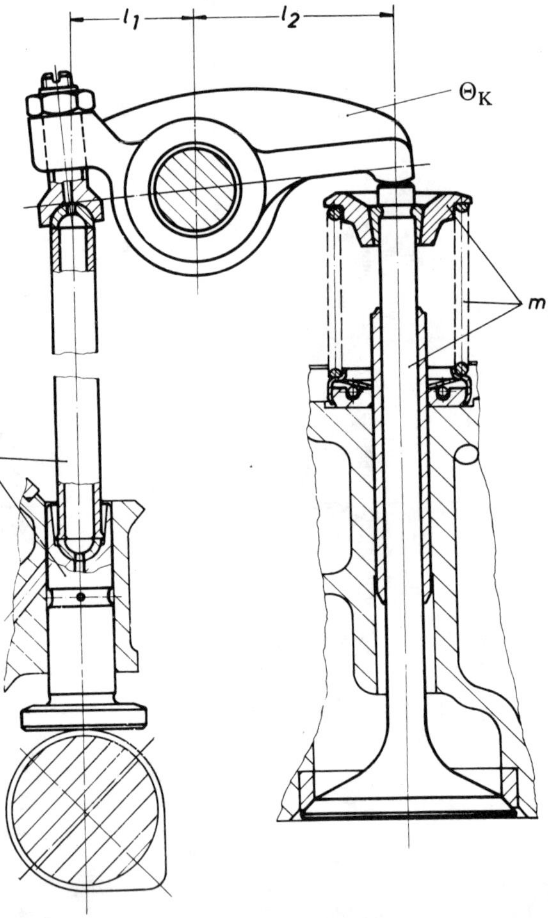

Bild 181. Zur Berechnung der auf das Ventil bezogenen Masse m_T des Ventiltriebs

$$b_{max} = \frac{l_2}{l_1} (R_o + h_{max} - \varrho)\, \omega^2$$

m_T ist mit den Bezeichnungen von Bild 181

$$m_T = m_S \left(\frac{l_1}{l_2}\right)^2 + \frac{\Theta_K}{l_2^{\,2}} + m_V$$

Hierin sind m_S die Masse des Stößels und die Masse der Stoßstange. J_K das Trägheitsmoment des Kipphebels und m_V die Masse des Ventils einschließlich der

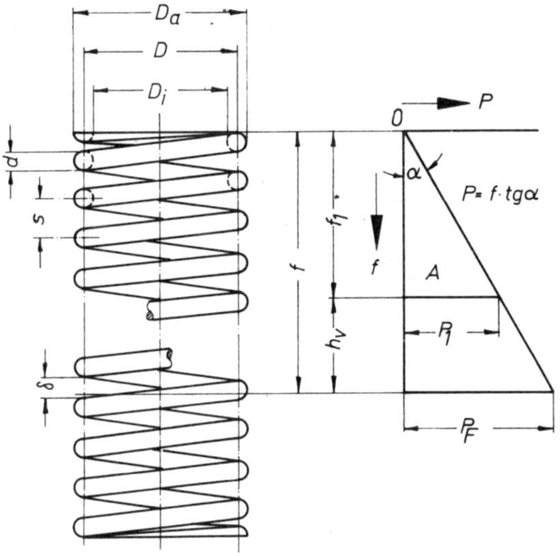

Bild 182. Zur Berechnung der Ventilfeder

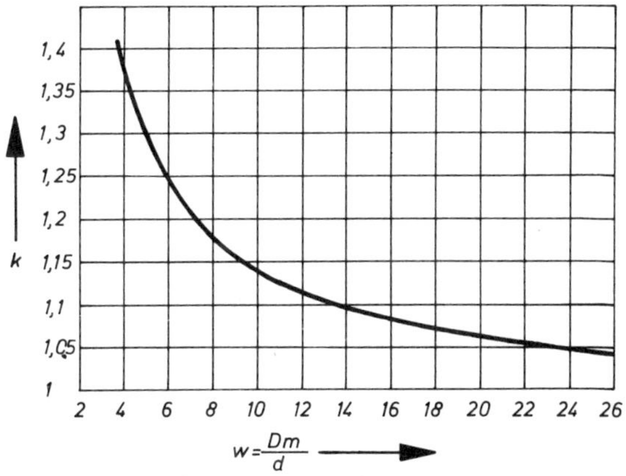

Bild 183. Korrekturfaktor k für Torsionsbeanspruchung gekrümmter Stäbe (nach Scherdel-Federfibel)

Befestigungsteile. Die Ventilfederkraft P_F muß gegenüber P_V eine gewisse Reserve haben. Man wird je nach Betriebsart des Motors, d.h. je nach der Möglichkeit, daß Überdrehzahlen auftreten können $P_F \approx (1{,}5 \text{ bis } 2)\, P_V$ machen, wobei die höheren Werte für Fahrzeugmotoren gelten, bei denen mit Überdrehzahlen bis zu 40% gerechnet werden muß. Mit diesem Wert wird die Federberechnung entsprechend DIN 2089 durchgeführt. Als Ventilfeder kommt eine zylindrische Schraubenfeder in Frage, für die mit den Bezeichnungen von Bild 182 die bekannten Beziehungen gelten:

$$f = \frac{\tau \cdot i \cdot D^2}{d} \frac{\pi}{G \cdot k} \tag{72}$$

$$\tau = k \frac{8}{\pi} \cdot \frac{P_F \cdot D}{d^3} \tag{73}$$

$$d = \sqrt[4]{\frac{8}{G} \frac{i \cdot D^3 P_F}{f}} \tag{74}$$

$$D = \sqrt[3]{\frac{G}{8} \frac{d^4 \cdot f}{P_F \cdot i}} \tag{75}$$

i = Anzahl der federnden Windungen
k = Faktor für erhöhte Spannungen an der Innenseite der Feder (aus Bild 183)
G = Schubmodul [kp/mm²]

Der gesamte Federweg f setzt sich zusammen aus dem Federweg f_1 für die Vorspannung der Feder, mit der das Ventil im Ruhezustand auf seinen Sitz gedrückt wird, und dem Ventilhub h_V. Die maximale Schubspannung τ_{max} wird nach Gl. 73 ermittelt. Sie sollte bei dem für Ventilfedern verwendeten ölschlußvergüteten Ventilfederstahl 70 kp/mm² nicht überschreiten . Die Wechselschubspannung τ_w ergibt sich aus der Differenz der Schubspannung τ_{max} und der für den Federweg $f_1 = f - h_V$ ermittelten Schubspannung τ_1. Für τ_w können Werte bis ca. 40 kp/mm² zugelassen werden.

Weiter ist nach der Beziehung

$$n_e = 2{,}17 \frac{d}{i \cdot D^2} \cdot 10^7 \ [\text{min}^{-1}] \tag{76}$$

oder in anderer Form

$$n_e = \frac{1}{k} 8{,}15 \frac{\tau_w}{h_V} \cdot 10^3 \ [\text{min}^{-1}] \tag{77}$$

die Eigenfrequenz n_e der Ventilfeder zu überprüfen. In die Gleichungen 76 und 77 sind d, D und h_V in mm, τ_w in kp/mm² einzusetzen. n_e soll etwa das 8- bis 10fache der Motordrehzahl sein. Aus Gl. 77 sieht man, daß die Eigenfrequenz der Feder bei gegebenem Ventilhub nur durch die Wechselbeanspruchung bestimmt ist. Die zulässige Wechselbeanspruchung muß also so weit wie möglich ausgenutzt werden, wobei im Interesse einer hohen Eigenfrequenz die Vorspannung der Ventilfeder nicht zu hoch angesetzt werden darf.

Die Endwindungen der Ventilfeder werden angelegt und geschliffen. Damit ergibt sich die Blocklänge der Ventilfeder $L_{Bl} = d\,(i + 2)$. Der Mindestabstand der federnden Windungen bei Belastung mit P_F soll $0{,}1 \cdot D$ sein. Damit ergibt sich die Mindestlänge der Feder bei Belastung mit P_F zu $L_{min} = 1{,}1 \cdot d \cdot i_{ges}$ und die ungespannte Länge $L_o = L_{min} + f$. Als Ventilfederzeichnung und Unterlage zur Fabrikation wird zweckmäßigerweise der Vordruck A DIN 2099 verwendet.

Das Material für Ventilfedern ist normalerweise ölschlußgehärteter Cr-V-legierter Ventilfederdraht, dessen Dauerfestigkeit noch durch Kugelstrahlen erhöht werden kann. Die Oberfläche wird gegen Korrosion durch eine Einbrennlackierung geschützt.

3.3.4 Der Antrieb der Nockenwelle und der Zahnradtrieb des Motors

Die Nockenwelle wird entweder über Zahnräder oder über Ketten von der Kurbelwelle aus angetrieben, und zwar bei den hier behandelten Viertaktmotoren mit einem Übersetzungsverhältnis von 2:1. In letzter Zeit sind auch Nockenwellenantriebe mittels Kunststoff-Zahnriemen bekanntgeworden, die aber nur für die Übertragung kleinerer Momente ausreichen.

Der Antrieb über Zahnräder wird vor allem bei untenliegenden Nockenwellen (vgl. die Bilder ausgeführter Motoren in Kap. 6) und bei Dieselmotoren bevorzugt, da bei den letzteren außer der Nockenwelle auch noch die Einspritzpumpe mit ihren je nach Motorgröße mehr oder weniger hohen Spitzenmomenten vom gleichen Rädertrieb angetrieben werden muß. Der Kettenantrieb kommt hierfür dann nicht mehr in Frage, umsomehr, als bei den größeren Motoren, aber auch schon bei LKW-Motoren, eine Reihe von Nebenabtrieben mit mehr oder weniger großen Leistungsabnahmen vom Rädertrieb abgehen,wie z.B. für Hydraulikpumpen, für Kühlgebläse bei größeren luftgekühlten Motoren, für Wasserpumpen und Lichtmaschinen bei größeren Dieselmotoren. Wollte man für die Nockenwelle solcher Dieselmotoren einen Kettentrieb vorsehen, so müßte doch für die Nebenantriebe zusätzlich ein Zahnradtrieb vorgesehen werden, von dem aus dann auch die Nockenwelle angetrieben werden kann.

Kettentriebe dagegen werden vor allem bei Ottomotoren vorgesehen, inbesondere, wenn sie obenliegende Nockenwellen haben (vgl. die Bilder ausgeführter Motoren in Kap. 6), und bei einigen kleinen Dieselmotoren, insbesondere, wenn diese z.B. zum Personenwagenantrieb dienen, wo die oben erwähnten Nebenabtriebe entfallen.

Für die Anordnung des Zahnradtriebes gibt es zwei Möglichkeiten, und zwar auf der Schwungradseite oder auf der Vorderseite des Motors. Beide Möglichkeiten haben ihre Vor- und Nachteile. Der Antrieb auf der Schwungradseite ist normalerweise drehschwingungsmäßig am günstigsten. Das Kurbelwellenzahnrad, von dem aus der ganze Antrieb erfolgt, liegt dabei entweder im Schwingungsknoten der Kurbelwelle oder dicht daneben. Der ganze Zahnradtrieb wird nur wenig durch Kurbelwellendrehschwingungen beansprucht. Diese Lage empfiehlt sich daher für größere Motoren mit Zylinderdurchmessern ab ca. 125 mm und mit Zylinderzahlen von sechs und mehr Zylindern. Eine solche Anordnung hat aber auch Nachteile. Die Nachteile sind: Schlechte Zugänglichkeit des Rädertriebes, kompliziertes Kurbelgehäuse, Vergrößerung des Abstandes des Schwungrades zum letzten Hauptlager durch das dazwischenliegende Kurbelwellenzahnrad, Beeinflussung der Größe des Kurbelwellenzahnrades durch die Abmessungen der Kurbelwelle, Schwierigkeiten in der Ausbildung eines genügend großen Schwungradflansches und Beschränkung in der Möglichkeit, zusätzliche Abtriebe vorzusehen.

Die Lage des Abtriebs auf der Vorderseite des Motors, die bei kleinen Dieselmotoren und bei Ottomotoren die Regel ist, hat außer dem Vermeiden der Nachteile der anderen Anordnung die Vorteile der leichten Zugänglichkeit und Montage des Rädertriebes. Es muß aber bei größeren Zylinderzahlen ab sechs Zylindern mit einer höheren Schwingungsbeanspruchung des Rädertriebes gerechnet werden. Das bedeutet höheren Aufwand bei den Zahnrädern (größere Zahnbreiten, Badnitrieren oder Härten der Zahnräder) und ggf. größere Schwingungsdämpfer. Die größeren Schwingungsbeanspruchungen im Rädertrieb führen auch zu größerer Geräuschentwicklung und höherer Geräuschabstrahlung über den Räderkastendeckel.

Für die Anordnung der Zahnräder des Rädertriebes gibt es eine Reihe von Möglichkeiten, die in Bild 184 schematisch dargestellt sind. Im Interesse niedriger Herstellkosten wird der Rädertrieb so ausgebildet, daß sich geringste Räderzahl und möglichst geringe Gesamtzähnezahl, d.h. kleine Räder, ergeben. Bestimmend für die Größe der Räder ist die Größe des Kurbelwellenzahnrades, das demnach möglichst klein gehalten wird. Der kleinste Durchmesser des Kurbelwellenzahnrades wird bei Antrieb auf der Schwungradseite durch den Kurbelwellendurchmesser bestimmt. Das gilt auch für Antrieb auf der Vorderseite, wenn 100% Leistungsabnahme von der Kurbelwelle auch auf dieser Seite gefordert wird. In beiden Fällen muß der Durchmesser des Kurbelwellenzahnrades auch mit der zu überbrückenden Distanz zu Nockenwelle und Einspritzpumpe in Einklang gebracht werden, um die Zahl der Zwischenräder nicht zu groß werden zu lassen. Die Anordnung a von Bild 184 ergibt einen breiten Motor und einen großen Räderkasten, was für die Geräuschabstrahlung ungünstig ist. Sie erfordert ein zusätzliches Zwischenrad. Für die Konstruktion des Zylinderkopfes ist sie günstig, da Einspritzpumpe und damit – bei einem Zweiventilzylinderkopf – auch Einspritzdüse und Stoßstangen auf verschiedenen Seiten liegen. Wenn bei einem luftgekühlten Motor gefordert wird, daß die Stoßstangen wegen des Ventilspielausgleichs durch Wärmedehnung auf der Abluftseite liegen, dann ist diese Anordnung notwendig, da die Einspritzpumpe nicht auf der Abluftseite liegen soll.

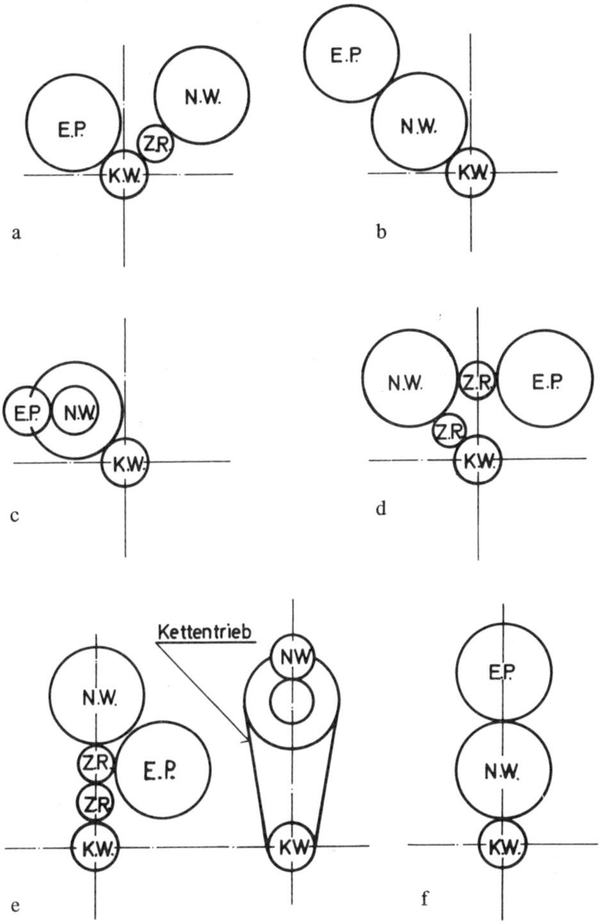

Bild 184. Verschiedene Anordnungen (schematisch) des Rädertriebs zum Antrieb von Nockenwelle und Einspritzpumpe
KW Kurbelwellenzahnrad
NW Nockenwellenzahnrad
EP Einspritzpumpenzahnrad
ZR Zwischenzahnrad

Die Anordnung b erfordert am wenigsten, allerdings verhältnismäßig große Räder. Sie ergibt ebenfalls einen breiten Motor mit großem Räderkasten. Für die Zylinderkopfkonstruktion bringt diese Anordnung mit sich, daß Ein- und Auslaßkanal auf einer Seite liegen müssen, da schon Einspritzdüse und Stoßstangen zusammen auf der anderen Seite liegen. Diese Anordnung ist zwingend, wenn in einer Motorenreihe Reihen- und V-Motoren gebaut werden und die V-Motoren nur eine Nockenwelle haben sollen.

Für die Anordnung c gilt in bezug auf die Zylinderkopfkonstruktion das oben für b gesagte, jedoch wird durch diese Räderanordnung, die zwar ein Rad mehr erfordert, der Motor wesentlich schmäler und der Räderkastendeckel kleiner. Aus Geräuschgründen ist diese Ausführung wegen des kleineren Räderkastendeckels vorzuziehen.

Eine hochliegende Nockenwelle, die kleine bewegte Massen im Ventiltrieb bringt, erfordert, wie Anordnung d zeigt, ein oder mehrere zusätzliche Zahnräder. Es muß hier abgewogen werden, ob der Gewinn im Ventiltrieb den Aufwand zusätzlicher Zahnräder lohnt.

Die Anordnung e zeigt einen typischen Antrieb für obenliegende Nockenwellen mit Zahnrädern bzw. mit Kette.

Die Anordnung f endlich zeigt einen typischen Rädertrieb für V-Motoren, wenn die Nockenwelle in der Motormitte und die Einspritzpumpe im V-Raum liegt.

Beim Antrieb über Stirnräder werden aus Geräuschgründen schrägverzahnte Räder verwendet. Die Auslegung der Zahnräder und ihre Festigkeitsberechnung erfolgt nach DIN 3990, [169]. Bei der Lastannahme für die Berechnung darf auf keinen Fall das Drehmoment aus der zu übertragenden mittleren Leistung zugrunde gelegt werden, sondern es müssen die Besonderheiten eines Zahnradtriebes in einem Verbrennungsmotor berücksichtigt werden. Diese sind gekennzeichnet

> durch das verhältnismäßig große Spiel im Rädertrieb (Gleitlagerung der Kurbelwelle und der Zahnräder), das zu Lastüberhöhungen führt und überdies noch veränderlich ist, wenn die Kurbelwelle durch Gas- und Massenkräfte belastet wird und sich dadurch schräg stellt
>
> durch Wechselbeanspruchungen als Folge der auf die Kurbelwelle wirkenden Gas- und Massenkräfte (Drehschwingungen) und aus dem Antrieb von Nockenwelle und Einspritzpumpe mit ihren stark wechselnden Spitzendrehmomenten.

Wechselbeanspruchungen führen zum Anlagewechsel der Zahnflanken und können zur Pittingsbildung führen. Hiervon ist in erster Linie der zur Einspritzpumpe führende Strang des Rädertriebes betroffen. In solchen Fällen müssen die Zahnräder, die normalerweise aus Vergütungsstahl C 45 oder C 60 sind, entweder badnitriert oder gehärtet werden. Das gilt ganz allgemein auch dann, wenn vom Rädertrieb noch weitere Nebenabtriebe höherer Leistung abgehen.

Wie man aus Bild 184 sieht, kommt man beim Rädertrieb im allgemeinen nicht ohne Zwischenräder aus. Die Lagerung solcher Zwischenräder wird je nach Lage der benachbarten Räder mehr oder weniger stark beansprucht und muß daher entsprechend bemessen werden. Die Zwischenradlager können sowohl Wälzlager sein oder an die Motordruckschmierung angeschlossene Gleitlager. In jedem Fall muß wegen des Axialschubes bei Schrägzahnrädern eine axiale Führung vorgesehen werden, und zwar wegen der wechselnden Drehmomente der Nockenwelle und der Einspritzpumpe nach beiden Richtungen. Das gilt auch für die Lagerung der Nockenwelle. Die Bilder 185, 203, 213, 361 und 362 zeigen einige Ausführungsformen der axialen Führung von Nockenwellen durch ein Wälzlager (Bild 185) und bei Gleitlagern. Im Interesse eines steifen und exakten Räder-

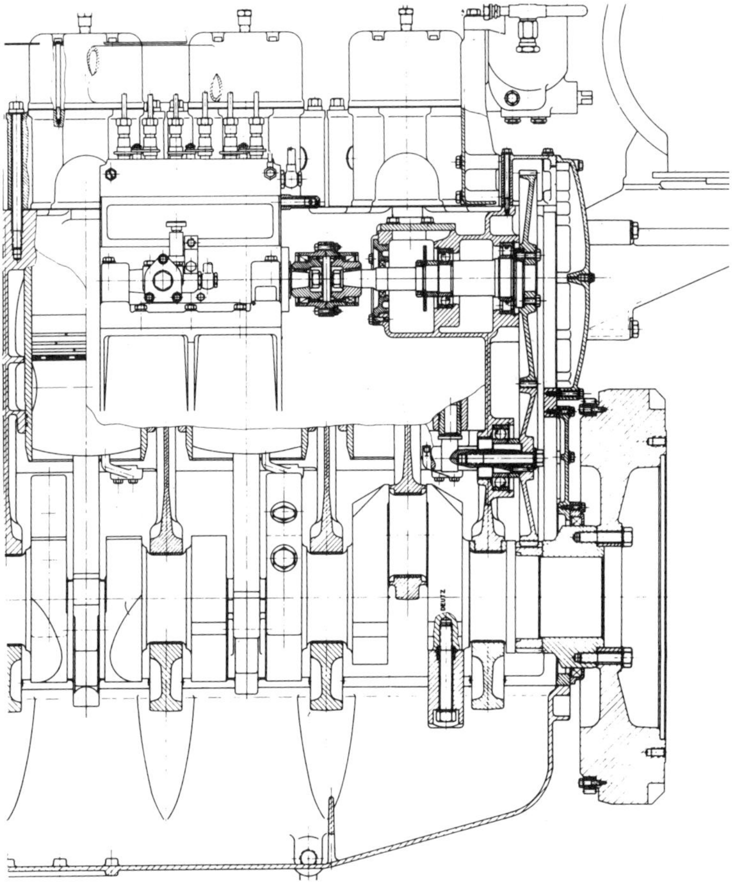

Bild 185. Axiale Führung der Nockenwelle durch ein Wälzlager

triebes müssen auch die Lagerzapfen der Zwischenräder entsprechend steif ausgebildet werden. Die Zapfen sollen möglichst an den festen und steifen Kurbelgehäuselagerwänden und nicht an den Wänden von Deckeln befestigt werden. Fliegende Lagerung ist nach Möglichkeit zu vermeiden.

Kettentriebe werden wie gesagt in erster Linie bei Ottomotoren, insbesondere, wenn diese obenliegende Nockenwellen haben, wie heutzutage die meisten hochdrehenden Ottomotoren, angewandt. Bild 186 zeigt schematische Anordnungen von Kettentrieben einiger Ottomotoren mit obenliegender Nockenwelle. Als Ketten werden normalerweise 0,375-Zoll-Rollenketten (DIN 8187 und DIN 8188) verwandt.

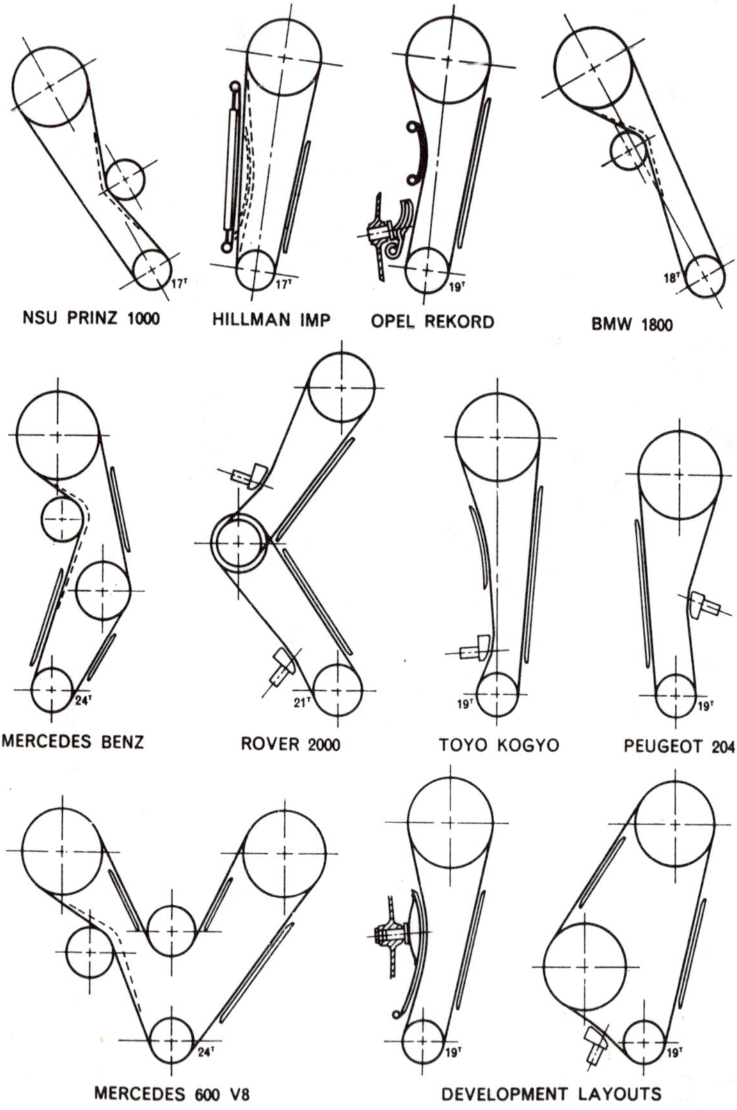

Bild 186. Schematische Anordung von Kettentrieben einiger Ottomotoren mit obenliegender Nockenwelle [159]

Die Ketten müssen im Interesse geringen Geräuschs mit Kettenspannern ausgerüstet sein, welche die im Laufe der Zeit auftretende Längung der Kette ausgleichen. Diese Spanner im unbelasteten Trumm der Kette bestehen entweder aus Spannrädern, die in die Kette eingreifen, oder aus gummibeschichteten Druckstücken (Bild 319). Die Nachspannung muß, um Wartungsfehler zu vermeiden, automatisch – durch Federspannung oder hydraulisch – erfolgen (Bild 187).

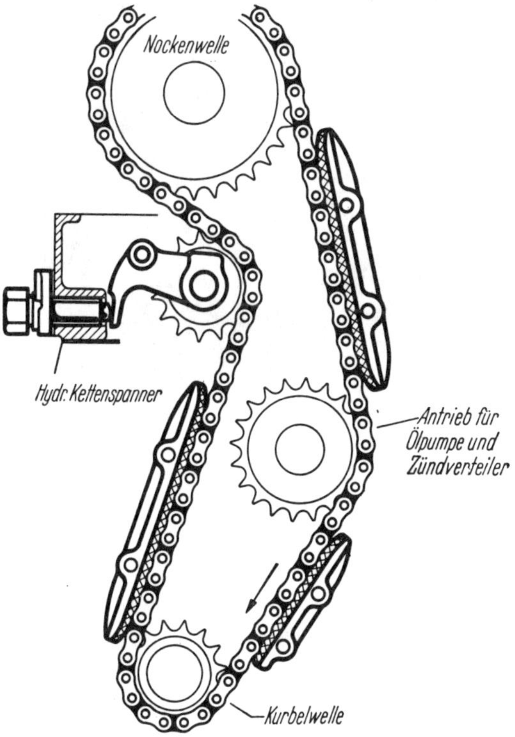

Bild 187. Kettentrieb für einen PKW-Motor [148]

Da die Kette durch die wechselnden Drehmomente im Nockenwellentrieb zu Schwingungen angeregt wird, die bei bestimmten kritischen Drehzahlen in Resonanz kommen, müssen Dämpfungseinrichtungen vorgesehen werden. Diese bestehen aus gummibeschichteten Stahlschienen, die mit einem gewissen kleinen Abstand dicht an der Kette liegen (Bilder 187 und 319). Das Kettenrad auf der Kurbelwelle ist aus Stahl, das Kettenrad auf der Nockenwelle aus Gußeisen. Das Kettenrad auf der Kurbelwelle soll so klein wie möglich sein, um die Motorhöhe zu beschränken (Übersetzungsverhältnis 1:2), doch wird im Interesse eines gleichmäßigen geräuscharmen Laufes empfohlen, die Zähnezahl nicht unter 17 zu halten. Für das Zahnprofil gilt DIN 8196.

In letzter Zeit sind einige Motorkonstruktionen mit einem Zahnriemenantrieb anstelle einer Stahlkette bekanntgeworden [153; 164]. Ein derartiger Antrieb zeichnet sich durch geringe Kosten und Geräuscharmut aus (Bild 188) und

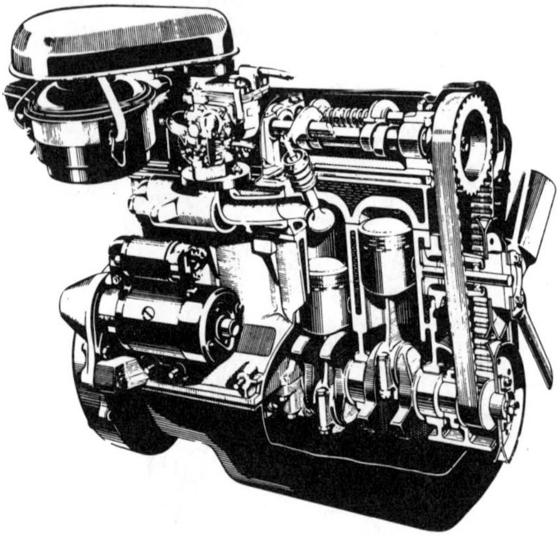

Bild 188. Antrieb der obenliegenden Nockenwelle des Motors für den Glas "S 1004" über einen Zahnriemen [153]

dürfte für die Zukunft größere Bedeutung für den Nockenwellenantrieb von PKW-Motoren erlangen. Für Dieselmotoren wird er wahrscheinlich wegen der hohen Festigkeitsanforderungen vom Einspritzpumpenantrieb her nicht in Frage kommen. Der Zahnriemen besteht aus Kunststoff mit eingelegten Stahlseilen oder Nylonseilen. Im Gegensatz zur Kette darf er nicht im Kurbelgehäuse laufen – er braucht auch keine Schmierung. Er muß aber aus Verschleißgründen staubdicht gekapselt sein.

3.4 Das Schmierölsystem des Motors

3.4.1 Schmierölförderung und Verteilung

Zur Versorgung der Haupt- und Pleuellager, des Ventiltriebs, des Rädertriebs und angeschlossener Hilfsaggregate, wie Einspritzpumpen, Abgasturbolader und Wasserpumpen, mit dem nötigen Schmieröl ist der Verbrennungsmotor mit einer Umlaufdruckschmierung versehen (Bild 189). Ist eine Kolbenkühlung vor-

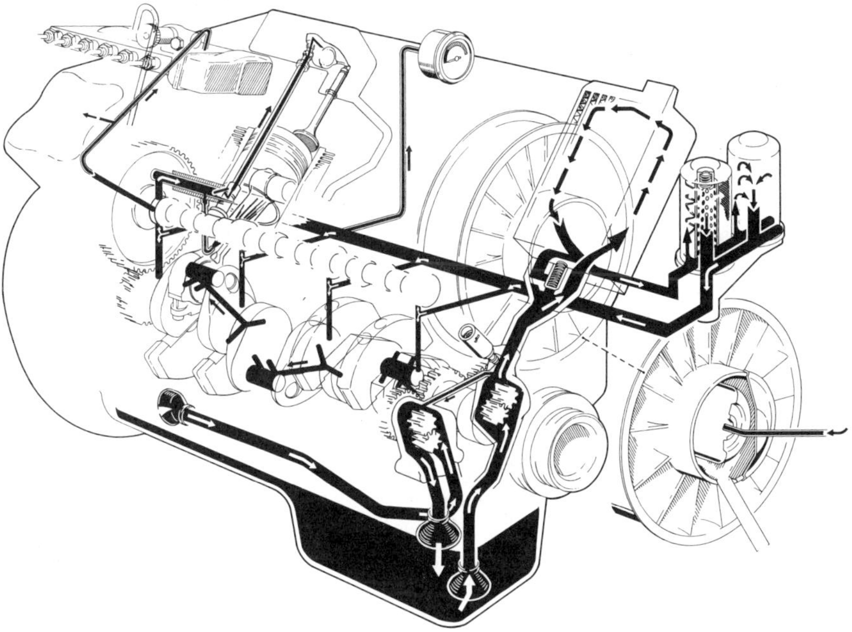

Bild 189. Schmierölkreislauf eines luftgekühlten V-Motors

gesehen, so wird auch diese aus dem System der Umlaufdruckschmierung versorgt. Bild 189 zeigt den Schmierölkreislauf für einen luftgekühlten Motor, der aber prinzipiell auch für wassergekühlte Motoren gilt. Im dargestellten Falle ist der Motor für große Schräglagen mit einer zweiten Ölpumpe (Zahnradpumpe) ausgerüstet, die das Öl von der Schwungradseite der Ölwanne absaugt und in den vorderen tiefen Ölsumpf fördert. Von hier wird das Schmieröl von der eigentlichen Ölpumpe, einer Zahnradpumpe, angesaugt und über den Ölkühler und den Schmierölfilter zu den Haupt- und Pleuellagern, den Nockenwellenlagern, den Schmierstellen des Ventiltriebs und des Zahnradtriebes und zu den Schmierstellen der Hilfsaggregate, wie Einspritzpumpe und Kühlgebläse, gefördert. Das von allen diesen Schmierstellen austretende Öl läuft wieder in die Ölwanne zurück, und der Kreislauf beginnt von neuem. An der Zahnradpumpe ist ein Überdruckventil mit einem Einstelldruck von ca. 12 kp/cm^2 angebracht, damit bei Kaltstart und zähflüssigem Öl die Zahnradpumpe nicht überlastet und damit beschädigt wird.

Außerdem sind sowohl am Ölkühler als auch am Schmierölfilter Umgehungsventile vorgesehen, die sich bei durch kaltes Öl verstopftem Kühler oder verschmutztem Filter öffnen und die Ölversorgung der Lager auch in diesem Fall sicherstellen. An der Hauptverteilerleitung ist ferner ein Druckhalteventil angebracht, das den Schmieröldruck auf einen Wert von ca. 4 bis 5 kp/cm^2 über einen weiten Drehzahl- und Temperaturbereich konstant hält. Voraussetzung dafür ist eine genügend groß bemessene Schmierölpumpe. Weiter sind noch – sofern vorhanden – an den Spritzdüsen für die Kolbenkühlung Druckventile vorgesehen, die erst bei einem Schmieröldruck von 1 bis 1,5 kp/cm^2 öffnen. Diese Ventile sind notwendig, um bei niedrigen Drehzahlen, bei denen die Fördermenge der Ölpumpe stark zurückgeht, die Versorgung der Lager nicht zu gefährden. Auf eine Kolbenkühlung aber kann bei niedrigen Drehzahlen wegen der zwangsläufig geringeren Leistung verzichtet werden. Wird die Ölmenge für die Kolbenkühlung von einer separaten Ölleitung und nicht von der allgemeinen Ölverteilerleitung entnommen, so ist nur ein solches Druckventil am Eingang dieser Leitung notwendig. Ganz entfallen können diese Ventile, wenn bei größeren Motoren, wo der Aufwand vertretbar ist, eine besondere Kühlölpumpe vorgesehen ist.

Für die Bemessung der Zahnradpumpe sowie des Schmierölkühlers und des Schmierölfilters muß zunächst die umzuwälzende Schmierölmenge bekannt sein. Der Aufwand, diese Menge aufgrund der zur Ausbildung eines tragfähigen Schmierfilms und zur Kühlung der Lager – den beiden Hauptaufgaben des Schmieröls im Motor – notwendigen Mengen zu berechnen, lohnt nicht. Man kommt schneller zum Ziel, wenn man sich folgender Erfahrungswerte für schnelllaufende Verbrennungsmotoren bedient:

Motoren ohne Kolbenkühlung	30 bis 35 l/PSh
Motoren mit Kolbenkühlung	35 bis 40 l/PSh.

Dabei setzt man als Leistung bei aufgeladenen Motoren die entsprechende Leistung des Saugmotors ein. Nun kann man die Fördermenge der Zahnradpumpe mit genügender Genauigkeit nach folgender Näherungsgleichung

$$Q = 1{,}2 \cdot 10^{-4} \cdot m^2 \cdot \pi \cdot Z \cdot b \cdot n \cdot \eta_v \; [\mathrm{l/h}] \tag{78}$$

berechnen: Hierin sind:

m = Modul [mm]
Z = Zähnezahl
b = Zahnbreite [mm]
n = Pumpendrehzahl [U/min]
η_v = volumetrischer Wirkungsgrad

Zur Festlegung der einzelnen Faktoren der Gl. 78 mögen folgende Richtlinien dienen. Man ist bei schnellaufenden Motoren bestrebt, den Platzbedarf für die Schmierölpumpe so klein wie möglich zu halten, da hiervon auch die Motorabmessungen beeinflußt werden. Daraus ergibt sich, daß man den Modul möglichst groß wählt und die Zähnezahl klein. Als Erfahrungswert seien genannt $m < 6$ und $Z > 6$. Aus diesen Forderungen ergibt sich meistens die Notwendigkeit einer korrigierten Verzahnung.

Die Zahnbreite darf im Interesse erträglicher Lagerbelastungen nicht zu groß werden. Im allgemeinen wird ein Verhältnis von Zahnbreite zu Kopfkreisdurchmesser $b/d_K = 1{,}5$ nicht überschritten. Auch die Pumpendrehzahl beeinflußt die Fördermenge. Als Begrenzung für die Drehzahl wird die Kopfkreisgeschwindigkeit angegeben, die nach [16] 10 m/sec nicht übersteigen soll. Werte von 8 bis 9 m/sec sind durchaus üblich. Für den volumetrischen Wirkungsgrad η_v können Werte von 0,8 bis 0,9 eingesetzt werden. Bild 190 zeigt die Zahnradöl-

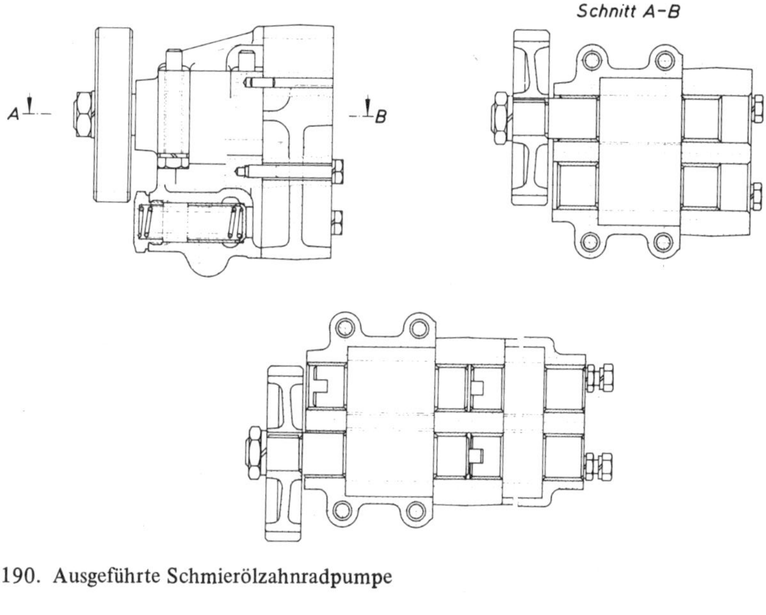

Bild 190. Ausgeführte Schmierölzahnradpumpe

pumpe eines Zwölfzylinderdieselmotors mit einem Zylinderhubvolumen von 2,3 l und einer Motordrehzahl n = 2000 U/min. Eines der beiden Förderräder wird angetrieben. Die Abdichtung der Zahnräder gegen das Gehäuse erfolgt längs der Zahnköpfe und an beiden Stirnflächen der Zahnräder, die durch den Fußkreisdurchmesser und den Lagerdurchmesser begrenzt sind. Aus Abdichtungsgründen wird die Zahnstärke am Kopfkreis nicht unter 1,5 mm gewählt und der Fußkreisdurchmesser wird mindestens 5 mm größer gemacht als der Lagerzapfendurchmesser. Auch die Eingriffsdauer spielt eine Rolle bei der Abdichtung zwischen Saug- und Druckraum. Wird diese zu klein, so werden schrägverzahnte Räder mit einem Schrägungswinkel von 8 bis 10° verwendet. Bild 191 zeigt die

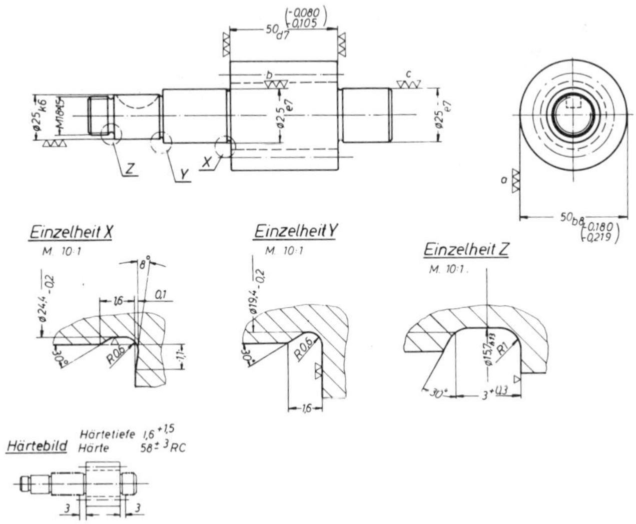

Bild 191. Ölpumpenförderrad (treibend) der Schmierölpumpe Bild 190

Konstruktionszeichnung des treibenden Förderrades für die Schmierölpumpe nach Bild 190. Zahnrad und Welle sind bei Pumpen dieser Größe aus einem Stück. Die Lagerstellen sind gehärtet. Bei kleineren Ölpumpen kann der Lagerzapfen direkt im Gehäuse laufen, wobei das Gehäuse entweder aus Gußeisen oder aus Leichtmetall sein kann. Bei Gußeisengehäusen muß durch entsprechende Materialvorschrift gewährleistet sein, daß in der Lagerzone kein Ferrit auftritt, da sonst mit hohem Lagerverschleiß zu rechnen ist. Bei größeren Pumpen werden besondere Lagerbuchsen vorgesehen. Die Lager werden durch eine Bohrung vom Pumpendruckraum aus mit Druckschmieröl versorgt. Bild 192 zeigt die Konstruktionszeichnung des Gehäuses und des Deckels der Ölpumpe nach Bild 190. Aus den Bildern 191 und 192 können auch die Toleranzen für die Lagerung und die Förderräder im Gehäuse entnommen werden und die notwendigen Lage- und Formtoleranzen. Will man die spezifische Pressung im Lager nachprüfen, so muß man berücksichtigen, daß nach Bild 193 das Lager des getriebenen Förderrades am höchsten beansprucht ist, da sich hier die Lagerdrücke aus dem Antriebsmoment und dem Schmieröldruck addieren. Man soll daher auch vermeiden, den Druckraum auf der Seite des getriebenen Rades zu weit um das Rad herumzuziehen. Wenn das Schmieröl auf der Druckseite der Pumpe aus den Zahnzwischenräumen verdrängt wird, so bleibt zwischen den Zähnen in einem sich verengenden Raum noch eine gewisse Ölmenge, das sogenannte Quetschöl, zurück. Durch die Verdichtung dieses Quetschöles

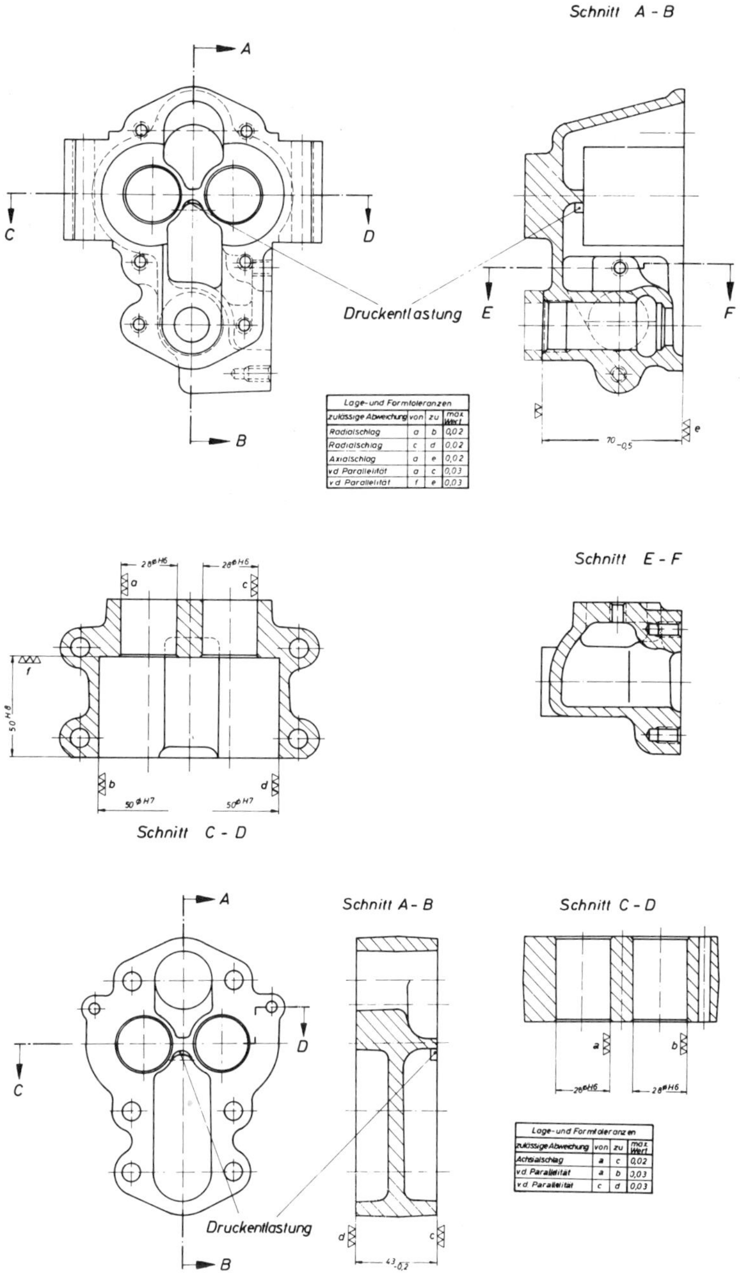

Lage- und Formtoleranzen			
zulässige Abweichung	von	zu	max Wert
Radialschlag	a	b	0,02
Radialschlag	c	d	0,02
Axialschlag	a	e	0,02
v d Parallelität	a	c	0,03
v d Parallelität	f	e	0,03

Lage- und Formtoleranzen			
zulässige Abweichung	von	zu	max. Wert
Achsialschlag	a	c	0,02
v.d. Parallelität	a	b	0,03
v.d. Parallelität	c	d	0,03

Bild 192. Ölpumpengehäuse und Ölpumpendeckel der Schmierölpumpe Bild 190

können sehr hohe Drücke entstehen, die zur Beschädigung der Pumpe, ihres Antriebes und ihrer Lager führen. Es muß daher durch entsprechende Entlastungsnuten im Pumpengehäuse und im Pumpendeckel dafür gesorgt werden, daß dieses Quetschöl in den Druckraum austreten kann. Bild 192 zeigt die Anordnung derartiger Entlastungsnuten, die keinesfalls so gelegt werden dürfen, daß sie Druck- und Saugraum miteinander verbinden. Zwischen Entlastungsnute und Saugraum muß daher mindestens noch eine Dichtstrecke von etwa einer Zahnbreite vorhanden sein. Bild 190 zeigt eine Zahnradölpumpe, bei der das Sicherheitsventil in den Pumpenkörper einbezogen ist. Außerdem ist diese Pumpe so ausgebildet, daß weitere Pumpeneinheiten, etwa für Trockensumpfschmierung oder Kolbenkühlung, aufgesteckt werden können.

Wenn möglich, so sollte die Schmierölpumpe im Ölsumpf liegen. Meistens ist diese Forderung jedoch nicht einzuhalten. Um bei Pumpen, die über dem Ölsumpf liegen, auch nach längerer Betriebspause ein sicheres Ansaugen zu gewährleisten, werden die Förderräder und die Saugkanäle so ausgebildet, daß die Pumpe nicht völlig leerlaufen kann. Das kann entweder durch übereinander liegende Anordnung der Förderräder oder einen Syphon in der Saugleitung erreicht werden

Bei tiefen Ölwannen, die bei größeren Schräglagen verwendet werden, ist die Saugleitung auch entsprechend lang. Man sieht hier oft ein „Fußventil" vor am Ende der Saugleitung, um ein Leerlaufen zu vermeiden.

Die Fördermenge der Schmierölpumpe wird erheblich beeinträchtigt, wenn Undichtigkeiten auf der Saugseite vorhanden sind, durch die Luft angesaugt wird. Es muß daher sorgfältig auf einwandfreie Dichtheit auf der Saugseite der Schmierölpumpe geachtet werden.

Wie schon in 3.3.3 erwähnt, kann dem bei aufgeladenen Motoren auftretenden Einlaßventilverschleiß wirksam durch eine Schmierung der Ventilsitze begegnet werden. Hierzu werden kleine Mengen Schmieröl durch eine besondere Förderpumpe in den Einlaßkanal kurz vor dem Einlaßventil eingespritzt. Die hierfür benötigten geringen Mengen von ca. 5 cm^3 pro Stunde und Ventil werden aus dem Ölvorrat im Ölsumpf entnommen.

Um den Schmieröldruck über einen weiten Drehzahl- und Temperaturbereich konstant zu halten, wird in den Schmierölkreislauf ein Druckregulierventil eingeschaltet. Bild 194 zeigt zwei Ausführungsformen von Öldruckregulierventilen und zwar ein Kegelventil und ein Schieberventil. Hier kurz einige Regeln zur Anordnung und Gestaltung solcher Ventile. Die grundsätzlich richtige Lage eines solchen Ventils ist am Ende der Hauptölverteilerleitung im Kurbelgehäuse. Bei kleineren Motoren kann man aber auch das Pumpensicherheitsventil und das Regulierventil in einem Ventil auf der Pumpe zusammenfassen und das Öl in den Saugraum der Pumpe absteuern lassen (Bild 361). Das hat den Vorteil der einfachen Bauweise, und man vermeidet, daß das abgesteuerte Öl unkontrol-

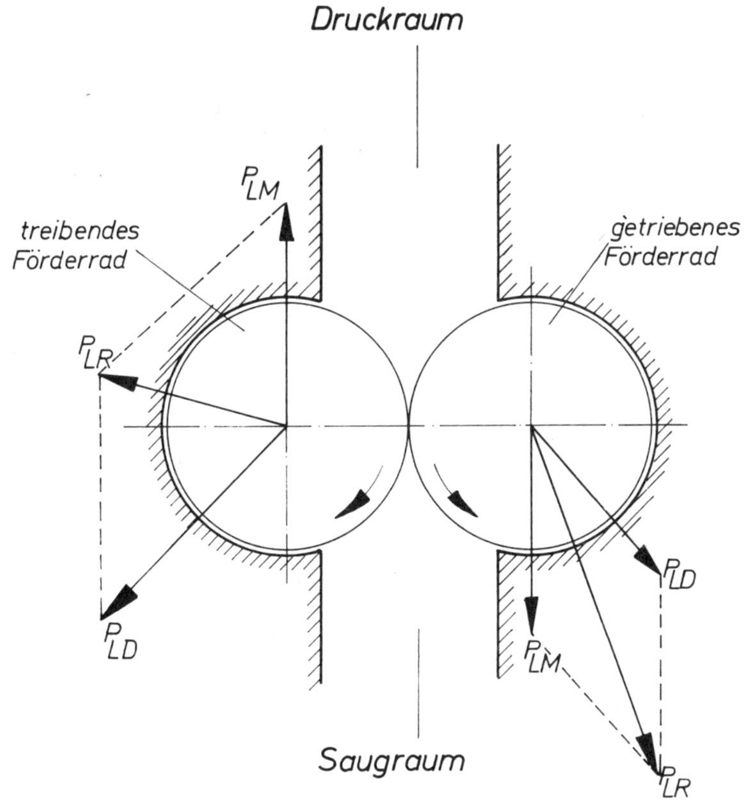

P_{LM} = Lagerkraft aus Antriebsdrehmoment
P_{LD} = Lagerkraft aus Öldruck
P_{LR} = Resultierende Lagerkraft

Bild 193. Zur Belastung der Förderradlager einer Zahnradschmierölpumpe

liert herumspritzt. Beim Kaltstart erwärmt sich das Schmieröl durch diesen Kurzschluß etwas schneller. Man muß aber bei dieser Anordnung berücksichtigen, daß bei einem Motor mit Schmierölkühler nicht die gesamte Schmierölmenge durch den Schmierölkühler geht. Bei freiabsteuernden Ventilen muß man vermeiden, daß der Strahl des abgesteuerten Öles direkt auf die Oberfläche des Ölsumpfes trifft, was zu starkem Ölverschäumen führt. Der Strahl soll weiter so geführt werden, daß er nicht in der Nähe der Kurbelgehäuseentlüftung zersprüht, was Ölverlust über die Entlüftung bringt. Überhaupt ist ein starkes Versprühen des Strahles im Kurbelgehäuse, z.B. durch direktes Auftreffen auf Triebwerksteile oder Zahnräder, zu vermeiden. Die Abströmquerschnitte des Ventils müssen groß genug sein, denn bei den oben angegebenen Fördermengen der

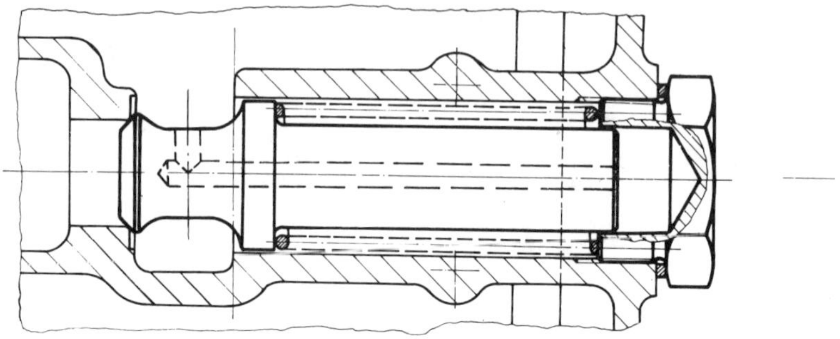

a

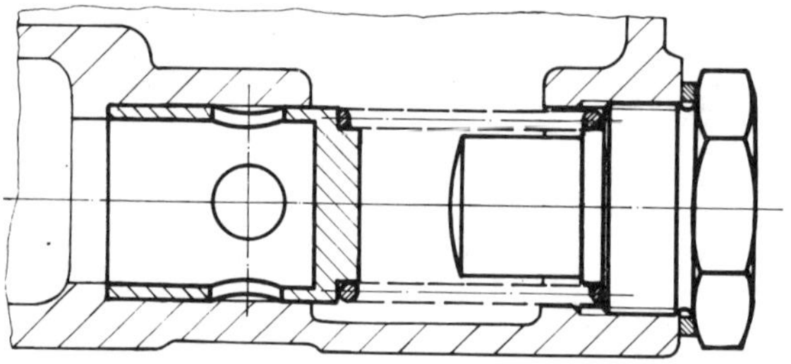

b

Bild 194. Verschiedene Ausführungsformen von Öldruckregulierventilen
a) Kegelventil b) Schieberventil

Schmierölpumpen muß man damit rechnen, daß bei voller Motordrehzahl ca. 40 bis 50% der gesamten umlaufenden Schmierölmenge vom Regulierventil abgesteuert werden. Die Ventilfeder soll lang sein, d.h. die Federkonstante klein, damit schnell große Querschnitte freigegeben werden und das Ventil nicht anfängt zu schwingen. Hinter dem Kolbenschieber eines Schieberventils müssen Entlastungsbohrungen vorgesehen werden, damit der Kolbenschieber nicht in seiner Bewegung gehindert wird. Schließlich soll das Regulierventil so angeordnet werden, daß es bei den vorkommenden Motoreinbauten gut zugänglich ist.

Die Saugleitung zur Ölpumpe wird entsprechend der zulässigen Strömungsgeschwindigkeit (max. 2,5 m/sec bei Motornenndrehzahl) bemessen. Die Druckleitungen werden so ausgelegt, daß die Strömungsgeschwindigkeit 4 bis 4,5 m/sec nicht übersteigt. Die Durchmesser der Bohrungen im Kurbelgehäuse, die von der Hauptverteilerleitung zu den Lagern führen, sollen nicht kleiner als 6 bis 8 mm sein. Die Saugleitung der Ölpumpe endet in einem Filtersieb (vgl. die Bilder ausgeführter Motoren in Kap. 6) an der tiefsten Stelle der Ölwanne, jedoch so weit vom Boden entfernt, daß keine Ablagerungen mit angesaugt werden. Die Strömungsgeschwindigkeit in diesem Siebkorb muß niedrig gehalten werden, damit nicht rings um den Korb das Öl trichterförmig abgesaugt wird, was bei niedrigem Ölstand zur Unterbrechung der Ölversorgung führen kann.

Bei der Bemessung der Querschnitte der Druckleitungen werden die angegebenen Strömungsgeschwindigkeiten ausgenutzt und die Leitungen nicht zu groß bemessen. Das gilt besonders für eingegossene Leitungen, die keine großen Hohlräume haben dürfen. Solche Hohlräume laufen bei Stillstand des Motors leer, und beim Starten des Motors erfolgt der Öldruckaufbau dann nur zögernd, weil die großen Räume erst gefüllt werden müssen und sich Luftpolster bilden. Das kann dann leicht zu Lagerschäden führen. Eingegossene Leitungen dürfen nur vor den Filtern liegen. Es besteht sonst die Gefahr, daß Kernsand oder Gußteilchen vom Schmieröl mitgerissen werden und die Lager beschädigen. Aus diesem Grunde sind auch bei gebohrten Schmierölleitungen, die hinter dem Filter liegen, Sacklöcher zu vermeiden, in denen sich Fertigungsrückstände festsetzen und unkontrolliert wieder in den Schmierölumlauf kommen können.

Die Schmierölpumpe wird normalerweise vom Kurbelwellenzahnrad des Rädertriebes aus angetrieben. Die Bilder 329, 336, 343, 344, 354 zeigen den typischen Anbau einer unter dem Kurbelgehäuse liegenden Schmierölpumpe bei einem Rädertrieb auf der Schwungradseite. Liegt der Rädertrieb auf der Vorderseite des Motors, so kann die Schmierölpumpe genau so angeordnet werden. Jedoch bietet sich hier auch die Möglichkeit, die Schmierölpumpe vor dem Kurbelgehäuse auf der letzten Lagerwand zu befestigen, wie die Bilder 361 und 362 zeigen. Eine solche Konstruktion hat den Vorteil, daß kein Zwischenrad zum Ölpumpenantrieb notwendig ist und daß der Raum unter dem Kurbelgehäuse weitgehend frei ist, was eine gewisse Freizügigkeit im Einbau – besonders in Fahrzeuge – schafft. Nachteilig ist, daß die Ölpumpe in diesem Falle die Motorlänge vergrößert. Bei luftgekühlten Motoren, bei denen sowieso ein gewisser Raum vor der letzten Lagerwand des Kurbelgehäuses durch das Gebläse beansprucht wird, ist diese Anordnung der Ölpumpe vor dem Motor ohne Nachteile in bezug auf die Motorlänge. Bei der Festlegung der Lage der Schmierölpumpe ist in den meisten Fällen Rücksicht darauf zu nehmen, daß neben der eigentlichen Schmierölpumpe Platz und Anbaumöglichkeiten für eine oder zwei zusätzliche Schmierölpumpen für eine Trockensumpfschmierung vorgesehen werden müssen. Bei größeren Schnelläufern wird auch oft eine seperate Schmierölpumpe für die Kolbenkühlung notwendig sein.

In der Ölwanne ist der Ölvorrat des Motors untergebracht. Über die Größe des Ölvorrats gibt es verschiedene Ansichten. Grundsätzlich gilt, daß er kleiner sein kann bei einer wirksamen Ölkühlung, daß er größer sein muß, wenn die Ölwechselzeiten sehr lang sein sollen oder wenn bei wartungsfreiem Betrieb über lange Zeiträume kein Öl nachgefüllt werden kann. Fahrzeugmotoren müssen oft mit geringeren Mengen auskommen als stationäre Motoren. Einen guten Anhaltswert für die Bemessung des Ölvorrats gibt auch die Zahl, wie oft der gesamte

Ölinhalt der Ölwanne pro Minute umgewälzt wird. Eine Umwälzgeschwindigkeit von 4 bis 6 mal pro Minute entspricht der Erfahrung. Die Form der Ölwanne richtet sich nach dem Verwendungszweck des Motors. Die Bilder 316, 317, 322, 329, 336 und 340 zeigen Ausführungsformen von Ölwannen bei Fahrzeugmotoren und Bild 354 die eines stationären Motors. Bei großen Stückzahlen werden die Ölwannen aus Blech gepreßt, sonst sind sie aus Leichtmetall oder auch aus Gußeisen. Entsprechend dem nach obigen Richtlinien ermittelten Ölinhalt muß die Ölwanne bemessen werden unter Berücksichtigung der im Motorbetrieb auftretenden Schräglagen. Je größer die vorkommenden Schräglagen sind, desto tiefer muß der Teil der Ölwanne sein, aus dem die Ölwanne das Öl ansaugt. Die vorkommenden Schräglagen müssen für maximalen und minimalen Ölstand zeichnerisch überprüft werden unter folgenden Bedingungen:

a) Bei jeder zulässigen Schräglage nach jeder Richtung, auch wenn sie nur vorübergehend ist, muß mit Sicherheit gewährleistet sein, daß Schmieröl angesaugt wird.

b) Je nach Verwendungszweck des Motors können Schräglagen in verschiedenen Achsen gleichzeitig auftreten.

c) Bei dauernden Schräglagen darf das Triebwerk nicht in den Ölspiegel hineinschlagen.

d) Bei kurzen, vorübergehenden Schräglagen darf das Triebwerk geringfügig in den Ölspiegel hineinschlagen.

e) Die Einbauverhältnisse des Motors müssen berücksichtigt werden (Schrägeinbau des Motors!).

Die zeichnerisch ermittelten Schräglagen müssen am fertigen Motor auf einem Schräglagenprüfstand im Hinblick auf Punkt a unter Betriebsbedingungen nachgeprüft werden (vgl. Diagramm Bild 196). Bei sehr großen Schräglagen, wie sie bei Baumaschinen und Geländefahrzeugen vorkommen (Steigungen bis zu 100%), kommt man mit einer Schmierölpumpe nicht mehr aus, sondern muß eine zweite Pumpe, eine Absaugpumpe, vorsehen. Da die Absaugpumpe teilweise Luft fördert, muß sie in ihrer Förderleistung etwa 10% größer sein als die Druckpumpe. Bild 195 zeigt die Ausführung einer Ölwanne für den Betrieb mit Absaugpumpe. Die Ölwanne ist in zwei Abteile 1 und 2 aufgeteilt, die mit einer Deckwand (3) zum großen Teil überdeckt wird. Aus dem einen Abteil (1) saugt die Druckpumpe, aus dem anderen Abteil (2) saugt die Absaugpumpe und fördert das Schmieröl in das Abteil (1) der Druckpumpe. Damit die Druckpumpe nicht direkt das mit Luft angereicherte Öl der Saugpumpe ansaugt, ist dieses Abteil in zwei Teile geteilt, so daß das von der Absaugpumpe geförderte Öl erst über eine Art „Beruhigungsstrecke" zur Saugstelle der Druckpumpe gelangt. In ganz extremen Fällen, in

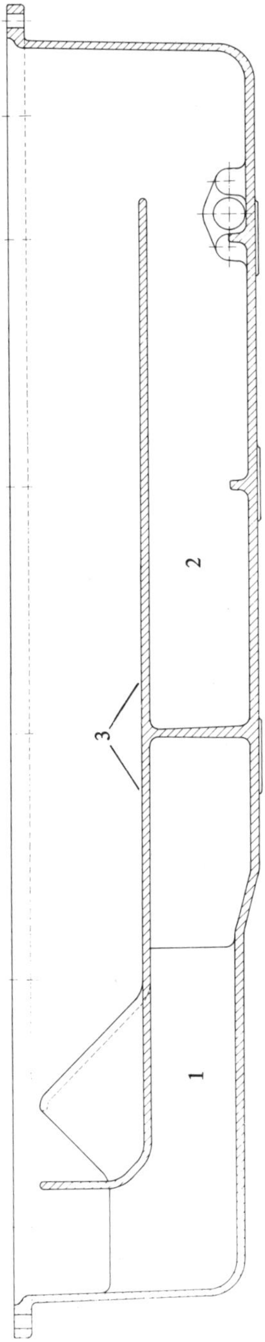

Bild 195. Ölwanne für große Schräglagen

denen zu den großen Schräglagen noch der Platz unter dem Motor zur Aufnahme des Ölvorrates beschränkt ist, wird die sogenannte Trockensumpfschmierung angewandt. Hierbei saugen zwei an den beiden Enden einer ganz flachen Ölwanne angebrachte Saugpumpen das Öl ab und fördern es in einen separaten, geschlossenen Ölbehälter, aus dem die Druckpumpe dann das Öl zu den Schmierstellen fördert. Der separate Ölbehälter kann auch in der Ölwanne untergebracht werden. Die Ausführung einer solchen Trockensumpfwanne zeigt Bild 196. Die dar-

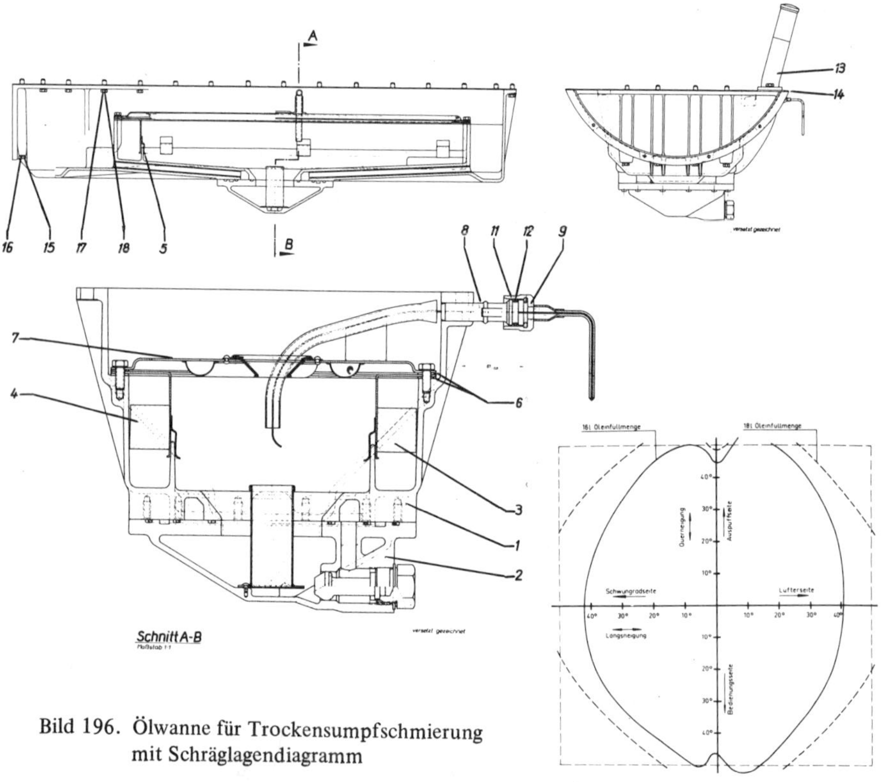

Bild 196. Ölwanne für Trockensumpfschmierung mit Schräglagendiagramm

gestellte Ölwanne (1) für einen Sechszylinder-Reihenmotor von 13,75 l Hubvolumen ist aus Leichtmetall und hat in der Mitte einen abgetrennten Raum, in den die beiden Saugpumpen das Schmieröl aus dem vorderen und hinteren Raum fördern. Nach oben ist der mittlere Raum durch einen Deckel (7) abgeschlossen, an den zwei Halbrohre zur Entlüftung des mittleren Raumes angebracht sind. Für eine gute Entlüftung des separaten mittleren Ölbehälters muß gesorgt werden, da die beiden Absaugpumpen stark mit Luft angereichertes Schmieröl fördern. Das von den Absaugpumpen geförderte Schmieröl tritt über einen durch Ölführungsbleche (5) gebildeten Beruhigungsraum, in dem es noch über kaskadenförmige Lochbleche (3) und (4) zur Luftabschneidung geleitet wird, in den Hauptölraum in der Mitte ein. Der untere Abschlußdeckel (2) hat eine Ölablaßschraube, über die der mittlere Behälter und über zwei eingegossene Stahlrohre auch der vordere und hintere Ölabsaugraum völlig entleert werden können. Der elastische Ölpeilstab (8, 9, 11, 12) ist fast mittig angebracht, so daß auch bei schrägstehendem Motor der Ölstand genügend genau festgestellt werden kann. Das Öl wird in den mittleren Behälter eingefüllt (13). Wegen seiner Krümmung ist der Peilstab ummantelt, was auch eine Ölstandmessung während des Betriebes erlaubt. Die Saugleitung der Druckpumpe ragt in das im Abschlußdeckel (2) befindliche Siebrohr hinein.

Der Ölstand in der Ölwanne muß überprüft werden können, dazu muß ein Peilstab angebracht werden. Ausführungsformen von Peilstäben zeigt Bild 197.

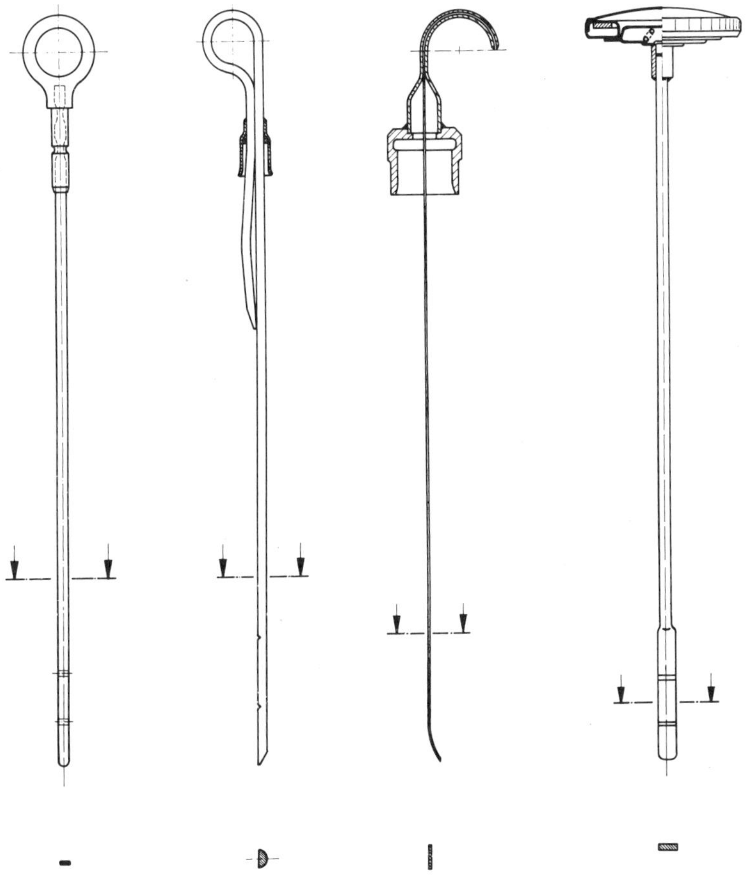

Bild 197. Ausführungsformen von Ölpeilstäben

Auf dem Peilstab sind Maximal- und Minimalölstand markiert. Die Differenz zwischen Maximal- und Minimalstand muß so bemessen sein, daß bei zwölfstündigem Dauerbetrieb mit Nenndrehzahl entsprechend dem Ölverbrauch des Motors kein Schmieröl nachgefüllt zu werden braucht. Der Schmierölverbrauch kann dabei mit ca. 1 bis 1,5 g/PSh angenommen werden.

3.4.2 Schmierölkühlung

Das Schmieröl hat neben seiner Hauptaufgabe, der Schmierung der bewegten Teile des Motors, eine weitere wichtige Funktion, nämlich für die Kühlung der Lager und thermisch hochbeanspruchten Teile, z.B. des Kolbens, zu sorgen. Dabei darf das Schmieröl im Dauerbetrieb eine bestimmte Maximaltemperatur von 110° bis 115° nicht überschreiten, um seine Schmierfähigkeit zu erhalten und vorzeitiges Altern und damit Unbrauchbarwerden des Schmieröls zu vermeiden. Nun ist aber nicht bei allen Motoren eine Schmierölkühlung notwendig; denn es wird z.B. bei Fahrzeugmotoren auch ein beachtlicher Teil der Ölwärme von den Wänden des Kurbelgehäuses und der Ölwanne durch den Fahrwind abgeführt. Außerdem ist die Größe der Ölwärme auch stark drehzahlabhängig. Im allgemeinen kommen PKW-Motoren und niedrig belastete LKW-Motoren ohne Ölkühler aus, sofern es sich um wassergekühlte Motoren handelt. Luftgekühlte Motoren brauchen im allgemeinen generell einen Ölkühler bei den heute für luftgekühlte Otto- und Dieselmotoren üblichen hohen Leistungen und Drehzahlen.

Die Bemessung und Konstruktion des Schmierölkühlers selber ist ein besonderes Spezialgebiet, auf dem die auf diesem Gebiet tätigen Firmen für alle vorkommenden Fälle entsprechende Schmierölwärmetauscher zur Verfügung stellen können. Es wird daher hier nicht auf die Theorie, die Bemessung und Konstruktion von Schmierölwärmetauschern eingegangen. Der Motorenkonstrukteur muß jedoch dem Kühlerhersteller sinnvolle Angaben machen für die Auslegung der Kühler. Von diesen Angaben ist die Größe und auch der Preis der Kühler abhängig, sie dürfen daher nicht mit übergroßen Sicherheitsfaktoren belastet sein.

Welche Angaben muß der Motorenkonstrukteur nun dem Ölkühlerhersteller machen? Da ist zunächst die aus dem Öl abzuführende Wärmemenge. Ist diese aus Versuchen nicht bekannt, so mögen folgende Erfahrungswerte für Dieselmotoren gelten:

Motoren ohne Kolbenkühlung	30 bis 50 kcal/PSh
Motoren mit Kolbenkühlung (Anspritzen des Kolbens)	50 bis 70 kcal/PSh
Motoren mit Kolbenkühlung (Kühlkanäle im Kolben)	70 bis 90 kcal/PSh

Diese Wärmemengen können sich je nach Motorkonstruktion, Ölvorrat in der Ölwanne, Einbauart und Betriebsart ändern. Zum Beispiel ergeben Ölpanschen, d.h.

Eintauchen des Triebwerks in das Öl, oder ein sehr eng bemessener Triebwerksraum oder eine durch den Einbau bedingte Kapselung des Kurbelgehäuses und der Ölwanne beachtliche Erhöhungen der o.g. Ölwärmen. Bei der Benutzung dieser Erfahrungswerte ist zu beachten, daß im allgemeinen die höheren Werte für Saugmotoren und die niedrigeren für aufgeladene Motoren mit Ladeluftkühlung gelten.

Weiter muß die zulässige Temperaturdifferenz zwischen dem Schmieröl bei Eintritt in den Ölkühler und dem Kühlmittel – Wasser oder Luft – bei Eintritt in den Ölkühler angegeben werden. Diese Temperaturdifferenz ist von Einfluß auf die Größe der Kühlfläche und damit auf das Bauvolumen des Kühlers. Das Diagramm Bild 198 zeigt diesen Einfluß. Bei wassergekühlten Ölkühlern setzt man für die

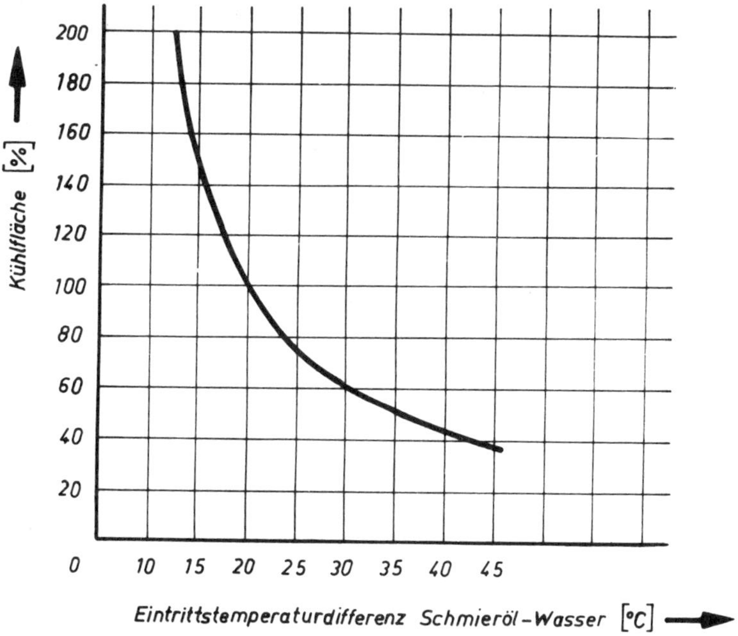

Bild 198. Kühlfläche eines Ölkühlers in Abhängigkeit von der Eintrittstemperaturdifferenz Schmieröl - Wasser (aus Längerer & Reich-Nachrichten Nr. 8)

Temperaturdifferenz ca. 15 bis 20°C an. Da, wie oben dargelegt, die zulässige Schmieröltemperatur auf 110 bis 115°C begrenzt ist, ergibt sich hiermit auch die maximal zulässige Kühlwassertemperatur. Dieser Zusammenhang muß berücksichtigt werden, wenn eine Druckkühlung mit erhöhten Kühlwassertemperaturen vorgesehen ist. Es ist dabei an den Normalfall bei schnellaufenden Motoren gedacht, daß der Schmierölkühler im Motorkühlwasserkreislauf liegt, was den Vorteil hat, daß das Schmieröl über den Ölkühler nach dem Start schnell auf seine Temperatur kommt.

Bei luftgekühlten Ölkühlern kann man wesentlich höhere Temperaturdifferenzen einsetzen – 70 bis 80°C –, da bei gleicher zulässiger Schmieröltemperatur die Kühllufteintrittstemperaturen auch in Extremfällen nicht über 45°C liegen dürften. Da aber der Wärmeübergang von Luft an die Kühlflächen des Ölkühlers wesentlich schlechter ist als der von Wasser, wirkt sich dies nur wenig auf die Größe der Kühlflächen aus.

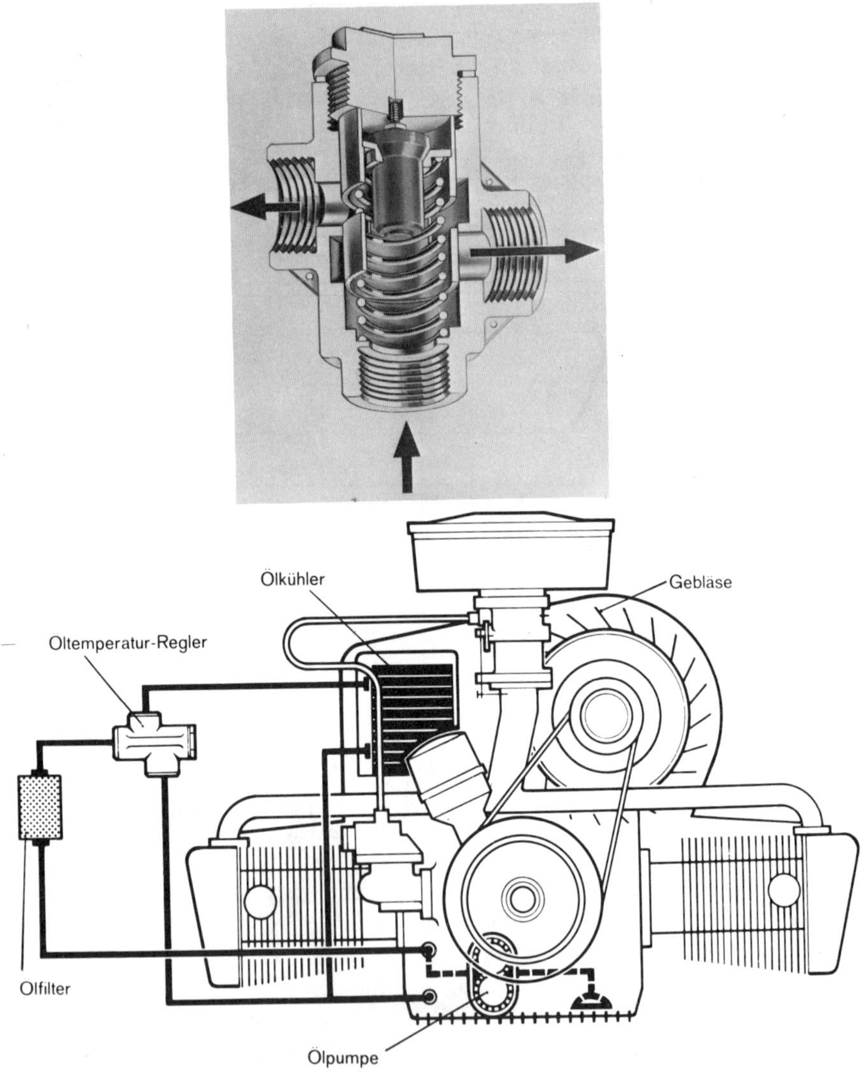

Bild 199. Behr-Thomson-Dehnstoffregler zur thermostatischen Regelung der Schmieröltemperatur (und Schaltbild des zugehörigen Schmierölkreislaufs)

Weiter müssen die den Ölkühler durchströmenden Ölmengen – entsprechend der Fördermenge der Schmierölpumpe – und die Mengen des Kühlmediums – Wasser oder Luft – angegeben werden. Bei Luft als Kühlmedium wird meistens nur der zur Verfügung stehende Kühlluftdruck angegeben. Bei den Ölmengen muß berücksichtigt werden, daß je nach Lage des Öldruckregulierventils ein Teil des von der Ölpumpe geförderten Schmieröles vor dem Eintritt in den Ölkühler abgesteuert wird und somit nicht am Kühlprozeß teilnimmt.

Die Ölkühler erhalten im Schmierölkreislauf ein Umgehungsventil, das auf einen Druck von 1,2 bis 1,5 atü eingestellt ist und dafür sorgt, daß – auch wenn der Ölkühler durch kaltes Schmieröl verstopft ist – die Schmierölversorgung des Motors aufrechterhalten bleibt. Bei den wassergekühlten Ölkühlern kommt das Schmieröl durch die Regelung des Kühlwasserthermostaten sehr schnell auf seine Betriebswärme, was bei luftgekühlten Motoren nicht der Fall ist. Hier kann ein thermostatisch geregeltes Kurzschlußventil, das bei kaltem Öl bewirkt, daß der Ölkühler umgangen wird, gute Dienste leisten. Bild 199 zeigt das Schaltbild hierfür in Verbindung mit einem Behr-Thomson-Dehnstoffregler. Die wichtigsten Bauarten von Schmierölkühlern zeigen die Bilder 200, 201 und 202.

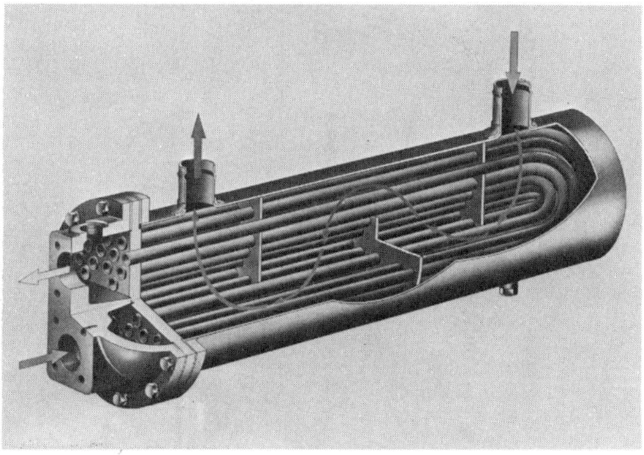

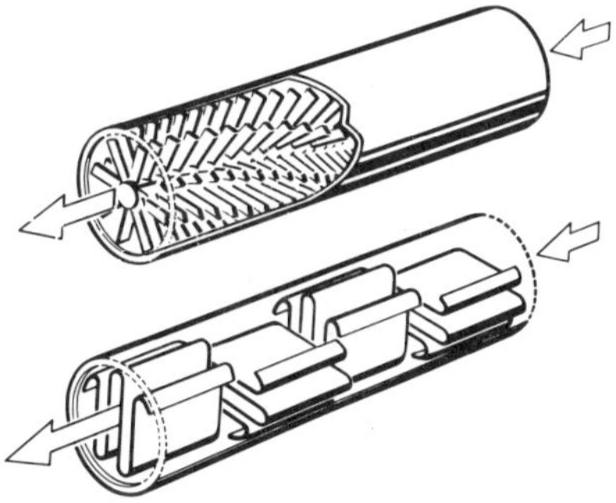

Bild 200. Rohrbündelwärmetauscher und Turbulenzeinlagen (unten) (Süddeutsche Kühlerfabrik Julius Fr. Behr)

Auf Bild 200 ist ein Rohrbündelwärmetauscher dargestellt, wie er bei größeren Dieselmotoren (Bilder 336, 341) verwendet wird. Das Schmieröl fließt durch die Rohre, die zur Verbesserung des Wärmeüberganges mit Turbulenzeinlagen versehen sind. Das Kühlwasser fließt, durch Umlenkbleche geleitet, um die Rohre herum.

Bild 201 zeigt einen Plattenölkühlereinsatz, wie er z.B. bei den Motoren der Bilder 323, 340 und 350 angebaut ist.

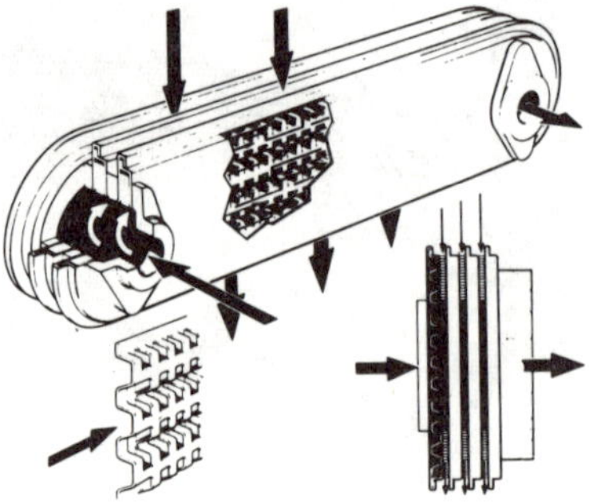

Bild 201. Plattenölkühler (Scheidenkühler) und Aufbau eines Scheidenelements. Öleintritt durch die Verschraubungen, Wasserdurchtritt durch die Platten. (Süddeutsche Kühlerfabrik Julius Fr. Behr)

In Bild 202 ist ein Ölkühler für einen luftgekühlten Motor dargestellt, wie er ähnlich beim VW-Motor (Bild 359) vorgesehen ist.

Bei den schnellaufenden Motoren wird der Ölkühler organisch an den Motor angebaut, d.h. Wasser- und Ölleitungen werden weitgehend vermieden und durch Bohrungen oder gegossene Passagen im Kurbelgehäuse ersetzt. Der Ölkühler selbst liegt im Ölkreislauf vor dem Ölfilter und im Wasserkreislauf hinter der Wasserpumpe vor dem Kühlwassereintritt in das Kurbelgehäuse. Bei luftgekühlten Motoren wird auch der Ölkühler mit Kühlluft beaufschlagt und liegt daher in der

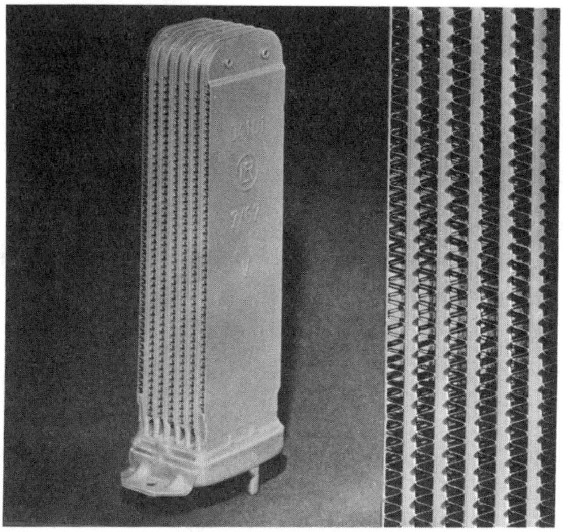

Bild 202. Luftgekühlter Ölkühler (Werkfoto Kühlerfabrik Längerer & Reich, Stuttgart)

kühlen Zuluft. Der Anbau von Ölkühlern an luftgekühlte Motoren soll anhand einiger Bilder erläutert werden. An sich bietet sich die Lage des Ölkühlers nach Bild 203 sozusagen als letzter Zylinder sowohl bei Reihen- als auch bei V-Motoren an. Jedoch sollte man bei dieser Lage daran denken, daß in vielen Einbaufällen Getriebeölwärmetauscher notwendig sind, für die eigentlich nur dieser Platz in Frage kommt, weshalb der Anordnung des Ölkühlers nach Bild 204 der Vorzug zu geben ist. Bei dem auf Bild 204 dargestellten V-Motor ist auf der Schwungradseite ein Getriebeöl-Wärmetauscher angebracht. Eine geschickte und kostengünstige Anordnung des Ölkühlers zeigt Bild 205, die aber nur für kleine Kühlleistungen ausreicht und unter Umständen auch die Kühlluftverteilung auf die einzelnen Zylinder stören kann. Bild 361 zeigt die Anordnung eines Ölkühlers in der Kühlluftführung. Die den Ölkühler durchströmende Luftmenge nimmt im Gegensatz zu der Anordnung nach Bild 205 nicht an der Kühlung der Zylinder und Zylinderköpfe teil. Diese Anordnung kommt für höher belastete Motoren infrage.

3.4.3 Schmierölfilterung

Im Laufe der Betriebszeit eines Motors sammeln sich im Schmieröl Verunreinigungen, wie harte Verbrennungsrückstände, Abrieb, Staub, der durch undichte Stellen oder unzweckmäßige Kurbelgehäuseentlüftung in das Motorinnere eindringt, an. Es ist also eine Schmierölfilterung notwendig, die so ausgelegt wird, daß alle Teilchen mit einer Korngröße über 5 bis 10 μm ausgeschieden werden.

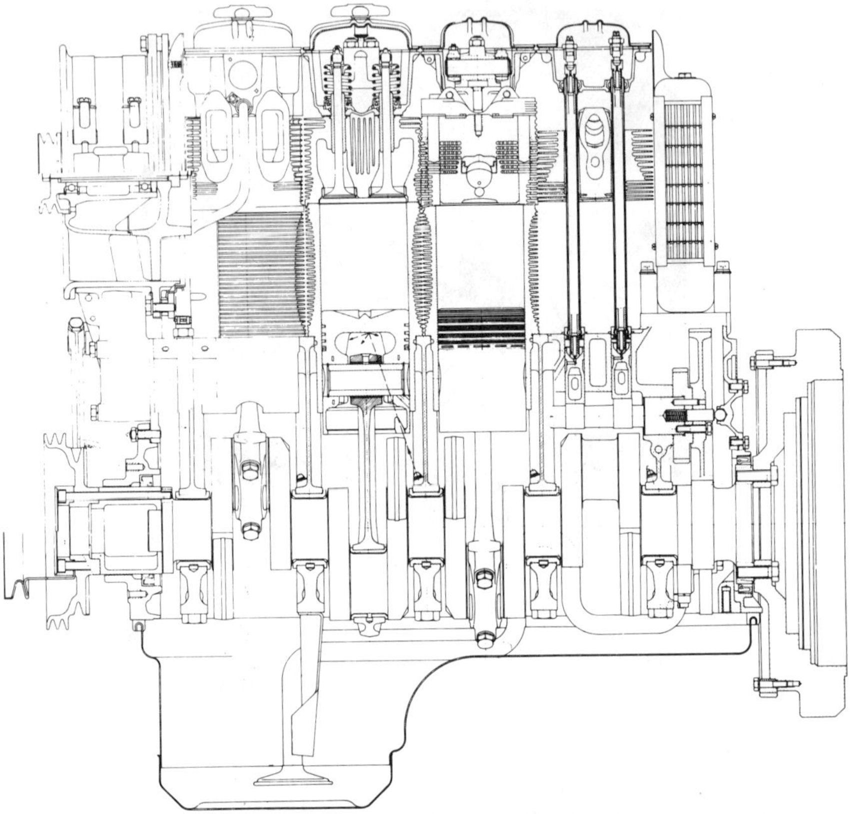

Bild 203. Anordnung des Ölkühlers bei einem luftgekühlten Reihenmotor in der Reihe der Zylinder

Aus dieser Forderung ergibt sich, daß heute für schnellaufende Verbrennungsmotoren nur noch die Filtrierung im Hauptstrom mit Hilfe von Papierfiltern angewandt wird (Bild 206). Die Standzeiten derartiger Filter sind je nach Auslegung 100 bis 700 Betriebsstunden oder bei Fahrzeugmotoren 3000 bis 10000 km. Daraus ergibt sich, daß die Filtereinsätze zweckmäßigerweise bei jedem Ölwechsel mit ausgewechselt werden. Die Standzeiten können verlängert werden, wenn sogenannte Kombinationsfilter vorgesehen werden. Hier ist der Papierfilterpatrone in konzentrischer Anordnung ein Siebfilter oder ein Spaltfilter vorgeschaltet (Bild 207). Bei größeren Motoren werden je nach Ölmenge eine oder mehrere Ölzentrifugen vorgesehen. Bild 208 zeigt eine solche Ölzentrifuge, die im Nebenstrom angeordnet wird. Sie benötigt keinen besonderen Antrieb. Der Rotor wird durch den Rückstoß des unter Druck aus zwei Düsen austretenden Schmieröles gedreht. Voraussetzung für die Anwendung von Ölzentrifugen ist eine genügend große Fördermenge der Schmierölpumpe, da das im

Bild 204. Schmierölkühler auf der vorderen Stirnseite eines luftgekühlten Motors (auf der Schwungradseite ist ein Wandlerölkühler angebaut)

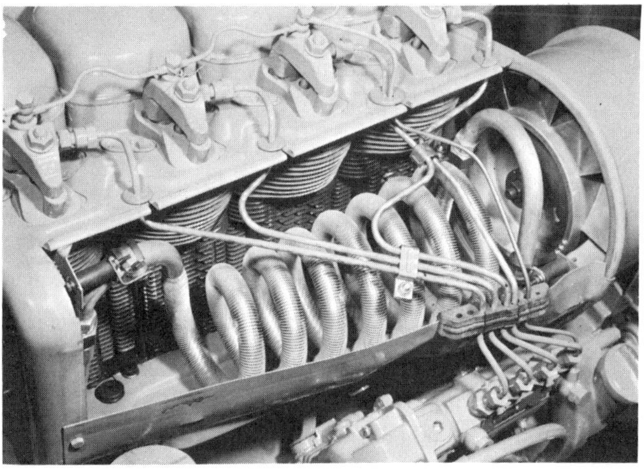

Bild 205. Schmierölkühler für einen luftgekühlten Motor in Form eines Spiralrippenrohres

Nebenstrom durch die Zentrifuge strömende Schmieröl dem Schmierölkreislauf verloren geht, und ein genügend hoher Öldruck von ca. 2,0 kp/cm^2. Der organische Anbau einer Schmierölzentrifuge sollte schon bei der Entwurfskonstruktion berücksichtigt werden, und zwar wird die Zentrifuge am Kurbelgehäuse so angebaut, daß weder zusätzliche Schmieröldruckleitungen noch zusätzliche Abflußleitungen notwendig sind. Der Abfluß aus der Zentrifuge muß so gestaltet sein, daß das Öl frei und drucklos in das Kurbelgehäuse zurückfließen kann. Außerdem muß der Anbau so steif ausgebildet werden, daß die Zentrifuge im Betriebsdrehzahlbereich nicht in Schwingungen geraten kann.

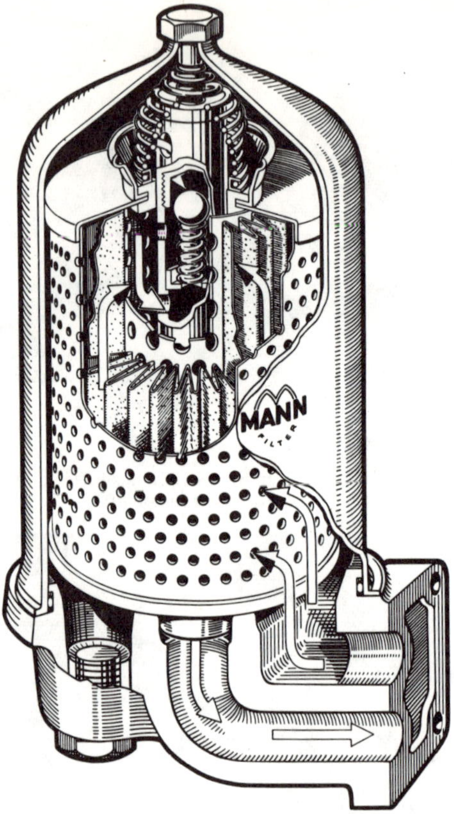

Bild 206. Schmieröl-Hauptstromfilter mit Papiereinsatz (Werkfoto Filterwerk Mann & Hummel GmbH, Ludwigsburg)

Außer den Papierfiltern nach Bild 206, bei denen nur die Patrone gewechselt wird, kommen für kleinere Motoren bis etwa 300 PS sogenannte Wechselfilter, bei denen der gesamte Filter mit Gehäuse ausgewechselt wird, infrage (Bild 209). Diese Bauart gewährleistet eine sehr einfache und schnelle Wartung. Sie bietet aber auch dem Konstrukteur die Möglichkeit, einen einfachen Anbau ohne zusätzliche Gehäuse vorzusehen derart, daß z.B. am Kurbelgehäuse eine entsprechende Gewindebohrung und eine Anschraubfläche vorgesehen werden (Bild 315).

Alle Hauptstromfilter müssen mit einem Umgehungsventil versehen sein, das die Schmierölversorgung auch bei verstopftem Filter sicherstellt. Das Umgehungsventil wird auf einen Druck von 1 bis 1,5 kp/cm^2 ausgelegt. Es muß so angeordnet sein, daß im Falle der Öffnung nicht der im Filter abgelagerte Ölschlamm in das Schmiersystem hineingespült wird. Bei Kombinationsfiltern wird das

Umgehungsventil so geschaltet, daß der vorgeschaltete Sieb- oder Spaltfilter auch bei geöffnetem Umgehungsventil immer in den Kreislauf eingeschaltet bleibt. Sowohl die Schmierölfilter als auch die Zentrifugen müssen am Motor so angeordnet werden, daß sie zur Wartung gut zugänglich sind.

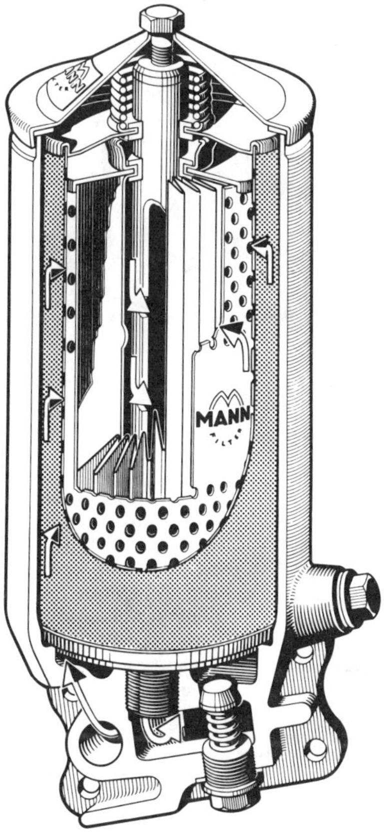

Bild 207. Kombinationsfilter, Siebfilter mit nachgeschalteter, austauschbarer MANN micro-Top Patrone zur Hauptstrom-Feinstfilterung des Schmieröls von Schmutzkörpern bis 1 Micron Größe (1/1000 mm) (Werkfoto Filterwerk Mann & Hummel GmbH Ludwigsburg)

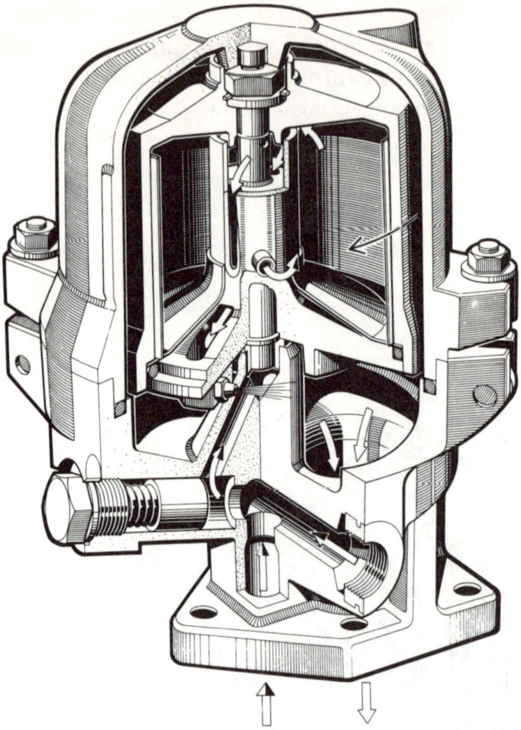

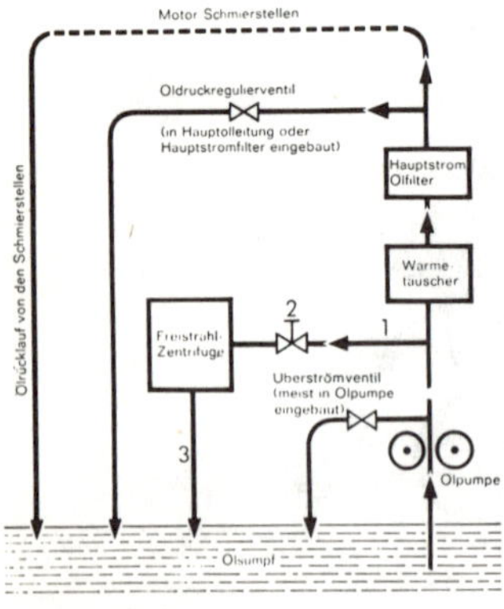

Schaltschema für Anbau von Freistrahlzentrifugen

1 = Ölzuleitung zur Freistrahlzentrifuge möglichst dicht hinter Ölpumpe abzweigen, um hohen Öldruck für den Zentrifugenantrieb ausnutzen zu können, lichte Weite = 10 . . . 12 mm ϕ.

2 = Absperrhahn: nur bei Dauerlaufbetrieb erforderlich, um zwischenzeitige Zentrifugenreinigung durchführen zu können.

3 = Ölrücklauf zwischen Freistrahlzentrifuge und Ölsumpf drucklos und staufrei auszuführen; lichte Weite nicht kleiner als Ölaustrittsbohrung an den Zentrifugen (26 bzw. 50 ϕ) !

Bild 208. Freistrahlzentrifuge zur Schmierölreinigung mit entsprechendem Schaltschema (Werkfoto Filterwerk Mann & Hummel GmbH, Ludwigsburg)

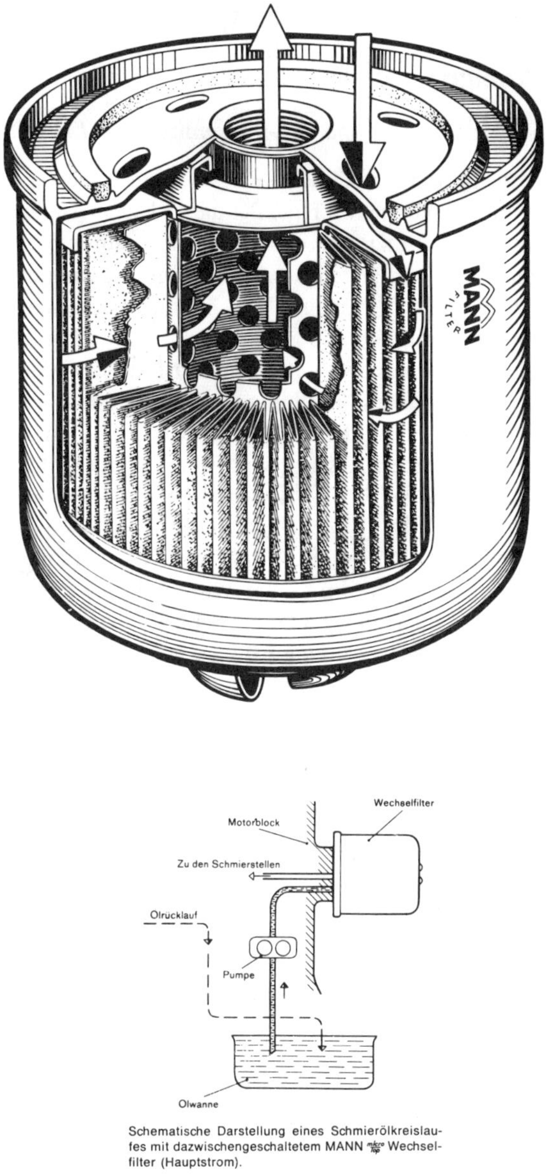

Bild 209. Schmierölwechselfilter mit Anbauschema (Werkfoto Filterwerk Mann & Hummel GmbH, Ludwigsburg)

3.5 Das Kühlsystem des Motors

3.5.1 Wasserkühlung

3.5.1.1 Der Kühlwasserkreislauf und die Anordnung seiner Elemente am Motor

Für Motoren, wie sie im Rahmen dieses Buches behandelt werden, kommt normalerweise eine Umlaufkühlung in Frage. Bei dieser Umlaufkühlung wird das Kühlwasser im geschlossenen Kreislauf durch eine Kreiselpumpe über Schmierölwärmetauscher und wenn vorhanden Getriebeölwärmetauscher und Ladeluftkühler in das Kurbelgehäuse zu den einzelnen Zylindern gefördert. Von dort fließt es durch die Zylinderköpfe und tritt aus den Zylinderköpfen in eine Sammelleitung über, von wo es über einen Thermostaten entweder bei zu niedriger Kühlwassertemperatur unter Umgehung des Kühlers direkt wieder in die Saugleitung der Pumpe zurückfließt oder bei höherer Kühlwassertemperatur über den Kühler wieder von der Pumpe angesaugt wird. Der Umschaltpunkt im Kurzschlußthermostaten liegt bei ca. 85° bis 90°C. Auf dieser Temperatur wird das Kühlwasser, vorausgesetzt der Kühler ist nicht zu klein ausgelegt, unabhängig vom Belastungszustand des Motors durch den Thermostaten innerhalb seines Regelbereichs konstant gehalten. Im Kühler wird das Kühlwasser zurückgekühlt entweder durch Luft (Wabenkühler) oder bei Schiffsanlagen durch das sogenannte Rohwasser (d.h.: Seewasser oder Flußwasser). Bei der Rückkühlung durch Luft wird die Kühlluft durch einen vom Motor direkt oder bei größeren Anlagen indirekt über einen Elektromotor oder einen Hydraulikmotor angetriebenen Ventilator durch den Wabenkühler, gefördert. Diese Rückkühlung ist die Regel bei Fahrzeugmotoren und bei solchen Anlagen, bei denen zur Rückkühlung des Umlaufwassers nicht genügend Rohwasser zur Verfügung steht. Bei der Rückkühlung durch Wasser muß am Motor noch eine zweite Wasserpumpe, und zwar eine selbstansaugende Pumpe, die sogenannte Rohwasserpumpe, vorgesehen werden. In diesem Fall kann dann auch ein Ladeluftkühler vom Rohwasser durchströmt werden, um eine höhere Kühlleistung zu erzielen. Bei größeren ortsbeweglichen Motoren, z.B. Lokomotivmotoren, ist der Wabenkühler nicht direkt vor dem Motor angebracht, sondern an einem anderen Platz, der sich aus den Einbauverhältnissen ergibt. In diesem Fall wird der Lüfter durch einen Hydraulikmotor angetrieben, der von einer vom Motor angetriebenen Hydraulikpumpe gespeist wird. Der Ölstrom und damit die Lüfterdrehzahl werden dann von der Wassertemperatur aus gesteuert, womit auch eine gleichbleibende Wassertemperatur erzielt wird (Bild 222). Die Bilder 210 und 211 zeigen die verschiedenen Kühlkreisläufe schematisch.

Die Kühlwasserpumpe wird bei kleinen Motoren meist durch Keilriemen angetrieben, wobei die Lichtmaschine in den Keilriementrieb mit einbezogen wird. Sie dient gleichzeitig zum Spannen des Keilriemens. Der Antrieb durch Keilriemen bedingt, daß die Wasserpumpe am vorderen Teil des Motors angebracht wird, und

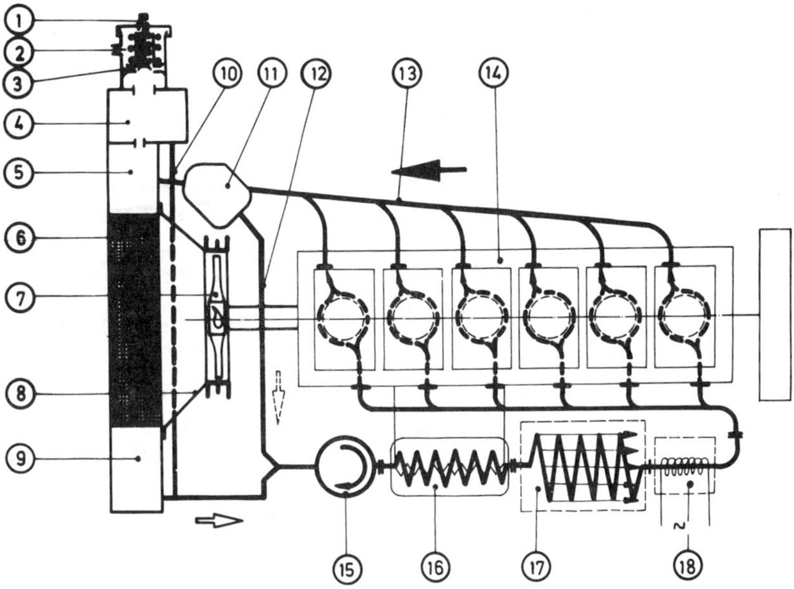

Bild 210. Schema des Kühlwasserkreislaufes eines Dieselmotors mit Aufladung und Ladeluftkühlung (im Motorkühlwasser) bei Rückkühlung durch Ventilator und Wabenkühler
1 Unterdruckventil
2 Überlauf
3 Überdruckventil
4 Ausgleichsbehälter
5 oberer Wasserkasten
6 Wabenkühler
7 Ventilator
8 Kühllufthutze
9 Unterer Wasserkasten
10 Verbindungsleitung vom Ausgleichsbehälter zur Saugseite der Kühlwasserpumpe
11 Thermostat
12 Kurzschlußleitung
13 Überströmleitung vom Zylinderkopf zum Kühler
14 Motor
15 Kühlwasserpumpe
16 Schmierölkühler
17 Ladeluftkühler
18 elektrische Kühlwasservorwärmung

zwar auf der Stirnseite des Kurbelgehäuses. Diese Lage der Wasserpumpe hat den Vorteil, daß das Kühlwasser auf einfache Weise durch Einbeziehen der Wasserpumpe in das Kurbelgehäuse ohne Leitungen von der Pumpe in das Kurbelgehäuse übertreten kann (Bild 212). Außerdem kann auch gleich der Lüfterflügel an der Keilriemenscheibe der Wasserpumpe befestigt werden (Bild 212) und benötigt somit keine besondere Lagerung. Die Lage der Wasserpumpe auf der Stirnseite des Kurbelgehäuses beeinflußt jedoch die Länge des Motors. Will man beson-

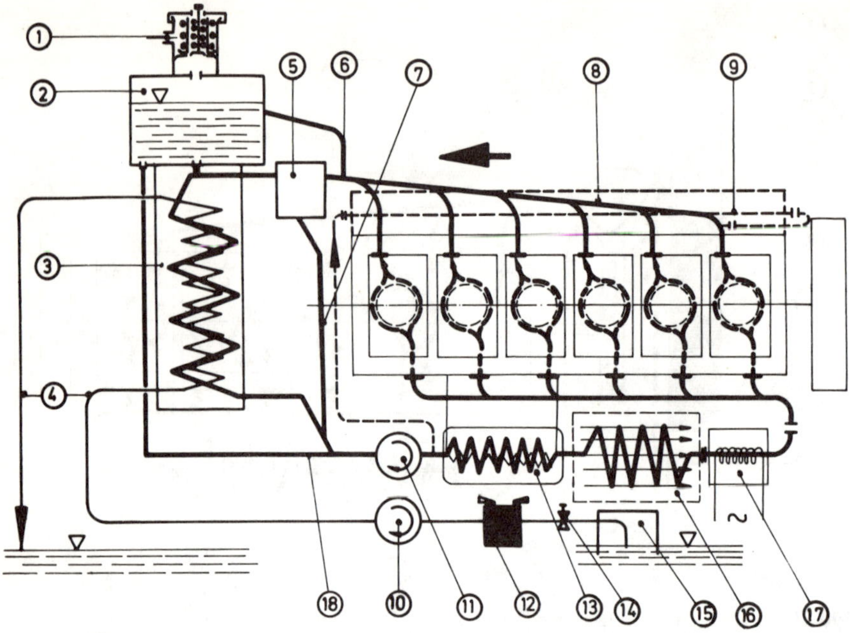

Bild 211. Schema des Kühlwasserkreislaufes für einen aufgeladenen Schiffsdieselmotor mit Ladeluftkühler (im Motorkühlwasser) bei Rückkühlung des Motorkühlwassers durch Roh- (See-) Wasser
1 Überdruckventil (wie 1, 2, 3 in Bild 210)
2 Ausgleichsbehälter
3 Wärmetauschergehäuse
4 Rohwasserleitung
5 Thermostat
6 Entlüftungsleitung
7 Kurzschlußleitung
8 Überströmleitung vom Zylinderkopf zum Wärmetauscher
9 Wassergekühltes Auspuffrohr
10 Rohwasserpumpe
11 Pumpe für Motorkühlwasser
12 Rohwasserfilter
13 Schmierölkühler
14 Absperrhahn
15 Seewasserkasten
16 Ladeluftkühler
17 elektrische Kühlwasservorwärmung
18 Verbindungsleitung vom Ausgleichsbehälter zur Saugseite der Kühlwasserpumpe

ders kurz bauen, so wird die Wasserpumpe seitlich am Kurbelgehäuse angebracht, womit dann allerdings der leitungslose Wasserübertritt ins Kurbelgehäuse und die Anbringung des Lüfters auf der Wasserpumpe nicht mehr möglich sind. Das Anbringen des Lüfters auf der Wasserpumpe hat den Nachteil, daß Drehzahl der Wasserpumpe und Drehzahl des Lüfters fest miteinander gekoppelt sind. Die bei Wasserpumpen mögliche, hohe Drehzahl kann nicht ausgenutzt werden, da die

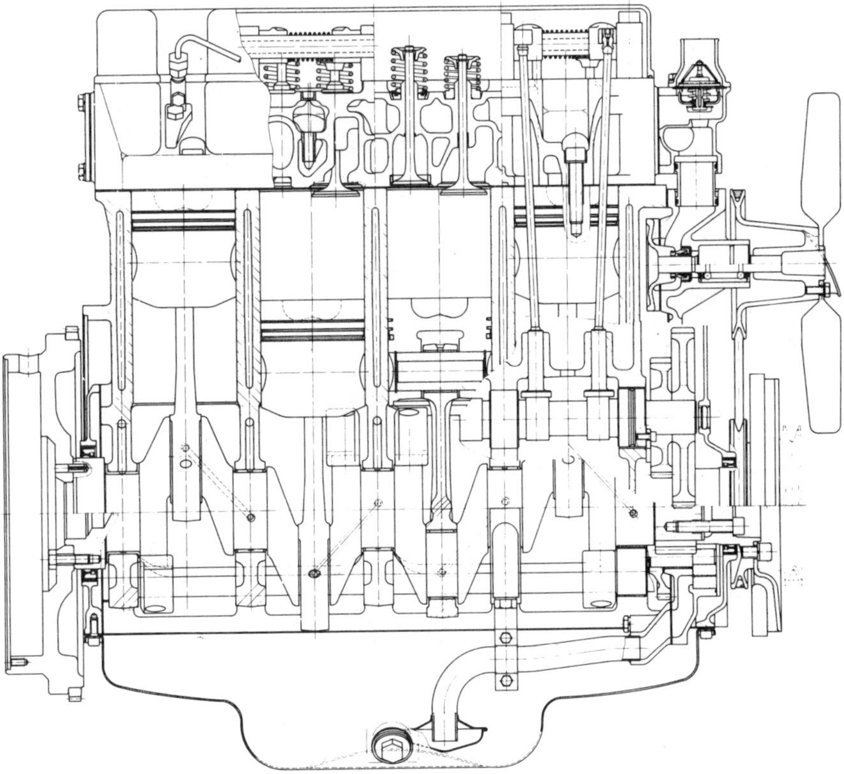

Bild 212. Längsschnitt durch einen 4-Zylinder-Reihenmotor

Lüfterdrehzahl aus Geräuschgründen begrenzt ist. Man läßt bei Lüftern aus Geräuschgründen keine höhere Umfangsgeschwindigkeit als 75 bis 80 m/sec zu.

Bei größeren Motoren (V_h/Zyl. > 3 l) wird die Wasserpumpe von Zahnrädern angetrieben. Man benutzt dazu meistens den schon vorhandenen Rädertrieb zum Antrieb von Nockenwelle und Einspritzpumpe, womit die Lage der Wasserpumpe dementsprechend festgelegt ist.

Bei Motoren mit Aufladung und Ladeluftkühlung, bei denen das Kühlwasser des Ladeluftkühlers durch Wabenkühler in einem eigenen Kreislauf rückgekühlt wird, ist noch eine separate Umwälzpumpe für den Ladeluftkühlkreislauf notwendig, für die ebenfalls ein Platz und ein Antrieb am Motor vorgesehen werden müssen. Man kann in diesem Fall aber auch die Kühlwasserpumpe des Motorkühlkreislaufs als Doppelpumpe ausbilden, die dann sowohl den Motorkreislauf als auch den Ladeluftkühlerkreislauf versorgt (Bild 213).

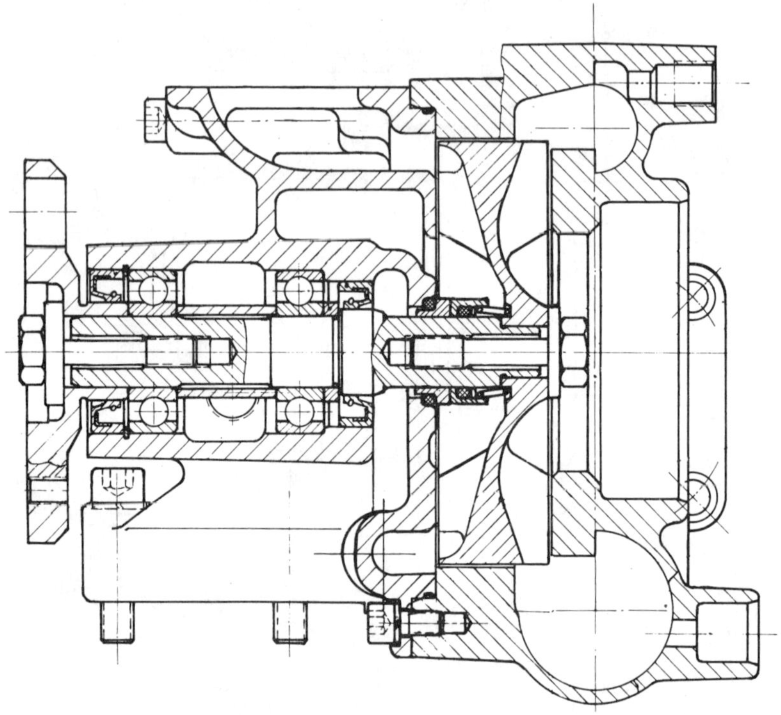

Bild 213. Kühlwasserdoppelpumpe zur getrennten Versorgung von Motorkühlwasserkreislauf und Ladeluftkühlerkreislauf

Bei einer Kühlanlage nach Bild 222, bei der der Lüfter durch einen Hydraulikmotor angetrieben wird, ist eine besondere Hydraulikpumpe notwendig. Diese Hydraulikpumpe wird am besten an den Motor angebaut. Das bedeutet wieder, daß am Motor Platz und eine Antriebsmöglichkeit – Keilriemen oder Zahnrad – für eine Hydraulikpumpe vorgesehen werden müssen. Bei größeren Kühlanlagen empfiehlt sich wegen der erheblichen Antriebsleistung, die solche Pumpen erfordern, ein Zahnradantrieb. Solche Antriebe sind empfindlich gegen Drehschwingungen und müssen daher an einer Stelle liegen, die möglichst frei von Drehschwingungen ist.

Wenn auch die Auslegung der Kühlanlage nicht immer Aufgabe des Motorkonstrukteurs sein wird, so hängt doch von ihrer richtigen Auslegung das gute Funktionieren und die Betriebssicherheit des Motors ab, so daß der Motorkonstrukteur sich mit diesem Problem befassen muß. Es seien daher an dieser Stelle einige Hinweise zur Auslegung und Gestaltung der Kühlanlage gegeben. Die Berechnung des

Kühlers selbst ist ein Spezialgebiet, auf das hier nicht näher eingegangen werden kann und für das der Motorenkonstrukteur sich am besten der Erfahrungen der Kühlerspezialfirmen bedient. Jedoch hängt von den Angaben, die dem Kühlerhersteller gemacht werden, die richtige Auslegung des Kühlers ab, wie die folgenden Betrachtungen für einen Kühler, in dem das Kühlwasser durch Luft rückgekühlt wird (Bild 210), zeigen.

Die im Kühler abzuführende Wärmemenge Q ergibt sich aus der für den betreffenden Motor typischen, spezifischen Wärmemenge q_W [kcal/PSh] multipliziert mit der Leistung N_{max} [PS], die maximal bei dem vorgesehenen Betrieb des Motors auftreten kann. Werte für q_W sind in Kapitel 3.5.1.2 angegeben. Aus der Wärmemenge Q wird die Kühlerstirnfläche F_K [m^2] des Kühlers berechnet, die für die Größe des Kühlers bestimmend ist neben seiner spezifischen Kühlleistung q in [kcal/h °C m^2]. q ist von der Kühlluftgeschwindigkeit, der Blocktiefe des Kühlers und der Ausbildung der Kühlelemente abhängig und wird vom Kühlerhersteller durch Versuch ermittelt. Für die Kühlerstirnfläche gilt folgende Beziehung:

$$F_K = \frac{Q}{(t_{W_m} - t_L) \cdot q} \quad [m^2] \tag{79}$$

Darin ist t_{W_m} die mittlere Wassertemperatur in °C im Kühler: $t_{W_m} = \frac{t_{W_e} + t_{W_a}}{2}$, t_L die Temperatur der Kühlluft in °C. t_L ist meistens gleich der Umgebungstemperatur. Da die mittlere Kühlwassertemperatur t_{W_m} von der Motorseite her mit 85° bis 90°C festliegt – sie sollte übrigens durch eine große, umlaufende Wassermenge und damit kleinen Wert $t_{W_e} - t_{W_a}$ so hoch wie möglich gehalten werden –, wird bei gegebener Wärmemenge Q die Kühlergröße von der Umgebungstemperatur t_L bestimmt. Höhere Wassertemperaturen als oben angegeben sind nur mit einer Druckkühlung zu erreichen, bei der das Kühlsystem unter entsprechendem Überdruck steht, womit die Siedetemperatur heraufgesetzt wird [214].
t_L wird normalerweise mit 30°C, für Tropenbetrieb mit 45 bis 50°C angenommen. Bei der Festlegung von Q ist zu berücksichtigen, daß im Kühlwasser außer den vom Motor selbst erzeugten Wärmemengen (im Wasser und im Schmieröl) unter Umständen noch die Wärmemengen eines Getriebeölwärmetauschers, eines Ladeluftkühlers oder eines wassergekühlten Auspuffrohres abgeführt werden müssen. Letztere kann dabei bis zu 100 bis 120 kcal/PSh betragen.

Im Kühlsystem dürfen sich keine Dampf- oder Luftpolster bilden, welche die Leistung der Kühlwaserpumpe herabsetzen und zu Pumpenkavitation führen und eventuell auch die Zylinderkavitation fördern können. Es muß daher dafür gesorgt werden, daß der Wasserkasten des Kühlers (Bild 210) groß genug ist, daß er den höchsten Punkt des Kühlsystems bildet und daß die Rückströmleitung vom Motor unter dem Wasserspiegel einmündet, damit Luft- und Dampfblasen sich absetzen können. Bildet der Wasserkasten nicht den höchsten Punkt, so ist ein besonderer Ausgleichsbehälter über dem Kühlsystem vorzusehen, (Bilder 210,

211) in den beim Auffüllen der Kühlanlage das Wasser eingefüllt werden muß. Der Ausgleichsbehälter wird so groß gemacht, daß er etwa mindestens 10% des gesamten Kühlwasservolumens aufnehmen kann.

Zweckmäßigerweise wird ein solcher Ausgleichsbehälter mit einer möglichst weiten Leitung ($d > 25$ mm) mit dem Saugkanal der Wasserpumpe verbunden, Bilder 210 und 211. Durch eine solche Anordnung wird ein eventuell in der Saugleitung der Kühlwasserpumpe entstehender Unterdruck durch den statischen Druck der Wassersäule des höher liegenden Ausgleichsbehälters zum Teil oder ganz ausgeglichen und somit die Kavitationsgefahr in der Wasserpumpe verringert. Aus Dampf- oder Luftsäcken des Kühlsystems, die sich bei größeren Kühlanlagen manchmal nicht vermeiden lassen, werden Entlüftungsleitungen, die aber nur kleine Querschnitte haben (6 bis 8 mm lichte Weite), in den Ausgleichsbehälter geführt (Bild 211). Um Kavitation in der Wasserpumpe zu vermeiden, müssen weiter die Saugleitungen zur Pumpe so bemessen sein, daß die Sauggeschwindigkeit möglichst 2,5 m/sec nicht übersteigt. Das ist jedoch nur ein Anhaltswert. Bei Anlagen, bei denen sich eine längere Saugleitung nicht vermeiden läßt, muß auf jeden Fall die Widerstandshöhe in der Saugleitung, die sich aus dem Kühlerwiderstand und dem Saugrohrwiderstand ergibt, nachgerechnet werden [221].

Das Kühlelement für einen Kühler nach Bild 211, das auf Bild 220 mit Wärmetauschergehäuse und Thermostaten dargestellt ist, wird nach folgender Beziehung für seine Kühlfläche F [m^2] bei einer abzuführenden Wärmemenge Q [kcal/h] ausgelegt:

$$F = \frac{Q}{k \cdot \Delta t_m} \; [m^2] \qquad (80)$$

Hierin ist

$$k = \frac{1}{1/\alpha_1 + \delta/\lambda + 1/\alpha_2} \; [\text{kcal/m}^2 \text{ h °C}]$$

die bekannte Wärmedurchgangszahl für den Wärmedurchgang durch eine Wand von der Dicke δ [m] vom strömenden Motorkühlwasser (Süßwasser) zum strömenden Rohwasser. α_1 und α_2 sind die Wärmeübergangszahlen für den Wärmeübergang vom Motorkühlwasser bzw. vom Rohwasser an die Wand. Ihre Größen sind von den Strömungsgeschwindigkeiten der beiden Medien abhängig. λ ist die Wärmeleitzahl für die Leitung der Wärme in der Wand. Bei den relativ geringen Wandstärken δ der Scheiden eines Kühlelements nach Bild 220 und der hohen Wärmeleitfähigkeit λ des verwendeten Materials (seewasserbeständige Kupfer-Nikkel-Legierung) ist der Wert $\frac{\delta}{\lambda}$ relativ klein gegen $1/\alpha_1$ und $1/\alpha_2$, sodaß k in erster Linie durch die Wärmeübergangszahlen und somit die Wassergeschwindigkeiten bestimmt wird. In der Gl. 80 ist

$$\Delta t_m = \frac{\vartheta_a - \vartheta_e}{\ln(\vartheta_a/\vartheta_e)} \quad [°C]$$

die mittlere Temperaturdifferenz mit den Temperaturdifferenzen zwischen Süßwasser und Rohwasser ϑ_a am Anfang und ϑ_e am Ende der Kühlfläche. Die Größe

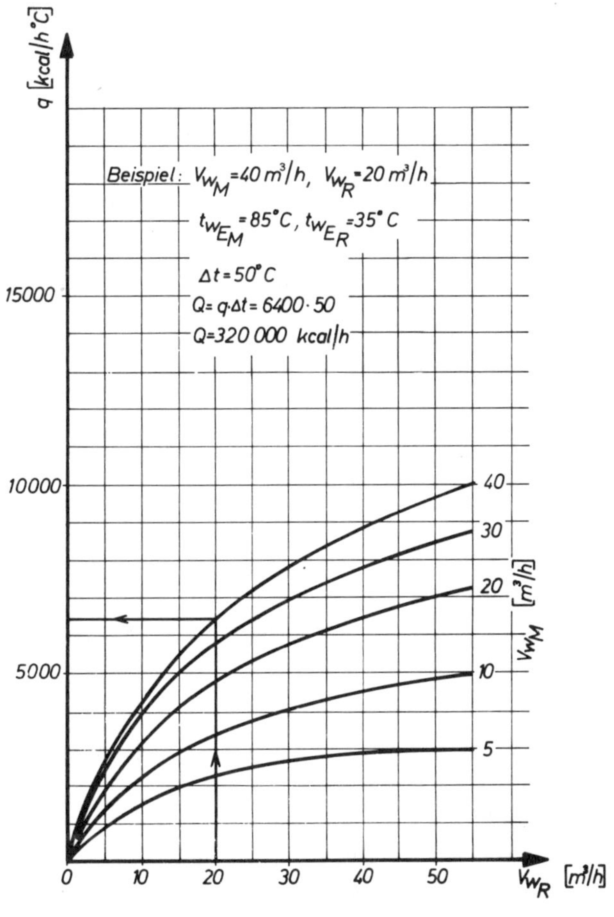

Bild 214. Spezifische Kühlleistung q eines Kühlelementes (Scheidenkühler) nach Bild 220 in Abhängigkeit von der stündlichen Rohwassermenge V_{W_R} für verschiedene, umlaufende Motorkühlwassermengen V_{W_M}, bezogen auf die Wassereintrittstemperaturdifferenz $\Delta t = t_{W_{E_M}} - t_{W_{E_R}}$

(Nach Unterlagen der Firma Süddeutsche Kühlerfabrik Julius Fr. Behr, Stuttgart-Feuerbach)

der Wärmedurchgangszahl k ist bei den Herstellern der Kühlelemente aus Versuchen bekannt. Es ist für den Konstrukteur normalerweise nicht notwendig, sie selbst zu ermitteln, sondern er kann sich für die Auslegung des Wärmetauschers, nachdem er die abzuführende Wärmemenge Q bestimmt hat, der Unterlagen der Hersteller solcher Kühlelemente bedienen, wie sie z.B. das Diagramm Bild 214 für ein Kühlelement (Scheidenkühler) nach Bild 220 zeigt. Mit Hilfe eines solchen Diagrammes kann die stündlich im Kühlelement abgeführte Wärmemenge pro °C Temperaturdifferenz in Abhängigkeit von den stündlich umlaufenden Motorkühlwasser- bzw. Rohwassermengen ermittelt werden. Der einfachen Handhabung wegen ist ein solches Diagramm so ausgelegt, daß als Temperaturdifferenz nicht die o.g. Temperaturdifferenz Δt_m ermittelt zu werden braucht, sondern nur die Differenz der Eintrittstemperaturen von Motorkühlwasser und Rohwasser in das Kühlelement. Für Schiffsmotoren in der See- und Flußschifffahrt wird die Rohwassereintrittstemperatur mit 25°C (nördliche Breiten) und 32°C (Tropen) eingesetzt. Die Motorkühlwassereintrittstemperatur ergibt sich aus der maximal zulässigen Austrittstemperatur aus dem Motor (85 bis 90°C).

3.5.1.2 Auslegung und Gestaltung der Kühlwasserpumpe

Zur Auslegung der Kühlwasserpumpe müssen die zu fördernde Wassermenge und der Druck bekannt sein. Die Wassermenge errechnet sich aus der abzuführenden Wärmemenge und der zulässigen Temperaturdifferenz zwischen Wassereintritt in den Motor und Wasseraustritt aus dem Motor nach folgender Beziehung:

$$V_W = \frac{q_W \cdot N_e}{\gamma_W \cdot c_p \cdot \Delta t} \quad [m^3/h]$$

Hierin sind:

V_W	=	Wassermenge	$[m^3/h]$
q_W	=	spez. abzuführende Wassermenge	[kcal/PSh]
N_e	=	Nennleistung	[PS]
γ_W	=	spez. Gewicht des Wassers	$[kg/m^3]$
c_p	=	spez. Wärme des Wassers	[kcal/kg °C]
Δ_t	=	Temperaturdifferenz des Kühlwassers Eintritt Motor – Austritt Motor	[°C]

Da $\gamma_W = 1000\ kg/m^3$ und $c_p = 1$ kcal/kg °C sind, ergibt sich

$$V_W = \frac{q_W \cdot N_e}{\Delta t} \cdot 10^{-3} \quad [m^3/h]$$

Sofern für q_W keine gemessenen Werte vorliegen, können folgende Erfahrungswerte angenommen werden: Dieselmotoren mit abgeteiltem Brennraum (z.B. Vorkammer):

Saugmotoren $q_W =$ 550 bis 650 kcal/PSh

aufgeladene Motoren* q_W = 450 bis 550 kcal/PSh

Dieselmotoren mit direkter Einspritzung:

Saugmotoren q_W = 400 bis 500 kcal/PSh
aufgeladene Motoren* q_W = 300 bis 400 kcal/PSh

*der untere Wert gilt für aufgeladene Motoren mit Ladeluftkühler.

Ottomotoren q_W = 800 bis 1000 kcal/PSh

Für Δt werden Werte von 5 bis 7 °C eingesetzt, wobei der obere Wert im Interesse einer gleichmäßigen Kühlung bei hochbelasteten Motoren nicht überschritten werden sollte.

Die Förderhöhe H [m] der Pumpe wird bei der Konstruktion eines Motors noch nicht aus Messungen bekannt sein. Es werden daher folgende Erfahrungswerte angegeben. Für kleinere Fahrzeugmotoren, bei denen der Kühler im allgemeinen dicht vor dem Motor angeordnet wird, kann eine Förderhöhe von ca. 2 bis 3 m

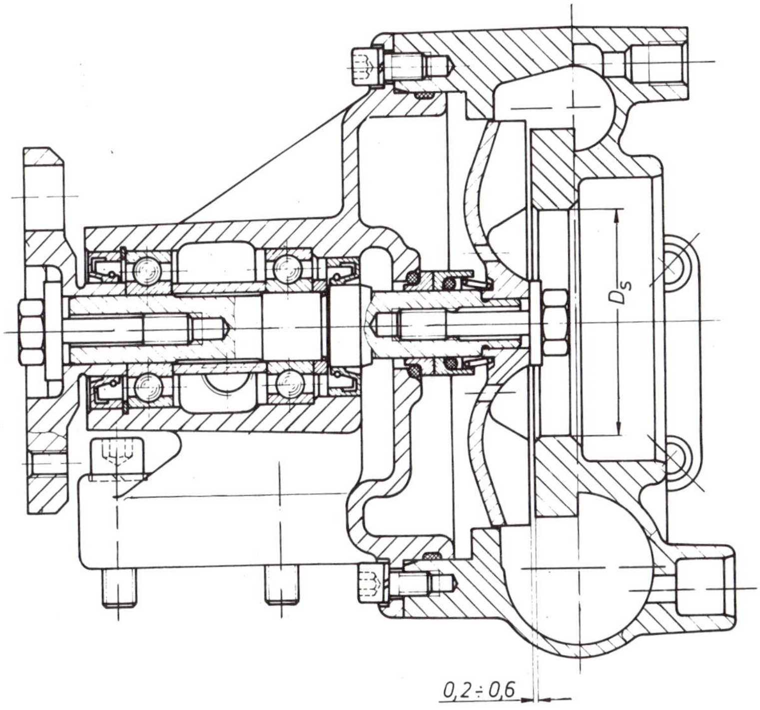

Bild 215. Kühlwasserkreiselpumpe für einen 12-Zylinder-V-Motor mit einem Hubvolumen von 27,5 l

angenommen werden. Bei größeren Motoren, bei denen unter Umständen die Kühlanlage weiter vom Motor entfernt ist und bei denen noch zusätzliche Wärmetauscher z.B. für das Wandleröl hinzu kommen, müssen schon größere Förderhöhen eingesetzt werden, und zwar 25 bis 30 m, je nachdem, wie lang die Leitungen vom Motor zur Kühlanlage sind und wie viele Krümmer in diesen Leitungen vorhanden sind. Ein beachtlicher Teil der von der Wasserpumpe erzeugten Förderhöhe wird vom Thermostaten, auf dessen Funktion noch später eingegangen wird, verschlungen. Die Druckdifferenz im Thermostaten ist von der durchfließenden Wassermenge abhängig. Bei großen Wassermengen werden daher zwei oder mehrere Thermostaten vorgesehen, um den Druckabfall in Grenzen zu halten.

Mit der Fördermenge V_W [m^3/sec], der Förderhöhe H [m] und der Pumpendrehzahl n [U/min] kann die Pumpe berechnet werden, z.B. nach [221; 222] Als Kühlwasserpumpen für Verbrennungsmotoren werden normalerweise Kreiselpumpen mit offenem Laufrad und rückwärts gekrümmten Schaufeln ohne Eintrittsleitschaufeln ($\alpha_1 = 90°$) und ohne Austrittsleitrad, jedoch mit Spiralgehäuse verwendet. Bei großen Förderhöhen über 25–30 m werden gedeckte Laufräder bevorzugt, da durch Toleranzen im Laufspalt zu große Schwankungen auftreten (siehe auch Seite 322 und Bild 218). In Bild 215 ist eine Kühlwasserkreiselpumpe für einen schnellaufenden Dieselmotor mit einem Hubvolumen von 27,5 l und einer Drehzahl von 2000 U/min dargestellt. Bild 216 zeigt das Laufrad der Pumpe.

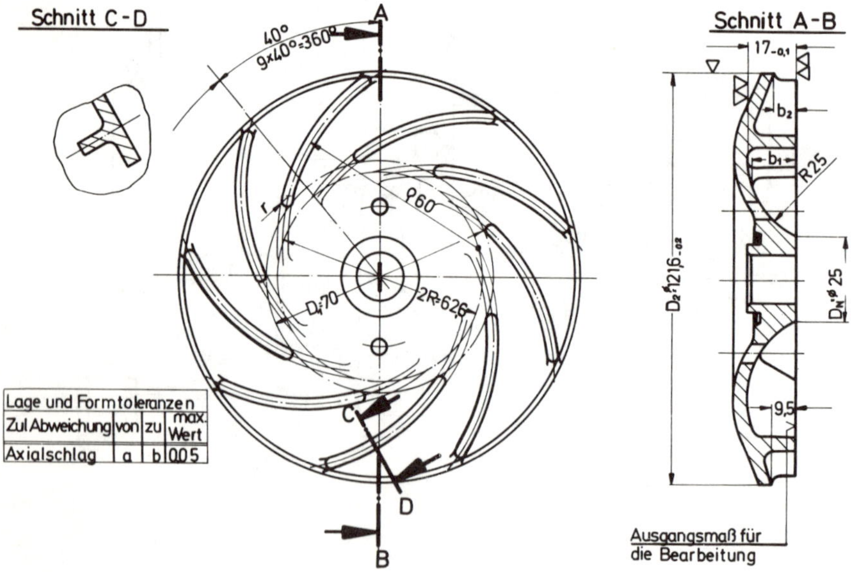

Bild 216. Laufrad der Wasserpumpe nach Bild 215

Die Auslegungsdaten dieser Pumpe sind:

$$V_W = 36\ m^3/h = 10^{-2}\ m^3/sec$$
$$H\ = 15\ m$$
$$n_P = 3460\ U/min$$

Für den Entwurf können die Abmessungen des Laufrades überschläglich wie folgt festgelegt werden (eine genaue Berechnung muß dann nach [221; 222] erfolgen):

Wegen der Spaltverluste und der durch den Guß bedingten Ungenauigkeiten wird mit der rechnerischen Fördermenge V′ gerechnet:

$$V' \approx (1{,}1 \text{ bis } 1{,}2)\ V_W$$

und die theoretische Förderhöhe H_{th}

$$H_{th} = \frac{H}{\eta_h} \qquad \eta_h = 0{,}6 \text{ bis } 0{,}7$$

eingesetzt. Der Nabendurchmesser D_N (Bild 216) ergibt sich aus der Konstruktion, d.h. dem Wellendurchmesser und der Befestigungsmöglichkeit der Nabe auf der Welle. Der Saugmunddurchmesser D_S (Bild 215) ist:

$$D_S = \sqrt{\frac{V' \cdot 4}{\pi \cdot c_S} + D_N^2}$$

c_S, die Geschwindigkeit im Saugmund (= c_o Geschwindigkeit vor Schaufel), ist nach [221]

$$c_S = \epsilon \sqrt{2 \cdot g \cdot H}$$

ϵ kann zu 0,1 bis 0,3 gewählt werden. D_1 (Bild 216) wird dann etwas größer als

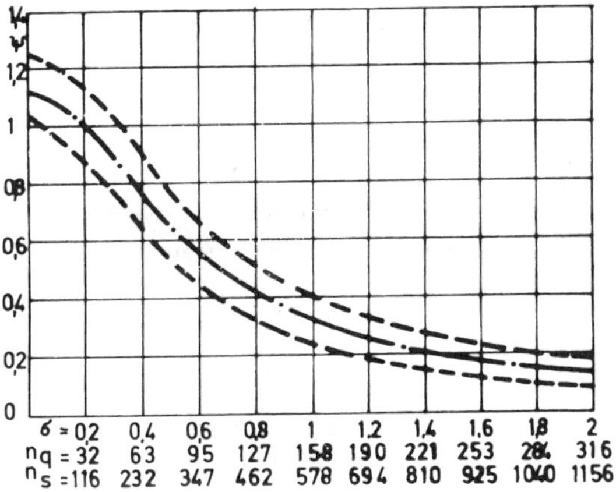

Bild 217. Verlauf der Druckziffer ψ für Kreiselpumpen in Abhängigkeit von der spez. Drehzahl σ [224]

D_S gewählt. Der Saugmunddurchmesser ist für die Schluckfähigkeit und Kavitationssicherheit der Pumpe bestimmend. Etwas in den Saugmund vorgezogene Eintrittskanten der Schaufeln verbessern unter Umständen die Saugfähigkeit der Pumpe. Aus dem Diagramm Bild 217 nach [224] kann mit Hilfe des dimensionslosen Drehzahlkennwertes σ (vgl. auch 3.5.2.2) die dimensionslose Druckzahl ψ bestimmt werden.

$$\sigma = \frac{\sqrt{\pi}}{30} \sqrt{V'} \, (2 \cdot g \cdot H_{th})^{-3/4} \cdot n$$

$$\psi = \frac{2\, g \cdot H_{th}}{u_2{}^2}$$

Im Diagramm Bild 217 gilt die obere Grenzlinie für Pumpen mit höherer Schaufelzahl und größerem Schaufelwinkel β_2 (Kavitationsgefahr) und die untere Grenzlinie für Pumpen mit kleinem Schaufelwinkel β_2. Für den Entwurf hält man sich an die mittlere Linie.

Aus der Umfangsgeschwindigkeit u_2 des Außendurchmessers D_2 des Laufrades wird D_2 ermittelt:

$$u_2 = \sqrt{\frac{2 \cdot g \cdot H_{th}}{\psi}}$$

$$D_2 = \frac{u_2 \cdot 60}{\pi \cdot n_P}$$

Durch D_2 und n_P ist die Förderhöhe der Pumpe bestimmt.

Die Schaufelbreite b_1 am Eintritt ist

$$b_1 = \frac{V'}{\pi \cdot D_1 \cdot c_S}$$

und b_2 am Austritt

$$b_2 = \frac{V'}{D_2 \cdot \pi \cdot c_{2m}}$$

c_{2m} ergibt sich aus der Forderung, die geförderte Wassermenge vom Schaufeleintritt zum Schaufelaustritt leicht zu beschleunigen zu:

$$c_{2m} \approx (1{,}1 \text{ bis } 1{,}2)\, c_S$$

Mit den Werten D_1, D_2, b_1, b_2 kann das Laufrad für den Entwurf festgelegt werden. Eine genaue Nachrechnung und die Festlegung des Spiralgehäuses können dann nach [221; 222] erfolgen. Je nach den Platzverhältnissen wird man eine Spirale mit rechteckigem oder kreisförmigem Querschnitt wählen. Ob die Annahmen der Berechnung richtig waren, zeigt dann das gemessene Pumpenkennfeld

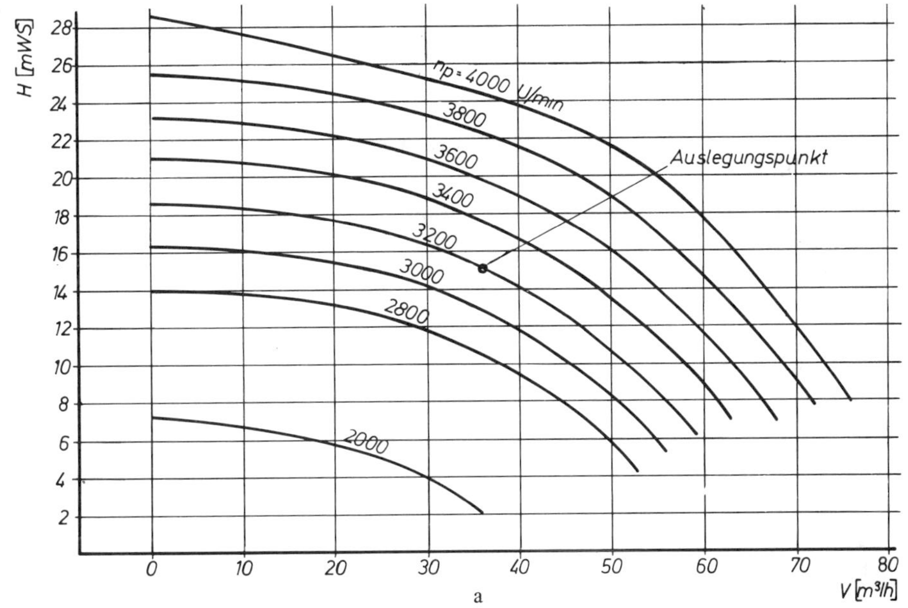

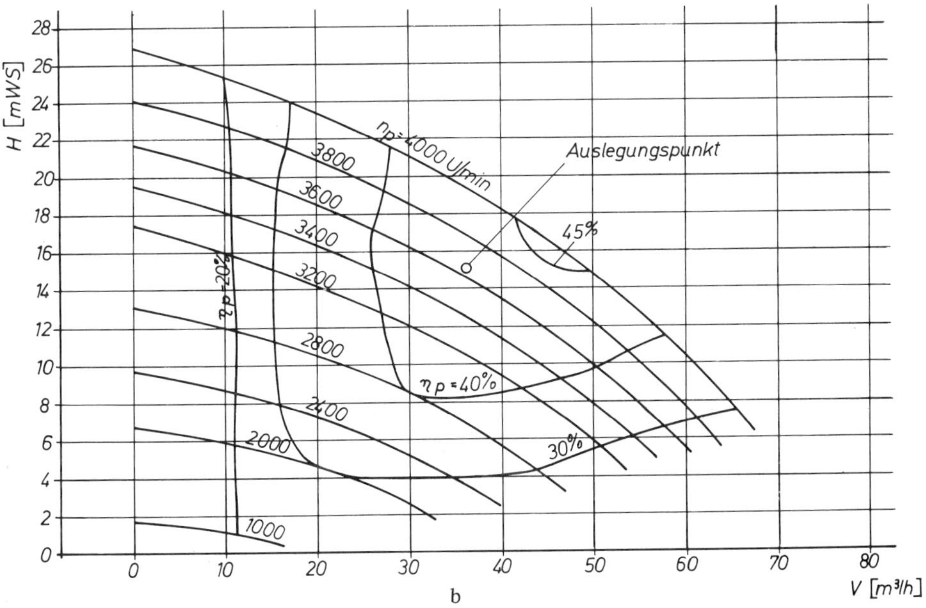

Bild 218. Kennfeld der Kühlwasserpumpe nach Bild 215
a) Spalt zwischen Pumpenrad und Gehäuse saugseitig 0,3 mm
b) desgl. 1,3 mm

(Bild 218 zu der Pumpe Bild 215). Aus diesem Kennfeld sieht man auch den Einfluß des saugseitigen Spaltes zwischen Pumpenrad und Gehäuse. Bei einem Spalt von 0,3 mm wird der Auslegungspunkt schon bei einer Drehzahl $n_P < 3460$ U/min erreicht, bei einem Spalt von 1,3 mm erst bei einer Drehzahl $n_P > 3460$ U/min. Es muß daher bei offenen Laufrädern auf der Zeichnung ein Wert für den Spalt vorgeschrieben werden.

Es sei noch kurz auf die Gefahr der Kavitation in der Pumpe hingewiesen. Kavitation tritt ein, wenn die zulässige Saughöhe überschritten wird. Gefährdet sind dabei die Eintrittskanten der Schaufeln. Es empfiehlt sich im Zusammenhang hiermit, nach [221] den Haltedruck Δh an der Kavitationsgrenze nachzurechnen und daraus die größte, zulässige Saughöhe zu bestimmen. Bei der Rechnung ist zu berücksichtigen, daß die Kühlwasserpumpen von Verbrennungsmotoren Wasser mit einer Temperatur von ca. 85 bis 90°C fördern.

Die konstruktive Gestaltung der Wasserpumpe richtet sich nach den Gegebenheiten des Motors. Anzustreben ist immer ein organischer Anbau ohne freie Kühlwasserleitungen. Das Laufrad wird aus Grauguß gegossen, wodurch die Dicke der Schaufeln (~ 3 mm) bestimmt ist. Für die Schaufeln wird die einfache Kreisbogenform gewählt. Die Schaufeln werden am Eintritt gut abgerundet und am Austritt etwas verjüngt.

Die Pumpenwelle wird in Wälzlagern gelagert. Bei kleineren Motoren verwendet man fettgeschmierte Lager (Dauerschmierung – Bild 212), bei größeren ist es zweckmäßig, die Pumpe wartungsfrei an den Schmierölkreislauf des Motors anzuschließen. Der Lagerraum muß dann durch Wellendichtringe nach außen abgedichtet werden. Für die Abdichtung des Wasserraumes nach außen hat sich die in Bild 215 dargestellte Axialdichtung gut bewährt. Der Kunststoffschleifring dieser Axialdichtung läuft gegen einen besonderen in das Laufrad eingesetzten Gegenring aus rostfreiem Material. Bei der Auswahl der Gummiringe dieser Dichtung muß darauf geachtet werden, daß sie beständig gegen Frostschutzmittel und Korrosionsschutzöl sind. Der Raum hinter der Axialdichtung muß einen guten Abfluß nach außen haben, damit eventuell auftretendes Leckwasser nicht in die Lager eintreten kann. Das Laufrad wird bei kleineren Wasserpumpen auf die Welle aufgepreßt (Bild 212), bei größeren mit einer Dehnschraube mit Reibungsschluß auf der Pumpenwelle befestigt. Liegt der Konstruktion eine Motorenreihe zugrunde, so ist es zweckmäßig, die Pumpe ao auszulegen, daß mindestens je zwei Zylinderzahlen die gleiche Wasserpumpe haben. Dementsprechend wird auch das Spiralgehäuse so gestaltet, daß es gegebenenfalls Laufräder verschiedener Breite und verschiedener Durchmesser aufnehmen kann.

3.5.1.3 Die Regelung der Kühlwassertemperatur

Wir haben oben gesehen, daß die Kühlanlage eines Motors auf seine maximale Dauerleistung ausgelegt sein muß, um in jedem Betriebsfalle eine einwandfreie

Kühlung des Motors zu gewährleisten. Wird nichts vorgesehen, um die Kühlwassertemperatur zu regeln, so stellt sie sich nur bei Vollast auf den günstigsten Wert von ca. 85° bis 90°C ein, während der Motor bei Teillast und im Leerlauf unterkühlt wird. Kühlwassertemperaturen unter 60 bis 70°C führen zu erhöhtem Zylinderverschleiß und beeinflussen den Brennstoffverbrauch ungünstig. Die Kühlwassertemperatur muß daher durch einen Thermostaten, unabhängig von der Motorleistung, auf dem günstigen Wert von ca. 85 bis 90°C gehalten werden. Außerdem hat der Thermostat die Aufgabe, beim Start des Motors für eine schnelle Aufheizung des Kühlwassers auf den eingestellten Wert zu sorgen. Diese Aufgabe wird von einem thermostatisch gesteuerten Kurzschlußventil erfüllt.

Der Thermostat wird normalerweise in die Kühlwasserleitung vom Austritt aus den Zylinderköpfen zum Kühler (Bilder 210; 211 und 219c) eingeschaltet und regelt somit die Kühlwasseraustrittstemperatur. Bild 219 zeigt die Ausführung eines solchen Thermostaten sowie ein Schaltbild für diese Anordnung (Bild 219c). Die Wirkungsweise des Thermostaten ist folgende: Das in dem aus den Zylinderköpfen austretenden Kühlwasserstrom liegende Dehnstoffelement steuert das kombinierte Kurzschluß- und Hauptventil derart, daß unterhalb der zu haltenden Kühlwassertemperatur das Hauptventil den Kühlwasserzufluß zum Kühler sperrt und daß der Kühlwasserstrom über das geöffnete Kurzschlußventil direkt wieder in die Saugleitung der Kühlwasserpumpte geleitet wird. Der Thermostat hat einen sogenannten Proportionalbereich – eine Bezeichnung aus der Regeltechnik. Das heißt, wenn z.B. eine maximale Kühlwassertemperatur von 85°C eingehalten werden soll, so beginnt das Hauptventil bereits bei ca. 76° zu öffnen und schickt einen Kühlwasserteilstrom durch den Kühler, während das Kurzschlußventil sich zu schließen beginnt. Erst bei Erreichen der Kühlwassertemperatur von 85°C ist dann das Hauptventil voll geöffnet und das Kurzschlußventil ganz geschlossen; das gesamte Kühlwasser fließt durch den Kühler. Der Proportionalbereich ist also in diesem Falle 9°C. Innerhalb dieses Proportionalbereiches kann sich je nach Motorbelastung, Kühlergröße und Außentemperatur die Kühlwassertemperatur einstellen. Da die Kühlanlage auf die maximal vorkommenden Werte – zulässige Überlast des Motors, zulässige maximale Außentemperatur – ausgelegt werden muß, wird bei normalem Betrieb mit Nennlast bei normaler Außentemperatur die Kühlwassertemperatur sich auf einen Wert unterhalb der in diesem Beispiel gewählten maximalen Temperatur von 85°C einstellen.

Neben der oben beschriebenen Regelung der Kühlwasseraustrittstemperatur besteht auch noch die Möglichkeit, die Kühlwassereintrittstemperatur in den Motor zu regeln, wie auf dem Schaltbild Bild 219d dargestellt, was nach [225] gewisse Vorteile in der Kühlwasserregelung bringt. Es muß jedoch bei dieser Anordnung beachtet werden, daß der Strömungswiderstand des Thermostaten in der Saugleitung der Wasserpumpe liegt, wodurch die von der Wasserpumpe zu überwindende Saughöhe ansteigt (Kavitationsgefahr).

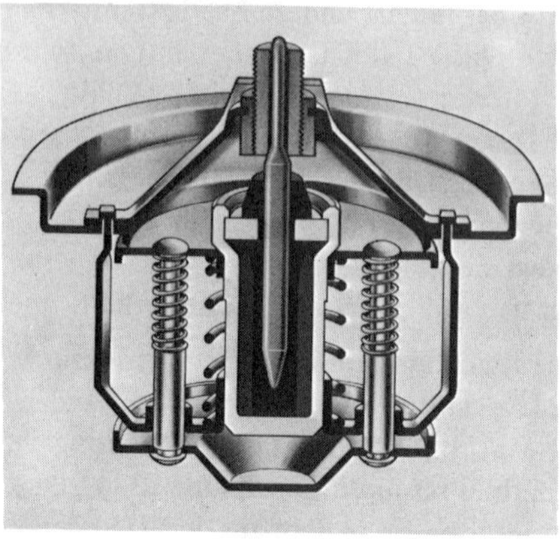

a

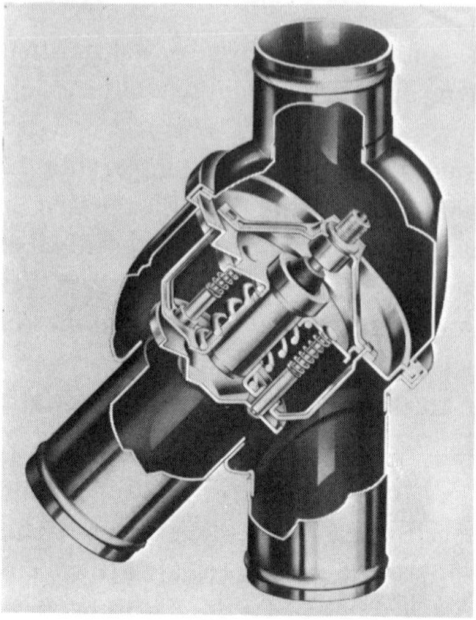

b

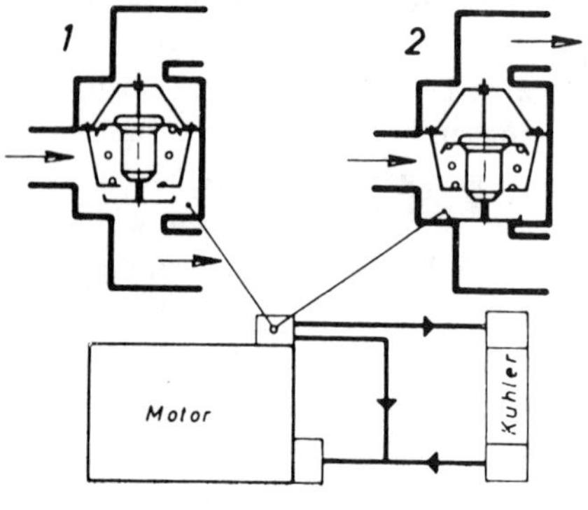

c

Arbeitsweise eines kurzschlußsteuernden Kühlwasserreglers am Motoraustritt.
1 Kühlwasserregler geschlossen;
2 geöffnet

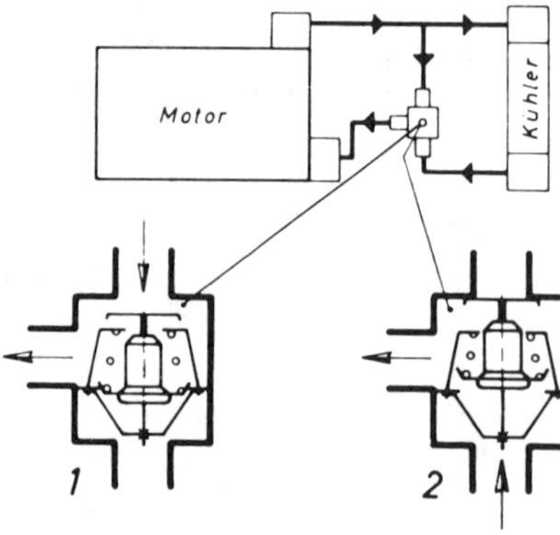

d

Arbeitsweise eines kurzschlußsteuernden Kühlwasserreglers am Motoreintritt.
1 Kühlwasserregler geschlossen;
2 geöffnet

Bild 219. Kühlwasserthermostat mit Behr-Thomson-Dehnstoffregler
a) Aufbau
b) Einbau in Blechgehäuse
c)} Schaltbilder und Arbeitsweise bei verschiedenen
d)} Einbauten

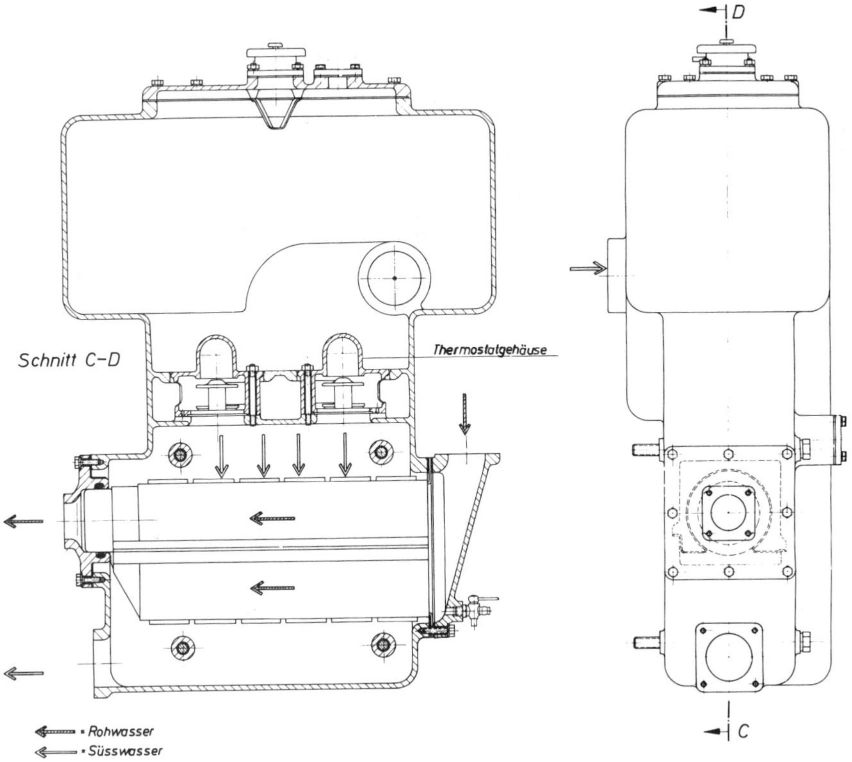

a

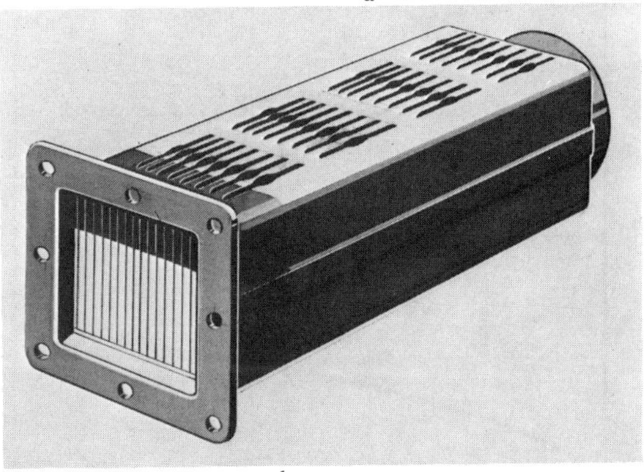

b

Bild 220. a) Rohwasser-Süßwasserkühler mit Ausgleichsbehälter und organisch eingebauten Thermostaten
b) Kühlement des Rohwasser-Süßwasserkühlers (Süddeutsche Kühlerfabrik Julius Fr. Behr)

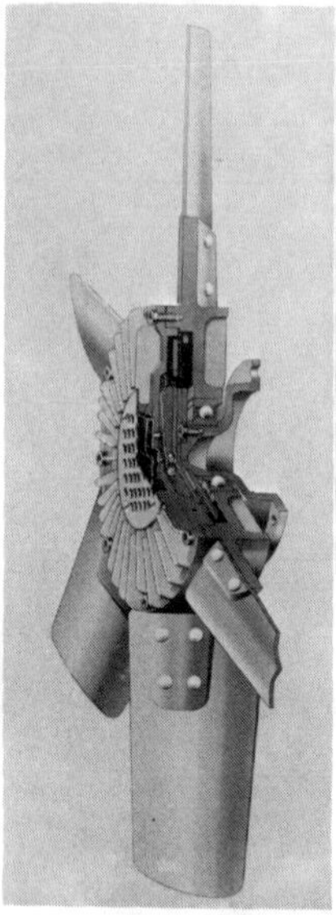

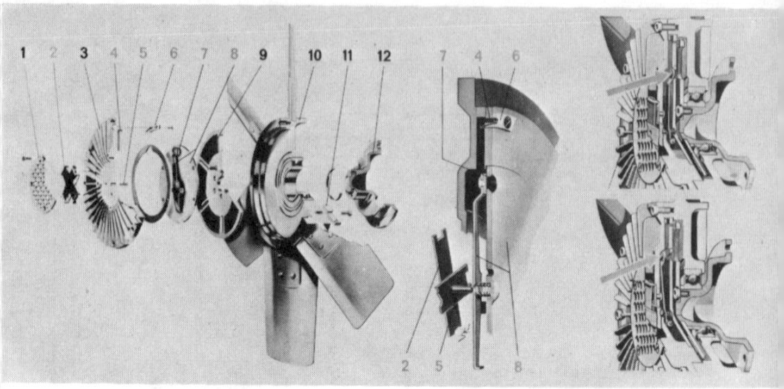

a

1 Abdeckblech
2 Bimetall Steuerelement
3 Deckel
4 Rückflußbohrung
5 Schaltstift
6 Ölabstreifer
7 Ventilbohrung
8 Zwischenscheibe mit Ventil
9 Antriebsscheibe
10 Kupplungskörper mit Flügel und Kugellager
11 Feststellkeil
12 Antriebswelle mit Flansch

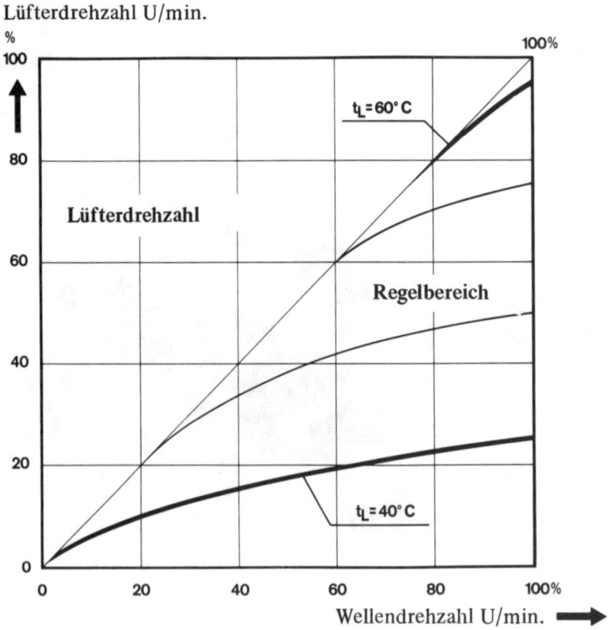

b

Bild 221. Behr-Viscolüfterkupplung
a) Aufbau,
b) Lüfterdrehzahl = f (Wellendrehzahl)

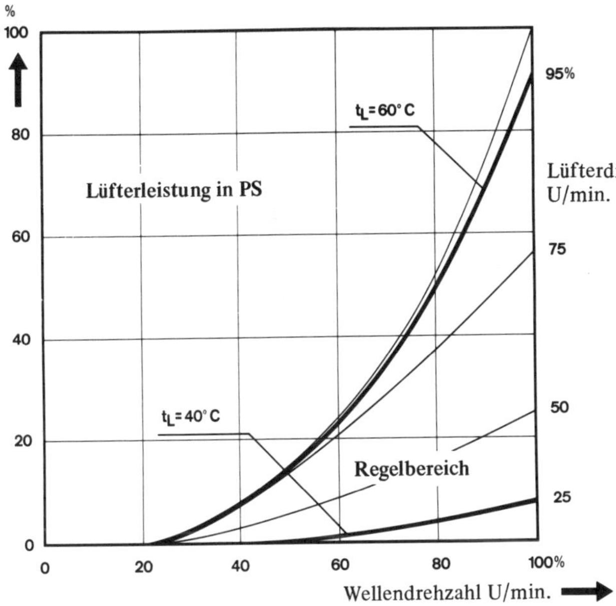

c

t_L°C = Lufttemperatur hinter Kühler

Bild 221. Behr-Viscolüfterkupplung
c) Lüfterleistung = f (Wellendrehzahl)

Es ist ratsam, den Thermostaten organisch ohne zusätzliche Leitungen in die Motorkonstruktion einzufügen, besonders, wenn der Motor eine angebaute Kühlanlage hat. Ein Beispiel dafür zeigt Bild 220 für einen angebauten Kühler, bei dem entsprechend dem Schema Bild 211 das Motorkühlwaser mit Rohwasser rückgekühlt wird.

Bei einer Ventilatorkühlung nach Bild 210 genügt bei schneller Fahrt und bei niedriger Außentemperatur unter Umständen schon der Fahrtwind, um das Kühlwasser im Kühler ausreichend zu kühlen. Der Lüfter kann also gänzlich abgeschaltet werden oder mit verminderter Drehzahl laufen, womit sich eine fühlbare Leistungsersparnis erreichen läßt; denn die vom Lüfter aufgenommene Leistung ändert sich etwa mit der 3. Potenz der Drehzahl (siehe auch Bild 221c). Es wird daher oft bei Fahrzeugmotoren statt des starr angetriebenen Lüfters ein Regellüfter verwandt, dessen Drehzahl z.B. von der Temperatur der den Kühler durchströmenden Kühlluft geregelt wird. Bild 221a zeigt als Beispiel eines solchen Lüfters den Visco-Lüfter der Firma Behr, bei dem Bimetallstreifen, die von der Kühlluft angeblasen werden, die Ölfüllung einer hydraulischen Kupplung und damit die Lüfterdrehzahl (Bild 221b) steuern. Ähnliche Bauarten sind mit elektrischer oder mechanischer Kupplung bekannt. Bei größeren Kühlanlagen nach dem Schema Bild 222 wird der Lüfter von einem Ölmotor angetrieben,

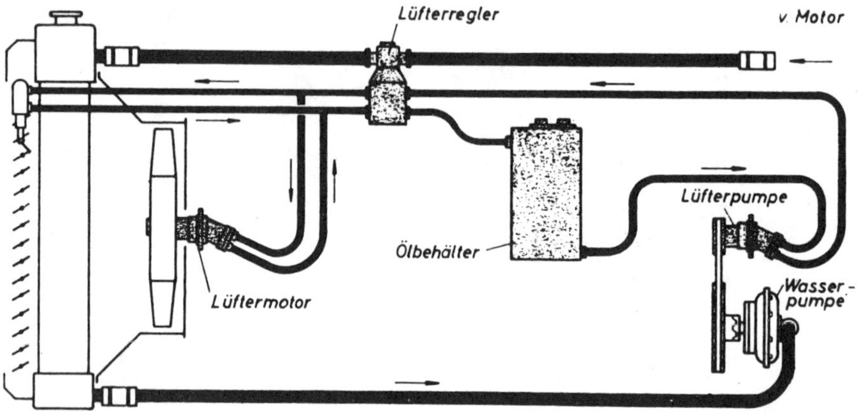

Bild 222. Ölkreislauf eines hydrostatischen Lüfterantriebes

dessen Ölstrom und damit dessen Drehzahl durch einen im Kühlwasserstrom liegenden Lüfterregler geregelt werden. Die drehzahlgeregelten Lüfter haben gegenüber den starr angetriebenen den Vorteil einer merkbaren Brennstoffersparnis im Teillastgebiet des Motors (Bild 221c).

3.5.2 Luftkühlung

3.5.2.1 Kühlluftführung

Die Kühlluft, die vom Kühlluftgebläse gefördert wird, muß in einer geeigneten Kühlluftführung, die aus Blechpreßteilen oder Druckgußteilen besteht, aufgenommen und zu den zu kühlenden Motorteilen Zylinderkopf, Zylinder und Ölkühler hingeleitet werden. Sie hat weiter die Aufgabe, für eine gleichmäßige Kühlluftverteilung auf die einzelnen Zylinder eines Mehrzylindermotors zu sorgen und vor allem durch entsprechende Gestaltung zu bewirken, daß die thermisch hochbeanspruchten Motorteile Zylinderkopf und Zylinder so gekühlt werden, daß sich eine gleichmäßige Temperaturverteilung ergibt.

Zur Förderung der Kühlluft haben sich bei modernen, luftgekühlten Mehrzylinder-dieselmotoren fast ausschließlich Axialgebläse durchgesetzt. Eine für einen Reihenmotor mit Axialgebläse typische Ausbildung der Kühlluftführung zeigen die Bilder 223 und 227. Das vor der Zylinderreihe liegende, durch Keilriemen

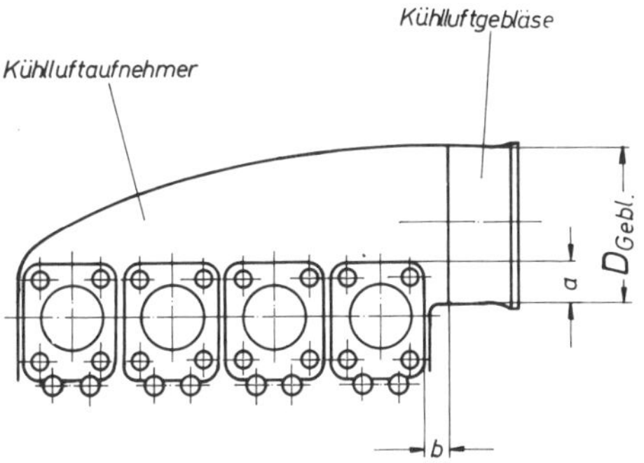

Bild 223. Kühlluftführung eines luftgekühlten Reihenmotors

angetriebene Axialgebläse fördert die Kühlluft in einen vor der Zylinderreihe liegenden Aufnehmer. Im Idealzustand sollte der Aufnehmer so groß sein, daß in ihm nur eine ganz geringe Längsströmung herrscht. Damit wäre eine gleichmäßige Verteilung der Kühlluft auf die einzelnen Zylinder gewährleistet. Aus Platzgründen und aus konstruktiven Gründen ist ein solcher Aufnehmer aber nicht ausführbar. Er wird nach Bild 223 so ausgebildet, daß seine größte Breite, die durch den Gebläsedurchmesser bestimmt ist, zum letzten Zylinder hin abnimmt. Somit bestimmt die Lage des Gebläses die Motorbreite und die Größe des Aufnehmers. Um schmal zu bauen, wird man das Gebläse daher so nahe wie möglich an die Motormitte heranrücken. Das hat seine Grenzen insofern, als der Austrittsquerschnitt des Gebläses nicht zu sehr vom ersten Zylinder abgedeckt werden darf (Maß a in Bild 223). Maß a kann umso kleiner gewählt werden, je mehr man das Gebläse in axialer Richtung vom ersten Zylinder abrückt (Maß b in Bild 223). Jedoch muß dabei berücksichtigt werden, daß b unmittelbar die Motorlänge beeinflußt und daher nicht beliebig groß gemacht werden darf. Für den Entwurf mögen folgende Werte von a und b als Anhalt dienen

$$a_{max} \approx 0{,}12 \text{ bis } 0{,}15 \cdot D_{Gebläse}$$
$$b_{min} \approx 15 \text{ bis } 20 \text{ mm}$$

Es muß jedoch am fertigen Motor überprüft werden, ob mit diesen Werten die Fördermenge des Gebläses ausreichend und die Kühlluftverteilung auf die Zylinder befriedigend ist.

Wird ein Zylinder frei von der Kühlluft angeblasen, so ergibt sich nach [204], daß auf der Anblasseite bis etwa zur Mitte des Zylinders eine gute Anlage der Luftströmung an den Zylinder und damit eine gute und gleichmäßige Kühlung vorhanden ist. Auf der Abluftseite dagegen reißt die Strömung ab, so daß die Abluftseite des Zylinders schlecht gekühlt ist (Bild 224). Die Folge davon ist eine

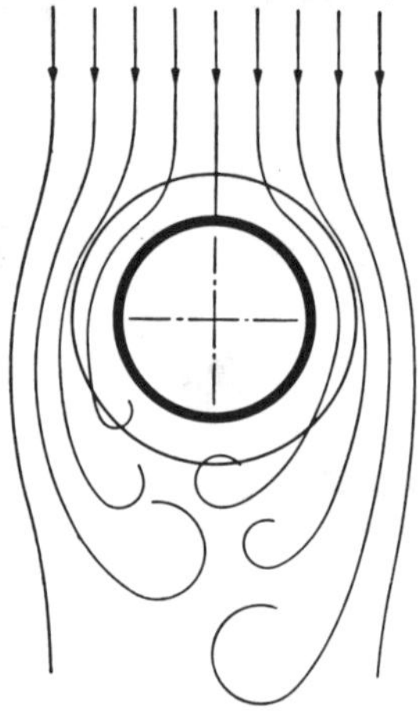

Bild 224. Kühlluftströmung am unverkleideten Zylinder [216]

ungleichmäßige Temperaturverteilung. Es muß also durch geeignete Leitbleche auf der Abluftseite für eine Anlage der Strömung gesorgt werden. Was die Form solcher Bleche anbelangt, so hat sich das sogenannte Argusblech gut bewährt (Bild 225). Dieses Blech bewirkt eine gut anliegende Strömung auch auf der Abluftseite. Außerdem erzeugt das Argusblech durch seine Form auf der Abluftseite des Zylinders eine gewisse Turbulenz, wodurch die Wärmeabfuhr auf dieser Seite noch erhöht und der Nachteil, daß hier schon vorgewärmte Luft zur Kühlung herangezogen wird, zum Teil ausgeglichen wird. Eine Ausführung des Argusbleches für einen luftgekühlten Reihenmotor der Klöckner-Humboldt-

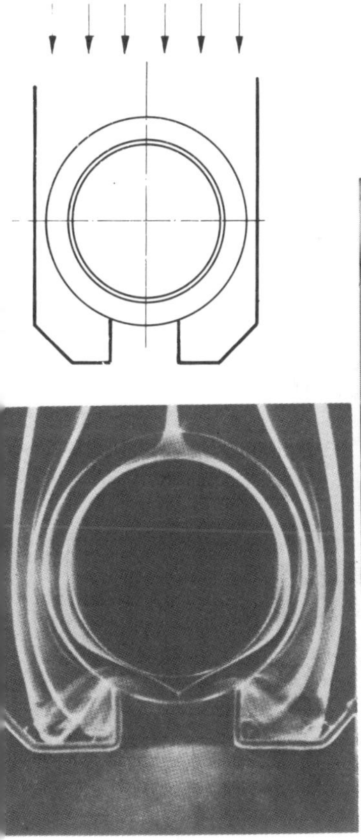

b

a

Bild 225. a) Argusverkleidung und Luftströmungsverlauf [204]
b) Ausgeführte Argusverkleidung an einem luftgekühlten Reihenmotor der Klöckner-Humboldt-Deutz AG

Deutz AG zeigt Bild 225b. Bemerkenswert bei dieser Ausführung ist, daß sie zu Reinigungszwecken leicht abklappbar ist.

Eine andere Ausführung von Leitblechen auf der Abluftseite zeigt Bild 226. Hier ragen die Bleche auf der Seite des Einlaßventils in die Zwischenräume zwischen den Zylindern hinein. Dadurch wird der Kühlluftstrom auf der Einlaßventilseite etwas gedrosselt, die Kühlluft legt sich besser auf der Abluftseite an und die auf der Auslaßseite mehr erwärmte Luft wird nicht mehr zur Kühlung der Zylinderluftseite herangezogen.

Die Kühlluftführung wird meistens aus Blechpreßteilen hergestellt, seltener aus Leichtmetall-Kokillengußteilen oder -Druckgußteilen, da die erstere Ausführung gegenüber der Gußausführung kostengünstiger ist. Die Konstruktion einer Kühlluftführung erfordert viel Geschick und Erfahrung im Konstruieren mit Blech.

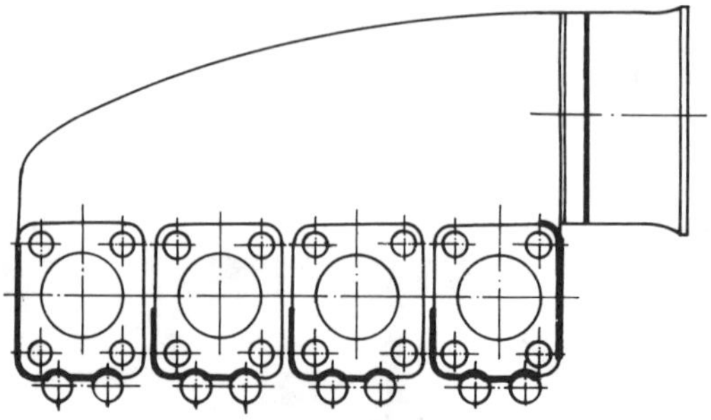

Bild 226. Kühlluftführung auf der Abluftseite

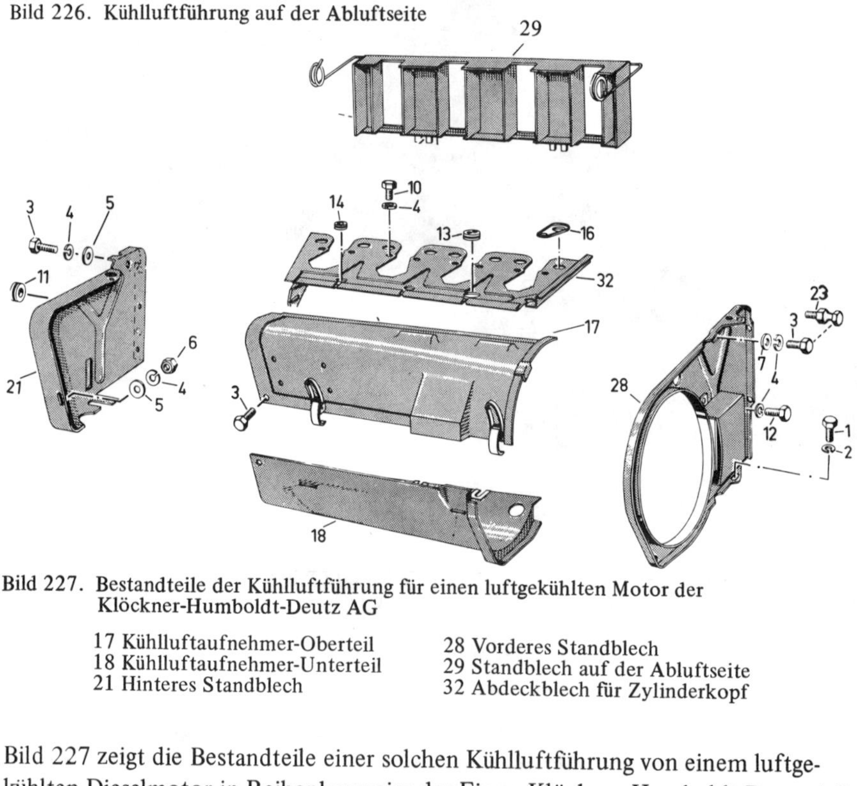

Bild 227. Bestandteile der Kühlluftführung für einen luftgekühlten Motor der Klöckner-Humboldt-Deutz AG

17 Kühlluftaufnehmer-Oberteil
18 Kühlluftaufnehmer-Unterteil
21 Hinteres Standblech
28 Vorderes Standblech
29 Standblech auf der Abluftseite
32 Abdeckblech für Zylinderkopf

Bild 227 zeigt die Bestandteile einer solchen Kühlluftführung von einem luftgekühlten Dieselmotor in Reihenbauweise der Firma Klöckner-Humboldt-Deutz AG. Sie besteht aus einem vorderen Standblech, das an das Gebläse anschließt, einem hinteren Standblech, das an den letzten Zylinder anschließt, dem Kühlluftaufnehmerober- und -unterteil, sowie dem Staublech auf der Abluftseite in Form des Argus-Bleches und der oberen Abdeckung für die Zylinderköpfe. Die Kühlluftführung muß steif sein, die einzelnen Teile müssen gut am Kurbelgehäuse befestigt sein und sich steif gegeneinander abstützen, damit sie im Betrieb nicht rappeln und scheuern.

Die Hauptteile der Kühlluftführung, Aufnahmeoberteil und Staublech auf der Abluftseite, müssen zu Reinigungszwecken leicht entfernbar sein. Schraubverbindungen sind an diesen Stellen zu vermeiden, dagegen haben sich Schnellverschlüsse (Bild 223) gut bewährt. Bei der Konstruktion des Luftaufnehmers muß auch die Unterbringung eines Ölkühlers berücksichtigt werden. Weiter muß die Kühlluftführung gegebenenfalls Öffnungen haben, aus denen Hilfsaggregate, wie z.B. Wandlerölkühler oder Lichtmaschine, mit Kühlluft versorgt werden können. Motorteile, die gewartet oder kontrolliert werden müssen, z.B. Einspritzpumpen oder Einspritzdüsen, oder die auf dem Prüfstand bei laufendem Motor eingestellt werden müssen, z.B. Regler, dürfen keinesfalls innerhalb der Kühlluftführung lie-

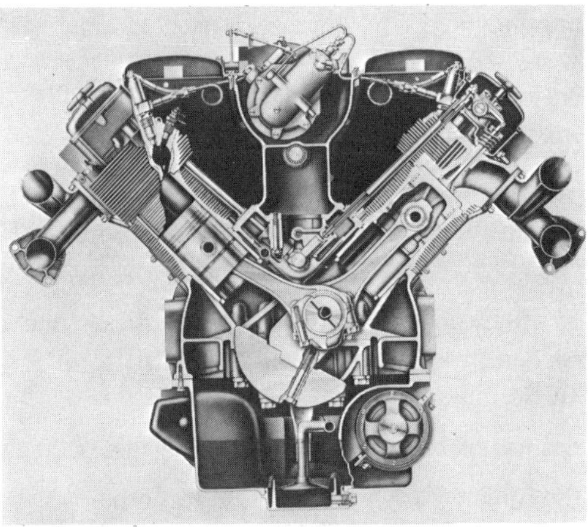

Bild 228. Abdeckung des Kühlluftaufnehmerraumes bei luftgekühlten V-Motoren der Klöckner-Humboldt-Deutz AG

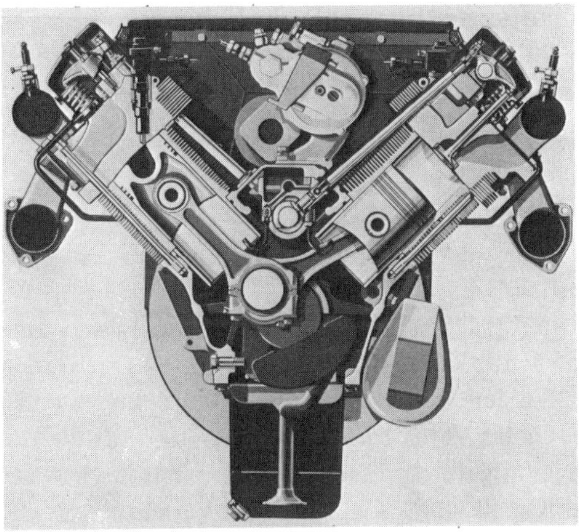

Bild 229. Abdeckung des Kühlluftaufnehmerraumes bei luftgekühlten V-Motoren der Klöckner-Humboldt-Deutz AG

gen. Notfalls müssen sie durch leicht entfernbare Deckel zugänglich sein. Für V-Motoren gelten die gleichen Konstruktionsrichtlinien mit dem Unterschied, daß hier der Raum zwischen den Zylindern sich von vornherein als Lauftaufnehmer anbietet, der dann nur durch eine steife Kühlluftführungshaube nach oben abgedeckt zu werden braucht. Bilder 228 und 229 zeigen zwei Ausführungsformen.

Bei der Aufstellung von luftgekühlten Motoren in geschlossenen Räumen muß sowohl für eine getrennte Zu- als auch Abfuhr der Kühlluft gesorgt werden. Zu diesem Zweck muß am Gebläse eine Möglichkeit für den Anschluß eines Kühlluftschachtes vorhanden sein, und es muß auf der Abluftseite ein dichter Rahmen bzw. eine Anbringungsmöglichkeit dafür zum Anschluß einer geschlossenen Kühlluftabführung vorgesehen werden.

3.5.2.2 Auslegung und Gestaltung des Kühlgebläses

Mit den folgenden Ausführungen sollen dem Konstrukteur sichere Unterlagen für den Entwurf von Kühlgebläsen für Verbrennungsmotoren zur Verfügung gestellt werden.

Ein vollständiges Entwurfskonzept kann im Rahmen dieses Buches nicht angegeben werden. Was den Beschaufelungsentwurf betrifft, sei deshalb auf das Schrifttum [208; 209] verwiesen.

Vor dem Entwurf des Kühlgebläses müssen zwei Fragen geklärt werden:

a) Welches Kühlluftvolumen V muß das Gebläse fördern?
b) Welchen Förderdruck Δp muß das Gebläse erzeugen, um die notwendige Luftmenge durch den Motor zu bringen?

Die Größe der Kühlluftmenge läßt sich nicht berechnen. Sie ist abhängig von dem verwendeten Verbrennungsverfahren und von der Leistung des Motors. Erfahrungsgemäß muß man mit folgenden Werten rechnen:

Ottomotoren	30 bis 45 m^3/PSh
Dieselmotoren mit abgeteiltem Brennraum	50 bis 55 m^3/PSh
Dieselmotoren mit direkter Einspritzung	40 bis 45 m^3/PSh

Bei den Dieselmotoren teilen sich diese Luftmengen etwa so auf, daß der größte Teil, etwa 50 bis 55%, zur Kühlung des Zylinderkopfes dient, der Rest entfällt auf Zylinder und Ölkühler, wobei ca. 40% auf den Zylinder und 10% auf den Ölkühler entfallen. Dieses Verhältnis von 40% zu 10% gilt für Motoren mit einer einfachen Kolbenkühlung durch Anspritzen, bei einer intensiven Kolbenkühlung, z.B. mit einem Kühlkanalkolben, kann sich das Verhältnis auf 25% für den Zylinder und 30% für den Ölkühler verschieben. Damit deutet sich eine Entwicklungsrichtung für luftgekühlte Hochleistungsdieselmotoren an. Diese Motoren bringen bei kleinerem Bauraum, d.h. engerem Zylinderabstand, immer höhere,spezifische Leistungen. Damit verlagert sich im Bereich der Zylinderkühlung, in dem die für eine direkte Luftkühlung zur Verfügung stehenden Kühlrippenflächen wegen der kleinen Zylinderabstände immer kleiner werden, die Wärmeabfuhr immer mehr auf die Ölkühlung der Kolben und Zylinder. Die Rückkühlung des Öles kann dann in luftgekühlten Ölkühlern erfolgen, für deren Unterbringung am Motor mehr konstruktive Freiheiten bestehen als in der Unterbringung von Kühlrippen bei kleinen Zylinderabständen.

Für den Druck Δp, den das Gebläse erzeugen muß, werden folgende Anhaltswerte gegeben:

Ottomotoren	bis 150 mm WS
Dieselmotoren	150 bis 250 mm WS.

Dabei gelten die kleineren Werte für kleinere Luftmengen oder größere Zylinderabstände, die größeren für größere Luftmengen oder kleinere Zylinderabstände.

Das Gebläse hat nicht nur den Druckwiderstand der Verrippung der Zylinderköpfe und Zylinderrohre und den der Kühler zu überwinden, sondern muß zusätzlich alle im Kühlluftstrom vor und hinter den Zylindern auftretenden Druckverluste, die wesentlich durch die Art der Luftführung bestimmt werden, sowie die kinetische Energie der Kühlluftaustrittsgeschwindigkeit aufbringen. Dieser letzte Energieanteil kann bei hohen Axialgeschwindigkeiten durch das Gebläse von der Größe der Druckenergie $\frac{\Delta p}{\varrho}$ sein!
Infolge der Vielzahl der Einbaumöglichkeiten des Motors und der damit verbundenen sehr verschiedenen Luftführungen sind genaue Angaben über den Druckwiderstand des Motors nicht möglich. Zuverlässig erhält man diesen Wert nur durch einen Attrappen-Versuch.

Nur bei bekannter Widerstandslinie des Motors, also bekanntem Verlauf des Druckwiderstandes über dem Fördervolumen, läßt sich der Betriebspunkt in den Bereich der Bestwirkungsgrade des Gebläses legen (Bild 230).

Wenn das Fördervolumen V und der Förderdruck Δp_l festliegen, können die Gebläsedrehzahl n und der Gebläseaußendurchmesser D_a mit Hilfe der dimensionslosen Kenngrößen der Strömungsmaschine bestimmt werden.

Um verschiedene Gebläse miteinander vergleichen oder bei vorgegebenen Werten für die Fördermenge und die Gesamtdruckerhöhung, die Gebläsebauart und die optimalen Werte für die Drehzahl und den Ausßendurchmesser bestimmen zu können, sind im Strömungsmaschinenbau für die vier charakteristischen Größen

Fördervolumen	V,
Gesamtdruckerhöhung	Δp_l
Drehzahl	n,
Außendurchmesser	D_a

dimensionslose Kennzahlen eingeführt worden. Mit Hilfe dieser Kennzahlen ist eine unter allen Gebläsen einheitliche und kritische Beurteilung möglich.

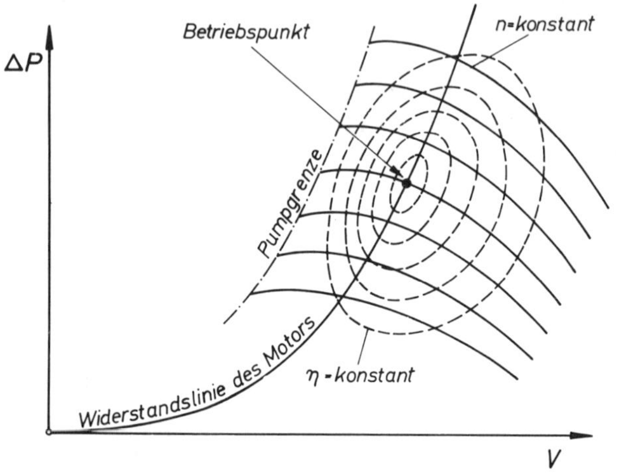

Bild 230. Gebläsekennfeld mit Widerstandslinie des Motors

Die Größe des Fördervolumens V wird durch die Lieferzahl φ ausgedrückt, und zwar wird das durch das Gebläse sekundlich strömende Volumen mit einem Vergleichsvolumen von der Größe $\frac{\pi}{4} D_a^2 \cdot u_a$ dimensionslos gemacht. Als Lieferzahl wird definiert

$$\varphi = \frac{V}{\frac{\pi}{4} D_a{}^2 \cdot u_a} \tag{81}$$

Die Druckerhöhung des Gebläses wird durch die Druckzahl ψ dargestellt, und zwar wird die Gesamtdruckerhöhung Δp mit einem Vergleichsdruck von der Größe $\frac{\varrho}{2} u_a^2$ dimensionslos gemacht. Als Druckziffer wird definiert

$$\psi = \frac{\Delta p}{\varrho/2 \cdot u_a^2} \tag{82}$$

Vergleicht man nun ein Gebläse mit der Fördermenge V und der Gesamtdruckerhöhung Δp mit einem anderen Gebläse (Index*), für das bei gleicher Fördermenge V und bei gleicher Gesamtdruckerhöhung Δp die Lieferzahl $\varphi = \psi = 1$ ist, so lassen sich anhand der durch die Gleichungen (81) und (82) ausgedrückten Proportionen

$$V \text{ prop } \varphi \cdot D_a^2 \cdot u_a \text{ prop } \varphi \cdot D_a^2 \cdot n$$

$$\frac{\Delta p}{\varrho} \text{ prop } \psi \cdot u_a^2 \text{ prop } \psi \cdot D_a^2 \cdot n^2$$

für die Quotienten n/n_* und D_a/D_{a*} folgende Beziehungen entwickeln:

$$\text{Aus } \frac{V}{V_*} = 1 = \frac{\varphi \cdot D_a^3 \cdot n}{D_{a*}^3 \cdot n_*} \text{ ergibt sich}$$

$$\frac{D_a}{D_{a*}} = \left(\frac{n_*}{n}\right)^{1/3} \varphi^{-1/3} \tag{83}$$

$$\frac{n}{n_*} = \left(\frac{D_{a*}}{D_a}\right)^3 \varphi^{-1} \tag{84}$$

$$\text{Aus } \left(\frac{\Delta P}{\varrho/2}\right) / \left(\frac{\Delta D}{\varrho/2}\right)_* = 1 = \frac{4 \cdot D_a^2 \cdot n^2}{D_{a*}^2 \cdot n_*^2} \text{ ergibt sich}$$

$$\frac{D_a}{D_{a*}} = \left(\frac{n_*}{n}\right) \psi^{-1/2} \tag{85}$$

$$\frac{n}{n_*} = \left(\frac{D_{a*}}{D_a}\right) \psi^{-1/2} \tag{86}$$

Ein Gleichsetzen der Gleichungen 83 und 85 sowie der Gleichungen 84 und 86 führt zu den Kennzahlen σ und Δ:

$$\frac{n}{n_*} = \sigma = \varphi^{0,5} \cdot \psi^{-0,75} \tag{87}$$

Der Wert σ wird als Drehzahlkennwert (Schnelllaufzahl) bezeichnet. Er gibt an, um wieviel mal die Drehzahl eines Gebläses größer oder kleiner ist gegenüber der Drehzahl eines Vergleichsgebläses mit $\varphi = \psi = 1$.

$$\frac{D_a}{D_{a*}} = \Delta = \psi^{0,25} \cdot \varphi^{0,5} \tag{88}$$

Der Wert Δ wird als Durchmesserkennwert (spezifischer Durchmesser) bezeichnet und gibt an, um wieviel mal der Außendurchmesser eines Gebläses größer oder kleiner ist gegenüber dem Außendurchmesser eines Vergleichsgebläses mit $\varphi = \psi = 1$.

Welche große Bedeutung dem Drehzahlkennwert und dem Durchmesserkennwert beigemessen werden muß, wurde von *Cordier* [207] erkannt. Trägt man den Durchmesserkennwert Δ über dem Drehzahlkennwert σ auf, so liegen alle denkbaren Gebläsebauarten mit ihren höchsten Wirkungsgraden in dem in Bild 231 angegebenen, sehr schmalen Optimalbereich. Der Drehzahlkennwert $\sigma = 0,6$ kann als Grenze zwischen dem Radial- und Axialgebläse angesehen werden. Somit läßt sich mit diesem Diagramm auch die Auswahl zwischen Axial- und Radialgebläse treffen. Axialgebläse mit sehr hohen Drehzahlkennwerten lassen sich allerdings unsicher nach dem Cordier'schen Kurvenband auslegen.

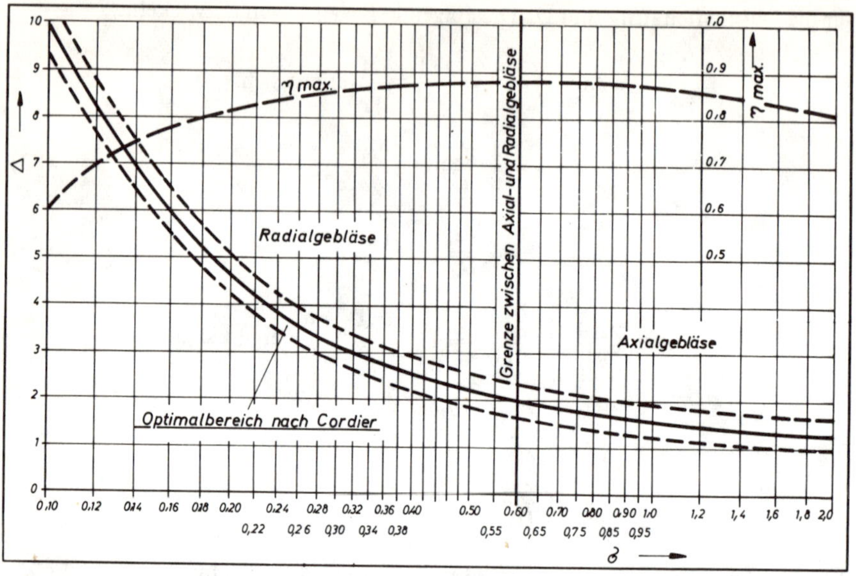

Bild 231. Der Bereich optimaler Drehzahl- und Durchmesserkennwerte für Kühlgebläse

Aus den Gleichungen 87 und 88 erhält man unter Berücksichtigung der Gleichungen 81 und 82 folgende für die Gebläsebemessung wichtigen Beziehungen:

$$\frac{\sigma}{n} = \frac{\sqrt{\pi}}{30} V^{0,5} \left(\frac{\Delta p}{\varrho/2}\right)^{-0,75} \left[\frac{1}{U/min}\right] \qquad (89)$$

$$\frac{\Delta}{D_a} = \frac{\sqrt{\pi}}{2} \left(\frac{\Delta p}{\varrho/2}\right)^{0,25} V^{-0,5} \left[\frac{1}{m}\right] \qquad (90)$$

Das in der Praxis auftretende Problem der richtigen Bestimmung der optimalen Drehzahl und des optimalen Außendurchmessers eines Gebläses wird nun mit Hilfe der Gleichungen 89 und 90 und dem in Bild 231 angegebenen Optimalbereich gelöst. Mit dem von der Widerstandslinie des Motors her bekannten Wertepaar Δp und V werden die Werte für σ/n und Δ/D_a bestimmt. Dem Konstrukteur bleibt es nun freigestellt, für die Drehzahl n *oder* den Außendurchmesser D_a eine Festlegung zu treffen. Liegt eine dieser beiden Größen fest, so ist die andere Größe nicht mehr frei wählbar und nur noch in dem Maße veränderlich, wie es die Breite des Optimalbereiches zuläßt. Wird man beispielsweise bei einer Gesamtdruckerhöhung $\Delta p = 250$ kp/m² und einem Fördervolumen $V = 3{,}5$ m³/sec ($\varrho \approx \frac{1}{8}$ kp sec²/m⁴) aus Gründen der Geräuschabstrahlung des Gebläses und aus Festigkeitsgründen des Gebläseantriebes zu der Drehzahlfestlegung n = 5000 U/min gezwungen, so erhält man aus dem errechneten Wert $\sigma/n = 2{,}2 \cdot 10^{-4} \frac{1}{U/min}$

den Drehzahlkennwert $\sigma = 1{,}1$. Aus Bild 231 können die zu diesem Drehzahlkennwert optimalen Durchmesserkennwerte $\Delta/D_a = 1{,}3$ bis 1,9 entnommen werden. Da durch Gl. 90 die Größe $\Delta/D_a = 3{,}8\ m^{-1}$ festliegt, darf für den Außendurchmesser des Gebläses bei optimaler Auslegung nur ein Wert aus dem Bereich $D_a = 0{,}34$ bis 0,50 m gewählt werden.

Da bei den Kühlgebläsen der hier behandelten Verbrennungsmotoren der Drehzahlkennwert fast immer größer als 0,6 ist, soll im folgenden nur noch das Axialgebläse betrachtet werden.

Für einen ersten Gebläseentwurf kann das in Bild 232 angegebene Auslegungsdiagramm dienen. Aus Gründen der Schaufelbelastung und eines Sicherheitsabstandes zur Pumpgrenze sollten die Grenzen $\psi = 0{,}6$ und $\Delta = 2{,}1$ nach Möglichkeit nicht überschritten werden. Gebläsewirkungsgrade zwischen 80% und 85% sind heute übliche Werte.

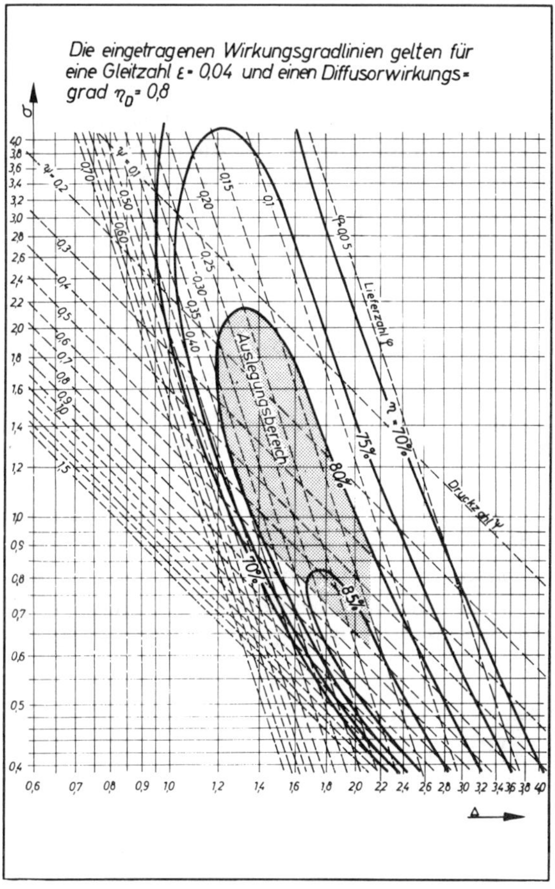

Bild 232. Auslegungsdiagramm für Axialgebläse nach Cordier

Die Leistungsaufnahme des Gebläses errechnet sich nach

$$N = \frac{\Delta p \cdot \dot{V}}{75 \cdot \eta} \tag{91}$$

Über das Nabenverhältnis $\nu = D_i/D_a$ gibt das Auslegungsdiagramm keine Auskunft. Da auf der Abströmseite der Kühlgebläse von Verbrennungsmotoren aus Platzgründen nur selten ein Nabendiffusor vorgesehen werden kann (ggf. bei sauggekühlten Motoren) und somit auf einen Druckrückgewinn verzichtet werden muß, bestimmt das Nabenverhältnis ν die Größe des Austrittsverlustes (Carnot'scher Druckverlust). Dieser ist bezogen auf die Gesamtdruckerhöhung des Gebläses

$$\frac{\Delta p_{Austr.}}{\Delta p} = \tau \cdot \nu^4 \tag{92}$$

τ wird als Drosselzahl bezeichnet und ist eine dimensionslose, nur von dem jeweiligen Drosselzustand abhängige Größe.

$$\tau = \frac{p_{dyn}}{\Delta p} = \frac{\varrho/2\, c_{ax}^2}{\Delta p} = \frac{(\varphi')^2}{\psi} \tag{93}$$

Mit der für Axialgebläse im allgemeinen geltenden Auslegungsgrenze $\tau = 0{,}2$ (bei noch kleineren Drosselzahlen liegt der Betriebspunkt zu nahe an der Pumpgrenze, zum anderen wird der Betriebsbereich hoher Wirkungsgrade sehr schmal) und einem akzeptablen Austrittsverlust von 5% erhält man aus Gl. (92) für das maximale Nabenverhältnis

$$\nu_{max} = 0{,}70$$

Da Höchstwirkungsgrade von Gebläsen im Drosselzahlbereich $\tau = 0{,}35$ bis 0,55 erzielt werden, können die Nabenverhältnisse

$$\nu_{opt} = 0{,}55 \text{ bis } 0{,}62$$

als Optimalwerte angesehen werden. Sie ergeben sich wiederum aus Gl. 92 für einen Austrittsverlust von 5%. Niedrigere Austrittsverluste dem Entwurf zugrunde zu legen ist zumindest bei hohen Druckzahlen unzweckmäßig, da sie zu kleinen Nabenverhältnissen führen und die gewünschte Umlenkung der Strömung in Nabennähe dann oft nicht mehr realisiert werden kann. Nabenverhältnisse $\nu < 0{,}5$ sollten bei Kühlgebläsen von Verbrennungsmotoren, die meist hochbelastete Axialverdichterstufen darstellen, prinzipiell vermieden werden. (Sie lassen sich nur bei vom Drallgesetz des Potentialwirbels abweichenden Drallgesetzen verwirklichen [203]).

Für den Durchmesserkennwert

$$\Delta = \frac{\psi^{0,25}}{\varphi^{0,5}} = \left(\frac{\psi}{\varphi^2}\right)^{0,25} = \left(\frac{\psi}{(1-\nu^2)^2\,(\varphi')^2}\right)^{0,25} = \left(\frac{1}{(1-\nu^2)^2\,\tau}\right)$$

gilt mit den o.a. Werten für das Nabenverhältnis und die Drosselzahl als Grenzwert

$$\Delta_{max} = 2{,}1$$

und für den Optimalbereich

$$\Delta_{opt.} = 1{,}5 \text{ bis } 1{,}39.$$

Große Aufmerksamkeit muß der Größe des Radialspaltes s zwischen Laufradschaufelspitze und Gehäusewand geschenkt werden, da dieser wesentlich den Wirkungsgrad, die Gesamtdruckerhöhung und das Fördervolumen beeinflußt. Mit größer werdendem Radialspalt nimmt insbesondere der Wirkungsgrad sehr stark ab.
Bei einer Vergrößerung des Wertes s/D_a um 1‰ muß mit einem Wirkungsradabfall von zwei Prozent gerechnet werden [217]. Die folgende Tabelle soll dies veranschaulichen:

s/D_a in ‰	1	2	3	4	5
Wirkungsgradabfall in % gegenüber einem Gebläse, dessen Laufrad mit einem Deckband versehen ist	2	4	6	8	10

Um eine gleichmäßige, ablösungsfreie, axiale Zuströmung zum Beschaufelungskranz zu gewährleisten, dürfen die Radien des Gebläseeinlaufes (an Gehäusewand und Nabe) nicht zu klein gewählt werden. Störkörper und Aussparungen in der Nähe der Beschaufelung sollten stets vermieden werden.

Wann auf einen Leitradkranz verzichtet werden kann, bestimmt die Größe der im Abstrom verbleibenden und als Verlust anzusehenden Drallenergie. Bei einer dem Potentialwirbel entsprechenden Drallverteilung ist der bei der leitradlosen Bauart entstehende Druckverlust

$$\Delta p_{Verl} = \Delta p \, \frac{\ln\left(\frac{1}{\nu}\right)}{2\,(1-\nu^2)\,\eta^2}\,\psi$$

In der nachstehenden Tabelle ist für die Nabenverhältnisse $\nu = 0{,}5$ und $0{,}7$ sowie einen Wirkungsgrad $\eta = 0{,}85$ diese Beziehung ausgewertet:

ψ	$\frac{\Delta p_{Verl}}{\Delta p}$ in % bei $\nu = 0{,}5$	$\nu = 0{,}7$
0,05	3,2	2,4
0,10	6,4	4,8
0,20	12,8	9,6
0,40	25,6	19,2

Bei Druckzahlen $\psi > 0{,}1$ sollte nach dieser Tabelle ein Gebläse stets mit einem Leitradkranz versehen sein.

Die Entwicklung zu immer höheren Literleistungen führt bei luftgekühlten Motoren zu hochbelasteten Axialgebläsen, deren Geräuschverhalten schon in die Entwurfsrechnungen mit einbezogen werden muß. Nach dem heutigen Entwicklungsstand läßt sich die Lautstärke L eines Axialgebläses nach folgender Beziehung vorausberechnen [205]:

$$L = 171 + 10 \lg \left[\frac{\left(\frac{1+\nu^2}{2}\right)^{0,5} \frac{t}{l}}{(1-\nu)(1+\nu)^2} \right] + 20 \lg \left[(1-\eta)\, \varphi \cdot \psi\right] + 20 \lg \left(\frac{D_a}{l}\right) + 60 \lg \left(\frac{u_a}{a}\right)$$

Der Geräuschpegel sinkt demzufolge mit steigendem Wirkungsgrad und fallender Förderleistung des Gebläses. Um die Förderleistung so klein wie möglich zu halten, muß die Auslegung möglichst genau erfolgen und Undichtigkeiten im System müssen vermieden werden.

Die Frage, ob das Leitrad dem Laufrad vor oder nachgeschaltet werden soll, wird oft unbefriedigend beantwortet und soll deshalb etwas näher untersucht werden.

Bei Axialgebläsen mit nachgeschalteten Leiträdern (Nachleitradgebläse) erfolgt die Zuströmung zum Laufrad axial. Durch das Laufrad wird der Strömung die spezifische Arbeit

$$\frac{\Delta p}{\varrho} = u \cdot r \cdot \Delta c_u \cdot r = u \cdot r \cdot c_u \cdot r_{nL}$$

zugeführt und der Drall $c_u \cdot r_{nL}$, (nL = nach Laufrad), erteilt, der mit Hilfe eines nachgeschalteten Leitrades wieder beseitigt werden muß. Die Gitter der Lauf- und Leitradbeschaufelung stellen Verzögerungsgitter dar, d.h. in beiden Beschaufelungen erfolgt eine Erhöhung des statischen Druckes.

Bei Axialgebläsen mit vorgeschalteten Leiträdern (Vorleitradgebläsen) erfolgt die Zuströmung zum Laufrad nicht axial. Mit Hilfe des Vorleitrades wird der Strömung der Drall $c_u \cdot r_{vL}$, (vL = vor Laufrad), entgegen der Drehrichtung des Laufrades erteilt, der durch die zugeführte spezifische Arbeit

$$\frac{\Delta p}{\varrho} = u \cdot r \cdot \Delta c_u \cdot r = u \cdot r \cdot c_u \cdot r_{vL}$$

im Laufrad wieder beseitigt werden muß. Der Leitradkranz entspricht beim Vorleitradgebläse zwangsweise einem Beschleunigungsgitter; in ihm erfolgt ein Abfall des statischen Druckes. Das Laufrad muß also allein die geforderte Druckerhöhung aufbringen und noch zusätzlich den Druckabfall des Leitrades kompensieren.

In Bild 233 wird der Verlauf der statischen Drücke in einem Nach- und Vorleitradgebläse schematisch dargestellt.

Der oft vertretenen Auffassung, das Vorleitradgebläse sei wegen der geringeren Leitradverluste (beschleunigte Durchströmung) dem Nachleitradgebläse überlegen, muß entgegengehalten werden, daß die vom Laufrad geforderte Druckerhöhung bei einem Vorleitradgebläse bedeutend größer ist und damit höhere Laufradverluste auftreten. Die Praxis hat bestätigt, daß mit Nachleitradgebläsen gleich hohe Wirkungsgrade wie mit Vorleitradgebläsen erzielt werden, oft sogar höhere.

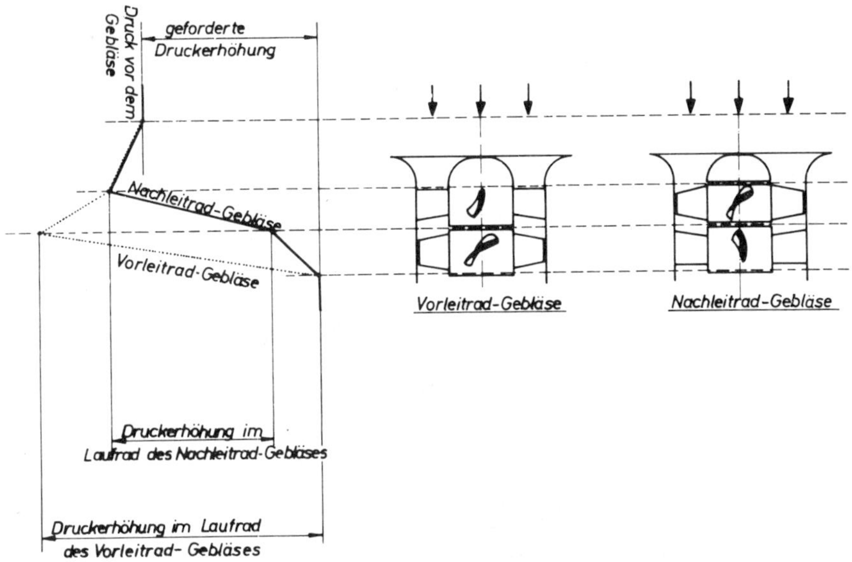

Bild 233. Statischer Druckverlauf in einem Nachleitrad- und in einem Vorleitradgebläse

Werden die Beschaufelungskränze gegossen und die Modelle axial gezogen, was anzustreben ist, so müssen Schaufelüberdeckungen an der Nabe vermieden werden. Optimale Schaufelzahlen [230] lassen sich dann nur bei Nachleitradgebläsen verwirklichen, bei Vorleitradgebläsen ergeben die kleineren Staffelungswinkel der Profile zu kleine Schaufelzahlen.

Auch das Geräuschverhalten eines Nachleitradgebläses ist gegenüber dem eines Vorleitradgebläses günstiger. Bei einem Nachleitradgebläse sind die an der Laufradschaufel auftretenden Geschwindigkeiten niedriger, und es liegt keine ungleichmäßige, durch Leitschaufeln hervorgerufene Geschwindigkeitsverteilung vor.

Vergleicht man die Neigungen der Drehzahllinien (n = konstant) beider Gebläsebauarten im Kennfeld, so stellt man fest, daß die Drehzahllinien der Nachleitradgebläse steiler als die der Vorleitradgebläse verlaufen. Bei steileren Drehzahllinien reagiert das Kühlluftvolumen unempfindlicher auf eine Verschmutzung der Verrippungen und auf durch den Motoreinbau verursachte und nicht vorherzusehende zusätzliche Druckwiderstände. Bestehen saubere Zuströmverhältnisse vor dem Gebläse und zwingen nicht konstruktive Gründe zu einem Vorleitradgebläse, so sollte das Leitrad dem Laufrad nachgeschaltet werden.

Sobald ein Probegebläse zur Verfügung steht, muß überprüft werden, ob die Widerstandslinie des Motors im Gebläsekennfeld richtig liegt. Sofern dafür noch kein Motor selbst zur Verfügüng steht, wird an einer Motorattrappe die Widerstandslinie des Motors ermittelt und in das auf dem Gebläseprüfstand ermittelte Gebläsekennfeld eingetragen. Bild 234 zeigt ein solches Gebläsekennfeld, und

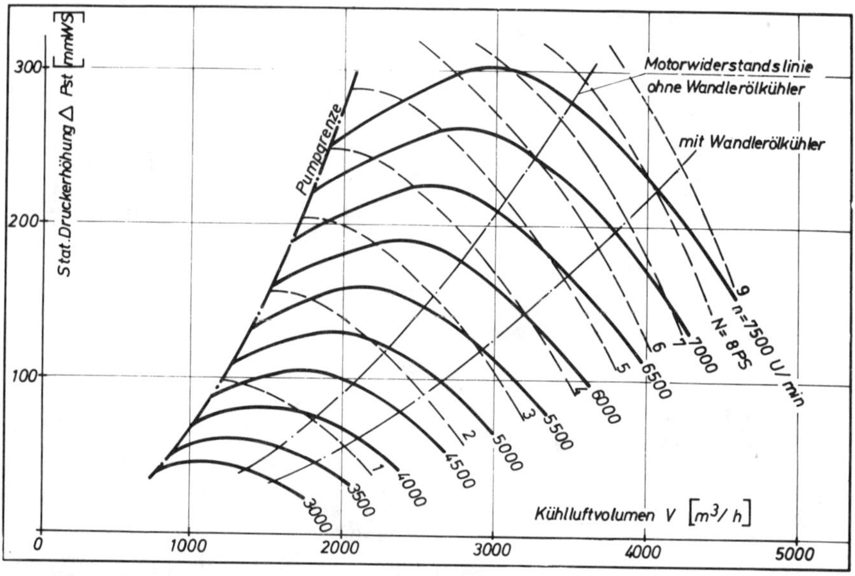

Bild 234. Kennfeld des Kühlgebläses nach Bild 235

zwar das des in Bild 235 dargestellten Gebläses. Die Lage der Widerstandslinie im Gebläsekennfeld zeigt, ob das Gebläse richtig ausgelegt ist, d.h. ob die vorgegebenen Werte von V und Δp bei der vorgegebenen Drehzahl erreicht werden. Es ist selbstverständlich, daß am Motor durch Temperaturmessungen am Zylinder und Zylinderkopf überprüft werden muß, ob auch die vorgegebenen Werte von V und Δp richtig waren. Es muß aber auch die Widerstandslinie im Gebläsekennfeld richtig liegen, d.h. sie darf der Pumpgrenze, an der die Fördermenge schlagartig zurückgeht, nicht zu nahe kommen. Ein gewisser Sicherheitsabstand von dieser Pumpgrenze ist notwendig, da später in der Serie kleine Unterschiede in der Lage der Widerstandslinie schon von der Herstellung her bestehen können. Außerdem ergeben sich Verschiebungen der Widerstandslinie in Richtung auf höheren Druck durch Verschmutzung der Kühlrippen, mit steigender Motortemperatur und beim Anbau von Kühlluftabführungen. Weiter muß bei der Lage der Widerstandslinie im Gebläsekennfeld berücksichtigt werden, daß unter Umständen noch zusätzliche Verbraucher wie Schmierölkühler oder Getriebeölwärmetauscher angebracht werden müssen, wodurch sich die Widerstandslinie zu niedrigeren Drücken und größeren Fördermengen hin verschiebt. Umfaßt die Konstruktion eine ganze Motorenreihe, so kann ein Gebläse für mehrere Zylinderzahlen verwendet werden, was schon bei der Auslegung berücksichtigt werden sollte.

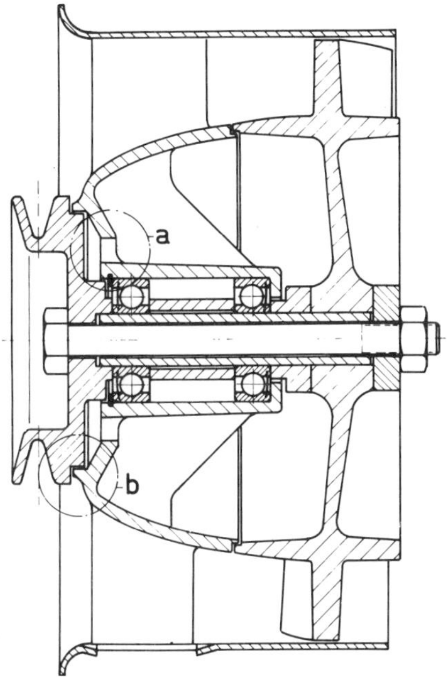

Bild 235. Axialkühlgebläse mit Keilriemenantrieb

Beispiele für die konstruktive Gestaltung von Axialgebläsen zeigen die Bilder 235, 236 und 237. Laufrad und Leitrad werden normalerweise aus Leichtmetall hergestellt, der Gebläsemantel ebenfalls, er kann aber auch als Blechmantel ausgebildet sein. Im Hinblick auf kleinste Herstellkosten haben sich Ausführungen bewährt, bei denen das Leitrad entweder in einen Blechmantel oder in einen Leichtmetallmantel eingepreßt werden. Wenn es die Stückzahl erlaubt, werden die Leichtmetallteile des Gebläses in Druckguß hergestellt, was glatte Oberflächen und damit gute Wirkungsgrade ergibt. Bei der Gestaltung der Schaufeln des Leit- und Laufrades muß auf die Druckgußtechnik Rücksicht genommen werden, d.h. Überschneidungen müssen vermieden werden. Die Lagerung des Laufrades liegt im Leitrad. Laufrad und Antrieb – Keilriemenscheibe oder Kupplung zur Antriebswelle – werden mit einer langen Dehnschraube zusammengehalten. Eine Dehnschraube ist wegen der Vielzahl der verspannten Teile und der verschiedenen Materialien – Stahl und Leichtmetall – notwendig, um auch bei unvermeidbaren Setzerscheinungen im Verband noch eine ausreichende Verspannung zu erhalten.

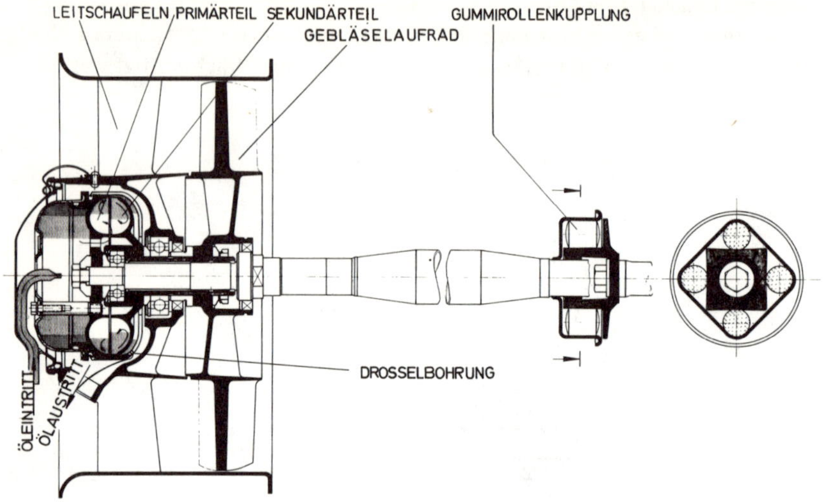

Bild 236. Axialkühlgebläse mit Antrieb über Zahnrad, elastische Kupplung, Welle und hydraulische Kupplung

Die Wälzlager des Gebläses erhalten eine Dauerfettfüllung. Ein interessantes Detail zeigt Bild 235. Hier sind im Leitrad Bohrungen (a) angebracht, deren Querschnitt wesentlich größer ist, als der Ringspalt (b) zwischen Keilriemenscheibe und Leitradkörper. Damit wird ein Druckausgleich vor und hinter den beiden Kugellagern erzielt und ein Hineinziehen von Schmutz in die Kugellager vermieden.

Der Einlauf des Gebläsemantels wird mit großen Abrundungen versehen, um ein Abreißen der Strömung zu verhindern. Die Länge des Gebläsemantels ergibt sich daraus, daß das Laufrad nicht aus dem Mantel herausragen soll. Dabei ist der Abstand zwischen Leitrad und Laufrad für die Gebläselänge bestimmend. Er soll aus Geräuschgründen so groß wie möglich sein. Hier muß der Konstrukteur einen Kompromiß zwischen den Forderungen der Strömungstechnik und den Forderungen nach geringsten Motorabmessungen finden.

Die Gebläse werden entweder bei kleineren Motoren über Keilriemen (Bild 235) oder bei größeren Motoren über Zahnräder und Zwischenwelle angetrieben (Bild 236). Die Zwischenwelle wird über eine Kupplung mit stark progressiver Kennlinie, in diesem Falle eine Gummirollenkupplung, angetrieben. Dabei treten auch bei kleinen Drehmomenten schon große Verdrehwinkel auf und es ergibt sich somit überkritischer Betrieb auch bei kleinen Drehzahlen.

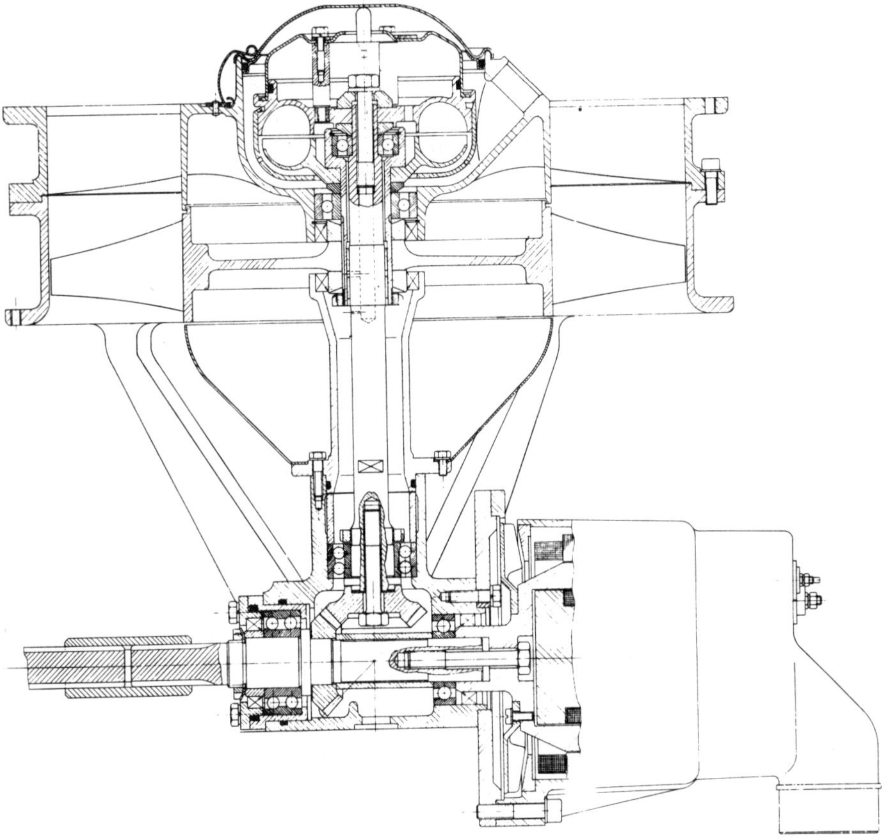

Bild 237. Axialkühlgebläse (Sauggebläse) mit Nachleitrad

3.5.2.3 Regelung der Motortemperatur [215; 219; 220]

Wir haben in 3.5.1.1 gesehen, daß nach Gl. 67 die Differenz zwischen mittlerer Kühlwassertemperatur und Lufttemperatur $t_{Wm} - t_L$, die sogenannte Kühlerkonstante, die Kühlergröße bzw. die abführbare Wärmemenge bestimmt. Auch beim luftgekühlten Motor kann man eine ähnliche Temperaturdifferenz angeben, und zwar die Differenz zwischen der mittleren Zylinderwandtemperatur und der Außenluft. Nun liegt beim wassergekühlten Motor t_{Wm} bei ungefähr 85°C bis 90°C, während beim luftgekühlten Motor die mittlere Wandtemperatur bei etwa 150°C liegt, womit sich eine wesentlich höhere Temperaturdifferenz gegenüber der Außenlufttemperatur ergibt. Es ist nun leicht einzusehen, daß bei der

größeren „Kühlerkonstante" des luftgekühlten Motors sich Schwankungen in der Lufttemperatur prozentual geringer auf die abführbare Wärmemenge auswirken als beim wassergekühlten Motor. Aus diesem Grunde kann man auch bei einer großen Zahl von Anwendungsfällen luftgekühlter Motoren auf eine Regelung verzichten. Fahrzeugmotoren jedoch, mit den häufig vorkommenden Fahrzuständen, bei denen der Motor vom Fahrzeug getrieben wird (Gefällstrecken), können auf eine Regelung nicht verzichten.
Es gibt nun zwei hauptsächliche Regelungsmöglichkeiten:

a) Drosselung der Kühlluftmenge vor oder hinter dem Gebläse.
b) Regelung der Gebläsedrehzahl.

Eine Regelung nach a) ist mit wenig Aufwand durchzuführen. Sie arbeitet aber mit etwas höheren Verlusten als eine Regelung nach b), da man bei dieser Regelung beim Drosseln die Widerstandslinie im Gebläsekennfeld (Bild 234) verschiebt und damit in Gebiete schlechteren Wirkungsgrades kommen kann. Ausserdem ist der Regelung in Richtung kleinerer Kühlluftmenge dadurch eine Grenze gesetzt, daß die Widerstandslinie nicht in die Nähe der Pumpgrenze (Bild 234) des Gebläses kommen darf. Bei einer Regelung der Gebläsedrehzahl nach b) läuft man beim Regelvorgang auf der gleichen Widerstandslinie hinauf und herunter und bleibt dabei je nach Lage der Widerstandslinie in Gebieten günstigen Wirkungsgrades des Gebläses.

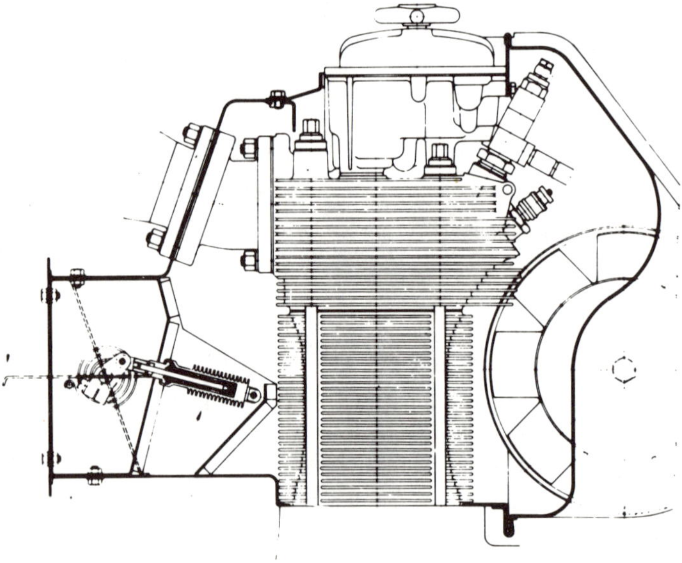

Bild 238. Klappenregelung (Schnittbild)

Die bekannteste Ausführung einer Drosselregelung ist die des Volkswagenmotors (Bild 359), bei der ein im Abluftstrom liegender Thermostat über Klappen, die

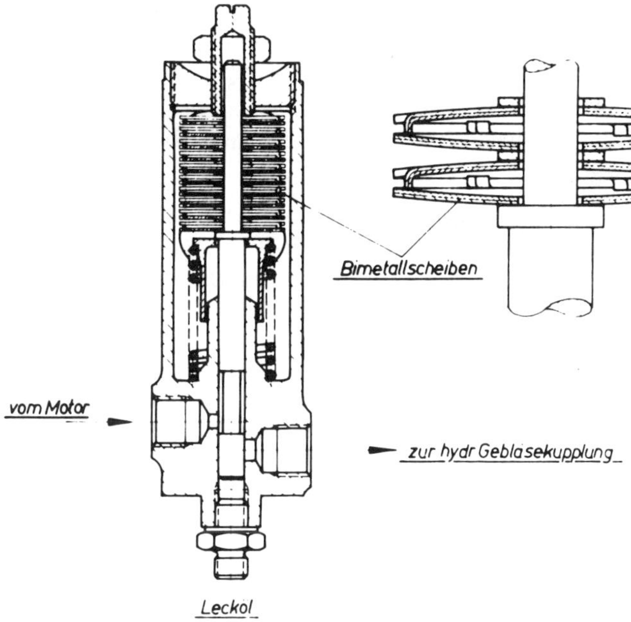

Bild 239. Deutz-Bimetallthermostat

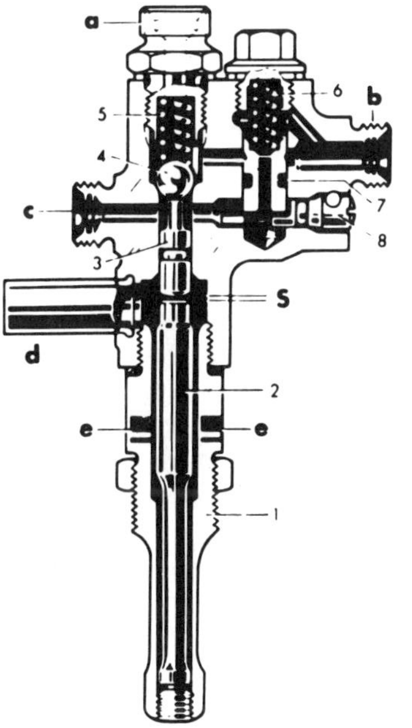

1 Dehnstiftgehäuse (im Abgasstrom)
2 Dehnstift
3 Druckbolzen
4 Kugel
5, 6 Druckfeder
7 Dosierkolben (Ölzuteilung für hydraulische Gebläsekupplung)

S Spiel zwischen Dehnstift und Druckbolzen
a Drucköleintritt
b Druckölaustritt zur hydraulischen Kupplung
c Druckölanschluß für zusätzliche Hilfsaggregate
d Kühllufteintritt } Rückführung
e Kühlluftaustritt }

Bild 240. Abgasthermostat

vor dem Eintritt der Kühlluft in die Zylinderverschalung angeordnet sind, die Kühlluftmenge entsprechend der Temperatur der Abluft regelt. Eine andere Art der Drosselregelung zeigt Bild 238 für einen luftgekühlten Dieselmotor. Hier wird eine in der Abluft liegende Drosselklappe von einem ebenfalls vom Abluftstrom beaufschlagten Dehnstoffthermostaten, der ein relativ hohes Arbeitsvermögen hat, bewegt.

Bild 236 zeigt ein drehzahlgeregeltes Axialkühlluftgebläse eines luftgekühlten Fahrzeugmotors der Firma Klöckner-Humboldt-Deutz AG. Das Gebläse wird über eine ölgefüllte Strömungskupplung angetrieben. Die Ölfüllung der Kupplung wird entweder von einem von der Abluft beaufschalgten Bimetallthermostat (Bild 239) oder von einem im Abgasstrom liegenden Abgasthermostat (Bild 240) gesteuert. Im ersteren Falle darf das Kühlgebläse nie ganz zum Stillstand kommen, damit der Bimetallthermostat, um in Tätigkeit treten zu können, immer von einem Abluftstrom umströmt wird. Zu diesem Zweck ist der Steuerkolben des Bimetallthermostaten am unteren Ende mit einer kleinen Nut versehen, die auch, wenn der Hauptölstrom abgesperrt ist, für eine Minimalfüllung der Strömungskupplung sorgt.

3.6 Einspritzung und Regelung beim Dieselmotor

3.6.1 Die Einspritzpumpe

3.6.1.1 Aufgabe der Einspritzpumpe

Die Einspritzpumpe ist eine einfachwirkende Kolbenpumpe, bei der der Kolben von einem Nocken über einen Rollenstößel betätigt wird. Sie hat die Aufgabe, den für die Verbrennung im Zylinder notwendigen Brennstoff je nach Leistungsanforderung zuzumessen und ihn zu einem bestimmten Zeitpunkt, gemessen in Grad Kurbelwinkel, mit einer bestimmten Geschwindigkeit, in einer bestimmten Zeit und mit einem bestimmten Druck über das Einspritzventil in den Verbrennungsraum einzuspritzen. Wie der Verlauf der Einspritzung, das sogenannte Einspritzgesetz, ausgebildet sein muß, das hängt vom jeweiligen Verbrennungsverfahren ab und muß in sorgfältiger Versuchsarbeit ermittelt werden.

3.6.1.2 Wirkungsweise der Einspritzpumpe

Jedem Motorzylinder ist normalerweise ein Pumpenelement, d.h. ein Pumpenkolben und ein Pumpenzylinder, zugeordnet. Eine Ausnahme bilden die sogenannten Verteilerpumpen (Bild 250). Die Einspritzpumpen können als Einzelpumpen oder als Blockpumpen ausgebildet sein siehe 3.6.1.3. Bei der überwiegenden Zahl der Einspritzpumpen wird zur Zumessung der Brennstoffmenge die Schrägkantensteuerung verwendet (Bild 241). Der von der Nockenwelle über einen Rollenstößel angetriebene Pumpenkolben hat zwei Steuerkanten, eine waagerechte, die durch seinen ebenen Kopf gebildet wird, und, in seine Mantelfläche eingefräst, eine schräge Steuerkante. Beim Aufwärtsgehen des Kolbens beginnt die Kraftstofförderung, wenn die obere Kante des Kolbenkopfes die beiden Saugbohrungen abschließt (Bild 242). Die Förderung ist beendet, wenn die schräge Steuerkante eine Saugbohrung wieder freigibt, womit der Druckraum der Pumpe über die senkrechte Nut im Pumpenkolben mit dem Saugraum verbunden und damit entlastet wird. Die Regelung der Fördermenge erfolgt durch Verdrehen des Pumpenkolbens mit Hilfe der Regelstange. Dabei wird entsprechend der Schräge der Steuerkante die Förderung früher oder später abgebrochen, wodurch sich kleinere oder größere Fördermengen ergeben. Bei dieser Art der Steuerung der Fördermenge ist der Förderbeginn stets konstant und das Förderende veränderlich. In besonderen Fällen, z.B. bei Schiffsantriebsmotoren mit Festpropeller, bei denen Leistung und Drehzahl über das Propellergesetz

$$\frac{N_1}{N_2} = \left(\frac{n_1}{n_2}\right)^3$$

verbunden sind, kann der Förderbeginn drehzahlabhängig verstellt werden, wenn auch die oben genannte waagerechte Steuerkante schräg ausgebildet wird. Bei

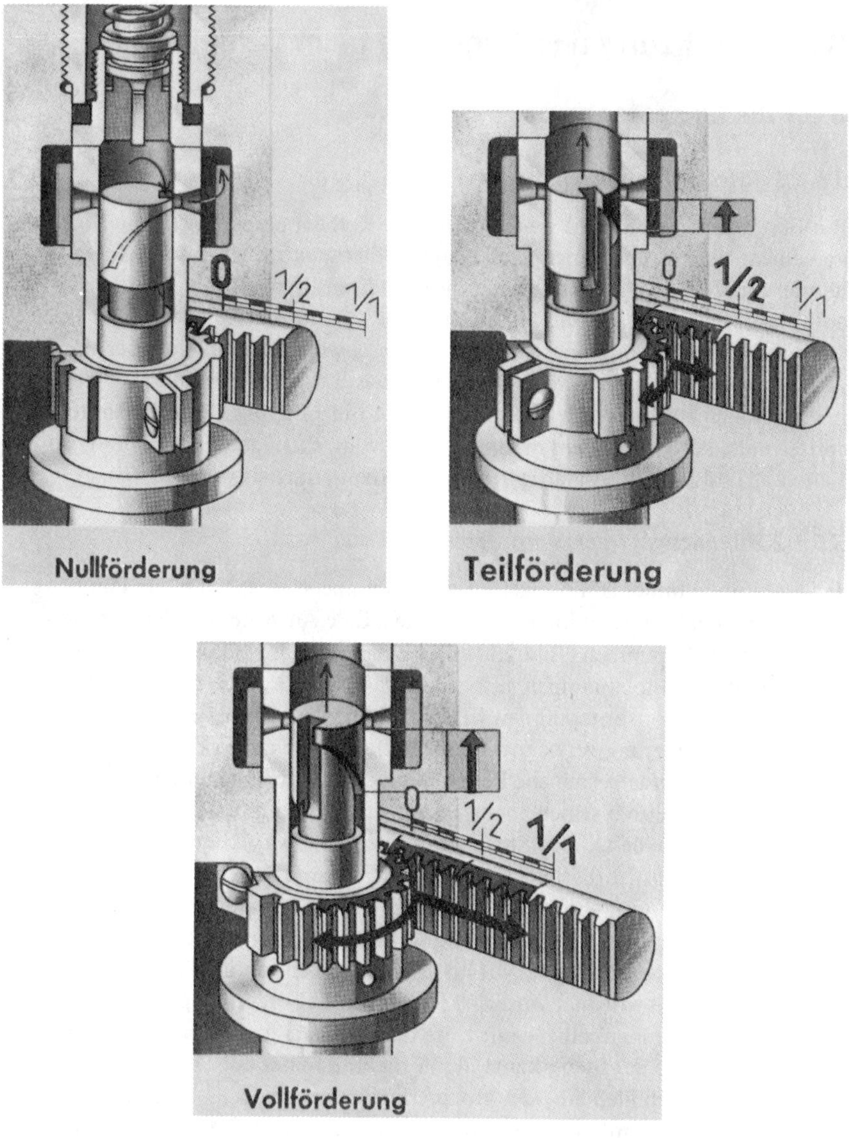

Bild 241. Fördermengenregelung einer Einspritzpumpe (Nach Unterlagen der Firma Robert Bosch GmbH)

Verbrennungsverfahren, die beim Starten einen späteren Förderbeginn erfordern, erhält der Pumpenkolben eine Nut, die sogenannte Startnut, mit deren Hilfe die Förderung in Startstellung des Pumpenkolbens entsprechend später beginnt.

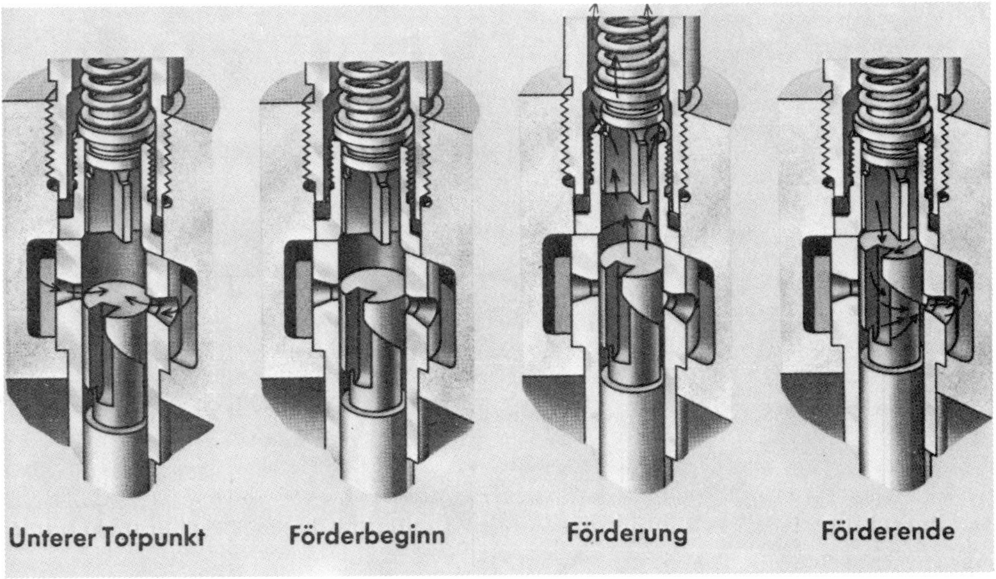

Bild 242. Fördervorgang der Einspritzpumpe bei Vollförderung (Nach Unterlagen der Firma Robert Bosch GmbH)

Die Einspritzgeschwindigkeit wird durch die Nockenform bestimmt (Bild 243). Die Einspritzgeschwindigkeit bei Förderbeginn ist abhängig vom Leerhub des Kolbens. Das ist der Hub vom unteren Totpunkt bis zum Schliessen der Saugbohrung (Bild 242), Der Leerhub wird je nach den Erfordernissen des Verbrennungsablaufes an der Pumpe fest eingestellt. Dabei ist bei einem Tangentennocken (Bild 243) zu beachten, daß die Förderung möglichst vor dem Wendepunkt, d.h. dem Punkt der max. Geschwindigkeit, beendet ist, da einerseits die Kraftstofförderung bei steigender Geschwindigkeit erfolgen soll und andererseits die Förderung über den Wendepunkt hinaus Nocken und Rolle bei hohen Einspritzdrücken zu hohe Hertz'sche Pressungen erhalten, da die Einspritzung noch auf der Nockenkuppe erfolgt.

Nach Beendigung der Förderung läuft der Kolben noch bis zum oberen Totpunkt. Beim Abwärtsgehen saugt er im Pumpenzylinder ein Vacuum, durch das nach Freigabe der Saugbohrung durch die obere Steuerkante des Pumpenkolbens der unter dem Vordruck der Förderpumpte stehende Kraftstoff in den Pumpenzylinder angesaugt wird. Der Füllungsvorgang ist beendet, wenn der Pumpenkolben den unteren Totpunkt erreicht hat.

Während des Fördervorganges wird der Kraftstoff über das Druckventil der Einspritzpumpe durch die Einspritzleitung zur Einspritzdüse gepreßt. Nach Beendigung des Fördervorganges muß durch Entlastung der Einspritzleitung für schnelles Schließen der Einspritzdüse gesorgt werden, damit kein Nachspritzen erfolgt.

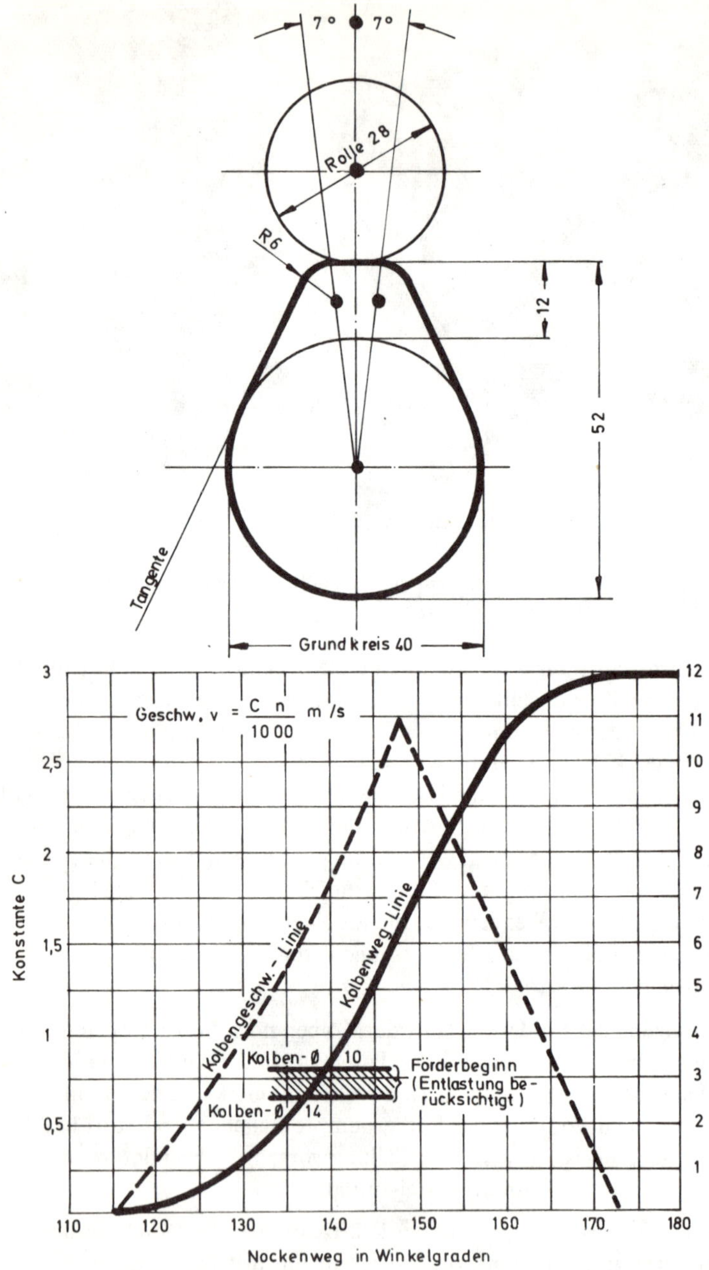

Bild 243. Ausbildung des Nockens für eine Einspritzpumpe (Nach Unterlagen der Firma Robert Bosch GmbH)

Die Entlastung kann auf zweierlei Weise geschehen, durch Vergrößerung des Volumens der Einspritzleitung um einen bestimmten Wert, wodurch der Druck in der Einspritzleitung sinkt (Gleichraumentlastung), oder durch Absenken des Druckes in der Einspritzleitung auf einen bestimmten Druck durch ein federbelastetes Rückschlagventil im Druckventil (Gleichdruckentlastung) [243; 244].

Bei der Gleichraumentlastung hat das Druckventil (Bild 244) unter dem Dicht-

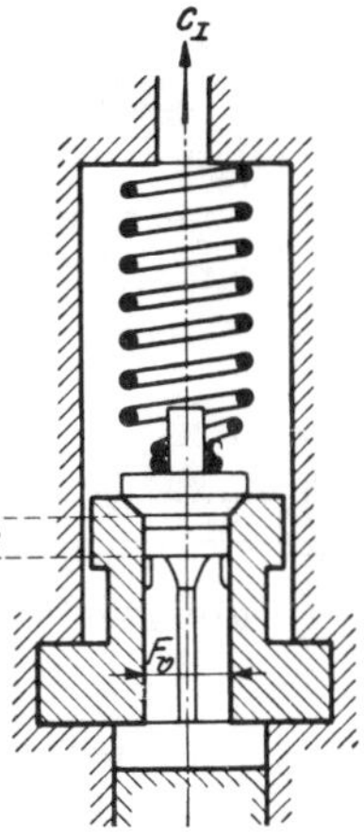

Bild 244. Entlastungsventil (Gleichraumentlastung) [244]

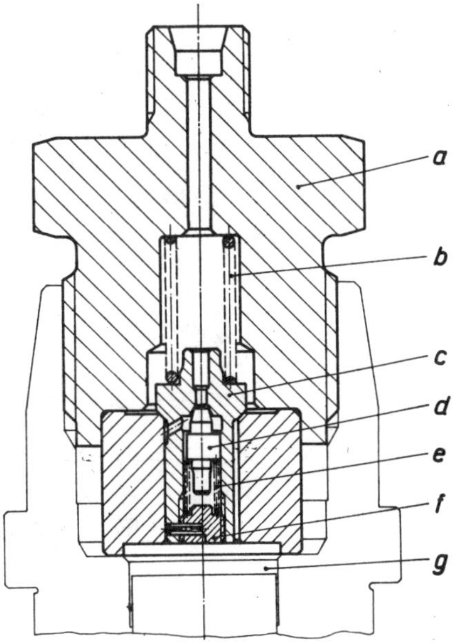

a Druckrohranschluß
b Druckventilfeder
c Druckventil
d Entlastungsventil
e Entlastungsventil-Feder
f Druckeinstellschraube
g Pumpenraum

Bild 245. Deutz-Gleichdruckentlastungsventil für Einspritzpumpe mit Einspritzmengen bis 7000 mm^3/Hub kegel ein zylindrisches Teil, den Entlastungskolben. Am Ende der Förderung schließt sich das Druckventil unter der Federkraft und dem Leitungsdruck. Dabei taucht der Entlastungskolben in die zylindrische Bohrung ein und vergrößert das Volumen der Einspritzleitung um das Volumen $V = h \cdot F_V$. Bild 245 zeigt ein Druckventil mit Gleichdruckentlastungsventil. Da bei der Gleichraumentlastung nahezu unabhängig von der Fördermenge immer das gleiche Entlastungsvolumen vorhanden ist, kann es unter bestimmten Voraussetzungen zur Unterschreitung des atmosphärischen Druckes in der Einspritzleitung kommen, was die Gefahr von Leitungskavitation in sich birgt. In solchen Fällen kann durch die Anwendung der Gleichdruckentlastung, bei der die Einspritzleitung auf einen bestimmten, bei jeder Fördermenge annähernd gleichen Druck über dem atmosphärischen Druck entlastet wird, Leitungskavitation vermieden werden [243].

3.6.1.3 Einspritzpumpenbauarten

Die einzelnen Pumpenelemente können zu einem Block in Reihen- oder V-Bauweise zusammengefaßt sein, man spricht dann von einer Blockpumpe, oder es hat jeder Zylinder seine eigene Einspritzpumpe, eine sogenannte Einzelpumpe.

Blockpumpen haben meistens eine eigene Nockenwelle im Pumpengehäuse – Pumpen mit Eigenantrieb. Einzelpumpen haben keine eigene Nockenwelle. Die

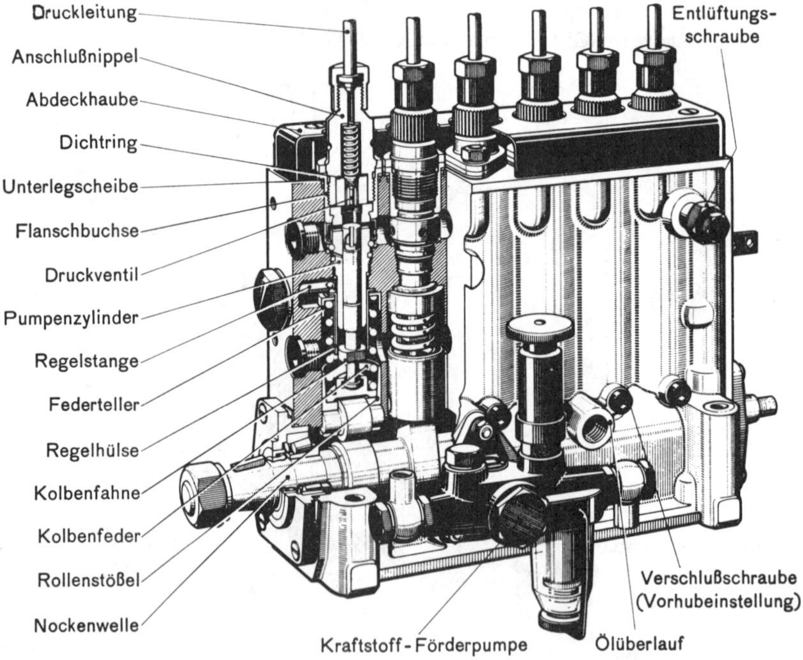

Bild 246. a) Ansicht und Längsschnitt einer Bosch-Einspritzpumpe PE6P

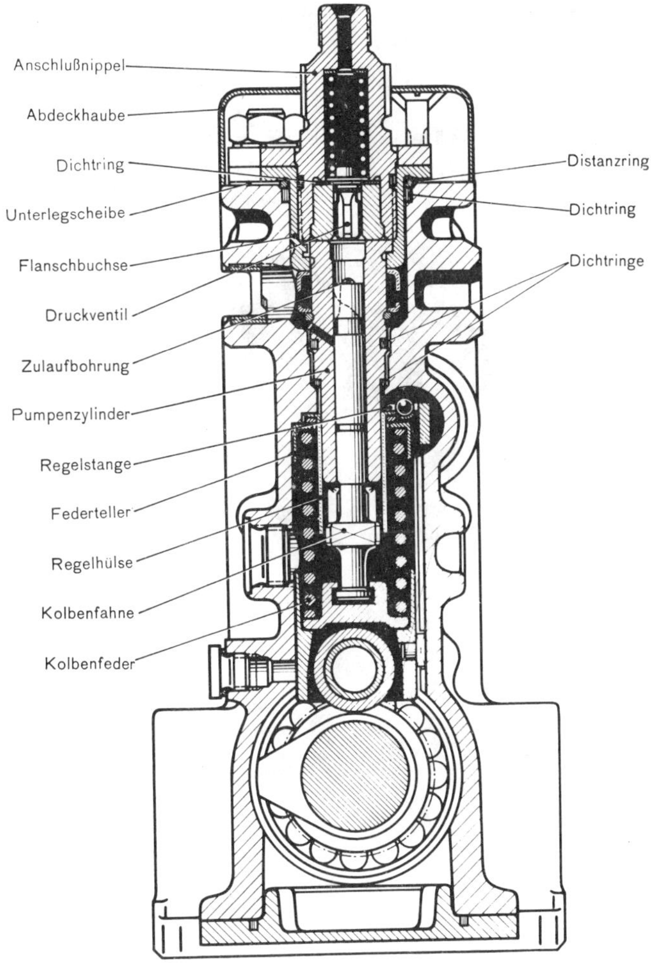

Bild 246. b) Querschnitt einer Bosch-Einspritzpumpe PE6P

Einspritznocken der Einzelpumpen sind auf der Nockenwelle für die Ein- und Auslaßventile angeordnet – Pumpen mit Fremdantrieb. Einzelpumpen werden in der Regel nur für kleinere Ein- und Zweizylindermotoren und für große Motoren mittlerer und kleiner Drehzahl verwandt. Bild 246 zeigt eine Blockpumpe, Bild 247 eine Einzelpumpe (Einsteckpumpe), wie sie für kleine Motoren und Bild 248 eine Einzelpumpe, wie sie für größere Motoren verwendet wird.

Eine Abwandlung der Einzelpumpe ist die Pumpedüse (Bild 249), die für mittelgroße, schnellaufende Motoren verwandt wird. In der Pumpedüse sind Pumpe und Einspritzdüse zu einem Bauteil zusammengefaßt. Sie wird entweder durch

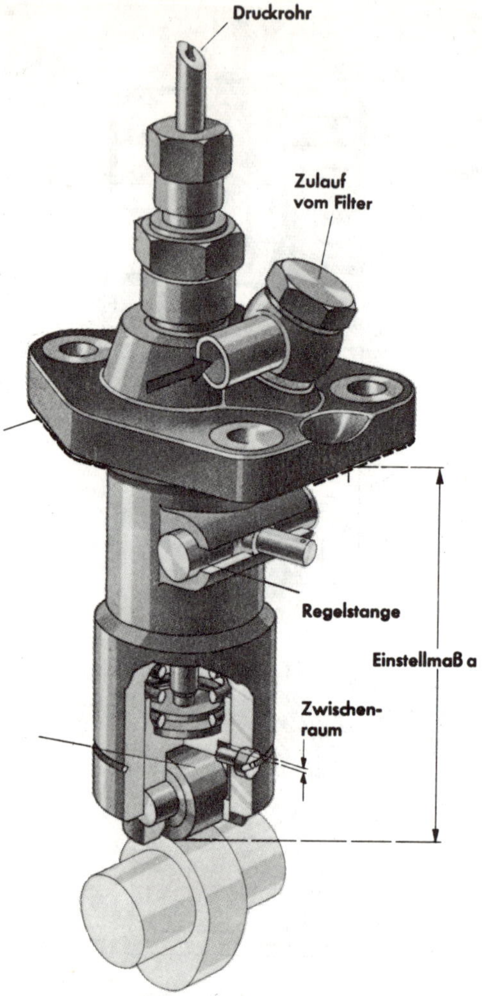

Bild 247. Einsteck-Einspritzpumpe der Type PFR der Firma Robert Bosch GmbH

eine obenliegende Motornockenwelle oder über Stößel und Kipphebel von einer untenliegenden Motornockenwelle betätigt. Bei diesen Pumpen ist bei der Bemessung der Motornockenwelle zu berücksichtigen, daß bei hohen Spitzendrükken im Einspritzsystem entsprechend hohe Kräfte auf die Nockenwelle und deren Lager wirken.

Für kleine, schnellaufende Motoren finden neben Blockpumpen auch Verteilerpumpen Anwendung. Diese Verteilerpumpen haben nur einen Pumpenkolben.

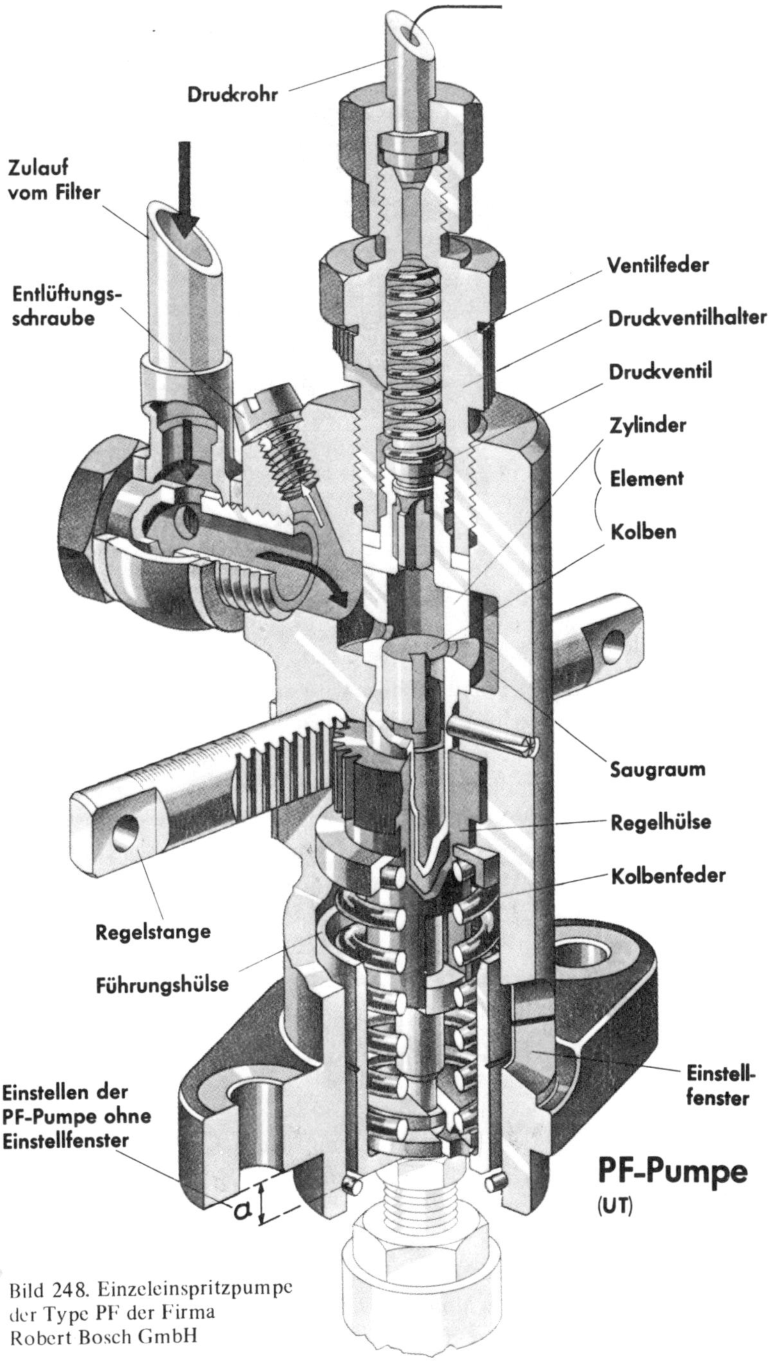

Bild 248. Einzeleinspritzpumpe der Type PF der Firma Robert Bosch GmbH

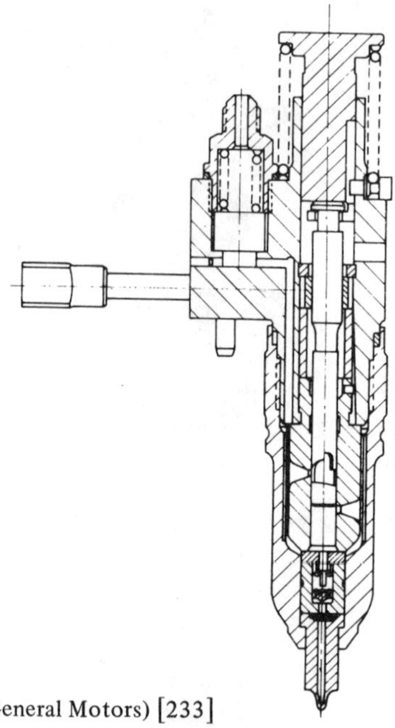

Bild 249. Pumpe-Düse (General Motors) [233]

Die von diesem geförderte Kraftstoffmenge wird durch einen geeigneten Verteilermechanismus den einzelnen Zylindern zugeteilt. Bild 250 zeigt als Vertreter dieser Pumpenart die Verteilerpumpe der Firma Robert Bosch GmbH. Daneben gibt es noch mehrere andere Bauarten von Verteilerpumpen, auf die näher einzugehen hier der Platz fehlt. Verteilerpumpen sind normalerweise nur für Drei-, Vier- und Sechszylindermotoren verfügbar. Gegenüber den normalen Blockpumpen bieten sie kostenmäßig Vorteile, die sich jedoch fühlbar erst bei Sechszylindermotoren auswirken.

3.6.1.4 Auswahl der Einspritzpumpe

Für die Auswahl der Größe der Einspritzpumpe muß die Fördermenge Q pro Pumpenhub bekannt sein. Diese kann nach folgender Beziehung festgestellt werden:

$$Q = \frac{b_e \cdot p_{me} \cdot V_h}{\gamma \cdot 27} \quad [\text{mm}^3/\text{Hub}]$$

Hierin sind

b_e	=	spez. Brennstoffverbrauch	[g/PSh]
p_{m_e}	=	mittl. eff. Druck	[kp/cm²]
V_h	=	Hubvolumen des Motors pro Zylinder	[*l*]
γ	=	Kraftstoffgewichte [g/cm³]	

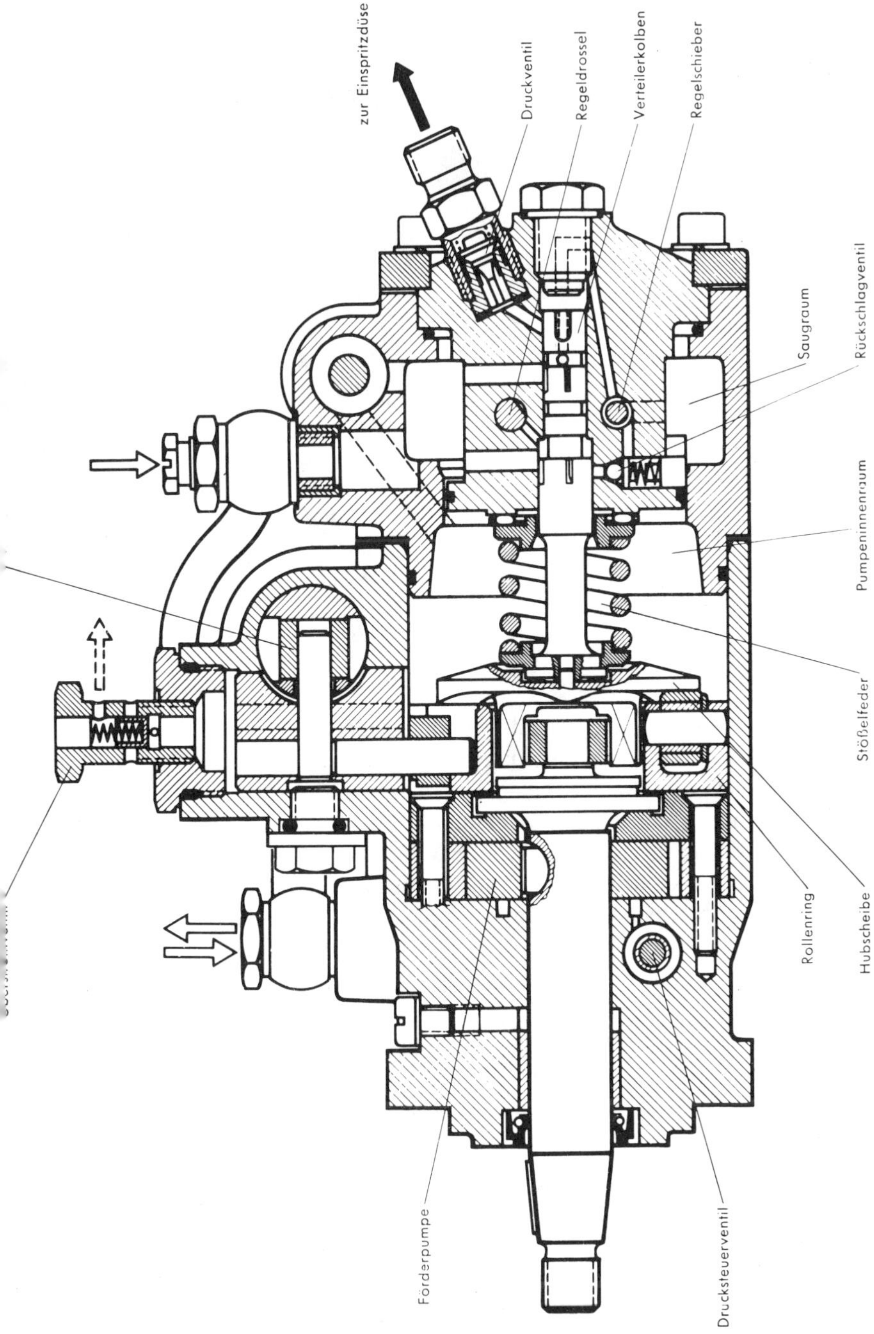

Bild 250. Bosch-Verteilereinspritzpumpe
a) Schnittbild

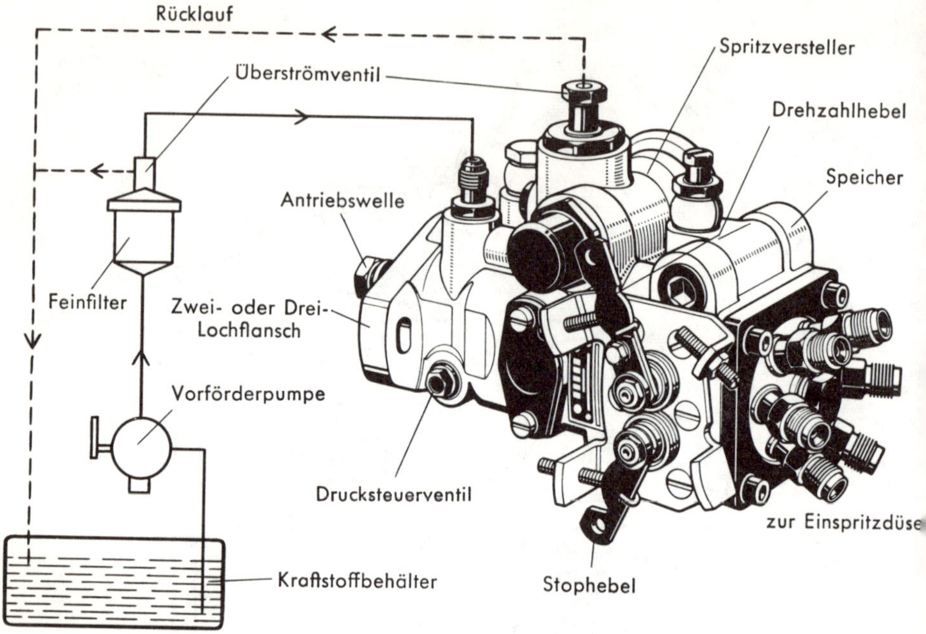

Bild 250. Bosch-Verteilereinspritzpumpe
b) Ansicht mit Kraftstoffschema

Die Fördermenge Q muß für den größten vorgesehenen mittleren effektiven Druck berechnet werden, d.h. wenn Aufladung vorgesehen ist, so muß das dafür geltende p_{m_e} (für Nennlast bzw. Überlast) eingesetzt werden. Wird der gleiche Motor dann auch als Saugmotor betrieben, so kann die Einspritzpumpe mit einem Kolben kleineren Durchmessers ausgerüstet werden. Für den Brennstoffverbrauch ist der maximale bei Nennlast bzw. Überlast und Nenndrehzahl auftretende Wert einzusetzen. Ist die Fördermenge bekannt, so kann daraus Kolbendurchmesser und der Hub der Einspritzpumpe errechnet werden. Man wird sich jedoch meistens der Fördermengenkennlinien der Einspritzpumpenhersteller bedienen, um den Pumpenkolbendurchmesser und damit die Pumpengröße zu bestimmen. Bild 251 zeigt ein derartiges Diagramm für eine Einspritzpumpe Größe P der Firma Robert Bosch GmbH. Bei der Ermittlung der Fördermenge ist zu berücksichtigen, daß der berechneten Fördermenge Q noch das Entlastungsvolumen hinzuzurechnen ist. Im Diagramm Bild 251 ist das schon berücksichtigt. Es sind jedoch durchaus noch größere Entlastungsvolumina, als in Bild 251 berücksichtigt, möglich, je nach Verbrennungsverfahren und Drehzahl. Ist das Entlastungsvolumen bei der Konstruktion des Motors noch nicht bekannt, so muß bei der Auswahl des Pumpenkolbendurchmessers eine gewisse Reserve vorgesehen werden. Überhaupt soll die Einspritzpumpe im Interesse weiterer Entwicklungen nicht so ausgelegt werden, daß sie schon für den ersten Entwurf an der Grenze liegt. Weiter

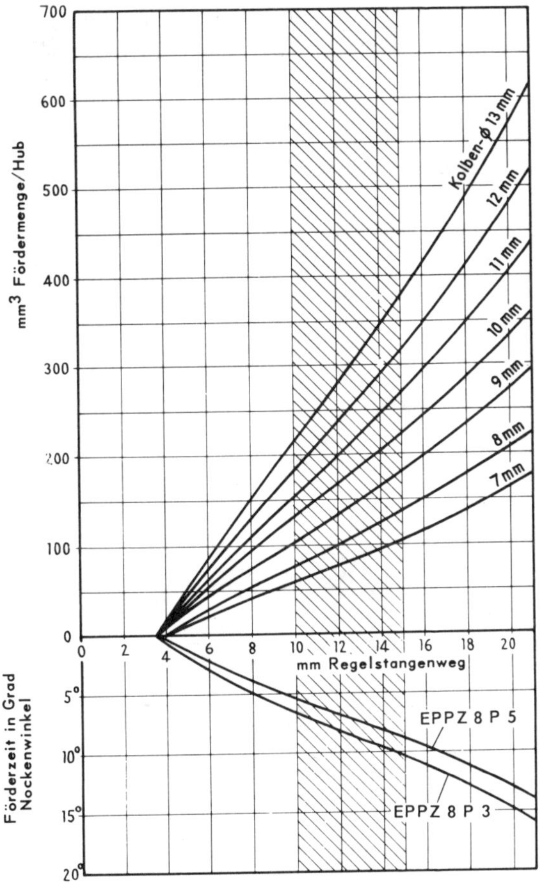

Bild 251. Fördermenge und Förderzeit einer Bosch-Einspritzpumpe der Größe P bei 22 mm Steuerkantensteigung und verschiedenen Nockenformen (Entlastung 50 mm^3 bei Element bis 10 Ø, Entlastung 70 mm^3 bei Element über 10 Ø)

ist der Kolbendurchmesser von der Nockenform, d.h. dem Nockenhub, abhängig. Die Diagramme gelten nur für die angegebenen Nockenformen.Ferner spielt die Förderzeit in Grad Nockenwinkel eine Rolle. Sie ist abhängig vom Verbrennungsverfahren und der Luftwirbelung im Verbrennungsraum. Je kürzer die Förderzeit, desto größer muß der Pumpenkolbendurchmesser sein. Dabei ist zu berücksichtigen, daß bei gegebener Steigung der Steuerkante im Pumpenkolben der Regelstangenweg von Vollast bis Leerlauf um so kleiner wird, je grösser der Pumpenkolbendurchmesser für eine bestimmte Fördermenge gewählt wird. Zu kleine Wege aber beeinträchtigen die Regelgüte. Das ist jedoch bereits berücksichtigt, wenn man sich an das schraffierte Feld im Diagramm Bild 251 hält. Bei den hier behandelten schnellaufenden Motoren liegen die Förderzeiten zwischen

5 und 10 Grad Nockenwinkel. Schließlich steht auch nur ein begrenzter Regelstangenweg zur Verfügung, der in dem Diagramm durch Schraffur gekennzeichnet ist.

3.6.1.5 Anbau der Einspritzpumpe

Die Forderung nach möglichst kurzen Einspritzleitungen beeinflußt die Lage der Einspritzpumpe am Motor. Kann sie z.B. bei kleinen Motoren noch ohne weiteres am Räderkasten angeflanscht werden – eine einfache und kostensparende Konstruktion, die allerdings nur bei kleinen Einspritzpumpen möglich ist – so

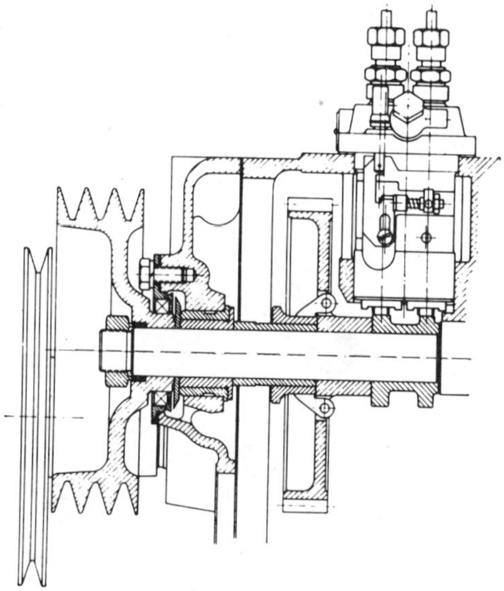

Bild 252. Antrieb einer Einsteckpumpe und Nockenwellenabtrieb bei einem luftgekühlten 2-Zylindermotor (aus MWM-Nachrichten Heft 1/1960)

muß bei größeren Motoren schon die Einspritzpumpe möglichst in der Mitte des Kurbelgehäuses liegen (Bild 185). Dieser Anbau ist dann schon erheblich aufwendiger, erfordert er doch zusätzliche Lager, Kupplungen, Wellen und einen besonderen Halter für die Einspritzpumpe.

Bei noch größeren Motoren werden Einzelpumpen verwendet, die dann keine eigene Nockenwelle mehr haben. Einspritzpumpen ohne eigenen Antrieb, sogenannte Einsteckpumpen (Bild 247), werden auch bei ganz kleinen Ein- oder Zweizylindermotoren angewandt (Bild 252).

Auf welcher Motorseite bei Reihenmotoren die Einspritzpumpe liegen soll, wird bei kleineren Motoren mit im Zylinderkopf schräg liegender Einspritzdüse (Zylinderkopf mit zwei Ventilen) durch die Lage der Einspritzdüse bestimmt. Einspritzpumpe und Einspritzdüse sollen im Hinblick auf kurze Leitungen und durch Einspritzleitungen unbehinderten Zugang zur Zylinderkopfhaube auf einer

Motorseite liegen. Da die Lage der Einspritzdüse im Zylinderkopf auch von der Kühlwasserführung abhängig ist, so ist letzten Endes die Lage der Einspritzpumpe auch von der Kühlung bestimmt. Das gilt auch bei luftgekühlten Motoren, bei denen außerdem die Einspritzpumpe keinesfalls im Strom der aus den Zylindern austretenden heißen Kühlluft liegen darf, um unnötige Aufheizung des Kraftstoffes in der Einspritzpumpe zu vermeiden.

Bei V-Motoren bietet sich die Lage der Einspritzpumpe im V-Raum an, wo sie auch bei kleineren und mittelgroßen Motoren ausnahmslos liegt (Bilder 323, 331, 336, 344, 350 und 354). Jedoch gelten auch hier die obigen Ausführungen bezüglich der Lage der Einspritzpumpe zur Einspritzdüse, die unter Umständen auch die Anordnung von zwei außenliegenden, an den Kurbelgehäusewänden liegenden Einspritzpumpen notwendig machen kann, eine Anordnung, die man häufig bei größeren V-Motoren findet (Bild 356). Sie ist allerdings im Einspritzpumpenantrieb und im Regelgestände aufwendig.

Bei luftgekühlten V-Motoren, bei denen der Raum zwischen den Zylinderreihen als Kühlluftaufnehmer ausgebildet ist, ergibt sich die Lage der Einspritzpumpe im V-Raum automatisch aus den oben gestellten Forderungen, daß sowohl Einspritzdüse als auch Einspritzpumpe nicht im Abluftstrom liegen sollen (Bilder 228 und 229). Es ist jedoch anzuraten, die Einspritzpumpe nicht direkt in den kalten Kühlluftstrom zu stellen, sondern sie gegen diesen abzudecken (Bild 228), um einerseits Kondenswasserbildung in der Einspritzpumpe zu vermeiden und andererseits bei Undichtigkeiten an der Einspritzpumpe den Kühlluftstrom frei von Brennstoff zu halten.

Allgemein gilt, daß Einspritzpumpe und Regler gut zugänglich sein müssen, da besonders der letztere in vielen Fällen auf dem Prüfstand bei laufendem Motor eingestellt wird. Weiter sollen die Einspritzleitungen so geführt werden, daß sie nicht über Auspuffleitungen liegen, um einen Brand beim Bruch einer Einspritzleitung zu vermeiden. Diese Forderung beeinflußt den Aufbau des Motors insofern, als Einspritzpumpe und Auspuffleitungen möglichst auf verschiedenen Motorseiten liegen sollen.

Die einfachste und kostensparendste Anbauart ist wie gesagt, die Einspritzpumpe nach Bild 336 direkt an den Räderkasten anzuflanschen. Hier spart man die Einspritzpumpenkupplung, die bei einem Anbau nach Bild 185 notwendig ist, und außerdem die besondere Lagerung des Antriebszahnrades. Das Antriebszahnrad sitzt direkt auf der Einspritzpumpenwelle, und ein eventuell notwendiger Spritzversteller (siehe 3.6.1.6) kann gleich in das Antriebsrad mit einbezogen werden (Bild 336). Das Antriebszahnrad muß zur Einstellung des Förderbeginns bei der Motormontage gegenüber der Nockenwelle verstellt werden können.

Wird die Einspritzpumpe nicht angeflanscht (Bilder 185 und 362), so muß zum Ausgleich kleinerer Unterschiede in der Lage der treibenden und getriebenen Achse eine Kupplung vorgesehen werden, z.B. eine drehsteife Lamellenkupplung

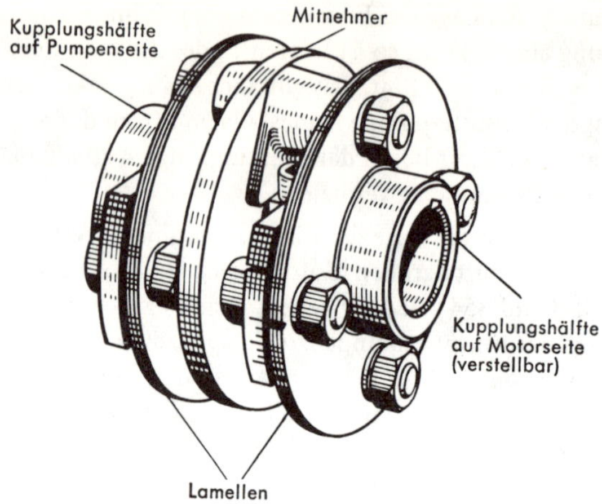

Bild 253. Lamellenkupplung der Firma Robert Bosch GmbH

nach Bild 253. Eine drehelastische Kupplung darf auf keinen Fall verwendet werden, da sich damit der Förderbeginn der Einspritzpumpe periodisch verändert. An dieser Kupplung wird dann auch der Förderbeginn bei der Montage verstellt. Der Einspritzpumenantrieb, d.h. insbesondere die Zahnräder – die Einspritzpumpe läuft beim Viertaktmotor mit halber Motordrehzahl – aber auch die Verbindung der Zahnräder mit den Wellen, die Kupplungen und eventuelle Übertragungswellen müssen den Beanspruchungen entsprechend bemessen und gestaltet werden. Dabei dürfen den Berechnungen nicht irgendwelche mittleren Antriebsleistungen für die Einspritzpumpen zugrundegelegt werden. Diese haben nur Bedeutung als Teil der Reibungsleistung des Motors. Für die Bemessung des

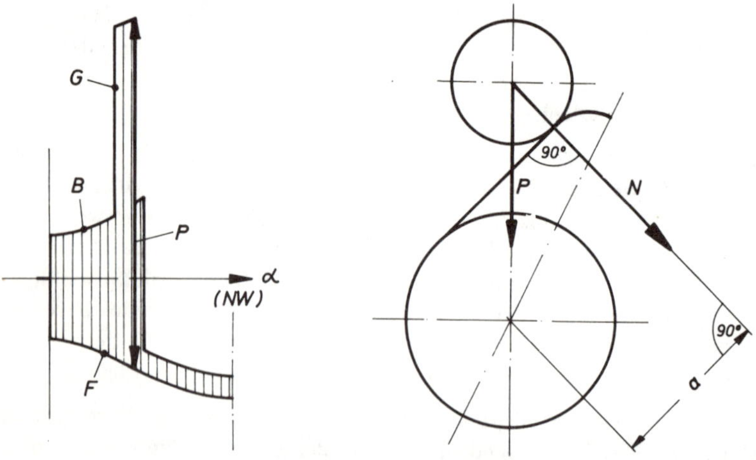

Bild 254. Zur Ermittlung des Spitzendrehmoments einer Einsrpitzpumpe

Einspritzpumpenantriebes ist das Spitzendrehmoment maßgebend, für dessen Berechnung folgende Größen bekannt sein müssen:

Nockenform und Rollendurchmesser,
Pumpenkolbendurchmesser,
Spitzendruck über dem Pumpenkolben,
Kraftverlauf der Rückholfelder am Kolben der Einspritzpumpe.

Nach Bild 254 wirkt auf das Triebwerk der Einspritzpumpe die Kraft P = B + F + + G. Darin ist B die Beschleunigungskraft der bewegten Massen. Die Beschleunigung ist abhängig vom Nockenhub und von der Nockenform. F ist die Federkraft der Rückholfelder, sie ist proportional dem Nockenhub und abhängig von der Federkonstante. G wird aus Kraftstoffdruck und Kolbenfläche bestimmt. Dabei ist für den Kraftstoffdruck nicht der Abspritzdruck des Einspritzventils, sondern der Spitzendruck über dem Pumpenkolben einzusetzen, der abhängig ist vom Düsenquerschnitt und dem Querschnitt der Einspritzleitungen. Er kann ein Vielfaches des Abspritzdruckes des Einspritzventils betragen und ist aus Versuchsmessungen für das jeweilige Einspritzsystem bekannt. Nach Bild 254 wird aus P entsprechend der Nockenform die im Wendepunkt wirkende Normalkraft rechnerisch und zeichnerisch bestimmt. Obwohl oben gesagt wurde, daß die Einspritzung kurz vor dem Wendepunkt beendet sein muß, da sonst die Flächenpressung auf der Nockenkuppe zu groß wird, wird hier zur Vereinfachung der Rechnung die Kraft P als im Wendepunkt wirkend angenommen. Der dadurch entstehende Fehler ist nicht groß, und man liegt bei dieser Annahme mit der Rechnung auf der sicheren Seite. Das Spitzendrehmoment ist dann

$$M_{d_{max}} = N \cdot a.$$

Da die durch die Einspritzpumpe erzeugten Wechseldrehmomente mit den Zahnspielen des Rädertriebes zu hohen, der Rechnung nicht zugänglichen Beschleunigungskräften führen können, wird das oben ermittelte Spitzendrehmoment noch mit einem Sicherheitsfaktor von ca. 2 multipliziert. Die Spitzendrehmomente können besonders bei hochaufgeladenen Motoren zu hohen Belastungen des Antriebs führen. Dem ist Rechnung zu tragen durch entsprechende Werkstoffauswahl für die Zahnräder des Einspritzpumpenantriebs. Meist ist es notwendig, die Zahnräder zu nitrieren (Badnitrieren) oder zu härten.

3.6.1.6 Spritzversteller

Zwischen dem Beginn der Förderung, d.h. dem Schließen der Saugbohrung im Pumpenzylinder, und dem Öffnen der Düse liegt ein bestimmter Zeitraum, die Einspritzverzögerung. Diese Zeit setzt sich aus verschiedenen Teilzeiten zusammen, der Zeit vom Förderbeginn bis zum Öffnen des Druckventils in der Einspritzpumpe, der Zeit, die notwendig ist, um das Entlastungsvolumen in der Einspritzleitung aufzufüllen, der Laufzeit der Druckwelle in der Einspritzleitung und dem

Öffnungsverzug in der Düsennadel. Den größten Anteil dabei hat die Laufzeit t der Druckwelle in der Leitung

$$t = \frac{L}{c} \text{ [sec]}$$

L = Leitungslänge vom Druckventil bis zur Düsennadel [m]
c = Schallgeschwindigkeit im Kraftstoff (~ 1300 m/sec)

Diese Laufzeit ist unabhängig von der Drehzahl. Sie ändert sich jedoch mit der Drehzahl, wenn sie in Grad Kurbelwinkel ausgedrückt wird

$$t_{Grad} = \frac{L}{c} \cdot n \cdot 6 \text{ [Grad KW]}$$

n = Motordrehzahl [U/min]

t_{Grad} wird mit steigender Drehzahl und mit länger werdender Leitung größer, d.h. die Einspritzverzögerung wird größer. Daher auch die Forderung nach möglichst kurzen und gleich langen Einspritzleitungen. Schnellaufende Motoren mit variabler Drehzahl, z.B. Fahrzeugmotoren, müssen daher mit einem sogenannten Spritzversteller versehen werden, der den Förderbeginn automatisch entsprechend der Drehzahl durch Verdrehen der Einspritzpumpennockenwelle verändert. Je nach Empfindlichkeit des Verbrennungsverfahrens auf veränderliche Einspritzverzögerung ist der Verstellbereich des Spritzverstellers größer oder kleiner.

Die Zubehörindustrie stellt solche Spritzversteller zur Verfügung. Sie arbeiten alle als automatische Spritzversteller, wobei die von der Drehzahl abhängige Zentrifugalkraft von federbelasteten Fliehgewichten dazu ausgenutzt wird, die Nockenwelle der Einspritzpumpe so zu verdrehen, daß der Förderbeginn um so später liegt, je niedriger die Drehzahl ist. Ein solcher Spritzversteller wird normalerweise bei einer Flanschpumpe in das Antriebszahnrad eingebaut (Bilder 336 und 362) oder bei einer Sattelpumpe auf dem Nockenwellenende der Einspritzpumpe angeordnet. Bei größeren nicht angeflanschten Einspritzpumpen, die auch einen größeren Spritzversteller erfordern, wird dieser zweckmäßigerweise auch in den Zahnradtrieb eingebaut. Bis zu einer gewissen Größe werden Spritzversteller von der Zubehörindustrie zur Verfügung gestellt. Darüber hinaus wird es manchmal notwendig sein, daß der Motorenkonstrukteur einen eigenen Spritzversteller konstruiert. In diesem Falle müssen folgende Regeln beachtet werden:

a) Ein Spritzversteller muß die Einspritzpumpennockenwelle im Betrieb verstellen. Er muß also erhebliche Widerstände überwinden. Die Verstellkräfte müssen nicht nur bei vollem Hub der Fliehgewichte, sondern auch schon bei kleinen Hüben ausreichend groß sein. Die Verstellcharakteristik muß stetig sein und darf keine nennenswerte Hysterese haben. Daraus ergibt sich die Forderung, daß das Arbeitsvermögen des Spritzverstellers in dem vorgegebenen Bauraum so groß wie möglich sein muß. Da der Fliehgewichtshub durch den Bauraum begrenzt ist, müssen die Fliehgewichte so gestaltet sein, daß sie den ganzen zur Verfügung stehenden Raum ausfüllen. Dazu gehört auch, daß die Übertragungselemente (z.B. F und D in Bild 256) Bestandteile des Fliehgewichtes sind und an der Erzeugung der Fliehkraft teilnehmen.

b) Das mit der Motorbelastung veränderliche Einspritzpumpendrehmonent hat Rückwirkungen auf die Verstellcharakteristik zwischen Leerlauf und Vollast. Um diese Rückwirkungen so klein wie möglich zu halten, müssen die Kräfte aus dem Einspritzpumpendrehmoment im Spritzversteller so wirken, daß Selbsthemmung vorhanden ist.

c) Der Spritzversteller muß über einen großen Drehzahlbereich arbeiten, meistens im Verhältnis 2:1. Das bedeutet, daß die Stellkräfte sich im Verhältnis 4:1 ändern. Daraus ergibt sich die Forderung nach hochbelastbaren Federn mit sehr steiler Kennlinie, eine Forderung, die normalerweise nur mit mehreren Federn erfüllt werden kann. Es müssen also genügend viele Federn untergebracht werden können (z.B. Bild 256: vier Schraubenfedern).

d) Die Gleitbahnen im Spritzversteller sind hoch belastet, und es besteht Gefahr von Reibrostbildung. Es muß also Flächenberührung angestrebt werden (Gleitsteine, Bild 256), und es muß eine gute Schmierung sichergestellt sein. Bei dem in Bild 256 dargestellten Spritzversteller wird z.B. Spritzöl in die Aufnahme des Fliehgewichtsträgers B durch eine Tropfnase (nicht dargestellt) geleitet, das dann durch radiale Bohrungen im Träger B und den Fliegewichten A unter der Einwirkung der Fliehkraft zu den Gleitflächen gelangt.

e) Um Unwuchten zu vermeiden, muß der Spritzversteller symmetrisch gebaut sein, d.h. er muß mindestens zwei Fliehgewichte haben.

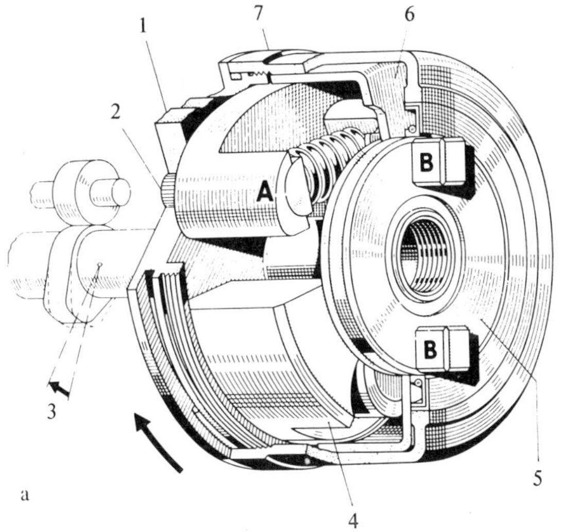

1 Kupplungsflansch
2 Fliehgewichtsbolzen
3 Verstellung der Nockenwelle
4 Fliehgewicht
5 Antriebsflansch
6 Lagerkapsel
7 Gehäuse

Bild 255. a) Aufbau eines automatischen Spritzverstellers der Firma Robert Bosch GmbH

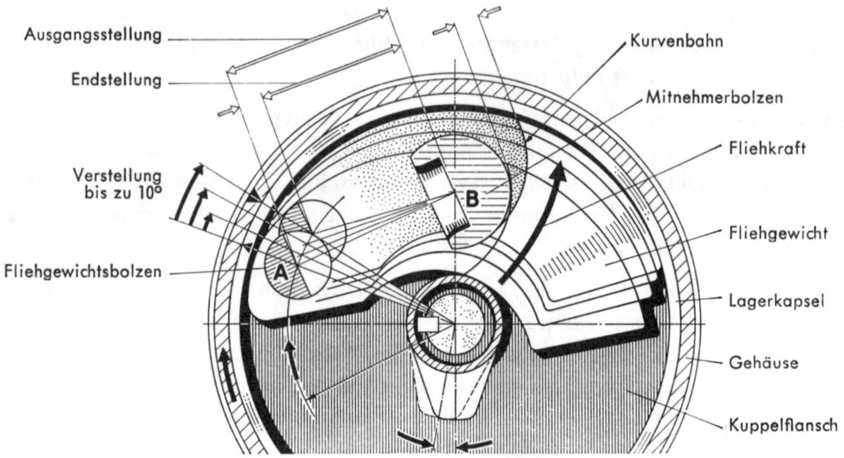

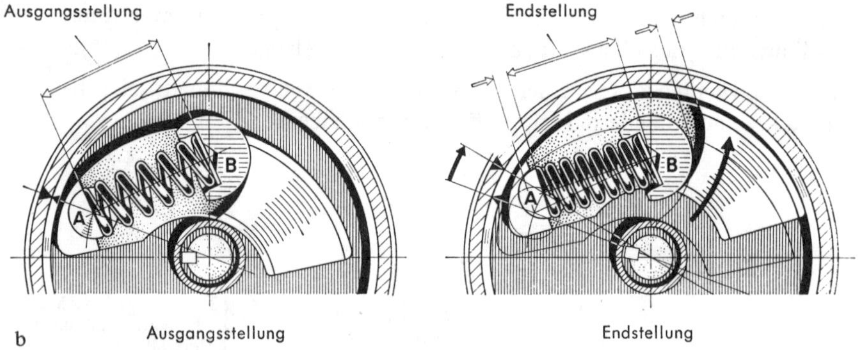

Bild 255. b) Wirkungsweise eines automatischen Spritzverstellers der Firma Robert Bosch GmbH

f) Der Spritzversteller soll so konstruiert sein, daß er als komplette Einheit aus- und eingebaut werden kann. Damit ist eine einwandfreie Fertigungsprüfung des Spritzverstellers außerhalb des Motors möglich.

Als Beispiele aus der großen Zahl von bestehenden Spritzverstellerkonstruktionen sind in den Bildern 255 und 256 zwei Typen dargestellt. Bild 255 zeigt den Spritzversteller der Firma Bosch. Seine Wirkungsweise ist kurz folgende.

Mit steigender Drehzahl wandern die Fliehgewichte nach außen und die Kurvenbahnen der Fliehgewichte gleiten entlang den Mitnehmerbolzen B des starr mit der Antriebswelle verbundenen Antriebsflansches. Der Kuppelflansch, an dem die Fliehgewichtsbolzen starr befestigt sind, ist fest mit der Nockenwelle der Ein-

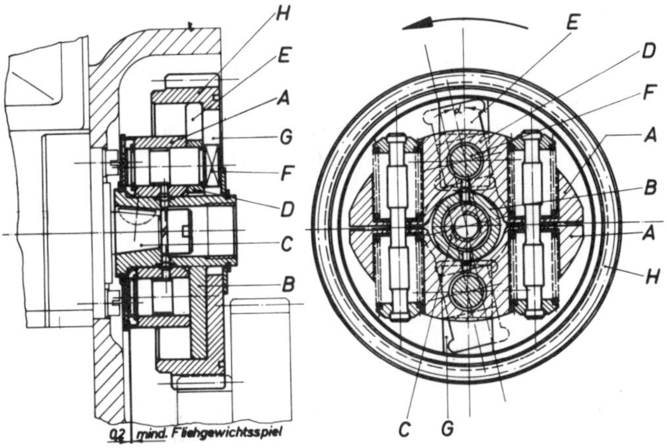

Bild 256. Automatischer Spritzversteller der Klöckner-Humboldt-Deutz AG

spritzpumpe verbunden. Beide Flansche sind durch Federn kraftschlüssig verbunden und können sich um einen bestimmten Winkel gegeneinander verdrehen. Beim Gleiten der Kurvenbahn entlang dem Bolzen B wird der Bolzen A, der im Fliehgewicht drehbar gelagert ist, und damit die Nockenwelle je nach Federkraft und Größe des Fliehgewichts und damit je nach Drehzahl um einen gewissen Winkel gegenüber der Antriebswelle verdreht.

Bild 256 zeigt einen Spritzversteller, bei dem die o.g. Forderungen: größtmögliches Arbeitsvermögen bei kleinsten äußeren Abmessungen durch geschickte Konstruktion gut erfüllt sind. Die Fliehgewichte A sind in Drehrichtung starr mit dem Fliehgewichtsträger B verbunden, der seinerseits auf der Nockenwelle C der Einspritzpumpe befestigt ist. Die Fliehgewichte A können sich über ein drehbares Gleitstück D in der Gleitbahn E des Fliehgewichtsträgers B radial bewegen. Gleichzeitig bewegt sich das in den Fliehgewichten drehbar gelagerte Gleitstück F in der Gleitbahn G des Antriebszahnrades H. Beide Gleitbahnen E und G sind um einen bestimmten Betrag gegeneinander versetzt. Gehen nun bei steigender Drehzahl die Fliehgewichte A nach außen, so wird die Nockenwelle C der Einspritzpumpe gegenüber dem Antriebszahnrad H um einen gewissen Winkel α verschoben. Die Größe von α ist abhängig von der Drehzahl, der Federkraft, der Größe der Fliehgewichte und dem Versatz der Gleitbahnen G und H. Diese Konstruktion hat den Vorteil, daß bei gleichem Bauraum verschieden große Verstellwinkelbereiche realisiert werden können einfach durch Veränderung des Versatzes zwischen den beiden Gleitbahnen E und G, ohne daß der Hub der Fliehgewichte begrenzt zu werden braucht. Das bedeutet, daß das Arbeitsvermögen des Verstellers bei verschiedenen Verstellwinkelbereichen immer gleich groß ist, weil der Fliehgewichtsweg immer der gleiche ist.

3.6.2 Die Einspritzdüse

Die Einspritzdüse hat die Aufgabe, den von der Einspritzpumpe geförderten Kraftstoff zu zerstäuben und im Verbrennungsraum so zu verteilen, daß zusammen mit der Luftbewegung im Verbrennungsraum eine gute Vermischung der Kraftstofftröpfchen mit der Verbrennungsluft stattfindet. Die Einspritzdüse ist

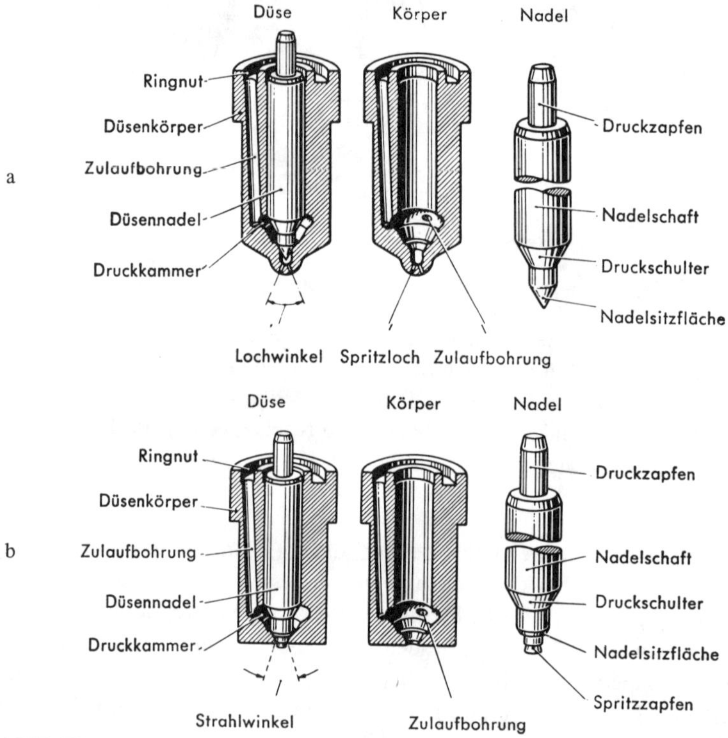

Bild 257. Einspritzdüsen (nach Unterlagen der Firma Robert Bosch GmbH)
a) Lochdüse
b) Zapfendüse

im wesentlichen ein federbelastetes Ventil, das durch den Brennstoffdruck geöffnet wird. Man unterscheidet zwei Bauarten, die Zapfen- und die Lochdüse (Bild 257). Zapfendüsen werden bei Motoren mit abgeteiltem Brennraum, also Vorkammer- oder Wirbelkammermotoren, verwendet, Lochdüsen bei Motoren mit direkter Einspritzung. Bei der Zapfendüse kann der Einspritzstrahl durch entsprechende Gestaltung des Zapfens den Erfordernissen des Verbrennungsverfahrens angepaßt werden. So wird z.B. bei der Drosselzapfdüse (Bild 258) durch einen kegeligen Ansatz am Zapfen für eine gewisse Voreinspritzung gesorgt, was sich günstig auf Gangruhe und Verbrennungsgeräusch auswirkt.

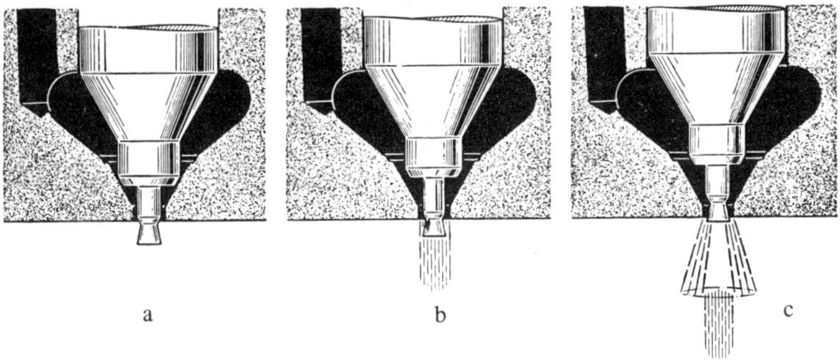

Bild 258. Drosselzapfendüse (Voreinspritzung)
a) geschlossen
b) wenig geöffnet (Vorstrahl)
c) voll geöffnet (Hauptstrahl)
(Nach Unterlagen der Firma Robert Bosch GmbH)

Zapfendüsen haben eine selbstreinigende Wirkung, da der Zapfen sich bildende Koksablagerungen wegstößt. Die Lochdüsen sind als Einloch- oder Mehrlochdüsen ausgebildet. Lochlänge und Lochdurchmesser bestimmen Form und Durchschlagskraft des Brennstoffstrahls. Der Lochdurchmesser darf nicht zu klein sein, einerseits wegen der Verstopfungsgefahr, andererseits wegen der Gefahr zu hoher Spitzendrücke im Einspritzsystem mit ihren schädlichen Rückwirkungen auf das Triebwerk der Einspritzpumpe und den Einspritzpumpenantrieb. Der kleinste Spritzlochdurchmesser liegt bei ca. 0, 2 mm. Einspritzdüse und Düsenhalter bilden zusammen das Einspritzventil (Bild 259). Im Düsenhalter befinden sich die Druckfeder, deren Vorspannung zusammen mit den Abmessungen der Düsennadel den Abspritzdruck bestimmt, die Kraftstoffzulaufbohrungen und die Leckölableitung. Der Düsenhalter muß im Zylinderkopf immer so eingebaut sein, daß die Düse gut gekühlt ist, d.h. daß der Düsenhalter direkt vom Kühlwasser oder der kalten Kühlluft angeströmt wird. Zur besseren Wärmeabfuhr wird bei Drosselzapfdüsen eine Wärmeschutzplatte (Bild 260) vorgesehen, die einerseits den Düsenboden vor der direkten Wärmeeinwirkung aus dem Verbrennungsraum schützt und andererseits für eine gute Wärmeabfuhr aus dem Düsenhalter in die gekühlten Zylinderkopfwände sorgt. Bei der Konstruktion des Zylinderkopfes muß dafür in der Pfeife des Einspritzventils der entsprechende Platz vorgesehen werden.
Der Düsenhalter selbst wird entweder in den Zylinderkopf eingeschraubt oder mit Flanschen oder Haltern auf den Dichtsitz im Zylinderkopf gedrückt. Einige Ausführungsformen zeigen Bild 261 sowie die Bilder ausgeführter Motoren in Kapitel 6. Bei der Befestigung mit losem Zweilochflansch (Bild 261a) muß durch

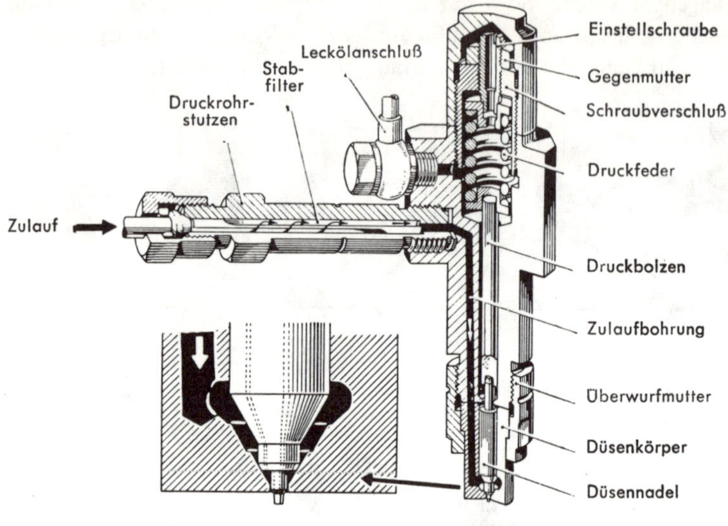

Bild 259. Bosch Einspritzventil mit Zapfendüse

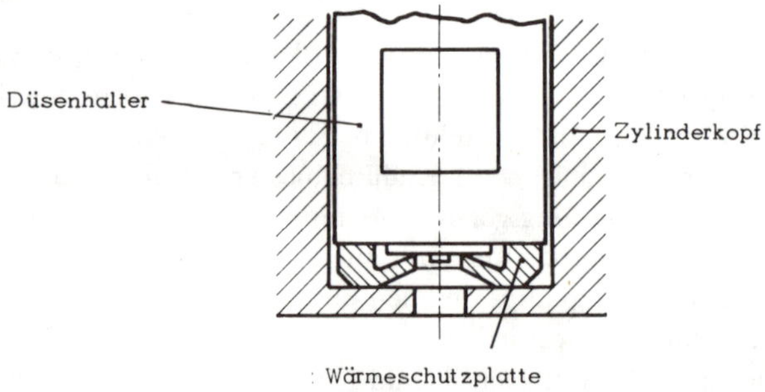

Bild 260. Drosselzapfendüse mit Wärmeschutzplatte

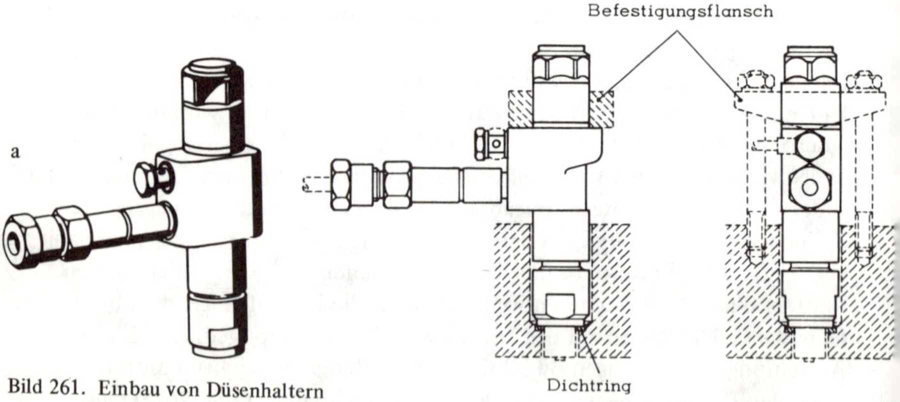

Bild 261. Einbau von Düsenhaltern
a) Düsenhalter mit losem Flansch

b

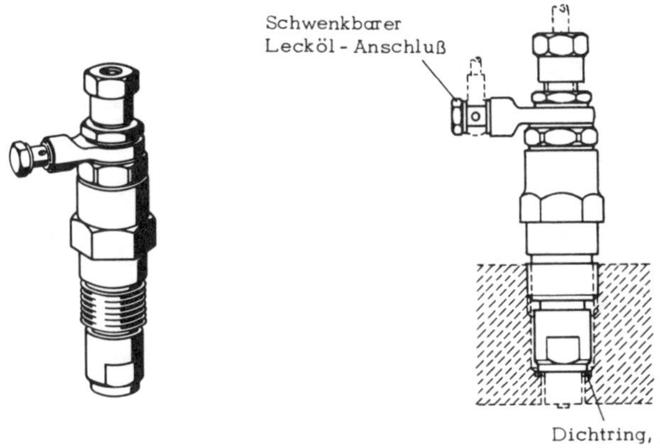

c

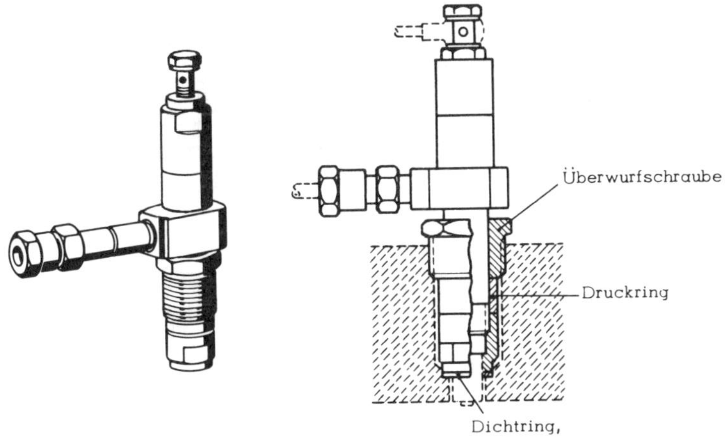

Bild 261. Einbau von Düsenhaltern (nach Unterlagen der Firma Robert Bosch GmbH)
b) Düsenhalter mit Einschraubgewinde
c) Düsenhalter mit Überwurfmutter

eine entsprechende Zeichnungsvorschrift für das Anzugsmoment der Schrauben und für gleichmäßigen Anzug dafür gesorgt werden, daß der Düsenhalter nicht beim Einbau verklemmt wird, was zum Hängenbleiben der Düsennadel führt. Lose Befestigungsflansche sind so kräftig auszuführen, daß sie sich unter der Schraubenkraft nicht verformen.

3.6.3 Das Einspritzsystem

Bild 262 zeigt schematisch eine Einspritzanlage. Der Kraftstoff wird von der Förderpumpe aus dem Kraftstoffbehälter über den Kraftstoffilter der Einspritzpumpe mit einem gewissen Vordruck zugeführt. Der überschüssige Kraftstoff wird

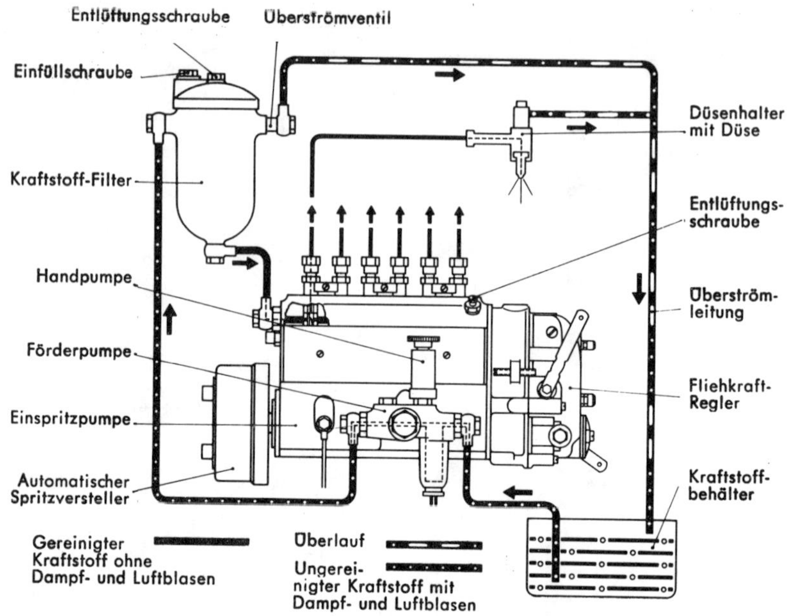

a

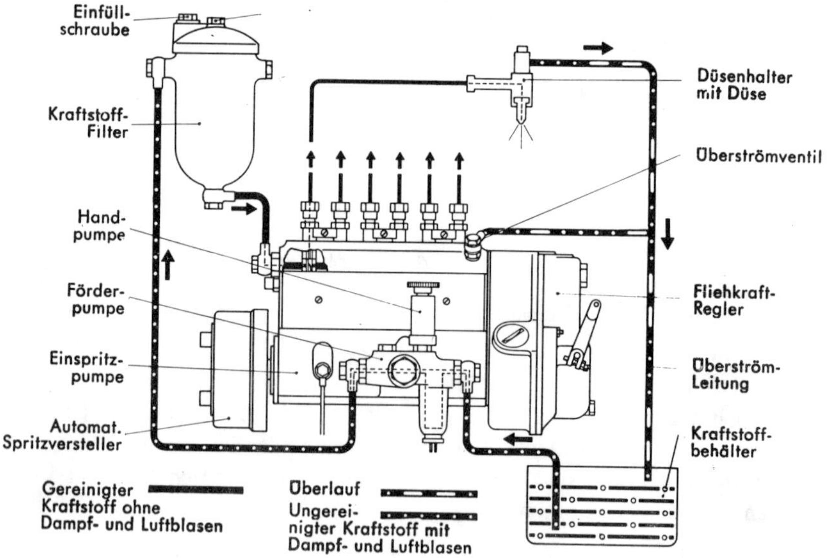

b

Bild 262. Schema einer Einspritzanlage (nach Unterlagen der Firma Robert Bosch GmbH)
a) ohne Saugraumdurchspülung
b) mit Saugraumdurchspülung

durch das am Filter angebrachte Überströmventil, das den Vordruck bestimmt, in den Kraftstoffbehälter zurückgeführt. Wird das Überströmventil am Saugraum der Einspritzpumpe angebracht (Bild 262b), so wird der Saugraum der Einspritzpumpe vom gesamten Kraftstoff durchspült, was einen gewissen Kühleffekt hat. In diesem Fall wird jedoch der Filter vom gesamten Kraftstoff durchflossen und muß unter Umständen größer ausgelegt werden. An die Rücklaufleitung wird auch die Leckölleitung von den Einspritzdüsen angeschlossen. Auf keinen Fall darf die Leckölleitung an eine unter Druck stehende Leitung, z.B. an die Leitung von der Förderpumpe zum Filter, angeschlossen werden. Am besten wird die Leckölsammelleitung aller Einspritzventile in einer separaten, drucklosen Leitung in den Kraftstoffbehälter zurückgeführt. Das Kraftstoffleitungssystem muß so verlegt sein, daß es sich selbsttätig entlüftet, d.h. die Leitung vom Filter zur Einspritzpumpe muß Gefälle haben, damit Luft und Gasblasen zum Filter aufsteigen, von wo aus sie dann über die Überströmleitung zum Kraftstoffbehälter gelangen (Bild 262a).
Die Förderpumpe kann entfallen, wenn ein Falltank (z.B. in landwirtschaftlichen Schleppern) vorhanden ist, jedoch ist auch hier meistens eine Förderpumpe notwendig, um den notwendigen Kraftstoffvordruck zu erhalten. In diesem Fall kann bei kleineren Motoren eine einfache, kostengünstige Membranpumpe, wie sie als Förderpumpe von Ottomotoren her bekannt ist, verwendet werden. Sie wird meistens an der Einspritzpumpe selbst angebracht, deren Nockenwelle hierfür einen speziellen Nocken hat. Bei tiefliegenden Tanks werden bis zu mittelgroßen Motoren eine oder zwei Kolbenpumpen verwendet, die ebenfalls an der Einspritzpumpe befestigt sind. Bei größeren Motoren, insbesondere bei Einzeleinspritzpumpen, kommen besonders angetriebene Zahnradpumpen als Förderpumpen in Frage.

Der Kraftstoffilter ist ein wichtiger Bestandteil des Kraftstoffsystems. Die diffizilen Teile der Einspritzpumpe und der Einspritzdüsen, wie Pumpenzylinder, Pumpenkolben und Druckventile, sowie Düsennadeln und ihre Führungen, sind hochempfindlich gegen Verunreinigungen im Kraftstoff. Bild 263 zeigt die Folgen derartiger Verunreinigungen, die zum Ausfall der Pumpe oder der Düse führen. Die Einsätze des Kraftstoffilters bestehen entweder aus Filz oder aus Papier (Bild 264). Filzrohreinsätze haben den Vorteil, daß sie gereinigt werden können, Papiereinsätze müssen gewechselt werden. Bei schnellaufenden Dieselmotoren haben sich fast ausnahmslos Papierfilter wegen der hohen Filtergüte durchgesetzt. Wenn die Forderung besteht, den Motorbetrieb nicht durch Filterwechsel zu unterbrechen (z.B. bei Schiffshauptmotoren), werden zwei Filter mit einem Umschalthahn zu einem Umschaltfilter zusammengefaßt (Bild 265). In den letzten Jahren haben sich mehr und mehr bei kleinen und mittelgroßen Motoren Wechselfilter oder Boxfilter durchgesetzt. Sie sind dadurch gekennzeichnet, daß Filter und Filtergehäuse eine Einheit bilden, die als ganzes ausgewechselt wird (Bild 266), wodurch der Wartungsaufwand vermindert wird.

Bild 263. Verschleiß an der Düsennadel und an einem Entlastungsventil durch schlecht gefilterten Kraftstoff
(Nach Unterlagen der Firma Robert Bosch GmbH)

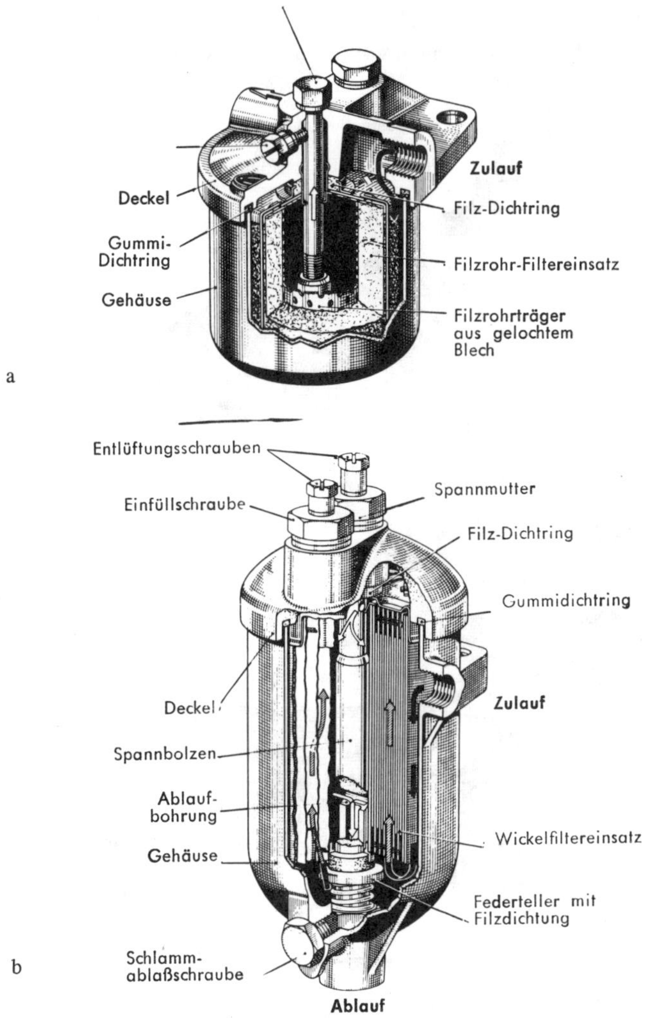

Bild 264. Kraftstoffilter (nach Unterlagen der Firma Robert Bosch GmbH)
a) Filzrohrfilter
b) Filter mit Wickelfiltereinsatz aus Papier

Schließlich sei noch erwähnt, daß bei modernen Motoren mit Blockeinspritzpumpen die Schmierung der Einspritzpumpe wartungsfrei erfolgt, d.h. die Einspritzpumpe ist an das Schmierölsystem des Motors angeschlossen. Es muß also am Kurbelgehäuse ein entsprechender Druckölanschluß in unmittelbarer Nähe der Einspritzpumpe vorhanden sein. Ebenso muß eine Rücklaufleitung in das Kurbelgehäuse für das aus der Einspritzpumpe austretende Schmieröl vorgesehen werden mit entsprechendem Querschnitt und Gefälle. Der Ölrücklauf ist darauf zu kontrollieren, ob er auch bei allen vorkommenden Schräglagen (einbau- oder betriebsbedingt) funktioniert.

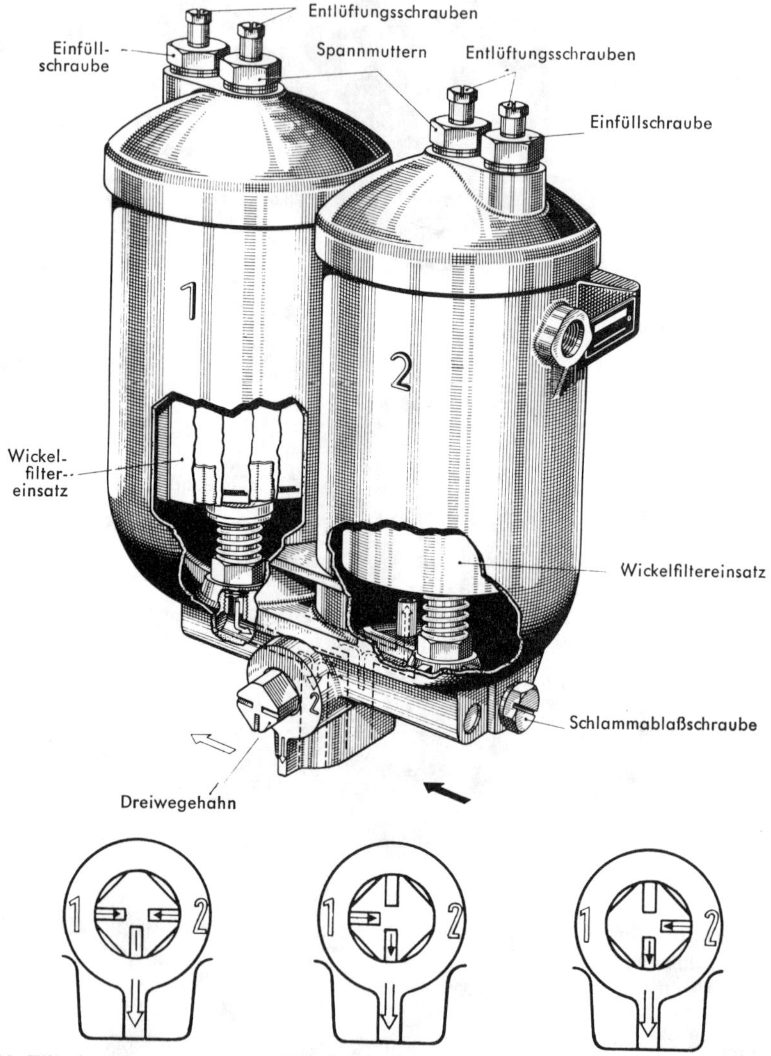

Beide Filterkammern eingeschaltet (Stellung b. Auffüllen und bei Dauerbetrieb mit beiden Filterkammern)

Filterkammer 1 eingeschaltet (Stellung für Dauerbetrieb der Filterkammer 1 und Reinigen der Filterkammer 2)

Filterkammer 2 eingeschaltet (Stellung für Dauerbetrieb der Filterkammer 2 und Reinigen der Filterkammer 1)

Bild 265. Bosch-Kraftstoff-Umschaltfilter mit Stellungen des Dreiwegehahns

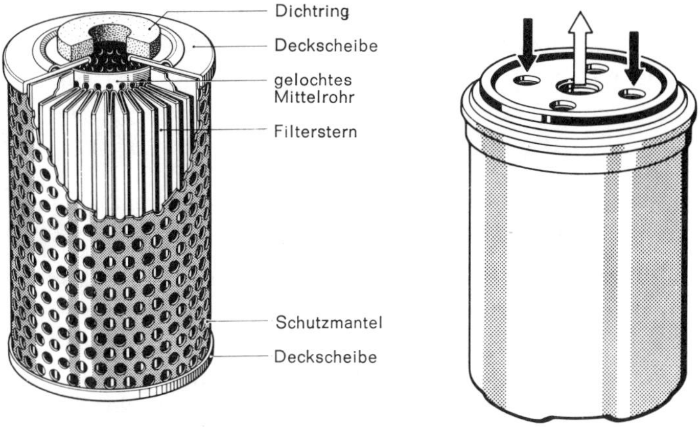

Bild 266. Kraftstoffilterbox mit Sternfiltereinsatz (Robert Bosch GmbH)

3.6.4 Drehzahlregler

3.6.4.1 Regelung von Dieselmotoren und Reglerarten

Der Drehzahlregler hat die Aufgabe, die Drehzahl des Dieselmotors unabhängig von seiner Belastung in gewissen Grenzen entsprechend einem eingestellten Sollwert konstant zu halten. Dabei ergeben sich je nach der Verwendung des Dieselmotors z.B. als Fahrzeugmotor, als Schriffsantriebsmotor oder als Antriebsmotor von elektrischen Generatoren verschiedene Anforderungen an den Regler und die Art der Drehzahlregelung. Bei einem Straßenfahrzeug mit mechanischer Kraftübertragung ist es normalerweise nur notwendig, die Leerlaufdrehzahl aufrechtzuerhalten, damit der Motor nicht stehenbleibt, und die Enddrehzahl zu begrenzen, damit der Motor nicht seine zuverlässige, maximale Drehzahl überschreitet. Alle Zwischenstufen werden unter Ausschaltung des Reglers direkt über die Regelstange der Einspritzpumpe eingestellt. Einen solchen Regler nennt man Leerlauf- und Enddrehzahlregler. In anderen Fällen, z.B. bei landwirtschaftlichen Schleppern, bei Schiffsantrieben mit Festpropeller, bei denen eine bestimmte gleichmäßige Schiffsgeschwindigkeit eingehalten werden soll, oder bei Schiffsantrieben mit Verstellerpropellern, ist ein sogenannter Verstellregler notwendig, bei dem eine wahlweise eingestellte Motordrehzahl in gewissen Grenzen konstant gehalten wird. Bei diesen Reglern kann jede Drehzahl zwischen der Leerlaufdrehzahl und der Enddrehzahl am Drehzahlverstellhebel des Reglers eingestellt werden und wird dann mit mehr oder weniger großem Ungleichförmigkeitsgrad konstant gehalten. Der Ungleichförmigkeitsgrad oder Proportionalitätsgrad (P-Grad) ist die bleibende statische Drehzahländerung in Abhängigkeit von der Belastung.

Der P-Grad δ_s [%] ist das Verhältnis der Drehzahldifferenz zwischen Nullastdrehzahl n_L und Vollastdrehzahl n_V, bezogen auf die Nenndrehzahl n_N. Dabei ist normalerweise $n_V = n_N$.

$$\delta_s = \frac{n_L - n_V}{n_N} \cdot 100\ [\%]$$

Der P-Grad eines Verstellreglers ist am kleinsten bei Nenndrehzahl und wird umso größer, je kleiner die eingestellte Drehzahl wird.

Bei Diesel-Elektroaggregaten (und zwar bei Drehstromaggregaten) werden die höchsten Anforderungen an den Regler gestellt. Hier muß die Frequenz des erzeugten Dreh- oder Wechselstromes in bestimmten Grenzen konstant gehalten werden, d.h. der Regler hat im Gegensatz zum Verstellregler die Aufgabe, eine bestimmte Drehzahl bei jeder Belastung konstant zu halten. Normalerweise ist hier der P-Grad $\delta_S \approx 4$ bis 5% wobei eine vorübergehende Drehzahländerung δ_D von ca. 12% bei einer Drehzahlausregelzeit t_N von ca. 10 sec zugelassen ist. Die vorübergehende Drehzahländerung δ_D ist definiert als vorübergehende, beim Ausregelvorgang nach einer plötzlichen Lastaufschaltung oder – abschaltung auftretende Drehzahldifferenz zwischen Einbruchs- bzw. Überschwindrehzahl und der Ausgangsdrehzahl bezogen auf die Nenndrehzahl (vgl. Bild 269).

$$\text{Entlastung: } \delta_{DE} = \frac{n_{max} - n_V}{n_N} \cdot 100\ [\%]$$

$$\text{Belastung: } \delta_{DB} = \frac{n_{min} - n_L}{n_N} \cdot 100\ [\%]$$

Die Drehzahlausregelzeit t_n ist definiert als Zeit in sec zwischen dem plötzlichen Abschalten der Last und dem bleibenden Eintritt der Drehzahl in ein Toleranzband α_n um die Beharrungsdrehzahl (vgl. Bild 269). Die höchsten Anforderungen an die Frequenzkonstanz werden an solche Aggregate gestellt, die z.B. zur Versorgung von Sendeanlagen, Rechenanlagen oder ähnlichen Verbrauchern dienen. Hier muß die Frequenz im Beharrungszustand praktisch konstant mit einer max. Abweichung von + 0,25% vom Sollwert sein, was einen sehr reibungsarmen Regler erfordert. Die vorübergehende Drehzahländerung δ_D bei 100%igem Lastwechsel darf dabei nicht größer sein als 5 - 7% und die Drehzahlausregelzeit t_n nicht länger als 1 bis 2 sec sein. An dieser Stelle sei aber darauf hingewiesen, daß solche Regelbedingungen nicht allein vom Regler geschafft werden können, sondern daß auch der Motor selbst dazu beitragen muß, sie einzuhalten. Grundsätzlich gilt nämlich, daß eine Motorenanlage vom Regler um so einfacher zu beherrschen ist, je größer ihr Trägheitsmoment, d.h. je größer das Schwungrad ist. Schwierigkeiten bei der Regelung bei scharfen Regelbedingungen können u.U. auch hochaufgeladene Motoren machen. Der Regler kann nämlich nur die Kraftstoffmenge unmittelbar steuern und hat keinen Einfluß auf die zur Verbrennung dieser Kraftstoffmenge notwendige Luftmenge. Diese kann aber bei schnellen

Laständerungen von kleiner Last auf höhere Last wegen der Trägheit des Abgasturboladers nur verzögert zur Verfügung gestellt werden. Der in der Beschleunigungszeit des Abgasturboladers entstehende Luftmangel führt dann zu entsprechenden Drehzahlabweichungen und erhöhten Ausregelzeiten. Als Maß für die Schwierigkeit einer Anlage in bezug auf ihre Regelung gilt die Anlaufzeit T_a. Die Anlaufzeit ist die Zeit in sec, in der die Drehmasse der gesamten Anlage (Massenträgheitsmoment Θ_p) durch das Motordrehmoment M_d auf die Nenndrehzahl n_N ($\omega = \frac{\pi \cdot n_N}{30}$ beschleunigt wird.

$$T_a = \frac{\Theta_p \cdot \omega}{M_d} \quad [\text{sec}]$$

Normale Anlagen haben Anlaufzeiten von 1,8 bis 2 sec und können mit normalen Reglern beherrscht werden. Niedrigere Anlaufzeiten von 1,2 bis 1,4 sec erfordern sehr reaktionsschnelle Regler mit einer nachgiebigen Rückführung. Hierauf wird noch später eingegangen. Der Parallelbetrieb von Drehstromaggregaten stellt wieder besondere Anforderungen an den Regler. Eine gleichmäßige Lastverteilung auf alle parallel laufenden Aggregate ist nur möglich, wenn die P-Grade der einzelnen Regler die gleiche Größe und Charakteristik haben. Ist das nicht der Fall, so ist gleiche Lastverteilung nur in einem Lastpunkt, z.B. Vollast, wie Bild 267 zeigt, oder nach Parallelverschiebung der Kennlinie 2 durch andere Drehzahleinstellung in einem Punkt Q_x möglich. Bild 267 zeigt einen

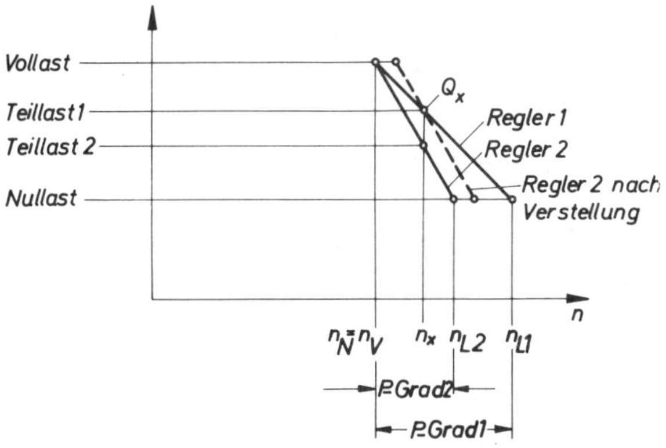

Bild 267. Lastverteilung zweier parallel laufender Dieselelektroaggregate in Abhängigkeit vom P-Grad der Regler

Verlauf der Charakteristik des P-Grades. In Wirklichkeit verlaufen die Charakteristiken meistens nicht geradlinieg, sondern gekrümmt. Der Proportionalitätsbereich der am Parallelbetrieb beteiligten Regler darf nicht unter 4 bis 5% liegen. Bei kleineren Werten ergeben sich Schwierigkeiten mit der Lastverteilung. Der Grund hierfür ist darin zu suchen, daß bei kleinem P-Grad, also bei steilerem Verlauf der beiden Geraden in Bild 267, die Unterschiede in der Lastverteilung schon bei kleiner Drehzahlabweichung sehr groß werden, was dann zu instabilem Parallelbetrieb mit Lastpendelungen führt. Es muß hier allerdings festgestellt werden, daß Pendelungen im Parallelbetrieb ihre Ursache auch auf der Generatorseite haben können, weshalb Generatoren für Parallelbetrieb unbedingt mit Dämpferkäfigen ausgerüstet sein müssen.

Wie schon gesagt, hat der Regler die Aufgabe, die Regelgröße (Drehzahl) bei allen auftretenden Störungen (Lastschwankungen) möglichst konstant zu halten, und zwar entsprechend dem eingestellten Sollwert (Drehzahleinstellung). Er mißt die Regelgröße mit einem federbelasteten Fliehpendelmeßwerk (Bild 268),

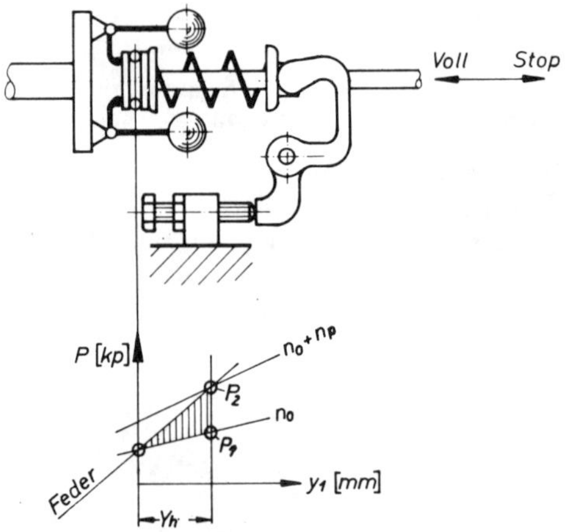

Bild 268. Schema eines mechanischen Drezahlreglers

stellt einen Soll-Istwert-Vergleich her und bewegt das Stellglied (Regelstange der Einspritzpumpe) so, daß die Soll-Istwert-Differenz so klein wie möglich wird. Diese Aufgabe wird für kleinere bis mittlere Stellkräfte (Motoren bis ca. 600 bis 700 PS) von direkt wirkenden mechanischen Reglern (Bilder 271, 275, 277) erfüllt. Mechanische Regler sind sehr reaktionsschnell, sofern ihr Arbeitsvermögen groß genug ist. Für größere Motoren mit ihren hohen Stellkräften sind indirekt wirkende, kraftverstärkte Regler notwendig (Bild 278). Kraftverstärkte Regler – im allgemeinen hydraulisch verstärkt – sind nicht ganz so reaktionsschnell wie die direkt wirkenden mechanischen Regler, weil der Kraftverstärker mit einer gewissen Zeitkonstante zwischen Servo-Ventil und Verstärkerkolben behaftet ist.

Nach ihrer Wirkungsweise werden die Regler in zwei Gruppen eingeteilt, und zwar in proportional wirkende Regler (P-Regler) und solche mit proportional-integraler Charakteristik (P-I-Regler).

Der P-Regler verstellt die Regelstange proportional zur Drehzahlabweichung. Der gesamte Stellweg zwischen Nullast und Vollast entspricht dem Proportionalbereich n_p. P-Regler können mechanische oder kraftverstärkte Regler sein. Bild 275 zeigt einen mechanischen P-Regler. Die Verstellregler sind im allgemeinen P-Regler, ebenfalls die normalen Regler für Drehstrom- und Gleichstromaggregate.

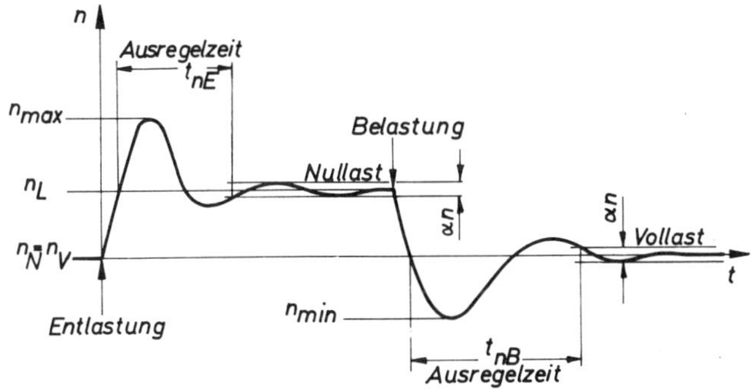

Bild 269. Drehzahlübergang (Ent- und Belastung) bei einem Diesel-Elektroaggregat mit P-Regler

Bild 269 zeigt den Drehzahlübergang eines Diesel-Generatoraggregats mit P-Regler bei Ent- und Belastung. Die Drehzahlen von Nullast und Vollast sind entsprechend dem Proportionalitätsgrad verschieden. Mit P-Reglern können folgende Werte bei Dieselaggregaten erreicht werden:

	δ_s	δ_D	$t_{n_{E,B}}$
normale Regelbedingungen	4 bis 5%	ca. 12%	ca. 10 sec
erhöhte Regelbedingungen	2 bis 3%	ca. 10%	ca. 4 sec

Der P-I-Regler, früher auch Isodrom-Regler genannt, hat praktisch keinen Proportionalitätsbereich. Die Motordrehzahl ist bei allen Belastungen gleich, der Proportionalitätsbereich ist Null. Ein P-I-Regler hat einen integralen Teil in Form einer nachgiebigen Rückführung, mit dessen Hilfe es möglich ist, die bleibende Drehzahlabweichung zu Null zu machen. Der in Bild 277 dargestellte Regler ist ein solcher P-I-Regler als mechanischer Regler, in Bild 278 als kraftverstärkter Reg-

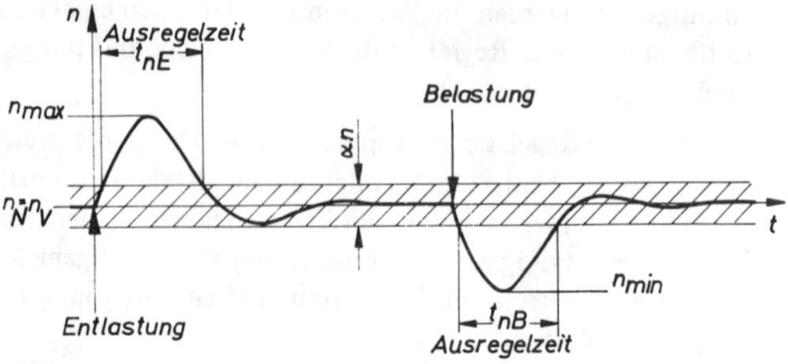

Bild 270. Drezahlübergang (Ent- und Belastung) bei einem Diesel-Elektroaggregat mit P-J-Regler

ler. Bild 270 zeigt den Drehzahlübergang eines Elektroaggregates mit P-I-Regler bei Be- und Entlastung. Mit P-I-Reglern lassen sich folgende Werte bei Einzelaggregaten erzielen:

	δ_s	δ_D	$t_{n_{E,B}}$
normale Regelbedingungen	0%	8%	bis 2 sec
erhöhte Regelbedingungen	0%	5%	bis 1,5 sec

3.6.4.2 Richtlinien für die Konstruktion von Reglern

Die Konstruktion eines Reglers ist auch für den Motorenkonstrukteur eine reizvolle Aufgabe. Es würde jedoch hier zu weit führen, eine Konstruktionslehre dafür zu geben, das würde allein ein Buch füllen. Es seien jedoch im folgenden einige Richtlinien für die Konstruktion eines mechanischen P-Reglers aufgestellt, die zusammen mit den im nächsten Abschnitt dargestellten Beispielen ausgeführter Regler eine Hilfe bei der Konstruktion eines Reglers sein können. Das Prinzip eines mechanischen Reglers zeigt Bild 268. Hieraus ergibt sich auch der prinzipielle Aufbau. Die Reglerfeder hält in jeder Stellung der Reglergewichte den Zentrifugalkräften das Gleichgewicht. Jeder Stellung der Reglergewichte entspricht eine bestimmte Stellung der Regelstange. Je kleiner die Stellwiderstände sind, bzw. je größer das Arbeitsvermögen des Reglers ist gegenüber den Stellwiderständen, desto reaktionsschneller ist der Regler; denn er ist dann in der Lage, eine Bewegung aus der oben genannten Gleichgewichtslage schnell ausführen zu können. Daraus ergibt sich: Das Arbeitsvermögen des Reglers muß so groß wie möglich sein. Das wird erreicht durch große Fliehgewichte und hohe Übersetzung im Antrieb des Meßwerkes (Bild 277), wobei letztere Maßnahme vorzuziehen ist, um die Eigenfrequenz des Reglers hoch zu halten. Um eine stabile Regelung zu erhalten, muß die Form der Fliehgewichte so sein, daß die Kennlinie der Zentrifugalkraft über dem Muffenweg flacher verläuft als die Kennlinie der Reglerfeder. Die Reibung und das Spiel in den Kraftübertragungsgliedern müssen so klein wie möglich sein, um eine gute Ansprechempfindlichkeit zu erhalten. Das bedeutet, die Fliehgewichte und die Übertragungshebel in Nadellagern oder ähnlichen reibungsarmen Lagern wie Kugelköpfen zu lagern und möglichst frei von Kräften, z.B. von Federkräften, zu halten. Muffen zur Aufnahme der von den Fliehgewichten übertragenen Kräfte sollen möglichst auf drehenden Wellen gelagert werden (Bild 277). Die Füße der Fliehgewichte, welche die Kraft auf die Muffe übertragen, sollen auf dieser keinen Reibungsweg ausführen, sondern so angeordnet sein, daß sie die Muffe oder einen dazwischenliegenden wälzgelagerten Druckring bei ihrer Bewegung verdrehen (Bild 277). Weiter muß für eine gute Schmierung aller sich bewegenden Teile gesorgt werden.

Das Fliehgewichtsmeßwerk kann nur dann einwandfrei messen, wenn sein Antrieb gleichmäßig ist. Bei ungleichförmigem Antrieb, hervorgerufen durch die Ungleichförmigkeit des Einspritzpumpendrehmomentes, durch große Zahnspiele im Antrieb, durch zu kleine Motorschwungmassen bei kleiner Zylinderzahl, zu schwache und elastische Antriebswellen usw., kommt es zu entsprechenden Bewegungen der Fliehgewichte, die sich in hochfrequenten Schwingungen der Regelstange auswirken. Das Meßwerk muß daher elastisch an den Antrieb angekuppelt werden (Bilder 271 und 277).

3.6.4.3 Ausgeführte Regler

Die Bilder 271 und 272 zeigen einen Leerlauf- und Enddrehzahlregler (R-Q-Regler) der Firma Bosch, wie er für die Regelung von Fahrzeugdieselmotoren verwendet wird. Der R-Q-Regler ist ein mechanischer Regler, der, direkt an die Einspritzpumpe angeflanscht, mit Nockenwellendrehzahl über eine elastische Kupplung angetrieben wird. In Leerlaufstellung des Verstellhebels sind die äußeren in den Fliehgewichten untergebrachten Leerlauffedern für die Regelung der Leerlaufdrehzahl wirksam. Der Regelhebel dreht sich je nach Lage der Fliehgewichte, die durch die Drehzahl und die Federkonstante der Leerlauffedern bestimmt ist, um den Drehpunkt, der durch die Stellung des Verstellhebels in der Kulisse des Regelhebels festgelegt ist (Hebelverhältnis 1:1,35). Wird nun mit dem Verstellhebel eine höhere Drehzahl eingestellt, so wird die Regelstange in Richtung „Voll" bewegt, und die Drehzahl steigt an. Dadurch kommen die Fliehgewichte zum Anschlag an die inneren vorgespannten Reglerfedern, und der untere Anlenkpunkt des Regelhebels wird zu seinem Drehpunkt. In dieser Phase wird die Regelstange durch den Verstellhebel betätigt unter Ausschaltung der am Anschlag der vorgespannten inneren Federn liegenden Fliehgewichte. Dabei wird das Übersetzungsverhältnis des Reglers kleiner. Wird die Enddrehzahl erreicht,

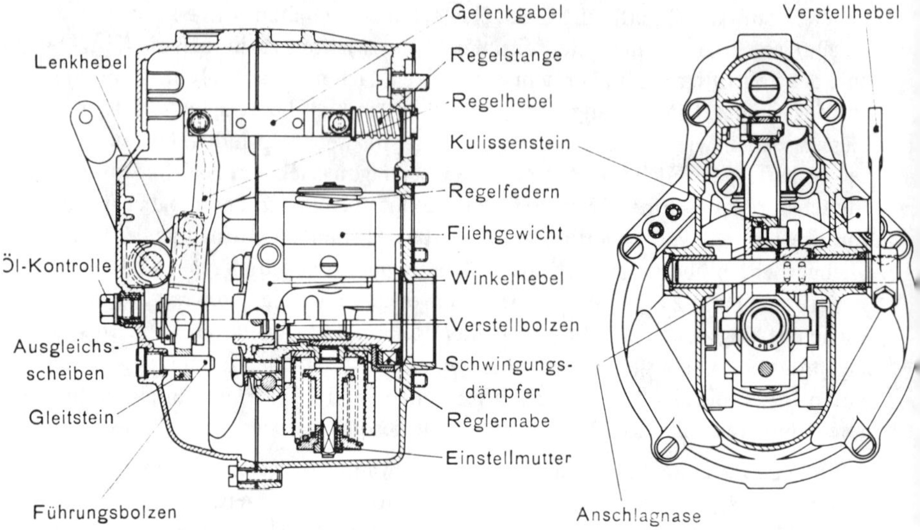

Bild 271. Schnittbild des Bosch-RQ-Reglers

so überwinden die Fliehkräfte der Fliehgewichte die Vorspannung der inneren Federn und der Abregelvorgang beginnt. Dabei wird der Regelhebel wieder um den Drehpunkt, der durch die Lagerung des Verstellhebels in der Kulisse des Regelhebels gebildet wird, so gedreht, daß die Regelstange in Richtung "stop" bewegt wird. In bezug auf die oben erwähnten Konstruktionsrichtlinien für mechanische Regler sei auf zwei Punkte bei diesem Regler hingewiesen. Das Arbeitsvermögen eines Reglers ist bei kleinen Drehzahlen, also auch bei der Leerlaufdrehzahl, besonders klein. Beim R-Q-Regler wird das Arbeitsvermögen im Leerlauf durch ein größeres Übersetzungsverhältnis vergrößert, was durch das veränderliche Übersetzungsverhältnis des Regelhebels ermöglicht wird. Die Lagerung der Winkelhebel ist von Federkräften entlastet durch die Anordnung der Reglerfedern in den Fliehgewichten. Dadurch wird die Reibung in den Lagern der Winkelhebel stark vermindert.

Fahrzeugregler, seien es nun Leerlauf- und Enddrehzahlregler, wie der oben beschriebene Regler, oder Verstellregler, sind meistens mit einer sogenannten Angleichung ausgerüstet. Die Angleichung bewirkt, daß die Fördermengencharakteristik der Einspritzpumpe, die nach Bild 273 mit der Drehzahl steigt, der Kraftstoffbedarfskennlinie des Motors, die der Drehmomentkennlinie des Motors entspricht, und die mit steigender Drehzahl fällt, angeglichen wird. Die Angleichvorrichtung des R-Q-Reglers (Bild 274) besteht aus zusätzlichen Reglerfedern, den Angleichfedern, die zwischen den Endregelfedern und ihrem Federteller liegen. Die Angleichfedern wirken so, daß zwischen Leerlauf- und Enddrehzahl die mit dem Verstellhebel eingestellte Vollastmenge jeweils ein wenig kleiner wird, so daß

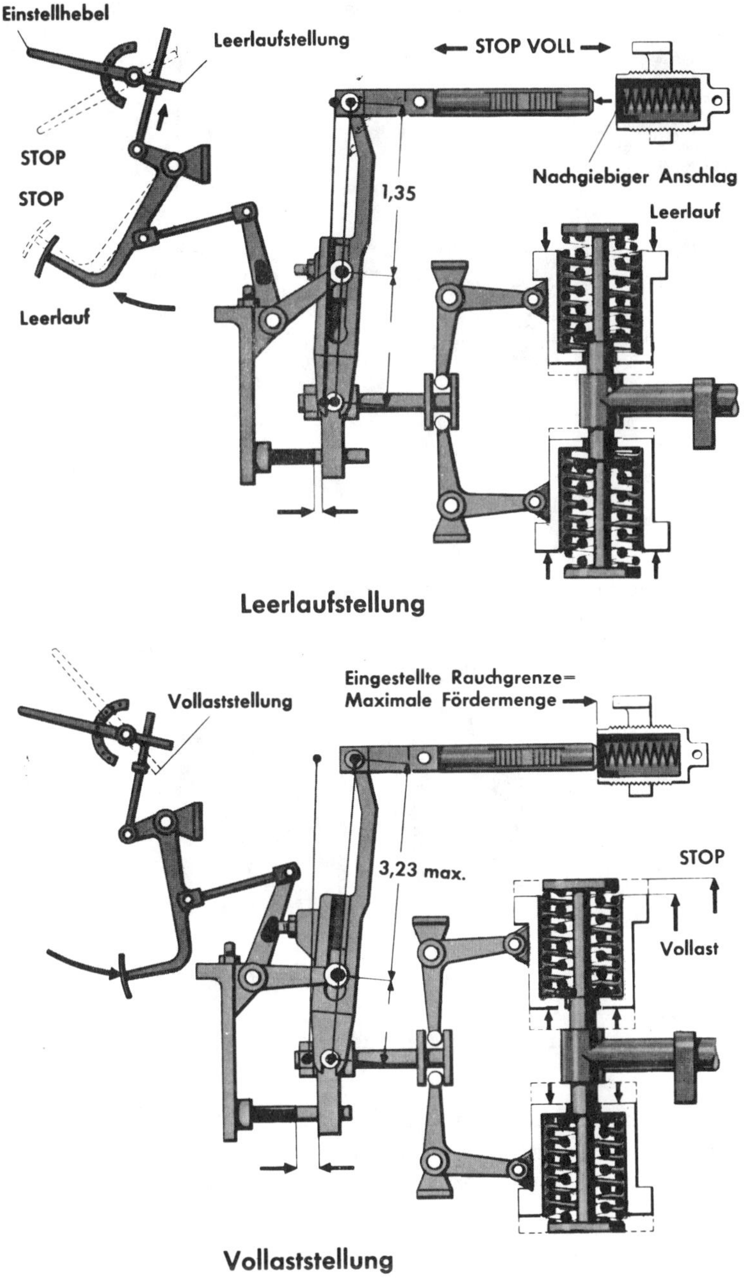

Bild 272. Wirkungsweise des RQ-Reglers der Firma Robert Bosch GmbH

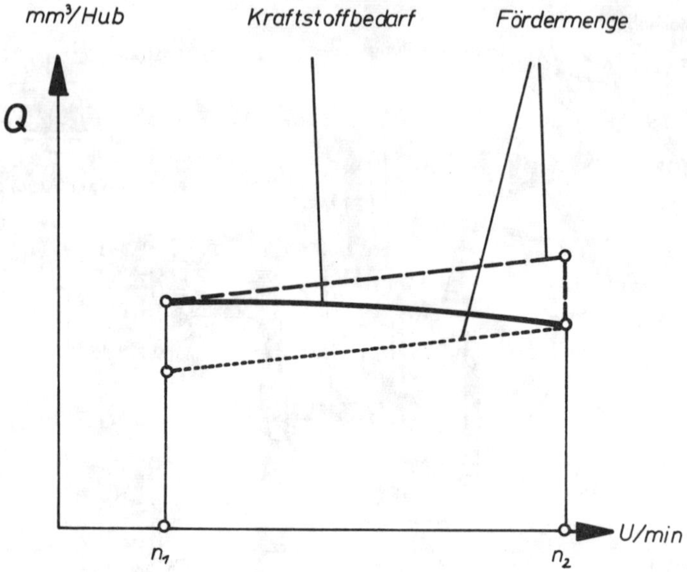

Bild 273. Kraftstoffbedarfskennlinie

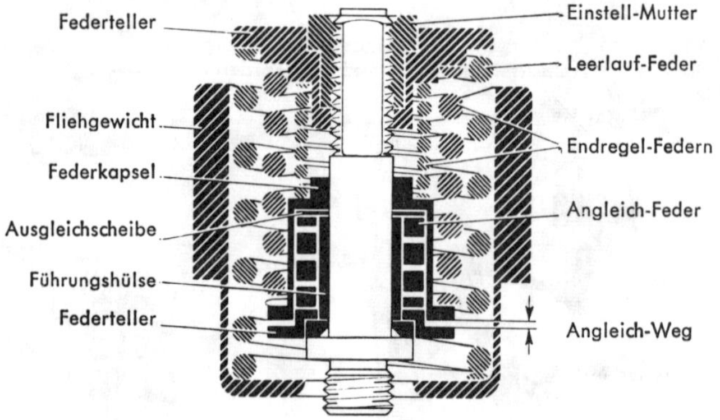

Bild 274. Angleichvorrichtung des Bosch-RQ-Reglers

die dem Motor entsprechende Kraftstoffbedarfskennlinie (Drehmomentkennlinie) erreicht wird. Bei kleiner Motordrehzahl ist der Angleichweg klein, bei hoher Drehzahl entsprechend größer.

Bild 275 zeigt einen mechanischen P-Regler, den RSV-Regler (Verstellregler) der Firma Bosch. Dieser Regler hält die mit dem Verstellhebel eingestellte Drehzahl unabhängig von der Belastung innerhalb des P-Grades konstant, solange der Motor nicht gedrückt wird, d.h. die Regelstange nicht am Vollastanschlag anliegt. Seine

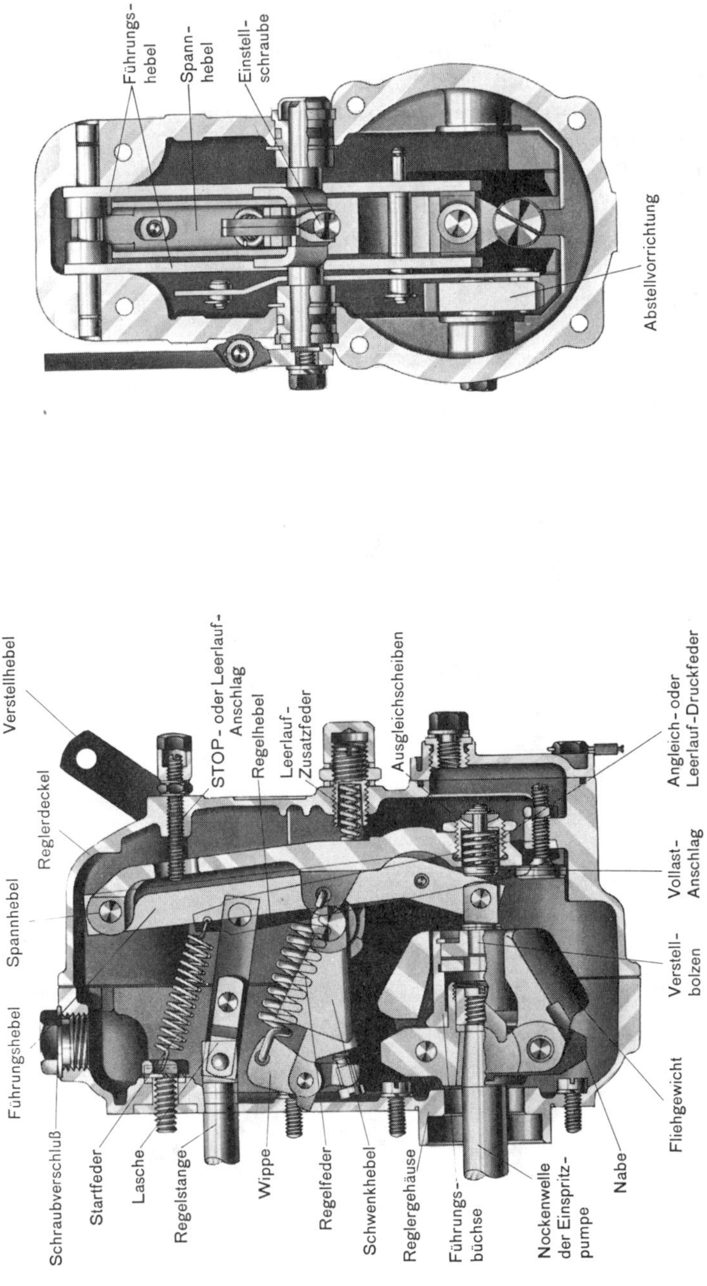

Bild 275. Schnittbild des Bosch-EP/RSV-Reglers

Wirkungsweise sei kurz am Beispiel der Vollast erläutert (Bild 276). Über den Verstellhebel ist die Regelfeder auf einen bestimmten Wert, der einer bestimmten Drehzahl entspricht, gespannt. Über den Spannhebel und den Führungshebel herrscht Gleichgewicht zwischen der Fliehkraft der Fliehgewichte und der Regelfederkraft. Der Motor werde nun von Nullast bis Vollast belastet, wobei die Drehzahl innerhalb des P-Grades abfällt, bis der Spannhebel am Vollastanschlag anliegt (Bild 276a). Wird nun die Regelfeder durch Verdrehen des Verstellhebels weiter gespannt (Bild 276b), so steigt die Drehzahl und die Fliehkraft ist in der Lage, die Angleichfeder zusammenzudrücken, wodurch die Regelstange über den Regelhebel etwas nach "stop" bewegt wird. Die Angleichung ist in Tätigkeit,

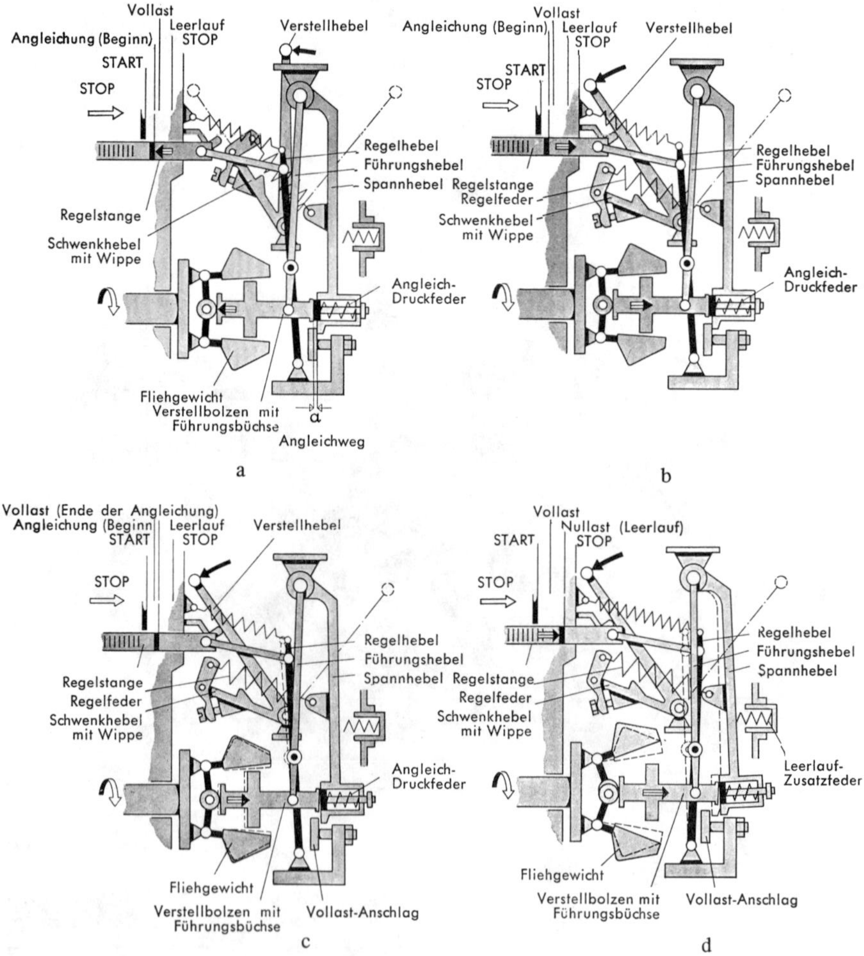

Bild 276. Wirkungsweise des Bosch-RSV-Reglers

und es wird etwas Brennstoff weggenommen. Bei weiterer Steigerung der Drehzahl (Bild 276c) wird die Angleichfeder weiter zusammengedrückt, bis die Führungsbüchse sich an den Spannhebel anlegt. In diesem Punkt ist die Maximaldrehzahl, bei der der Verstellhebel an einem Anschlag anliegt, erreicht. Wird der Motor jetzt entlastet, so wird, da die Fliehkraft der Fliehgewichte die Kraft der Regelfeder überwindet, die Regelstange über Führungsbuchse, Führungshebel und Regelhebel in Richtung „stop" gezogen (Bild 276d), bis bei Nullast die Regelstange in einer Stellung steht, die der Einspritzpumpe gerade so viel Brennstoff zumißt, daß die eingestellte Maximaldrehzahl entsprechend dem P-Grad (hohe Leerlaufdrehzahl) erhalten bleibt.

Bild 277 zeigt den Längs- und Querschnitt durch einen mechanischen P-I-Regler, der von der Firma Klöckner-Humboldt-Deutz AG entwickelt wurde, zum direkten Anbau an eine Einspritzpumpe. Das Meßwerk, d.h. die Fliehgewichte werden über eine Zahnradübersetzung (1:4) angetrieben (hohes Arbeitsvermögen). Im Antrieb befindet sich eine elastische Federkupplung mit einer einstellbaren Reibungsdämpfung. Die Fliehgewichte sind in Nadellagern gelagert (geringe Reibung). Die Füße der Fliehgewichte verstellen die Reglermuffe über eine wälzgelagerte Druckscheibe (geringste Reibung). Die Muffe bewegt sich auf der sich drehenden Antriebswelle (geringe Reibung). Der Regler ist ein Aggregatregler, der eine durch die Reglerfedern bestimmte Drehzahl konstant hält. Diese Drehzahl kann durch Veränderung der Vorspannung der Reglerfedern mittels des Drehzahlhebels in engen Grenzen z.B. zur genauen Drehzahleinstellung beim Synchronisieren von Elektroaggregaten verändert werden. Die Bewegung der Muffe wird durch den Regelhebel auf die Regelstange übertragen. Die Regelstange ist reibungsarm in einem Kugelgelenk gelagert. An den Regelhebel greift die Feder des P-Grad-Verstellers (Ufg-Versteller) an. Diese Feder wirkt zusätzlich zur Reglerfeder und kann zur Veränderung des P-Grades in ihrer Federkonstante durch Veränderung der wirksamen Windungszahl mittels eines in die Windungen eingreifenden verschiebbaren Bleches verändert werden. An die Muffe ist weiter der Rückführungshebel der nachgiebigen Rückführung angelenkt. Auch dieser ist in einem reibungsarmen Kugelgelenk gelagert. An den Rückführungshebel ist über eine Feder ein Kolben angelenkt, der in einem ölgefüllten Zylinder läuft (nachgiebige Rückführung). Bei der Bewegung des Kolbens wird über eine einstellbare Drosseldüse aus dem Zylinder Öl verdrängt oder in den Zylinder gesaugt (geschwindigkeitsproportionale Dämpfung). Mit Hilfe der nachgiebigen Rückführung ist es möglich, einen P-Grad von 0 zu fahren, ohne daß die Regelung instabil wird. Die nachgiebige Rückführung wirkt so, daß bei einer Laständerung, die eine Veränderung der Muffenstellung zur Folge hat, die Feder der nachgiebigen Rückführung parallel zur Reglerfeder liegt, da der Kolben zunächst der plötzlichen Änderung wegen der Öldämpfung nicht folgt. Im Augenblick der Laständerung ist also ein großer P-Grad vorhanden, was eine stabile Regelung ergibt. Dann folgt der Kolben aber der Bewegung des Rückführhebels, bis die Feder der nachgiebi-

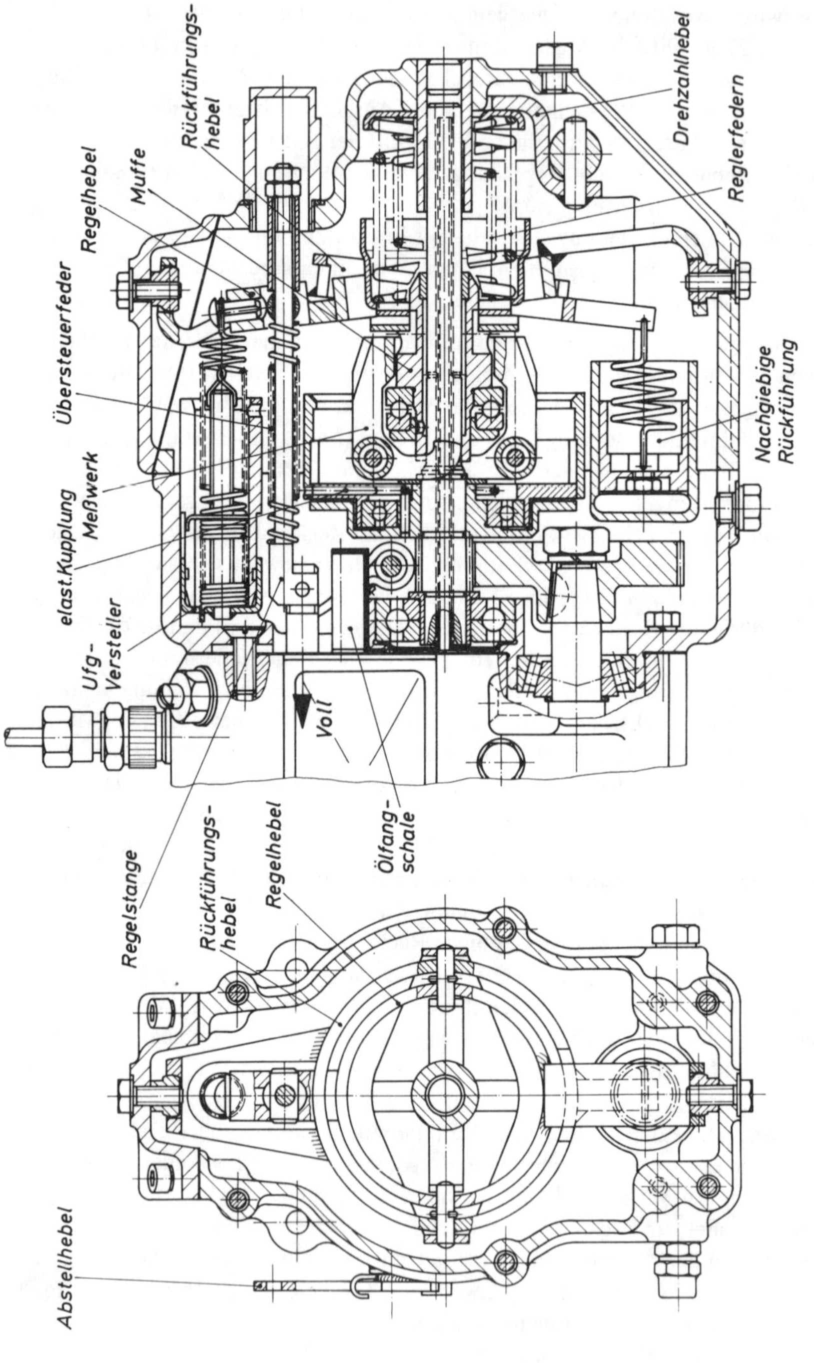

Bild 277. Mechanischer P-I-Regler

gen Rückführung entspannt ist und nur noch die Reglerfeder allein wirkt, die auf P-Grad 0 eingestellt ist. Der Regler ist mit Schmieröl gefüllt bis zu einer bestimmten außerhalb des Bereiches der Fliehgewichte liegenden Höhe. Für gute Schmierung der bewegten Teile ist gesorgt durch Spritzöl, das in einer Ölfangschale aufgefangen wird, von wo aus es durch die hohle Antriebswelle zu den einzelnen Schmierstellen geleitet wird.

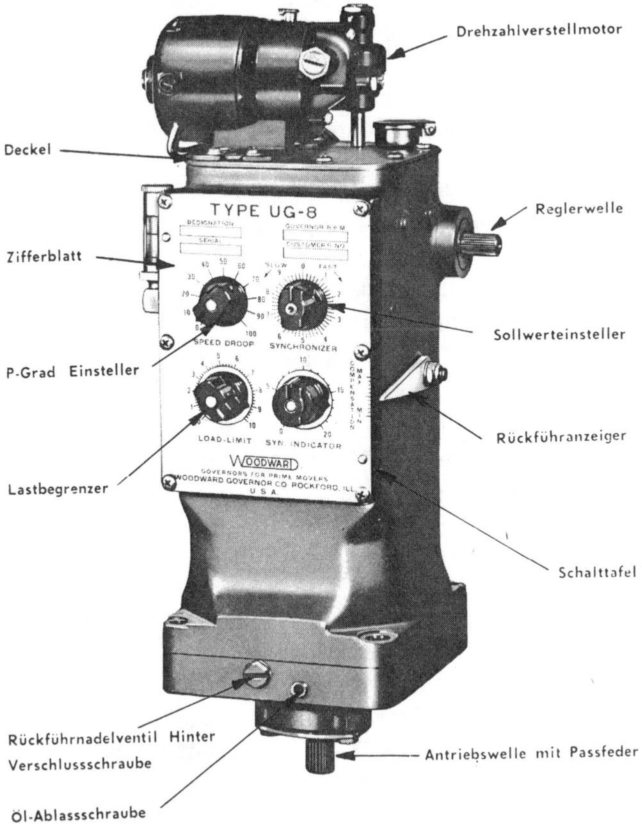

Bild 278. Hydraulisch kraftverstärkter P-I-Regler der Woodward-Governor-Company

Bild 278 zeigt einen hydraulisch kraftverstärkten P-I-Regler, Type UG8, der Woodward Governor Company. Solche Regler werden bei größeren Motoren angewandt, bei denen die Stellkräfte nicht mehr von mechanischen Reglern beherrscht werden. Bei diesem stehend arbeitenden Reglern muß am Motor ein besonderer Antrieb mit Kegelrädern, wie ihn Bild 354 zeigt, vorgesehen werden. Eine elastische Kupplung mit Dämpfung braucht bei diesem Regler nicht vom Motorenkonstrukteur im Antrieb vorgesehen werden, da eine solche im Regler selbst untergebracht werden kann. Beim Anbau eines hydraulisch kraftversärkten

Reglers an einen Dieselmotor muß der Konstrukteur eine Möglichkeit vorsehen, um den Motor unabhängig vom Regler abstellen zu können, d.h. es muß im Reglergestänge zu der Einspritzpumpe eine Übersteuermöglichkeit in Form eines federnden Gliedes vorgesehen werden, das es erlaubt, die Verstellkraft des Reglers beim Abstellen zu übersteuern. Weiter ist es, besonders bei größeren Motoren ratsam, einen Überdrehzahlschutz vorzusehen, da anders als bei einem mechanischen Regler keine direkte, mechanische Verbindung zwischen Regelstange und Meßwerk besteht.

Der Regler besteht im wesentlichen aus folgenden Bauelementen, die im Bild 279 schematisch dargestellt sind: Meßwerk mit Reglergewicht und Reglerfeder, Steuerschiebereinheit (die Steuerbüchse ist in den Meßwerksantrieb einbezogen und dreht sich demnach um den Steuerschieber, was geringste Stellkräfte ergibt), Rückführungseinheit, Verstelleinheit mit Stellkolben, Zahnradpumpe und Druckspeicher für die Ölversorgung, Hebelsysteme zur Verstellung des P-Grades, der Rückführung und zur Lastanzeige und -begrenzung. Von der Motorantriebswelle aus werden das Meßwerk und die Ölpumpe angetrieben. Der Regler hat seinen eigenen Ölhaushalt und ist bis über das Meßwerk mit Öl gefüllt.

Am Zifferblatt des Reglers können der Sollwert der Motordrehzahl, der P-Bereich (bis zu 0) und die Lastbegrenzung (Blockierung) eingestellt werden. Der Ausgang des Reglers ist die Reglerwelle, die über ein vom Motorkonstrukteur zu erstellendes steifes, doch leichtes Gestänge die Regelstange der Einspritzpumpe verstellt.

Die Wirkungsweise dieses P-I-Reglers ist kurz folgende: Im Beharrungszustand, d.h. bei unveränderlicher Last, steht der Steuerschieber so, daß der Ölabfluß unter dem Stellkolben (einem Differentialkolben) gesperrt ist. Bei einer Laständerung, z.B. Lastverringerung, ergibt sich zunächst eine Drehzahlerhöhung, die folgendes auslöst: Fliehgewichtsauslenkung – Anhebung des Steuerschiebers – Ölabfluß unter dem Stellkolben – der Stellkolben geht nach unten und bewegt die Reglerwelle in Richtung „Stop". Gleichzeitig tritt die nachgiebige Rückführung in Tätigkeit. Die Reglerwelle bewegt den rückführenden Kolben nach unten und drückt über das eingeschlossene Öl den rückgeführten Kolben nach oben, wodurch über den schwimmenden Hebel der Steuerschieber wieder in seine Ausgangslage gebracht wird, d.h. der Stellkolben kommt zum Stillstand, da die Steuerschlitze wieder geschlossen sind. Ist die Solldrehzahl wieder erreicht, schwenken auch die Fliehgewichte wieder in ihre Ausgangslage zurück und die Rückführfeder kann den rückgeführten Kolben wieder in seine Ruhelage bringen. Die Bewegungen des rückgeführten Kolbens können in ihrem Zeitablauf durch das Rückführ-Nadelventil beeinflußt werden. Bei einer Drehzahlabsenkung infolge Laststeigerung ist der Vorgang umgekehrt mit dem Unterschied, daß nunmehr nicht die Stellkolbenunterseite durch den sich jetzt abwärts bewegenden Steuerschieber entlastet wird, sondern die obere Seite des Stellkolbens mit Drucköl beaufschlagt wird. Da beide Seiten des Stellkolbens nun unter Druck stehen, bewegt dieser sich nach oben, da die untere Fläche größer als die obere ist.

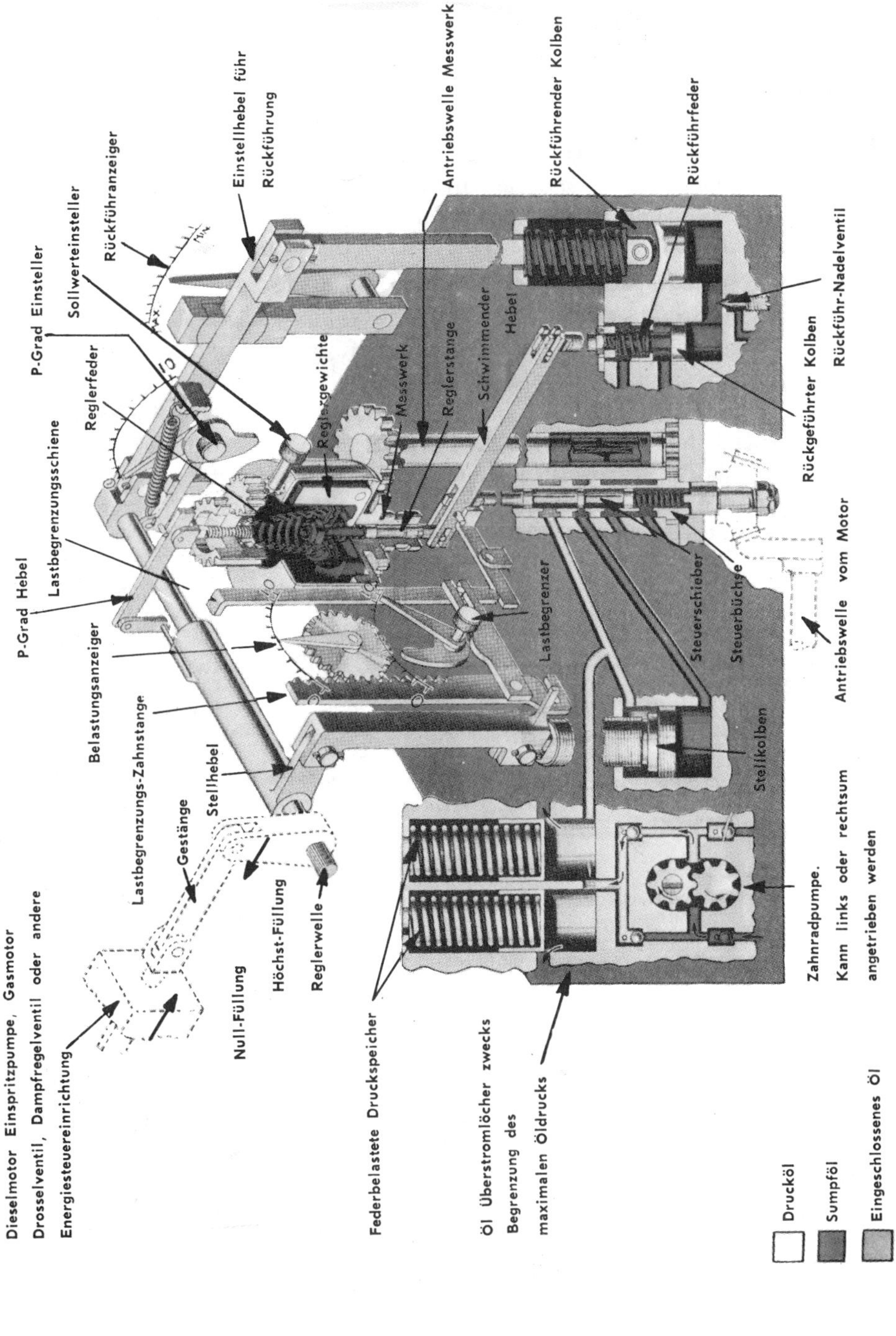

Bild 279. Schematischer Aufbau des Reglers nach Bild 278

3.7 Der Vergaser des Ottomotors

3.7.1 Aufgabe des Vergasers

Der Vergaser hat die Aufgabe, den flüssigen Kraftstoff in zerstäubtem Zustand in die vom Ottomotor angesaugte Luft einzuführen, und zwar in einem bestimmten Mengenverhältnis zur Luft; dieses Verhältnis, ausgedrückt durch die Luftzahl λ, muß bei allen Belastungen (Drosselklappenstellung) und allen Drehzahlen des Motors den jeweiligen Anforderungen genügen.

Näheres über den Begriff der Luftzahl λ siehe [4, Bd. I]; hier in Kürze: $\lambda = 1$ bedeutet Zuführung einer Luftmenge, deren Sauerstoff gerade ausreicht, allen Kraftstoff zu verbrennen; sogenanntes „stöchiometrisches" Gemisch; bei 1 kg Ottokraftstoff etwa 14,7 kg Luft. Werte über 1 bedeuten viel Luft und Sauerstoff, also an Kraftstoff armes Gemisch; kleinere Werte von λ bedeuten an Kraftstoff reiches Gemisch. Die Begriff „arm" und „reich" sind zahlenmäßig nicht fest definiert. Was man ungefähr im Motorenbau unter ihnen versteht, sieht man in Bild 280 unten an den gewellten Strichen.

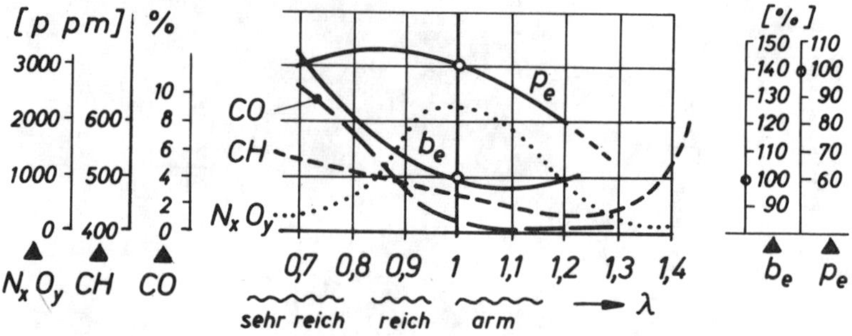

Bild 280. Vor- und Nachteile bei Betrieb eines Ottomotors mit verschiedenen hohen Luftverhältnissen
Links Maßstäbe für erzeugte schädliche Abgase (parts per million und Prozente), rechts für Nutzdruck p_e und Kraftstoffverbrauch bei Vollast (in Prozenten des für $\lambda = 1$ gültigen Wertes) [255]

Bild 280 zeigt, welche Vor- und Nachteile mit den verschiedenen mit dem Vergaser einstellbaren Luftzahlen verbunden sind. Man sieht, daß reiches Gemisch einen hohen Mitteldruck p_e, also hohe Motorleistungen mit sich bringt, aber als Nachteile einen hohen Kraftstoffverbrauch b_e und in den Motorabgasen einen hohen Gehalt an giftigem CO (Kohlenoxid) und an verschiedenen Kohlenwasserstoffen (bezeichnet einfach mit CH), die von unverbranntem oder teilverbranntem Benzin herrühren. Armes Gemisch ist von den eben genannten Nachteilen ziemlich frei (Stickoxide N_x O_y siehe 3.7.2), aber dafür ist p_e, also das Drehmoment bzw. die Leistung des Motors vermindert; außerdem darf man bei armer Einstellung des Vergasers nicht zu nahe an die rechte Grenze geraten, weil jenseits dieser der Motor unregelmäßig zündet („Aussetzer") und schließlich stehen bleibt. Bei armem Gemisch wird auch die Temperatur des Kolbens und des Auspuffventils meist höher.

Bild 281 zeigt ein Kennfeld, innerhalb dessen der Motor eines Personenwagens

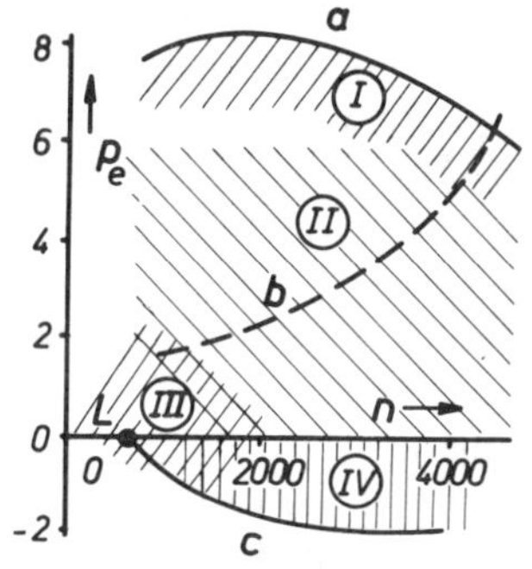

Bild 281. Kennfeld eines Otto-Fahrzeugmotors eingeteilt in Zonen verschiedener Vergasereinstellung

normalerweise betrieben wird, [3, II, Bild 54, 56 und folgende]. Die eben genannten Vorteile reichen und armen Betriebs führen dazu, daß man folgende Vergasereinstellungen [4, I, S. 126 ff] in den einzelnen Teilen des Kennfeldes anstrebt:

Zone I: Bereich großen Drehmoments und (rechts) großer Leistung (z.B. rechts oben Spitzenleistung auf Autobahn): Reich, da Motor dann hohe Leistungen abgibt. Die schädlichen Abgase werden bei hoher Fahrgeschwindigkeit in der umgebenden Luft stark verdünnt. Näheres unter 3.7.3.7.

Zone II: Teillastbereich, häufigster Fahrbereich auf üblichen Straßen und in Ortschaften: Arm, da sparsam an Kraftstoff und wenig schädliche Abgase. Näheres siehe 3.7.3.3 und 3.7.3.4.

Zone III: Bereich des Leerlaufs und Umgebung: An sich am liebsten sehr reich, da Leerlauf dann regelmäßig („runder Lauf"). Aber wegen der starken CO-Entstehung darf man damit nicht weiter gehen als unbedingt notwendig. Näheres siehe 3.7.3.5.

Zone IV: Bereich des Schiebebetriebs (fahrender Wagen dreht den Motor; bei Auslauf, bei Bergabfahrt): notwendige Einstellung siehe 3.7.3.8.

Beim Automotor liegt der Betriebspunkt meist nicht lange Zeit auf einer bestimmten Stelle des Kennfeldes in Bild 281, sondern es wandert in ihm, besonders bei Fahrt in Städten und Ortschaften mit häufigem Beschleunigen, Verzögern und viel Schalten. Auch für solche Übergänge muß der Vergaser eingerichtet sein, siehe z.B. unter 3.7.3.5. Anlassen des Motors siehe unter 3.7.3.6.

3.7.2 Einfluß des Vergasers auf die Erzeugung schädlicher Abgase

Die Bemühungen, den Ausstoß lästiger und gesundheitsschädlicher Abgase einzuschränken oder ganz zu vermeiden, haben mit der zunehmenden Zahl der in den Städten und Ortschaften benutzten Kraftfahrzeuge eine immer größere Bedeutung erlangt. Behördliche Vorschriften sind erlassen worden und sind teils noch zu erwarten, welche einen höchstzulässigen Anteil an schädlichen Bestandteilen in den Abgasen vorschreiben, vor allem an CO (Kohlenoxid) und an Kohlenwasserstoffen (z.B. an C_6H_{14}, dem Benzinbestandteil Hexan), letztere von nicht verbranntem oder teilverbranntem Kraftstoff stammend. Die Emission der ebenfalls giftigen Stickoxide ist bis jetzt (1970) noch nicht durch behördliche Vorschriften begrenzt worden, nachdem über die Entstehung dieser Gase und über die Möglichkeit ihrer Verminderung noch relativ wenige Forschungsergebnisse und wenige Erfahrungen vorliegen; jedoch sind angesichts der Tendenzen zur Verschärfung der Bestimmungen auch hier Vorschriften zu erwarten. Bei der Bekämpfung der schädlichen Abgase fällt dem Vergaser eine wichtige Aufgabe zu: Der beste Weg zum Ziel wäre, wenn man schon die Entstehung schädlicher Abgase bei der Verbrennung im Zylinder stark einschränken würde, was durch entsprechende Konstruktion des Vergasers und des Saugrohrs weitgehend erreichbar zu sein scheint. Doch auch dann, wenn die Emission schädlicher Gase durch andere Mittel bekämpft wird [4, II, S. 65ff], z.B. durch Nachverbrennung in der Abgasleitung, hat der Vergaser oft eine mitwirkende Rolle zu spielen.

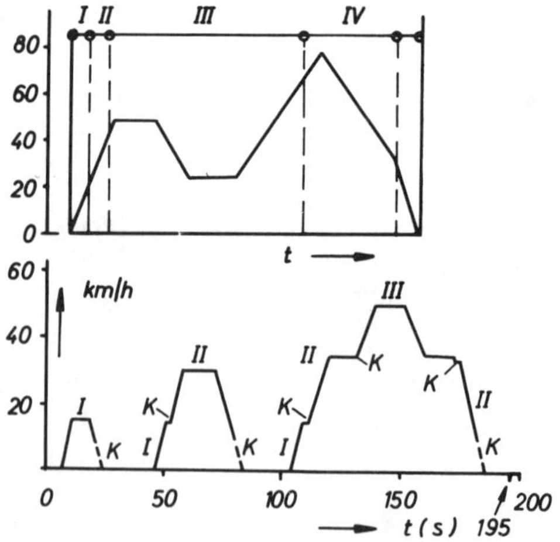

Bild 282. Untersuchung eines Kraftwagens auf Abscheidung schädlicher Abgase. Behördlich vorgeschriebene Prüfläufe. Oben Kalifornien-, unten Europa-Test. t-Zeit in Sekunden. Römische Zahlen: Benutzter Gang. K Kupplung [255]

Bei der von den Vorschriften verlangten Prüfung der Abgasbeschaffenheit wird der Wagen auf einen Rollprüfstand gestellt. Der Wagen durchfährt mehrmals nacheinander eine vorgeschriebene Aufeinanderfolge von Fahrzuständen, wie sie insbesondere bei der Fahrt durch eine Stadt auch in Wirklichkeit vorkommen. Bild 282 zeigt den Fahrzyklus des in USA vorgeschriebenen Kalifornien-Tests, der in 137 Sekunden durchfahren und siebenmal wiederholt wird, und des Europa-Tests mit 195 Sekunden und viermaliger Wiederholung. Dabei werden die abgeschiedenen Abgase untersucht; die schädlichen Gase dürfen eine bestimmte Grenze nicht überschreiten. Diese Grenze liegt z.B. für CO bei Wagen über 2,3 Liter Hubvolumen in USA bei 1,5 Vol%. Näheres siehe [252; 243; 245; 265]

3.7.3 Vergaser mit festem Lufttrichter

3.7.3.1 Konstruktion des Vergasers mit festem Lufttrichter allgemein. Die Drosselklappe als Regelorgan

Bild 283 zeigt die Konstruktion eines solchen Vergasers in den Grundzügen. Der Ottomotor, mit seinen Einlaßventilen an die Saugleitung 19 angeschlossen

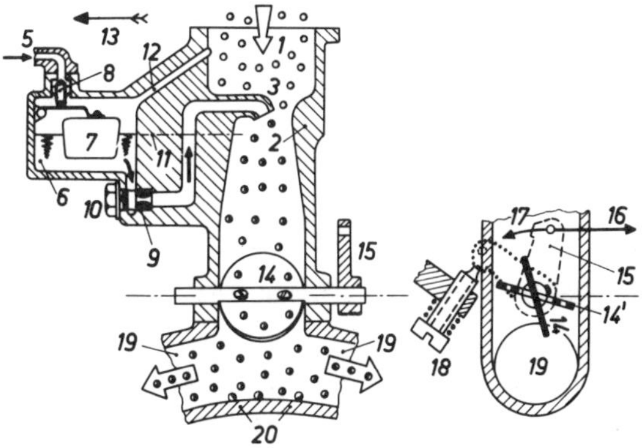

Bild 283. Grundaufbau eines Vergasers mit festem Lufttrichter 2. Bei diesem Vergaser strömt die Luft und das Gemisch von oben nach unten, daher „Fallstromvergaser". Es gibt auch Vergaser mit Schrägstrom oder Flachstrom (Horizontalvergaser) und (selten) mit Steigstrom

(vgl. Bild 293), saugt durch den Vergaser hindurch bei 1 Außenluft an; diese wird vorher durch ein (nicht gezeichnetes) Luftfilter gereinigt. Wenn eine bestimmte angesaugte Luftmenge danach durch eine verengte Stelle, den Lufttrichter 2, strömen muß, nimmt sie dort eine erhöhte Strömungsgeschwindigkeit an, wodurch ein Unterdruck entsteht; Näheres unter 3.7.3.3. Etwa an der engsten Stelle sitzt der Austrittsarm 3, aus dem heraus der Kraftstoff, vom Unterdruck angesaugt, ausspritzt, in der Luft zerstäubt und z.T. verdampft wird und so das gewünschte brennbare Gemisch bildet („Spritzvergaser", erfunden 1893 von Wilhelm Maybach). Näheres über Schwimmer 7 und Kraftstoffhauptdüse 9 siehe in 3.7.3.2. Nun muß man aber die Leistung des Motors, die je nach den Fahrbedingungen verschieden hoch sein wird, durch eine Vorrichtung am Vergaser regeln können. Das kann nur so geschehen, daß man zunächst im Vergaser ein dem jeweiligen Zweck möglichst gut angepaßtes (Bild 281) Gemisch erzeugt und dessen Menge erst danach regelt, was durch die Drosselklappe 14 geschieht. Dies ist eine Mengen- oder Quantitäts- oder Füllungsregelung; siehe [4, I, S. 15ff].

Bei Teillast und bei Leerlauf steht das brennbare Gemisch hinter der teilweise geschlossenen, drosselnden Klappe 14 in der Saugleitung 19 unter Unterdruck, hat also die für kleine Motorleistungen gewünschte geringe Dichte; Beispiel mit Zahlen siehe [4, II, Bild 62]. Im Lufttrichter 2 ist dann wegen der kleinen angesaugten Luftmenge die Luftgeschwindigkeit klein, die Saugwirkung gering und daher der Benzinfluß vermindert.

Beim Kraftwagen bewirkt Niedertreten des Gaspedals, daß der Hebel 15 auf der Achse der Drosselklappe in Öffnungsrichtung 16 gezogen wird. Nimmt der Fahrer das Pedal zurück, so versucht eine Feder, die Drosselklappe in Richtung 17 zu schließen. Sie darf aber niemals ganz geschlossen werden, damit der Motor nicht ungewollt stehenbleibt. Eine richtig eingestellte Leerlaufeinstellschraube 18 verhindert das (durchbrochen eingezeichnete Leerlaufstellung von Klappe 14 und gepunktetem Hebel 15).

Im folgenden werden mehrere konstruktive Einzelheiten von Vergasern gebracht. Alle zu bringen, die es gibt, ist in einem kleinen Buch unmöglich [s. Literaturverzeichnis].

3.7.3.2 Weg des Kraftstoffs. Schwimmergefäß 6, Hauptdüse 9, Kraftstoffarm 3 (Bild 283)

Eine Förderpumpe (meist eine am Motor sitzende Membranpumpe) saugt den Kraftstoff aus dem Tank des Wagens und führt ihn mit mäßigem Druck (1 bis 2 m Wassersäule) dem Vergaser bei 5 zu. Der Schwimmer 7, im Schwimmergefäß 6 gelenkig geführt, sorgt dafür, daß das Niveau 11 auf einer bestimmten Höhe gehalten wird. Steigt das Niveau, so drückt er aufschwimmend den Ventilkegel 8 auf seinen Sitz und schließt die Zufuhr. Sinkt es, so öffnet er die Zufuhr. 12 ist eine Entlüftungsbohrung. Vom Schwimmergefäß fließt der Kraftstoff durch eine Hauptdüse 9, die mit ihrem kalibrierten, kleinen Durchmesser hilft, die Durchflußmenge zu regeln, [260; 262; 265] zum Austrittsarm 3. Mit der Schraube 10 (genauer gezeichnet in Bild 285) kann man die Hauptdüse leicht ausbauen, um sie zu reinigen oder auszuwechseln. Der Flüssigkeitsspiegel 11 liegt einige mm unter dem Austrittsarm 3, so daß bei stehendem Motor kein Benzin ausfließt; bei laufendem Motor bewirkt der Luftunterdruck im Trichter 2, daß es hochgesaugt und ausgespritzt wird.

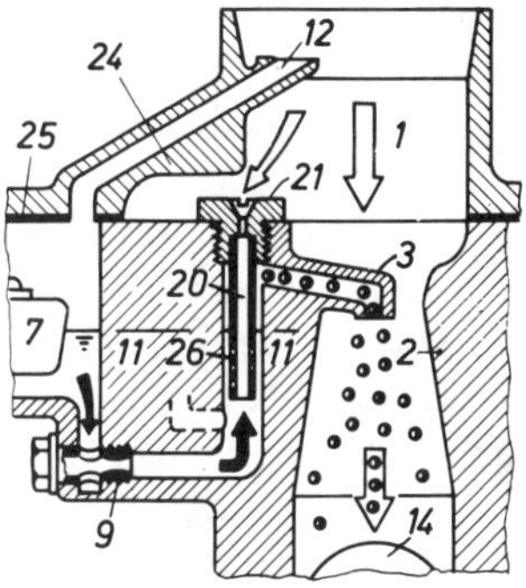

Bild 284. Verhütung ungewollter Gemischanreicherung bei steigender Motorleistung durch Korrekturluft. Mischrohr 20, Luftkorrekturdüse 21 (Solex) [266]

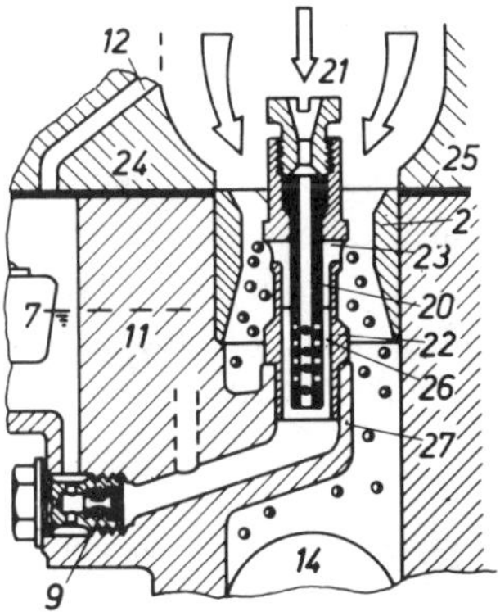

Bild 285. Verhütung ungewollter Gemischanreicherung bei steigender Motorleistung durch Korrekturluft. Mischrohr 20, Luftkorrekturdüse 21 (Solex) [266]

Der Schwimmer muß in Fahrtrichtung vor dem Vergaser sitzen (Fahrtrichtungspfeil 13), damit der Spiegel 11 bei Austritt 3 bei Bergfahrt und beim Beschleunigen des Wagens, wenn nämlich das Gemisch eher reicher werden soll, steigt und bei Talfahrt und beim Bremsen dagegen sinkt. Doppelschwimmer (Beispiel Bild 292) halten auch bei Schräglage des Vergasers das ursprüngliche Niveau aufrecht. Es gibt auch Vergaser, welche statt eines Schwimmergefäßes ein Gefäß mit einem Überlauf haben. Hier wird ständig Benzin zugepumpt und der Überschuß fließt über den Überlauf wieder zum Tank, wobei die Überlaufkante das Niveau aufrechterhält.

3.7.3.3 Entstehung des gewünschten Luft-Kraftstoffgemisches im Lufttrichter. Die Mängel des einfachen Vergasers (nach Bild 283)

Der Durchmesser des Lufttrichters 2 mit rund 80% der Saugrohrweite, gemessen unter der Drosselklappe, muß zur Motortype passend ausprobiert werden Bei vielen Vergasern ist der Lufttrichter auswechselbar (Bild 285) mit Abstufungen nach mm oder noch feiner. Der Lufttrichter darf nicht zu eng sein, weil er sonst die Ansaugluft zu sehr drosselt und so die Motorleistung beeinträchtigt. Um diese Wirkung zu vermindern, hat er ungefähr die Gestalt einer „Venturi-Düse", d.h. auf die Verengung folgt eine allgemeine Erweiterung. Bei der Venturi-Düse wird theoretisch der an der engsten Stelle verlorengegangene, d.h. in dynamischen Druck verwandelte, statische Druck in der konischen Erweiterung wiedergewonnen; dieser der Motorleistung zugute kommende Effekt tritt allerdings beim Vergaser mit seinen strömungsstörenden Einbauten nur abgeschwächt auf. Der Lufttrichter darf aber auch nicht zu weit sein, weil er sonst den zur Kraftstoffansaugung erforderlichen Unterdruck nicht aufbringt.

Unter diesen Gesichtspunkten wird praktisch beim Kraftwagenmotor der engste Durchmesser des Trichters so gewählt, daß in ihm bei vollbelastetem Motor eine mittlere Luftgeschwindigkeit w = 100 bis 125 m/s herrscht, wobei der höhere Wert für Motoren mit größerer Zylinderzahl (z.B. 6 oder 8) gilt. Die mittlere Luftgeschwindigkeit wird errechnet aus der je Sekunde vom Motor angesaugten theoretischen Luftmenge, dem Hubvolumen, und dem Liefergrad [4, II, S. 10ff]. Rechnet man – bei den kleinen Geschwindigkeiten dieses Beispiels ohne großen Fehler – mit der *Bernoulli*'schen Gleichung der Hydromechanik (für 1 ata und 20°C der Außenluft) mit einer konstant bleibenden Dichte der Luft von 0,119 kg s^2 m^{-4}, so erhält man im Lufttrichter einen Unterdruck gegenüber der Außenluft von

$$\Delta p = \frac{1}{2} \cdot \varrho \cdot w^2; \qquad \text{also bei } w = 100 \text{ m/s} \qquad (94)$$

$$\Delta p = \frac{1}{2} \cdot 0{,}119 \cdot 100^2 = 595 \text{ kp/m}^2 \text{ oder } 0{,}0595 \text{ kp/cm}^2$$

gleich 595 mm Wassersäule

Bei einer Geschwindigkeit von w = 125 m/s würde man ein $\Delta p = 0{,}0930$ kp/cm² erhalten.

Der Unterdruck im Luftstrom, an der engsten Stelle des Trichters gebildet, saugt den Kraftstoff über Arm 3 durch die Hauptdüse 9 hindurch an, nach demselben Bernoulli'schen Gesetz, das oben näherungsweise für den Lufttrichter verwendet wurde. Deshalb könnte man zunächst erwarten, daß das Verhältnis von Luft und Kraftstoff immer dasselbe bleibt, gleichgültig ob der Unterdruck je nach der Motorbelastung groß oder klein ist. Aber in Wirklichkeit wird das Gemisch mit wachsender Belastung und Luftmenge reicher. Daher bedarf der einfache Vergaser nach Bild 283 einer Korrekturvorrichtung, welche die gewünschte Anreicherung bei zunehmender Belastung verhindert.

Gründe für die Anreicherung: Bei größerem Unterdruck ist die wirklich strömende Luftmenge, wie man sie nach den Gesetzen der Thermodynamik errechnet, kleiner als sie sich nach der *Bernoulli*'schen Formel ergibt, welche vereinfachend mit konstanter Dichte rechnet. Beim Kraftstoff dagegen wird mit größerem Unterdruck und steigender Menge die Durchflußziffer der Düse 9 größer [260, 265] und die die Strömung hemmende Reibung wird relativ kleiner, also die Förderung größer [261].

3.7.3.4 Korrekturvorrichtungen zur Verhütung einer ungewollten Gemischanreicherung

In Bild 284 ragt in die hinter der Hauptdüse 9 ansteigende Kraftstoffbohrung 26 das Mischrohr 20. Durch die Luftkorrekturdüse 21 kann Luft eintreten. Diese dringt ins Rohr 20 ein, weil im Betrieb der im Trichter 2 erzeugte Unterdruck sich auf den Kraftstoff (bis zu 9) erstreckt, und zwar umso tiefer, je größer der Unterdruck ist. Durch die Löcher im Mischrohr perlt sie in den den Kraftstoff umgebenden Ringraum 26. Sie „verdirbt" gewissermaßen den Unterdruck dort und vermindert damit den Durchfluß des Kraftstoffes durch 9; („Bremsluft", „Korrekturluft") umso mehr, je höher der Unterdruck im Trichter, also die Motorleistung ist. Dazu bildet sich durch die einperlende Luft ein Kraftstoffschaum, der voluminöser als Kraftstoff ist und, durch Austrittsarm 3 in den Trichter 2 eingetreten, dort leichter zerstäubt, als es ein geschlossener Kraftstoffstrahl täte (Zerstäubung siehe [248; 256; 258; 262; 265]; vergl. auch 3.7.6).

Durch richtige Wahl der Luftkorrekturdüse 21 und der Löcher im Mischrohr 20 verhütet man so [265] die ungewollte Gemischanreicherung bei zunehmendem Luftstrom (Solex).

Bild 285 zeigt eine bei Fallstromvergasern häufige Abwandlung der Konstruktion. Was in Bild 284 seitlich im Vergasergehäuse saß, ist hier mitten in den Lufttrichter verlegt. Der Vorbau 27 hält den Mischrohrträger 22, dieser das Mischrohr 20. Der Kraftstoffschaum tritt durch die Öffnungen 23 aus.

Die Bilder 284 und 285 zeigen auch, daß der Vergaser nicht aus einem Stück besteht. Auf das Vergasergehäuse ist oben der Vergaserdeckel 24 aufgesetzt und über die Dichtung 25 mit ihm verschraubt.

Ein anderes Mittel zur Korrektur des Mischungsverhältnisses ist eine sich nach unten verjüngende Nadel 30 (Bild 286), die in die senkrechte Hauptdüse 9 hineinragt und steigend oder sinkend deren Durchflußquerschnitt regelt. Die Nadel wird von einem Hebel 31 bewegt, dessen linkes Ende durch eine Stange 32 mit der Mechanik der Drosseklappe 14 verbunden ist. Je weiter die Drosselklappe 14 geöffnet ist, umso höher wird Nadel 30 angehoben und umso mehr Kraftstoff fließt aus dem Schwimmergehäuse (Schwimmer 7) durch die Hauptdüse 9 weiter durch Kanal 33 und eine kalibrierte Düse 34 in das schräge Mischrohr 35. In diesem bildet sich durch Luftzutritt (Einzelheiten in Bild 286 nicht gezeichnet) Benzinschaum, der links in den „Vortrichter" 36 austritt. Solche Vortrichter, über dem Lufttrichter 2 sitzend, werden bei manchen Vergasern (vgl. auch Bil-

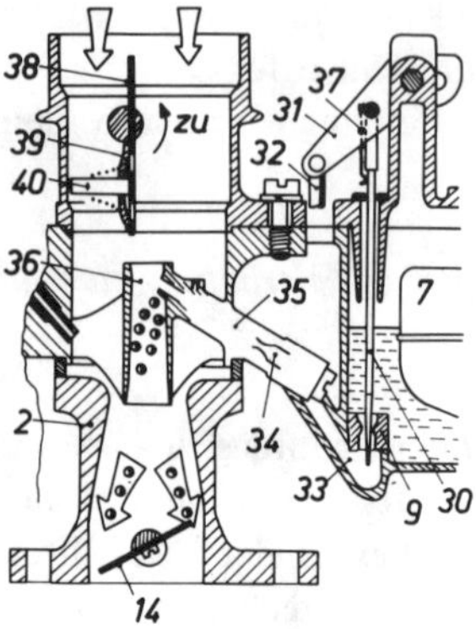

Bild 286. Korrektur des Mischungsverhältnisses durch eine bewegliche sich nach unten verjüngende Nadel 30, die in die Hauptdüse 9 hineinragt. (Opel-Carter-Vergaser) [262]

der 289 und 290) angewendet. Sie erleichtern das rasche Anspringen des Hauptdüsensystems beim Übergang aus dem Leerlauf und vielleicht auch die Zerstäubung. Die Nadel 30 arbeitet bei diesem Opel- Carter- Vergaser mit dem Leerlauf-System (in Bild 286 nicht gezeichnet) zusammen, das auch bei Teillast noch Kraftstoff liefert. Erst gegen Vollast zu gibt Nadel 30, entsprechend hoch angehoben, einen großen Querschnitt in der Hauptdüse 9 frei. Die Feder 37 sorgt dafür, daß die Nadel nicht eine ungewisse Lage in der Hauptdüse einnimmt, sondern sich an deren Wand anlegt.

3.7.3.5 Vorrichtungen für Leerlauf und „Übergang". Beschleunigungspumpe

Wenn ein Motor im Leerlauf betrieben wird, kann das System nach Bild 284 und 285 keinen Kraftstoff abgeben, weil der Unterdruck im Lufttrichter zu klein wird. Bei Leerlauf ($p_e = 0$ kp/cm^2 und z.B. n = 600 U/min) ist nämlich die Menge der angesaugten Luft und damit deren Geschwindigkeit w im Lufttrichter nur ein Bruchteil (z.B. etwa 1/30) der bei Volleistung (z.B. $p_e = 8$ kp/cm^2 und n = 3500 U/min) vorhandenen. Dann geht nach Gl. 94 der Unterdruck mit dem Quadrat von w zurück, also auf 1/900, d.h. von 595 mm Wassersäule auf nur ca. 0,7 mm.

Die Stelle dagegen, an der sich bei Leerlauf ein zum Ansaugen von Benzin brauchbarer Unterdruck finden läßt, ist die Saugleitung 19 hinter der fast geschlossenen Drosselklappe 14 in Bild 283. Dort herrscht bei Leerlauf ein Unterdruck von etwa 0,7 at, also ein absoluter Druck von etwa 0,3 at. In Bild 287 ist unterhalb der Drosselklappe in der linken Wand die Leerlaufbohrung zu sehen, durch die bei solchem Unterdruck reichlich Kraftstoff angesaugt werden kann; die benötigte Menge wird durch die „Leerlaufgemisch-Regulierschraube" W eingestellt,

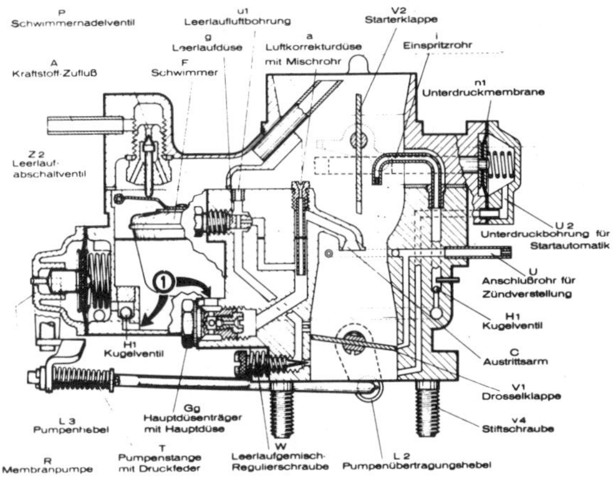

Bild 287. Beispiel eines Fallstrom-Vergasers (Solex 28 P/CT-1) [266]

deren Kegel in die Bohrung hineinragt und die gegen ungewolltes Verdrehen durch eine gut sichtbare Feder gesichert ist. Der Leerlauf-Kraftstoff wird aus dem senkrechten Teil der Bohrung hinter der Hauptdüse entnommen (bei anderen Vergasern vor dieser) und durch die auswechselbare Leerlaufdüse (siehe Bild 287 Beschriftung oben) dosiert. Luft, von der auswechselbaren Leerlaufluftbohrung (oben) zugeführt, durchsetzt diesen Kraftstoff; es entsteht Schaum, der nach unten durch die genannte Leerlaufbohrung hindurchgesaugt wird.

Schädliche Abgase bei Leerlauf: Um eine unnötig reiche Einstellung (Bild 281, Zone III) zu verhüten, zu der man schnell verführt werden kann, weil dann guter Leerlauf leicht erreichbar ist, gibt es Konstruktionen nach Bild 288 und 289. Auch wenn man die Leerlaufgemisch-Regulierschraube übermäßig weit herausschraubt, verhindert doch bei Bild 287 die im Herstellerwerk fest eingestellte

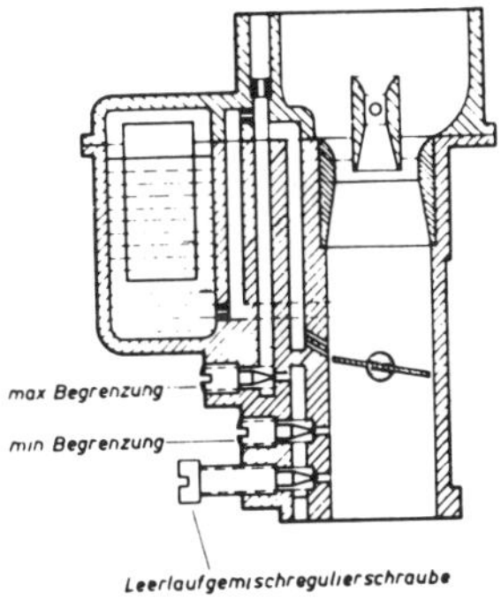

Bild 288. Leerlaufsystem mit Maximal- und Minimal-Begrenzung des Kraftstoffzuflußes [255]

Maximalbegrenzung einen Durchfluß zu großer Mengen. Umgekehrt, falls man die Regulierschraube zu weit hineinschraubt, so daß dann aus Mangel an Kraftstoff manche Zylinder nicht mehr zünden und unverbranntes Benzin ausstoßen, sichert die Minimalbegrenzung ein Minimum der Zufuhr. In Bild 289 wird die

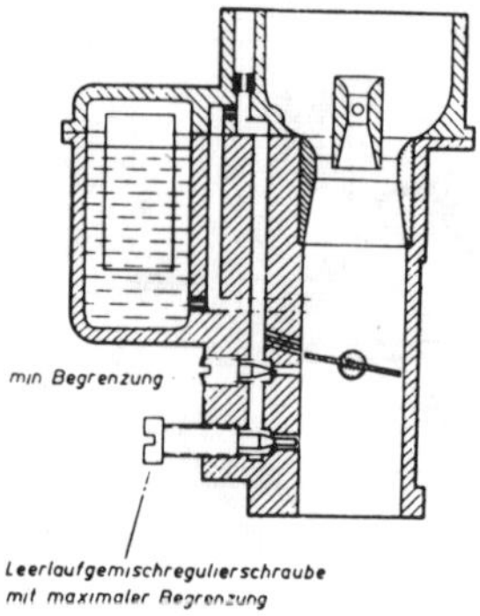

Bild 289. Leerlaufsystem mit Maximal- und Minimal-Begrenzung des Kraftstoffzuflußes [255]

Maximalbegrenzung durch einen Zapfen an der Spitze der Leerlaufgemisch-Regulierschraube festgelegt. Auch wenn man diese weit herausschraubt, kann der Eintrittsquerschnitt (Ringfläche um Zapfen) nicht zu groß werden. – Andere Konstruktionen siehe [255; 265].

Beim Übergang von Leerlauf auf Belastung kann leicht Mangel an Kraftstoff entstehen. Wird nämlich die Drosselklappe etwas weiter geöffnet als bei Leerlauf, so läßt die Förderung der Leerlaufbohrung wegen sinkenden Unterdrucks im Saugrohr nach. Der Austrittsarm 3 aber (Bilder 284, 285) kann wegen noch zu kleiner Luftgeschwingigkeit im Trichter 2 keinen Kraftstoff liefern. Deshalb sind eine oder auch zwei Übergangsbohrungen notwendig. In den Bildern 287, 288 und 289 sitzen zwei solche Übergangsbohrungen etwas über dem linken Rand der Drosselklappe. Wenn der linke Rand der etwas mehr als bei Leerlauf geöffneten Drosselklappe sich vor den Bohrungen befindet, so bildet sich dort ein enger Spalt. In diesem Spalt entsteht eine rasche Luftströmung und damit ein hoher Saugdruck (Druckverhältnis u.U. überkritisch) und reiche Kraftstoffzuführung [260; 265].

Wird die Drosselklappe rasch aufgerissen, so wird die Kraftstoffversorgung des Motors noch kritischer. Bei dem nun hohen absoluten Druck in der Saugleitung neigt der Kraftstoff in ihr mehr als vorher beim niederen Druck zum Kondensieren, schlägt sich also großenteils an der Wand nieder und gelangt nicht in die Zylinder. Dieser Mangel an Kraftstoff, gerade beim Beschleunigen des Wagens störend, wird durch die Beschleunigungspumpe behoben (Membranpumpe R in Bild 287). Der Pumpenraum liegt rechts der Membran, dort wo die Feder ist, welche die Membran nach links drückt. Der Kraftstoff gelangt aus dem Schwimmergefäß (schwarzer Pfeil) über das Saugventil (Kugelventil H 1) in den Pumpenraum. Eine Druckleitung (Einflußloch unter der Feder) führt in der Darstellung des Bildes 287 gestrichelt ganz nach rechts; das Kugelventil H 1 dort ist das Druckventil der Pumpe. Über diesem steigt der Kraftstoff nach oben zum Einspritzrohr, das in den Lufttrichter spritzt.

Wird die Drosselklappe geöffnet, so drückt die Pumpenstange T (unten) über den im Bild nur teilweise sichtbaren Pumpenhebel L 3 die Menbran nach rechts (Druckhub der Pumpe). Je länger der Weg der Pumpenstange, umso größer die Förderung und die eingespritzte Menge. Aber die Geschwindigkeit der Einspritzung hängt nicht einfach nur von der Geschwindigkeit der Stange T ab. Denn zwischen Stange und Pumpenhebel ist die eingezeichnete Druckfeder geschaltet. Wegen deren Nachgiebigkeit braucht die Menbran nur so schnell nach rechts zu wandern, als der Kraftstoff abfließt, und dieses Abfließen ist durch eine Kalibrierung im Einspritzrohr zeitlich zweckmäßig geregelt. – [251; 256; 262; 265; 266; 267; 268].

3.7.3.6 Vorrichtungen am Vergaser zum Anlassen des Motors

Die beschriebene Leerlaufeinrichtung reicht zwar zum Anlassen aus, wenn die Außentemperatur nicht zu tief oder wenn der stehende Motor noch betriebswarm ist. Für das Anlassen bei Kälte jedoch ist zunächst Voraussetzung, daß der elektrische Anlasser trotz steifen Schmieröles den Motor noch mindestens auf eine Drehzahl von 50 bis 70 U/min zu bringen vermag. Außerdem muß aber der Vergaser dann gerade besonders viel Kraftstoff liefern, weil ein Teil davon wegen der schweren Verdampfbarkeit bei Kälte an den Saugrohrwänden hängenbleibt und trotzdem aber noch viel in die Zylinder gelangen muß, weil arme Gemische schlecht zünden. Um das zu bewirken, zieht der Fahrer an einem Startknopf, der dann bei laufendem Motor wieder zurückgeschoben wird. Der Startknopf schaltet entweder den Startvergaser ein, oder er schließt die Startklappe.

In das Vergasergehäuse ist ein eigener Startvergaser eingebaut, der beim Ziehen des Startknopfs durch einen Drehschieber eingeschaltet wird. Er liefert Kraftstoffschaum in den Raum hinter der wie bei Leerlauf fast ganz geschlossenen Drosselklappe, ähnlich wie die Leerlaufvorrichtung, aber in viel größerer Menge als diese. Auch er hat eine Düse zum Dosieren des Kraftstoffs und eine für die schaumbildende Luft. – Es gibt Startvergaser, bei denen man nach Anspringen des Motors den Startknopf vorübergehend auf eine Mittelstellung (Warmlaufen) einstellt. – [251; 256; 262; 265; 266; 267; 268].

Starterklappe. Diese ist in Bild 286 (Teil 38) und Bild 287 (V 2) in geöffneter Stellung gezeichnet. Vor dem Anlassen wird sie durch Ziehen des Startknopfes um ihre Achse im Uhrzeigergegensinn (Pfeil in Bild 287) gedreht, so daß sie den Luftzutritt verschließt. Betätigt man nun den elektrischen Anlasser, so erzeugt der Motor saugend einen hohen Unterdruck, der sich bei in Leerlaufstellung etwas geöffneter Drosselklappe nun auch auf den Trichterraum erstreckt. Infolgedessen fließt jetzt die gewünschte, große Menge Kraftstoff durch die Hauptdüse und durch den Austrittsarm in den Trichter.

Damit der Kraftstoff im Zylinder verbrennen kann, darf man aber nicht dauernd jede Luftzufuhr absperren. Bei manchen Vergasern (Bild 286) ist in die Starter klappe 38 ein „Flatterventil" 39 eingebaut, das sich bei höherem Unterdruck öffnet. Seine Ventilfeder umfaßt in Bild 286 den Bolzen 40, durch den sich die offene Starterklappe auf die linke Wand abstützt. Wenn man jedoch etwas Luft in den Trichterraum einläßt, darf man dadurch nicht den Kraftstoff ansaugenden Unterdruck zu sehr mindern und muß deshalb gleichzeitig die Verbindung zum saugenden Motor, d.h. die Drosselklappe, etwas weiter öffnen, d.h. weiter als sonst bei Leerlauf. Bei manchen Vergasern sorgt dafür ein Gestänge, das von der Starterklappe aus die Drosselklappe etwas aufdrückt. Wenn kein Flatterventil vorhanden ist, muß beim Kaltstart die Starterklappe zuerst schließen, umso vollkommener und länger, je tiefer die Außentemperatur ist. Danach, bei anlaufendem Motor, muß sie sich etwas öffnen oder, in Schwingungen geratend, zeitweise öffnen und schließlich bei normal laufendem Motor ganz offen sein. Bei Vergasern mit automatischer Startvorrichtung wird diese Reihenfolge von einer auf Temperatur ansprechenden Bimetallfeder bewirkt. Zuerst hält diese unter dem Einfluß der Kälte die Starterklappe geschlossen. Danach läßt eine meist elektrische Anheizung der Feder, die mit dem Start zu wirken beginnt, die Klappe allmählich öffnen. Dabei hilft oft der Saugrohrunterdruck noch etwas nach. Daß die Drosselklappe, wie oben als notwendig bezeichnet, jetzt auch etwas weiter geöffnet wird, wird dadurch bewirkt, daß deren Schließ-Endausschlag verstellbar ist. Verstellt wird er durch die Starterklappe im Sinn größerer Öffnung, wozu vor dem Anlassen das Fahrpedal einmal durchgetreten werden muß. [251; 256; 262; 265; 266; 267; 268].

3.7.3.7 Anreicherung bei Vollast
(Zone I in Bild 281)

Oft wird die bei Vollast notwendige Anreicherung dadurch bewirkt, daß man ein Kraftstoff führendes Rohr an eine Stelle etwas *oberhalb* des Lufttrichters führt (in Bild 287 das kalibrierte Einspritzrohr i). Da an dieser Stelle der Luftkanal verengt, aber nicht so eng ist wie im Lufttrichter, wird erst bei großer angesaugter Luftmenge, also nahe der Vollast, der Unterdruck so groß, daß er zum Ansaugen des Kraftstoffs ausreicht, also zu einer zusätzlichen Anreicherung des Gemisches. Die ausgespritzte Menge wächst mit dem Unterdruck, d.h. mit der Belastung.
Bei manchen Vergasern (siehe Bild 287) fällt diese Kraftstoffzuleitung mit der Druckleitung der Beschleunigerpumpe zusammen, deren Ventile dann durch Unterdruck und die Benzinströmung angehoben werden. – Es gibt auch viele andere konstruktive Lösungen. [251; 256; 262; 265; 266; 267; 268].

3.7.3.8 Schiebebetrieb
(Zone IV in Bild 281)

Bei plötzlichem Schließen der Drosselklappe sinkt der Druck in der Saugleitung rasch; dadurch verdampft der dort an der Wand sitzende Kraftstoff schnell, so daß reiches Gemisch in die Zylinder gelangt und viel CO ausgestoßen wird, siehe Bild 280. Als Abhilfe hat man schon Dämpfer eingebaut, die zu rasches Schließen der Drosselklappe verhindern. Umgekehrt kann bei längerem Schiebebetrieb und hoher Drehzahl (z.B. Talfahrt) das Gemisch so arm werden, daß es in den einzelnen Zylindern nicht mehr zündet und in Gestalt unverbrannter Kohlenwasserstoffe ausgestoßen wird. Dagegen helfen Abstellen der Kraftstoffzufuhr überhaupt oder Öffnen der Drosselklappe so weit, daß kein großer Kraftstoffmangel in den Zylindern mehr eintritt.

3.7.3.9 Stufen-(Register-) Vergaser

Wenn ein Motor einen Vergaser ähnlich wie nach den Bildern 283 bis 287 hat mit einem auch für kleine Drehzahlen und Teillast geeigneten Lufttrichter, und nun mit sehr hoher Drehzahl und Vollast betrieben werden soll (Gl. 94) wird dieser Lufttrichter zu sehr drosseln. Der Gedanke des Stufen-(Register-) Vergasers ist der, daß parallel zum Vergaser I noch ein Vergaser II vorgesehen wird, der aber nur beim hohen Luftbedarf der hohen Drehzahl und hohen Last eingeschaltet wird. Beide sind in ein Gehäuse zusammengebaut (Bild 290). Stufe I ist ähn-

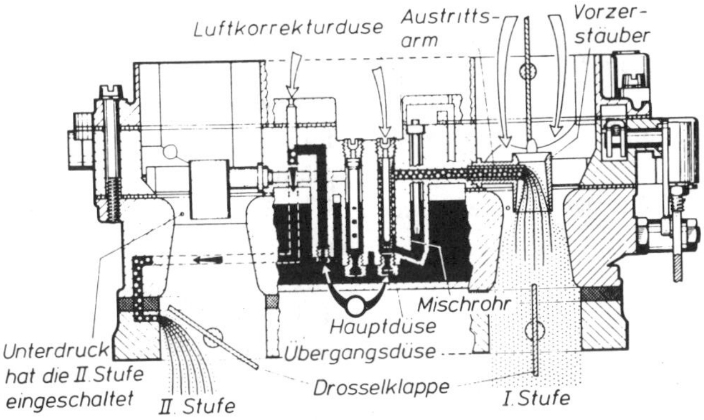

Bild 290. Register-(Stufen-)Vergaser. Zenith-Vergaser. [266]

lich wie die Vergaser nach Bild 284 oder 287 ausgerüstet; nur taucht hier die Hauptdüse direkt in den Schwimmerbehälter ein. Über ihr sitzt das Mischrohr, oben die Luftkorrekturdüse. Stufe II ist spiegelbildlich ebenso. Aber während Drosselklappe I vom Fahrpedal bedient wird, ist Drosselklappe II bei kleinen Drehzahlen und Leistungen geschlossen. Erst wenn bei hohem Luftbedarf ein großer Unterdruck im Trichter I entsteht, wird dieser durch eine Bohrung (kleiner Kreis links von der Unterkante des Vorzerstäubers I) auf eine nicht eingezeichnete Unterdruckdose übertragen. Eine Membran in dieser zieht dann gegen Federkraft an einer Stange, welche die Drosselklappe Stufe II öffnet. Bei Zurücknehmen der Drosselklappe I durch den Fahrer sorgen bei diesem Vergaser die Feder und ein Mechanismus (Hebel, Nocken) für Rückführung der Klappe II in Schließstellung. Bei anderen Vergasern beeinflußt Klappe I die Klappe II nur durch mechanische Mittel. Um eine plötzliche Einschaltung der Stufe II zu vermeiden, ist in Bild 290 bei Klappe II eine Art Leerlauf-Kraftstoffzuführung vorgesehen, die beim Öffnen von Klappe II den Übergang erleichtert.

3.7.4 Zündverstellung, geregelt vom Vergaser aus Korrektur bei kleinem Luftdruck in großer Meereshöhe Vereisung von Vergasern

Diese speziellen Vorrichtungen und Erscheinungen können im Rahmen dieses Buches nicht behandelt werden. Daher wird auf das Schrifttums-Verzeichnis verwiesen, von dem ausgehend der Leser bei Bedarf weitere Literatur finden wird. [251; 255; 256; 265; 266; 250; 259; 262; 263; 268].

3.7.5 Vergaser mit veränderlichem Lufttrichter

3.7.5.1 Schiebervergaser

Es ist ein verlockender Gedanke, die engste Stelle des Vergasers, den Lufttrichter, veränderlich zu machen. Dann kann man bei großer Leistung weit aufmachen, also viel Luft ohne allzu große Drosselung durchströmen lassen; bei kleiner bleibt im verengten Lufttrichter die Geschwindigkeit noch groß genug, um das Benzin anzusaugen. Bild 291 zeigt einen solchen „Schiebervergaser", wie er (in vielen Spielarten) bei Motorradmotoren und anderen kleinen Motoren angewendet wird. Die von einem Filter gereinigte Luft tritt von rechts in den horizontalen Kanal 10 (Pfeil) ein. In diesen ragt von oben ein in einer Führung senkrecht beweglicher, zylindrischer Schieber 5, auch „Gasschieber" genannt, hinein; unter seinem Boden entsteht eine verengte Stelle 2, dem Lufttrichter 2 des Bildes 283 entsprechend. Mit dem Bowdenzug, der oben (bei 20) austritt, kann der Fahrer den Schieber anheben, womit sich ein größerer Querschnitt 2 ergibt und dementsprechend mehr Luftdurchtritt. Läßt der Fahrer nach, drückt die Feder den Schieber nach unten. Der Luftdurchtritt wird geringer.

Der Kraftstoff tritt, von einem höher gelegenen Tank kommend, bei 13 ins Schwimmergehäuse 6 ein. Schwimmer 7 regelt mittels des oben auf ihm sitzenden Ventilkegels 15 das Niveau des Kraftstoffes gerade so wie der Schwimmer 7 in Bild 288. Der Kraftstoff fließt vom Schwimmergehäuse 6 durch Bohrungen

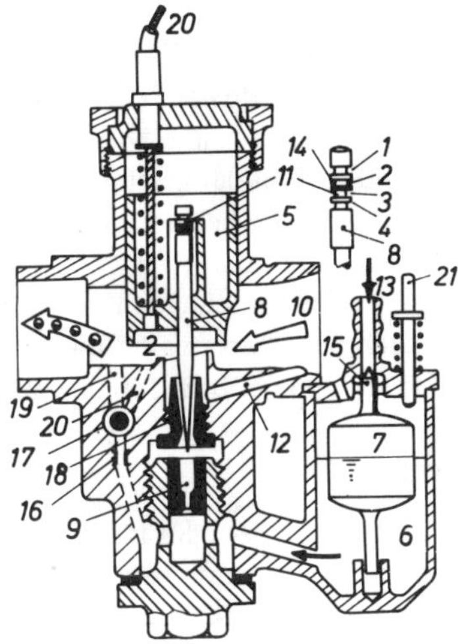

Bild 291. Schieber-Vergaser für Motorräder usw. (Bing-Vergaser vereinfacht gezeichnet nach Angaben des Herstellerwerks Fr. Hintermayr GmbH, Nürnberg)

in den Raum unterhalb der Hauptdüse 9, durch diese nach oben in die konische Bohrung der Nadeldüse 18. In deren Mitte sitzt das untere, kegelige Ende einer Nadel 8, die oben bei 11 in einem Aufbau des Gasschiebers 5 befestigt ist. Wird der Schieber 5 angehoben, so gibt er nicht nur einen größeren Querschnitt 2 für die Luft frei, sondern gleichzeitig läßt auch der von ihm mitgenommene Nadelkonus in der Nadeldüse 18 mehr Kraftstoff durchfließen, beim Senken ist es umgekehrt. Dem aus der Nadeldüse austretenden Kraftstoff wird noch aus der Bohrung 12 Zerstäuberluft zugesetzt, so daß Schaum entsteht. Dieser Schaum gelangt in den Lufttrichter 2 und bildet dort ein brennbares Gemisch, das nach links in den Motor gesaugt wird (Pfeil).

Wenn man im Herstellerwerk dem Kegel der Nadel die richtige Form gibt, wird man immer das gewünschte Mischungsverhältnis erzielen. Aber auch der Benutzer kann bei stehendem Motor den Vergaser auf reicheres oder ärmeres Gemisch einstellen. Die Nadel 8 hat oben bei 11 Einkerbungen 1 bis 4. Ein durch den Aufbau des Schiebers gesteckter Drahtbügel 14 greift nach Wahl in eine der Einkerbungen ein; gibt man der Nadel relativ zum Schieber eine höhere Lage, so wird der Kegel reichlicher Kraftstoff zufließen lassen; bei tieferer Lage umgekehrt. – Es gibt auch viele Schiebervergaser, die nicht einen, sondern zwei Schieber haben, im Schnitt nach Bild 291 nebeneinander liegend oder auch der eine im anderen laufend, so daß der Fahrer nicht nur drosseln, sondern auch während der Fahrt das Mischungsverhältnis beeinflussen kann. Verschiedene Konstruktionen (darunter auch der englische Amal-Vergaser) siehe [251; 256; 262].

Links liegt das Leerlaufsystem, das in Bild 291 nur gestrichelt angedeutet ist. Der Kraftstoff steigt durch Leerlaufdüse 16 (in Wirklichkeit nach unten ausbaubar) in die Bohrung 17, wo ihm von der Seite her Leerlaufluft (Regulierschraube dazu dunkler Kreis) beigemischt wird. Der Schaum wird durch Leerlaufbohrung 19 und Übergangsbohrung 20 in den Zylinder gesaugt (vgl. Bild 287). Zum Start wird das benötigte, sehr reiche Gemisch bei vielen solchen kleinen Vergasern einfach dadurch erzeugt, daß man mit dem Tupfer 21 den Schwimmer nach unten drückt, so daß der nun ungehindert zufließende Kraftstoff den Vergaser „überschwemmt". Doch gibt es auch Schiebervergaser, die einen eigenen Startvergaser oder Startschieber (der Starterklappe in Bild 286 und 287 entsprechend) haben.

3.7.5.2 Der Stromberg-Vergaser CD

Dieser Vergaser (Bild 292), entwickelt bei der Bendix-Corporation, USA, hergestellt von Zenith, England, ist ein Horizontalvergaser für Personenwagenmotoren; er hat ähnlich wie der Vergaser nach Bild 291 einen zylindrischen Schieber 5,

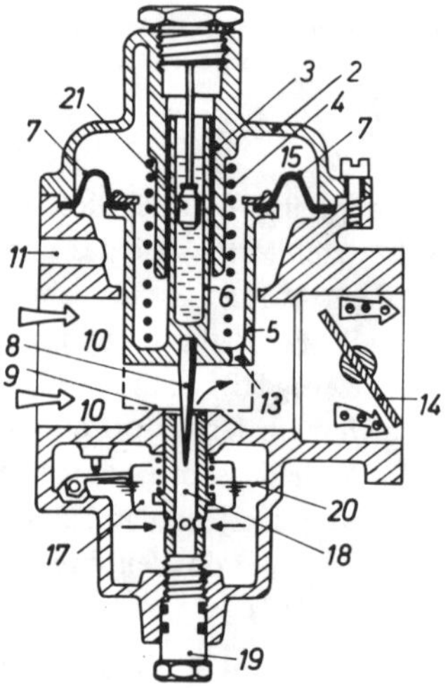

Bild 292. Stromberg CD-Vergaser für Personenwagen. Vereinfacht gezeichnet [266]

der senkrecht in den horizontalen Strömungskanal hineingeschoben wird und daran ebenfalls eine Kraftstoffnadel 8. Aber der Schieber oder Kolben 5 wird nicht von Hand bewegt, sondern vom Unterdruck an seiner rechten Unterseite, und dieser Druck wird durch die vom Fahrpedal aus bediente Drosselklappe 14 eingestellt.

Der Kolben 5 wird innen an einem Führungsschaft 6 geführt, der in einer Büchse 3 des Deckels 2 gleitet. An ihm sitzt oben eine Membran 7. Diese erlaubt ihm, von der gezeichneten Mittelstellung (Teillast) sich entweder so weit nach oben zu bewegen, bis der horizontale Strömungskanal 10 ganz frei wird (Vollast), oder nach unten, bis er auf der Schwelle 9 aufsitzt (Stillstand, gestrichelt). Maßgebend für seine Stellung ist der Unterdruck in Raum 15 über der Membran 7. Dort findet der Druck am Kolben und an der großen Membran eine große Angriffsfläche. In diesem Raum 15 herrscht wegen der Öffnung 13 im Kolbenboden derselbe Druck wie im Kanal rechts unter ihm zwischen Schwelle 9 und Drosselklappe 14. Der Raum unter der Membran ist durch Entlüftungsbohrungen 11 ohne Einfluß. Wenn der Motor z.B. durch weiteres Öffnen der Klappe zu Vollast übergeht, wird im Querschnitt zwischen 9 und dem Kolbenboden eine größere Strömungsgeschwindigkeit und somit ein größerer Unterdruck entstehen, der durch 13 in Raum 15 fortgepflanzt wird und eine Anhebung der Membran und des Kolbens bewirkt. Gegenkraft ist immer das Gewicht des Kolbens und die Feder 4, die eine flache Kennlinie hat. Da die Gegenkraft so in allen Lagen des Kolbens fast gleich gleibt, sucht sich der Kolben bei jeder Motorbelastung eine Gleichgewichtsstellung, bei der der Unterdruck in Raum 15 fast derselbe ist (Gleichdruckvergaser); d.h. auch die Geschwindigkeit im Querschnitt zwischen Kolben und Schwelle ist immer fast dieselbe. Dieser Querschnitt bleibt also fast der jeweils durchströmenden Gemischmenge proportional. Die gleichbleibende Geschwindigkeit über der Schwelle 9, an welcher ja der Kraftstoff austritt (Pfeil), reicht somit bei allen Belastungen für das Ansaugen des Kraftstoffs aus. Keine zusätzliche Zerstäubungsluft ist notwendig und u.U. auch kein eigenes Leerlaufsystem.

Der Schwimmer 17, welcher den Kraftstoff über ein Zulaufventil (links nur angedeutet; näheres siehe Bild 283) auf bestimmtem Niveau 20 hält, ist ein Doppelschwimmer. Ein Vergaser liegt also vor, der andere hinter der Zeichenebene. Der Vergaser ist deshalb gegen Schräglage wenig empfindlich. Durch seitliche Löcher dringt der Kraftstoff (Pfeile) in die Nadeldüse ein, in welche von oben – wie erwähnt – die am Kolben 5 befestigte konische Nadel 8 hineinragt. Bei großer Belastung des Motors ist also nicht nur der Luftquerschnitt über Schwelle 9, sondern auch der vom Nadelkonus freigegebene Kraftstoffquerschnitt in Nadeldüse 18 groß. Beide sind klein bei kleiner Belastung. Es besteht also stets ein richtiges Mischungsverhältnis. Die Nadeldüse 18 kann mit der Schraube 19 gehoben und gesenkt werden, wodurch man bei Leerlauf ärmeres oder reicheres Gemisch einstellen kann (Zeichnung hier vereinfacht). Bei plötzlichem Aufreißen der Drosselklappe entsteht Gemischanreicherung durch einen Dämpfer 21 im ölgefüllten Rohr 6. Dadurch, daß die Aufwärtsbewegung des Kolbens 5 verlangsamt wird, ergibt sich vorübergehend große Geschwindigkeit des Luftstroms über der Schwelle 9 mit entsprechend starker Kraftstoffansaugung. Ein Abwärtsgang des Kolbens 5 dagegen wird von diesem Dämpfer 21 kaum verlangsamt. – Für Kaltstart sind verschiedene Einrichtungen im Gebrauch.– Näheres über Stromberg-Vergaser CD siehe [256; 262; 265; 266]. Im Prinzip ähnlich ist der englische SU-Vergaser [251; 256; 262; 268]. Den Anbau eines Stromberg-Vergasers zeigt Bild 317.

3.7.6 Die Saugleitung zwischen Vergaser und Zylinder

Baut man von der neuen Type eines Vergasermotors zuerst eine Einzylinder- und danach eine Mehrzylinder-Maschine, so macht man oft die Erfahrung, daß die Leistung der letzteren nicht das erwartete Vielfache der Einzylinderleistung ist, sondern kleiner. Die Ursache liegt im Saugrohr, welches bei einer Mehrzylinder-Maschine die einzelnen, ansaugenden Zylinder nicht gleichmäßig mit brennbarem Gemisch versorgt. Sie erhalten oft Gemisch in ungleicher Menge und vor allem von ungleichem Luft-Kraftstoffverhältnis.

Das hängt damit zusammen, daß im Saugrohr der Kraftstoff in drei Zuständen befördert wird. Ein Teil ist verdampft, ein Teil besteht aus im Gemisch mitfliegenden feinen Tropfen verschiedener Größe, und ein Teil hat sich, wenigstens bei kleinen Belastungen und Drehzahlen, also kaltem Motor, an der Rohrwand niedergeschlagen und läuft an dieser, vom darüberwegstreichenden Gemischstrom durch Reibung mitgenommen, wie ein schmales Rinnsal oder deren mehrere auf den Zylinder zu. Als ungefährer Anhalt gilt, daß bei kaltem, unbeheiztem Saugrohr (20°) mehr als die Hälfte des Kraftstoffes noch unverdampft ist und bei betriebsmäßig warmem Saugrohr immer noch – in weiten Grenzen schwankend – etwa ein Drittel (bei etwa atmosphär. Druck). Dabei besteht das, was vom Kraftstoff flüssig bleibt, überwiegend aus den schwer verdampfbaren Kohlenwasserstoffen, die im Ottokraftstoff enthalten sind [248; 258; 260; 262; 264].

Über die Gleichmäßigkeit der Ladungsverteilung auf die Zylinder eines Mehrzylindermotors ist folgendes zu sagen: Der verdampfte Kraftstoff macht als gasförmiger Bestandteil des Gemisches einfach dessen Bewegung mit. Das Gemisch in der Saugleitung allerdings, taktmäßig von den einzelnen Zylindern angesaugt, führt stoßweise Bewegungen aus. Durch diese instationären Vorgänge kann die den einzelnen Zylindern zugeführte Ladungsmenge verschieden groß ausfallen, insbesondre, wenn die zu den einzelnen Zylindern führenden Saugleitungen verschieden lang sind [4, II, S. 50 ff]. Aber im Vergleich dazu spielt bei den Vergasermotoren meist eine größere Rolle, daß die in der Saugleitung mitgeführten Tropfen und Rinnsale in den einzelnen Zylindern zwar kaum die Masse der Gesamtladung, wohl aber das Verhältnis Luft/Kraftstoff verschieden ausfallen lassen. Das hat entsprechende Folgen für die Gefahr des Klopfens, für die Kolbenerwärmung und vor allem für die Erzeugung giftiger Gase. Das letztgenannte Problem (vgl. Bild 280) hat seit etwa 1960 besondere Veranlassung gegeben, die Ursachen der ungleichen Zylinderversorgung zu erforschen und nach Abhilfe zu suchen [249; 251; 254; 255; 257; 264; 265]. In Kürze hier folgendes Beispiel:

Wenn man in Bild 293 zunächst die rechte Hälfte des Motors ansieht, so haben die Einlassventile E3 und E4 der Zylinder 3 und 4 eine gemeinsame Ventilkammer K, eine beliebte einfache Bauart (vgl. Bild 294a und b). Bei der Zündfolge 1-3-4-2 saugt erst E3, dann E4, siehe links oben. Das gasförmige Benzin-

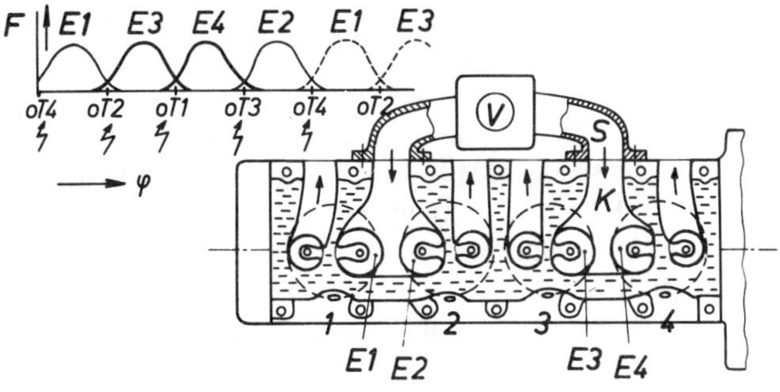

Bild 293. Saugsystem eines Personenwagenmotors mit den Zylindern 1 bis 4. Waagerechter Schnitt durch Zylinderdeckel. E Einsaugventile, K Ventilkammer, S Saugleitung, V Vergaser. Bild links oben: Freier Ventilquerschnitt F der Einsaugventile über dem Kurbelwinkel. Zündfolge 1-3-4-2

Luftgemisch in S samt den in ihm enthaltenden kleineren Tropfen wird dabei von Zylinder 3 in Bewegung gesetzt, bleibt beim Saughub 4 in Bewegung und staut sich gegen Saughubende 4 vor dem schließenden E4. Dadurch ergibt sich meist eine etwas erhöhte Masse der Füllung und etwas höherer Liefergrad des Zylinders 4. Aber von den größeren Tropfen im Gemischstrom werden viele an den gekrümmten Rohrstellen im Saugrohr an die Wand geschleudert und andere vor allem prallen beim Schließen von E4 an eine Wand von Raum K, weil sie infolge der Massenträgheit bei sich verlangsamendem Gemischstrom weiterfliegen wollen. Auch mancher in Gestalt von Rinnsalen mitgerissene Kraftstoff, viel langsamer sich bewegend als das Gas, kann nach dem Ende des Saughubs 4 noch die Wände von K erreichen. Der an den Wänden von K so entstandene Kraftstoffilm wird nach dem Schließen von E4 verdampfen. Das Maß der Verdampfung hängt von der Wandtemperatur (vgl. die Unterschiede in Bild 294 a und b) und dem (die Verdampfung begünstigenden) Unterdruck ab. Zeit dazu ist in der Pause vorhanden, während der die Zylinder 2 und 1 einsaugen. Wenn nun E3 wieder öffnet, wird das in K so entstandene reiche Gemisch eingesaugt. Für den später einsaugenden Zylinder 4 bleibt davon weniger übrig. So kann es dazu kommen, daß die inneren Zylinder 3 und 2 (da sich bei Zylinder 2 und 1 ähnliches abspielt) wesentlich reicheres Gemisch erhalten als die äußeren Zylinder 4 und 1. Bei einer geänderten Zündfolge 1-2-4-3 des Viertaktmotors werden dagegen meist die äußeren Zylinder 1 und 4 die reicheren sein.

3.7.7 Maßnahmen zur Erreichung gleichmäßiger Gemischversorgung aller Zylinder, z.B. Saugrohrführung, Mehrvergaseranordnung, Gemischvorwärmung

3.7.7.1 Einige Einzelheiten der Konstruktion der Saugrohre

Der Querschnitt des Saugrohrs soll erfahrungsgemäß nicht zu groß sein, damit die Strömungsgeschwindigkeit auch bei kleiner Belastung und bei Leerlauf auch noch ausreichend bleibt und somit eine gleichmäßigere Versorgung der Zylinder zu erwarten ist. Grenze: Zu enge Leistungen drosseln zu sehr bei Vollast (siehe Gl. 94). Drosselklappe mit der Achse parallel zum Saugrohr wie in Bild 283, nicht quer dazu; bei Queranordnung würde eine Saugrohrhälfte begünstigt. Eine einseitige Versorgung des Saugrohrs kann aber auch bei einer Drosselklappe mit paralleler Achse vorkommen, wenn diese nahe vor der Saugrohr-Verzweigung sitzt. Sogar kleine Unsymmetrien im Vergaser können diese Wirkung haben [257; 265]. Saugrohr vor einseitigem Anblasen durch den Lüfter schützen, da sonst einseitige Abkühlung und schlechtere Verdampfung bei einer Motorhälfte.

3.7.7.2 Anpassung der Gesamtanordnung von Vergaser (Vergasern) und Saugrohr an die Zylinderanordnung

Von den vielen Möglichkeiten, die es bei den Mehrzylindermotoren mit ihren verschiedenen Zylinderanordnungen gibt, zeigt Bild 294 wenige Beispiele. Bei

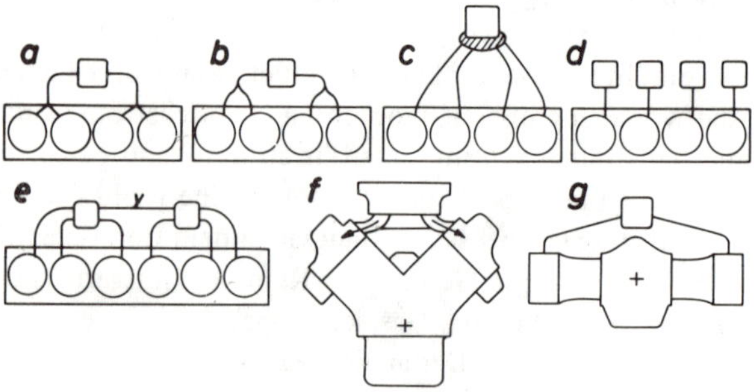

Bild 294. Beispiele von Vergaser- und Saugrohr-Anordungen:
a Häufig angewandt bei Vierzylindermotoren;
b desgl. Verzweigungen außerhalb
c Gleichlange Saugrohre bei allen 4 Zylindern
d Jeder Zylinder hat einen Vergaser
e Sechszylinder mit 2 Vergasern und gleichlangen Saugrohren
f Bei V-Motoren, z. B. Achtzylindermotor. Der (die) Vergaser innen, Auspuffleitungen außen
g Häufige Anordnung bei Boxermotoren

einem Vierzylinder-Reihenmotor werden die verzweigten Anordnungen a und b am häufigsten verwendet. Wenn man die im Beispiel am Ende von 3.7.6 beschriebene Ungleichheit der Gemischverteilung vermeiden will, läßt offenbar Anordnung c einen Erfolg erwarten, bei der jeder der Zylinder sein eigenes und gleichlanges Saugrohr hat. Außerdem kann man diese einheitliche Saugrohrlänge so abstimmen, daß eine leistungssteigernde Aufladewirkung eintritt, wenigstens in einem gewissen Drehzahlbereich [4,II, S. 50ff]. Allerdings ist der Platzbedarf des Motors bei c größer als bei a und b. Eine Weiterführung des Gedankens der Ausrüstung mit gleichlangen Saugrohren siehe [257].

Namentlich bei Motoren mit 6 und 8 Zylindern (Reihenmotor e und V-Motor f) wird eine gleichmäßige, symmetrische Verteilung erleichtert, wenn man zwei oder mehr Vergaser anwendet, deren jeder eine Zylindergruppe versorgt, und zwar über möglichst gleichlange Saugleitungen. Vielfach werden dann, siehe Bild e, das rechte und das linke Ansaugsystem durch eine Druckausgleichsleitung y verbunden. Extrem: Jeder Zylinder bekommt seinen eigenen Vergaser, wie in d für einen Vierzylindermotor dargestellt, eine z.B. bei Sportmotoren angewandte aufwendige, aber das Problem gleicher Gemischverteilung radikal lösende Anordnung. Allerdings muß bei allen Mehrvergaseranordnungen dafür gesorgt werden, daß alle Vergaser und ihre Drosselklappen untereinander gleich eingestellt sind. [249; 254; 255; 257; 262; 265; 266].

3.7.7.3 Anwärmen des Saugrohres

Hohe Temperatur des Gemisches bewirkt, daß ein größerer Prozentsatz des Kraftstoffes verdampft und damit die Verteilung auf die einzelnen Zylinder gleichmäßiger wird. Anheizen des ganzen Gemisches oder der ganzen Ansaugluft mit Hilfe der Abgase ist aber nur sehr beschränkt anwendbar. Nach der Zustandsgleichung für Gase $m = pV/RT$ (p Druck, V Volumen, R Gaskonstante, T abs. Temperatur) vermindert nämlich hohes T die Masse m der im gegebenen Zylindervolumen V eingeschlossenen Ladung, so daß die Vollastleistung des Motors verkleinert wird. Auch die Gefahr des Klopfens steigt [248; 257; 262]. Wiederholt hat sich gezeigt, daß eine gute Lösung die ist, daß man nur die eine Stelle des Saugrohres erwärmt, an welcher der im Fallstromvergaser herunterströmende Gemischstrom plötzlich in die honrizontale Saugleitung umgelenkt wird und an der deshalb in der Krümmung ausgeschleuderte Tropfen an diese Wandstelle anprallen, also Stelle 20 in Bild 283. Dort wird die Verdampfung gefördert, ohne daß das ganze Gemisch übermäßig erwärmt wird. Als Wärmequelle wird zwar auch Kühlwasser verwendet, aber meist wird dieser heiße Fleck (hot spot) dadurch erzeugt, daß man von unten heiße Auspuffgase an diese Stelle der Saugrohrwand heranleitet. Man kann die Anheizung dann durch eine Umlenkklappe in der Auspuffleitung regeln in dem Sinn, daß die Auspuffgase nur bei relativ kaltem Motor an die Stelle 20 herangeführt werden, also wenn es notwendig ist. Bei betriebswarmem Motor werden sie dagegen einfach im Auspuffrohr weitergeleitet. Das Organ zur automatischen Regelung ist dabei eine bimetallische (also auf Temperatur ansprechende) Spiralfeder, welche die Umlenkklappe dreht [251; 262; 265].

Hinzuzufügen ist, daß alle in 3.7.7 genannten, die Kraftstoffverteilung auf die Zylinder verbessernden Maßnahmen nur insoweit anwendbar sind, als sie mit den anderen an den Motor zu stellenden Anforderungen nicht oder wenigstens nicht zu sehr in Widerspruch geraten, nämlich der Forderung nach hoher Leistung, niedrigem Kraftstoffverbrauch, nach guter Einfügung des Motors in den verfügbaren Raum und nach wirtschaftlicher Fertigung.

3.8 Aufladung von Dieselmotoren

Grundlegendes über die Aufladung von Dieselmotoren siehe [4, II, Abschn. G]. Hier wird auf einige konstruktive Fragen der Einzelteile des Motors in bezug auf die Aufladung eingegangen, und zwar vor allem auf die konstruktive Anpassung des Motors an die Aufladung, die nachträglich bei einem Motor nur schwer zu verwirklichen ist und dann nur mit vielen Schwierigkeiten und Rückschlägen. Es ist daher ratsam, schnellaufende Dieselmotoren in Anbetracht der Bedeutung, die die Aufladung heute hat, von einer bestimmten Größe an, z.B. ab 1 *l* Hubvolumen je Zylinder, schon von vorherein so zu konstruieren, daß Aufladung möglich ist. Das gilt auch für Fahrzeugmotoren, bei denen sich bei der steigenden Tendenz der Leistungen auch die Aufladung durchsetzt, umsomehr, als es gerade bei diesen Motoren möglich ist, mit Hilfe der Aufladung das Drehmoment bei fallender Drehzahl stark zu überhöhen (bis zu 50%) und damit dem Ideal des Fahrzeugmotors, nämlich konstanter Leistung auch bei fallender Drehzahl, näherzukommen [275; 297].

Da bei modernen schnellaufenden 4-Takt-Dieselmotoren der mechanisch angetriebene Lader kaum noch eine Rolle spielt, werden in den folgenden Kapiteln nur Motoren mit Abgasturboladern behandelt.

Bild 295 zeigt das Schnittbild eines kleinen, luftgekühlten Abgasturboladers mit Radialturbine und Gleitlagern. Ein großer Abgasturbolader mit Axialturbine und Wälzlagerung ist in [4, II, Bild 38] dargestellt.

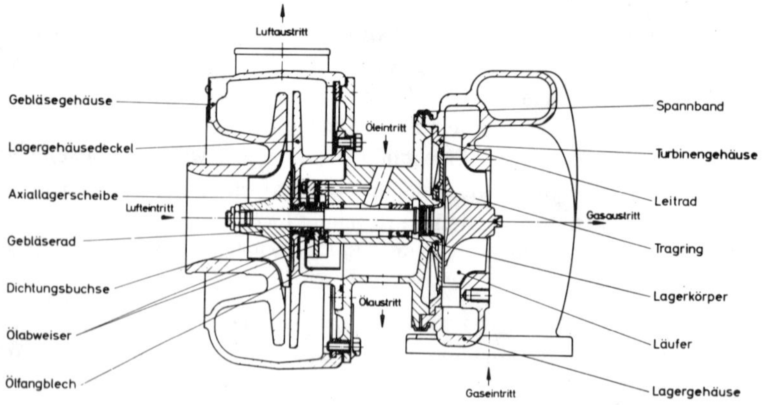

Bild 295. Schnitt durch einen Abgasturbolader der Aktiengesellschaft Kühnle, Kopp u. Kausch (KKK)

3.8.1 Konstruktive Anpassung des Motors an die Aufladung, Abgassammelleitungen, Ladeluftleitung

Wie beansprucht die Aufladung die einzelnen Motorteile? Zunächst ist bei der Aufladung mit höheren Zünddrücken zu rechnen, und zwar sind diese umso höher, je höher aufgeladen wird, d.h. je höher das Druckverhältnis p_2/p_1 des Laders und damit der Ladedruck ist. p_1 ist der Druck vor dem Lader, normalerweise gleich 1 ata, p_2 ist der Druck hinter dem Lader. Dem höheren Zünddruck wird zwar dadurch begegnet, daß man bei Auflademotoren das Verdichtungsverhältnis ϵ verringert. Das kann aber nur soweit getrieben werden, als es das sichere Starten des Motors zuläßt. Man wird daher das Verdichtungsverhältnis eines aufgeladenen, schnellaufenden Motors selten unter $\epsilon = 14$ wählen. Aber auch dann noch ist bei hoher Aufladung mit hohen Zünddrücken zu rechnen, ist doch der Kompressionsdruck allein schon hoch genug, und der Zünddruck liegt noch über dem Kompressionsdruck. Allerdings ist diese Überhöhung beim aufgeladenen Motor nicht mehr so stark wie beim Saugmotor. Ein Beispiel soll das kurz zeigen. Bei einem Druckverhältnis des Laders von $p_2/p_1 = 2{,}6$, mit dem bei hoher Aufladung zu rechnen ist, tritt die Luft bereits mit einem Druck von 2,6 ata in den Zylinder ein. Der Verdichtungsenddruck p_c ist dann

$$p_c = p_2 \cdot \epsilon^n \qquad n = \text{Polytropenexponent} \approx 1{,}35$$

$$p_c = 2{,}6 \cdot 14^{1{,}35} = 91 \text{ ata } (= 90 \text{ atü})$$

Man sieht also, daß allein schon der Kompressionsdruck 90 atü erreicht. Es ist demnach nicht übertrieben, bei hochaufgeladenen Motoren, besonders bei direkter Einspritzung mit Zünddrücken von 130 bis 140 atü zu rechnen. Dabei muß man noch berücksichtigen, daß bei schnellaufenden Motoren mit hoher Kolbengeschwindigkeit zur Erreichung des gleichen Luftaufwandes höhere Ladedrücke als bei langsamlaufenden Motoren notwendig sind. Das hat seinen Grund in der Abnahme des Liefergrades bei höherer Drehzahl. Und da sind wir schon bei dem ersten Punkt, der für schnellaufende Auflademotoren wichtig ist: Sorgfältige, strömungsgünstige Ausbildung der Einlaßkanäle im Zylinderkopf (wie auch bei Saugmotoren), um einen guten Liefergrad zu erhalten. Das gleiche gilt für die Auslaßkanäle, um die Abgase mit möglichst geringem Energieverlust abzuführen.

Die höheren Zünddrücke des Auflademotors beeinflussen die gesamte Konstruktion des Motors. Die Zylinderkopfdichtung muß ihnen gewachsen sein. Es muß überprüft werden, ob die Zahl der Zylinderkopfschrauben und ihre Anzugskraft ausreicht (siehe 3.2.2.1 und 3.2.2.2). Kolben und Kolbenbolzen sind entsprechend zu bemessen, um der Gefahr von Spaltbrüchen zu begegnen. Dabei müssen gegebenenfalls geschmiedete Kolben für aufgeladene Motoren vorgesehn werden. Bei der Pleuelstange muß infolge der höheren Zünddrücke die Druckbeanspruchung im Pleuelschaft kontrolliert werden und – bei schräggeteilten Pleuelstangen – die gefährdete Gewindepartie der höher gelegenen Pleuelschraube (siehe 3.1.5). Da durch kräftigere Kolben und Kolbenbolzen die oszillierenden Massenkräfte größer werden, wird die Gestaltung der Pleuelstange in den durch die Massenkräfte beeinflußten Partien mittelbar durch die Aufladung beeinflußt. Es sind dies der Pleueldeckel und die Pleuelschrauben. Die tragenden Flächen der Haupt- und Pleuellager und des Kolbenbolzenlagers müssen den höheren Zünddrücken entsprechend bemessen werden (siehe 3.1.7). Überprüft werden müssen die Lagerdeckel und Lagerdeckelschrauben der Hauptlager (siehe 3.2.1), die ausschließlich vom Zünddruck beansprucht werden. Das gleiche gilt natürlich auch für das Kurbelgehäuse selbst, dessen kräfteführenden Wände den erhöhten Zünddrücken entsprechend stark sein müssen (3.2.1).

Die Kurbelwelle, d.h. die Kurbelzapfen, Hauptlagerzapfen und Kurbelwangen, müssen entsprechend den hohen Zünddrücken bemessen werden. Die Verstärkungen machen das Triebwerk schwerer und erfordern daher eine Überprüfung des Massenausgleichs (siehe 3.1.1.3).

Die thermische Beanspruchung des Motors bei Aufladung ist – bezogen auf die Motorleistung – zwar relativ kleiner als beim Saugmotor, jedoch ist sie absolut genommen größer, da aus dem gleichen Hubvolumen wie beim Saugmotor entsprechend dem Aufladegrad höhere Leistungen entnommen werden. Dementsprechend werden auch Zylinderköpfe und Kolben thermisch höher beansprucht, wobei zu berücksichtigen ist, daß mechanische und thermische Höherbeanspruchung zusammenfallen. Bei aufgeladenen Motoren, insbesondere bei Schnellläufern mit direkter Einspritzung, ist daher eine Kolbenkühlung mittels Schmieröl notwendig, bei niedrigen Aufladegraden durch Anspritzen der Kolbenunterseite, bei hohen durch Ölkühlung mittels Kühlkanälen im Kolben (3.1.6). Hieraus ergibt sich eine weitere Konsequenz. Es müssen nämlich die Schmierölkühler vergrößert werden; denn wenn bei Motoren ohne Kolbenkühlung im Schmierölkühler Wärmemengen von ca. 40 bis 50 kcal/PSh abgeführt werden, so erhöhen sich diese Wärmemengen bei ölgekühlten Kolben je nach Kühlverfahren auf 60 bis 70 kcal/PSh bzw. 110 bis 120 kcal/PSh (3.4.3).

Auch das Kühlsystem des Motors wird von der Aufladung beeinflußt. Wenn auch die aus dem Kühlwasser abzuführende, spezifische Wärmemenge beim Auflademotor kleiner ist als beim Saugmotor und das umsomehr, je höher der Aufladegrad ist, so wird doch die absolut aus dem Kühlwasser abzuführende Wärmemenge wegen der höheren Leistung größer. Das ist bei der Auslegung der Kühler und der Wasserpumpe zu berücksichtigen (3.5.1.2). Weiter muß daran gedacht werden, daß auch aus dem Ladeluftkühler eine zusätzliche Wärmemenge abgeführt werden muß (3.8.3), und zwar im Motorwasserkühler, wenn der Ladeluftkühler im Motorumlaufwasser liegt.

Wie aus den Ausführungen in [4, II, Abschn. G] hervorgeht, wird bei Stoßaufladung das Druckgefälle zwischen Ladedruck und Abgasgegendruck zur Ausspülung des Verbrennungsraumes benutzt, was auf Bild 299 deutlich in der Spülphase, in der Ein- und Auslaßventil gleichzeitig geöffnet sind (EÖ – AS) zu erkennen ist. Dabei werden die Abgastemperaturen durch Beimischen kalter Luft herabgesetzt, und die thermische Belastung der Auslaßventile wird verringert, da nach dem Aufheizen durch die heißen Abgase in der Spülphase eine Abkühlung durch die kalte Spülluft erfolgt. Voraussetzung für den Spülvorgang ist die sogenannte Überschneidung der Ein- und Auslaßventile im oberen Totpunkt. Während dieser Überschneidung sind Ein- und Auslaßventil gleichzeitig geöffnet. Die Nockenwelle des Auflademotors hat also in bezug auf das Schließen des Auslaßventils (später) und Öffnen des Einlaßventils (früher) andere Steuerzeiten als die Nockenwelle des Saugmotors. Die Größe der Ventilüberschneidung muß versuchsmäßig ermittelt werden. Sie kann zwischen 30°KW und 140°KW liegen. Die Tendenz geht zu kleineren Überschneidungswinkeln hin. Bei kleinen Aufladegraden ist es möglich, mit den geringen Überschneidungen der Saugmotorennockenwellen (0° bis ca. 30°KW) auszukommen. Man erspart sich damit bei einer Motorenserie, in der Saug- und Auflademotoren gebaut werden, zwei verschiedene Nockenwellen. Generell sollte man aus zwei Gründen immer versuchen, mit einer möglichst kleinen Ventilüberschneidung auszukommen. Je größer die Ventilüberschneidung ist, desto größer wird durch den steigenden Spülluftanteil der Luftbedarf des Motors, und damit werden auch der Turbolader und der Ladeluftkühler größer. Weiter besteht im Teillastgebiet, wenn der Ladedruck kleiner wird als der Abgasgegendruck – die Lage dieses Punktes ist vom Wirkungsgrad des Turboladers abhängig – die Gefahr, daß Abgase in das Einlaßsystem zurückschalgen. Die Folge davon sind Verschmutzungen und Ablagerungen in den Einlaßkanälen und an den Einlaßventilen. Je kleiner die Ventilüberschneidung nun ist, desto geringer ist diese Gefahr.

Die Auslaßventile aufgeladener Motoren öffnen früher als die der Saugmotoren, um möglichst hohe Abgasenergie für den Turbolader zu erhalten. Beim Öffnen der Auslaßventile gegen den dabei hohen Zylinderdruck (steigend mit steigendem p_{me}) treten Kräfte auf, die die Höhe der dynamischen Kräfte im Auslaßventiltrieb erreichen. Das muß bei der Bemessung des Ventiltriebs und der Auslaßventile berücksichtigt werden.

Das Volumen der Luftleitungen zu den einzelnen Zylindern muß eine bestimmte Größe haben, um eine gleichmäßige Füllung der einzelnen Zylinder zu gewährleisten. Man bemißt sie bei Auflademotoren überschläglich so, daß das Teilvolumen der Ladeluftleitung je Zylinder ungefähr so groß wie das Hubvolumen eines Zylinders ist. Bei V-Motoren, die entsprechend ihrer Bauart zwei Ladeluftleitungen haben, ist u.U., besonders, wenn die Zündfolge einer Zylinderreihe, wie z.B. beim 8-Zylinder-V-Motor mit einem V-Winkel von 90°, ungleichmäßig ist, eine Ausgleichsleitung zwischen den beiden Ladeluftleitungen notwendig. Der Platz dafür muß bei der Konstruktion schon vorgesehen werden. Der Querschnitt der Leitung wird dann durch Versuche ermittelt.

Die Ausbildung der Abgasleitungen eines schnellaufenden Auflademotors stellt den Motorenkonstrukteur vor besondere Probleme. Durch die mit hoher Geschwindigkeit und Temperaturen von maximal 650°C bis 700°C in den Abgasleitungen strömenden Abgase werden diese hohen, thermischen Beanspruchungen ausgesetzt, denen man durch entsprechende Gestaltung und Materialauswahl begegnen muß. Erschwert wird die Aufgabe noch durch die Aufteilung der Abgasrohre in mehrere Stränge bei der Stoßaufladung. Zwar ergibt die Gleichdruckaufladung, bei der die Abgase aller Zylinder in ein gemeinsames Abgassammelrohr blasen, einfachere Abgassammelrohre und gewisse Vorteile bei hohen Aufladegraden [288], jedoch stehen dem einige Nachteile gegenüber, wie z.B. langsameres Beschleunigen des Turboladers bei Belastungswechsel, beschränkte Spülmöglichkeit, stärkeres Rückströmen von Abgas in die Einlaßorgane bei Teillast. Hinzu kommt, daß die genannten Vorteile der Gleichdruckaufladung bei hohen Druckverhältnissen nur bei Vollast wirksam sind und nicht in Teillastgebieten, in denen die meisten Motoren überwiegend betrieben werden. Es wird daher im allgemeinen die Stoßaufladung bevorzugt, weshalb im folgenden auch nur die Ausbildung der Abgasleitungen für Stoßaufladung behandelt wird.

Bei der Stoßaufladung wird außer dem adiabatischen Gefälle der Abgase auch noch deren Strömungsenergie in der Turbine ausgenutzt. Die Abgasleitungen sollen daher nicht zu großen Querschnitt haben und möglichst glatt und ohne Krümmungen auf dem kürzesten Weg zur Turbine führen. Zur gleichmäßigen Beaufschlagung der Turbine werden die Abgasleitungen mehrerer Zylinder zusammengefaßt zu den Gaseintritten der Turbine geführt. Hinsichtlich der Zusammenfassung der Leitungen bestehen jedoch einige Einschränkungen. Es dürfen nur Zylinder in einer Leitung zusammengefaßt werden, deren Zündabstand nicht kleiner ist als etwa 240°KW, da sonst die Abgasdruckwelle des ausschiebenden Zylinders die Spülung des Nachbarzylinders bzw. des Zylinders, der am gleichen Leistungsstrang liegt, stört. Man muß daher bei Auflademotoren die Zündfolge nicht nur nach den Erfordernissen der Drehschwingungsrechnung auswählen, sondern auch danach, daß die Zusammenfassung der Abgasleitungen und deren Führung auf möglichst einfache Weise möglich ist.

Bild 296 zeigt schematisch für verschiedene Zylinderzahlen von Reihen- und V-Motoren bei gebräuchlichen Zündfolgen die mögliche Zusammenfassung der Abgasleitungen. In diesem Bild sind aus der Fülle der verschiedenen Zylinderzahlen, Bauarten und Anordnungen der Abgasleitungen nur wenige charakteristische Fälle für Reihen- und V-Motoren dargestellt. Die Zusammenfassung der Abgasleitungen des 6-Zylinderreihenmotors gilt auch für 12-Zylinder-V-Motoren mit 60°-V-Winkel. und zwar für jede Zylinderreihe. Beim 8-Zylinderreihenmotor ergibt sich ein vierflutiger Abgasturbolader. Bei Anwendung eines Pulseconverters (s.u.) kann man auch mit einem einfachen und billigeren 2-flutigen Turbolader auskommen. Die Zusammenfassung der Abgasleitungen des 8-Zylinderreihenmotors wird auch beim 16-Zylinder-V-Motor mit 45° bis 50°-V-Winkel (letzterer

Z	Bauart	Kurbelstern	Zündfolge (linksdrehend)	Schema
4	Reihe	1,4; 180°; 2,3	1 - 2 - 4 - 3	1 2 3 4
6	Reihe	1,6; 120°; 3,4; 2,5	1-5-3-6-2-4	1 2 3 4 5 6
8	Reihe	1,8; 90°; 4,5; 3,6; 2,7	1-3-2-5-8-6-7-4	1 2 3 4 5 6 7 8
6	90°-V	1,4; 120°; 3,6; 2,5	1 - 6 - 3 - 5 - 2 - 4	1 2 3 / 4 5 6
8	90°-V	1,5; 90°; 2,6; 3,7; 4,8	1-8-4-5-7-3-6-2	1 2 3 4 / 5 6 7 8
10	90°-V	1,6; 72°; 2,7; 3,8; 4,9; 5,10	1 - 10 - 5 - 7 - 2 - 8 - 3 - 9 - 4 - 6	1 2 3 4 5 / 6 7 8 9 10
12	90°-V	1,7 6,12; 120°; 3,9 4,10; 2,8 5,11	1 - 8 - 5 - 10 - 3 - 7 - 6 - 11 - 2 - 9 - 4 - 12	1 2 3 4 5 6 / 7 8 9 10 11 12
16	90°-V	1,9; 45°; 7,15; 4,12; 3,11; 6,14; 5,13; 2,10; 8,16	1-4-6-13-8-15-3-12-14-10-16-2-11-5-9-7	1 2 3 4 5 6 7 8 / 9 10 11 12 13 14 15 16

Bild 296. Einige Beispiele für die Zusammenfassung der Abgasleitungen von aufgeladenen Dieselmotoren verschiedener Zylinderzahlen und Bauarten

wird angewandt, wenn 12- und 16-Zylinder-V-Motoren in einer Motorenreihe gebaut werden) genommen. Die Kurbelwelle entspricht dann der des 8-Zylinderreihenmotors. Beim 10-Zylinder-V-Motor wird man ebenfalls zweckmäßigerweise einen Pulseconverter verwenden. Aus dem genannten Zündabstand von ca. 240°KW ergibt sich, daß sich günstig nur die Abgasleitungen der durch dreiteilbaren Zylinderzahlen zusammenfassen lassen. Bei den anderen Zylinderzahlen ergeben sich bei Einhaltung dieser Regel Teilbeaufschlagungen der Turbine, was zu schlechterem Wirkungsgrad führt. In diesen Fällen bringt die Anwendung eines sogenannten Pulseconverters [281; 289] eine Verbesserung. Werden weniger als drei Zylinder, z.B. zwei Zylinder beim Achtzylinderreihenmotor zusammengefaßt, so ergibt sich durch den großen Zündabstand (360°KW) dieser beiden Zylinder eine schlechte Beaufschlagung der Turbine, außerdem wird die verfügbare Abgasenergie schlechter ausgenutzt, da das Auffüllen der langen Abgasleitung längere Zeit beansprucht. Deshalb sind auch generell 8-Zylinderreihenmotoren den 6-Zylinderreihenmotoren in der Aufladung unterlegen. Das macht sich besonders bemerkbar bei den bei kleinen Schnelläufern bevorzugt verwendeten Radialturbinen, die auf Teilbeaufschlagung mit schlechterem Wirkungsgrad als Axialturbinen reagieren.

Es sollen nun kurz am Beispiel eines 8-Zylinderreihenmotors Wirkungsweise und Gestaltung eines Pulseconverters dargestellt werden. Auf die Ausbildung der Pulseconverter bei anderen Zylinderzahlen, die ebenfalls die Zusammenfassung von weniger als drei Zylindern notwendig machen, z.B. 4- und 5-Zylinderreihenmotoren oder 10- und 16-Zylinder-V-Motoren, kann hier nicht näher eingegangen werden. Sie folgt im Prinzip ähnlichen Richtlinien wie beim 8-Zylinderreihenmotor und ist auch in der Literatur [281; 289] behandelt.

Die Aufgabe des Pulseconverters bei einem 8-Zylinderreihenmotor ist, die Abgasleitung der Zylinder 1 und 8 und die Abgasleitung der Zylinder 7 und 2 (bzw. 3 und 6 sowie 4 und 5) vor Eintritt in die Turbine so zusammenzufassen, daß der Abgasdruckstoß des Zylinders 2 die Spülung des Zylinders 8 nicht beeinträchtigt, im Gegenteil sogar noch unterstützt. Mit dieser Zusammenfassung wird die Turbinenbeaufschlagung verbessert, da nunmehr 4 Zylinder mit je 90°KW Zündabstand auf einen Turbineneintritt wirken. Diese Zusammenfassung hat noch einen weiteren Vorteil. Statt eines vierflutigen Turbinengehäuses ist nun ein zweiflutiges notwendig, was eine spürbare Kostenreduzierung mit sich bringt.

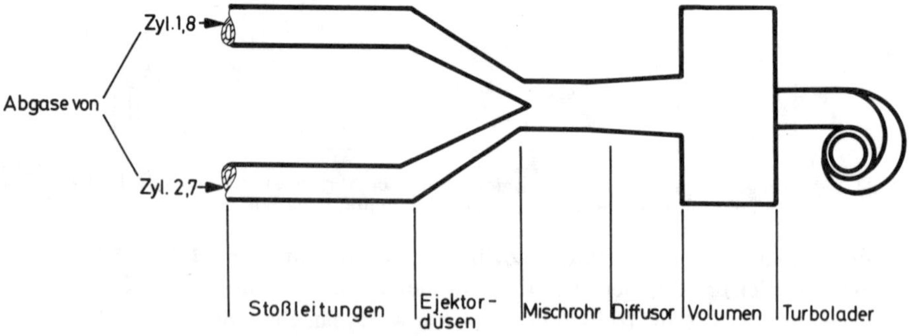

Bild 297. Schematischer Aufbau eines Pulse-Converters

Das Schema eines Pulseconverters zeigt Bild 297. Über Düsen werden die beiden Leitungen der Zylinder 8 und 1 bzw. 7 und 2 in einem Mischrohr zusammengefaßt und über einen Diffusor und ein der Turbine vorgeschaltetes Volumen dieser zugeführt. In der Düse wird der Druckstoß z.B. des Zylinders 2, der sonst die Spülung des Zylinders 8 stören würde, in hohe Geschwindigkeit umgesetzt und somit abgebaut. Es entsteht dabei in der Zusammenführung im Mischrohr sogar noch eine Saugwirkung auf den Zylinder 8, wodurch dessen Spülung verbessert wird. Im Diffusor wird dann die Geschwindigkeit wieder in Druck umgewandelt. Diese Anordnung beansprucht naturgemäß ziemlich viel Platz am Motor, der meistens nicht zur Verfügung steht. Es hat sich nun gezeigt, daß man ohne wesentliche Einbuße an Wirksamkeit Mischrohr, Diffusor und Volumen weglassen kann. Man kommt so zu einer Pulseconverterform, die sich platzmäßig gut anbauen läßt. Die Ausführung eines solchen, verkürzten Pulseconverters zeigt Bild 298 für einen schnellaufenden 8-Zylinderreihenmotor mit einem Hubvolu-

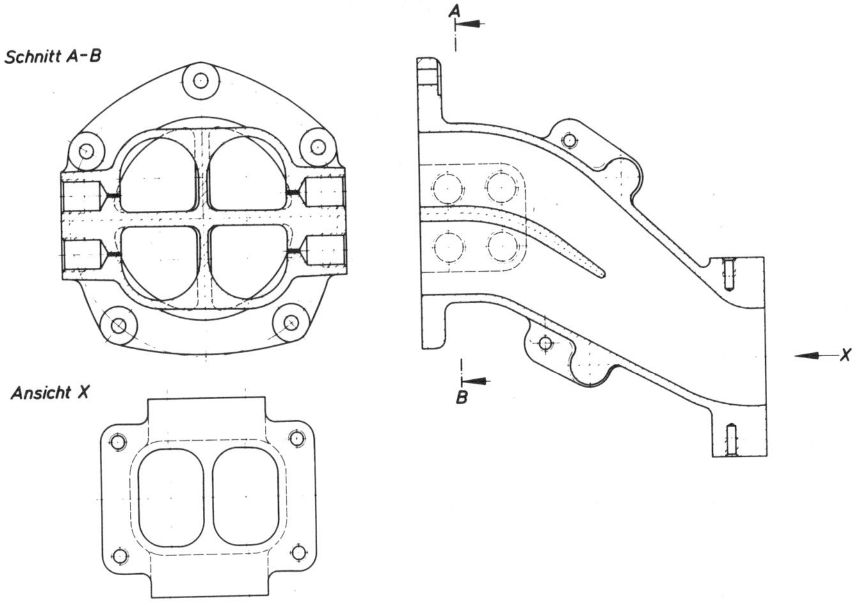

Bild 298. Ausgeführter Pulse-Converter (Gußeisen) für einen 8-Zylinderreihenmotor

men von 18,4 l. Es kommt dabei im wesentlichen auf das Flächenverhältnis F_2/F_1 des engsten Düsenquerschnitts zum Rohrquerschnitt an, das in Versuchen ermittelt werden muß und sich dabei leicht durch Verkürzung der Zunge zwischen den beiden Düsen verändern läßt. Dieses Verhältnis kann je nach Motor zwischen 0,5 und 0,8 liegen. Wird ein Pulseconverter nach Bild 298 aus Gußeisen hergestellt, so ist auf möglichst glatte Oberfläche und genaue Einhaltung des Flächenverhältnisses zu achten. Je kleiner F_2/F_1 ist, desto geringer ist die gegenseitige Beeinflussung der zusammengefaßten Zylinder, jedoch werden die

Strömungsverluste größer. Man muß daher bei der Abstimmung des Pulseconverters am Motor einen guten Kompromiß zwischen beiden Extremen finden, der bei jedem Motor entsprechend Motordrehzahl, (es muß auch auf niedrige Drehzahlen geachtet werden) Ventilsteuerzeiten und Länge der Abgasleitungen anders aussehen wird. Die Wirkung des Pulseconverters bei dem o.g. 8-Zylinderreihenmotor zeigt Bild 299, das den Verlauf des Abgasgegendruckes hinter den

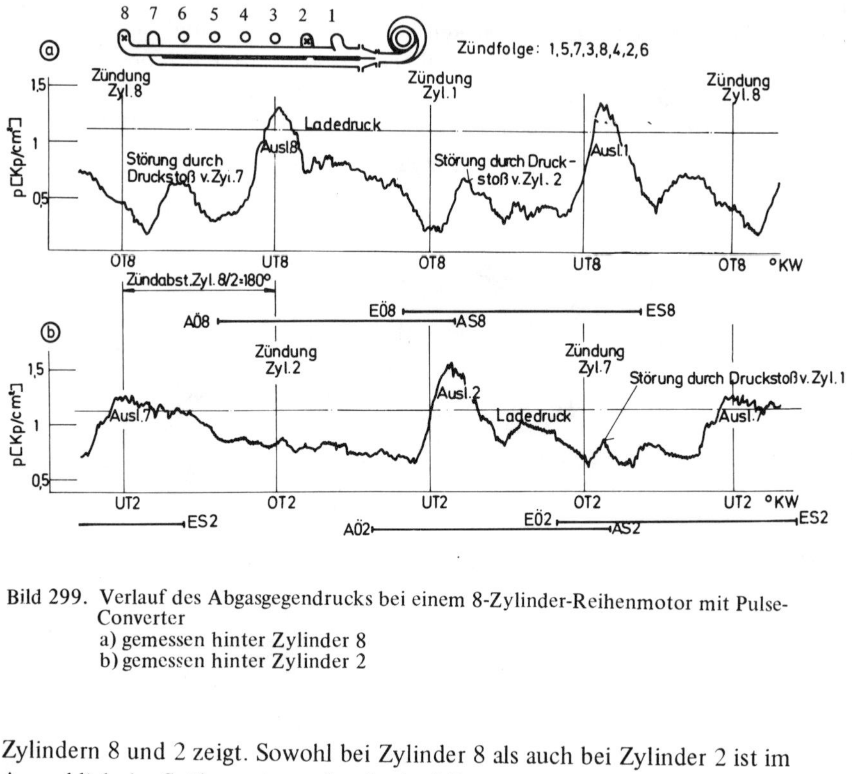

Bild 299. Verlauf des Abgasgegendrucks bei einem 8-Zylinder-Reihenmotor mit Pulse-Converter
a) gemessen hinter Zylinder 8
b) gemessen hinter Zylinder 2

Zylindern 8 und 2 zeigt. Sowohl bei Zylinder 8 als auch bei Zylinder 2 ist im Augenblick der Spülung ein großes Spülgefälle vorhanden, das bei Zylinder 8 durch den Druckstoß von Zylinder 2 bzw. bei Zylinder 2 durch den Druckstoß von Zylinder 1 kaum gestört wird.

Es wurde eingangs schon erwähnt, daß die Abgasleitungen eines aufgeladenen Motors hohen thermischen Beanspruchungen ausgesetzt sind, die bei der Konstruktion berücksichtigt werden müssen. Die meisten Schwierigkeiten ergeben sich daraus, daß die Abgasleitungen infolge der hohen Abgastemtemperaturen eine beachtliche Längenänderung gegenüber den Zylinderköpfen, an denen sie befestigt sind, erfahren. Es muß also für einen Längenausgleich gesorgt werden. Die Abgasleitungen werden daher in Teilstücke aufgeteilt, die über Dehnungsausgleicher verbunden sind. Bei kleineren, niedrig belasteten Motoren können zwei oder drei Zylinderabschnitte zu einer Leitung zusammengefaßt werden, wenn die Querarme zu den Zylinderköpfen entsprechend lang und elastisch sind, was aber leider meistens wegen des beschränkten Bauraumes nicht der Fall ist. Werden mehrere Zylindereinheiten zu einem Leitungsstück zusammengefaßt, so ist zu beachten, daß die Flanschabdichtung zum Zylinderkopf durch die Längenausdehnung der Abgasrohre beansprucht wird. Es ist daher ratsam, die Befestigungsschrauben in Kurbelwellenrichtung anzuordnen und nicht senkrecht dazu, da es sonst bei der Wärmedehnung des Rohres zum Kippen des Flansches kommen kann, was zu Undichtigkeiten führt. Als Dichtung zwischen Abgasrohrflansch und Zylinderkopf hat sich eine Stahllagendichtung bewährt. Die Befestigungsschrauben dürfen auch bei hohen Temperaturen nicht ihre Festigkeit verlieren und müssen daher aus warmfestem Material bestehen (z.B. 24 Cr Mo V 55 V). Bei größeren, hochbelasteten Motoren wird man die Abgasleitung in so viele Teilstücke aufteilen, wie Zylinder vorhanden sind.

Ein besonderes Problem sind die Dehnungsausgleicher zwischen den einzelnen Leitungsteilstücken und in der Verbindungsleitung zum Abgasturbolader. In Bild 300 sind verschiedene Ausführungen dargestellt. Die einfachste ist die Ausführung b, bei der die Abdichtung der Schiebestücke durch Kolbenringe erfolgt.

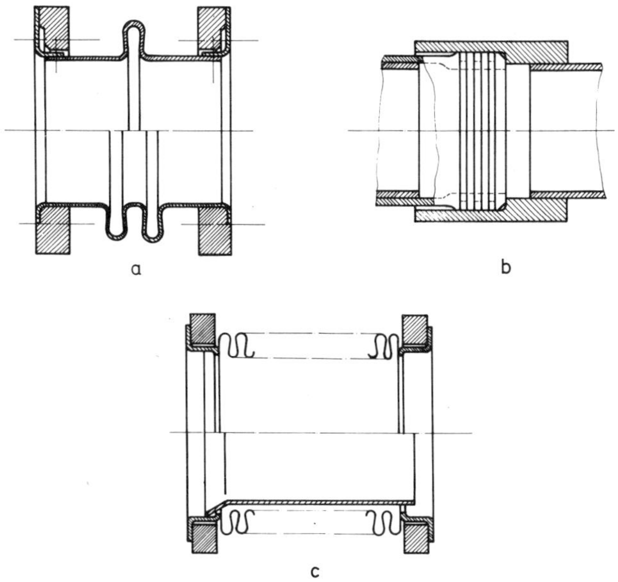

Bild 300. Verschiedene Ausführungen von Dehnungsausgleichern für die Abgasrohre aufgeladener Dieselmotoren

Diese Ausführung ist nur bei niedrig belasteten Motoren, die nicht in geschlossenen Räumen laufen, möglich; denn sie ist auf die Dauer nicht dicht, da die Ringe meistens ausglühen und ihre Spannkraft verlieren. Die Ausführung a wird bei schnellaufenden Motoren der Firma KLÖCKNER-HUMBOLDT-DEUTZ AG angewandt. Diese Membrandehnungsausgleicher aus hochwarmfestem Tiefziehblech sind verhältnismäßig einfach und kostengünstig. Sie erfordern aber genaue Ausrichtung sowie Formhaltigkeit der Abgasrohrteilstücke auch nach langem Dauerwechselbetrieb. Sie werden in kaltem Zustand mit etwas Zugvorspannung eingebaut, die dann bei der Wärmedehnung der Rohre wieder verschwindet. Ausführung c mit Wellrohrkompensatoren aus hochwarmfestem Material ist die aufwendigste Ausführung, die aber auch am meisten Sicherheit bietet. Hier ist zu beachten, daß die Wellrohrkompensatoren empfindlich gegen Verdrehbeanspruchungen sind. Die Einbaurichtlinien der Hersteller müssen genau beachtet werden.

Welche Ausführung auch gewählt wird; die Dehnungsausgleicher stellen immer ein Problem dar. Es gibt allerdings eine, wenn auch aufwendige, so doch sichere Möglichkeit, Dehnungsausgleicher zu vermeiden. Das sind wassergekühlte Auspuffrohre. Diese müssen in den Motorkühlwasserkreislauf des Kühlsystems geschaltet werden, um Korrosion zu vermeiden, was eine erhebliche Steigerung der aus dem Kühlwasser abzuführenden Wärmemenge ($>$ 100 kcal/PSh) und damit erheblich größere Kühler bedeutet. Durch die Kühlung wird dem Abgas Energie entzogen, was durch entsprechende Auslegung des Düsenquerschnittes des Turboladers ausgeglichen werden muß.

Für das Material der Abgasleitungen gelten besondere Vorschriften. Für niedrig beanspruchte Motoren (Abgastemperaturen $< 550^\circ$C) kommt noch normaler Grauguß GG 25 in Frage.

Bei höher beanspruchten Motoren muß chrom-molybdänlegierter Grauguß, etwa mit folgender Zusammensetzung

C	3,3 bis 3,6	Gew. %
Si	2,2 bis 2,6	Gew. %
Mn	0,4 bis 0,8	Gew. %
P	max. 0,15	Gew. %
S	max. 0,1	Gew. %
Cr	0,7 bis 0,1	Gew. %
Mo	0,4 bis 0,5	Gew. %

oder entsprechend legierter Späroguß verwendet werden. Hochwarmfeste Gußeisen (z.B. Niresist) werden wegen ihres sehr hohen Preises nur in Sonderfällen verwendet. In jedem Falle ist es notwendig, die Abgasrohre vor der Bearbeitung zu glühen, um bleibende Formänderungen, die zur Zerstörung der Dehnungsausgleicher führen können, zu vermeiden. Die Abgasrohre der aufgeladenen Motoren werden isoliert, um den Energieverlust der Abgase klein zu halten und die Abstrahlungswärme zu vermindern.

Als letztes Element des Motors, das durch die Aufladung beeinflußt wird, sei noch die Einspritzpumpe und deren Antrieb erwähnt. Durch die beim Auflademotor gegenüber dem Saugmotor größeren Einspritzmengen steigen die Spitzendrücke in der Einspritzpumpe. Es müssen also das Triebwerk der Einspritzpumpe und deren Antrieb überprüft werden, ob sie den höheren Spitzendrücken gewachsen sind (siehe 3.6.1.5).

3.8.2 Auswahl und Anbau des Abgasturboladers

Die Anpassung des Abgasturboladers an den Motor für die verschiedenen Verwendungszwecke, z.B.

a) Schiffsmotoren mit Festpropeller
Belastung des Motors nach der Propellerkurve

$$\frac{N_1}{N_2} = \left(\frac{n_1}{n_2}\right)^3$$

b) Fahrzeugmotoren
Belastung des Motors entlang der Drehmomentlinie

c) Antriebsmotoren für elektrische Generatoren
Belastung des Motors bei konstanter Drehzahl und veränderlichem Drehmoment,

ist in erster Linie eine Aufgabe für den Versuchsingenieur. Sie erfolgt im allgemeinen durch Abstimmung des Düsenquerschnitts der Abgasturbine an den Motor. Der Motorenkonstrukteur muß jedoch, um einen aufgeladenen Motor konstruieren zu können, Größe und Anzahl der notwendigen Abgasturbolader auswählen. Das geschieht mit Hilfe des Verdichterkennfeldes, das der Hersteller der Abgasturbolader zur Verfügung stellt. In einem solchen Verdichterkennfeld (Bild 301) für ein Radialgebläse, wie es bei Abgasturboladern verwendet wird, ist der Luftdurchsatz, bezogen auf Außenzustand, in m^3/sec oder kg/sec in Abhängigkeit vom Ladedruckverhältnis p_2/p_1 (Ladedruck/Ansaugdruck in ata) für verschiedene Laderdrehzahlen dargestellt. Außerdem sind noch die Linien konstanten, adiabatischen Verdichterwirkungsgrades $\eta_{i_{adV}}$ eingezeichnet und die Pumpgrenze des Laders (strichpunktiert), jenseits der ein Betrieb nicht möglich ist. Zur Überprüfung, ob der Lader richtig ausgewählt ist, muß man die Motorschlucklinien in dieses Verdichterkennfeld einzeichnen. Unter Schlucklinie des Motors versteht man den Luftdurchsatz des Motors in Abhängigkeit vom Ladedruckverhältnis bei verschiedenen Drehzahlen. Das Ladedruckverhältnis ist

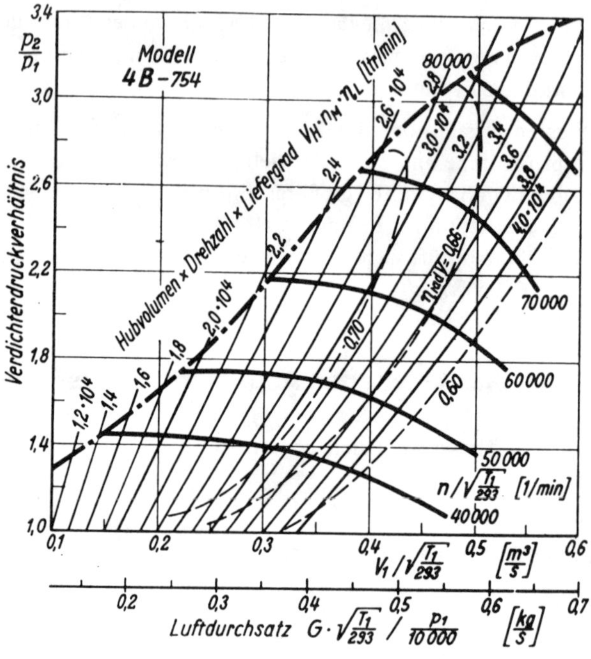

Bild 301. Verdichterkennfeld eines Abgasturboladers (Modell 4B-734 der Aktiengesellschaft Kühnle, Kopp und Kausch) [277]

wieder abhängig vom Mitteldruck p_{me}, der bei einer bestimmten Motordrehzahl erreicht werden soll. Die Motorschlucklinie selbst ist in ihrem Verlauf nicht nur vom Ladedruck und von der Motordrehzahl, sondern auch von der Ventilüberschneidung und von der Ladelufttemperatur abhängig.

Bild 302 zeigt die Motorschlucklinien eines Fahrzeugmotors in einem Verdichterkennfeld. Dabei ist folgendes zu berücksichtigen. Die Motorschlucklinien müssen für jeden Betriebszustand des Motors innerhalb des Verdichterkennfeldes so liegen, daß auch bei hohen Mitteldrücken und niedrigen Drehzahlen, wie überhaupt im ganzen Betriebsbereich des Motors ein genügender Abstand von der Pumpgrenze bleibt. Weiter darf bei hohen Motordrehzahlen und hohen Mitteldrücken die zulässige Laderdrehzahl nicht überschritten werden, und schließlich muß das Feld der Motorschlucklinien den Bereich des günstigsten Laderwirkungsgrades ηi_{adV} umschließen. Schlechte Laderwirkungsgrade bedeuten hohe Ladelufttemperaturen und damit größere Ladeluftkühler sowie hohen Brennstoffverbrauch.

Die Motorschlucklinien des Bildes 302 stehen dem Konstrukteur jedoch bei der Konstruktion eines neuen Motors noch nicht zur Verfügung. Es muß daher der Auslegepunkt überschläglich folgendermaßen ermittelt werden:

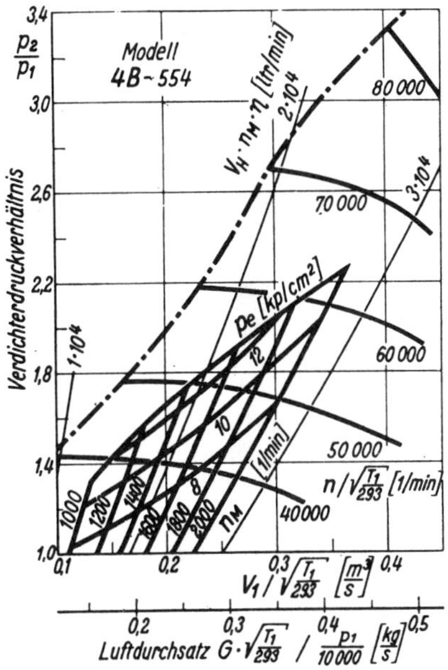

Bild 302. Betriebslinien eines 15 l-Fahrzeugdieselmotors im Verdichterkennfeld eines Abgasturboladers (Abgasturbolader der Aktiengesellschaft Kühnle, Kopp und Kausch, Type 4B-554) [277]

Der Luftdurchsatz durch den Motor und damit auch durch den Lader wird aus Leistung und Brennstoffverbrauch gewonnen:

$$G_L = N \cdot b_e \cdot L_{min} \cdot \Lambda \text{ [kg/h]} \tag{95}$$

Setzt man für die Leistung $N = \frac{V_h \cdot n_M \cdot p_{me}}{900}$ ein, so ergibt sich:

$$G_L = \frac{V_h \cdot n_M \cdot p_{me}}{900} \cdot b_e \cdot L_{min} \cdot \Lambda \text{ [kg/h]} \tag{96}$$

Der Ladedruck wird nach folgenden Überlegungen ermittelt: Zur Verbrennung der Brennstoffmenge $b_e \cdot N_e$ ist bei einem Viertaktmotor das Luftgewicht G_{L_I} notwendig

$$G_{L_I} = N_e \cdot b_e \cdot L_{min}\, \lambda \text{ [kg/h]}$$

$$G_{L_I} = \frac{V_h \cdot n_M \cdot p_{me}}{900} \cdot b_e \cdot L_{min} \cdot \lambda \tag{97}$$

Dieses Luftgewicht muß in den Zylinder eingebracht werden und gehorcht damit andererseits folgender Beziehung:

$$G_{L_I} = \frac{V_h \cdot n_M}{2} \cdot 60 \cdot \gamma_{L_2} \cdot 10^{-3} \text{ [kg/h]} \tag{98}$$

Aus 97 und 98 ergibt sich

$$\gamma_{L_2} = \frac{b_e \cdot L_{min} \cdot \lambda \cdot p_{me}}{27} \; [kg/m^3] \tag{99}$$

Im Verdichter des Abgasturboladers wird das spez. Gewicht der Luft im Ansaugzustand γ_{L_1} auf das nach 99 bestimmte spez. Gewicht γ_{L_2} gebracht bei adiabatischer Verdichtung vom Druck p_1 auf den Druck p_2 nach folgender Beziehung

$$\frac{\gamma_{L_2}}{\gamma_{L_1}} = \frac{p_2}{p_1} \frac{1}{1 + \frac{1}{\eta_{i_{adV}}} \left[\left(\frac{p_2}{p_1} \right)^{\frac{\kappa-1}{\kappa}} - 1 \right]} \tag{100}$$

Die Beziehung 100 ergibt sich aus folgender Ableitung:
Nach der allgemeinen Gasgleichung ist

$$\frac{\gamma_{L_2}}{\gamma_{L_1}} = \frac{p_2}{p_1} \frac{T_1}{T_2} \tag{101}$$

Während der Verdichtung der Luft im Lader steigt die Temperatur von T_1 auf T_2. Die Temperaturerhöhung resultiert aus der Druckerhöhung

$$H_{ad} = \frac{\kappa}{\kappa - 1} R \cdot T_1 \left[\left(\frac{p_2}{p_1} \right)^{\frac{\kappa-1}{\kappa}} - 1 \right] \left[\frac{mkg}{kg} \right] \tag{102}$$

und aus der inneren Laderarbeit:

$$\frac{H_{ad}}{\eta_{i_{adV}}} = \left(\frac{\kappa}{\kappa - 1} \right) R \, (T_2 - T_1) \; \left[\frac{mkg}{kg} \right] \tag{103}$$

Aus 102 und 103 ergibt sich:

$$\frac{T_2}{T_1} = 1 + \frac{\left(\frac{p_2}{p_1} \right)^{\frac{\kappa-1}{\kappa}} - 1}{\eta_{i\,adV}} \tag{104}$$

Aus 101 und 104 ergibt sich:

$$\frac{\gamma_{L_2}}{\gamma_{L_1}} = \frac{p_2}{p_1} \frac{1}{1 + \frac{1}{\eta_{i_{adV}}} \left[\left(\frac{p_2}{p_1} \right)^{\frac{\kappa-1}{\kappa}} - 1 \right]} \tag{100}$$

Hieraus läßt sich das Druckverhältnis $\frac{p_2}{p_1}$ ermitteln. In Bild 303 ist die Beziehung 100 in einem Diagramm dargestellt für verschiedene $\eta_{i_{adV}}$.

Mit Hilfe dieser Beziehungen lassen sich die Auslegungspunkte für verschiedene Mitteldrücke und Drehzahlen annähernd ermitteln. Sie werden in das Verdichterkennfeld Bild 301 eingetragen, womit die notwendige Ladergröße bestimmt wird. Dabei müssen die o.g. Richtlinien für die Lage der Motorschlucklinien im Verdichterkennfeld berücksichtigt werden.

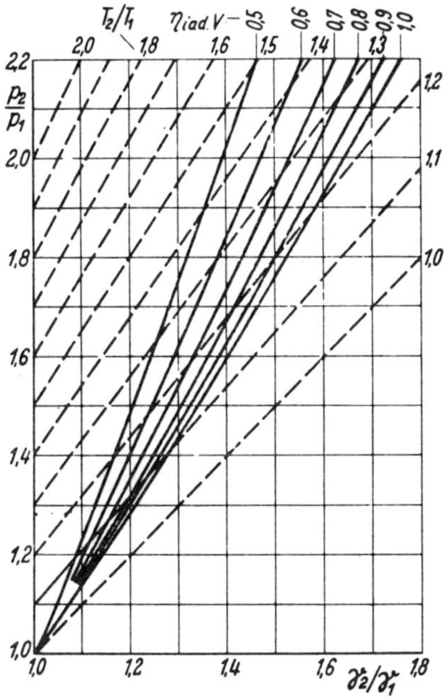

Bild 303. Wichtesteigerung γ_2/γ_1 in Abhängigkeit vom adiabatischen Verdichterwirkungsgrad $\eta_{i_{adV}}$ oder Temperaturverhältnis T_2/T_1 [277]

Reicht der ausgewählte Verdichter für die angenommenen Verhältnisse nicht aus, so muß der nächstgrößere genommen werden, oder man teilt die notwendige Luftmenge auf zwei gleichgroße Turbolader auf. Diese Möglichkeit wird oft bei V-Motoren angewandt, bei denen man jeder Zylinderreihe einen Turbolader zuordnet. Insbesondere sollte man statt einem großen Turbolader zwei kleine oder in Sonderfällen bei V-Motoren auch vier kleine Turbolader immer dann vorsehen, wenn es sich um Motorbetriebsverhältnisse handelt, bei denen der Lader schnell auf veränderte Betriebsverhältnisse reagieren muß, z.B. bei Fahrzeugmotoren oder bei Generatoraggregaten mit scharfen Regelbedingungen.

Die Anpassung eines Turboladers an die für einen Fahrzeugmotor erwünschte Drehmomentcharakteristik mit bei fallender Drehzahl stark ansteigendem Drehmoment erfordert besondere Sorgfalt. Nach [277] wird der Turbolader bei Fahrzeugmotoren durch entsprechende Auswahl des Düsenquerschnittes der Turbine mit Rücksicht auf die Drehmomentcharakteristik auf etwa 60 bis 80% der Motordrehzahl angepaßt. Unter Umständen ist es aber dann noch nötig, durch eine ladedruckabhängige Blockierung der Einspritzpumpe mit Hilfe einer Druckdose dafür zu sorgen, daß bei niedrigen Drehzahlen, bei denen der Turbolader zu wenig Luft liefern würde, die Einspritzmenge der kleineren Luftmenge anzupassen, damit der Motor nicht raucht.

Wie der Verdichter des Abgastuboladers auf den Motor abgestimmt wird, so muß auch die Turbine durch Wahl eines entsprechenden Düsenquerschnittes angepaßt werden. Das ist in erster Linie Versuchsarbeit. Der Motorenkonstrukteur muß allerdings untersuchen, ob für die Verdichterspezifikation die entsprechenden Düsenringe zur Verfügung stehen. Dafür stellen die Hersteller von Abgasturboladern entsprechende Unterlagen, wie sie z.B. das Bild 304 zeigt, zur Verfügung.

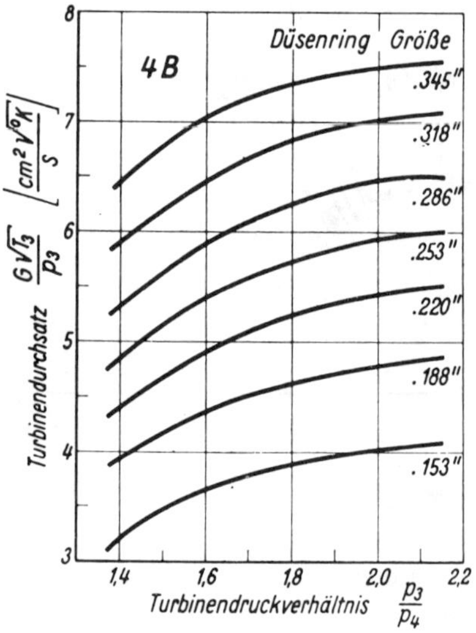

Bild 304. Durchsatzkennlinien der Turbine für verschiedene Düsenringe (Turbolador 4B der Aktiengesellschaft Kühnle, Kopp und Kausch)

Die Lage des Turboladers am Motor wird im wesentlichen von der Anordnung der Abgassammelleitungen beeinflußt. Ob dabei die Turbolader auf der Schwungradseite oder auf der Vorderseite des Motors angebracht werden, hängt im wesentlichen von den Einbauverhältnissen ab. Bei größeren Motoren empfiehlt es sich, eine wahlweise Anbringung vorne oder hinten vorzusehen. Bei kleineren Motoren bis zu 6 Zylindern in Reihe, bringt auch eine seitliche Anordnung des Laders Vorteile, insbesondere dann, wenn es sich um kleine, leichte Abgasturbolader handelt, die direkt auf den Abgassammelrohren ohne besondere Konsolen befestigt werden können. Einige typische Anordnungen von Abgasturboladern zeigen die Bilder 305, 307, 328, 345, 354 und 356.

Bild 305. Anbau des Abgasturboladers an einen luftgekühlten Reihenmotor (BF6L 912 der Klöckner-Humboldt-Deutz AG)

Kleinere Turbolader mit Gleitlagerung sind zur Schmierung an den Schmierölkreislauf des Motors angeschlossen. Entsprechende Anschlußstellen sind daher vorzusehen und ggf. separate Ölfilter, wenn die für den Motor vorgesehene Ölfilterung nicht den Vorschriften der Laderhersteller genügt. Durch Leitungen mit genügend großem Querschnitt und Gefälle wird das Schmieröl aus den Ladern in das Kurbelgehäuse zurückgeführt. Reicht das Gefälle nicht aus, so kann Schmieröl in die Ladeluft übertreten, was unter allen Umständen zu vermeiden ist. Über die nötigen Schmierölmengen und das notwendige Gefälle zur Abfuhr des Schmieröls machen die Laderhersteller detaillierte Angaben.

3.8.3 Ladeluftkühlung

Mit dem Verdichten der Ladeluft im Turbolader ist eine Temperaturerhöhung der Ladeluft verbunden, wodurch die gesamten Temperaturen des Verbrennungszyklus angehoben werden und die thermische Belastung des Motors, insbesondere der Auslaßorgane und der Turbine, ansteigt. Der Temperaturanstieg ist umso größer, je höher die Drucksteigerung und je schlechter der Laderwirkungsgrad ist, wie Gl. 104 zeigt. Damit ist der Aufladung ohne Kühlung der Ladeluft eine Grenze gesetzt, die bei einem Mitteldruck von ca. 10 kp/cm^2 oder einem Druckverhältnis $p_2/p_1 \approx 1{,}8$ bis 1,9 liegt; Darüber hinaus ist eine Zwischenkühlung der Ladeluft notwendig.

Nun ist es normalerweise bei den schnellaufenden Dieselmotoren nicht Aufgabe des Motorenkonstrukteurs, den Ladeluftkühler selbst zu konstruieren. Hierfür stellt eine hochentwickelte Zubehörindustrie entsprechende Kühler zur Verfügung. Er muß jedoch die notwendigen Angaben zur Auslegung des Ladeluftkühlers machen, und zwar folgende:

a) *Im Ladeluftkühler abzuführende Wärmemenge Q.*
Nach dem Schemaschaltbild (Bild 306) ergibt sich für die im Ladeluftkühler abzuführende Wärmemenge Q

$$Q = G_L \cdot c_p\,(t_2 - t_3)\ \ [\text{kcal/h}]$$

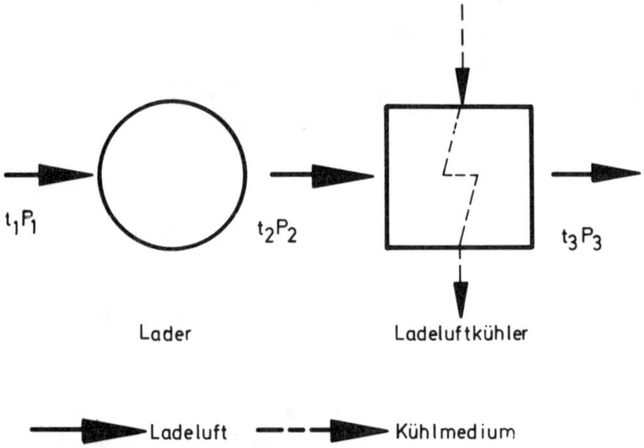

Bild 306. Schemaschaltbild für Aufladung mit Ladeluftkühlung

G_L wird aus Gl. 95 ermittelt, t_2 ergibt sich aus Gl. 104. t_3 wird angenommen je nach Kühlungsart des Ladeluftkühlers (LLK), und zwar:

$t_3 \approx 40°C$	bei Beaufschlagung des LLK mit Rohwasser ($t_W \approx 25°$ C)
$t_3 \approx 60°C$	bei Beaufschlagung des LLK mit Wasser, das in einem Wabenkühler rückgekühlt wird ($t_W \approx 50$ bis $55°C$)
$t_3 \approx 85°C$	bei Beaufschlagung des LLK mit Umlaufkühlwasser ($t_W \approx 80°C$)
$t_3 \approx 50°C$	bei luftgekühltem LLK ($t_{Luft} \approx 30°$).

Zum luftgekühlten LLK sei hier vermerkt, daß dieser bei einem luftgekühlten Motor selbstverständlich ist. Jedoch wird er auch bei wassergekühlten Motoren notwendig, sobald man es mit hohen Außentemperaturen zu tun hat, was folgende Überlegung zeigt: Der Wirkungsgrad eines LLK ist:

$$\eta_{LLK} = \frac{t_2 - t_3}{t_2 - t_K} \qquad t_K \text{ Temperatur des Kühlmediums}$$

η_{LLK} kann bei einem wassergekühlten LLK $\approx$ 0,75 bei einem luftgekühlten mit $\approx$ 0,7 angesetzt werden. t_2 soll 100°C sein. Bei einer Umgebungstemperatur von + 45°C kann das Kühlwasser in einem Wabenkühler auf ca. $t_W \approx$ 60°C rückgekühlt werden. Die Kühlluft hat eine Temperatur von $t_L \approx$ 45°C. Dann kann nach obiger Beziehung unter Berücksichtigung der Wirkungsgrade 0,75 bzw. 0,7 die Ladeluft im wassergekühlten Ladeluftkühler auf ~ 70°C, im luftgekühlten Ladeluftkühler dagegen auf ~ 62°C rückgekühlt werden.

b) *Notwendige Kühlmittelmenge G_K*

Diese berechnet sich aus folgender Beziehung:

$$G_K = \frac{Q}{c_p \cdot \Delta t_K} \quad [\mathrm{kg/h}]$$

Δt_K ist die zulässige Temperatursteigerung des Kühlmittels im Ladeluftkühler. Sie richtet sich bei wassergekühlten Ladeluftkühlern nach der Art der Rückkühlung des Kühlwassers und kann bei Rohwasserrückkühlung und bei Rückkühlung in einem Wabenkühler bis zu 10° C betragen, bei Umlaufwasserkühlung jedoch nur ~ 3°C. Bei Luftkühlung kann Δt_K je nach Außentemperatur 80 bis 100°C betragen.

Während bei Wasserkühlung der Druckverlust im Wasserteil des Ladeluftkühlers keine große Rolle spielt, muß bei luftgekühlten Motoren darauf geachtet werden, daß der Druckverlust im Kühlluftteil des Ladeluftkühlers etwa in Höhe des Drukkes im Kühlluftaufnehmer liegt, damit nicht die Kühlung der Zylinder und Zylinderköpfe gefährdet wird.

c) *Zulässiger Druckverlust im Ladeluftkühler*

Der LLK muß einerseits so ausgelegt werden, daß die Strömungsgeschwindigkeit der Ladeluft möglichst hoch ist, jedoch sollte der Druckverlust einen Wert von ca. 300 mm WS nicht überschreiten, da dieser Druckverlust ja vom Lader aufgebracht werden muß.

Ein wassergekühlter Ladeluftkühler kann in verschiedenen Arten geschaltet sein: Im Umlaufkühlwasser des Motors bei Kühlanlagen nach den Bildern 210 und 211 (hier dargestellt), in einem besonderen Kühlkreislauf mit einem besonderen Wabenkühler, der ein Teil des Kühlerblocks einer Kühlanlage nach Bild 210 sein kann, oder im Rohwasserkreislauf einer Kühlanlage nach Bild 211. In jedem Fall soll er so liegen, daß er das kälteste Kühlwasser im Kreislauf erhält.

Der luftgekühlte Ladeluftkühler eines luftgekühlten Motors wird parallel zum Kühlluftstrom für die Zylinder, d.h. am Kühlluftaufnehmer angeordnet, wie Bild 307 zeigt.

Bild 307. Luftgekühlter 12-Zylinder-V-Dieselmotor mit Aufladung und Ladeluftkühlung (BF12L 413 der Klöckner-Humboldt-Deutz AG)

Für den Anbau des Ladeluftkühlers bei wassergekühlten Motoren können keine speziellen Regeln aufgestellt werden. Der Anbauort hängt sehr von der jeweiligen Konstruktion des Motors ab (Bilder 307, 344, 345, 353, 354, 355, 356, 392). Dabei müssen folgende Gesichtspunkte berücksichtigt werden. Die Luftleitungen vom Lader zum Ladeluftkühler sollen so kurz wie möglich sein. Bei der Erweiterung des Querschnitts vom Ladeaustrittsquerschnitt bis zum Ladeluftkühlereintrittsquerschnitt müssen plötzliche Querschnittsänderungen und scharfe Umlenkungen vermieden werden. Soweit möglich, soll der Lufteintritt am Kühlerquerschnitt senkrecht zu diesem sein; Umlenkungen beim Eintritt in den Kühler müssen vermieden werden, da sich dadurch eine nur teilweise Beaufschlagung der Kühlerstirnfläche ergibt, womit der Kühler auch nur teilweise ausgenutzt ist.

Bei tiefen Kühlmitteltemperaturen und hoher Luftfeuchtigkeit kann sich im Ladeluftteil des Ladeluftkühlers Kondenswasser bilden. Dieses Kondenswasser kann keinen Schaden anrichten, wenn es von der Verbrennungsluft in den Zylinder mitgerissen wird. Es darf jedoch keine Möglichkeit haben, sich zu sammeln und als Wasserschwall in den Zylinder einzutreten. Die Ladeluftleitungen müssen daher so ausgebildet werden, daß sich keine Wassersäcke bilden können, oder es müssen Entwässerungshähne vorgesehen werden. Das letztere ist aber immer problematisch, da man nie sicherstellen kann, ob auch wirklich entwässert wird. Schließlich sei noch vermerkt, daß die Ladeluftkühler gut zugänglich sein müssen, damit sie gelegentlich auch gereinigt werden können.

Das Material der Ladeluftkühler richtet sich nach der Art des Kühlmittels. Für rohwassergekühlte Ladeluftkühler wird Kupfer-Nickel mit Spuren von Eisen vorgesehen. Für geschlossene Wasserkreisläufe (Wabenkühler, Umlaufwasser), bei denen dem Wasser heutzutage fast ausschließlich Korrosionsschutzöl zugesetzt wird, kommt Aluminiumbronze, Messing oder auch Leichtmetall mit Oberflächenschutz (chromatisiert) in Frage. Luftgekühlte Ladeluftkühler sind vornehmlich aus Leichtmetall.

4. Anordnung und Anbau von Hilfsgeräten, Abtriebsmöglichkeiten

4.1 Elektrische Starteinrichtung

Bei den schnellaufenden Motoren findet man überwiegend den Elektrostart. Elektrische Anlasser bis zu 15 PS, von denen bei Bedarf auch zwei parallel geschaltet werden können, erlauben, Motoren bis zu einem Hubvolumen von 120 *l* elektrisch zu starten.

Die kleineren Anlasser bis etwa 9 PS haben einen Stirnflansch, mit dem sie am Schwungradgehäuse befestigt werden. Das Schwungradgehäuse wird daher an dieser Stelle besonders steif ausgebildet, um Schwingungsschäden am Anlasser zu vermeiden. Für größere Anlasser sieht man am Kurbelgehäuse eine Sattelbefestigung vor. Sowohl bei Fahrzeugmotoren als auch bei Einbaumotoren und Schiffsmotoren ist es zweckmäßig, den Anlasser über der Mitte Kurbelwelle anzuordnen, um Verschmutzung zu vermeiden und gute Zugänglichkeit besonders bei Schiffsmotoren und Aggregatmotoren zu gewährleisten. Der Anlasser muß auch vor der direkten Einwirkung von Wasser oder Brennstoff geschützt werden. Wasserablaßhähne dürfen daher nicht über dem Anlasser sitzen; das gleiche gilt auch für Brennstoffilter. Liegen Abgasrohre in der Nähe des Anlassers, so muß er vor der Strahlungswärme der Abgasrohre durch Schutzbleche geschützt werden.

Zum Aufladen des Akkumulators, aus dem der Anlasser seine Antriebsenergie bezieht, ist eine Lichtmaschine notwendig. Diese wird bei kleinen Motoren mit Keilriemen angetrieben und wird daher in Schwenkarmen gelagert, um den Keilriemen mit der Lichtmaschine spannen zu können. Bei größeren Motoren wird die Lichtmaschine durch Zahnräder angetrieben.

Die Lichtmaschine muß gekühlt werden. Hierauf ist besonders bei zahnradgetriebenen Lichtmaschinen zu achten, bei denen ein entsprechender Platz für den Kühlventilator vorgesehen werden muß. Bei Keilriemenantrieb wird der Kühlventilator oft mit der Keilriemenscheibe kombiniert. Auch die Lichtmaschine muß so angebracht werden, daß sie weder der Strahlungswärme der Auspuffrohre, noch bei luftgekühlten Motoren der aus den Zylindern austretenden heißen Kühlluft ausgesetzt ist. Das gilt besonders bei Wechselstrommaschinen mit ihren temperaturempfindlichen Transistorreglern.

Die großen Lichtmaschinen können nicht mehr als Schwenkarmlichtmaschinen gebaut werden. Es muß für sie am Kurbelgehäuse eine Sattellagerung vorgesehen werden. Diese Lichtmaschinen werden dann auch mit Durchtrieb geliefert, d.h. man kann entweder eine zweite Lichtmaschine durch die erste antreiben oder auch eine andere Hilfsmaschine des Dieselmotors, z.B. eine Wasserpumpe.

4.2 Druckluftstart

Es gibt zwei Möglichkeiten, einen Motor mit Druckluft zu starten, und zwar über einen Druckluftanlasser, d.h. einen mit Druckluft angetriebenen Motor, oder durch direkte Beaufschlagung der Kolben mit Druckluft.

Die Druckluftanlasser entsprechen meistens in ihren Abmessungen und Anschlußmöglichkeiten den elektrischen Anlassern. Sie werden in erster Linie in Sonderfällen, wenn z.B. ein Motor in einer explosionsgefährdeten Umgebung betrieben werden soll, bei kleineren Motoren, die normalerweise elektrisch gestartet werden, verwandt. Sie bedürfen daher keiner besonderen Berücksichtigung bei der Konstruktion.

Beim Druckluftstart über die Zylinder, der bei größeren Schiffsmotoren üblich ist, müssen Anlaßventile (Bild 308) in oder an den Zylinderköpfen vorgesehen werden,

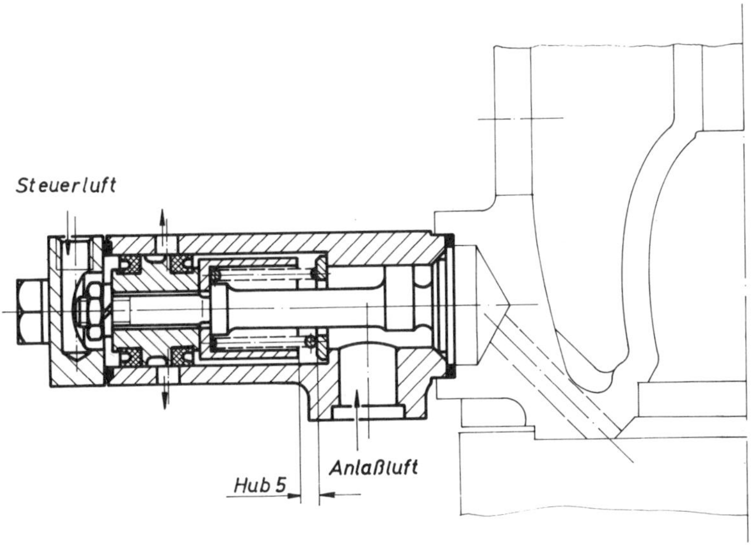

Bild 308. Druckluftanlaßventil zum Anbau an den Zylinderkopf

sowie ein mit halber Kurbelwellendrehzahl umlaufender Steuermechanismus zur Verteilung der Anlaßluft auf die einzelnen Zylinder gemäß der Zündfolge. Dieser Steuermechanismus wird zweckmäßigerweise direkt auf die Nockenwelle aufgesetzt, wofür schon im Entwurf der nötige Platz vorgesehen werden muß (Bild 309).

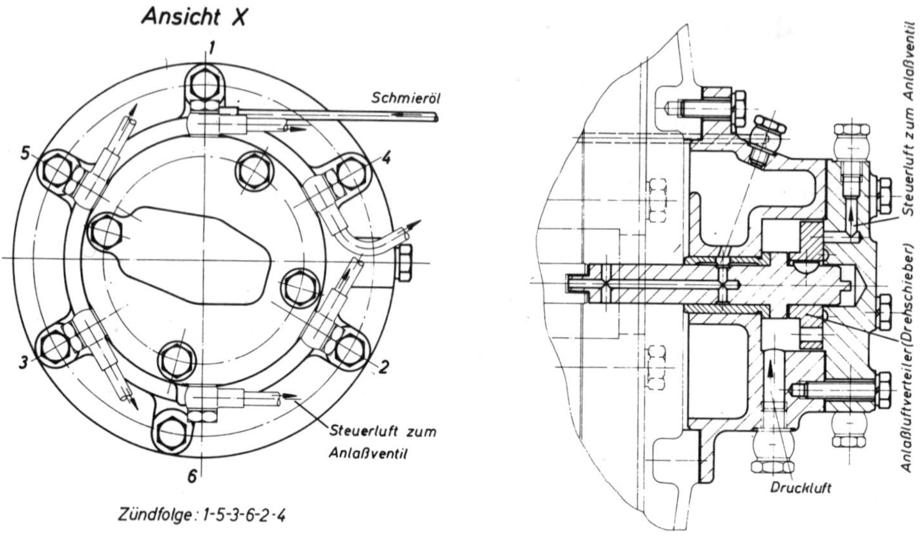

Bild 309. Anlaßluftverteiler für einen 6-Zylinderreihenmotor

4.3 Abtriebsmöglichkeiten

Beim Entwurf des Rädertriebes eines schnellaufenden Dieselmotors müssen von vornherein zusätzliche Abtriebsmöglichkeiten für volle Lastabnahme oder für Teillastabnahme vorgesehen werden. Normalerweise legt man die Kurbelwelle so aus, daß sowohl auf der Schwungradseite als auch auf der gegenüberliegenden Seite die volle Leistung abgenommen werden kann. Bei kleinen Einzylindermotoren bis etwa 15 PS ist es auch üblich, an der Nockenwelle die volle Leistung mit halber Drehzahl abzunehmen, was bei der Bemessung der Nockenwelle und ihrer Lagerung berücksichtigt werden muß (Bilder 310 und 357). Vom Rädertrieb ausgehend sollte man besonders bei Einbaumotoren entsprechend der vielseitigen Verwendung von Hydraulikantrieben Möglichkeiten zum Antrieb von Hydraulikpumpen vorsehen. Das heißt, daß am Motorkurbelgehäuse und Räderkasten entsprechender Platz für Antriebszahnräder und zum Anbau der Pumpen (Zentrierungen, Anbauflansche) vorgesehen werden muß. Bild 311 zeigt verschiedene Abtriebsmöglichkeiten, z.B. Bild 311a den Anbau einer Hydraulikpumpe an einem Schleppermotor. Aber auch reine Lastwagenmotoren werden mit zusätzlichen Abtriebsmöglichkeiten für Hilfsgeräte, z.B. Hydraulikpumpen, Kühlkompressoren usw., ausgerüstet, wie die Bilder 311b, c und d zeigen. Die Notwendigkeit für zusätzliche Abtriebe besteht aber nicht nur bei kleineren Motoren, son-

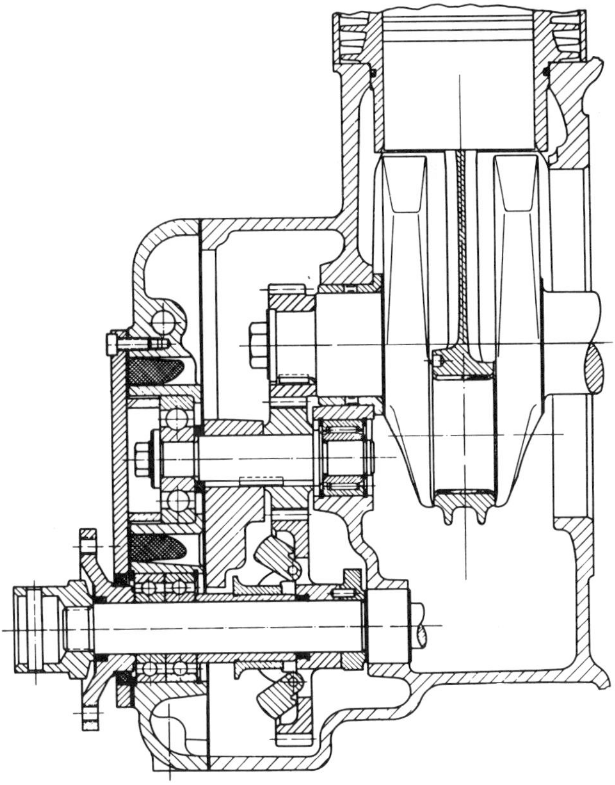

Bild 310. Nockenwellenabtrieb bei einem kleinen Einzylindermotor [109]

dern auch bei größeren. Hier wird oft noch auf der Schwingungsdämpferseite zusätzlich zu den Abtriebsmöglichkeiten, die sich aus dem Steuerrädertrieb ergeben, ein besonderer Rädertrieb für Hilfsabtriebe vorgesehen. Bei Fahrzeugmotoren ist immer der organische Anbau eines Bremsluftkompressors schon beim Entwurf zu berücksichtigen. Der Kompressor wird meistens auf der Motorvorderseite durch Keilriemen angetrieben, jedoch ist auch Zahnradantrieb üblich (Bild 311 c). Bei manchen Konstruktionen ist auch der Kompressor in den Einspritzpumpenantrieb mit einbezogen (Bild 328), d.h. die Einspritzpumpe wird über den Kompressor angetrieben, was aber wegen der Drehzahlbeschränkung für den Kompressor nicht günstig ist.

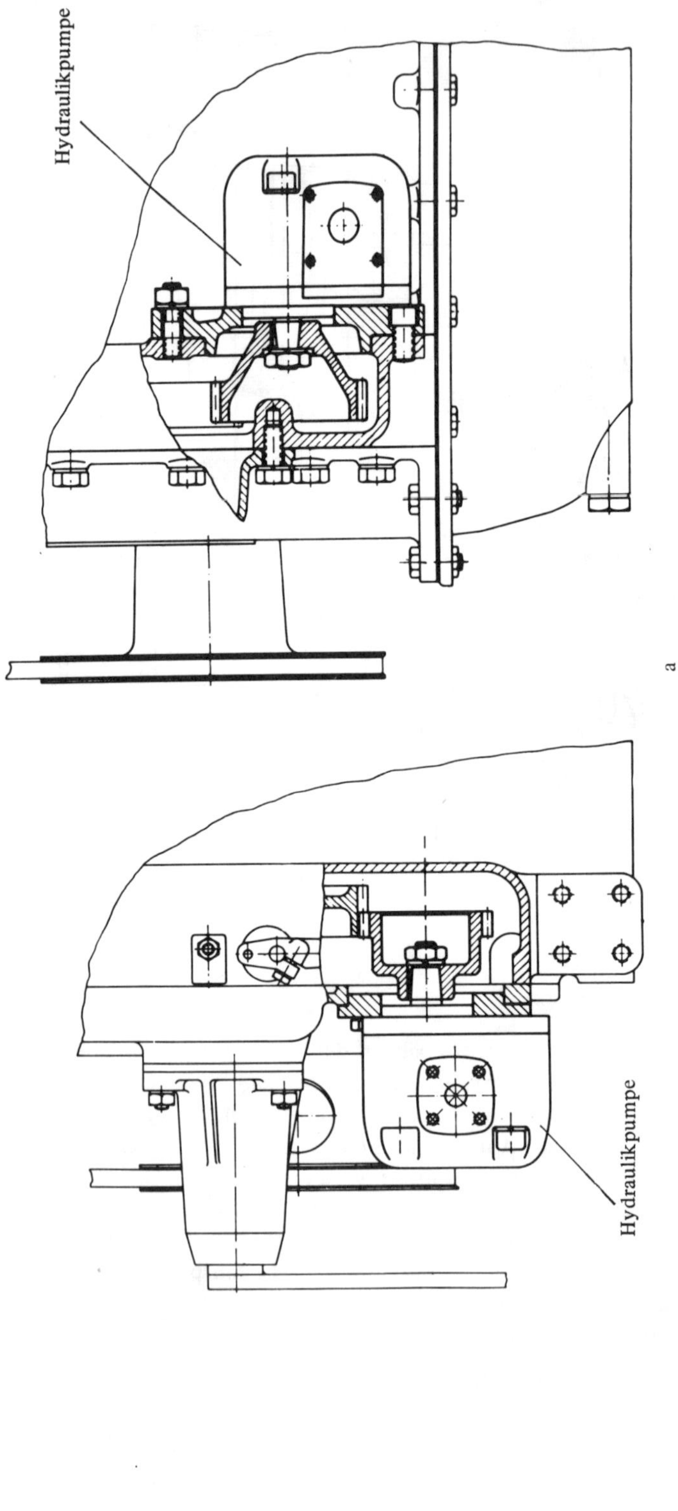

Bild 311. Abtriebsmöglichkeiten am Motor
a) Hydraulikpumpenanbau
(Motor AKD 10 der Mototenwerke Mannheim A.G. Aus MWM-Nachrichten 1/1960)

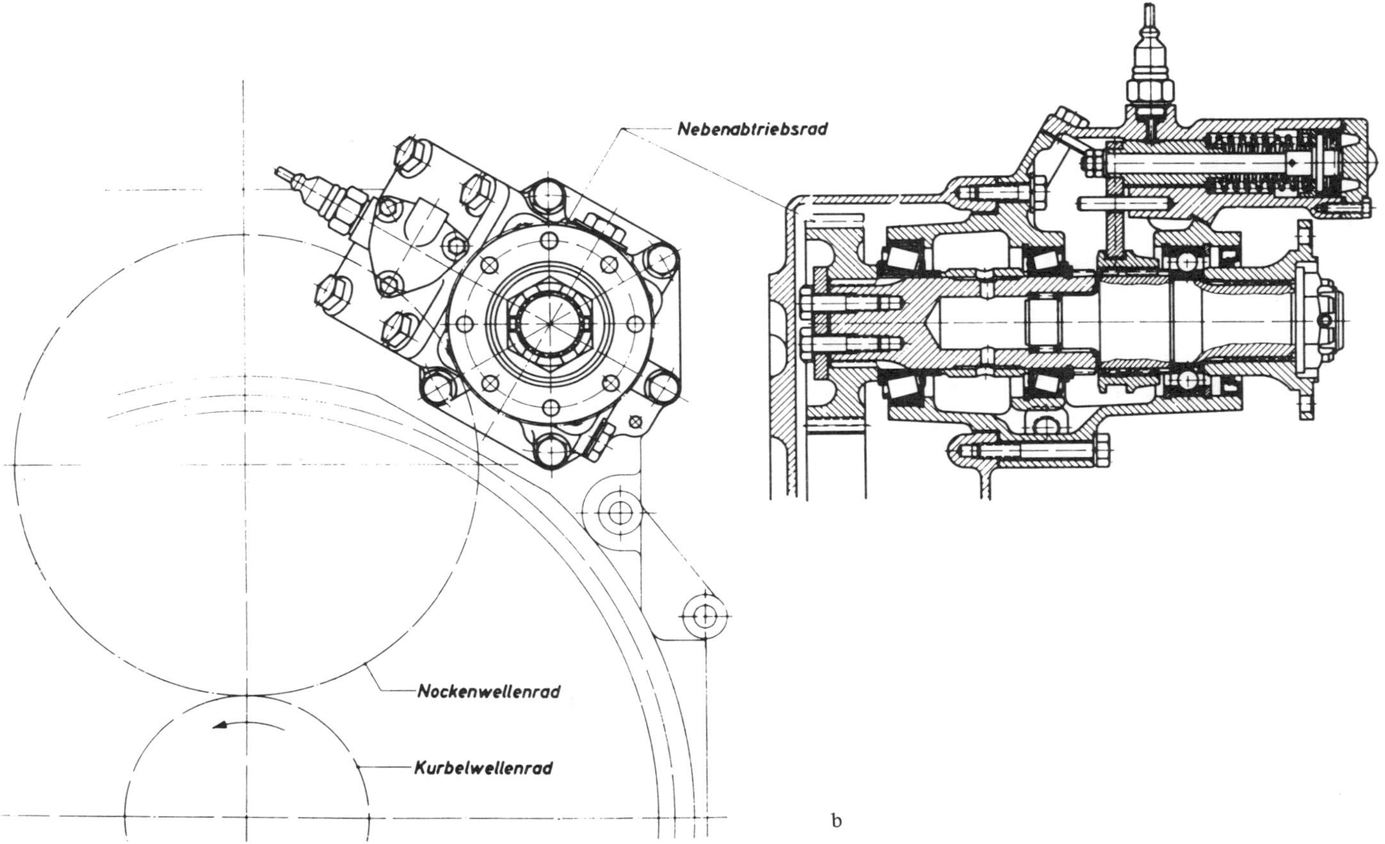

Bild 311. Abtriebsmöglichkeiten am Motor
b) Nebenabtrieb (Motor D 2858 M der MAN, siehe auch Bilder 336 und 337

c

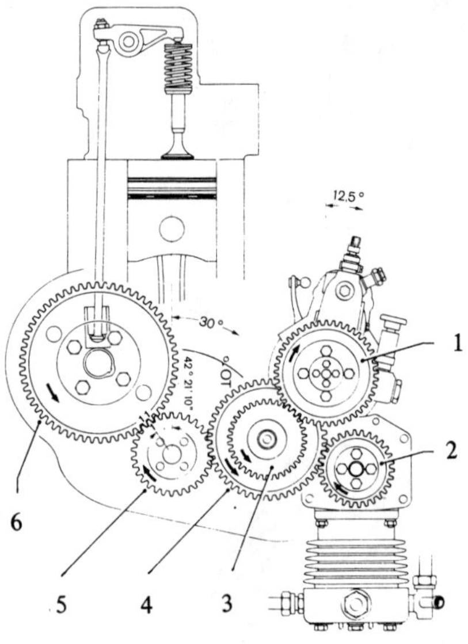

1 Einspritzpumpenrad
2 Luftpresserrad
3 Spritzverstellerrad-Abtrieb
4 Spritzverstellerrad-Antrieb
5 Kubelwellenrad
6 Nockenwellenrad

Bild 311. Abtriebsmöglichkeiten am Motor
c) Kompressorantrieb (Motor OM 360 der Daimler-Benz AG)

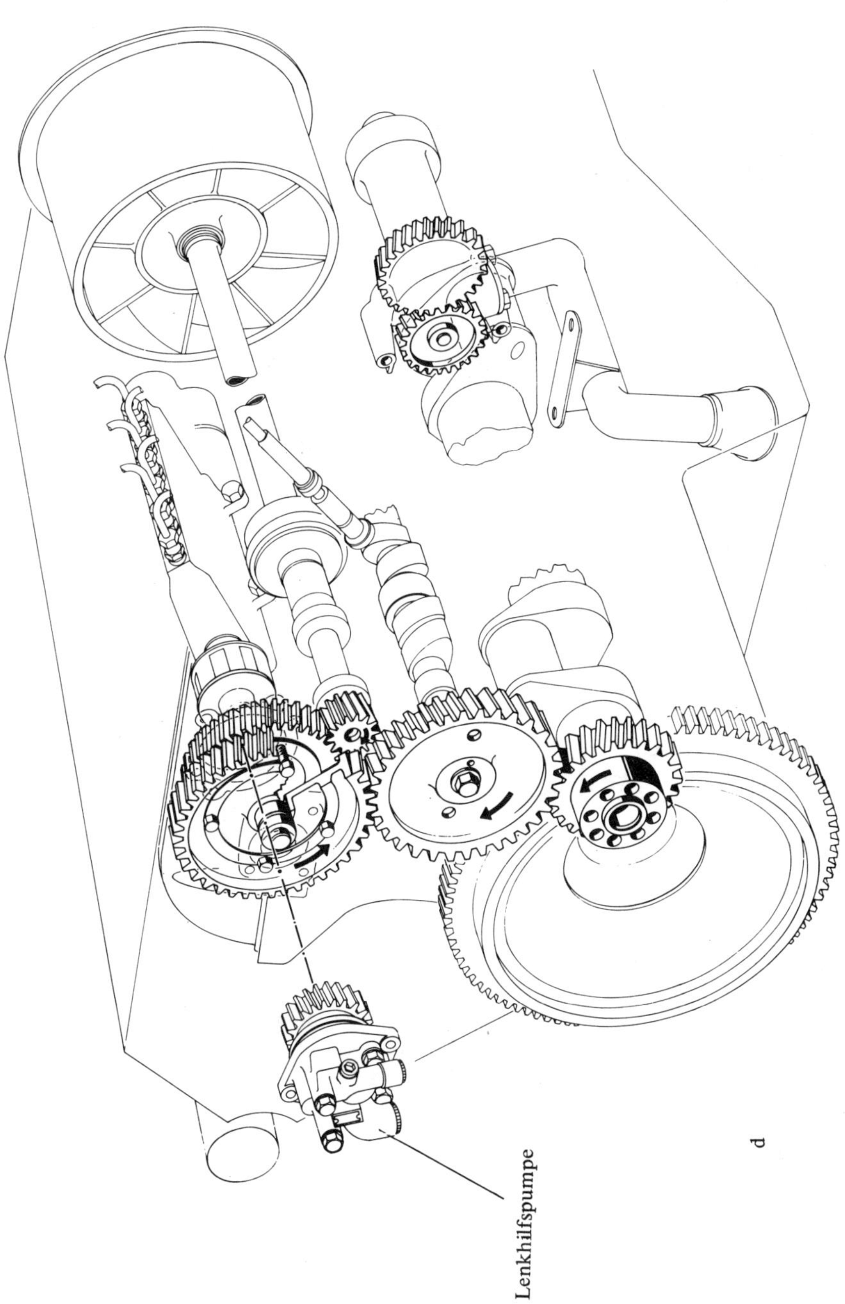

Bild 311. Abtriebsmöglichkeiten am Motor
d) Nebenabtriebe eines luftgekühlten LKW-Motors
(Motor F6L 413 der Klöckner-Humboldt-Deutz A.G.)

5. Geräuschfragen

Das Problem der Geräuschverminderung an Dieselmotoren ist äußerst komplex, allein schon aus der Tatsache heraus, daß das Geräusch eines Dieselmotors aus den verschiedensten Quellen stammt (Bild 312). Die wesentlichen Geräusch-

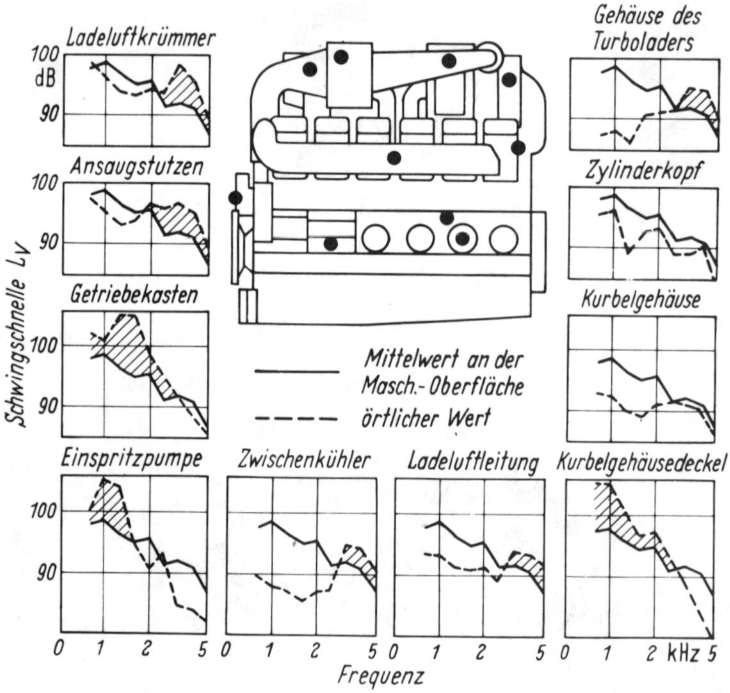

Bild 312. Geräuschverteilung an einem schnellaufenden Dieselmotor mit Aufladung und Ladeluftkühlung [8]

quellen sind der Zünddruckanstieg im Verbrennungsraum, das Kolbenkippen, der Auspuff, die Ansaugleitung, der Ventilator oder das Kühlgebläse und der Ventiltrieb.

Weiter besteht eine Abhängigkeit des Geräusches von Drehzahl, Zylinderzahl und Hub nach folgender Beziehung

$$L_A = 30 \log c_m + 5 \log (Z \cdot H) + 54 \text{ [dBA]}$$

die für Motoren gleicher Bauart mit gleichem Verbrennungsverfahren gilt. Eine ähnliche Beziehung wurde erstmals in der Literatur [307] genannt. Die obige

Formel wurde nach Erfahrungen der Firma KLÖCKNER-HUMBOLDT-DEUTZ AG entwickelt. Aus dieser Beziehung und aus der Tatsache, daß das Verbrennungsgeräusch mit der Höhe des Verbrennungsdruckes und dessen Anstiegsgeschwindigkeit ansteigt, ergibt sich leider die Tatsache, daß die Forderung nach geräuscharmen Motoren und die Forderung nach schnellaufenden Hochleistungsmotoren sich diametral gegenüberstehen.

Die Geräuschentwicklung im Verbrennungsraum kann durch konstruktive Maßnahmen nicht beeinflußt werden. Das ist das Feld der Verbrennungsentwicklung, die auf diesem Gebiet schon beachtliches geleistet hat [302]. Es ist jedoch dem Konstrukteur in gewissem Umfang möglich, die Übertragung der Geräusche nach außen zu verringern. Über das Triebwerk werden die Verbrennungsgeräusche und die Geräusche, die durch die Lastwechsel im Triebwerk selbst entstehen, nach draußen übertragen. Durch Verringern des Kolbenspieles und der Lagerspiele können diese Geräusche schon in ihrem Entstehen verringert werden. Die Geräusche werden dann abgestrahlt durch die Keilriemenscheibe auf dem vorderen Kurbelwellenende, das Schwungrad und die Kurbelgehäuseseitenwände. Der Motor soll daher so kompakt wie möglich gebaut werden, um die abstrahlenden Flächen klein zu halten, und die Keilriemenscheibe soll ebenfalls so klein wie möglich sein. Wenn sie elastisch an die Kurbelwelle angekuppelt oder mit einem Gummischwingungsdämpfer kombiniert werden kann (Bilder 329, 340), so wird dadurch auch die Geräuschabstrahlung verringert. Das Schwungrad kann in seiner Größe nicht beliebig verringert werden. Man kann höchstens vermeiden, es vollkommen frei laufen zu lassen, und versuchen, es so weit wie möglich im Zusammenhang mit dem angetriebenen Aggregat zu kapseln, wie es z.B. bei einem Fahrzeugmotor mit Hilfe des Schwungrad- und Kupplungsgehäuses möglich ist.

Die Kurbelgehäuseseitenwände werden zweckmäßigerweise gewölbt und verrippt ausgeführt, und wenn in den Seitenwänden Deckel angebracht sind, so ist es günstig, diese möglichst leicht und biegesteif auszuführen und die Dichtung, soweit es im Hinblick auf die Öldichtheit möglich ist, so weich wie möglich zu machen.

Als weitere Geräuschquelle wurde oben der Ventiltrieb genannt. Hier entstehen um so stärkere Geräusche, je höher die Beschleunigungen sind. Die hohen Beschleunigungen im Ventiltrieb ergeben sich aber beim Dieselmotor allein schon aus der Forderung, möglichst große Öffnungsquerschnitte bei kurzen Steuerzeiten zu erreichen (3.3.2). Nockenform und Anlauframpen (Bild 313) müssen daher sorgfältig ausgebildet werden. Die Geräusche des Ventiltriebs werden über die Zylinderkopfhauben und die Zahnräder des Rädertriebes sowie über Räderkastendeckel nach außen abgestrahlt [308; 309]. Für die Zylinderkopfhaube gilt das gleiche wie für die Kurbelgehäuseseitendeckel. Eine gute Lösung einer geräuschisolierten Zylinderkopfhaube zeigt Bild 314. Es handelt sich um die

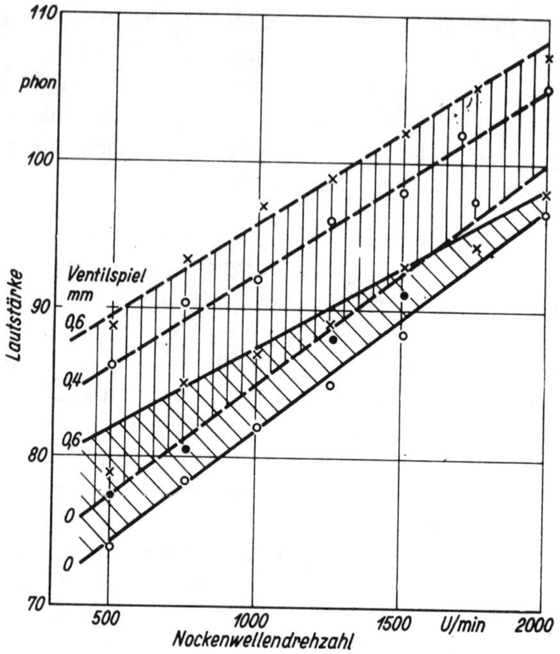

Bild 313. Gemessene Lautstärke des Ventiltriebs in 1 m Abstand an einem Deutz-Vierzylinder-Dieselmotor F4L 712. Nockenwelle und Ventiltrieb mit sämtlichen Ventilen elektrisch angetrieben [166]
—— Rampe 18° NW mit anschließendem ruckfreien Nocken
------- Rampe 12° NW mit anschließendem Kreisbogennocken

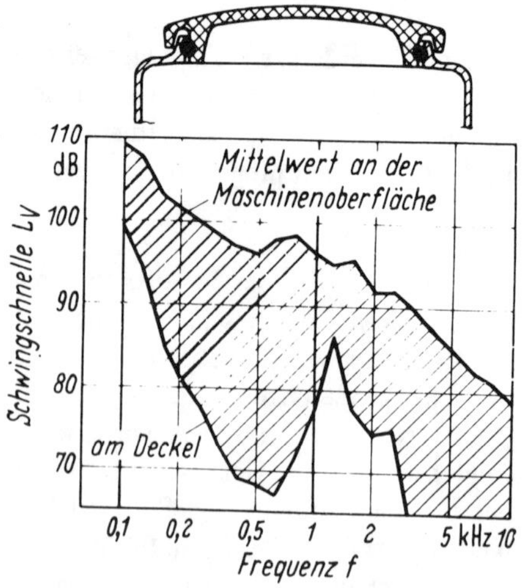

Bild 314. Wirkung eines Kunststoffdeckels über dem Ventilantriebsraum [8]

Haube des Motors MAV 956 der MTU (vgl. auch 6.1.0), die mit dem Zylinderkopf nicht starr durch Schrauben verbunden ist, sondern über einen geräuschdämmenden Gummiring in ihre Halterung im Zylinderkopf einschnappt. Außerdem ist sie aus Kunststoff hergestellt. Die Zahnräder des Rädertriebes müssen nicht allein schon vom Standpunkt der Zahnradtechnik so ausgebildet sein, daß sie nicht selbst noch übermäßige Geräusche hervorbringen, worauf hier aber nicht näher eingegangen werden kann, sondern sie müssen wegen ihrer Eigenschaft als Geräuschabstrahler sowohl in ihrer Größe als auch in ihrer Anzahl so klein wie möglich gehalten sein. Weiter soll auch die schallabstrahlende Oberfläche des Räderkastendeckels bei vorne liegendem Rädertrieb so klein wie möglich sein, weshalb sich die Anordnung Nockenwelle und Einspritzpumpe auf einer Motorseite (Bild 184) empfiehlt, da sie den kleinsten Räderkastendeckel ergibt.

Die von der Einspritzpumpe erzeugten Geräusche, die ebenfalls mit höheren Leistungen, d.h. größeren Einspritzpumpenkolben und höheren Spitzendrücken in den Einspritzleitungen, zunehmen, sind kaum zu dämpfen, solange man nicht die Einspritzpumpe kapselt, was allerdings bisher noch nicht ausgeführt wurde.

Günstiger ist die Lage bei den Auspuff- und Ansauggeräuschen. Hier stehen dem Konstrukteur mit Auspuff- und Ansauggeräuschdämpfern viele Möglichkeiten der Dämpfung mit mehr oder weniger Aufwand und dementsprechend auch Erfolg, zur Verfügung.

Auch das Geräusch der Ventilatoren und Kühlgebläse von luftgekühlten Motoren (siehe 3.5.2.2) ist mit entsprechenden Maßnahmen in Grenzen zu halten, auf die hier aber nicht näher eingegangen werden kann. Hier muß sich der Konstrukteur der Hilfe des Aerodynamikers bedienen.

6. Ausgeführte Motoren

6.1. Wassergekühlte Motoren

6.1.1 8-Zylinder-V-Motor (Ottomotor) M 116 der Daimler-Benz AG, Stuttgart-Untertürkheim

(Bild 315)

Der Motor M 116 ist zum Antrieb von Personenwagen bestimmt. Bohrung D = 92 mm, Hub H = 65,8 mm, Hubvolumen V_h = 3,499 l, ξ = 0,715, V-Winkel 90°, N = 200 PS (DIN), n = 5800 U/min.

Das Hub-Bohrungsverhältnis 0,715 weist diesen Motor als ausgesprochenen Kurzhuber aus, wie sie bei modernen Ottomotoren üblich sind, deren Verbrennung anders als bei Dieselmotoren auf extreme Kurzhubigkeit nicht empfindlich ist. Damit ergeben sich naturgemäß verhältnismäßig niedrige Kolbengeschwindigkeitkeiten bei Maximaldrehzahl (c_m = 12,7 m/sec).
Das Kurbelgehäuse 15 ist aus Gußeisen. Aus Steifigkeitsgründen ist die Teilung weit unter Mitte Kurbelwelle heruntergezogen. Die Lagerdeckel 18 sind über einen Einpaß im Kurbelgehäuse fixiert und mit je vier Schrauben befestigt. Der Einpaß ist um 0,5 mm aus der Mitte versetzt, so daß die Lagerdeckel immer nur in einer Lage eingebaut werden können. Die Zylinderbuchsen sind Bestandteil des Kurbelgehäuses (integrale Zylinder). Die Kühlwasserräume um die Zylinderbuchsen herum sind reichlich und weit hinuntergezogen. Die Kurbelwellenabdichtung erfolgt durch Wellendichtringe aus Silicon. Auf der Schwungradseite läuft der Siliconring direkt auf dem Schwungradflansch. Er sitzt in einem besonderen Deckel, der auf der Kurbelgehäusestirnwand angeschraubt ist. An diesen Deckel ist unten auch die Ölwanne (aus Leichtmetall) dicht angeschraubt. Der vordere Wellendichtring sitzt im Steuergehäusedeckel, der den Kettentrieb abdeckt, und den Zündverteiler 3 sowie die Wasserpumpe trägt. Das Schwungradgehäuse 36, an dem der Anlasser befestigt ist, ist an das Kurbelgehäuse angeschraubt.

Der Motor hat eine geschlossene wartungsfreie Kurbelgehäuseentlüftung. Die Motor-Durchblasegase strömen durch einen Anschlußstutzen 6 in der rechten Zylinderkopfhaube über den Leerlaufluftverteiler (nicht dargestellt) und eine Drosseldüse in die Leerlaufluftkanäle und von dort – vermischt mit der Ansaugluft – weiter in die Brennräume. Da der Leerlaufluftverteiler auf dem kühlwasserführenden Teil des Saugrohrs sitzt, wird er von diesem erwärmt. Bei niedrigen Außentemperaturen kann dadurch das Kondensat in der Bypass-Düse nicht gefrieren. Vom Anschlußstutzen 13 der linken Zylinderkopfhaube führt eine Leitung direkt zur Reinluftseite im Sauggeräuschdämpfer 11. Im unteren und mittleren Fahrleistungsbereich, wenn im Kurbelgehäuse Unterdruck herrscht, wird über die linke Zylinderreihe der Motor mit Frischluft belüftet. Das heißt,

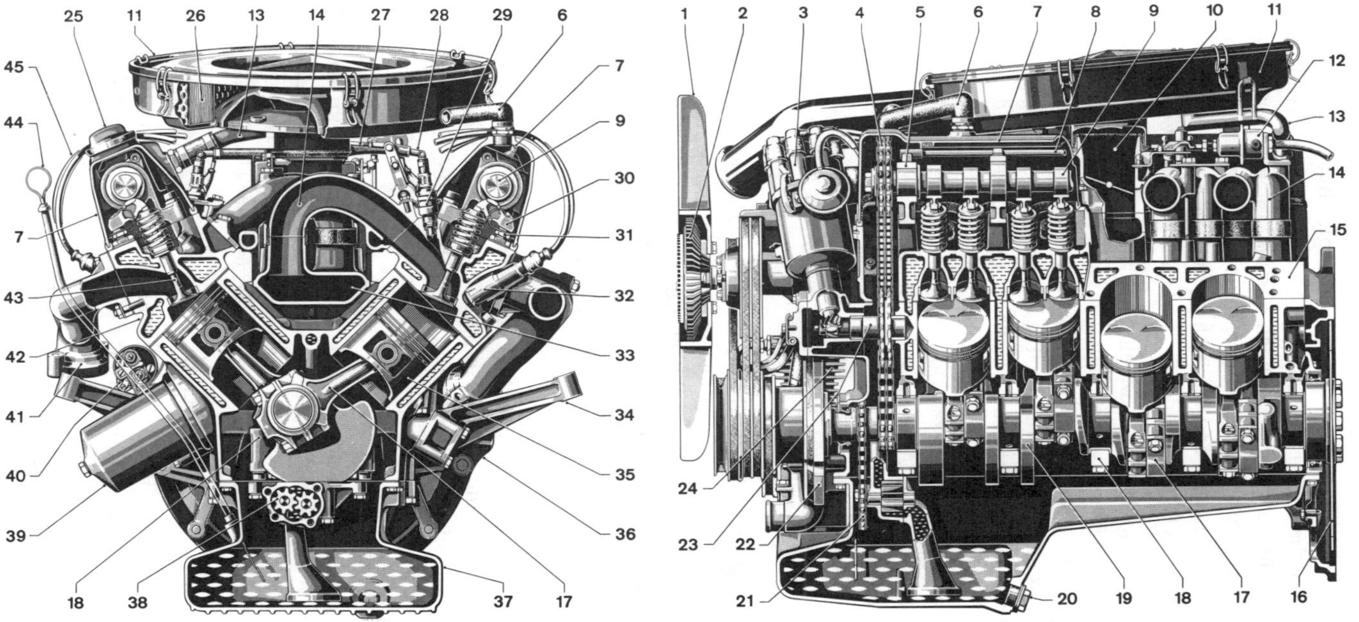

Bild 315. 8-Zylinder-V-Motor (Ottomotor) M 116 der Daimler-Benz AG

1 Lüfter
2 Viskose-Lüfterkupplung
3 Zündverteiler
4 Zweifach-Rollenkette
5 Nockenwellenlager
6 Entlüftungsleitung
7 Zylinderkopfhaube
8 Ölrohr (Nockenwellenschmierung)
9 Nockenwelle
10 Klappenstutzen
11 Sauggeräuschdämpfer
12 Kraftstoff-Druckregler
13 Entlüftungsleitung
14 Saugrohr-Oberteil
15 Zylinderkurbelgehäuse
16 Mitnehmerscheibe
17 Pleuelstange
18 Kurbelwellenlagerdeckel
19 Kurbelwelle
20 Ölablaßschraube
21 Rollenkette (Ölpumpenantrieb)
22 Schwingungsdämpfer
23 Antriebswelle (Zündverteiler)
24 Luftpresser
25 Öleinfüllstutzen
26 Filtereinsatz
27 Reguliergestänge
28 Kraftstoff-Ringleitung
29 Einspritzventil
30 Schwinghebel
31 Schwinghebellagerung
32 Zündkerze mit Entstörstecker
33 Saugrohr-Unterteil
34 Motorträger
35 Kolben
36 Zwischenflansch
37 Ölwanne
38 Ölpumpe
39 Ölfilter
40 Anlasser
41 Auspuffkrümmer
42 Zylinderkopf
43 Auslaßventil
44 Ölmeßstab
45 Zündleitungen

es wird über die Entlüftungsleitung vom Sauggeräuschdämpfer Reinluft angesaugt. Erst im oberen Fahrleistungsbereich findet auch hier eine Entlüftung statt. Die Gase und Dämpfe strömen in den Sauggeräuschdämpfer und gelangen über den Klappenstutzen in die Saugrohre und Brennräume. In den Zylinderkopfhauben 7, von denen die Entlüftungsleitungen 6 und 13 abgehen, sind sogenannte Entlüftungsbleche eingenietet, die als Ölabschneider für die Durchblasegase wirken.

Die vierfach gekröpfte Kurbelwelle 19 (Kreuzwelle) hat angeschmiedete Gegengewichte zum vollständigen Massenausgleich 1. und 2. Ordnung (siehe 3.1.1.3.3). Um ausreichend Gegengewichte unterbringen zu können, sind die Endwangen der Kurbelwelle stärker als die inneren Wangen. Die Kurbelwelle ist fünffach gelagert, das mittlere Lager (Bundlager) ist ein Paßlager. Der Schwungradflansch ist, da auf der Schwungradseite kein Rädertrieb vorhanden, angeschmiedet. Auf den Vorderenden der Kurbelwelle sitzen das Doppelkettenrad zum Antrieb 4 der Nockenwelle, ein Kettenrad zum Antrieb 21 der Ölpumpe, der Gummischwingungsdämpfer und die Keilriemenscheibe (Blechpreßteil) für den Antrieb der Wasserpumpe mit Lüfter 1 und des Kompressors 24. Kurbelwelle, Schwungrad und Schwingungsdämpfer sind einzeln ausgewuchtet, womit ein Austausch ohne Nachwuchten möglich ist.

Die Pleuelstangen 17 sind gerade geteilt und sitzen nebeneinander auf dem Kurbelzapfen. Der Schaft ist durchbohrt zur Ölversorgung der Kolbenbolzenlagerung. Am großen und kleinen Auge sind Butzen zum Gewichtsausgleich angebracht. Die Kolben 35 aus Leichtmetall sind im Gegensatz zu Dieselmotorkolben recht kurz. Sie haben zwei Verdichtungsringe und einen Ölabstreifring. Das Kolbenhemd ist für die Gegengewichte stark ausgenommen, was auf eine kurze Pleuelstange schließen läßt.

Der Zylinderkopf 12 aus Leichtmetall ist ein Blockzylinderkopf für je vier Zylindereinheiten. Je Zylindereinheit sind 6 Zylinderkopfschrauben vorgesehen. Zwischen Zylinderkopf und Kurbelgehäuse liegt eine Flachdichtung. Für die Ventile sind Sitzringe vorgesehen. Ventilführungen aus Gußeisen sind eingepreßt.

Jede Zylinderreihe hat eine obenliegende Nockenwelle 9. Die Nockenwellen sind fünffach gelagert in Lagerböcken, die auf den Zylinderkopf aufgeschraubt sind. Die Ventile werden über Schwinghebel 30, die sich auf den Kugelköpfen der Einstellschrauben abstützen, betätigt. Wenn kein Kraftschluß vorhanden ist, werden sie mit Spannfedern festgehalten. Die Nockenwellen werden über eine Zweifachrollenkette 4 angetrieben. Von derselben Kette wird über ein Zwischenrad die Zündverteilerantriebswelle 23 angetrieben. Die Kette wird über einen hydraulischen Kettenspanner gespannt. Die Ein- und Auslaßventile haben je zwei Ventilfedern und Ventildrehvorrichtungen (Rotocap). Die Sitze der Ventile sind gepanzert. Das Auslaßventil ist natriumgefüllt.

Das Schmieröl wird von einer Zahnradpumpe 38, die über eine Einfachrollenkette 21 angetrieben wird, gefördert. Sie ist am Steuergehäusedeckel befestigt, so daß das Drucköl ohne freie Leitungen direkt in einen Kanal des Steuergehäusedeckels übertreten kann. Von dort fließt das Öl über einen luftgekühlten Ölkühler (nicht dargestellt), über das Hauptstromölfilter 39, das ohne Zwischenträger direkt an die Kurbelgehäuseseitenwand angeschraubt ist, in den Hauptölkanal im V-Winkel. Hier gehen die Ölbohrungen für die Schmierung der Kurbelwellen und der Nockenwelle ab. Das Schmierölsystem zeichnet sich dadurch aus, daß bis auf die Leitung zur Schmierung der Nockenwellenlager keine freien Leitungen vorhanden sind.

Das Wasserpumpengehäuse sitzt auf dem Steuergehäusedeckel und enthält auch den Kurzschlußthermostat, der auf der Saugseite der Wasserpumpe sitzt, womit nach [225] eine gleichmäßigere Kühlwassertemperaturregelung gewährleistet ist. Der Lüfter 1 sitzt auf der Wasserpumpenwelle und wird über eine Visco-Kupplung 2 betrieben.

6.1.2 4-Zylinder-Reihenmotor OM 615 (Dieselmotor) – Bild 316 – und M 115 (Ottomotor) – Bild 317 – der Daimler-Benz AG, Stuttgart-Untertürkheim

Es werden hier ein Dieselmotor und ein Ottomotor gleichzeitig behandelt, da beide Motoren fertigungsgleich in ihren Hauptbauteilen sind. Das gilt auch für das Triebwerk, wobei besonders darauf hingewiesen wird, daß der Dieselmotor mit dem Triebwerk des Benzinmotors auskommt – ein Vorteil des beim Dieselmotor verwandten Vorkammer-Verbrennungsverfahrens mit seinen niedrigen Zünddrücken und schwachen Druckanstiegen.

Die nachfolgenden Daten gelten sowohl für den OM 615 als auch für den M 115. Bohrung D = 87 mm, Hub H = 83,6 mm (92,4 mm), Hubvolumen V_h = 1,988 l (2,197 l), N = 95 PS (105 PS) Ottomotor bei n = 5000 U/min, N = 55 PS (60 PS) Dieselmotor bei n = 4200 U/min. Verbrennungsverfahren des Dieselmotors: Vorkammer.

Beide Motoren sind zum Antrieb von Personenwagen bestimmt. Die Kurbelgehäuse beider Motoren aus Grauguß sind im prinzipiellen Aufbau gleich. Sie sind in der Mitte geteilt und haben integrale Zylinderbuchsen. Die fünf Lagerdeckel sind mit je zwei Schrauben M 12 befestigt. Die Kurbelwelle ist im Kurbelgehäuse auf der Schwungradseite mit Hilfe eines auf der Kurbelwelle angedrehten Spritzringes und eines Filzringes, der je zur Hälfte im Kurbelgehäuse und im Ölwannenoberteil sitzt, abgedichtet. Auf der Vorderseite der Kurbelwelle ist ein Wellendichtring vorgesehen. Für beide Hübe wird das gleiche Kurbelgehäuse verwendet. Der größere Hub wird im Kolben durch veränderten Abstand zwischen Kolbenbolzenmitte und Kolbenboden ausgeglichen.

Der Zylinderkopf des OM 615 ist ein Blockzylinderkopf mit eingegossener steil sitzender Vorkammerpfeife. In diese Vorkammerpfeife ist die Vorkammer mit

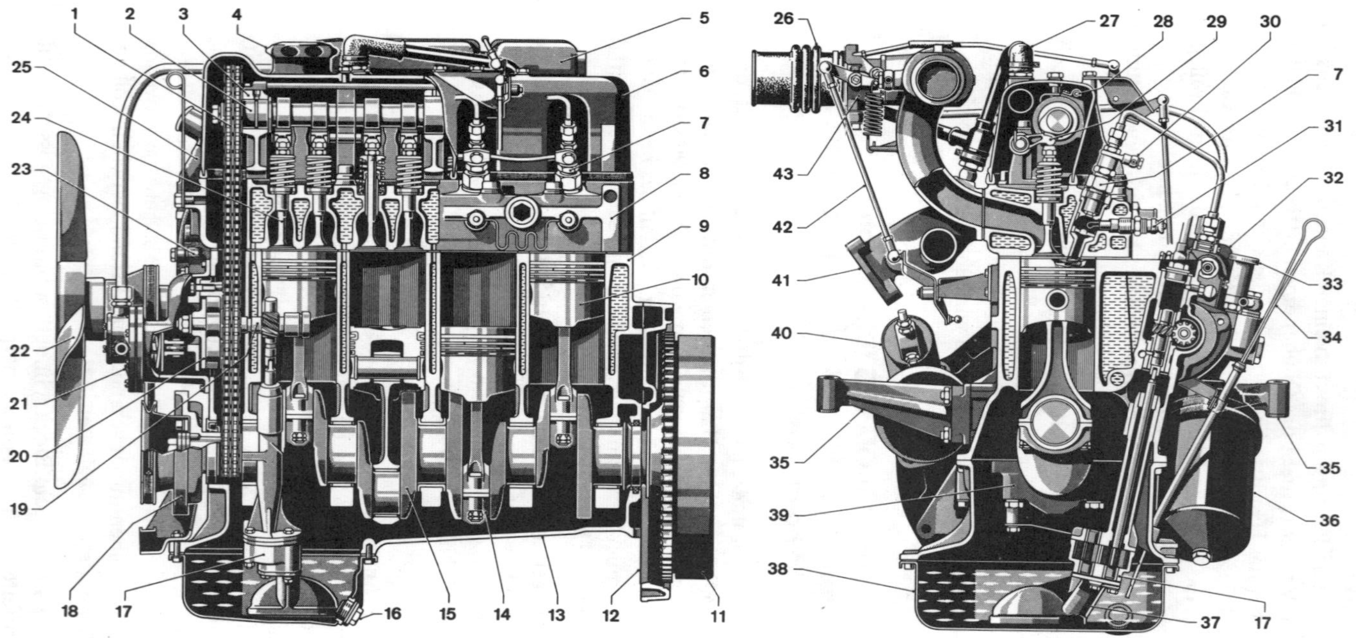

Bild 316. 4-Zylinder-Reihenmotor OM 615 (Dieselmotor) der Daimler-Benz AG

1 Zweifach-Hülsenkette
2 Nockenwelle
3 Nockenwellenlager
4 Öleinfüllstutzen
5 Schwingsaugrohr
6 Zylinderkopfhaube
7 Einspritzdüse
8 Zylinderkopf
9 Zylinderkurbelgehäuse
10 Kolben
11 Schwungrad
12 Zwischenflansch
13 Ölwanne Oberteil
14 Pleuelstange
15 Kurbelwelle
16 Ölablaßschraube
17 Ölpumpe
18 Gegengewicht
19 Antriebswelle (Einspritzpumpe-Ölpumpe)
20 Spritzversteller
21 Unterdruckpumpe
22 Lüfter
23 Wasserpumpe
24 Auslaßventil
25 Kühlwasser-Thermostat
26 Gummimanschette
27 Entlüftungsleitung
28 Ölrohr (Nockenwellenschmierung)
29 Schwinghebel
30 Kraftstoff-Leckleitung
31 Glühkerze
32 Einspritzpumpe
33 Kraftstoff-Handpumpe
34 Ölmeßstab
35 Motorträger
36 Ölfilter
37 Saugkorb
38 Ölwanne Unterteil
39 Kurbelwellenlagerdeckel
40 Anlasser
41 Auspuffkrümmer
42 Reguliergestänge
43 Klappenregler

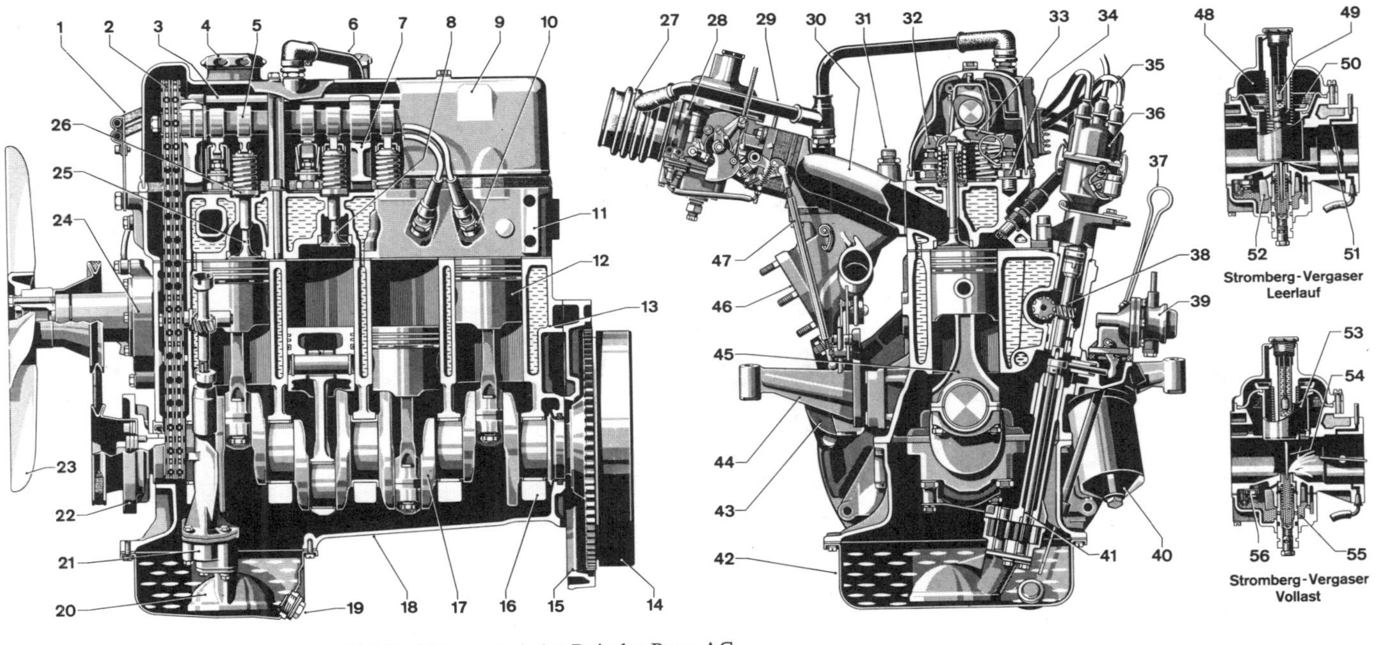

Bild 317. 4-Zylinderreihenmotor M 115 (Ottomotor) der Daimler-Benz AG

1 Kraftstoffleitung
2 Zweifach-Rollenkette
3 Ölrohr (Nockenwellenschmierung)
4 Öleinfüllstutzen
5 Nockenwelle
6 Entlüfterrohr
7 Nockenwellenlager
8 Auslaßventil
9 Zylinderkopfhaube
10 Zündkerze
11 Zylinderkopf
12 Kolben
13 Zylinderkurbelgehäuse
14 Schwungrad
15 Zwischenflansch
16 Kurbelwellenlagerdeckel
17 Kurbelwelle
18 Ölwanne Oberteil
19 Ölablaßschraube
20 Saugkorb
21 Ölpumpe
22 Gegengewicht
23 Lüfter
24 Wasserpumpe
25 Einlaßventil
26 Rotocap (Ventildreheinrichtung)
27 Gummimanschette
28 Stromberg-Vergaser
29 Entlüfterrohr
30 Saugrohr
31 Schraubstutzen (Bremsgerät)
32 Schwinghebel (Auslaßventil)
33 Schwinghebel (Einlaßventil)
34 Schwinghebellagerung)
35 Zündleitungen
36 Zündverteiler
37 Ölmeßstab
38 Antriebswelle
39 Kraftstoffpumpe
40 Ölfilter
41 Antriebswelle (Ölpumpe)
42 Ölwanne Unterteil
43 Anlasser
44 Motorträger
45 Pleuelstange
46 Auspuffkrümmer
47 Verbindungsstange
48 Unterdruckkammer
49 Stoßdämpfer
50 Gummimembrane
51 Drosselklappe
52 Schwimmer
53 Luftkolben
54 Düsennadel
55 Schwimmerkammer
56 Schwimmernadelventil

einem Mehrlochbrenner (5 Löcher) eingesetzt (Bild 318). Merkmal der Vorkammer ist ein Kugelstift, der durch sein auch bei Teillast hohes Temperaturniveau und durch einen gleichzeitigen Prall- und Zerstäubungseffekt für geringen Zündverzug und gute Gemischaufbereitung und damit für eine gute Laufruhe sorgt. Für die Ventilsitze sind keine Ventilsitzringe vorgesehen (Sitzwinkel 120°).

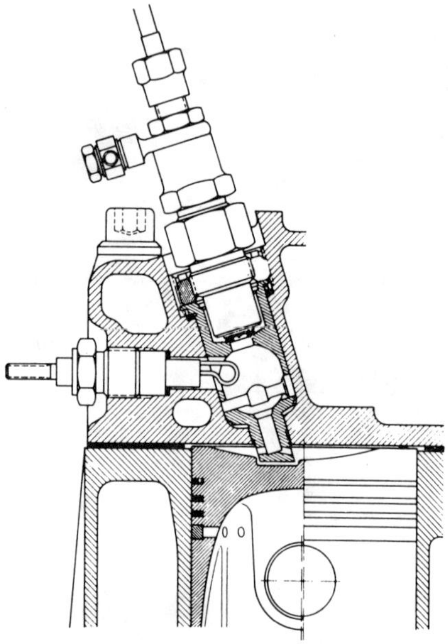

Bild 318. Vorkammerlage und Verbrennungsraum des Motors nach Bild 316

Der Zylinderkopf des M 115 ist nicht mit dem des OM 615 identisch. Er ist je Zylindereinheit mit fünf Zylinderkopfschrauben befestigt. Im Gegensatz zum Dieselmotor sind für Ein- und Auslaßventil Ventilsitzringe vorgesehen.

Die fünffach gelagerte Kurbelwelle (d_W = 70 mm, d_K = 52 mm) ist für Otto- und Dieselmotoren gleich. Sie hat angeschmiedete Gegengewichte. Das Schwungrad ist mit zwölf Schrauben M 10 an den Flansch der Kurbelwelle angeschraubt. Schwungrad und Kurbelwelle sind zusammen ausgewuchtet. Der Kolben des Dieselmotors ist ein Ringträgerkolben mit einem Doppeltrapezring als oberstem Kolbenring. Im Gegensatz zum Dieselkolben hat der Ottokolben nur drei Kolbenringe. Die Pleuelstange beider Motoren ist äußerst leicht ausgeführt. Sie ist gerade geteilt.

Der Ventiltrieb ist für beide Motoren im Prinzip gleich (Bild 319). Die oben liegende Nockenwelle wird durch eine Zweifach-Rollenkette angetrieben. Vom Zwischenrad aus wird beim Dieselmotor (Bild 319a) über einen Spritzversteller

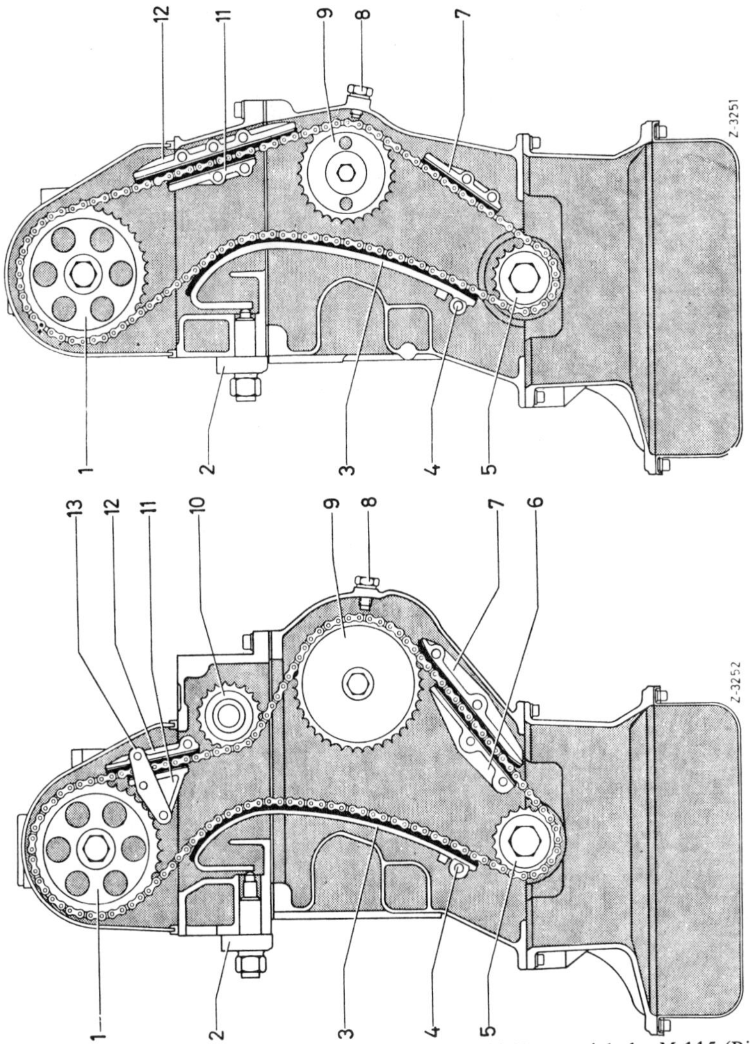

Bild 319. a) Kettentrieb des OM 615 (Bild 316)

1 Nockenwellenrad
2 Kettenspanner
3 Spannschiene
4 Lagerbolzen für Spannschiene
5 Kurbelwellenrad
6 Gleitschiene innen
7 Gleitschiene außen
8 Sicherungsschraube
9 Zwischenrad
(Antrieb für Spritzversteller, Einspritzpumpe und Ölpumpe)
10 Umlenkrad
11 Gleitschiene innen
12 Gleitschiene außen
13 Halter für Gleitschiene innen

b) Kettentrieb des M 115 (Bild 317)

1 Nockenwellenrad
2 Kettenspanner
3 Spannschiene
4 Lagerbolzen für Spannschiene
5 Kurbelwellenrad
7 Gleitschiene
8 Sicherungsschraube
9 Zwischenrad
(Antrieb für Ölpumpe und Zündverteiler)
11 Gleitschiene innen
12 Gleitschiene außen

(Bild 320) die Einspritzpumpe und über ein Schraubenradpaar die im Ölsumpf liegende Zahnradölpumpe angetrieben. Beim Ottomotor (Bild 319b) wird über ein Zwischenrad der Zündverteiler und die Ölpumpe – letztere wie beim Dieselmotor – angetrieben. Die Nockenwelle ist fünffach gelagert. Die Kipphebellagerung des Motors OM 615 zeigt Bild 321a, die des M 115 Bild 321b.

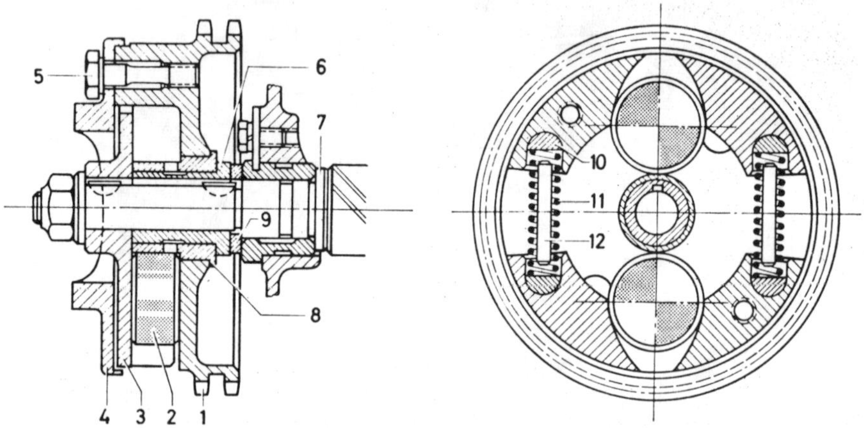

Bild 320. Spritzversteller des OM 615 (Bild 316)
1 Kettenrad mit Segmentplatte (Primärteil)
2 Reglergewichte
3 Segmentflansch (Sekundärteil)
4 Antriebsflansch mit Hubkurve für Unterdruckpumpe
5 Dehnschraube
6 Büchse
7 Anlaufscheibe
8 Büchse
9 Anlaufring
10 Bolzen (Federsitz)
11 Druckfeder
12 Bolzen (Verstellbegrenzung)

Das Einlaßventil des Dieselmotors hat einen Tellerdurchmesser von 38,8 mm, das Auslaßventil 33,2 mm. Beide Ventile des OM 615 haben Rotocap-Drehvorrichtung. Beim Ottomotor ist nur das Einlaßventil mit einer Drehvorrichtung ausgerüstet. Der Ottomotor hat einen Stromberg-Vergaser 175 CDS (siehe auch 6.7.5.2). Dieser Vergaser arbeitet mit veränderlichem Lufttrichter; d.h. der effektive Trichterquerschnitt wird nach den jeweiligen Motorerfordernissen in Abhängigkeit von Motorlast und -drehzahl vergrößert oder verkleinert. Durch die Querschnittsveränderungen wird eine konstante Luftgeschwindigkeit im Lufttrichter gehalten und damit ein gleichbleibend wirkender Unterdruck über der Düse erreicht, d.h. der Vergaser arbeitet nach dem Prinzip des „konstanten Unterdrucks".

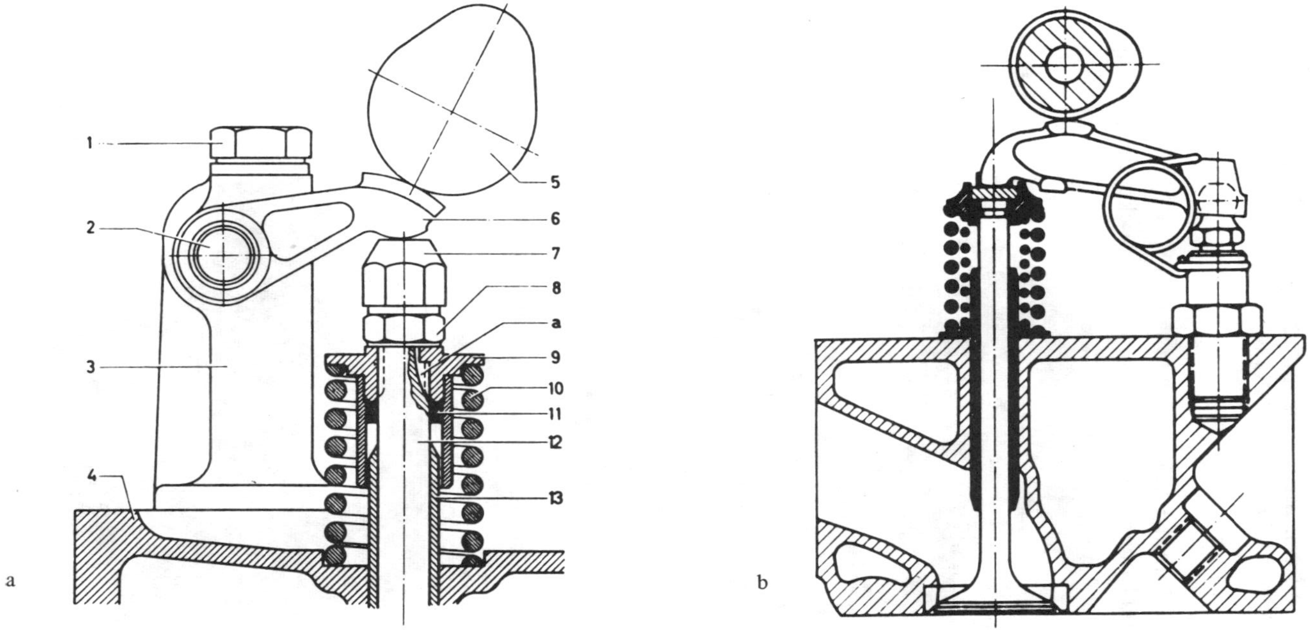

a Nut im Ventilschaft
1 Dehnschraube
2 Schwinghebelachse
3 Schwinghebelbock
4 Zylinderkopf
5 Nockenwelle
6 Schwinghebel
7 Hutmutter
8 Kontermutter
9 Ventilfederteller mit Dichtringhalter
10 Ventilfeder
11 Gummidichtring
12 Ventilschaft
13 Ventilführung

Bild 321. Ventilsteuerungen der Motoren, Bilder 316 und 317
a) OM 615
b) M 115

6.1.3 4-Zylinder-Reihenmotor (Dieselmotor) 4.236 der Perkins Engines Ltd., Peterborough

(Bild 322)

Bohrung D = 98,4 mm, Hub H = 127 mm, Hubvolumen V_h = 3,86 l, N = 78 PS (DIN 70020), n = 2800 U/min, Verbrennungsverfahren: Direkte Einspritzung.

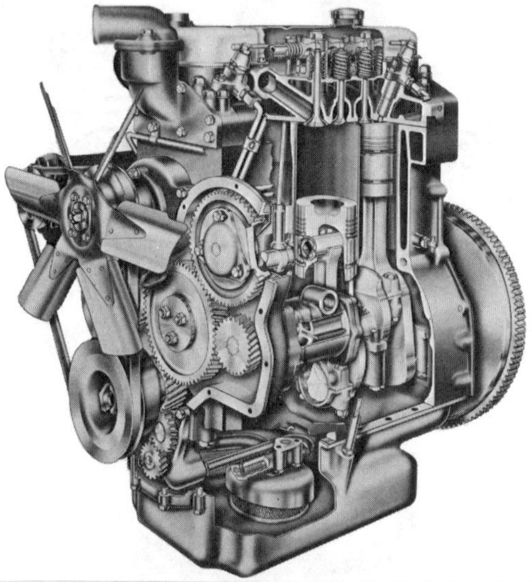

Bild 322. 4-Zylinderreihenmotor (Dieselmotor) 4.236 der Perkins Engines Ltd.

Der Motor ist aus dem 6-Zylindermotor 6.354 gleichen Hubes und gleicher Bohrung abgeleitet. Er wird verwendet für Lastwagen, landwirtschaftliche Schlepper und Geräte, Baumaschinen, als Industriemotor und als Schiffsmotor.

Das Kurbelgehäuse ist aus Grauguß. Aus Steifigkeitsgründen ist es tief unter Mitte Kurbelwelle heruntergezogen. Zusammen mit einer Ölwanne aus Gußeisen dient das Kurbelgehäuse in landwirtschaftlichen Schleppern als selbsttragender Teil des Schleppers. Auf der Schwungradseite kann ein Schwungradgehäuse angeschraubt werden, das gleichzeitig den Anlasser trägt. In das Kurbelgehäuse sind trockene – im Reparaturfall auswechselbare – Zylinderbuchsen aus Gußeisen (Wandstärke ~ 4,7 mm) eingepreßt. Die Wasserräume um die Zylinder sind weit heruntergezogen. Längs der Zylinder ist am oberen Teil des Kurbelgehäuses ein Kühlwasserkanal angegossen, von dem aus das Kühlwasser in die Zylinderkühlräume des Kurbelgehäuses übertritt. Auf der Vorderseite des Kurbelgehäuses ist ein Räderkasten aus Leichtmetall mit Deckel angeschraubt.

Der Zylinderkopf ist ein Blockzylinderkopf aus Grauguß. Zwischen Zylinderkopf und Kurbelgehäuse liegt eine Flachdichtung aus Asbest mit Drahteinlage und 1,5 mm dicker Metalleinfassung um die Zylinder. Je Zylindereinheit sind sieben Zylinderkopfschrauben vorgesehen. Der Zylinderkopf hat keine eingesetzten Ventilführungen und Ventilsitzringe (Sitzwinkel 90°). Der Motor hat direkte Einspritzung mit Brennraum im Kolben. Der Drall der Verbrennungsluft wird durch einen gebohrten Tangential-Einlaßkanal erzeugt. Der Zylinderkopf wird mit einer stahlgepreßten Ventilhaube abgedeckt.

Die Kurbelwelle ist im Kurbelgehäuse fünffach in Stahl-Leichtmetallagern gelagert (Anlaufringe als Paßlager). Die Lagerstellen sind induktiv gehärtet. Das mittlere Hauptlager ist breiter als die übrigen Hauptlager (d_W = 76,2 mm), d_K = 63,5 mm). Die vier Gegengewichte sind angeschmiedet.

Die Pleuelstange ist gerade geteilt, an der Trennfuge verzahnt und mit zwei durchgehenden Paßschrauben mit selbstsichernden Muttern verschraubt. Die Pleuellager sind aus Stahl-Leichtmetall, die Kolbenbolzenbuchsen aus Stahl-Bleibronze.

Die Leichtmetallkolben, in denen sich der Verbrennungsraum (ϵ = 16) befindet, haben drei Kompressionsringe und zwei Ölabstreifringe.

Die seitlich – von vorn gesehen links – liegende Nockenwelle aus Gußeisen mit Hartgußnocken wird über einen auf der Vorderseite des Kurbelgehäuses befindlichen Zahnradtrieb angetrieben, und zwar vom Kurbelwellenrad über ein Zwischen rad. Vom gleichen Zwischenrad aus wird die auf der anderen Motorseite liegende Verteilereinspritzpumpe angetrieben. Die Ventilkipphebel aus Gußeisen werden von der Nockenwelle über Hartguß-Pilzstößel und Stahlstoßstangen betätigt. Das Auslaßventil hat einen Tellerdurchmesser von 36,7 mm, das Einlaßventil 44,3 mm. Jedes Ventil hat eine Ventilfeder. Die Kipphebel sitzen auf einer über die ganze Zylinderkopflänge durchgehenden Kipphebelwelle.

Die Kühlwasserpumpe ist keilriemengetrieben. Sie fördert bei einer Motordrehzahl von 2800 U/min 9 m^3/h. Das bedeutet bei einer Kühlwasserwärme von 33000 kcal/h eine sehr geringe Temperaturdifferenz Δt des Kühlwassers von 3,7 °C. Die Kühlwasserpumpe fördert das Kühlwasser vom Kühler über den seitlich hoch oben liegenden Kühlwasserkanal des Kurbelgehäuses zu den Kühlwasserräumen um die Zylinderbuchsen. Auf der gegenüberliegenden Seite tritt das Kühlwasser aus dem Kurbelgehäuse in die Zylinderköpfe über und fließt dann längs durch den Zylinderkopf, an dessen vorderer Stirnseite es austritt, über einen Thermostat zum Kühler bzw. im Kurzschluß direkt wieder zur Wasserpumpe.

Die im Ölsumpf liegende Schmierölpumpe wird vom Kurbelwellenzahnrad über ein Zwischenrad angetrieben. Sie fördert bei einer Motordrehzahl von 2800 U/min 2600 l/h, was einer spez. Fördermenge von 34 l/PSh entspricht.

Für Hilfsaggregate sind drei Abtriebsmöglichkeiten vorhanden, eine davon ist z.B. für eine Hydraulikpumpe vorgesehen, deren Zahnrad vom Zwischenrad des Rädertriebes angetrieben wird. Der Hydraulikpumpenanschluß sitzt unterhalb der Verteilerspritzpumpe. Damit besteht der gesamte Zahnradtrieb aus sechs schrägverzahnten Zahnrädern (siehe auch Bild 184 a).

6.1.4 8-Zylinder-V-Motor (Dieselmotor) 3160 der Caterpillar Tractor Co., Peoria, Jll., USA

(Bild 323)

Bohrung D = 114 mm, Hub H = 127 mm, Hubvolumen V_h = 10,4 l, N = 210 PS (Industriemotor), N = 225 PS (LKW-Motor), n = 2800 U/min, V-Winkel $\gamma = 90°$, Verbrennungsverfahren: Direkte Einspritzung

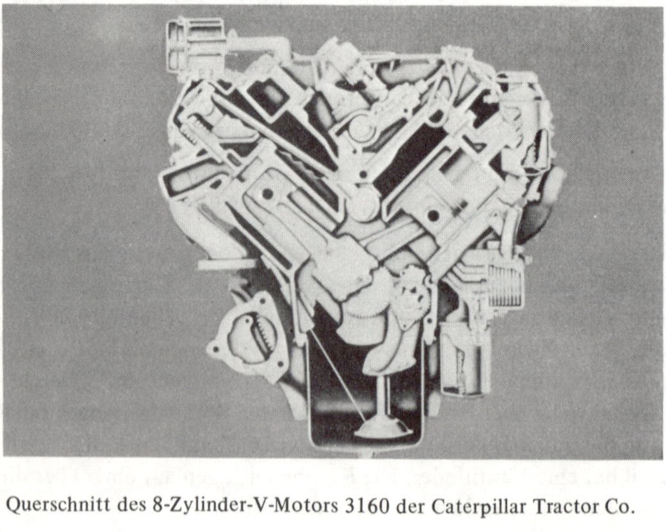

Bild 323. Querschnitt des 8-Zylinder-V-Motors 3160 der Caterpillar Tractor Co.

Einige Kenndaten, bezogen auf die Fahrzeugleistung: Leistungsgewicht: G_N = 2,6 kg/PS, Hubvolumengewicht: G_{V_h} = 57 kg/l, Bauraumleistung: N_B = 320 PS/m^3.

Der Motor wird zum Antrieb von Lastkraftwagen und als Industriemotor verwendet. Er gehört zu einer Familie von drei 8-Zylinder-V-Motoren, die alle die gleiche Bohrung, jedoch verschiedene Hübe von 104 mm, 114 mm und 127 mm haben. Dabei sind bis auf die Kurbelwellen, die Kolben und die Einspritzpumpen alle anderen Motorteile für die drei Varianten gleich.

Das Kurbelgehäuse (Bild 324) ist aus Chrom-Nickel-legiertem Gußeisen mit einer

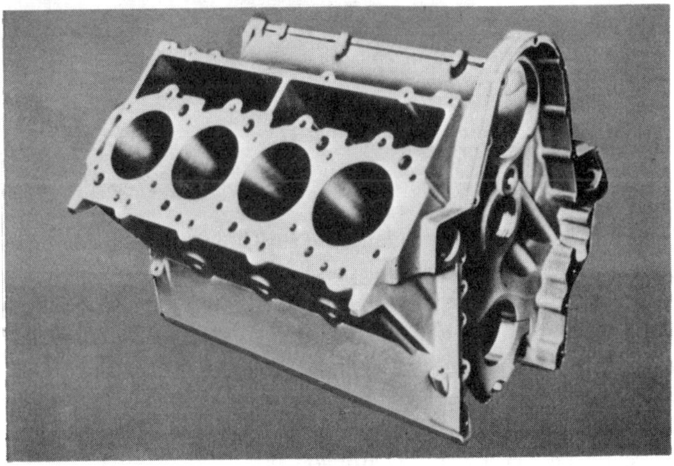

Bild 324. Kurbelgehäuse des Motors nach Bild 323

Festigkeit von 28 kp/mm^2. Die Zylinderbuchsen sind eingegossen mit einer Wandstärke von 8,6 mm, die ggf. ein Ausbohren und das Einsetzen von trockenen Zylinderbuchsen gestattet. Am vorderen Ende ist ein offenes Gehäuse angegossen, das den Rädertrieb aufnimmt. Das Bemerkenswerte an diesem Kurbelgehäuse sind die Hauptlagerdeckel (Bild 325), die mit je zwei Schrauben (9/16" $\approx$ M 14) festgeschraubt sind, jedoch sind die Auflageflächen im Kurbelgehäuse nicht eben, sondern bilden einen Winkel von 120°. Eine unkonventionelle Konstruktion zur Aufnahme der auf den Hauptlagerdeckel wirkenden Querkräfte, die zusätzlich noch von einem Einpaß der Lagerdeckel im Kurbelgehäuse aufgenommen werden. Die Gewinde der Zylinderkopfschrauben im Kurbelgehäuse sind nicht an die Zylinderwandungen angewachsen, um Verzug der Zylinderbohrung zu vermeiden. Die Kurbelgehäuseentlüftung erfolgt aus den Zylinderkopfhauben über ein Entlüftungsventil mit federbelasteter Membran, das bei einem bestimmten Kurbelgehäuseüberdruck in die Einlaßrohre öffnet.

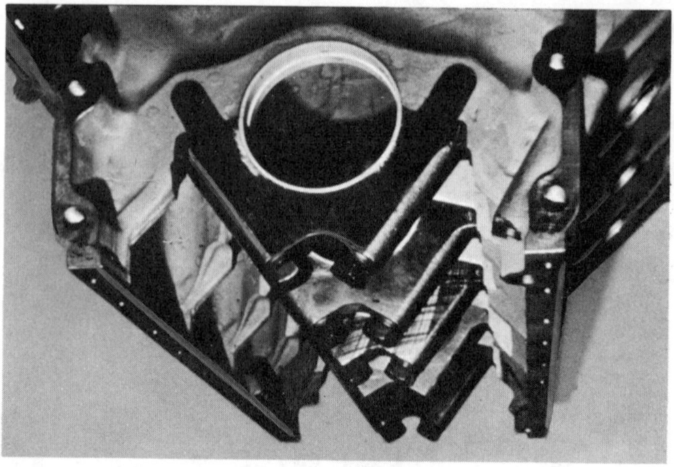

Bild 325. Hauptlagerdeckel des Motors nach Bild 323

Die Zylinderköpfe sind Blockzylinderköpfe aus Gußeisen (sechs Zylinderkopfschrauben je Zylindereinheit) mit angegossenen Einlaßsammelrohren. Die Ventilführungen sind ebenfalls eingegossen. Der Zylinderkopf hat also keine eingesetzten Ventilführungen. Die Einlaßkanäle sind als Drallkanäle ausgebildet. Die Ein- und Auslaßventile (je eins pro Zylinder) haben Ventilsitzringe. Der Kipphebelraum wird im wesentlichen von hochgezogenen Wänden des Zylinderkopfes gebildet und dementsprechend von einer verhältnismäßig flachen Zylinderkopfhaube abgeschlossen. Das Einspritzventil von extrem kleinem Durchmesser (Bleistiftdüse von Roosa-Master) sitzt in einer Pfeife senkrecht etwas aus der Mitte versetzt. Einspritzventil und Einspritzleitungen sitzen unter der Zylinderkopfhaube, sind also nicht beobachtbar. Die Einspritzleitung tritt durch eine senkrechte Wand des Zylinderkopfes in den Kipphebelraum über, so daß die Zylinderkopfhaube abgenommen werden kann, ohne daß die Leitungen gelöst werden müssen.

Die Kurbelwelle ist fünffach in Stahl-Leichtmetallagern im Kurbelgehäuse gelagert (d_W = 89 mm, d_K = 70 mm). Sie ist allseitig badnitriert. Die sechs Gegengewichte sind angeschmiedet. Die beiden Endwangen sind aus Massenausgleichs- und Festigkeitsgründen stärker als die übrigen Kurbelwangen. Da die Gegengewichte der Kurbelwelle allein für einen 100%igen Massenausgleich nicht ausreichen, sind in der Keilriemenscheibe und im Schwungrad zusätzliche Unwuchten angebracht, womit Gewicht und Bauraum gespart werden. Haupt- und Pleuellagerschalen sind Leichtmetallager mit Stahlstützschale. Die Kurbelwelle ist mit einem Gummidrehschwingungsdämpfer ausgerüstet.

Die Pleuelstange ist gerade geteilt. Das große Pleuelauge ist mit zwei Durchsteckschrauben zusammengehalten und fixiert, die in die Pleuelstange eingepreßt sind. Die Pleuelmuttern sind selbstsichernd durch Differentialgewinde.

Der Kolben ist dadurch gekennzeichnet, daß er nur zwei Kolbenringe hat, einen molybdängespritzten Kompressionsring in einem Ringträger, dessen Ausführung und Wirkungsweise Bild 326 zeigt, und einen verchromten Ölabstreifring. Im

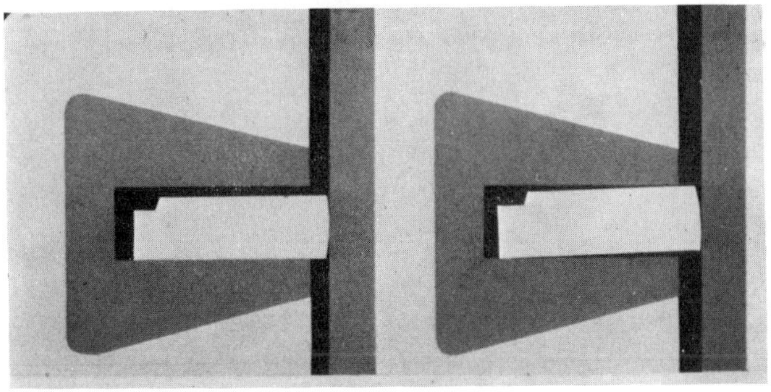

Kompressions- und Arbeitshub — Aus- und Einlasshub

Bild 326. Kompressionsring des Motors nach Bild 323

eingebauten Zustand stellt sich der Kompressionsring schräg wegen des innen durch die Ausnehmung verringerten Trägheitsmoments. Unter dem Einfluß der Gaskräfte (Kompressionshub, Arbeitshub) stellt er sich wieder flach – gute Abdichtung. Im Ansaug – und Ausschiebehub ist er wieder verdreht und wirkt ölabstreifend. CATERPILLAR gibt den Brennstoffverbrauchsgewinn durch den Zweiringkolben gegenüber einem Dreiringkolben mit 5% an (geringere Reibungsverluste).

Der Rädertrieb zum Antrieb der Nockenwelle, der Einspritzpumpe und der Schmierölpumpe sitzt auf der Schwingungsdämpferseite der Kurbelwelle. Weitere Hilfsantriebe gehen von diesem Rädertrieb nicht aus. Der Rädertrieb wird durch einen Gußeisendeckel abgeschlossen, der gleichzeitige Träger der Schmierölpumpe, der Wasserpumpe, des Thermostatgehäuses und der entsprechenden Wasser- und Ölpassagen ist und Anschraubflächen für den Kompressor und die Lichtmaschine hat (Bild 327). Das ist eine geschickte Konstruktion zur Vereinfachung des Kurbelgehäuses.

Die Nockenwelle (fünffach gelagert) ist aus legiertem Spezialgußeisen mit induktiv gehärteten Nocken. Die Ein- und Auslaßventile (Tellerdurchmesser 53,3 mm bzw. 46,7 mm) haben verschiedene Sitzwinkel, und zwar 120° bzw. 90°.

Die Schmierölpumpe ist eine Innenzahnradpumpe mit einer Fördermenge von 5500 l/h (25 l/PSh). Das Öl wird über zwei Hauptstromfilter und einen Plattenölkühler (gemeinsames Gehäuse) zur Hauptverteilerleitung im Kurbelgehäuse gefördert und von dort über gebohrte Passagen im Kurbelgehäuse und im Zylinderkopf (keine freien Leitungen) zu den Schmierstellen.

Bild 327. Räderkastendeckel des Motors nach Bild 323

Die keilriemengetriebene Wasserpumpe fördert 19,3 m^3/h, das ergibt bei einer Kühlwasserwärme von 470 kcal/PSh die niedrige Temperaturdifferenz Wassereintritt–Wasseraustritt von $\Delta t = 5{,}5\,°C$. Die beiden Thermostaten liegen auf der Saugseite der Wasserpumpe. 12% des Kühlwassers strömen in einem Nebenschluß durch den Ölkühler (abgeführte Wärmemenge 50 kcal/PSh).

6.1.5 6-Zylinder-Reihenmotor (Dieselmotor) "Fixed Head 500" der British Leyland Motor Corporation

(Bild 328)

Bohrung D = 118 mm, Hub H = 125 mm, Hubraum V_h = 8,2 l, Verbrennungsverfahren: Direkte Einspritzung.

Der Motor wird als Saugmotor und als Auflademotor gebaut. Leistung des Saugmotors (DIN 70020) N = 173 PS, n = 2600 U/min; Leistung des Auflademotors (DIN 70020) N = 266 PS, n = 2600 U/min.

Der Motor ist in erster Linie zum Antrieb von Lastkraftwagen entwickelt, wird aber auch als Industriemotor und als Schiffsmotor verwendet.

Bei dem Motor "Fixed Head 500" sind interessante Konstruktionsprinzipien angewandt, um Schwierigkeiten mit der Zylinderkopfdichtung zu vermeiden und den Zylinderverzug klein zu halten. Zu diesem Zweck sind Zylinderkopf und Zylinder zu einem gemeinsamen Gußstück, dem Zylinderblock, zusammenge-

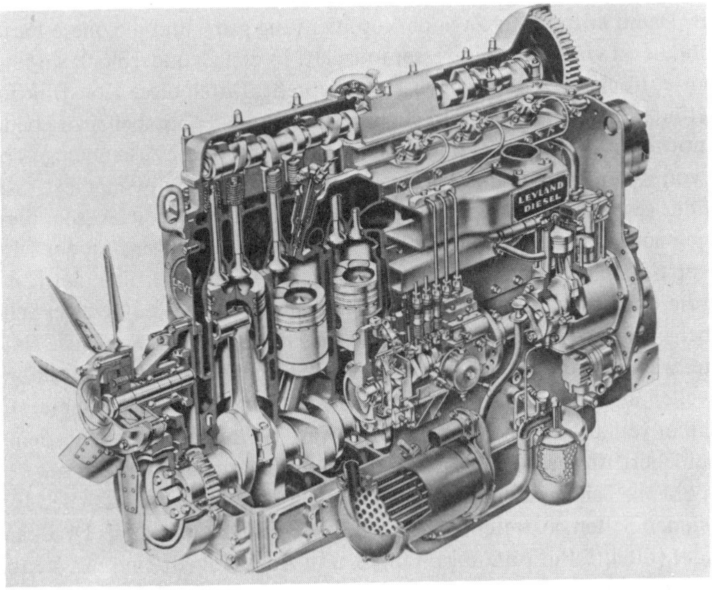

Bild 328. 6-Zylinderreihenmotor (Dieselmotor) „Fixed Head 500" der British Leyland Motor Corporation

faßt. Dieser Zylinderblock ist mit Flanschen auf dem eigentlichen Kurbelgehäuse befestigt. Damit entfällt die Zylinderkopfdichtung ganz, und die obere Partie des Zylinders ist voll vom Kühlwasser umspült. In den Zylinderblock sind dünne, verchromte, trockene Zylinderbuchsen eingepreßt. Durch diese Konstruktion ohne Zylinderkopfschrauben wird auch der durch den Schraubenanzug bedingte Verzug normaler, trockener Zylinderbuchsen vermieden. Die zusammengeschraubte Einheit von Zylinderblock und Kurbelgehäuse ist auf der Schwungradstirnseite und auf der gegenüberliegenden Seite durch Stahlplatten abgeschlossen, die den Rädertrieb auf der Schwungradseite und der Vorderseite tragen. An der schwungradseitigen Stahlplatte sind außerdem die Drehstromlichtmaschine, der Kompressor und die Lenkhilfspumpe befestigt. Die Lagerdeckel sind mit je zwei Schrauben im Kurbelgehäuse verschraubt und mit einem Einpaß im Kurbelgehäuse fixiert. Die Seitenwände des Kurbelgehäuses sind aus Steifigkeitsgründen weit unter Kurbelwellenmitte heruntergezogen. Längs des Zylinderblocks am oberen Ende der Zylinder verläuft ein angegossener Kühlwasserverteilungskanal, aus dem über zwei Übertritte das Kühlwasser in die Kühlwassermäntel der Zylinder eintritt. Im oberen Teil des Zylinderblocks sind die Ein- und Auslaßkanäle, die nach verschiedenen Seiten austreten, angeordnet. Der Einlaßkanal ist als Drallkanal ausgebildet (direkte Einspritzung). Einlaß- und Auslaßkanäle sind mit Ventilsitzringen ausgerüstet.

Die Kurbelwelle ist nitriert und siebenfach in Stahl-Aluminium-Lagern gelagert ($d_W = 89$ mm, $d_K = 76$ mm). Das mittlere Lager ist breiter und als Paßlager mit Anlaufringen ausgebildet. Die vier Gegengewichte zum Ausgleich der inneren Biegemomente und zur Entlastung des Mittellagers (zwei gleichgerichtete Kurbeln) sind angeschmiedet. An beiden Enden der Kurbelwelle kann die volle Leistung abgenommen werden. Am Vorderende sitzt der Gummidrehschwingungsdämpfer.

Die Pleuelstangen sind gerade geteilt (I-Profil des Schaftes) und poliert. Die zwei Pleuelschrauben sind als Durchsteckschrauben mit selbstsichernden Muttern ausgebildet und haben Paßbunde zur Fixierung des Pleueldeckels. Die Pleuellager sind Stahl-Aluminium-Lager. Der Pleuelschaft ist durchbohrt. Die Bohrung endet im kleinen Pleuelauge in einer Spritzdüse zur Ölkühlung der Kolben.

Der Leichtmetallkolben ist ein Ringträgerkolben mit zwei Verdichtungsringen und einem Ölabstreifring. Der Kolben für den Auflademotor hat einen Kühlkanal für die Ölkühlung, während der Saugmotorkolben nur von unten angespritz wird.

Die Ventile werden durch eine oben liegende Nockenwelle betätigt. Die Nocken wirken über gehärtete Topfstößel, die die Ventilfedern umschließen und den Seitendruck von den Ventilschäften und den Ventilführungen fernhalten, auf die Ventile (je zwei Ventilfedern). Die Nockenwelle (längs durchbohrt zur Schmierung der Nockenwellenlager) ist in einem Leichtmetallgehäuse, das auf das Zylinderkurbelgehäuse aufgeschraubt ist, in Stahl-Aluminiumlagern gelagert. Sie wird von dem auf der Schwungradseite liegenden Kurbelwellenzahnrad über zwei

Zwischenräder angetrieben. Mit dem unteren Zwischenrad kämmt das Kompressor- und Einspritzpumpenrad – die Einspritzpumpe wird über den Kompressor angetrieben. Vom Einspritzpumpenrad wird das Lenkhilfspumpenzahnrad angetrieben. Mit dem oberen Zahnrad kämmt das Lichtmaschinenzahnrad. Die Schmierölpumpe wird über das Kurbelwellenzahnrad angetrieben. Am vorderen Kurbelwellenende ist ein weiterer Zahnradtrieb. Vom vorderen Kurbelwellenzahnrad werden über ein Zwischenrad mit je einem Zahnrad die Wasserpumpe und der Lüfter angetrieben (Lüfterkupplung als Rutschkupplung oder thermostatisch von der Kühlwassertemperatur gesteuerte Kupplung ausgebildet). Damit sind alle Hilfsgeräte über Zahnräder angetrieben zur Vereinfachung der Wartung und, um lange Lebensdauer sowie Betriebssicherheit zu erreichen.

Die Einspritzpumpe des Auflademotors ist mit einer Blockierung versehen, deren Anschlag von einer Druckdose in Abhängigkeit vom Ladeluftdruck verändert wird.

Das von der Zahnradschmierölpumpe geförderte Schmieröl wird in einem wassergekühlten Ölkühler, der im Wasserkreislauf vor dem Kurbelgehäuse liegt, gekühlt und in einem Hauptstromfilter gefiltert. Spezifische Fördermenge der Schmierölpumpe, bezogen auf Saugmotorleistung 28 m^3/PSh. An das Schmierölsystem des Motors sind auch der Kompressor, die Einspritzpumpe und der Abgasturbolader angeschlossen. Der Abgasturbolader kann sowohl an der schwungradseitigen Stirnseite als auch seitlich am Motor angebracht werden.

6.1.6 10-Zylinder-V-Motor (Dieselmotor) OM 403 der Daimler-Benz AG, Stuttgart-Untertürkheim

(Bild 329)

Bohrung D = 125 mm, Hub H = 130 mm, $\xi = 1{,}04$, $V_h = 15{,}95$ l, V-Winkel 90°, Leistung N = 320 PS (DIN 70020) n = 2500 U/min. Verbrennungsverfahren: Direkte Einspritzung.

Der Motor ist Bestandteil einer Motorenreihe von 6, 8, 10 und 12-Zylinder-V-Motoren. Der Motor ist in erster Linie ein Fahrzeugmotor (Lastkraftwagen). Dementsprechend ist er auch kompakt und leicht gebaut, was durch folgende Kennwerte ausgedrückt ist:

Bauraumleistung $N_B = 370$ PS/m^3, Leistungsgewicht $G_N = 2{,}73$ kg/PS, Hubraumgewicht $G_{V_h} = 55$ kg/l, relativer Zylinderabstand $\frac{a}{D} = 1{,}265$.

Das Kurbelgehäuse ist aus legiertem Gußeisen. Im Kurbelgehäuse sitzen die nassen Zylinderbuchsen. Die Nockenwelle ist in der Mitte des Kurbelgehäuses im V-Winkel untergebracht. Die Kurbelgehäuseseitenwände sind unter Mitte Kurbelwelle heruntergezogen. Die Steifigkeit des Kurbelgehäuses wird dadurch erhöht, daß die sechs Hauptlagerdeckel, die mit je zwei Lagerdeckelschrauben befestigt

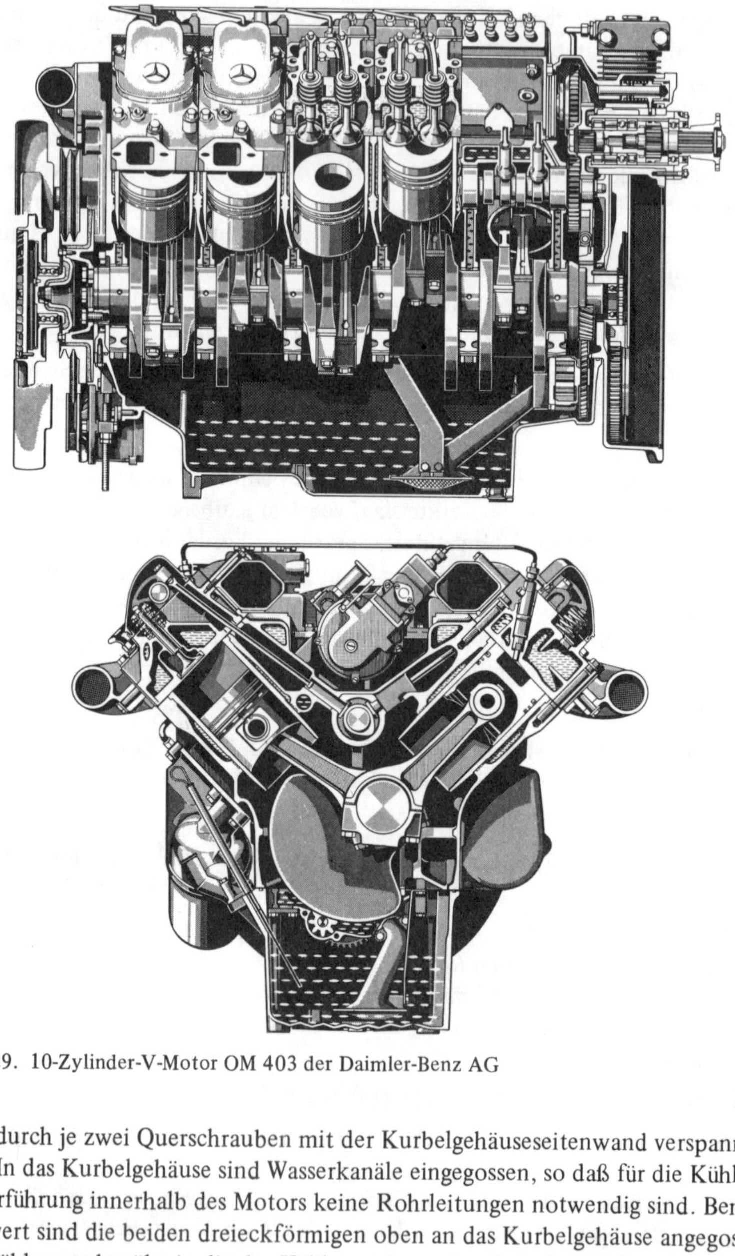

Bild 329. 10-Zylinder-V-Motor OM 403 der Daimler-Benz AG

sind, durch je zwei Querschrauben mit der Kurbelgehäuseseitenwand verspannt sind. In das Kurbelgehäuse sind Wasserkanäle eingegossen, so daß für die Kühlwasserführung innerhalb des Motors keine Rohrleitungen notwendig sind. Bemerkenswert sind die beiden dreieckförmigen oben an das Kurbelgehäuse angegossenen Kühlwasserkanäle, in die das Kühlwasser aus den Zylinderköpfen ohne Rohrleitungen übertritt und zum Thermostatgehäuse geleitet wird. Eine solche Kühlwasserleitung erfordert eine besondere Gestaltung der Kühlwasserräume des

Zylinderkopfes, deren höchste Stellen nicht über dem Niveau der Leitung im Kurbelgehäuse liegen dürfen, eine Forderung, die sich nur bei großen V-Winkeln, wie 90°, erfüllen läßt.

Der OM 403 hat Einzelzylinderköpfe aus legiertem Grauguß, die mit je 6 Zylinderkopfschrauben über eine Metallflachdichtung und die Bunde der nassen Zylinderbuchsen auf das Kurbelgehäuse aufgeschraubt sind. Damit ist der Zylinderkopf bis zu den Zylinderkopfschrauben abgestützt und vor Biegemomenten durch die Schraubenkräfte geschützt. Die Ein- und Auslaßventile (je eines) haben Ventilsitzringe. Der Einlaßkanal ist als Drallkanal ausgebildet (Direkte Einspritzung).

Die Kurbelwelle (d_W = 104 mm, d_K = 90 mm) ist fünffach in Dreistofflagern mit Stahlstützschale gelagert. Das Paßlager am ersten Lager nach dem Schwungrad ist als Bundlager ausgebildet. Sechs angeschmiedete Gegengewichte an der Kurbelwelle dienen zum Ausgleich des Massenmoments erster Ordnung und zur Verringerung der inneren Biegemomente. Ein Zehnzylinder-V-Motor mit einem V-Winkel von 90° hat freie Massenmomente 1. und 2. Ordnung. Da sich die rotierenden und oszillierenden Massenmomente 1. Ordnung bei 90°-V-Motoren im Gegensatz zu den oszillierenden Massenmomenten 2. Ordnung durch Gegengewichte an der Kurbelwelle voll ausgleichen lassen (vgl. 3.1.1), wird der Kurbelstern so gewählt daß ohne Rücksicht auf das Massenmoment 1. Ordnung, das der 2. Ordnung ein

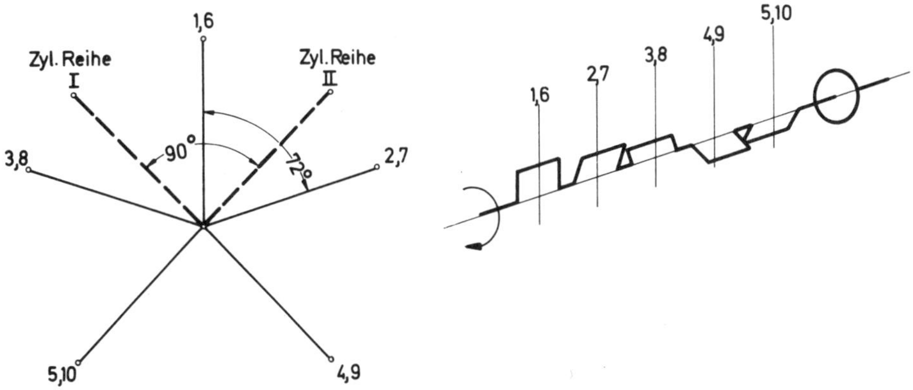

Zyl. Reihe I: Zylinder 1 bis 5
Zyl. Reihe II: Zylinder 6 bis 10
Zündfolge : 1–6–5–10–2–7–3–8–4–9

Bild 330. Kurbelstern und Kröpfungsfolge des Motors nach Bild 329

Minimum wird. Das ist bei diesem Motor durch einen Kurbelstern nach Bild 330 erreicht, bei dem das Massenmoment 1. Ordnung die Größe

$$M_I = 4{,}98\,(2\,m_r + m_h)\,r \cdot \omega^2 \cdot a$$

und das Massenmoment 2. Ordnung den Minimalwert

$$M_{II} = 0{,}449 \cdot 2 \cdot 0{,}707 \cdot m_h \cdot r \cdot \omega^2 \cdot \lambda$$

hat. Mit der angegebenen Zündfolge 1 – 6 – 5 – 10 – 2 – 7 – 3 – 8 – 4 – 9, bei der der Zündwinkel zwischen 90° und 54° wechselt, wird das für einen 10-Zylinder-V-Motor aus der Hauptkritischen der Gaskräfte 2,5. Ordnung herrührende Wechseldrehmoment zu einem Minimum. Auf der Schwungradseite der Kurbelwelle sitzt das Kurbelwellenrad zum Antrieb des Rädertriebes. Auf der Vorderseite ist ein Gummidrehschwingungsdämpfer angebracht, dessen Sekundärmasse gleichzeitig als Keilriemenscheibe ausgebildet ist. Am Primärteil des Schwingungsdämpfers ist der Lüfter über eine drehelastische Nabe befestigt.

Die Pleuelstange ist schräg geteilt und hat in der Trennfläche eine Verzahnung. Der Schaft ist durchbohrt zur Schmierung des Kolbenbolzens mit Drucköl. Die Pleuellager sind Dreistofflager mit Stahlstützschale.

Der Leichtmetallkolben (3-Ring-Kolben) hat einen Ringträger für den obersten Kolbenring.

Der Rädertrieb zum Antrieb von Nockenwelle und Einspritzpumpe sowie für Kompressor- und Lenkhilfspumpenantrieb und für einen 100 PS Hilfsabtrieb liegt auf der Schwungradseite. Der Rädertrieb wird durch ein Gehäuse abgedeckt, das auch die Schwungradglocke, das Kurbelgehäuse für den Kompressor und den Hilfsantrieb enthält.

Im Nockenwellenrad ist der Spritzversteller für die Einspritzpumpe (P-Pumpe von Bosch) untergebracht. Über den Spritzversteller wird die Einspritzpumpe angetrieben. Der Ventiltrieb ist für eine 30%ige Überdrehzahl ausgelegt. Die Kipphebel werden von der Nockenwelle über Pilzstößel und Stoßstangen betätigt. Je Ventil sind zwei Ventilfedern und je eine Ventildrehvorrichtung vorgesehen.

Der Motor arbeitet nach dem Direkteinspritzverfahren mit dem Verbrennungsraum (zylindrische Mulde) im Kolben und Drehung der Ladung. Die schräg nach innen zu sitzenden Einspritzventile (kurze Leitungslängen) haben Vierlochdüsen.

Die vom Kurbelwellenzahnrad angetriebene Schmierölpumpe fördert über Bohrungen im Kurbelgehäuse (auch hier keine Rohrleitungen) über einen Plattenölkühler (Bild 201) und einen Hauptstromfilter, die beide in einem an der Kurbelgehäuseseitenwand angeschraubten Gehäuse zusammengefaßt sind, das Schmieröl zu den Lagerstellen des Triebwerks, des Ventiltriebs, der Hilfsantriebe und der Einspritzpumpe.

Die an der vorderen Stirnseite des Kurbelgehäuses angeflanschte Wasserpumpe wird zusammen mit der Drehstrom-Lichtmaschine über Keilriemen (Dreieckstrieb) angetrieben. Der Trieb ist über die schwenkbare Lichtmaschine gespannt.

Im Wasserpumpengehäuse sind auch die beiden Kühlwasserthermostate untergebracht.

6.1.7 8-Zylinder-V-Motor (Dieselmotor) OS 14 der Saab-Scania, Automotive group

(Bild 331)

Bohrung D = 127 mm, Hub H = 140 mm, Hubvolumen V_h = 14,2 l, N = 350 PS (DIN 70020), n = 2300 U/min, V-Winkel $\gamma = 90^\circ$, Verbrennungsverfahren: Direkte Einspritzung.
Einige Kenndaten: Bauraumleistung N_B = 230 PS/m^3, Leistungsgewicht G_N = 3,3 kg/PS, Hubraumgewicht G_{V_h} = 81,5 kg/l, relativer Zylinderabstand $\frac{a}{D}$ = 1,575.

Bild 331. Aufgeladener 8-Zylinder-V-Motor (Dieselmotor) OS 14 der Saab Scania

Der Motor wird als Lastwagenmotor und als Industriemotor verwendet.

Das Kurbelgehäuse ist aus legiertem Gußeisen. Seine Seitenwände sind zur Erhöhung der Steifigkeit weit unter Mitte Kurbelwelle heruntergezogen und mit den 5 Lagerdeckeln (Kugelgrafitguß) der Kurbelwellenlagerung durch Querschrauben verbunden (ähnlich Bild 129). Die Lagerdeckel selbst sind mit je zwei senkrechten Schrauben befestigt und über einen Einpaß im Kurbelgehäuse fixiert. In das Kurbelgehäuse sind nasse Zylinderbuchsen (Schleuderguß) eingesetzt, deren kühlwasserseitige Oberfläche mit konzentrischen Rippen versehen ist (Steifigkeit, größere wärmeabgebende Oberfläche). Die Zylinderbuchsen sind mit einem rechteckigem Gummiring und zwei Rundgummiringen im Kurbelgehäuse abgedichtet (Bild 332). Der obere Rechteckring wird axial gepreßt und schützt Zylinderbuchse und Kurbelgehäuse vor der an dieser Stelle leicht auftretenden

Spaltkavitation. Zwischen den beiden Rundgummiringen ist eine Bohrung, die Leckagen anzeigt. Auf der Schwungradseite ist das Kurbelgehäuse durch einen Deckel abgeschlossen, der als Schwungradgehäuse ausgebildet ist und auch die Halterung für den Abgasturbolader trägt. Auf der Vorderseite schließt der Räderkasten das Kurbelgehäuse ab, auf dem mit Ausnahme der Einspritzpumpe und des Kompressors, die im V-Raum angeordnet sind, sämtliche Hilfsaggregate befestigt sind. In diesem Räderkasten ist auch die schwungradseitige Abdichtung der Kurbelwelle untergebracht, bestehend aus einem Filzring, einer Spritzscheibe und einem Rückführgewinde, letztere beiden auf der Kurbelwelle angebracht.

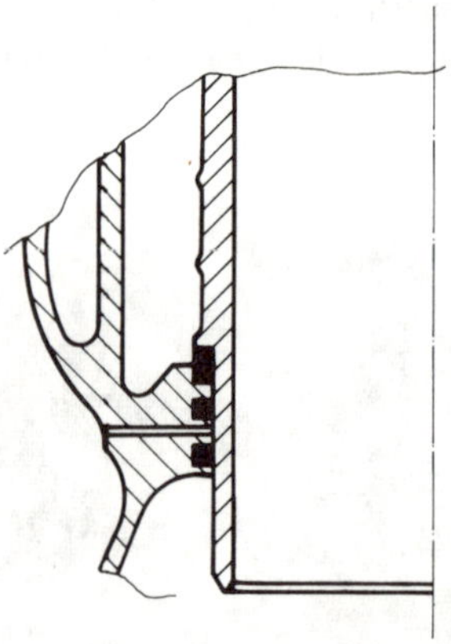

Bild 332. Abdichtung der Zylinderbuchse im Kurbelgehäuse des Motors nach Bild 331

Der Motor hat Einzelzylinderköpfe aus legiertem Gußeisen, die mit je acht Schrauben auf dem Kurbelgehäuse über eine Stahlflachdichtung und den Zylinderbuchsenbund aufgeschraubt sind.

Mit je einer Zylinderkopfschraube sind gleichzeitig die beiden Kipphebelböcke auf dem Zylinderkopf, an denen die Kipphebel freifliegend gelagert sind, befestigt. Je Kopf sind ein Ein- und ein Auslaßventil vorgesehen. Der Einlaßkanal ist als Drallkanal ausgebildet (direkte Einspritzung mit Brennraum im Kolben). In den Zylinderkopf sind Ventilsitzringe eingesetzt. Der Sitzwinkel ist 120°. Zur besseren Abdichtung differieren die Sitzwinkel von Ventil und Sitzring um 0,5°. Wasser- und Ölübertritte vom Kurbelgehäuse zum Zylinderkopf sind mit O-Ringen, die in einem Rezess des Kurbelgehäuses liegen, abgedichtet.

Die vierhubige Kurbelwelle (vgl. Bild 31) ist in Dreistofflagern mit Stahlstützschale fünffach gelagert (d_W = 101,6 mm, d_K = 90 mm). Die Lagerstellen sind induktiv gehärtet. Der Axialschub wird durch Anlaufringe aufgenommen. Bei einem 8-Zylinder 90°-V-Motor und einer Kurbelwelle nach Bild 31 ist, wie in 3.1.1.3.3 ausgeführt, ein vollständiger Massenausgleich der Massenmomente

1. und 2. Ordnung möglich. Die Gegengewichte sind angeschraubt. Die Kurbelzapfen sind zur Gewichtsverminderung (Massenausgleich) durchbohrt. Am vorderen Ende der Kurbelwelle ist außerhalb des Kurbelgehäuses ein Viskositätsschwingungsdämpfer angebracht. Auf jedem Kurbelzapfen sitzen nebeneinander zwei Pleuelstangen. Das große Pleuelauge ist schräggeteilt, durch Verzahnung und zwei Paßstifte fixiert und wird mit vier Schrauben zusammengeschraubt. Die Pleuellager sind Dreistofflager mit Stahlstützschale. Über eine Bohrung im Pleuelschaft wird der Kolbenbolzen (d = 50 mm = 0,4 · D) geschmiert. Aus einer Düse im kleinen Pleuelauge tritt das Spritzöl zur Kolbenkühlung aus. Der Kolbenbolzen ist im Kolben und im kleinen Pleuelauge trapezförmig abgestützt (vgl. Bild 90), um die Flächenpressung unter dem Zünddruck im Kolben und in der Kolbenbolzenbuchse zu verringern.

Der Leichtmetallkolben hat einen Ringträger für den obersten, verchromten und ballig gehonten Kolbenring. Im ganzen sind drei Verdichtungsringe und ein Ölabstreifring vorgesehen.

Der Rädertrieb sitzt auf der Schwingungsdämpferseite der Kurbelwelle. Alle Zahnräder sind schrägverzahnt, gehärtet und geschliffen. Vom Kurbelwellenzahnrad werden über ein Zwischenrad die Nockenwelle, die Schmierölpumpe und die Lenkhilfspumpe (mit 60 PS-Hilfsabtrieb, n = 2300 U/min) angetrieben. Vom Nockenwellenzahnrad werden die Wasserpumpe und der Lüfter angetrieben sowie in einer zweiten Ebene die Einspritzpumpe. Vom Einspritzpumpenzahnrad aus wird der wassergekühlte Kompressor angetrieben. Mit Ausnahme der Lichtmaschine sind alle Hilfsaggregate zahnradangetrieben (Wartungserleichterung, Betriebssicherheit).

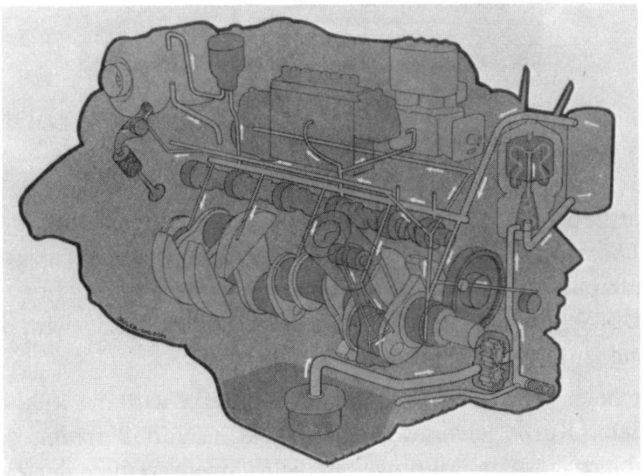

Bild 333. Schmierölsystem des Motors nach Bild 331

Das Einlaßventil hat einen Tellerdurchmesser von 54 mm, das Auslaßventil von 44 mm. Die Ventilschäfte sind verchromt und tragen am Kopf gehärtete Stahlkappen. Ein- und Auslaßventil sind aus warmfestem Material. Die Sitze sind stellitgepanzert. Jedes Ventil hat zwei Ventilfedern. Die geschmiedete Nockenwelle ist einsatzgehärtet und sechsfach in Lagerbuchsen im Kurbelgehäuse gelagert.

Die Zahnradölpumpe fördert 135 l/min bei n_{motor} = 2300 U/min, das entspricht 23 l/PSh. Das Schmiersytem zeigt Bild 333. Eine Besonderheit ist der Zyklon-Zentrifugalölreiniger Bild 334. Das von der Pumpe geförderte Schmieröl wird in

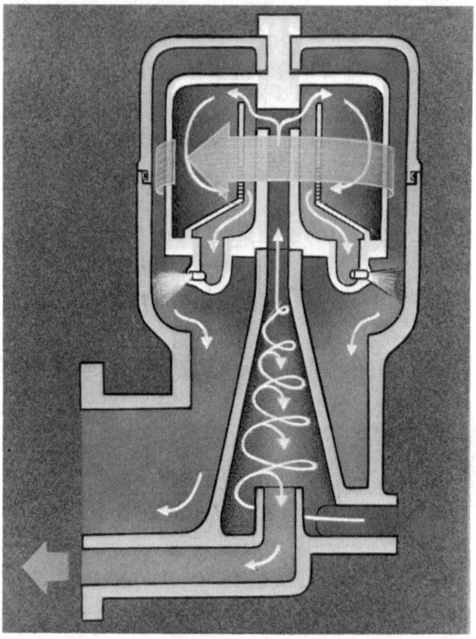

Bild 334. Kombinierter Zyklon-Zentrifugalölreiniger des Motors nach Bild 331

einem Zyklon in gereinigtes und verschmutztes Öl getrennt. Das gereinigte Schmieröl läuft über einen Ölkühler zu den Schmierstellen: Haupt- und Pleuellager, Kolbenbolzen, Spritzölkühlung des Kolbens, Nockenwellenlager, Kipphebel, Einspritzpumpe, Kompressor und über besonderen Feinfilter zum Abgasturbolader. Das Schmutzöl geht in eine Zentrifuge (vgl. 3.4.3), wird dort ausgeschleudert und läuft zur Ölwanne zurück.

Das Kühlsystem zeigt Bild 335. Von der Wasserpumpe wird das Kühlwasser in längs der äußeren Kurbelgehäusewände angegossene Verteilerräume gefördert und tritt über eingegossene Bohrungen in die Kühlwasserräume der Zylinder ein. Von dort geht es in die Zylinderköpfe über und weiter über eine besondere Sammelleitung auf jeder Zylinderreihe zu den zwei Thermostaten. Die gleich-

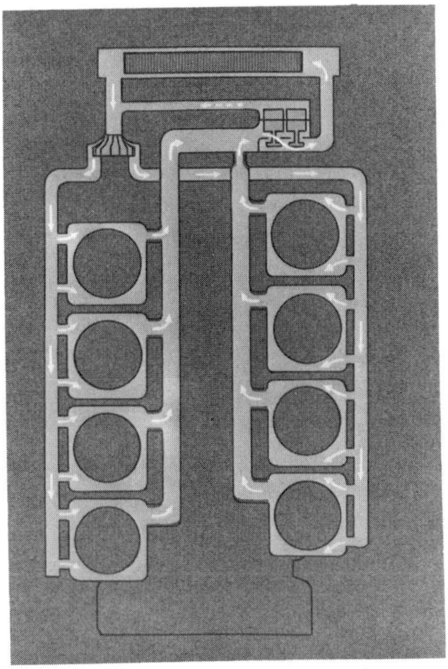

Bild 335. Kühlsystem des Motors nach Bild 331

mäßige Wasserverteilung auf jeden Zylinder wird durch kalibrierte Übertrittsbohrungen in den beiden Sammelleitungen sichergestellt.

Die Bosch-Einspritzpumpe der Größe P hat eine in Abhängigkeit vom Ladedruck veränderliche Blockierung, um Rauchen bei kleinen und mittleren Drehzahlen sowie beim Starten zu vermeiden. Diese Einrichtung ist für einen aufgeladenen Fahrzeugmotor mit wechselnden Drehzahlen und Drehmomenten unerläßlich.

Auf der Schwungradseite des Motors sitzt ein KKK-Holset-Abgasturbolader der Größe 4 HD. Die Abgasleitungen sind für Stoßaufladung nach dem Schema Bild 296 zusammengefaßt. Die Ladeluftrohre der beiden Zylinderreihen sind durch eine großvolumige Ausgleichsleitung miteinander verbunden.

6.1.8 8-Zylinder-V-Motor (Dieselmotor) D 2858 der M. A. N., Maschinenfabrik Augsburg-Nürnberg AG, Werk Nürnberg

(Bild 336)

Bohrung D = 128 mm, Hub H = 150 mm, Hubvolumen V_h = 15,442 l, N = 304 PS (DIN 70020), n = 2200 U/min, V-Winkel $\gamma = 90°$, Verbrennungsverfahren: Direkte Einspritzung.

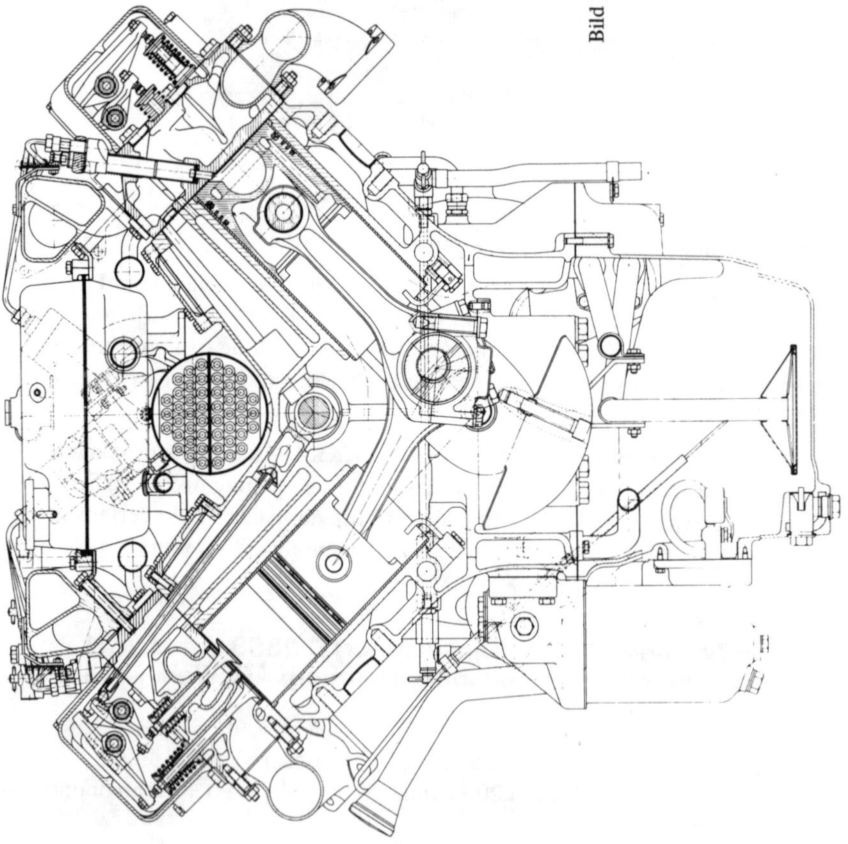

Bild 336. 8-Zylinder-V-Motor (Dieselmotor) D 2858 der MAN, Maschinenfabrik Augsburg-Nürnberg
a) Querschnitt

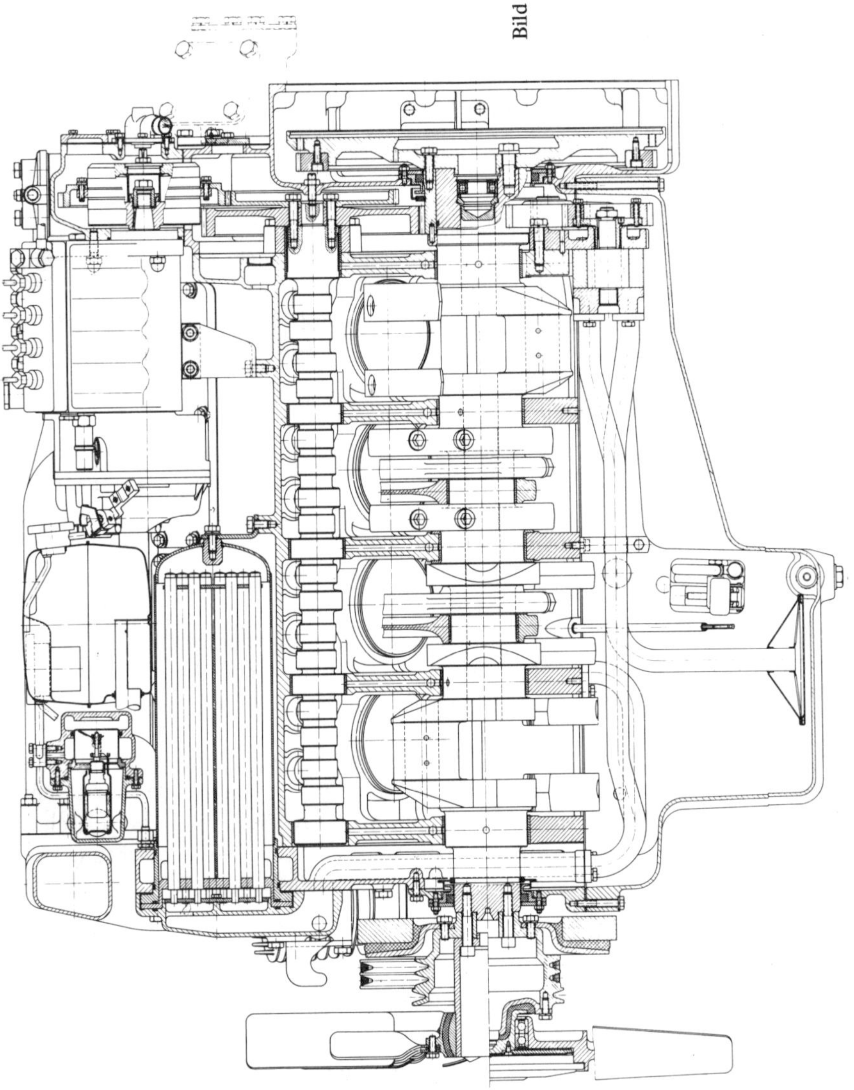

Bild 336. 8-Zylinder-V-Motor (Dieselmotor) D 2858 der MAN, Maschinenfabrik Augsburg-Nürnberg

b) Längsschnitt

Der Motor wird zum Antrieb von Lastkraftwagen und als Industriemotor verwendet und liegt mit den unter 6.1.6 und 6.1.7 beschriebenen Motoren in einer Leistungsklasse. Der Motor ist so ausgelegt, daß er auch als Auflademotor mit Abgasturboladung ausgerüstet werden kann (N = 350 PS, n = 2200 U/min). Auch hier wurde bei acht Zylindern ein V-Winkel von 90° vorgesehen mit den schon in 3.1.1.3.3 und 6.1.7 beschriebenen Vorteilen. Bemerkenswert ist bei diesem Motor die Ausnutzung des V-Raumes zur Unterbringung von Hilfsaggregaten im Interesse einer kompakten Bauweise. Im V-Raum sind außer der Einspritzpumpe mit Regler und Spritzversteller ein Kühlwasserausgleichsbehälter (notwendig wegen des auf der Kurbelwelle sitzenden Lüfters und der dadurch bedingten Lage des Kühlers) und das Thermostatgehäuse untergebracht. Einige Kenndaten: Leistungsgewicht $G_N = 3{,}47$ kg/PS, Hubraumgewicht $G_{V_h} = 68{,}3$ kg/l, Bauraumleistung $N_B = 218$ PS/m^3, relativer Zylinderabstand $\frac{a}{D} = 1{,}33$.

Das Kurbelgehäuse ist aus Graußguß mit unter Kurbelwellenmitte heruntergezogenen Seitenwänden. Diese sind aber nicht wie bei den vorher beschriebenen 8-Zylinder-V-Motoren durch Querschrauben mit dem Lagerdeckel verschraubt. Die im Hinblick auf Steifigkeit reichlich bemessenen Lagerdeckel sind über vier senkrechte Schrauben M 18x1,5 mit den Kurbelgehäuselagerwänden verschraubt und durch Paßstifte fixiert. Zu beachten ist die Hohlkehle mit großem Radius im Übergang von der Lagerdeckelfläche zur Kurbelgehäuselagerwand. In das Kurbelgehäuse sind einbaufertige trockene Zylinderbuchsen mit oberem Bund im “slip-fit”-Sitz eingesetzt, d.h. sie sind nicht eingepreßt und können daher leicht ausgewechselt werden. Die Nockenwelle ist in der Mitte des Kurbelgehäuses “im V” fünffach in Lagerbuchsen gelagert. Auf der Schwungradseite wird das Kurbelgehäuse durch einen Räderkasten abgeschlossen, der gleichzeitig als Schwungradgehäuse ausgebildet ist (Bild 337). Er dient auch als Träger für die Schmierölzentrifuge und als Gehäuse für den Hilfsabtrieb von 180 PS bei 1800 U/min (Bild 311 b). Der Räderkasten ist oben mit einem Abschlußgehäuse versehen, an das die Einspritzpumpe angeflanscht ist.

Der Zylinderkopf aus Grauguß (Bild 338) ist ein Blockkopf für vier Zylindereinheiten. Je Zylindereinheit sind sechs Zylinderkopfschrauben mit gleichmäßigem Abstand vorgesehen. Die mittleren Schrauben sind jeweils für zwei Zylindereinheiten gemeinsam. Die Zylinderkopfdichtung ist eine weiche Flachdichtung, mit einer Bördeleinfassung um den Verbrennungsraum, die auf den Bund der trockenen Zylinderbuchse drückt.

Je Zylindereinheit sind zwei Ein- und Auslaßventile vorgesehen. Die Einlaßkanäle sind als getrennte Drallkanäle ausgebildet und so angeordnet, daß der von einem Kanal erzeugte Drall den anderen nicht stört. Die beiden Auslaßkanäle sind zu einem sehr kurzen (Kühlwasserwärme!) gemeinsamen Kanal zusammengefaßt.

Bild 337. Ansichten des Motors nach Bild 336

Für die schräg liegende Einspritzdüse ist keine eingegossene Pfeife vorgesehen, sondern ein eingewalzter Kupfermantel (gute Kühlung, einfachere Gießtechnik). Alle vier Ventile sind mit Ventilsitzringen ausgerüstet.

Die Kurbelwelle (vgl. Bild 31) ist fünffach in Stahl-Bleibronze-bzw. Stahl-Leichtmetallagern gelagert (d_W = 105 mm, d_K = 83 mm). Die mittlere Lagerschale ist als Bundlager ausgebildet und dient als Paßlager. Die acht Gegengewichte sind mit je zwei Dehnschrauben an die Kurbelwangen, von denen die beiden Endwangen breiter als die anderen sind, angeschraubt und mit Hülsen fixiert. Die Kurbelzapfen sind hohlgebohrt zur Gewichtserleichterung und Entlastung der Hohlkehlen der Wellenzapfen. Die Wellenzapfen sind ebenfalls hohlgebohrt, was eine

Entlastung der Hohlkehle der Kurbelzapfen ergibt. Am vorderen Ende der Kurbelwelle ist ein Gummidrehschwingungsdämpfer und eine Keilriemenscheibe angebracht, von der aus die Wasserpumpe und die Lichtmaschine im Dreieckstrieb und der Kompressor angetrieben werden (Bild 337).

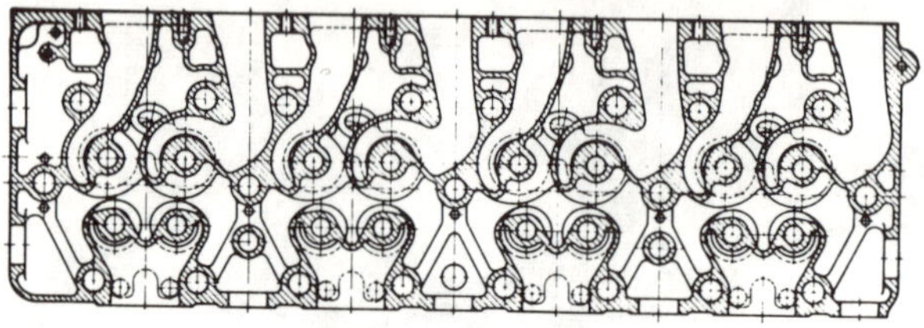

Bild 338. Schnitt durch den Zylinderkopf des Motors nach Bild 336

Die Kurbelwelle ist an beiden Enden durch Wellendichtringe mit Spritzring auf der Kurbelwelle abgedichtet. Die Wellendichtringe sitzen in separaten Deckeln, die innen eine Fangrinne für das ablaufende Schmieröl haben.

Die Pleuelstangen sitzen paarweise nebeneinander auf jedem Kurbelzapfen. Sie sind schräggeteilt. Bemerkenswert sind die am unteren Ende kegelförmig hohlgebohrten Pleuelschrauben (gleichmäßige Kraftverteilung auf alle Gewindegänge). Am kleinen und großen Pleuelauge sind Butzen zur Herstellung des Gewichtsausgleichs vorgesehen.

Der Kolben mit dem kugelförmigen Verbrennungsraum (direkte Einspritzung, HM-Verfahren) ist ein Ringträgerkolben mit Kühlkanal. Das Kühlöl wird über Kühlöldüsen, die direkt auf den in das Kurbelgehäuse gebohrten Hauptölleitungen sitzen, über eine senkrechte Bohrung im Kolben in den Kühlölkanal gespritzt.

Der Rädertrieb liegt auf der Schwungradseite.

Vom Kurbelwellenzahnrad, das gegen einen Bund auf der Kurbelwelle vom Schwungrad her angeschraubt ist, wird das Nockenwellenrad ohne Zwischenrad angetrieben.

Die Nockenwelle ist axial einerseits durch die Nabe des Nockenwellenzahrades, andererseits durch eine im Räderkasten sitzende, einstellbare Anschlagschraube fixiert. Über ein Vorgelege wird von der Nockenwelle aus die Einspritzpumpe über einen Spritzversteller angetrieben. Der Spritzversteller mit Zahnrad sitzt direkt auf der Einspritzpumpenwelle, ein einfacher Anbau, der eine aufwendige Einspritzpumpenkupplung überflüssig macht. Vom Nockenwellenrad aus geht auch der 100 PS-Hilfsabtrieb (Bild 311b) ab.

Die Ventilstößel sind Flachstößel. Die Ventilkipphebel sind als Gabelhebel ausgebildet, je ein Kipphebel für die beiden Ein- und Auslaßventile. Das macht eine etagenförmige Anordnung der beiden Kipphebelwellen und der Ein- und Auslaßkipphebel notwendig.

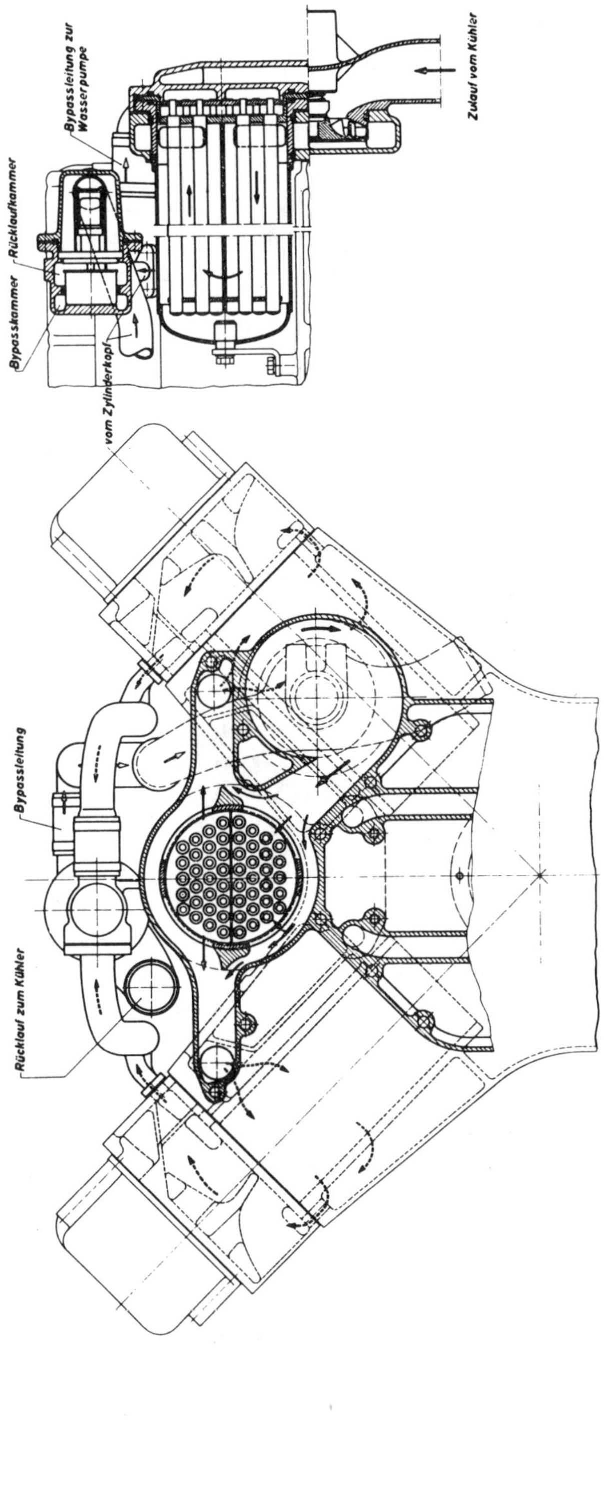

Bild 339. Kühlwasserkreislauf des Motors nach Bild 336

Die Ventilsteuerzeiten sind:

Einlaßventil öffnet	8° KW v.O.T.
Einlaßventil schließt	36° KW n.U.T.
Auslaßventil öffnet	50° KW v.U.T.
Auslaßventil schließt	8° KW n.O.T.

Die Schmierölpumpe ist am schwungradseitigen Lagerdeckel angeschraubt und wird über ein im Pumpenkörper gelagertes Zwischenrad vom Kurbelwellenzahnrad angetrieben. Über ein Hauptstromfilter werden sämtliche Lagerstellen sowie Einspritzpumpe und Kompressor mit Drucköl versorgt. Im Nebenstrom liegt eine Schmierölzentrifuge. Kurbelwellenzahnrad, Nockenwellenzahnrad und Hilfsabtriebszahnrad werden in ihren Eingriffen durch Spritzdüsen mit Schmieröl versorgt.

Den Kühlwasserkreislauf zeigt Bild 339. Der Lüfter ist über eine elastische Kupplung auf der Kurbelwelle befestigt. Er wird auch als Regellüfter (Behr-Viscolüfter Bild 221 ausgeführt).

6.1.9 6-Zylinder-Reihenmotor (Dieselmotor) OM 355 der Daimler-Benz AG, Stuttgart-Untertürkheim

(Bild 340)

Bohrung D = 128 mm, Hub H = 150 mm, Hubvolumen V_h = 11,58 l, N = 240 PS (DIN 70020), n = 2200 U/min, Verbrennungsverfahren: Direkte Einspritzung. Einige Kenndaten: Leistungsgewicht G_N = 3,3 kg/PS, Hubraumgewicht G_{V_h} = 68,4 kg/l, Bauraumleistung N_B = 258 PS/m^{3} ‑. Der Motor wird auch mit Abgasturboaufladung gebaut und hat dann eine um 12% höhere Leistung.

Der Motor wird in erster Linie als Lastwagenmotor, aber auch als Industriemotor sowie als Schiffsmotor verwendet.

Das Kurbelgehäuse 15 aus Gußeisen ist auf Mitte Kurbelwelle geteilt. Die Lagerdeckel 19 sind mit Ausnahme des schwungradseitigen und des mittleren mit je zwei Schrauben befestigt. Der schwungradseitige und der mittlere Lagerdeckel sind mit je vier Schrauben angeschraubt, wohl wegen der auf diese Lager, die auch breiter als die anderen Hauptlager sind, wirkenden größeren Kräfte. Alle Lagerdeckel sind mit Paßstiften fixiert.

Das Kurbelgehäuse hat eingegossene Zylinder (integrale Zylinderbuchsen). Auf der Schwungradseite ist ein halbes Schwungradgehäuse angegossen. Auf der Schwingungsdämpferseite ist das Kurbelgehäuse durch einen aus Blech gepreßten Räderkastendeckel abgeschlossen. Die Abdichtung der Kurbelwelle im Kurbelgehäuse erfolgt auf einfachste Art, auf der Schwungradseite durch Spritzring und Rückführgewinde auf der Kurbelwelle, auf der Vorderseite nur durch einen Spritzring auf der Kurbelwelle. Auf der vorderen Stirnseite des Kurbelgehäuses ist die

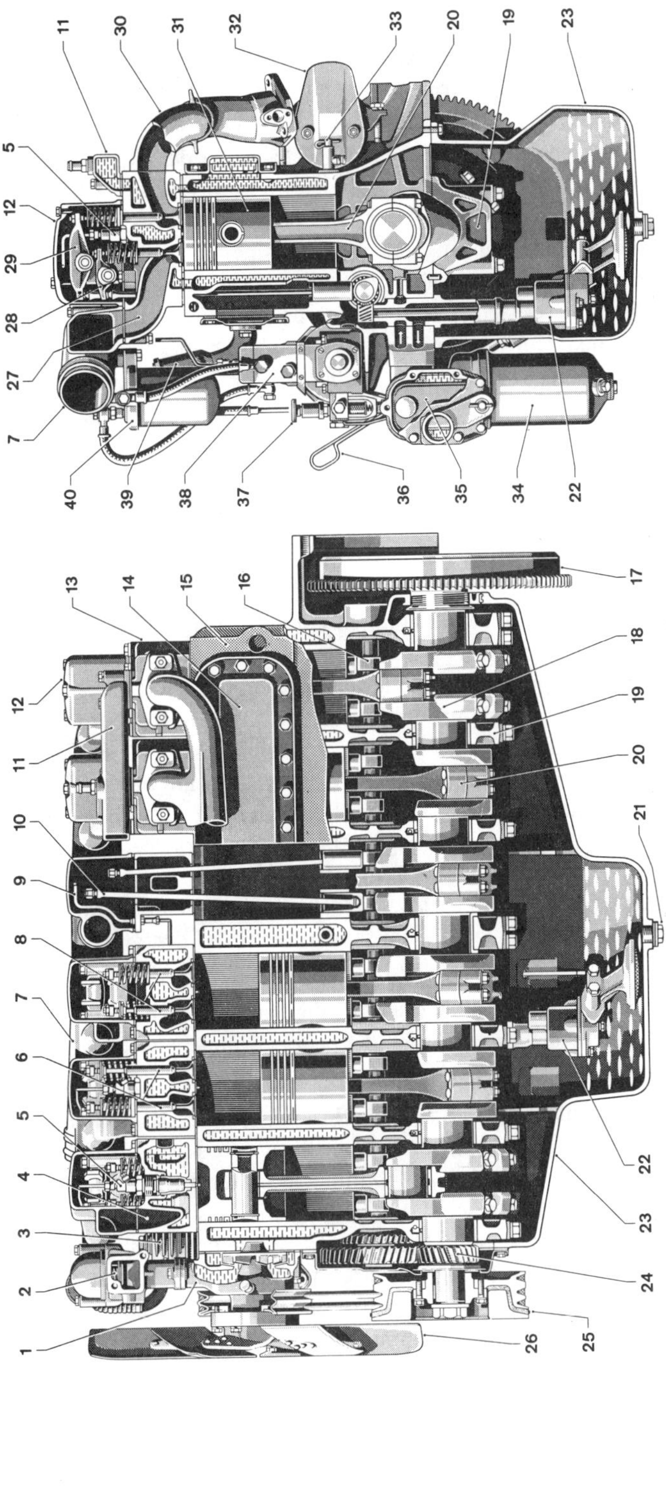

Bild 340. 6-Zylinderreihenmotor (Dieselmotor) OM 355 der Daimler-Benz AG

1 Wasserpumpe
2 Kühlwasserthermostat
3 Luftpresser
4 Drall-Einlaßkanal
5 Einspritzdüse
6 Auslaßventile
7 Saugrohr
8 Einlaßventile
9 Einspritzleitung
10 Stößelstange
11 Kühlwasserleitung
12 Zylinderkopfhaube
13 Zylinderkopf
14 Zylinderdeckel
15 Zylinderkurbelgehäuse
16 Nockenwelle
17 Schwungrad
18 Kurbelwelle
19 Kurbelwellenlagerdeckel
20 Pleuelstange
21 Ölablaßschraube
22 Ölpumpe
23 Ölwanne
24 Kurbelwellenrad
25 Schwingungsdämpfer
26 Lüfter
27 Tangenten-Einlaßkanal
28 Kipphebel für Einlaßventile
29 Kipphebel für Auslaßventile
30 Auspuffkrümmer
31 Kolben
32 Anlasser
33 Kühlwasserablaßventil
34 Ölfilter
35 Ölkühler
36 Ölmeßstab
37 Kraftstoff-Handpumpe
38 Einspritzpumpe
39 Entlüftung (Kurbelgehäuse)
40 Kraftstoff-Filter

Wasserpumpe 1 so angeflanscht, daß das einseitig offene Spiralgehäuse durch die Kurbelgehäusestirnwand abgeschlossen wird. Auf das Wasserpumpengehäuse ist direkt das Thermostatgehäuse 2 (2 Thermostaten) aufgeschraubt. An eine Seitenwand des Kurbelgehäuses ist der Träger für die Einspritzpumpe 38 (Bosch-Einspritzpumpe Größe P) angegossen. Darunter ist das Gehäuse für den Schmierölkühler 35 (Plattenkühler Bild 201) und den kombinierten Haupt- und Nebenstromölfilter angeflanscht. In der fünften Lagerwand des Kurbelgehäuses (vom Schwungrad aus gezählt) ist eine Bohrung, die als Aufnahme für das Antriebswellengehäuse der von der Nockenwelle über ein Schraubenradpaar angetriebenen Ölpumpe 32 dient. Durch dieses Gehäuse fließt auch das Drucköl und tritt ohne Leitung direkt aus dem Kurbelgehäuse in das Ölkühler-Ölfilter-Gehäuse über und geht von dort wieder zurück in die Schmierölbohrung des Kurbelgehäuses.

Der Kühlwasserraum des Kurbelgehäuses ist auf der linken Seitenwand (vom Schwungrad aus gesehen) offen. Die Öffnung wird durch einen Blechdeckel abgedeckt, der als Kühlwasserlängskanal ausgebildet ist. Aus diesem Kanal tritt das Kühlwasser über Bohrungen in den Kühlwasserraum des Kurbelgehäuses ein. Die Kühlwassermäntel um die Zylinder sind weit heruntergezogen.

Der Motor hat Einzelzylinderköpfe 13 aus Gußeisen. Jeder Kopf ist mit acht Zylinderkopfschrauben über eine Flachdichtung mit dem Kurbelgehäuse verschraubt. Der Zylinderkopf ist ein Vierventilkopf (je zwei Ein- und Auslaßventile) mit senkrecht stehendem Einspritzventil 5 (Vierlochdüse) in der Mitte zwischen den vier Ventilen. Das Einspritzventil mit der Einspritzleitung 9 liegt unter der Zylinderkopfhaube. Die Einspritzleitung ist über eine Verschraubung in der Zylinderkopfdeckplatte in den Kipphebelraum eingeführt. Der Motor hat direkte Einspritzung mit dem Verbrennungsraum im Kolben. Die dazu nötige Drehung der Verbrennungsluft wird durch die Formgebung der beiden Einlaßkanäle, von denen der eine als Drallkanal 4, der andere als Tangentilakanal 27 ausgebildet ist, erzeugt. Der Drallkanal ist zum Teil in die Zylinderkopfhaube 12 einbezogen, der Tangentialkanal ist ein fallender Kanal und hat seinen Austritt in der Zylinderkopfdeckplatte. Der Zylinderkopf hat eingesetzte Ventilsitzringe.

Die Kipphebelanordnung 28, 29, ist ähnlich wie bei dem vorbeschriebenen Motor, nur daß hier bei den Einzelzylinderköpfen die beiden Kipphebelwellen nicht durchgehend sind.

Die Kurbelwelle 18 ist siebenfach in Mehrstoffgleitlagern gelagert. Das breitere Mittellager ist als Paßlager ausgebildet, jedoch ist nur die untere Lagerschalenhälfte mit einem Anlaufbund versehen. Die Kröpfungsanordnung der Kurbelwelle entspricht Bild 20 bzw. 21. Acht angeschraubte Gegengewichte sorgen für die Entlastung des Mittellagers, das durch die Massenkräfte der beiden gleichgerichteten benachbarten mittleren Kurbeln hoch belastet und deshalb auch breiter als die anderen Hauptlager ausgeführt ist. Am vorderen Kurbelwellenende ist ein mit der Keilriemenscheibe kombinierter Gummidrehschwingungsdämpfer 25 angebracht. Von der Keilriememscheibe aus werden über Doppelkeilriemen im Dreieckstrieb Wasserpumpe und Kompressor angetrieben. Die Wasserpumpe fördert bei einem Gegendruck von 7 m WS eine Wassermenge von 13,85 m^3/h, was bei einer spezifischen Kühlwasserwärme von 450 kcal/PSh eine Temperaturdifferenz Wassereintritt – Wasseraustritt von $\Delta t = 6{,}8^\circ C$ ergibt.

Der Deckel des großen Auges der gerade geteilten Pleuelstange 20 ist mit vier Pleuelschrauben (Durchsteckschrauben) verschraubt. Der Pleuelschaft ist durchbohrt zur Schmierung des Kolbenbolzens. Eine weitere zur Anlasserseite zeigende Abspritzbohrung in der Pleuelstange dient zur Spritzschmierung der Zylinderlaufbahn.

Die Nockenwelle 16 – siebenfach im Kurbelgehäuse gelagert – und die Einspritzpumpe werden über einen auf der Schwingungsdämpferseite der Kurbelwelle liegenden Rädertrieb 24 angetrieben. Am Rädertrieb sind keine weiteren Hilfstriebe vorgesehen. Die Lenkhilfspumpe ist mit dem Kompressor kombiniert. Am vorderen Kurbelwellenende kann axial über eine hochelastische Kupplung unter gewissen Voraussetzungen (Trägheitsmoment des Primärteils der Kupplung) maximal die volle Leistung abgenommen werden.

6.1.10 6-Zylinder-Reihenmotor (Dieselmotor) B/F6M 716 der Klöckner-Humboldt-Deutz AG, Köln-Deutz

(Bilder 341, 342, 343)

Bohrung D = 135 mm, Hub H = 160 mm, Hubvolumen V_h = 13,8 l, N = 200 PS, n = 2000 U/min, Verbrennungsverfahren: Vorkammer. Der Motor wird überwiegend mit Aufladung gebaut und hat dann eine maximale Leistung von N = 322 PS bei n = 2000 U/min.

Dieser Motor gehört zu einer Motorenreihe von 4-, 6- und 8-Zylinderreihenmotoren und 12- und 16-Zylinder-V-Motoren. Während die bisher besprochenen Motoren in erster Linie Fahrzeugmotoren waren, ist dieser schnellaufende Motor in erster Linie Industrie- und Schiffsmotor, der aber auch in schwere Spezialfahrzeuge und Erdbewegungsgeräte eingebaut wird. Dementsprechend gibt es für diesen Motor auch verschiedene Ausrüstungen z.B. Druckluftanlasser über die Zylinderköpfe (ähnlich wie bei den Bildern 308 und 309) oder organisch angebaute Zweikreiskühlung (Bild 220) mit einer zahnradangetriebenen, selbstansaugenden Rohwasserpumpe oder mit Trockensumpfwanne für den Betrieb bei großen Schräglagen in Erdbewegungsgeräten (Bild 196).
Einige Kenndaten des aufgeladenen Motors:
Leistungsgewicht G_N = 3,71 kg/PS, Hubraumgewicht G_{V_h} = 87 kg/l, Bauraumleistung N_B = 161 PS/m^3. Relativer Zylinderabstand $\frac{a}{D} = 1{,}33$.

Das Kurbelgehäuse ist aus legiertem Gußeisen mit weit unter Kurbelwellenmitte heruntergezogenen Seitenwänden. Die Lagerdeckel sind mit je zwei Schrauben

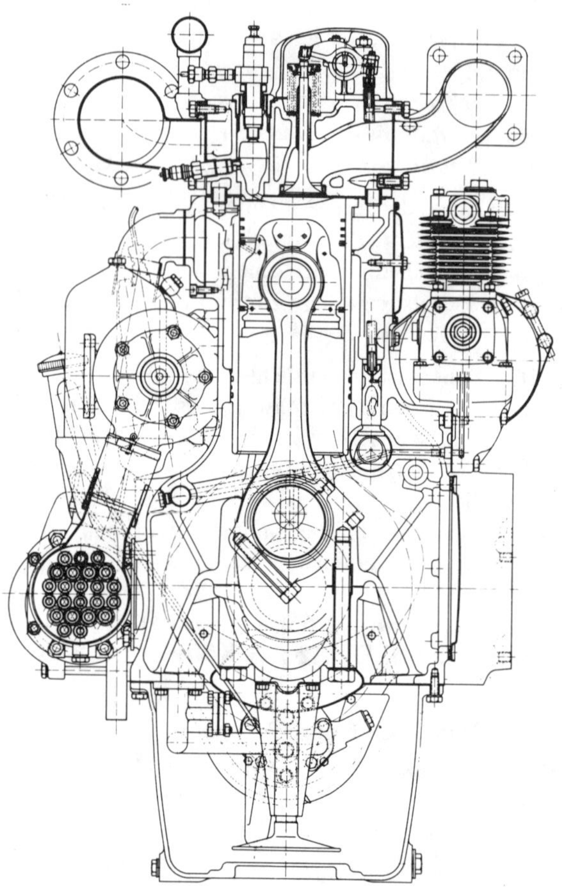

Bild 341. Querschnitt des Motors B/F6M 716 der Klöckner-Humboldt-Deutz AG

M 20 befestigt und mit Paßbuchsen fixiert. In das Kurbelgehäuse sind nasse Zylinderbuchsen eingesetzt (legierter Schleuderguß, Wandstärke 8,5 mm = 0,63 · D). Die Zylinderbuchsen sind im Kurbelgehäuse mit zwei Gummiringen abgedichtet. Der obere ist aus Viton (beständig gegen hohe Temperaturen und Korrosionsschutzöl), der untere aus Silikon (beständig gegen hohe Temperaturen und Schmieröl). Der Kühlwasserraum um die Zylinderbuchsen ist durch einen umlaufenden Bund unterteilt, um eine intensive Kühlung der oberen Zylinderpartie zu erzielen. Das Kühlwasser wird den einzelnen Zylindern über einen hochliegenden Kühlwasserkanal zugeführt, der aus einer längs dem Kurbelgehäuse verlaufenden offenen Mulde, die durch Deckel verschlossen ist, gebildet wird (Bild 341, links oben). Auf der Schwungradseite ist das Kurbelgehäuse durch eine 8,5 mm starke Stahlplatte abgeschlossen, die den auf der Schwungradseite liegenden Rädertrieb

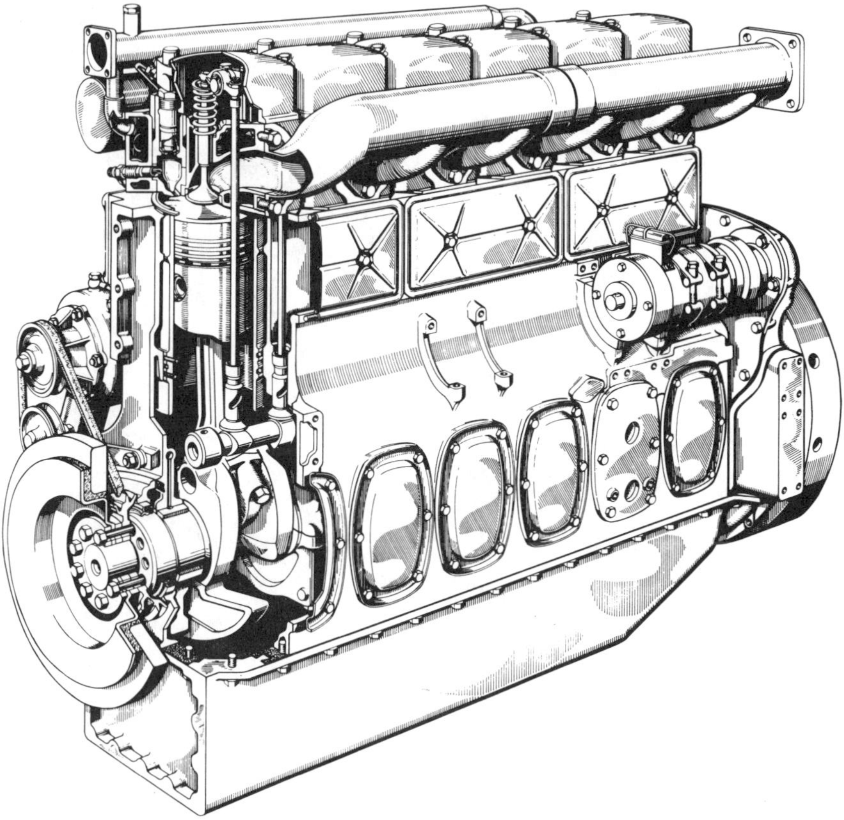

Bild 342. a) Längsschnitt und Ansichten des Motors nach Bild 341

trägt und an die Hilfsaggregate wie Lichtmaschine, Anlasser oder Rohwasserpumpe angeflanscht werden können. Eine solche Stahlplatte vereinfacht das Kurbelgehäuse gießtechnisch und bearbeitungstechnisch. Der auf der Stahlplatte liegende Rädertrieb wird durch einen Räderkasten aus Leichtmetall abgeschlossen.

Der Motor hat Einzelzylinderköpfe (Bild 154 a) aus Gußeisen mit je einem Ein- und Auslaßventil, die eingeschrumpfte Ventilsitzringe haben. In den Zylinderkopf ist die zweiteilige Vorkammer eingeschraubt, deren unteres Teil aus hochwarmfestem Material ist (GX 40 Co Cr Ni 4520). In das Vorkammeroberteil ist der Düsenhalter mit einer Drosselzapfdüse eingeschraubt. Der Zylinderkopf ist mit vier Schrauben M 16 über eine ringförmige Zylinderkopfdichtung mit der Zylinderbuchse und dem Kurbelgehäuse verschraubt. Die Zylinderkopfschrauben sind bis zum oberen Drittel der Zylinderbuchsenhöhe im Kurbelgehäuse versenkt (gleichmäßige Dichtdruckverteilung). Die Zylinderkopfdichtung ist aus verkupfertem Weicheisen (HB = 85 kp/mm^2). Das Kühlwasser tritt über zwei Bohrungen aus dem

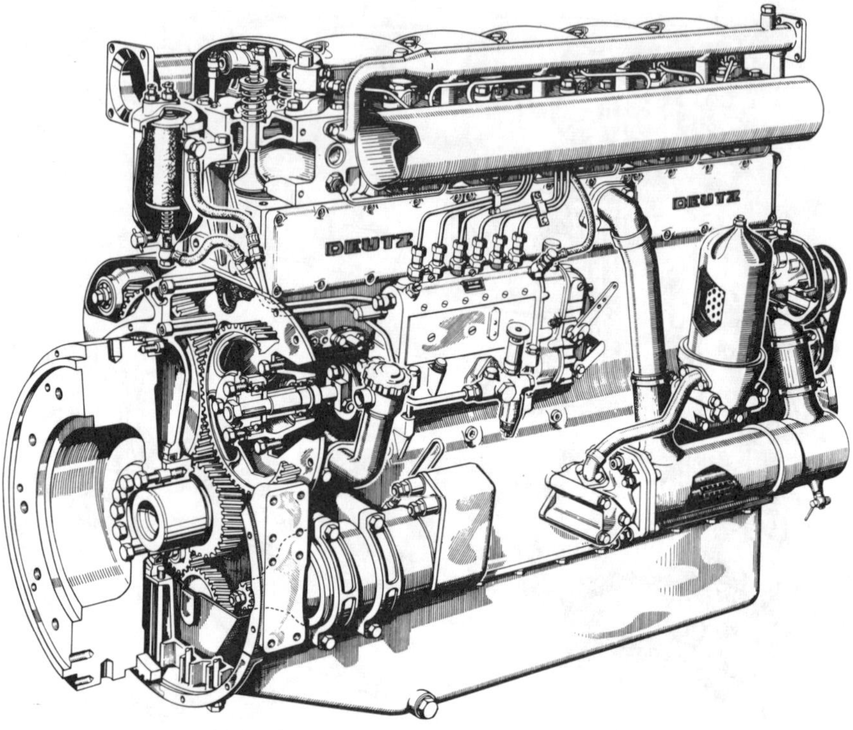

Bild 342. b) Längsschnitt und Ansichten des Motors nach Bild 341

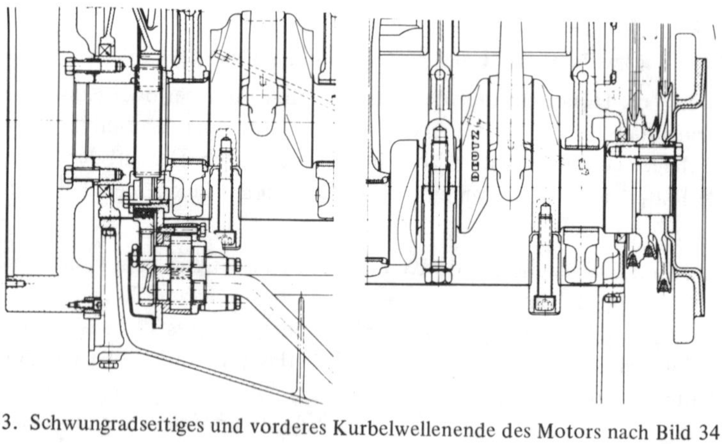

Bild 343. Schwungradseitiges und vorderes Kurbelwellenende des Motors nach Bild 341

Kurbelgehäuse in den Zylinderkopf ein. Durch eine Düse wird der gesamte Kühlwasserstrom auf den Ventilsteg hin gerichtet (Bild 156 a). Bild 153 zeigt einen Schnitt durch die Ein- und Auslaßkanäle.

Die Kurbelwelle (d_W = 100 mm, d_K = 92 mm) ist siebenfach in Dreistofflagern mit Stahlstützschale (Wandstärke 2,5 mm) gelagert. Die Kurbelzapfen sind hohlgebohrt. Anlaufringe in der Lagerwand und dem Lagerdeckel auf der Schwungradseite bilden das Paßlager. Das Kurbelwellenzahnrad und der Schwungradflansch sind auf den Kurbelwellenzapfen aufgeschrumpft (Bild 343). Auf der Vorderseite ist ein Gummidrehschwingungsdämpfer angeschraubt. Hier kann 100% Leistung axial abgenommen werden.

Die Pleuelstange ist schräg geteilt. Der Pleueldeckel ist mit zwei Dehnschrauben M 16 verschraubt und mit Nut und Feder fixiert (vgl. Bild 82 d). Die Pleuellagerschalen sind Dreistofflager (Wandstärke 2,5 mm), die Kolbenbolzenbuchse ist gerollt (Stahl-Bleibronze, Wandstärke 2 mm, Kolbenbolzendurchmesser 52 mm = 0,385 D.)

Der Rädertrieb zum Antrieb von Nockenwelle und Einspritzpumpe (Bild 342) kommt mit einer geringstmöglichen Zahl von Zahnrädern aus – sechs schrägverzahnte Zahnräder einschließlich Ölpumpenantrieb und Hilfsabtrieb (Lichtmaschine, Bild 342).

Die Nockenwelle ist ohne Lagerbuchsen direkt im Kurbelgehäuse gelagert. Das schwungradseitige Lager ist ein Wälzlager und dient als Führungslager. Über Pilzstößel (Hartguß, gebondert, zur Gewichtserleichterung hohlgegossen), Stoßstangen und Kipphebel werden die Ventile betätigt. Der Ventiltrieb ist an die Motorölversorgung angeschlossen.

Das Schmieröl wird über eine Dosierbohrung im Nockenwellenlager durch Stößel und Stoßstangen zu den Kipphebeln und zur Kipphebelwelle gefördert (Bild 341).

Die Schmierölpumpe ist an die schwungradseitige Stahlplatte angeflanscht (Bild 343). Der Antrieb ist durch eine Blechhaube abgedeckt, um Ölverschäumung zu vermeiden. Die Fördermenge ist 3500 l/h. Das Schmieröl wird in einem Röhrenkühler, der von der gesamten Kühlwassermenge durchflossen wird, gekühlt. Als Schmierölfilter ist ein Hauptstromfilter vorgesehen.

6.1.11 12-Zylinder-V-Motor (Dieselmotor) D 348 der Caterpillar Tractor Co., Peoria, JII., USA

(Bilder 344 u. 345)

Bohrung D = 137 mm, Hub H = 165 mm, Hubvolumen V_h = 29,3 l, N = 990 PS, n = 2000 U/min, V-Winkel $\gamma = 60^\circ$, Verbrennungsverfahren: Vorkammer.

Der Motor ist Teil einer V-Motorenreihe von 8-, 12- und 16-Zylindermotoren. Er wird zum Antrieb von überschweren Fahrzeugen ("off-higway"), als Industriemotor und als Schiffsmotor verwendet. Er hat Abgasturboaufladung mit Ladeluftkühlung. Der Motor ist robust im Hinblick auf hohe Aufladung konstruiert.

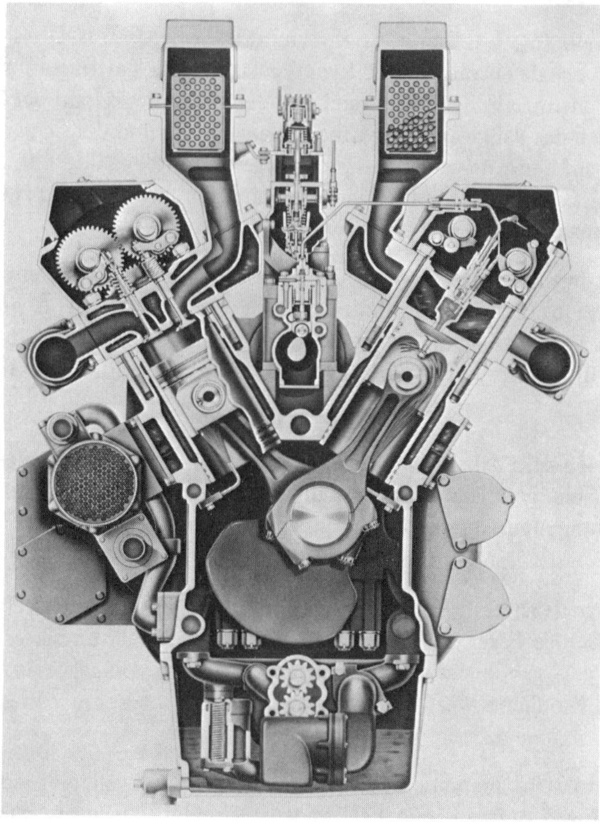

Bild 344. 12-Zylinder-V-Motor (Dieselmotor) D 348 der Caterpillar Tractor Co.

Einige Kenndaten:
Leistungsgewicht G_N = 3,16 kg/PS, Hubraumgewicht G_{V_h} = 106 kg/l, Bauraumleistung N_B = 270 PS/$\dot{m}^3$.

Das Kurbelgehäuse ist aus Chrom-Nickel-legiertem Gußeisen mit einer Festigkeit von 28 kp/mm^2. Die Seitenwände sind weit unter Kurbelwellenmitte heruntergezogen und haben zusätzliche Deckel, durch die die Pleuelschrauben zum Ausbau von Pleuel und Kolben zugänglich sind. Zu diesem Zweck braucht der Motor also nicht ausgebaut zu werden – ein Merkmal der größeren, schnellaufenden Dieselmotoren. Der Lagerdeckel ist mit vier Schrauben befestigt und außerdem in einem Einpaß im Kurbelgehäuse fixiert. Die Schmierölpumpe ist am Kurbelgehäuse in einer Ebene mit den Dichtflächen für die Ölwanne angeschraubt. Das Schmieröl tritt von der Pumpe aus über gebohrte Kanäle im Kurbelgehäuse in die seitlich an der Kurbelgehäusewand befestigte Ölkühler-Ölfilter-Einheit (Bild 345)

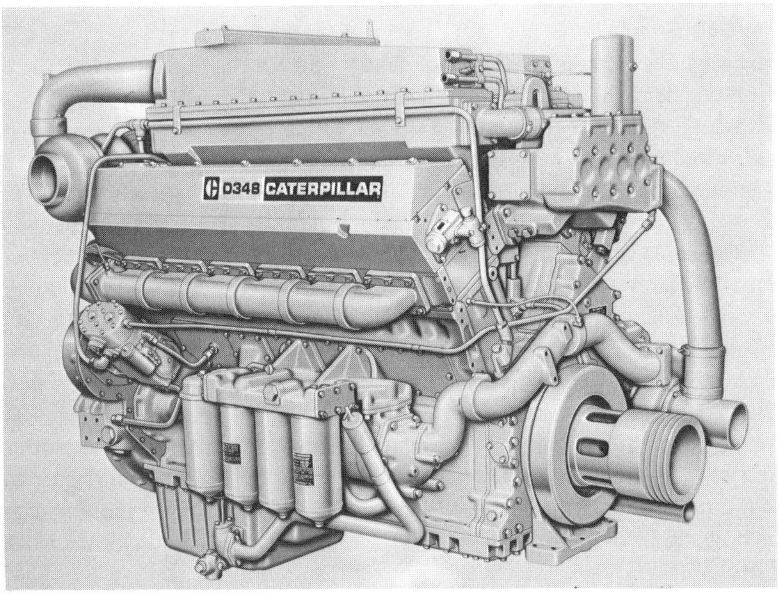

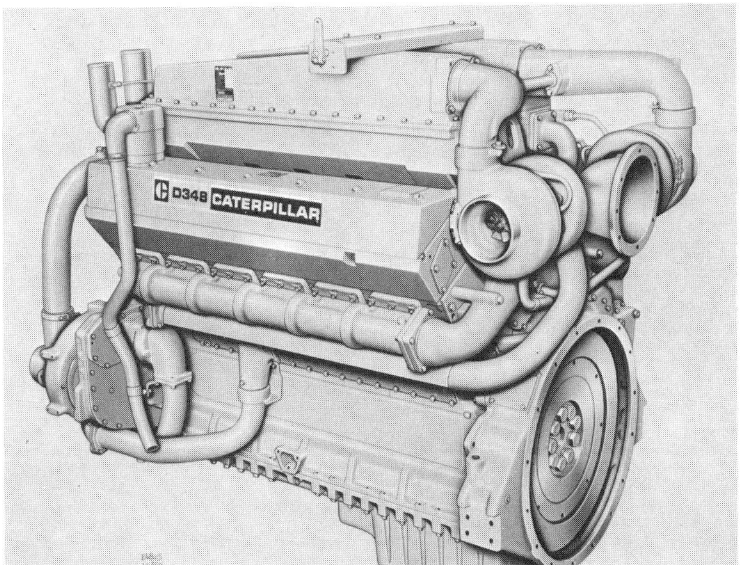

Bild 345. Ansichten des Motors nach Bild 344

ein und fließt von dort wieder zurück in die gebohrten Verteilerleitungen des Kurbelgehäuses (zwei für die Kolbenkühlung und ein Hauptkanal in der Mitte zur Versorgung der Schmierstellen des Triebwerks usw.). Auf jeder Zylinderblockseite des Kurbelgehäuses ist ein offen gegossener, durch Deckel verschlossener Kühlwasserverteilungskanal vorgesehen, der das Kühlwasser längs des Motors den Kühlwasserräumen um die Zylinder zuführt. Nasse Zylinderbuchsen aus legiertem Gußeisen (gehärtet) liegen in jeder Zylinderreihe frei auf der Deckplatte des Kurbelgehäuses auf, womit die gefährlichen Risse in der Hohlkehle der Zylinderkopfauflage (sogenannte Balkonrisse) vermieden werden. Zwischen Zylinderkopf und Kurbelgehäuse liegt eine Distanzplatte aus Stahl von einer Dicke, die der Höhe des Zylinderbuchsenkragens entspricht. Da durch diese Stahlplatte, die nach Angaben von Caterpillar auch noch zur Verstärkung der Deckplatte des Kurbelgehäuses dient, die Übertritte für Wasser und Öl gehen, ist sie mit einer Fiber-Asbestdichtung zum Kurbelgehäuse hin abgedichtet. Auf beiden Stirnseiten ist das Kurbelgehäuse ähnlich wie bei dem unter 6.1.10 beschriebenen Motor durch Stahlplatten abgedeckt, auf denen auf der Schwungradseite das Schwungradgehäuse, auf der Schwingungsdämpferseite der Räderkastendeckel mit den Abtriebsmöglichkeiten aufgeschraubt sind.

Die beiden Zylinderköpfe sind als Vierventil-Blockköpfe zu je 6 Zylindereinheiten ausgebildet (Bild 346), die mit je 8 Schrauben 3/4″ (19 mm) je Zylindereinheit über eine normale Flachdichtung und die genannte Stahlplatte mit dem Kurbelgehäuse verschraubt sind. Je eine dieser Schrauben (in Kurbelwellenachsrichtung)

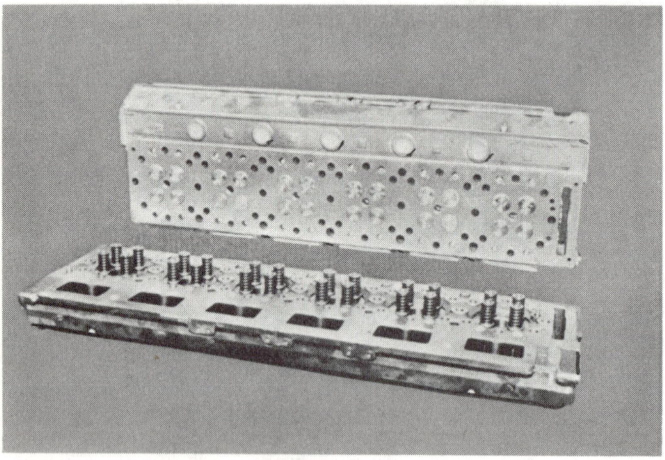

Bild 346. Zylinderkopf des Motors nach Bild 344

ist für zwei Zylindereinheiten gemeinsam. Vier der Zylinderkopfschrauben je Zylindereinheit sind tief bis in die Lagerwand heruntergezogen (Bild 347) und bringen so einerseits die Gaskräfte auf dem kürzesten Weg in die Lagerwände und

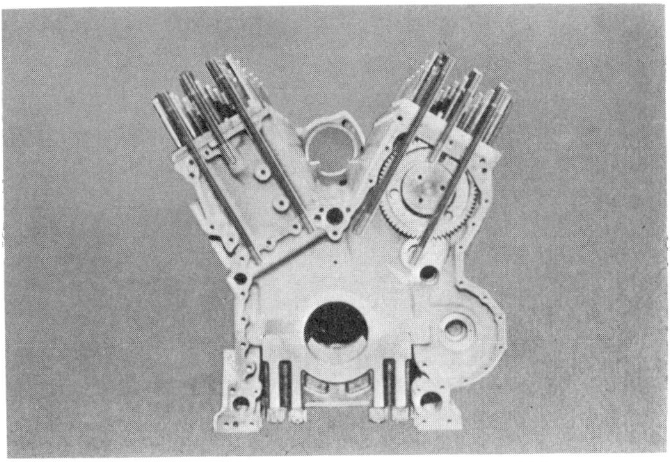

Bild 347. Schnitt durch das Kurbelgehäuse des Motors nach Bild 344

entlasten andererseits die Zylinderpartie des Kurbelgehäuses von Zugkräften. Der für einen Motor dieser Größe ungewöhnliche Blockkopf ist verhältnismäßig niedrig (h ≈ 0,7 · D), was aber bei einer Flachdichtung, die durch ihre Abstützwirkung den Zylinderkopf vor Biegungen schützt, zulässig ist. Alle vier um die zentral sitzende Vorkammer (in den Zylinderkopf eingeschraubt) angeordneten Ventile haben Ventilsitzringe. Die beiden Einlaßkanäle einer Zylindereinheit sind getrennt geführt. Sie vereinigen sich erst im Austritt aus dem Zylinderkopf, der in der Ebene der oberen bearbeiteten Fläche des Zylinderkopfes liegt. Das Kühlwasser wird in jeder Zylindereinheit des Zylinderkopfes durch Leiteinrichtungen so geführt, daß die Ventilsitze und die Vorkammer intensiv umspült werden.

Beim Triebwerk macht sich besonders die Ausrichtung der Konstruktion auf hohe Aufladegrade bemerkbar. Die kräftig dimensionierte Kurbelwelle mit 8 angeschmiedeten Gegengewichten (d_W = 134 mm, d_K = 109 mm, $\frac{d_K}{D}$ = 0,8!) ist siebenfach in Stahl-Leichtmetallagern gelagert. Sie ist induktiv gehärtet und zur Erhöhung der Festigkeit kugelgestrahlt. Bei der Pleuelstange ist die Teilung bemerkenswert. Um bei den dicken Kurbelzapfen die Pleuelstange noch durch die Zylinder ausbauen zu können, ist das große Pleuelauge in einem steilen Winkel in zwei parallelen, aber versetzten Ebenen geteilt (Fixierung über Verzahnung). Das kleine Auge der Pleuelstange ist trapezförmig ausgebildet, um durch Trapezabstützung (Bild 90) des Kolbenbolzens im Kolben die Beanspruchungen durch Gaskräfte niedrig zu halten. Der Kolben ist auf geringstes Gewicht konstruiert, d.h. die nicht zur Kolbenführung dienenden Partien des Kolbenschaftes in der Kolbenbolzenpartie sind stark zurückgenommen (Bild 348). Die beiden Kompressions-

Bild 348. Kolben des Motors nach Bild 344

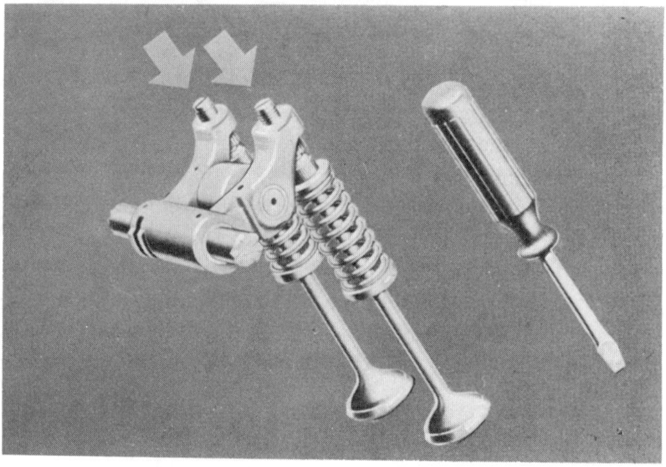

Bild 349. Ventiltrieb des Motors nach Bild 344

ringe des Dreiringkolbens sitzen in einem Ringträger. Der Kolbenboden wird durch Anspritzen mit Öl gekühlt. Die durch den aus der Vorkammer austretenden Brennstrahl thermisch hoch beanspruchte Mitte des Kolbenbodens ist durch eine eingeschraubte Prallplatte geschützt.

Die vier obenliegenden Nockenwellen (je eine pro Zylinderkopf für die Einlaß- bzw. Auslaßventile) sind direkt in den Leichtmetallaufsätzen der Zylinderköpfe gelagert. Die Nockenwellen der einen Zylinderreihe werden von einem auf der Schwungradseite liegenden Rädertrieb, die der anderen von einem auf der Vorderseite des Kurbelgehäuses liegenden Rädertrieb angetrieben. Die Zahnräder sind sehr geschickt so angeordnet, daß der Versatz der beiden Zylinderreihen (nebeneinanderliegende Pleuel!) ausgenutzt wird, wodurch keine zusätzliche Baulänge durch die Rädertriebe beansprucht wird. Die Ventile sind entsprechend den Beanspruchungen aus verschiedenen Materialien zusammengesetzt. Der Schaft der Einlaßventile ist aus Stahl (Festigkeit, Laufeigenschaften), der Teller aus Silcrome 10 (temperaturfest) mit einer Stellitauflage auf den Sitzen. Die Auslaßventile sind gleich aufgebaut, nur mit dem Unterschied, daß der Ventilteller ganz aus Stellit ist. Eine Ventildrehvorrichtung dreht die Ventile um 3° je Hub. Die Kipphebel sind als Gabelhebel (Bild 349) ausgebildet. Der Nocken wirkt auf eine in der Gabel gelagerte Rolle. Ein interessantes Detail stellt die Ventilspieleinstellung dar. Die Einstellschrauben sind durch eine Ratsche gesichert, deren Raststellen je ~ 0,05 mm Höhenverstellung der Einstellschraube bedeuten (Bild 349). Das Ventilspiel kann somit auf einfachste Art nur mit einem Schraubenzieher eingestellt werden.

Die Schmierölzahnradpumpe hat eine Fördermenge von 22,5 m^3/h (= 23 l/PSh, bezogen auf 990 PS aufgeladene Leistung) und ist somit reichlich ausgelegt. Im Ölkühler werden 84 kcal/PSh an Wärme abgeführt (Kolbenkühlung!). In dem hydraulischen Drehzahlregler ist eine Einrichtung vorgesehen, die die Motordrehzahl so lange auf 900 U/min hält, bis genügend Öldruck da ist.

Die Wasserpumpe ist zahnradangetrieben und hat zwei Austritte aus dem Spiralgehäuse. Sie fördert 83 m^3/h bei 10 m WS durch den Motor und etwa 15 m^3/h im Nebenschluß durch die Ladeluftkühler. Bei einer Motorkühlwasserwärme von 525 kcal/PSh ist die Temperaturdifferenz (Motoreintritt – Motoraustritt) Δt = 6,5°C. Vier Thermostate sitzen in einem auf der vorderen Stirnseite des Kurbelgehäuses angeordneten Gehäuse (Bild 345).

Zwei Abgasturbolader (Air Research T 1810) sind auf der Schwungradseite angebracht. Die Abgasleitungen sind nicht unterteilt (Gleichdruckaufladung siehe 3.8.1). Die Lader werden über eine direkte Leitung von der Schmierölpumpe geschmiert, um auch bei Motoranlauf schnelle Schmierölversorgung sicherzustellen. Die zwei Ladeluftkühler sind direkt auf der Oberseite der Zylinderköpfe befestigt. In den Ladeluftkühlern wird vom Kühlwasser eine Wärmemenge von 120 kcal/PSh abgeführt, womit die Temperaturdifferenz zwischen gekühlter Ladeluft und Umgebungsluft ~ 22°C beträgt.

6.1.12 6-Zylinder-V-Motor (Dieselmotor) MB 6 V 331 der MTU, Motoren- und Turbinen-Union Friedrichshafen GmbH

(Bild 350)

Bohrung D = 165 mm, Hub H = 155 mm, Hubvolumen V_h = 19,86 l, N = 600 PS, (mit Aufladung und Ladeluftkühlung, Sonderfahrzeuge), n = 2400 U/min, V-Winkel γ = 90°, Verbrennungsverfahren; Direkte Einspritzung.

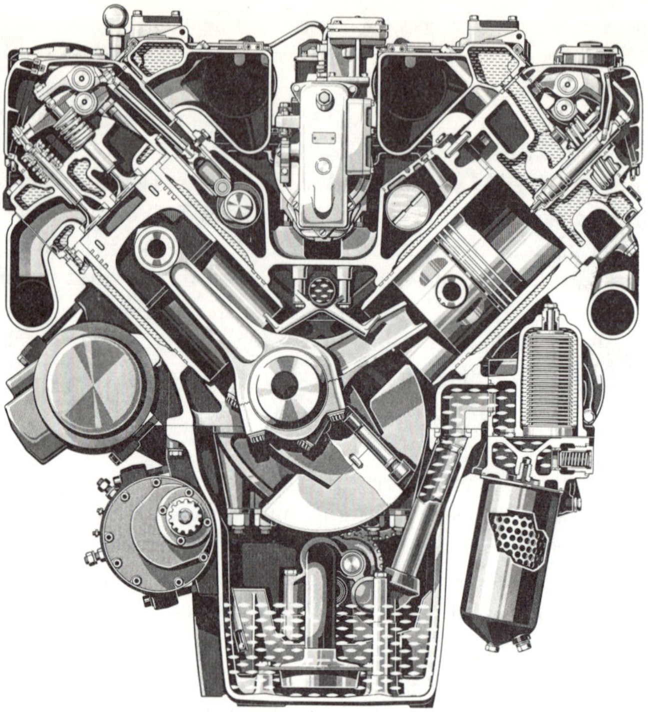

Bild 350. Querschnitt des 6-Zylinder-V-Motors MB6V 331 der MTU, Motoren- und Turbinen-Union Friedrichshafen GmbH

Der Motor gehört zu einer Reihe von 6-, 8-, 10- und 12-Zylinder-V-Motoren mit Aufladung und Ladeluftkühlung. Er wird verwendet als Antriebsmotor von schweren Fahrzeugen, als Industriemotor und als Schiffsmotor. Die Konstruktion ist auf optimale Bauraumausnutzung ausgerichtet, was auch die nachstehenden Kenndaten des 6-Zylindermotors zeigen: Leistungsgewicht $G_N = 2{,}4$ kg/PS, Hubraumgewicht $G_{V_h} = 72{,}5$ kg/l, Bauraumleistung $N_B = 410$ PS/m^3, relativer Zylinderabstand $\frac{a}{D} \approx 1{,}38$.

Das Kurbelgehäuse (Bild 351) aus Grauguß ist nur wenige Millimeter unterhalb der Kurbelwellenmitte geteilt, was bei mittig geteilten Lagerschalen die Fixierung des Lagerdeckels ergibt. Der breite und gut verrippte Lagerdeckel ist mit vier Stiftschrauben auf der Kurbelgehäuselagerwand befestigt. Die Stiftschrauben haben einen über die Mutter herausragenden Kopf mit Verzahnung. Beim Anziehen der Muttern kann die Stiftschraube über die Verzahnung mit einem Schlüssel gegen Verdrehung gehalten werden, was Verdrehspannungen von der Stiftschraube fernhält und somit eine bessere Ausnutzung der Schrauben erlaubt. Das Schwungradgehäuse und der Räderkasten sind angegossen. Eine Leichtmetallölwanne

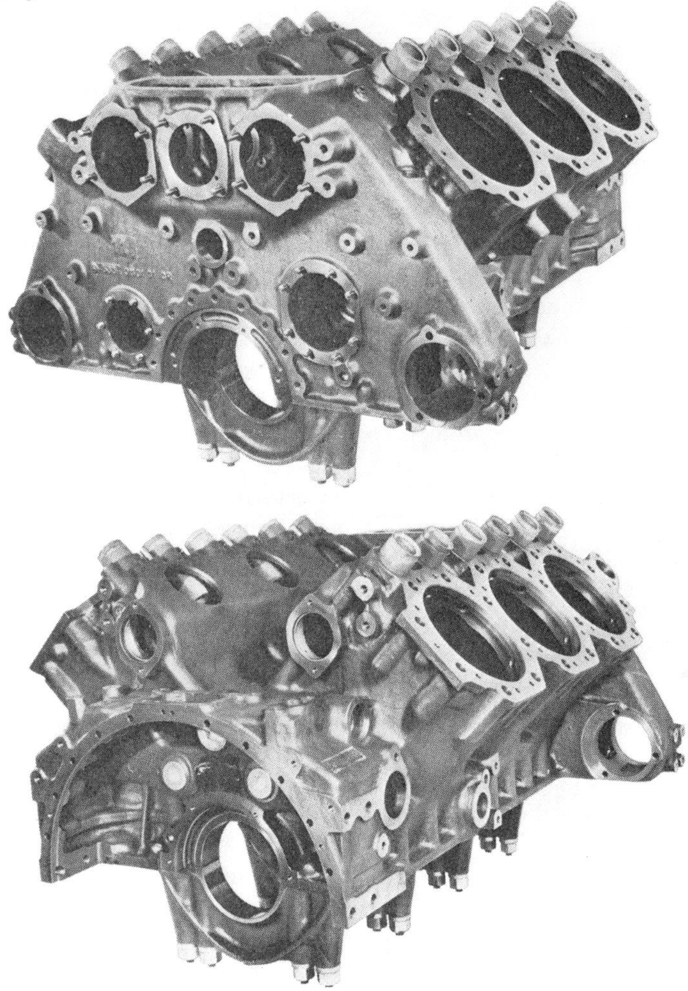

Bild 351. Kurbelgehäuse des Motors nach Bild 350

schließt das Kurbelgehäuse und den Räderkasten nach unten ab. Das halbe angegossene Schwungradgehäuse wird nach unten durch eine angeschraubte zweite Hälfte ergänzt. In das Kurbelgehäuse sind nasse Zylinderbuchsen eingesetzt, deren Bunde frei auf seiner Deckplatte aufliegen. Die Kühlwasserräume um die Zylinderbuchsen herum sind, um Kavitation zu vermeiden, weiträumig ohne Verengungen. Die Zylinderbuchsen sind unten durch drei Gummiringe im Kurbelgehäuse abgedichtet, wobei der oberste Gummiring den Spalt zwischen Zylinderbuchse und Kurbelgehäuse, von dem aus leicht Spaltkavitation ausgeht, verschließt. Der Rädertrieb liegt auf der Schwingungsdämpferseite in dem angegossenen Räderkasten, der Anschlußmöglichkeiten für vom Rädertrieb angetrie-

bene Hilfsabtriebe (Wasserpumpe, Hydraulikpumpe, Kompressor, Lichtmaschine) hat. Bei der Führung von Schmieröl und Kühlwasser sind freie Leitungen weitgehend vermieden. Die Schmierölpumpe ist in der Ölwanne gelagert. Das Öl tritt von der Pumpe über eine Steckleitung in eine Winkelpassage des Kurbelgehäuses über und von dort über den Plattenölkühler (vgl. Bild 201) und den Hauptstromfilter, deren gemeinsames Gehäuse an die Kurbelgehäuseseitenwand angeflanscht ist, direkt in das Kurbelgehäuse und dessen Verteilerleitungen ein. Bei der Kühlwasserführung sind ebenfalls weitgehend freie Leitungen vermieden. Die an den Räderkasten angeflanschte Wasserpumpe (Bild 353) fördert das Kühlwasser über das Ölkühlergehäuse direkt in eine auf der Schwungradseite liegende Querpassage im Kurbelgehäuse (Bild 351), von wo aus es auf die beiden Zylinderreihen verteilt wird. Aus dem Kurbelgehäuse tritt das Kühlwasser über mehrere um die Zylinderbuchsen angeordnete Übertritte in die Zylinderköpfe über.
Die Einzelzylinderköpfe aus chrom-molybdän-legiertem Grauguß mit je zwei Ein- und Auslaßventilen sind mit je 8 Zylinderkopfschrauben, je zwei davon in Kurbelwellenachsrichtung sind für je zwei Zylinderköpfe gemeinsam, und Fixierstiften über eine Leichtmetallflachdichtung und eine Distanzplatte auf dem Kurbelgehäuse befestigt, was eine enge Tolerierung der Maße der daran beteiligten Teile (Dichtung, Zylinderbuchsenbund) erfordert. Da für die Wasser- und Ölübertritte besondere mit Gummiringen abgedichtete Übertrittsstücke (Bild 350) vorgesehen sind, braucht die Distanzplatte anders wie bei dem vorgeschriebenen Motor nicht gegen das Kurbelgehäuse abgedichtet zu werden. Bei dieser Konstruktion ist der Zylinderkopf, da voll abgestützt, frei von Biegemomenten, die beim Anzug der Zylinderkopfschrauben auftreten, wenn z.B. eine Ringdichtung verwendet wird. Der Zylinderkopf kann dementsprechend auch mit geringer Höhe ausgeführt werden ($h \approx 0{,}88 \cdot D$). Das Einspritzventil sitzt konzentrisch inmitten der vier Ventile in einer eingesetzten und mit Gummiring abgedichteten Pfeife (Zylinderkopf gießtechnisch einfach). Der Zylinderkopf ist oben durch einen Leichtmetallaufsatz abgedeckt, der gegeneinander abgedichtete Räume für die Kipphebel und das Einspritzventil hat, so daß bei Bruch einer Einspritzleitung keine Schmierölverdünnung auftreten kann. Für die Ein- und Auslaßventile sind im Zylinderkopf Ventilsitzringe vorgesehen. Die Einlaßkanäle sind getrennt geführte Drallkanäle, die zum V-Raum hin in Luftleitungen führen, die mit der Kühlwassersammelleitung kombiniert sind. Das Kühlwasser tritt über acht gleichmäßig über den Zylinderumfang verteilte Bohrungen vom Kurbelgehäuse in den Zylinderkopf ein und wird durch eingegossene Führungen am Zylinderkopfboden den thermisch hochbeanspruchten Ventilstegen zugeführt.

Die Kurbelwelle ist viermal in Dreistofflagern (Stahl-Bleibronze) gelagert. Massenkräfte und Massenmomente erster Ordnung sind durch die sechs angeschraubten Gegengewichte voll ausgeglichen ($\gamma = 90^\circ$), während beim 6-Zylindermotor mit einem V-Winkel von 90° Massenmomente 2. Ordnung in der Größe $M_{II} = \sqrt{6}\, m_h \cdot r \cdot \omega^2 \cdot \lambda \cdot a$ in Kauf genommen werden müssen. Die Pleuelstangen sind schräg geteilt (ausziehbar durch Zylinder) und allseitig bearbeitet (gleichmäßiges Gewicht, Festigkeitssteigerung).

Die Kolben sind Kühlkanalkolben. Das Kühlöl wird über Spritzdüsen und senkrechte Bohrungen in die Kühlölkanäle gespritzt (vgl. Bild 97 a).

Bild 352. Ventilbetätigung des Motors nach Bild 350

Bild 353. a) Stirnansicht des Motors nach Bild 350

Bild 353. b) Seitenansicht des Motors nach Bild 350

Der Rädertrieb zum Antrieb der Nockenwelle, der Einspritzpumpe, der Ölpumpe und diverser Hilfstriebe liegt auf der dem Schwungrad entgegengesetzten Seite des Motors. Je Zylinderreihe ist eine hoch (etwa Mitte Zylinder) liegende Nokkenwelle vorhanden, von der aus die Kipphebel über Rollenstößel und zwei sehr kurze, hohle Stoßstangen betätigt werden, was einen steifen Ventiltrieb ergibt. Die Rollenstößel sind in besonderen im Kurbelgehäuse sitzenden Einsätzen geführt (Bilder 350 und 351) und gegen Verdrehen durch eine Schraube gesichert. Die Kipphebel sind gegabelt und auf Achsen gelagert, die direkt auf den Zylinderkopf aufgeschraubt sind (Bild 352). Die Auslaßventile sind natriumgekühlt. Alle Ventilschäfte sind verchromt.

Je Zylinderreihe ist ein Turbolader auf der Schwungradseite ohne Halter direkt auf dem Abgassammelrohr befestigt, achsparallel zur Kurbelwellenachse und damit sehr raumsparend angeordnet (Bild 353). Der Platz zwischen den Turboladern ist durch den Ladeluftkühler ausgenutzt (Bild 353), ein organischer und raumsparender Anbau.

6.1.13 16-Zylinder-V-Motor (Dieselmotor) 16 PA 4-200 der SEMT Pielstick, Saint-Denis

(Bild 354)

Bohrung D = 200 mm, Hub H = 210 mm, Hubvolumen V_h = 105,5 l, Verbrennungsverfahren: Direkte Einspritzung, N = 2800 PS, n = 1500 U/min, V-Winkel $\gamma = 90^\circ$.

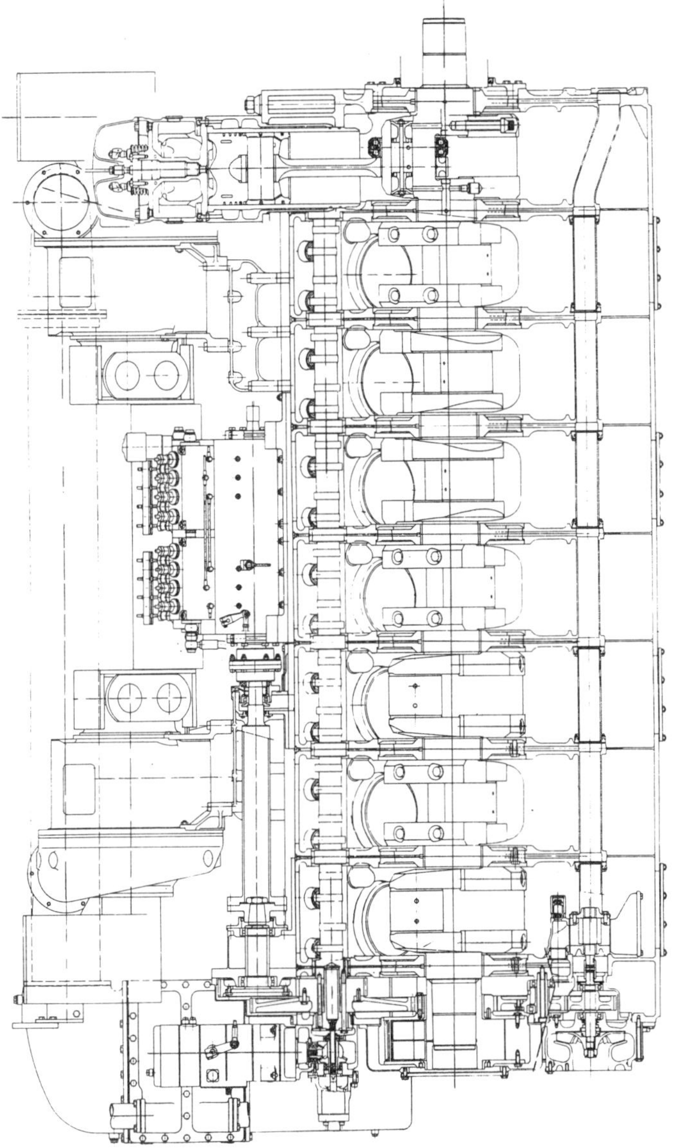

Bild 354. 16-Zylinder-V-Motor (Dieselmotor) 16 PA4-200 der SEMT Pielstick
a) Längsschnitt

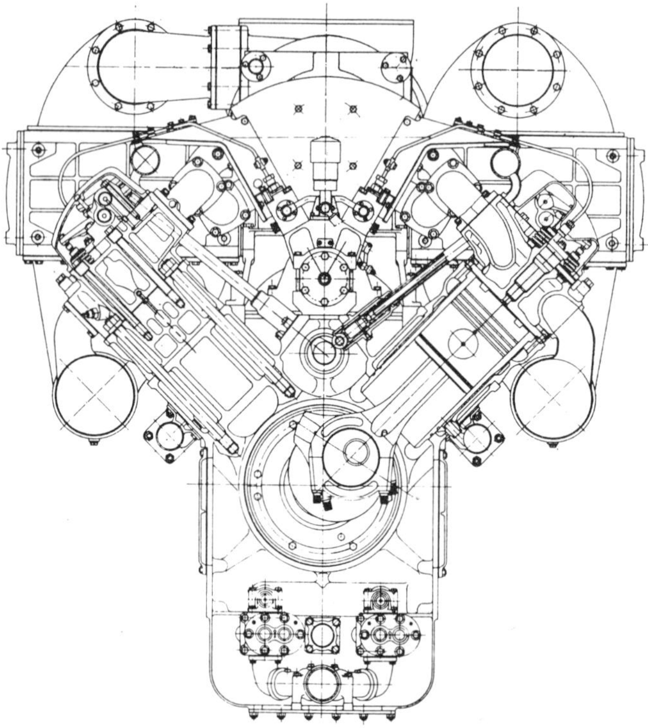

Bild 354. 16-Zylinder-V-Motor (Dieselmotor) 16 PA4 – 200 der SEMT Pielstick
b) Querschnitt

Der Motor mit Aufladung und Ladeluftkühlung gehört zu einer Reihe von 8-, 12-, 16- und 18-Zylindermotoren, die für hohe Aufladegrade ($p_{m_e} = 15{,}9$ kp/cm^2) konstruiert ist. Die Motoren werden für Lokomotiven, Generator-Aggregate, Bohr- und Pumpenaggregate und als Schiffsmotoren verwendet. Einige Kenndaten: Leistungsgewicht $G_N = 2{,}76$ kg/PS, Hubraumgewicht $G_{V_h} = 73$ kg/l, Bauraumleistung $N_B = 280$ PS/m^3, relativer Zylinderabstand $\frac{a}{D} \approx 1{,}5$.

Das Kurbelgehäuse ist anders als bei allen hier betrachteten Motoren als Tunnelgehäuse ausgebildet, und zwar als Schweißkonstruktion aus Stahlplatten und Stahlgußteilen (Lagerwände). Das ist zwar eine recht aufwendige Konstruktion für einen Motor dieser Größe, ergibt aber in bezug auf Biegung und Torsion ein sehr steifes Kurbelgehäuse bei verhältnismäßig niedrigem Gewicht. Bei dieser Bauart entfällt auch eine besondere, angeschraubte Ölwanne; der Ölsumpf ist ein Bestandteil des Kurbelgehäuses, was auch zur Steifigkeit beiträgt. Auf das Kurbelgehäuse aufgesetzt sind, mit je vier Zugankern verschraubt, die direkt in den Lagerwänden enden, die gußeisernen Kühlwassermäntel. Mit dieser Zugankerkonstruktion werden die Schweißnähte von Zugbeanspruchungen entlastet. Es handelt sich hier um ein sogenanntes „trockenes" Kurbelgehäuse, d.h. die Schweißkonstruktion kommt nicht mit dem Kühlwasser in Berührung (Vermeiden von Korrosion). In die Kühlwassermäntel sind die nassen Zylinderbuchsen (Schleuderguß) eingesetzt, und zwar so, daß sie am unteren Ende sowohl im Kühlwassermantel als auch im Kurbelgehäuse geführt und mit je einem Gummiring abgedichtet sind. Die Gleitlager der Kurbelwelle sitzen in Lagerdeckeln, die aus einem unteren, halbkreisförmigen, in eine Bohrung in der Lagerwand des Kurbelgehäuses eingepaßten und mit einem Halbkreisring fixierten Lagerdeckel bestehen, auf den mit zwei Schrauben ein oberer Lagerdeckel angeschraubt ist. Die Außenkontur dieses Deckels ist konisch und paßt in die konische Bohrung des oberen Halbringes, der wie die untere Lagerdeckelhälfte in die Kurbelgehäusebohrung eingepaßt ist (Bild 354, Längsschnitt). Beide werden über den Konus axial durch einen halbkreisförmigen Druckring verspannt, wodurch der ganze Lagerträger ebenfalls in der Kurbelgehäusebohrung fest verspannt wird. Das ergibt einen festen Sitz des Lagerkörpers im Kurbelgehäuse und eine gleichmäßige Verteilung der durch die Zuganker eingeleiteten Kräfte. Der Rädertrieb läuft in einem Räderkasten, der Teil des Kurbelgehäuses ist. Unterhalb der Kurbelwelle befinden sich zwei Bohrungen in diesem Räderkasten, in die die zwei zahnradgetriebenen Wasserpumpen eingepaßt sind. Auf gleicher Welle verbunden mit einer Zahnkupplung sitzen die an der Lagerwand befestigten zwei Schmierölpumpen.

Die Einzelzylinderköpfe mit je zwei Ein- und Auslaßventilen (Ventilsitzringe) sind mit 8 Schrauben über eine Ringdichtung aus Messing mit dem Kühlwassermantel verschraubt. Aus dem Kühlwassermantel tritt das Kühlwasser über vier rechtwinklig gebohrte Übertritte in den Zylinderkopf ein. Die Bohrungen sind im Zylinderkopf so angeordnet, daß die Kühlwasserströme auf die Ventilstege und konzentrisch auf das Einspritzventil gerichtet sind. Das Einspritzventil sitzt konzentrisch zwischen den vier Ventilen. Die Ein- und Auslaßkanäle sind paarweise zusammengefaßt, die Auslaßkanäle münden nach innen in den V-Raum. Das ergibt zwar eine kompakte Abgassammelrohrführung zu den im V-Raum liegenden Abgasturboladern, macht aber bei der im V-Raum sitzenden Einspritzpumpe eine Abdeckung der Abgassammelleitungen erforderlich, um Brandgefahr zu vermeiden, wenn eine Einspritzleitung brechen sollte. Die Einspritzdüse sitzt zwar unter der Zylinderkopfhaube, doch liegt die Einspritzleitung selbst mit der Verschraubung außerhalb (Abdichtung in der Zylinderkopfhaube durch Gummiring auf dem Hals des Einspritzventils).

Die voll bearbeitete Kurbelwelle ist neunfach in Stahl-Bleibronzelagern gelagert. Sie hat 16 angeschraubte Gegengewichte. Zur Ölführung sind die Hauptlagerzapfen axial durchbohrt. Von diesen Bohrungen aus fließt das Schmieröl zu den zur Gewichtserleichterung durchbohrten Kurbelzapfen über senkrechte Bohrungen in die Kurbelwangen. An beiden Enden der Kurbelwelle sind flache Konen (1:80) vorgesehen, auf die wahlweise entweder der Primärteil eines Geislinger-Schwingungsdämpfers oder der Primärteil einer elastischen Geislinger-Kupplung zur Kraftabnahme mit dem SKF-Öldruckverfahren aufgezogen werden können. Es kann also wahlweise auf beiden Seiten der Kurbelwelle die volle Leistung abgenommen werden.

Die Pleuelstange (je zwei auf einem Kurbelzapfen nebeneinandersitzend) ist voll bearbeitet. Das große Auge ist schräg geteilt (Fixierung durch Verzahnung) und wird mit vier Schrauben zusammengehalten. Der Schaft ist durchbohrt zur Schmierung des Kolbenbodens und zur Versorgung des Kolbens mit Kühlöl. Das Kühlöl tritt durch eine Nute in der Kolbenbolzenbuchse in den hohlgebohrten und verschlossenen Kolbenbolzen ein, von wo es über radiale Bohrungen im Kolbenbolzen und im Kolbenbolzenauge des Kolbens in den Kühlkanal des Kolbens eintritt (vgl. Bild 97 d). Der Rädertrieb (Zahnräder schrägverzahnt, gehärtet und geschliffen) kommt mit nur 7 Zahnrädern zum Antrieb der Nockenwelle, der Einspritzpumpe und der Wasser- und Ölpumpen aus. Das Kurbelwellenzahnrad ist dabei am Sekundärteil des Schwingungsdämpfers oder der elastischen Kupplung befestigt. Von diesem Rad aus wird direkt das Zahnrad der im V liegenden Nockenwelle angetrieben. Auf dem vorderen Ende der Nockenwelle sitzt der Kegelradantrieb des hydraulischen Reglers. Die Einspritzpumpe, die in der Mitte des V-Raumes direkt auf dem Kurbelgehäuse sitzt, wird von der Nockenwelle über ein Vorgelege und eine in Wälzlagern gelagerte Verbindungswelle angetrieben. Die Nockenwelle ist einsatzgehärtet (Steuerzeiten in Grad KW: Eö 52° vor OT, Es 34° nach UT, Aö 58° vor UT, As 64° nach OT, Überschneidung 116°). Die Ventile werden über Rollenstößel, Stoßstangen und je zwei Gabelkipphebel von der Nockenwelle aus betätigt. Die Ventile haben nitrierte Schäfte. Ein- und Auslaßventile haben verschiedene Sitzwinkel, und zwar 112° und 52°. Besonders ist zu vermerken, daß durch eine besondere Einrichtung der Motor auch direkt umsteuerbar ist – eine Ausnahme bei Motoren dieser Größe. In diesem Falle ist die Nockenwelle mit der doppelten Anzahl von Nocken versehen,

Die Schmierölpumpen fördern über Passagen des Kurbelgehäuses das Schmieröl über Ölkühler (Wärmeabfuhr ~ 80 kcal/PSh) und Hauptstromfilter in die Hauptverteilerleitung unter den Hauptlagern. Diese Leitung besteht abwechselnd aus Schiebestücken und aus fest mit den Lagerwänden verbundenen Teilen.

Eine Wasserpumpe fördert das Kühlwasser in einem sogenannten Hochtemperaturkreis (Zylinder, Zylinderköpfe, Turbolader); Fördermenge 90 m^3/h, was einer Temperaturdifferenz von $\Delta t \approx 6{,}5°C$ bei einer Kühlwasserwärme von ~ 210 kcal/PSh entspricht. Die zweite Pumpe bedient den sogenannten Niedrigtemperaturkreis (Ladeluftkühler und Ölkühler).

Die im V-Raum sitzende Einspritzpumpe ist eine V-Pumpe [237] mit einem V-Winkel von 60°. Jedem Element ist ein Nocken zugeordnet.

Die zwei Turbolader sitzen im V-Raum direkt auf dem Kurbelgehäuse. Die zwei Ladeluftkühler sind auf der Rädertriebseite des Kurbelgehäuses zu beiden Seiten des Schwingungsdämpfers angeordnet. Wärmeabfuhr in den Ladeluftkühlern 126 kcal/PSh.

6.1.14 16-Zylinder-V-Motor (Dieselmotor) MA 16 V 956 der MTU, Motoren- und Turbinen-Union Friedrichshafen GmbH

(Bild 355); siehe auch [37]

Bohrung D = 230 mm, Hub H = 230 mm, Hubvolumen V_h = 152,961,
N = 3600 PS (Dauerleistung B nach DIN 6270), n = 1500 U/min, V-Winkel $\gamma = 50°$;
Verbrennungsverfahren: Direkte Einspritzung; Aufladung mit Ladeluftkühlung.

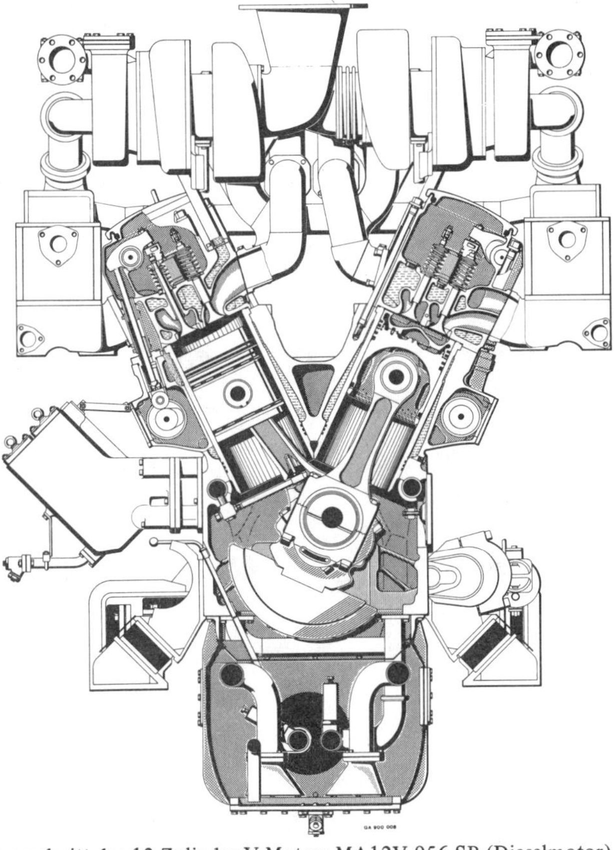

Bild 355. Querschnitt des 12-Zylinder-V-Motors MA12V 956 SB (Dieselmotor) der MTU, Motoren- und Turbinen-Union Friedrichshafen GmbH

Der Motor wird auch als Zwölfzylindermotor gebaut. In diesem Fall stellt der V-Winkel von 50° einen guten Kompromiß zwischen den für den 12- und 16-Zylinder günstigen V-Winkeln von 60° bzw. 45° dar. Dieser Winkel läßt auch noch genügend Raum im V-Raum zur Unterbringung der Abgasleitungen.
Die Motoren der Baureihe MA V 956 werden als Lokomotivmotoren, Schiffsmotoren und zum Antrieb von Generatoraggregaten verwendet. Sie sind zur Zeit die Motoren mit dem größten Zylinderhubraum für eine Dauerdrehzahl von 1500 U/min.

Einige Kenndaten des Motors:
Leistungsgewicht $G_N = 3{,}33$ kg/PS, Hubraumgewicht $G_{V_h} = 78{,}5$ kg/l, Bauraumleistung $N_B = 260$ PS/m^3, relativer Zylinderabstand $\frac{a}{D} = 1{,}48$.

Das Kurbelgehäuse ist aus Meehanite-Gußeisen. Die Seitenwände sind aus Steifigkeitsgründen weit heruntergezogen. Die Lagerdeckel aus Stahl sitzen mit einem Einpaß in der Lagerwand und werden mit je zwei senkrechten und waagerechten Schrauben im Kurbelgehäuse festgeschraubt. Die Schmierölleitungen sind im Kurbelgehäuse gebohrt; die Wasserverteilleitung ist in der Spitze des V-Raumes eingegossen. Auf der Schwungradseite ist ein Räderkasten angegossen, auf dem auch die Wasserpumpen befestigt sind. Nach unten wird das Kurbelgehäuse durch eine geschweißte Stahlölwanne abgeschlossen. Auf der schwungradseitigen Stirnseite der Ölwanne sind die Schmierölpumpen außen befestigt (Bild 356). Damit

Bild 356. Ansicht des 16-Zylinder-V-Motors MA16V956

sind die Ölpumpen zugänglich ohne Ausbau oder Anheben des Motors (wichtig für Verwendung als Schiffsmotor). Die dazu gehörigen Ölleitungen sind in die Ölwanne eingeschweißt. An den äußeren Seitenwänden sind etwa in Höhe Mitte Zylinder Kästen zur Aufnahme der hochliegenden Nockenwellen angegossen (gute Zugänglichkeit durch Deckel von außen). In das Kurbelgehäuse sind die nassen Zylinderbuchsen aus Schleuderguß eingesetzt, deren Außenseite zum

Schutz gegen Kavitation verchromt ist. Ihre Wandstärke ist in der Mitte 0,07 · D, im oberen Teil jedoch dünner aus Kühlungsgründen.

Die Einzelzylinderköpfe aus Grauguß mit je zwei Ein- und Auslaßventilen werden mit je 6 Stiftschrauben über eine Ringdichtung mit den Zylinderbuchsen und dem Kurbelgehäuse verschraubt. Das Kühlwasser tritt über zwei Übertritte vom Kurbelgehäuse aus ein. Die zwei Auslaßkanäle sind zu einem zusammengefaßt, der zum V-Raum hin austritt. Die Anschraubfläche für die Auslaßleitungen ist schräg, was den Anbau des Zylinderkopfes erleichtert. Die beiden Einlaßdrallkanäle sind getrennt geführt und liegen zum Austrittsflansch hin übereinander. Die beiden Einlaßventile (nur diese haben Ventilsitzringe und eine Drehvorrichtung) wie auch die Auslaßventile liegen hintereinander quer zur Kurbelwellenachse, jedoch gegenüber dieser um einen Winkel verdreht, was eine günstigere Gestaltung der Kanäle gestattet. Der Kipphebelraum ist Bestandteil des Zylinderkopfes und wird nach oben nur durch einen flachen Runddeckel mit Gummiring verschlossen (Geräusch!, Bild 314). Die einfache Kipphebelsteuerung ist als Jochsteuerung ausgebildet (ähnlich Bild 177 b). Die Kipphebelachse für die beiden Kipphebel ist in Bohrungen der Kipphebelraumwand eingeschoben und wird durch die benachbarten Zylinderkopfschrauben festgeklemmt. Das Einspritzventil (Lochdüse) ist schräg angeordnet und liegt somit außerhalb des Kipphebelraumes (Bild 155). Die gesamte Höhe des Zylinderkopfes (einschließlich Kipphebelraum) ist 1,74 · D.

Die Kurbelwelle ist siebenfach in Stahl-Bleibronzelagern (Wandstärke 0,03 · d_W) gelagert. Das mittlere Lager ist als Paßlager ausgebildet. Auf der Schwungradseite ist ein zusätzliches Wellenlager vorgesehen, was den Einbau von freifliegendem Schwungrädern und Einlagergeneratoren erleichtert. Die Gegengewichte sind angeschraubt. Wellen- und Kurbelzapfen sind ausgebohrt. An beiden Enden der Kurbelwelle ist ein flacher Konus vorgesehen, auf den der Schwungradflansch und der Primärteil des Schwingungsdämpfers mit dem Druckölverfahren aufgezogen werden. Leistungsabnahme ist auf beiden Seiten möglich.

Die Pleuelstange ist voll bearbeitet. Das gerade geteilte, große Auge wird mit vier Durchsteckschrauben zusammengeschraubt (Fixierung durch Verzahnung und Schraubenbund). Die Anlaufflächen sind zu den Trennflächen hin angeschrägt, um den Schmierfilm bei geringfügigem Deckelversatz nicht abzuschaben.

Der Kolben ist ein gebauter Kolben. Auf das Leichtmetallunterteil ist der Kolbenboden aus Sondergußeisen aufgeschraubt (vgl. Bild 98). Kolbenboden und Leichtmetallunterteil bilden den Kühlölraum, in den das Schmieröl durch Spritzdüsen hineingespritzt wird. Für das Kühlöl ($\sim$ 3,5 bis 4 kg/PSh) ist ein besonderer Kreislauf mit einer besonderen Zahnradpumpe und separater Kühlung vorgesehen. Der Kolben hat drei Kompressionsringe, von denen zwei (der oberste verchromt) im Oberteil liegen, und zwei Ölabstreifringe (Gleichfasenringe mit Schlauchfeder). Der Verbrennungsraum ist entsprechend dem Hub-Bohrungsverhältnis $\xi = 1$ sehr flach ausgebildet.

Die zwei Nockenwellen sind hoch im Kurbelgehäuse gelagert, was kurze Stoßstangen (in besonderen Rohren gekapselt) ergibt, die zur Steifigkeit des Ventiltriebes beitragen. Die Rollenstößel sind in Buchsen geführt, die in das Kurbelgehäuse eingesetzt sind. Die Nockenwellen werden vom Zahnradtrieb auf der Schwungradseite angetrieben (auf der anderen Seite sind Hilfsabtriebe möglich), ebenso wie die beiden Wasserpumpen (eine davon für den Ladeluftkühlwasserkreislauf), die drei Ölpumpen, der hydraulische Regler und die beiden Einspritzpumpen mit den Spritzverstellern. Die letzteren (Bosch-Pumpen-Größe C) sitzen an den beiden Kurbelgehäuseseitenwänden (Bild 356). Sie haben einen eigenen Schmierölkreislauf mit angebauter Ölpumpe.

Der Motor wird mit vier Abgasturboladern (auf jeder Stirnseite zwei auf einem Gestell, Bild 356) aufgeladen. Die Ladeluftkühler sind seitlich vor der Zylinderkopfreihe angeordnet. Beides ergibt kompakten Aufbau und günstige Luft- und Wasserleitungsführung. Der Motor kann elektrisch über zwei Anlasser oder mit Druckluft direkt über die Zylinder angelassen werden.

6.2 Luftgekühlte Motoren

6.2.1 Einzylindermotor (Dieselmotor) E 671 der Motorenfabrik Hatz GmbH, Ruhstorf/Rott

(Bild 357)

Bohrung D = 71 mm, Hub H = 67 mm, Hubvolumen $V_h = 0{,}265\,l$, N = 5 PS (DIN 70020), n = 3600 U/min, Verbrennungsverfahren: Direkte Einspritzung.

Der Motor ist als ausgesprochener Einzylindermotor konstruiert, worauf schon die Lage des Steuerungstriebes quer zur Kurbelwellenachse hindeutet, die keine Erweiterung auf Mehrzylindermotoren zuläßt. Dagegen gibt es eine weitere Einzylindervariante, die sich bei gleicher Bohrung nur durch den Hub (57 mm) unterscheidet. Entsprechend dem vielseitigen Verwendungszweck eines solchen Einzylindermotors und im Hinblick auf die in dieser Leistungsklasse vorherrschenden Ottomotoren ist der Motor auf geringstes Gewicht (Verwendung von Leichtmetall, hohe Drehzahl), niedrige Herstellkosten (z.B. kein Druckumlaufschmiersystem), einfache Handhabung (Seilstart, Handstart), vielseitige Abtriebsmöglichkeiten (zwei mit Kurbelwellendrehzahl, einer mit Nockenwellendrehzahl), Betriebssicherheit (Luftkühlung mit Schwungradgebläse) konstruiert. Das zeigen auch die für einen Einzylindermotor dieser Größe recht günstigen Kenndaten: Leistungsgewicht $G_N = 6{,}8$ kg/PS, Hubraumgewicht $G_{V_h} = 128$ kg/l, Bauraumleistung $N_B = 143$ PS/m^3.

Das Kurbelgehäuse ist ein Tunnelgehäuse aus Leichtmetall, das sich unten zu einem Ölsumpf erweitert. Der Räderkasten ist angegossen und wird durch einen Deckel verschlossen. Dieser Deckel ist variabel in seiner Ausführung und ermög-

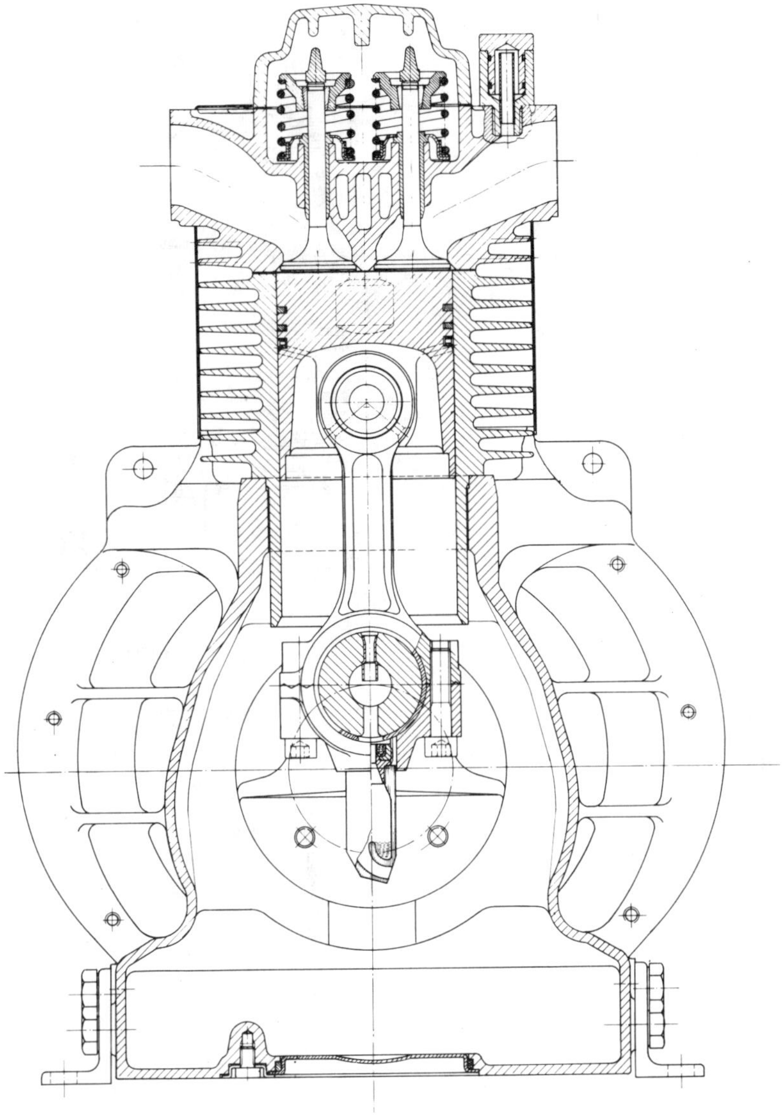

Bild 357. a) Querschnitt des 1-Zylinder-Dieselmotors E 671

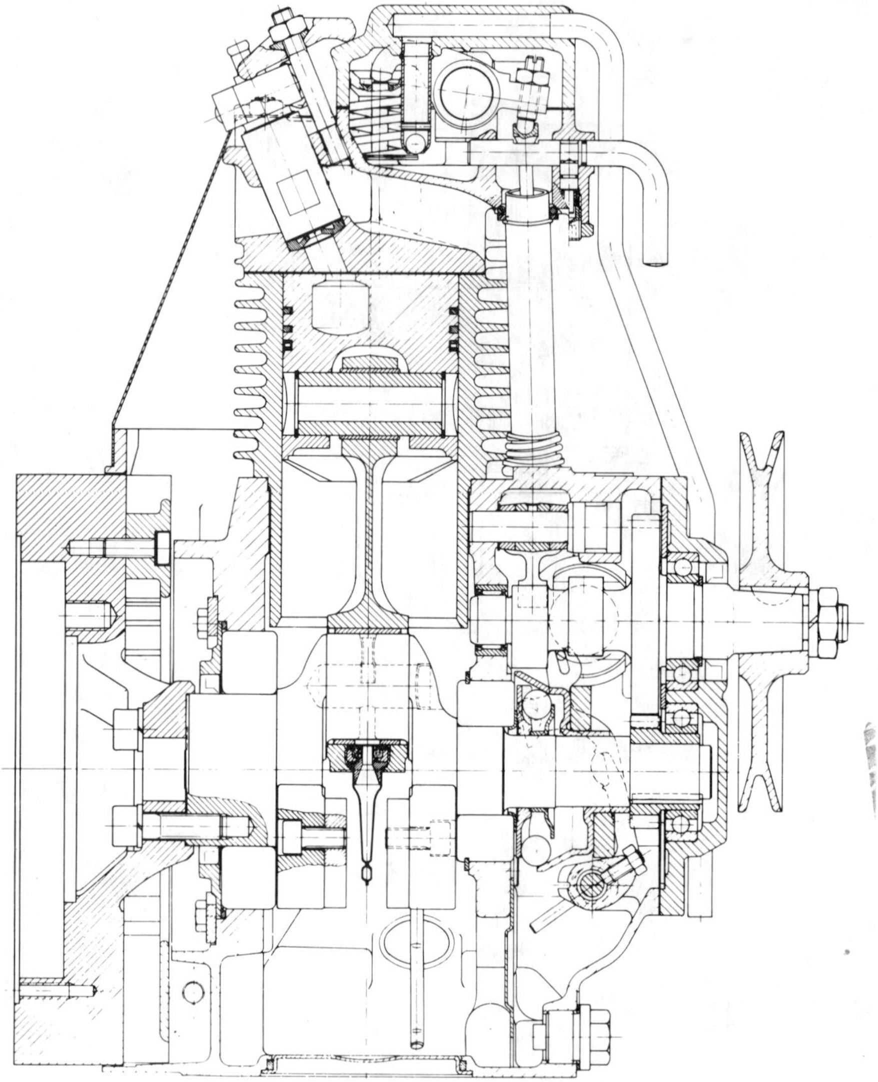

Bild 357. b) Längsschnitt des 1-Zylinder-Dieselmotors E 671 der Motorenfabrik Hatz GmbH

licht in seinen Varianten Abnahme der vollen Leistung von der Kurbelwelle (entgegengesetzt dem Schwungrad) und von der Nockenwelle. Er kann darüber hinaus für beide Abtriebe als Anschraubflansch für Anbaugeräte ausgebildet werden oder als Führung für eine Handandrehkurbel zum Andrehen des Motors über die Nockenwelle (1:2). Der Schwungradflansch ist ebenfalls angegossen und als Kühlluftzuführung ausgebildet; die Kühlluft strömt dem Schwungradgebläse (Gebläserad aus Leichtmetall auf Schwungrad aufgeschraubt) axial von beiden Seiten über das Schwungrad oder über das Schwungradgehäuse zu. Das Schwungradgehäuse ist als Spiralgehäuse ausgebildet, von dem aus die Kühlluft (60 m^3/PSh) über Blechkühlluftführungen dem Zylinder und Zylinderkopf in Kurbelwellenachsrichtung zuströmt. In das Kurbelgehäuse ist der Rippenzylinder aus Gußeisen eingesetzt, der recht steif ausgebildet ist (Wandstärken).

Der Zylinderkopf ist aus Leichtmetall und wird mit vier Zugankern über eine Zylinderkopfdichtung und den Zylinder mit dem Kurbelgehäuse verspannt. Das Einspritzventil (Zapfendüse mit Wärmeschutzplatte) ist schräg im Zylinderkopf angeordnet und mit einer Pratze verspannt. Die Kühlluft umspült zuerst das Einspritzventil und dann die Kühlrippen des Ventilsteges. Der Kipphebelraum wird durch eine Zylinderkopfhaube abgeschlossen. Über den Kipphebelraum wird mit Hilfe eines Kugelventils (Rückschlagventil) das Kurbelgehäuse unter Ausnutzung der Pulsation beim Einzylindermotor so entlüftet, daß ein leichter Unterdruck in ihm herrscht. Im Zylinderkopf ist eine Dekompressionsrichtung vorgesehen, mit der beim Handstart ein Ventil angehoben wird.

Die Kurbelwelle ist in Wälzlagern gelagert, ebenso wie die Nockenwelle, was zur Erleichterung des Handstarts beiträgt. Die Gegengewichte sind angeschmiedet und durch angeschraubte Platten vergrößert. Ein interessantes Detail stellt die Schmierung des Pleuellagers (Gleitlager) dar. Ein an der Pleuelstange befestigter Schöpflöffel schöpft eine gewisse Menge Öl beim Eintauchen in den Ölsumpf in ein Reservoir des Schöpflöffels, von wo aus es unter der Wirkung der Massenkraft in den hohlgebohrten Kurbelzapfen gefördert wird. Von hier aus tritt es unter Einwirkung der Zentrifugalkraft unter einem gewissen Druck in den Schmierspalt des Lagers aus. Damit kann auf eine Schmierölpumpe verzichtet werden. Alle anderen Wälzlager werden durch Spritzöl geschmiert und der Ventiltrieb durch den Öldunst, der durch die Pulsation im Kurbelgehäuse in den Kipphebelraum gefördert wird.

Zwei weitere Beispiele für geschickte, kostengünstige Konstruktion sind der Ventiltrieb (Betätigung von Ein- und Auslaßventil über einen Nocken – Bild 358 –) und der einfache Zentrifugalkugelregler [siehe auch 235; 236], der durch seine Anordnung auf der Kurbelwelle mit Motordrehzahl läuft und damit ein verhältnismäßig großes Arbeitsvermögen hat.

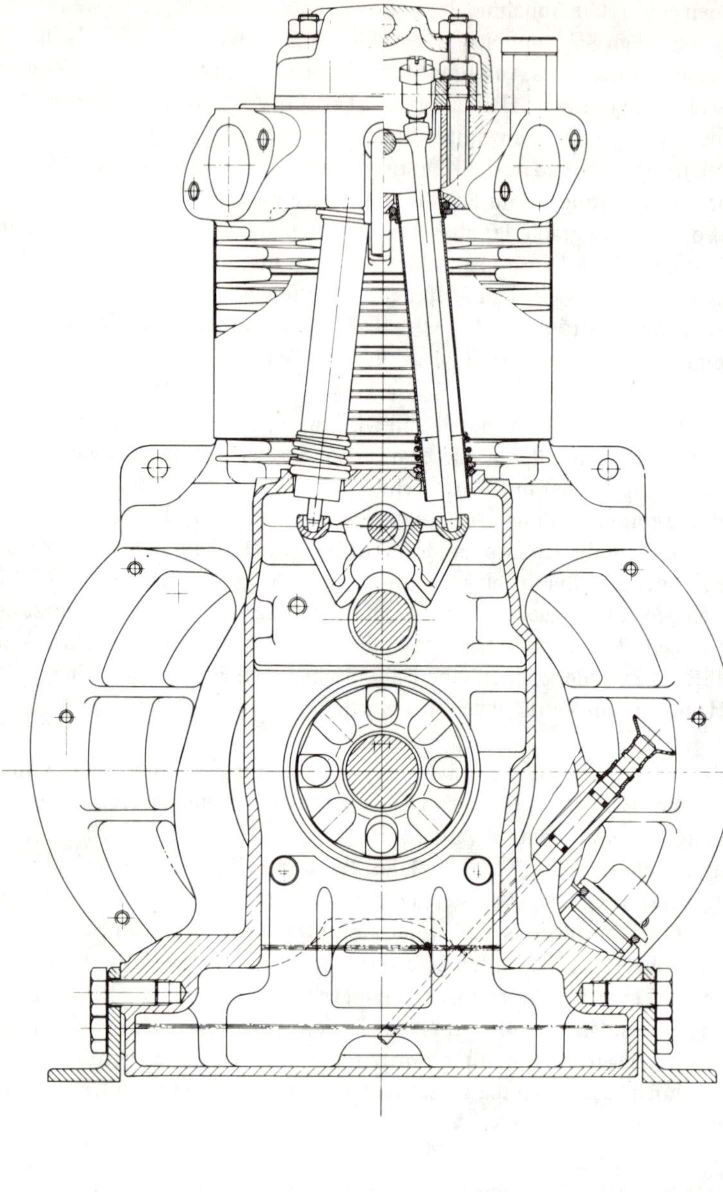

Bild 358. Schnitt durch den Steuerungsantrieb des Motors nach Bild 357

6.2.2 4-Zylinder-Boxermotor (Ottomotor) 3/1500 der Volkswagenwerk Aktiengesellschaft, Wolfsburg

(Bild 359) vgl. auch [251]

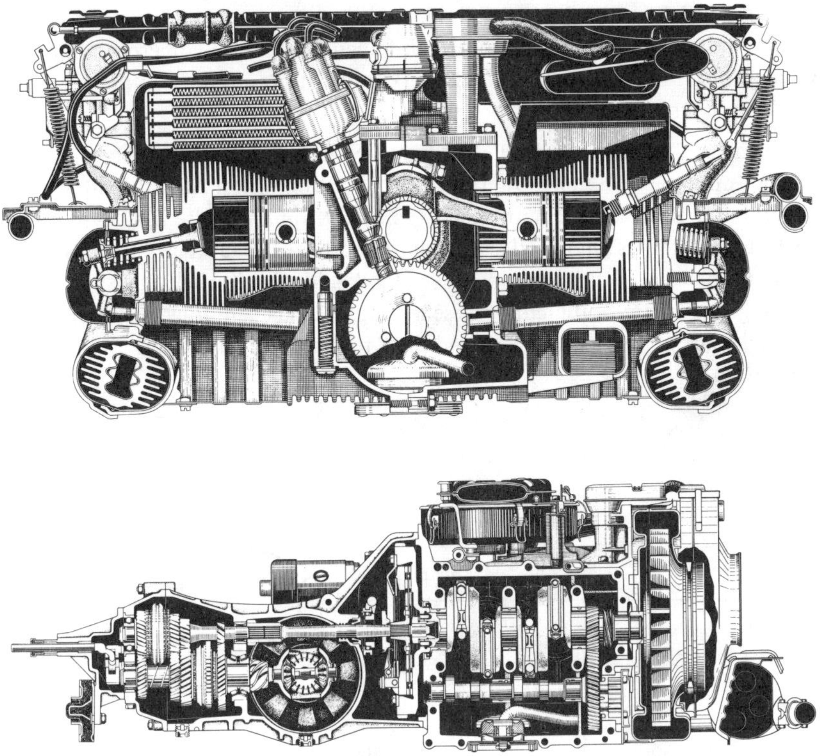

Bild 359. Quer- und Längsschnitt des Volkswagenmotors 3/1500

Bohrung D = 83 mm, Hub H = 69 mm, Hubraum V_h = 1,493 l, N = 45 PS, n = 3800 U/min, V-Winkel $\gamma = 180^\circ$.

Der Motor ist in erster Linie zum Antrieb von Personenwagen bestimmt, wird aber auch als Industriemotor verwandt. Einige Kenndaten: Leistungsgewicht G_N = 2,7 kg/PS, Hubraumgewicht G_{V_h} = 81,5 kg/l, relativer Zylinderabstand $\frac{a}{D}$ = 1,465.

Das Kurbelgehäuse aus Druckguß (Magnesiumlegierung) ist zweiteilig. Die Trennebene geht senkrecht durch die Kurbelwellen- und Nockenwellenlager. Die beiden Hälften werden durch 6 Lagerschrauben (Zuganker), die durch die Lagerwände gehen, zusammengehalten. Auf das Kurbelgehäuse sind die vier einzelnen Zylinder (Gußeisen, Croningguß) aufgesetzt. Die Rippen werden zum Oberteil des Zylinders hin, der Stelle des größten Wärmeanfalls, größer.

Der Zylinderkopf aus Leichtmetall (Kokillenguß mit Croningkern) ist als Blockkopf ausgebildet, in dem je zwei Zylindereinheiten zusammengefaßt sind. Je Zylindereinheit sind vier Zylinderkopfschrauben (Zuganker) vorgesehen, die Zylinderkopf und Zylinder ohne Zylinderkopfdichtung auf dem Kurbelgehäuse miteinander verspannen.

Die vierfach gelagerte Kurbelwelle hat induktiv gehärtete Lagerzapfen (d_W = 55 mm, d_K = 55 mm). Die Hauptlager 1, 3 und 4 sind Aluminiumbuchsen mit verbleiter Lauffläche. Hauptlager 2 (von der Kupplungsseite aus das Mittellager) ist ein geteiltes Dreistofflager (Stahl-Bleibronze). Hauptlager 1 ist als Paßlager mit Anlaufbunden ausgebildet. Die Hohlkehlen der Kurbelwelle sind gerollt. Gegengewichte sind nicht vorgesehen, da, wie aus dem folgenden hervorgeht, nicht nötig. Den Kurbelstern und die Kröpfungsverteilung zeigt Bild 360.

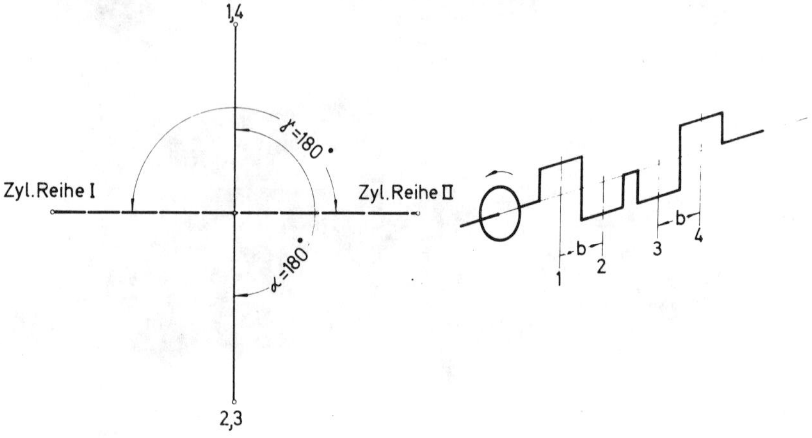

Zyl. Reihe I: Zylinder 1 und 4
Zyl. Reihe II: Zylinder 2 und 3
Zündfolge : 1–4–3–2

Bild 360. Kurbelstern und Kröpfungsfolge des Motors nach Bild 359

Danach handelt es sich um einen V-Motor mit einem V-Winkel $\gamma = 180^\circ$ und einem Kurbelversatzwinkel von $\alpha = 180^\circ$, jede Pleuelstange hat ihren eignen Kurbelzapfen (vgl. 3.1.1.3.3). Mit dieser Anordnung werden in *einer* V-Motoreinheit die rotierenden Massenkräfte P_r nach Gl. 19 zu Null, da $\frac{\alpha}{2} = 90^\circ$, auch $\overset{\frown}{P_I}$ ist gleich Null, da $\frac{\alpha}{2} = 90^\circ$ (Gl. 20). Das gleiche gilt für $\overset{\frown}{P_I}$ nach Gl. 21, da

$\gamma - \frac{\alpha}{2} = 90^\circ$. Auch die Massenkräfte 2. Ordnung $\overleftarrow{P_{II}}$ werden nach Gl. 22 zu Null, da $\alpha - \frac{\gamma}{2} = 90^\circ$, und es ist auch $\overrightarrow{P_{II}}$ = Null (Gl. 23), da $3/2 \cdot \gamma - \alpha = 90^\circ$.

Die Massenmomente 1. und 2. Ordnung dagegen, die sich aus dem Versatz b der Kurbelkröpfungen ergeben, werden nicht Null, sondern nehmen für eine V-Motoreneinheit folgende Werte an:

$$\overleftarrow{M_{r_{Ik}}} = \frac{1}{2}\, m_h \cdot r \cdot \omega^2 \cdot b \qquad \text{(Gl. 24} \quad \frac{\alpha}{2} = 90^\circ)$$

$$\overrightarrow{M_{r_{Ik}}} = \frac{1}{2}\, m_h \cdot r \cdot \omega^2 \cdot b \qquad \text{(Gl. 25} \quad \gamma - \frac{\alpha}{2} = 90^\circ)$$

$$\overleftarrow{M_{r_{IIk}}} = \frac{1}{2}\, m_h \cdot r \cdot \omega^2 \cdot \lambda \cdot b \qquad \text{(Gl. 26} \quad \alpha - \frac{\gamma}{2} = 90^\circ)$$

$$\overrightarrow{M_{r_{IIk}}} = \frac{1}{2}\, m_h \cdot r \cdot \omega^2 \lambda \cdot b \qquad \text{(Gl. 27} \quad \frac{3}{2}\gamma - \alpha = 90^\circ)$$

Sie werden jedoch im ganzen Motor durch die gleich großen, entgegengesetzt wirkenden Momente der zweiten V-Motoreneinheit voll ausgeglichen, so daß ein solcher Boxermotor 100%igen Massenausgleich 1. und 2. Ordnung ohne Gegengewichte hat. Da sich aus der Kröpfungsanordnung und der Zündfolge 1 – 4 – 3 – 2 gleichmäßiger Zündabstand (180°) ergibt, ist auch das Wechseldrehmoment 1. Ordnung gleich Null, so daß ein Boxermotor dieser Bauart eine ausgezeichnete Standruhe hat. Das Schwungrad ist mit einer Hohlschraube und vier Paßstiften auf den Kurbelwellenzapfen aufgeschraubt. Die Pleuelstange ist gerade geteilt. Die Pleuellager sind Dreistofflager mit Stahlstützschale. Das große Pleuelauge ist mit zwei Schrauben zusammengeschraubt, deren Kopf nach oben zeigt, so daß die Pleuelschrauben bei angebautem Zylinder durch die Zylinderbohrung des Kurbelgehäuses zugänglich sind. Die Kolben sind Leichtmetallkolben mit Stahleinlage (Regelkolben).

Je Zylindereinheit ist je ein Ein- und Auslaßventil vorgesehen, deren Schäfte in Führungen aus Sondermessing laufen. Durchmesser der Ventilteller: Einlaß 35,5 mm, Auslaß 32 mm. Für die Ein- und Auslaßventile sind im Zylinderkopf gesinterte Ventilsitzringe vorgesehen. Die Sitze der Auslaßventile (Verbundventile: Schaft Stahl, Teller austenitischer Stahl) sind gepanzert.

Die Nockenwelle aus härtbarem Gußeisen hat induktiv gehärtete Nocken und ist im Kurbelgehäuse unterhalb der Kurbelwelle dreifach in Stahlhalbschalen mit Weißmetalllaufschicht gelagert. Das Nockenwellenrad ist aus Leichtmetall und mit der Nockenwelle vernietet.

Die Schmierölzahnradpumpe ist mit einem besonderen Gehäuse in das Kurbelgehäuse eingesetzt. Sie wird direkt von der Nockenwelle aus angetrieben. Das Schmieröl wird über einen luftgekühlten Ölkühler aus Leichtmetall zu den Schmierstellen gefördert. Ein Schmierölfilter ist nicht vorgesehen.

Die Kühlluft wird von einem auf der Kurbelwelle sitzenden Radialgebläse gefördert (Q_L = 46,4 m^3/PSh bei n = 3800 U/min). Eine Kühlluftregelung ist mittels thermostatgesteuerter Klappen, die vor dem Eintritt der Kühlluft in der Zylinderverschalung liegen, vorgesehen. Ein Teil der Kühlluft wird für die Wagenheizung über Wärmetauscher auf den Auspuffrohren erwärmt (Bild 359, Querschnitt links und rechts unten).

6.2.3 4-Zylinder-Reihenmotor (Dieselmotor) F4L 912 der Klöckner-Humboldt-Deutz AG, Köln-Deutz

(Bild 361) vgl. auch [300]

Bohrung D = 100 mm, Hub H = 120 mm, Hubvolumen V_h = 3,768 l, N = 80 PS (DIN 70020), n = 2800 U/min.

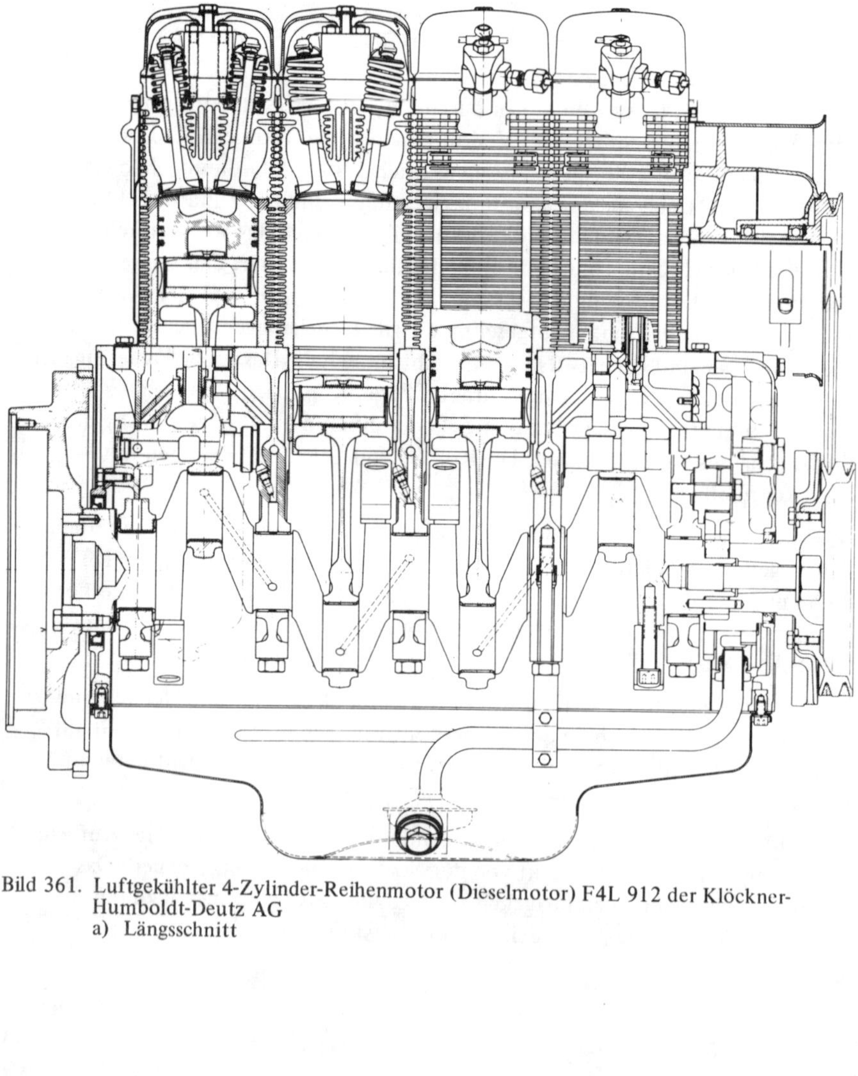

Bild 361. Luftgekühlter 4-Zylinder-Reihenmotor (Dieselmotor) F4L 912 der Klöckner-Humboldt-Deutz AG
a) Längsschnitt

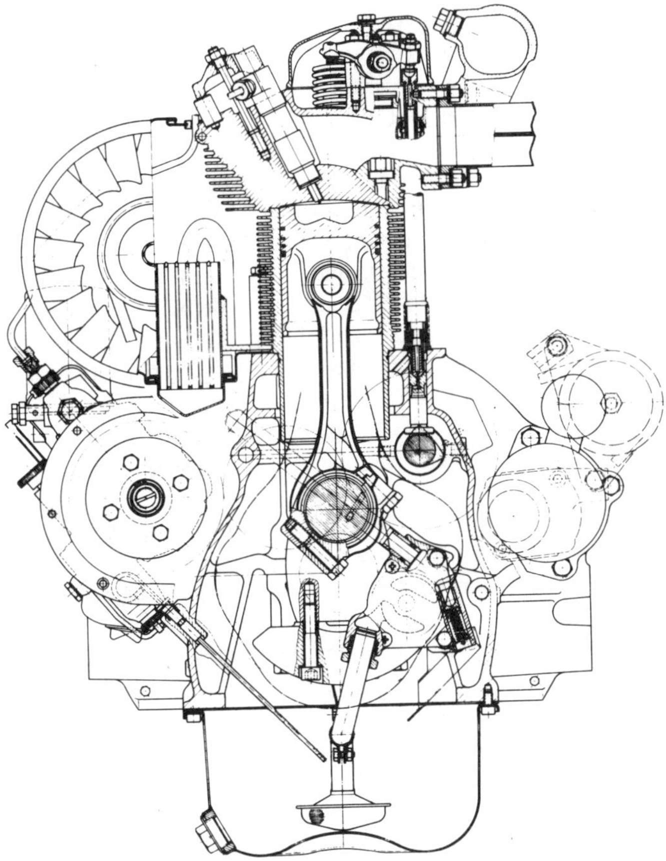

Bild 361. Luftgekühlter 4-Zylinder-Reihenmotor (Dieselmotor) F4L 912 der Klöckner-Humboldt-Deutz AG
b) Querschnitt

Der Motor ist Bestandteil einer Reihe von 2-, 3-, 4- und 6-Zylindermotoren, von denen der 6-Zylindermotor auch mit Aufladung geliefert wird (Bild 305). Der Motor ist in langjähriger Entwicklung kosten- und leistungsmäßig auf einen optimalen Stand hin durchkonstruiert, wofür z.B. auch der für einen luftgekühlten Motor kleine Zylinderabstand ($\frac{a}{D}$ = 1,3) zeugt. Seine Verwendbarkeit ist universal. Er wird in Lastkraftwagen, landwirtschaftliche Schlepper, Baumaschinen, Elektroaggregate und Schiffe eingebaut. Einige Kenndaten: Leistungsgewicht G_N = 3,9 kg/PS, Hubraumgewicht G_{V_h} = 83,5 kg/l, Bauraumleistung N_B = 187 PS/m^3. Die Kenndaten schließen bei luftgekühlten Motoren die Kühlanlage, die fester Bestandteil des Motors ist, mit ein.

Das Kurbelgehäuse (vgl. auch Bild 113) ist aus Grauguß. Seine Seitenwände sind weit unter Kurbelwellenmitte heruntergezogen. Das bringt bei dem Kurbelgehäuse eines luftgekühlten Motors, dem die zur Steifigkeit beitragende Zylinderpartie des wassergekühlten Motors fehlt, eine willkommene Erhöhung der Kurbelgehäusesteifigkeit. Damit kann das Kurbelgehäuse in Verbindung mit einer gußeisernen Ölwanne als tragendes Teil in eine Schlepperkonstruktion einbezogen werden. Gut ausgebildete Rippen in den Lagerwänden sorgen für eine geradlinige Einleitung der Gaskräfte in die Lagerdeckelpartie. Die Lagerdeckel aus Gußeisen sind mit zwei Schrauben M 14 festgeschraubt und über Paßbuchsen fixiert. Der Schwungradflansch und der Räderkastenflansch sind angegossen. An den Räderkastenflansch ist auf der einen Seite die Einspritzpumpe, auf der anderen Seite eine Hydraulikpumpe angeschraubt. Der Schwungradflansch ist gleichzeitig Träger für den Flanschanlasser. Der Rädertrieb auf der Schwingungsdämpferseite wird durch einen Räderkasten (Leichtmetall-Druckguß) abgeschlossen, der gleichzeitig Träger des Kühlluftgebläses ist. Auf der Schwingungsdämpferseite ist die Schmierölpumpe (Innenzahnradpumpe, Fördermenge 29 l/PSh) direkt auf der Lagerwand aufgeschraubt. Damit ist geschickt der Platz ausgenutzt, der unterhalb des die Motorlänge bestimmenden Kühlluftgebläses vorhanden ist, und die Unterseite des Kurbelgehäuses ist frei von der Ölpumpe, was eine gewisse Freiheit in der Gestaltung einer flachen Ölwanne bringt. Diese Anordnung der Ölpumpe ergibt weiter geringste Zahnradzahl, da ein Zwischenrad entfällt. Das Öldruckregulierventil ist in den Ölpumpenkörper einbezogen. Das abgesteuerte Schmieröl geht direkt in den Saugraum der Ölpumpe. In den Lagerwänden des Kurbelgehäuses sind für die Spritzölkühlung des Kolbens Spritzdüsen schräg angeordnet, die direkt aus den Ölversorgungsbohrungen der Hauptlager versorgt werden – eine einfache und betriebssichere Konstruktion. Jede Düse hat ein Druckventil (~ 1,5 atü), das dafür sorgt, daß beim Anlassen die Ölversorgung der Hauptlager gesichert ist. Die Rippenzylinder aus Gußeisen liegen auf Stahllamellenzwischenlagen auf der Kurbelgehäusedeckplatte auf (Einstellung des genauen Kolbenabstandes). Die Deckplatte des Kurbelgehäuses ist mit einer darunterliegenden zweiten Deckplatte durch Rippen verbunden, was eine steife Zylinderrohrauflage ergibt. Die oberen Rippen der Zylinder sind geschlossen, um die Verformung gering zu halten.

Die Einzelzylinderköpfe (vgl. Bild 158 a) sind aus einer Leichtmetallegierung. Sie werden durch je vier hochelastische Dehnschrauben M 12 (vgl. auch Bild 143) mit einer Mindestzugfestigkeit von 125 kp/mm^2 ohne Zylinderkopfdichtung mit den Zylindern und dem Kurbelgehäuse verspannt. Jeder Zylinderkopf hat je ein Ein- und Auslaßventil (Tellerdurchmesser 43 mm bzw. 37 mm, Sitzwinkel 90°), für die Ventilsitzringe vorgesehen sind. Die Ventile sind schräg angeordnet, um einen großen Kühlluftdurchtrittsquerschnitt am Ventilsteg zu erhalten. An dieser Stelle sind hohe, mit der Ölfangschale verbundene (Steifigkeit!) Kühlrippen vorgesehen. Beide Ventilkanäle liegen auf einer Seite, auf der auch die Stoßstangen liegen, damit ist auf der anderen Seite reichlich Platz für das Einspritzventil und entsprechende Kühlluftdurchtrittsquerschnitte geschaffen. Das Einspritzventil (4-Loch-Düse) sitzt schräg im Zylinderkopf. Ihm benachbart sind große Materialquerschnitte im Zylinderkopf, was zur guten Kühlung der Düse, die selbst noch durch eine Wärmeisolierscheibe vom Zylinderkopf getrennt ist, beiträgt und dem Zylinderkopfboden noch eine große Wärmemenge entzieht. Der Düsenhalter wird als erster vom Kühlluftstrom getroffen, der dann fast in voller Menge den Raum über dem Ventilsteg durchströmt. Der Einlaßkanal ist als Drallkanal ausgebildet.

Die Kurbelwelle ist fünffach in Dreistofflagern gelagert ($d_W = 70$ mm, $d_K = 60$ mm) – Lagerspiel 0,05 bis 0,11 mm. Das Paßlager auf der Schwungradseite wird durch Anlaufringe gebildet. Die vier Gegengewichte zur Entlastung des Mittellagers sind angeschraubt. Die ebene Kurbelwelle (vgl. Bild 21) eines Vierzylindermotors ist frei von Massenkräften 1. Ordnung und Massenmomenten 1. und 2. Ordnung, hat jedoch beachtliche Massenkräfte 2. Ordnung. Zum Ausgleich dieser Massenkräfte 2. Ordnung kann ein Massenausgleichsgetriebe vorgesehen werden (vgl. Kapitel 3.1.1.3.2). Auf beiden Seiten der Kurbelwelle ist 100%ige Leistungsabnahme möglich. Das Kurbelwellenzahnrad auf der Schwingungsdämpferseite ist über die Nabe der Keilriemenscheibe (mit Gummischwingungsdämpfer) mit Hilfe einer Dehnschraube M 24 durch Reibungsschluß befestigt. Die Pleuelstange (vgl. auch Bild 82d) ist als Ergebnis einer langen Bauteilentwicklung sehr schlank und leicht ausgeführt. Das große Auge ist schräg geteilt und mit zwei Schrauben M 12 verschraubt. Fixiert wird der Pleueldeckel über Nut und Feder und einen quer liegenden Fixierstift. Die Pleuellager sind Dreistofflager (Spiel 0,04 bis 0,098 mm), die Kolbenbolzenbuchsen sind gerollte, einbaufertige Buchsen (Spiel 0,04 bis 0,09 mm).

Der Kolben ist aus einer übereutektischen Leichtmetallegierung mit 3 Verdichtungsringen (1. Ring: Doppeltrapezring, verchromt, balliggehont aus Kugelgraphitguß, 2. und 3. Ring ferroxierte Topringe) und einem Ölschlitzring mit Schlauchfeder und verchromten Stegen.

Der Zahnradtrieb liegt auf der Schwingungsdämpferseite des Kurbelgehäuses. Alle Räder sind schrägverzahnt und badnitriert (hohe Leistungsabnahme von 40 PS für Hydraulikpumpe!). Ein keilriemengetriebenes Axialgebläse (n = 6000 U/min) fördert die Kühlluft (44 m^3/PSh), die sich beim 6-Zylindermotor wie folgt aufteilt: 52% für Zylinderköpfe, 24% für Zylinder, 20% für Ölkühler (im Kühlluftaufnehmer angeordnet), 4% für Lichtmaschine, die aus einer Öffnung der Kühlluftverkleidung einen besonderen Luftstrahl erhält. Die Kühlluft wird im Aufnehmer (vgl. auch Bild 223) gesammelt und strömt von dort den zu kühlenden Teilen Zylinder, Zylinderkopf, Ölkühler zu. Das Oberteil des Aufnehmers ist zu Reinigungszwecken leicht abnehmbar. Auf der Abluftseite der Zylinder sind zur guten Kühlluftverteilung Staubleche (vgl. auch Bild 225) angebracht.

6.2.4 6-Zylinder-V-Motor (Dieselmotor) F6L 413 der Klöckner-Humboldt-Deutz AG, Köln-Deutz

(Bild 362) vgl. auch [105]

Bohrung D = 120 mm, Hub H = 125 mm, Hubvolumen V_h = 8,48 l, N = 170 PS (DIN 70020), n = 2650 U/min, V-Winkel $\gamma = 90°$, Verbrennungsverfahren: Direkte Einspritzung.

Der Motor ist Teil einer Reihe von V-Motoren mit 6, 8, 10 und 12 Zylindern. Der Zwölfzylindermotor wird auch mit Abgasturboaufladung und Ladeluftkühlung gebaut (Bild 307) und erreicht damit eine Leistung N = 450 PS bei n = 2650 U/min. Die Motoren werden in erster Linie zum Antrieb von Lastkraftwagen eingesetzt, finden aber ebenso auch Verwendung in Sonderfahrzeugen, Baumaschinen, Diesel-Elektroaggregaten und Schiffen. Einige Kenndaten: Leistungsgewicht G_N = 3,38 kg/PS, Hubraumgewicht G_{V_h} = 68 kg/l, Bauraumleistung N_B = 195 PS/m^3, relativer Zylinderabstand $\frac{a}{D} = 1,37$. Für den aufgeladenen 12-Zylindermotor sind die entsprechenden Werte:

G_N = 2,4 kg/PS, G_{V_h} = 65 kg/l, N_B = 230 PS/m^3. Bei diesen Kenndaten luftgekühlter Motoren ist zu berücksichtigen, daß sie die Kühlanlage, die fester Bestandteil des Motors ist, einschließen.

Das Kurbelgehäuse aus Grauguß hat weit unter Kurbelwellenmitte heruntergezogene Seitenwände. Es ist gekennzeichnet durch geringe Breite und Höhe des Ölwannenflansches, was beim Einbau in Lastkraftwagen die Verwendung nicht gekröpfter, gerade durchlaufender Rahmenlängsträger möglich macht. Die für das Kurbelgehäuse eines luftgekühlten Motors notwendige Steifigkeit wird durch kräftig ausgeführte Seitenwände mit Längsrippen und die Querverschraubung der Lagerdeckel aus GGG 50 erreicht. Die Lagerdeckel werden mit je zwei senkrechten Schrauben M 16 (σ_B = 125 kp/mm^2) und zwei Querschrauben M 14 mit dem Kurbelgehäuse verschraubt (vgl. auch Bild 129). Sie sind durch einen

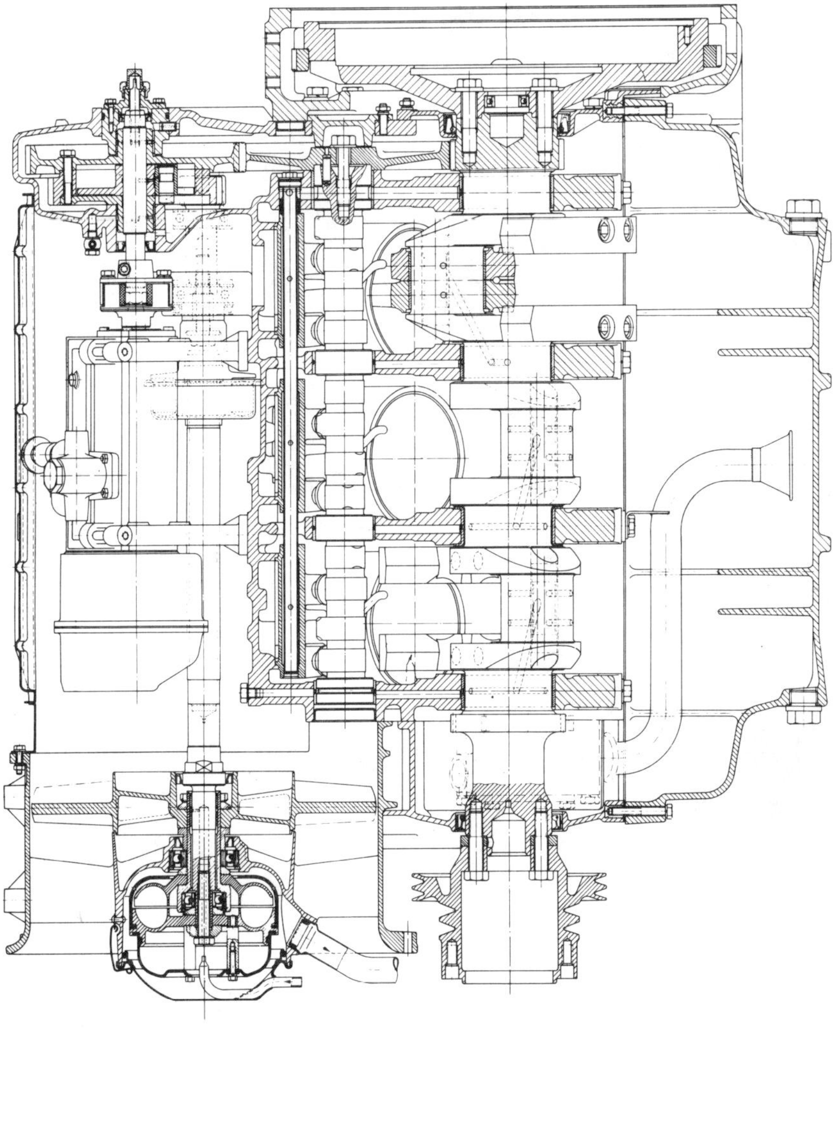

Bild 362. Luftgekühlter 6-Zylinder-V-Motor F6L 413 (Dieselmotor) der Klöckner-Humboldt-Deutz AG
a) Längsschnitt

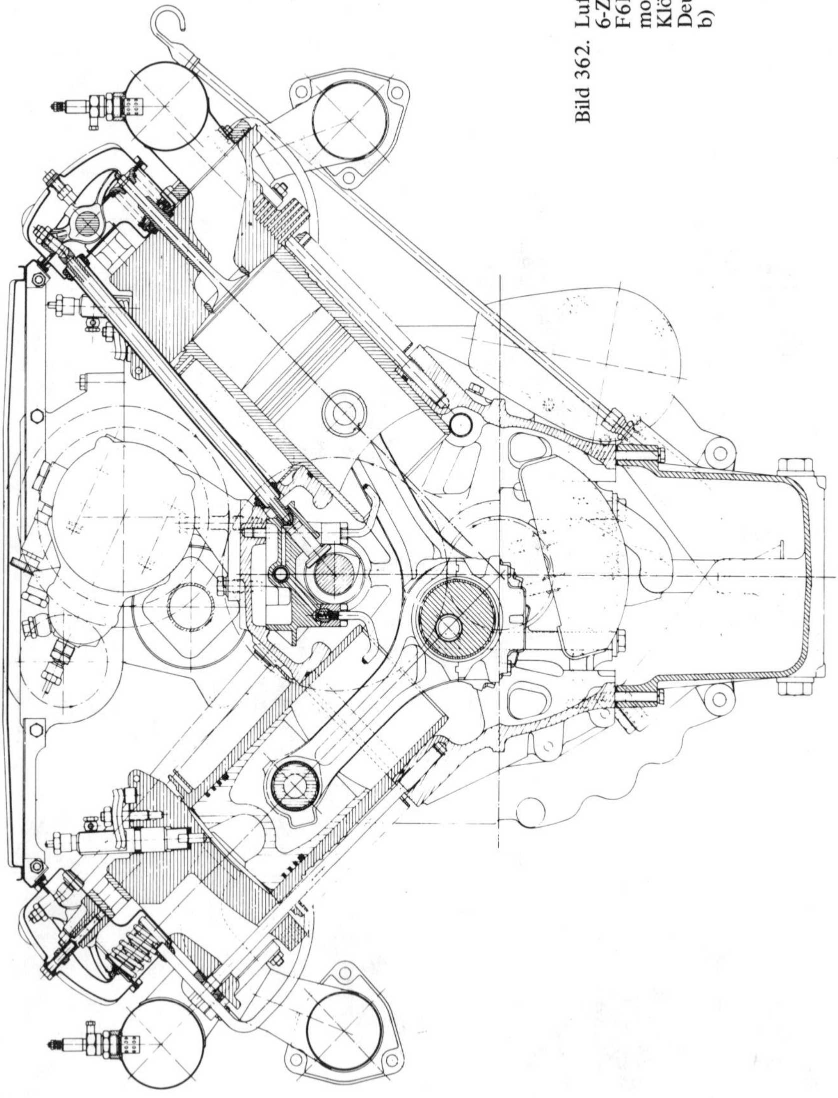

Bild 362. Luftgekühlter 6-Zylinder-V-Motor F6L 413 (Dieselmotor) der Klöckner-Humboldt-Deutz AG
b) Querschnitt

Einpaß (Spiel 10 bis 30 μm) im Kurbelgehäuse fixiert. Der Übergang vom Einpaß in die Anschraubfläche des Lagerdeckels im Kurbelgehäuse ist zum Abbau der Spannungen mit einem Radius gut ausgerundet, der zusammen mit dem Einpaß geräumt wird. Durch eine entsprechende Verrippung der Lagerwände ist für eine gute Einleitung der Gaskräfte in die Lagerdeckelschrauben gesorgt (vgl. Bild 129). Die Auflage der Zylinderrohre ist kräftig ausgeführt und durch eine längsdurchgehende Rippe versteift. Die Zylinderkopfschrauben sind zur guten Verteilung der Kräfte tief im Kurbelgehäuse versenkt. Das Kurbelgehäuse läßt die Bemühungen des Konstrukteurs erkennen, für das Gießen und Bearbeiten einfache Verhältnisse zu schaffen. Kennzeichnend dafür ist z.B. die Verwendung sogenannter Stößelbrücken. Das sind Einsätze im Kurbelgehäuse, welche die Stößelführungen, die Spritzdüsen für die Kolbenkühlung und die Schmierölleitung für Kolbenkühlung und Kipphebelschmierung enthalten. Die Stößelbrücken sitzen in einem kreisrunden Einpaß des Kurbelgehäuses und werden um die senkrechte Achse durch das für alle Stößelbrücken gemeinsam durchgehende Schmierölverteilerrohr fixiert. Das Schmierölhauptverteilerrohr auf der rechten Seite des Kurbelgehäuses (Bild 362 – Querschnitt) ist in die Lagerwände eingewalzt. Auf der Schwungradseite ist ein Schwungradgehäuse, an dem auch der Anlasser befestigt ist, an das Kurbelgehäuse angeschraubt. Auf der entgegengesetzten Seite schließt der vordere Deckel aus Leichtmetalldruckguß (Bild 363) das Kurbel-

Bild 363. Vorderer Kurbelgehäusedeckel des Motors nach Bild 362 mit aufgebauten Hilfsaggregaten

gehäuse ab. Dieser Deckel ist als Geräteträger ausgebildet. Er trägt das Kühlluftgebläse, den Schmierölkühler, die Schmierölfilter, den Kompressor und die Lichtmaschine. Außerdem wird durch Passagen des Geräteträgers das Schmieröl ohne besondere Leitungen von der Schmierölpumpe über den Schmierölkühler und die Filter in die Hauptverteilerleitung des Kurbelgehäuses geleitet. Der V-Raum des Kurbelgehäuses ist nach oben durch einen Deckel geschlossen und bildet den

Kühlluftaufnehmer. Die in diesem Raum liegenden, ölführenden Teile müssen besonders öldicht sein. In diesem Zusammenhang ist die Abdichtung der Stoßstangenrohre durch einfache aber betriebssichere Gummiformteile interessant. Auf den Deckplatten der beiden Zylinderreihen des Kurbelgehäuses sitzen die Zylinder über Stahllamellenzwischenlagen auf, womit auch der richtige Kolbenabstand eingestellt wird. Der Zylinder ist mit dicken Wänden, die nach oben und unten noch verstärkt sind, steif gegen Innendruck und Schraubenkräfte ausgebildet. Die mit versetzten Unterbrechungen versehenen Rippen (vgl. auch Bild 139) sind aus Gründen geringer Rohrverformung in ihren obersten Reihen geschlossen.

Die Einzelzylinderköpfe (vgl. auch Bilder 142 und 158b) aus Leichtmetall (Kokillenguß mit Croningkernen) mit je einem Einlaß- und Auslaßventil sind ohne Dichtung mit je drei Zugankern (Dehnschrauben mit einem Verhältnis Dehnschaftsdurchmesser zu Gewindedurchmesser von 0,8 (σ_B = 125 kp/mm^2) über die Zylinder mit dem Kurbelgehäuse verspannt. Ein Zuganker liegt auf der Außenseite zwischen Ein- und Auslaßkanal, zwei liegen auf der Innenseite zu beiden Seiten des Einspritzventils. Diese Anordnung gibt Freizügigkeit zur strömungsgünstigen Ausbildung der Ein- und Auslaßkanäle. Der Einlaßkanal ist als Drallkanal ausgebildet und geht nach oben (strömungsgünstig). Beide Kanäle haben Ventilsitzringe. Die Ventile sind im Interesse einer guten Kühlung des Ventilsteges schräg gestellt. Zur Vermeidung von Stegrissen sind im Ventilsteg Stegeinlagen aus Stahl eingegossen (vgl. auch Bild 161). Der Kipphebelraum wird durch eine Ölfangschale aus Tiefziehblech gebildet. Dadurch ist der Zylinderkopf gießtechnisch einfach. Die Ölfangschale ist zusammen mit dem Kipphebelbock auf dem Zylinderkopf verschraubt. Bemerkenswert ist die Befestigung des senkrecht stehenden, gut zugänglichen Einspritzventils mit einer aus zwei Federblechen bestehenden Pratze.

Die allseitig bearbeitete Kurbelwelle (d_W = 90 mm, d_K = 75 mm) ist vierfach in Dreistofflagern gelagert. Zum vollständigen Ausgleich der Massenmomente 1. Ordnung (vgl. 3.1.1.3.3 für V-Winkel $\gamma = 90^\circ$) sind vier Gegengewichte vorgesehen. Das Massenmoment 2. Ordnung $M_{II} = \sqrt{6}\, m_h \cdot r \cdot \omega^2 \cdot \lambda \cdot a$ bleibt unausgeglichen. Die Kurbelzapfen sind mit d = 28 mm ausgebohrt (Massenausgleich!). Die schwungradseitige Kurbelwange ist gegenüber den anderen um ca. 15% stärker. Kraftabnahme ist auf beiden Seiten der Kurbelwelle möglich.

Die Pleuelstange (vgl. auch Bild 82 e) ist schräg geteilt. Das große Pleuelauge wird mit zwei Kopfschrauben M 14 zusammengeschraubt und ist über Nut und Feder (maximales Spiel 0,004 mm, maximale Überdeckung 0,016 mm) fixiert. Die Pleuellager sind Dreistofflager mit Stahlstützschale. Die Trennfuge der Lagerschalen liegt senkrecht zum Pleuelschaft, stimmt also nicht mit der Teilungsebene der Pleuelstange überein. Damit liegen die Trennfugen der Lagerschalen, die gegebenenfalls die Ausbildung des Schmierfilms beeinträchtigen können, für jede Lage der Pleuelstange im Bereich großer Schmierspalte. Bei kleinen V-Motoren liegen nämlich wegen der Forderung nach guter Zugänglichkeit der Pleuelschrauben von unten die Trennebenen der großen Pleuelaugen beider Zylinderreihen in verschiedenen Winkeln zum engsten Schmierspalt. Am großen und kleinen Pleuelauge sind Ausgleichsbutzen für den Gewichtsausgleich vorgesehen (Toleranz für Gesamt-Gewicht ± 8 g, Streubreite für oszillierenden und rotierenden Gewichtsanteil 16 g).

Der Ventiltrieb ist für eine 1,4-fache Überdrehzahl ausgelegt. Die Nockenwelle läuft in Lagerbuchsen im Kurbelgehäuse. Die Schäfte der Pilzstößel sind leicht ballig, um einwandfreie Linienberührung mit dem Nocken zu sichern. Die Stoßstangen sind aus Stahl. Badnitrierte Stahlkipphebel laufen ohne Lagerbuchse direkt auf den gußeisernen Zapfen des Kipphebelbocks.

Der Rädertrieb (vgl. Bild 311d) liegt auf der Schwungradseite. Er ist durch gerinstmögliche Räderzahl gekennzeichnet. Das Kurbelwellenzahnrad ist auf die Kurbelwelle aufgeschnitten und kämmt direkt mit dem Nockenwellenrad, das wieder direkt mit dem Einspritzpumpenzahnrad im Eingriff steht. Im Einspritzpumpenzahnrad ist der Spritzversteller (im Prinzip ähnlich wie Bild 256) untergebracht.

Vom Einspritzpumpenzahnrad aus wird über ein Vorgelege das Kühlluftgebläse über eine Gummirollenkupplung angetrieben. Für die Schmierölpumpe ist auf der Vorderseite der Kurbelwelle ein besonderer Zahnradtrieb vorgesehen.

Das Kühlluftgebläse ist ein Axialgebläse mit vorne liegendem Leitrad. Seine Drehzahl ist über eine hydrodynamische Kupplung (angeschlossen an den Schmierölkreislauf des Motors) regelbar. Die Regelung erfolgt durch Veränderung der Füllung der Kupplung durch ein von einem Abgasthermostaten beaufschlagtes Ventil (vgl. 3.5.2.3 und Bild 236).

Das Gebläse fördert eine Kühlluftmenge von 42 bis 44 m^3/PSh in den Luftaufnehmer im V-Raum. Von dort verteilt sich die Luft wie folgt: Zylinderköpfe 35%, Zylinder 30%, Ölkühler 20%, Hilfsaggregate 10%, Undichtigkeiten 5%.

7. Die wichtigsten verwendeten Formelzeichen

D	[mm, m]	Zylinderdurchmesser
D_a	[m]	Gebläseaußendurchmesser (Gehäuseinnenwand)
D_i	[m]	Gebläseinnendurchmesser (Nabe)
E	[kp/mm²]	Elastizitätmodul
G	[kp/mm²]	Schubmodul
F_K	[cm²]	Kolbenfläche
G	[kg]	Gewicht
G_g	[kg]	Gewicht eines Gegengewichts an der Kurbelwelle
G_h	[kg]	Gewicht der oszillierenden Massen des Kurbeltriebes
G_K	[kg/h]	Kühlmittelmenge
G_L	[kg/h]	Luftdurchsatz durch einen aufgeladenen Motor
G_r	[kg]	Gewicht der rotierenden Massen des Triebwerks
G_N	[kg/PS]	Leistungsgewicht = $\frac{\text{Motorgewicht}}{N}$
G_{V_h}	[kg/l]	Hubraumgewicht = $\frac{\text{Motorgewicht}}{V_h}$
H	[mm, m]	Kolbenhub
H_{ad}	[m]	Adiabatische Förderhöhe
H_u	[kcal]	Unterer Heizwert des Kraftstoffs
J_A	[cm⁴]	Axiales Trägheitsmoment
J_P	[cm⁴]	Polares Trägheitsmoment
L	[dB]	Gebläselautstärke
L_{min}	[kg/kg] [m³/kg]	Mindestluftbedarf zur Verbrennung von 1 kg Kraftstoff
M_d	[kp m]	Nutzdrehmoment des Motors
$M_{d_{SR}}$	[kp m]	Von der Schwungradverbindung zu übertragendes Drehmoment
$M_{h\,I,II}$	[kp m]	Massenmoment der oszillierenden Massen I. und II. Ordnung
M_r	[kp m]	Massenmoment der rotierenden Massen
$M_{W\,II}$	[kp m]	Massenwechseldrehmoment II. Ordnung

M_I	[kp m]	Massenmoment I. Ordnung
N	[PS]	Leistung
N_B	[PS/m³]	Bauraumleistung $= \frac{N}{\text{Motorlänge} \cdot \text{Motorbreite} \cdot \text{Motorhöhe}}$
$N_{Zyl.}$	[PS]	Leistung pro Zylinder
O_c	[cm²]	Oberfläche des Kompressionsraumes
P_G	[kp]	Gaskraft
P_h	[kp]	Massenkraft der oszillierenden Massen des Kurbeltriebs
P_{hp}	[kp]	Massenkraft des oszillierenden Teils der Pleuelstange
P_{Ko}	[kp]	Massenkraft der Kolbenmasse
P_L	[kp]	Lagerkraft
P_m	[kp]	Massenkraft
P_r	[kp]	Massenkraft der rotierenden Teile des Triebwerks
P_{r_K}	[kp]	Rotierende Massenkraft der Kurbelkröpfung
P_{rp}	[kp]	Massenkraft des rotierenden Teils der Pleuelstange
P_{St}	[kp]	Stangenkraft (Pleuelstange)
P_{tG}	[kp]	Tangentialgaskraft
P_Z	[kp]	Zündkraft
Q	[kcal]	Im Kühler abzuführende Wärmemenge
$\dot{Q}$	[kcal/h]	Stündliche Wärmemenge
R	[mkg/kg · Grad]	Gaskonstante = 29,27 (Luft)
R_h	[kp]	Massenradialkraft der oszillierenden Massen des Kurbeltriebs
S	[–]	Sicherheitsfaktor
So	[–]	Sommerfeldzahl
T	[°K]	Absolute Temperatur
T_a	[sec]	Auslaufzeit
T_h	[kp]	Massendrehkraft der oszillierenden Teile des Triebwerks

V	[m³/sec]	Fördervolumen
V_c	[cm³]	Volumen des Kompressionsraumes
V_h	[dm³, m³, l]	Hubvolumen
W	[cm³]	Widerstandsmoment (äquatorial)
W_p	[cm³]	Widerstandsmoment (polar)
Z	[–]	Zylinderzahl
a	[mm]	Zylinderabstand
a	[m/sec]	Schallgeschwindigkeit (Kap. 3.5.2.2)
b	[mm]	Lagerbreite
b	[mm]	Versatz zweier benachbarter Kurbeln einer V-Motoreneinheit
b_e	[g/PSh]	Spezifischer Brennstoffverbrauch
c_{ax}	[m/sec]	Axiale Eintrittsgeschwindigkeit in den Gebläse-kreisringquerschnitt
c_m	[m/sec]	Mittlere Kolbengeschwindigkeit
c_p	[kcal/kg°C]	Spez. Wärme (Luft: $c_p = 0{,}24$; Wasser: $c_p = 1{,}0$)
c_u	[m/sec]	Umfangskomponente der Strömungsgeschwin-digkeit
d	[mm]	Lagerdurchmesser
d_K	[mm]	Kurbelzapfendurchmesser
d_W	[mm]	Hauptlagerzapfendurchmesser
e	[m]	Abstand des Mikrofons zur Schallquelle (Kap. 3.5.2.2)
f_v	[m²]	Ventildurchtrittsquerschnitt
g	[m/sec²]	Erdbeschleunigung (9,81 m/sec²)
h_V	[mm]	Ventilhub
i	[–]	Ordnungszahl der Drehkritischen
i	[–]	Übersetzungsverhältnis
l	[mm]	Pleuelstangenlänge
l	[m]	Profillänge an der Laufradschaufelspitze (Kap. 3.5.2.2)
l_K	[mm]	Länge des Kurbelzapfens
l_W	[mm]	Länge des Hauptlagerzapfens

m_g	[kg sec^2 m^{-1}]	Masse eines Gegengewichts der Kurbelwelle
m_h	[kg sec^2 m^{-1}]	Masse der oszillierenden Teile des Triebwerks
m_{hP}	[kg sec^2 m^{-1}]	Masse des oszillierenden Teils der Pleuelstange
m_{Ko}	[kg sec^2 m^{-1}]	Masse des kompletten Kolbens
m_r	[kg sec^2 m^{-1}]	Masse der rotierenden Teile des Triebwerks
m_{rK}	[kg sec^2 m^{-1}]	Rotierende Masse einer Kurbelkröpfung
m_{rp}	[kg sec^2 m^{-1}]	Masse des rotierenden Teils der Pleuelstange
n	[U/min]	Drehzahl (mit Index M = Motordrehzahl)
n_e	[U/min]	Drehzahl der Eigenfrequenz
n_{Kr}	[U/min]	Kritische Drehzahl
p	[kp/cm^2]	Druck
p_{dyn}	[kp/m^2]	Dynamischer Druck im Eintrittskreisringquerschnitt des Kühlgebläses
p_L	[kp/cm^2]	Lagerbelastung
p_{m_e}	[kp/cm^2]	Mittlerer effektiver Druck
p_{st}	[kp/m^2]	Statischer Druck
p_z	[kp/cm^2]	Zünddruck
Δp	[kp/m^2]	Gesamtdruckerhöhung (bei Axialgebläsen $\Delta p \approx \Delta p_{st}$)
$\Delta p_{Austr.}$	[kp/m^2]	Austrittsdruckverlust
$\Delta p_{Verlust}$	[kp/m^2]	Druckverlust des leitradlosen Gebläses gegenüber dem Gebläse mit Leitrad
q	[kcal/h°C m^2]	Kühlleistung eines Kühlers
q_w	[kcal/PSh]	Spez. Kühlwasserwärme
r	[mm, m]	Kurbelradius = $\frac{H}{2}$
r	[m]	Koordinate in Radialrichtung (Kap. 3.5.2.2)
r_g	[mm, m]	Schwerpunktsabstand eines Kurbelwellengegengewichts von seiner Drehachse
s	[m]	Radialspalt zwischen Laufradspitze und Gehäusewand (Kap. 3.5.2.2)
t	[sec]	Zeit

t	[m]	Schaufelteilung des Gebläselaufrades an der Schaufelspitze
u	[m/sec]	Umfangsgeschwindigkeit
u_a	[m/sec]	Umfangsgeschwindigkeit an der Gebläselaufradspitze
Δ	[–]	Durchmesserkennwert (Kap. 3.5.2.2)
Θ	[kp sec² m]	Massenträgheitsmoment
Λ	[–]	Luftaufwandszahl (~ 1,7 bis 2,2 je nach Ventilüberschneidung)
α	[Grad]	Versatzwinkel zweier benachbarter Kurbeln einer V-Motoreneinheit
$\alpha_{b,t}$	[–]	Formziffer für Biegung, Verdrehung
α_k	[–]	Durchflußbeiwert
γ	[Grad]	V-Winkel beim V-Motor
γ_L	[kg/m³]	Spez. Gewicht der Luft
δ_K	[Grad]	Kurbelwinkel der Kurbelwelle
δ_m	[–]	Ungleichförmigkeitsgrad des Motors
ϵ	[–]	Verdichtungsverhältnis = $1 + \frac{V_h}{V_c}$
η	[–]	Wirkungsgrad
η	[kp sec/m²]	Kinematische Zähigkeit
κ	[–]	Adiabatenexponent = Verhältnis der spez. Wärmen
λ	[–]	Pleuelstangenverhältnis $\frac{r}{l}$
λ	[–]	Luftüberschußzahl der motorischen Verbrennung 1,3 bis 2 je nach Verbrennungsverfahren (Vorkammer oder direkte Einspritzung)
$\mu\sigma$	[–]	Durchflußbeiwert
ν	[–]	Nabenverhältnis (Kühlgebläse)
ξ	[–]	Hub-Bohrungsverhältnis = $\frac{H}{D}$
ϱ	[mm]	Hohlkehlenradius der Kurbelwelle
ϱ	[kp sec² m⁻⁴]	Dichte der Kühlluft vor dem Kühlgebläse
σ	[–]	Drehzahlkennwert

σ_b	[kp/cm²] [kp/mm²]	Biegespannung
σ_v	[kp/cm²] [kp/mm²]	Vergleichsspannung
τ	[kp/cm²]	Schubspannung, Verdrehspannung
τ	[–]	Drosselzahl (Kap. 3.5.2.2)
φ	[Grad]	Kurbelwinkel
φ	[–]	Auf den Vollkreisquerschnitt bezogene Lieferzahl (Kap. 3.5.2.2)
φ'	[–]	Auf den Kreisringquerschnitt bezogene Lieferzahl (Kap. 3.5.2.2)
ψ	[–]	Relatives Lagerspiel
ω	[$\sec^{-1}$]	Winkelgeschwindigkeit = $\frac{\pi \cdot n}{30}$

SJ-Einheiten und alte Einheiten

Größe	SJ-Einheiten		alte Einheiten	
	Zeichen	Einheit	Zeichen	Einheit
Kraft	F	N(Newton) $1\ N = 1\ kg\ m/s^2$	P	1 kp = 9,81 N
Druck	p	$N/m^2 = 1\ Pa$ (Pa = Pascal)	p	$1\ kp/m^2 = 9{,}81\ N/m^2$ $1\ kp/cm^2 = 9{,}81 \cdot 10^4\ N/m^2$ $1\ kp/mm^2 = 9{,}81 \cdot 10^6\ N/m^2$ $1\ mm\ WS = 10\ N/m^2$ $1\ m\ WS = 10 \cdot 10^3\ N/m^2$ $1\ mm\ Hg = 133\ N/m^2$
Masse	m	kg	m	$1\ kp\ s^2/m = 9{,}81\ kg$
Moment	M	N m	M	1 kp m = 9,81 N m
Arbeit	A	J (Joule) 1 J = 1 N m	A	1 kp m = 9,81 N m 1 kp m = 9,81 J
Wärmemenge	Q	J	Q	1 kcal = 4,187 k J
Leistung	P	W (Watt) 1 W = 1 J/s = 1 N m/s	N	1 PS = 736 W
Gewicht	G	kg	G	kg
Temperatur	T	K (Kelvin)	t, ϑ	1 °C = 1 K (Skaleneinheit) 0 °C = 273,16 K
Drehzahl	n	1/s; 1/min	n	1 U/s = 1/s 1 U/min = 1/min

8. Literaturverzeichnis

(Bücher sind mit • gekennzeichnet)

Kapitel 1

- • [1] *Bussien:* Automobiltechnisches Handbuch. 18., völlig neu bearb. Aufl. von *G. Goldbeck.* 2 Bde. 1965.
- [2] *Derndinger, H.O.:* Einfluß der Massenfertigung auf die Gestaltung der Fahrzeugmotoren. In: Automobilrevue Nr. 19, 22.4.1971.
- [3] *Eberan von Eberhorst, R.:* Der Einfluß des Hub-Bohrungsverhältnisses auf die Triebwerksbeanspruchung. In: VDI-Z 99 (1957), Nr. 27.
- • [4] *Endres, W.:* Verbrennungsmotoren. Bd. I: Überblick. Motor-Brennstoffe. Verbrennung im Motor allgemein, im Otto- und Diesel-Motor. 2. Aufl. 1968. – Bd. II: Gaswechselvorgang. Aufladen. Leistung, mittl. Druck, Reibung. Wirkungsgrade und Kraftstoffverbrauch. 1966.
- [5] *Fezer, E.:* Motorische Kennwerte in graphischer Darstellung als Vergleichsgrundlage für Diesel-Hubkolbenmaschinen aller Größen. In: Tech. Mitt. Krupp Werksberichte Bd. 20 (1961), Nr. 1.
- [6] *Fleck, K.J.:* Some Effects of Stroke & Bore on Diesel Engine Performance. In: SAE Bericht, November 1956.
- [7] *Groth, K.:* Konstruktive Probleme und Erfordernisse bei der Entwicklung schnelllaufender Hochleistungsdieselmotoren. In: Konstruktion 17 (1965), H. 11.
- [8] *–:* Die Konstruktion schnellaufender Hochleistungsdieselmaschinen – ihre Probleme und Anforderungen an den Konstrukteur. In: Konstruktion 21 (1969), H. 10.
- • [9] *Howarth, M.H.:* The Design of High Speed Diesel Engines. London 1966.
- • [10] *Krämer, O.:* Bau und Berechnung der Verbrennungsmotoren. Berlin 1963.
- [11] *List, H., Pachernegg, S. u. H.L. Wittek:* Developing High Speed Direct Injection Diesel Engines. SAE Bericht Nr. 978 B, 1965.
- [12] *List, H.:* Die Entwicklung von Dieselmotoren. In: Österreichische Ingenieurzeitschrift, 10. Jg., H. I.
- • [13] *Mackerle, J.:* Luftgekühlte Fahrzeugmotoren. Stuttgart 1964.
- [14] *May, O. u. H. Mettig.:* Das Baukastensystem als Konstruktionsprinzip im Motorenbau. In: ATZ 67 (1965), H. 3.
- • [15] *Ricardo, H.:* Der schnellaufende Verbrennungsmotor. Berlin 1954.
- • [16] *Scheiterlein, A.:* Der Aufbau der raschlaufenden Verbrennungsmaschine. Wien 1964.
- [17] *Walder, C.J.:* Some Problems Encountered in the Design and Development of High Speed Diesel Engines. SAE Bericht Nr. 978 A, 1965.
- [18] Hub/Bohrung und Leistungsgewicht. In: ATZ 1931, H. 29.
- [19] Varying Viewpoints on Stroke-Bore Ratio. Diesel Power and Diesel Transportation 1950, März.

Kapitel 3.1

- [20] *Baumann, A.:* Berechnungen von gekrümmten Stäben. In: VDI-Z, Bd. 52, Nr. 9, 29. Febr. 1908.
- • [21] *Bensinger, W.D. u. A. Meier:* Kolben, Pleuel und Kurbelwelle bei schnellaufenden Verbrennungsmotoren, Konstruktionsbücher, Bd. 6. Berlin 1961.
- [22] *Benz, W.:* Sechsfach gekröpfte Kurbelwelle mit vier Gegengewichten. In: MTZ 1941, H. 2.
- [23] *– :* Der Gummidrehschwingungsdämpfer. In: MTZ 1943, H. 8/9.

[24] –: Biegungsschwingungen von mit einer Masse besetzten Wellen. In: MTZ 11 (1950), H. 3.
[25] –: Innere Biegemomente und Gegengewichtsanordnungen bei mehrfach gekröpften Kurbelwellen. In: MTZ 13 (1952), H. 1.
[26] –: Hochwertige Schrauben und Schraubenverbindungen im Motorenbau. In: Konstruktion 1955, H. 7.
• [27] *Biezeno, C.B. u. R. Grammel.:* Technische Dynamik. Berlin 1953.
[28] *Clink, R.:* Balancing of High Speed Four-Stroke Engines. In: Proc. Instn. Mech. Engrs (AD), No. 2, 1958–59.
[29] *Dück, G.:* Kolbenringe. In [1]
[30] *Eberhard, A. u. O. Lang:* Zur Berechnung der Gleitlager im Verbrennungsmotor mittels elektronischem Digitalrechner. In: MTZ 22 (1961).
[31] *Finnern, B.:* Spannungsmessungen und Dauerfestigkeitserhöhung an Kurbelwellen. In: MTZ 24 (1963), H. 8.
[32] *Forkel, D.:* Der Holset-Drehschwingungsdämpfer. In: Konstruktion 8 (1956), H. 11.
[33] *Frese:* Zur Berechnung schräg geteilter Pleuelstangen. In: MTZ 5 (1943), H. 3.
[34] *Freyther, H.G.:* Massenkräfte und Massenmomente bei V-Motoren in Abhängigkeit vom V-Winkel. In: MTZ 22 (1961), H. 12.
[35] *Gassner, E. u. W. Schütz:* Zur Dauerfestigkeit von Fahrzeugkurbelwellen. In MTZ 22 (1961), H. 8.
[36] *Grobuschek, F.:* Dauerfestigkeit von Gleitlagerwerkstoffen. In: MTZ 25 (1964), H. 5.
[37] *Groth, K. u. O. Syassen:* Konstruktion und Entwicklung einer Baureihe von schnelllaufenden Hochleistungsdieselmotoren. In: MTZ 29 (1968), H. 5.
[38] *Hahn, H.W.:* Das zylindrische Gleitlager endlicher Breite. Diss. T.H. Karlsruhe 1957.
[39] –: Gleitlager und ihre Schmierung. In [1].
[40] –: Gleitlager in Verbrennungsmotoren. In: MWM-Nachrichten 1960.
[41] *Härting, W.:* Die Gestaltfestigkeit von Kurbelwellen bei schnellaufenden Hochleistungsdieselmotoren. In: MTZ 22 (1961), H. 7.
[42] *Hasselgruber, H.:* Maßnahmen zur Verbesserung der Laufruhe von Verbrennungskraftmaschinen, insbesondere von Schleppermotoren. In: Grundl. Landtechn. Bd. 15 (1965), Nr. 1.
• [43] *Haug, K.:* Die Drehschwingungen in Kolbenmaschinen. Konstruktionsbücher, Bd. 8/9. Berlin 1952.
[44] *Holland, J.:* Beitrag zur Erfassung der Schmierverhältnisse in Verbrennungskraftmaschinen. In: VDI-Forschungsheft 475. Düsseldorf 1959.
[45] – : Gleitlager in Kolbenmaschinen. In: MTZ 23 (1962).
[46] *Hummel, H.:* Elektronengeschweißte Kolben. In: Mahle Kolbenkolloquium 1969.
[47] *Junker, G.:* Neuere Betrachtungen über die Haltbarkeit von dynamisch beanspruchten Schraubenverbindungen. In: Draht-Welt 53 (1967), H. 7.
[48] –: Betrachtungen über die Genauigkeit verschiedener Schraubenanziehverfahren. In: Industrie-Anzeiger Nr. 59, 1970.
[49] *Kohl, E.:* Kurze Kolben. In: Mahle Kolben-Informationen 3/1966.
[50] –: Grundsätzliche Überlegungen zur Kühlung von Kolben. In: MTZ 31 (1970), H. 2.
• [51] *Kremser, H.:* Das Triebwerk schnellaufender Verbrennungskraftmaschinen. Berlin 1949.
[52] *Kritzer, R.:* Dynamische und gestaltfestigkeitstechnische Gesichtspunkte beim Entwurf von Kurbelwellen. In: MWM-Nachrichten, 1960.
[53] –: Mechanik, Beanspruchungen und Dauerbruchsicherheit der Kurbelwellen schnelllaufender Dieselmotoren. In: Konstruktion 13 (1961).
[54] –: Zur Berechnung der Formzahlen von Kurbelwellen. In: MTZ 23 (1962), H. 12.

[55] –: Mechanik der Drehschwingungen insbesondere beim Kolbenmotor. In: Konstruktion 18 (1966), H. 1.
[56] *Kuhm, M.*: Das Problem des Kolbenbolzens im Kurbeltriebwerk. In: MTZ 25 (1964), H. 2.
• [57] *Lang, O.R.*: Triebwerke schnellaufender Verbrennungsmotoren. Konstruktionsbücher Bd. 22. Berlin 1966.
[58] – : Formzahlen von Kurbelwellen. In: MTZ 29 (1968), H. 3.
[59] *Lejkin, A.S.*: Stress Concentration in Crankshaft Fillets. In: Russian Engineering Journal (1960) 5.
[60] *Müller, L. u. R. Klus*: Die Berechnung von Schrumpfverbindungen von Zahnkränzen. In: Konstruktion 16 (1964), H. 5.
[61] *Maaß, H.*: Gestaltfestigkeit von Kurbelwellen, insbesondere nach den Forderungen der Klassifikationsgesellschaften. In: MTZ 25 (1964), H. 10.
[62] –: Die Formziffer α und ihre Anwendung bei kombinierter Beanspruchung der Kurbelwelle. In: MTZ 28 (1967), H. 2.
[63] –: Gesichtspunkte zur Berechnung von Kurbelwellen. In: MTZ 30 (1969), H. 4.
[64] –: Betrachtungen zur Gestaltfestigkeit von Kurbelwellen. In: MTZ 31 (1970), H. 2, 7, 12.
[65] *Meier, A.*: Kolben. In [1].
[66] –: Kolben mit Ölkühlung. In: MTZ 28 (1967), H. 3.
[67] *Menz, G.*: Das Dehnschrauben-Diagramm für beliebige Lage des Lastangriffs. In: Konstruktion 5 (1953), H. 5.
[68] *Müller, R. u. E. Roemer*: Der Einfluß der Alterung von Stahlstützschalen auf das Verhalten von Gleitlagern. In: MTZ 28 (1967), H. 2.
• [69] *Neugebauer, G.H.*: Kräfte in den Triebwerken schnellaufender Kolbenkraftmaschinen. Konstruktionsbücher Bd. 2 Berlin 1952.
[70] *Pfender, M., E. Amedick u. G. Sonntag*: Einfluß der Formgebung auf die Spannungsverteilung in Kurbelkröpfungen. In: MTZ 27 (1966), H. 6.
[71] *Radford, J.M., W.B. Wallace u. R.A. Dennis*: Versuchsmethoden und -ergebnisse an Viertakt-Hochleistungs-Dieselmotoren. In: MTZ 27 (1966), H. 8.
[72] *Röhrle, M.*: Gebaute Kolben. In: MTZ 29 (1968), H. 3.
[73] –: Regelkolben für Dieselmotoren. In: MTZ 28 (1967), H. 8.
[74] – *u. Th. Leybold*: Spaltbrüche in Kolben. In: Mahle Kolbenkolloquium 1969.
[75] – : Thermische Ermüdung an Kolbenböden. In: Mahle Kolbenkolloquium 1969.
[76] –: Ermittlungen von Spannungen und Deformationen an Kolben. In: MTZ 31 (1970), H. 10.
[77] *Roemer, E.*: Lagerschalen aus Bandmaterial für die Motorindustrie. In: Automobil-Industrie 1961.
[78] –: Die Berechnung des Preßsitzes von Gleitlagerschalen. In: MTZ 22 (1961), H. 2 u. 4.
[79] *Schläfke, K.*: Zur Berechnung von Kolbenbolzen. In: MTZ 1940, H. 4.
• [80] *Schrön, H.*: Die Dynamik der Verbrennungskraftmaschine. Wien 1947.
• [81] –: Zur Analyse und Synthese der Kurbelwellen mit kleinsten Massenmomenten bei Verbrennungsmotoren. Beiheft 2 der MTZ, 1950.
[82] *Stahl, G.*: Der Einfluß der Form auf die Spannungen der Kurbelwellen. In: Konstruktion 10 (1958).
[83] *Schütze, B.*: Probleme bei Modelluntersuchungen an Pleuelköpfen. In: Maschinenbautechnik 16 (1967), H. 2.
• [84] *Wiegand, H. u. K.H. Illgner*: Berechnung und Gestaltung von Schraubenverbindungen. Konstruktionsbücher. Bd. 5. Berlin 1962.

[85] *Wiemann, L.:* Die Bildung von Brandspuren auf den Laufflächen der Paarung Kolbenring-Zylinder in Verbrennungsmotoren. In: MTZ 32 (1971), H. 2.
[86] *Wilhelm, U. u. St. Lipp:* Gebaute Kolben – Einsatz, Entwicklungen, Erfahrungen. In: Mahle Kolbenkolloquium 1969.
• [87] *Zimmer, A. u. P. Groth:* Elementmethode der Elastostatik. München und Wien 1970.
[88] *Zimmermann, K.D.:* Über das Betriebsverhalten von Gleitlagern im Fahrzeugdieselmotor unter besonderer Berücksichtigung von Lagerkavitation. In: MTZ 30 (1969), H. 1.
[89] Gleitlagerung in Verbrennungsmotoren. Glyco-Metall-Werke, Daelen u. Loos GmbH, Ingenieurbericht Nr. 5/66.
[90] Mahle Kolbenkunde 1964.

Kapitel 3.2

[91] *Bauer, A.:* Zylinderblocks aus Aluminium-Druckguß. In: MTZ 21 (1960), H. 10.
[92] –: Vorteile und Möglichkeiten des Aluminium-Druckguß-Motors. In: MTZ 23 (1962), H. 4.
[93] *Bischel, J.:* Luftgekühlter MWM-Dieselmotor. In: MWM-Nachrichten 1956, H. 1.
[94] *Brosinsky, H.:* Werkstoffauswahl für Brennkammern in Dieselmotoren. In: MTZ 31 (1970), Nr. 9.
[95] *Crouch, L.E., D.E. Czernik, V.J. Labrecque u. S.M. Lillis:* A Well Designed Cylinder Head Gasket-That Thin Margin of Success. SAE Bericht 771 B. SAE National Power Plan Meeting, 1963.
[96] *Dawson, J.G.:* The Perkins V 8.510 Engine. SAE Bericht Nr. 660 764. Combined Powerplant and Transportation Meeting, Chicago 1966.
[97] *Dück, G.:* Zur Laufflächengestaltung von Zylindern und Zylinderlaufbuchsen. In: MTZ 28 (1968), H. 3.
[98] *Eckert, K.:* Der Wärmeübergang im Zylinderkopf und Zylinder von schnellaufenden luftgekühlten Otto- und Dieselmotoren. In: MTZ 22 (1961), H. 2.
[99] *Gassner, E. u. V. Grubisic:* Beurteilung des Festigkeitsverhaltens gegossener Kurbelgehäuse. In: MTZ 28 (1967), H. 2.
[100] *Groth, K.:* Temperaturprobleme bei Fahrzeug-Dieselmotoren. In: Konstruktion 9 (1957), H. 5/6.
[101] *Grotto, L.A.:* Engine Castings Development by Experimental Stress Analysis. In: Modern Castings 40 (1961), 6.
[102] *Hanfstengel, K. von:* Einfluß des Kraftangriffes auf die Beanspruchung vorgespannter Schraubenverbindungen. In: VDI-Z, Bd. 86, Nr. 33/34, 1942.
[103] *Hardenberg, H. u. G. Fränkle:* Ein einfaches Verfahren zur Abschätzung des Einflusses der Zylinder- und Brennraumgeometrie auf den Durchfluß von Einlaßkanälen. In: MTZ 31 (1970), H. 10.
[104] *Henshall, S.H. u. J. Gallois:* Cylinder Heads. In: Proc. Instn. Mech. Engrs. 1966–67. Vol 181 Pt 3 H.
[105] *Howe, H.U.:* The FL 413 – A New Series of Deutz Air-Cooled V-Type Diesel Engines. In: SAE Paper Nr. 700028. Automotive Engineering Congress. Detroit 1970.
[106] *Irmler, Ch.:* Wärmespannungen in Zylinderköpfen von Viertakt-Dieselmotoren. In: VDI-Forschungsheft 495, 1963.
[107] *Kienlin, M.v.:* Maßnahmen zur Leistungssteigerung eines schnellaufenden Dieselmotors über 3000 PS. In: MTZ 23 (1961), H. 6.
[108] *Löhner, K. u. G. Chone:* Wärmeübergang an Rippen und Rippenzylindern. In: MTZ (1957), H. 12.

[109] *Mettig, H.:* Der kleinste luftgekühlte MWM-Dieselmotor AKD 9. In: MWM-Nachrichten, (1957), II. 1.

[110] *Moser, A.:* Vermessungen an Zylinderbohrungen von Verbrennungsmotoren. In: ATZ 68/8.

[111] *Pflug, E. u. H.H. Piltz.:* Korrosion und Kavitation in den Kühlwasserräumen von Hochleistungs-Dieselmotoren im Eisenbahnbetrieb – Über Ursachen und Schutzmaßnahmen. In: MTZ 26 (1965), H. 3.

[112] *Pischinger, F.:* Entwicklungsarbeiten an einem Verbrennungsystem für Fahrzeugdieselmotoren. In: ATZ 65 (1963), H. 1.

[113] *Reisacher, J.:* Stationäre Untersuchungen an Auslaßkanälen. In: MAN-Forschungsheft Nr. 8/1958.

[114] *Rothmann, G.:* Auswechselbare Zylinderbuchsen bei hochverdichteten Verbrennungsmotoren kleinerer Leistung. In: MTZ 15 (1954), Nr. 11.

[115] *Schäfer, R.:* Verfahren zur Bestimmung der Pressungsverteilung zwischen verspannten Flächen. In: MTZ 31 (1970), Nr. 9.

[116] *Schulz, H.:* Ventilsitze an Dieselmotoren. In: Deutsche Agrartechnik, 16. Jahrgang (1966), H. 12.

[117] *Sigwart, H.E.:* Material Aspects in Mercedes Benz Diesel Engines. In: SAE Bericht 972 A, 1965.

[118] *Stadelmann, W.:* Das DIRING-Bleiklötzchenverfahren. Technisches Merkblatt der Lechler DIRING-Dichtungswerke KG.

[119] –: Die Zylinderkopfabdichtung wassergekühlter Dieselmotoren. In: Krafthand 39 (1966), H. 5.

[120] –: Über den Einbau von Zylinderkopfdichtungen. In: ATZ 68 (1966), H. 9 u. 11.

[121] –: Einbauprobleme bei Zylinderkopfdichtungen. In: Krafthand 40 (1967), H. 3.

• [122] –: Die Zylinderkopfdichtung des wassergekühlten Fahrzeugmotors. Stuttgart 1968.

[123] –: Die Zylinderkopfdichtung als Teil der Motorkonstruktion. In: ATZ 1968, H. 5.

[124] *Stahl, G.:* Ruhende Abdichtungen an Fahrzeugmotoren. In: MTZ 31 (1970), H. 2.

[125] *Stecher, F.:* Schwingungen am Dichtspalt von Verbrennungsmotoren. In: ATZ 70 (1968), H. 6.

[126] *Teucher, S.:* Flachdichtungen im Motoren- und Fahrzeugbau. In: ATZ 65 (1963), H. 3.

[127] –: Die Berechnung, statische Prüfung und dynamische Erprobung von Zylinderkopfdichtungen. In: Automobil-Industrie Nr. 3/65.

[128] –: Zylinderkopfdichtungen. In: [1].

[129] *Teucher, S. u. F. Stecher:* Neuartige Zylinderkopfdichtungen für Hochleistungsmotoren. In: MTZ 31 (1970), H. 9.

[130] *Thien, G.:* Entwicklungsarbeiten an Ventilkanälen von Viertakt-Dieselmotoren. In: Österreichische Ingenieur-Zeitschrift, 8. Jg., H. 9.

[131] *Netz, H.:* Einfluß der Honbearbeitung von Zylinderlaufbuchsen auf die innere Grenzschicht und den Einlaufverschleiß. In: MTZ 30 (1969), H. 12.

[132] *Vosskühler, H.:* Untersuchungen an gegossenen Aluminium-Zylinderkopf-Legierungen. In: Aluminium, 28. Jahrg. 1952, H. 4.

[133] *Watts, R.:* Diesel Engine Port Design. In: Automotive Design Engeneering, March 1964.

[134] *Wellinger, K.:* Verschleiß an Zylinderlaufbuchsen aus Schleuderguß. In: MTZ 23 (1962), H. 9.

[135] *Westwell, W.G. u. A.E. Blum:* Small High-Speed Diesel Engines. In: Proc. Instn. Mech. Engrs 1966–67, Vol 181 Pt 3 H.

[136] *Wiegand, H. u. H.H. Piltz:* Zur Werkstoffzerstörung durch Kavitation. In: MTZ 25 (1964), H. 6.

[137] *Wiegand, H. u. R. Schulmeister:* Untersuchungen zum Einfluß von Gasen auf die Werkstoffzerstörung durch Kavitation und Korrosion im Hinblick auf Schäden in Dieselmotoren. In: MTZ 28 (1967), H. 4.
[138] *Witzky, J.E.:* Erfahrungen mit Dieselzylinder-Kavitations-Pitting in USA. In: MTZ 18 (1957), H. 2.
[139] *Zeyns, J.:* Probleme der Kühlung im Verbrennungsmotorenbau. In: MTZ (1957), H. 12.
[140] *Zimmer, G.:* Stationäre Strömungsuntersuchungen an Einlaßkanalmodellen für Viertakt-Dieselmotoren. In: Kraftfahrzeugtechnik 6/1961.
[141] *Zinner, K.:* Untersuchungen zum Verschleiß an Einlaßventilen von Dieselmotoren. In: MAN-Forschungsheft Nr. 11, 1963/64.
[142] *Zürner, H.:* Gestaltung v. Zylinderlaufbuchsen und Kolben in Fahrzeugdieselmotoren. In: ATZ 73 (1971), H. 4.
[143] The Aluminium Automobile Engine. . . let's take another Look. In: SAE Journal Okt. 1964.
[144] 40 Jahre Kurbelgehäuse-Entwicklung. In: Diesel Railway Traction 15 (1961).

Kapitel 3.3

[145] *Abduschelischwili, L.S. u. W. Kotljarow:* Festigkeit der Ein- und Auslaßventile schnellaufender Dieselmotoren hoher Leistung (Text russisch). In: Energetischer Maschinenbau (1965), H. 12.
[146] *Bakonyi, St.M.:* The Advantages of Overhead Camshafts – what are they. SAE Paper Nr. 680028. Automotive Engineering Congress. Detroit 1968.
[147] *Beard, C.A.:* Valves and Valve Gear Problems. In: Proc. Instn. Mech. Engrs 1966–67, Vol 181 Pt 3 H.
[148] *Bensinger, W.D.:* Die Kette zum Antrieb der Nockenwelle bei Kraftfahrzeugmotoren. In: Konstruktion 6 (1954), H. 5.
• [149] *–:* Die Steuerung des Gaswechsels in schnellaufenden Verbrennungskraftmaschinen. Konstruktionsbücher Bd. 16. Berlin 1968.
[150] *Bona, C.F. u. F.G. Ghilardi:* Influence of Tappet Rotation on Cam and Tappet Surface Deterioration. In: Proc. Instn. Mech. Engrs 1965–66, Vol 180 Pt 2 A No 11.
[151] *Cowley, W.E., P.J. Robinson u. J. Flack:* Internal Combustion Engine Poppet Valves: A Study of Mechanical and Metallurgical Requirements. In: Proc.Instn. Mech. Engrs 1964–65, Vol 179 Pt 2 A No 5.
[152] *Derndinger, H.O.:* Untersuchungen über das dynamische Verhalten der Ventile an Verbrennungsmotoren. In: MTZ 22 (1961), H. 7.
[153] *Ferson, O.G.W.:* Hans Glas 1004 and 1204 Engines. In: Automobile Engineer, July 1963.
[154] *Fronius, St.:* Berechnung von Kettentrieben. In: Konstruktion 11 (1959), H. 10.
[155] *Giles, W.J.:* Fundamentals of Valve Design and Material Selection. SAE Paper Nr. 660 471.
[156] *Horn, H.:* Untersuchung der an Ventiltrieben auftretenden Verschleißursachen und deren Verminderung. In: Maschinenbautechnik 3 (1954), H. 10.
[157] *Hoschtalek, M.:* Ventilfederberechnung für schnellaufende Brennmotoren. In: MTZ 16 (1955), H. 12.
[158] *Huber, W.:* Zur Frage des Ventilverschleißes am Ventiltrieb. In: ATZ 61 (1959), H. 2.
[159] *Jones, L. u. D.N.C. Davies:* Overhead Camshaft Drives. In: Automobile Engineer, May 1966.
[160] *Kastner, L.J., T.J. Williams u. J.B. White:* Poppet Inlet Valve Characteristics and their Influence on the Induction Process. In: Proc. Instn. Mech. Engrs 1963–64, Vol 178 Pt 1 No 36.

[161] *Kloomok, M. u. R.V. Muffley:* Design of Cam Followers. In: Product Engineering, September 1956.
[162] *Koerner, W.D.:* Untersuchungen über die Elastizität der Ventilsteuerung bei untenliegender Nockenwelle. In: MTZ 23 (1962), H. 3.
[163] *Kurz, D.:* Entwurf und Berechnung ruckfreier Nocken. In: ATZ 56 (1954), H. 11.
[164] *McKellar, M.R.:* Pontiac's New Overhead Camshaft Six Cylinder Tempest Engine. SAE Paper Nr. 660126. Automotive Engineering Congress. Detroit 1966.
[165] *Müller, F. u. H. Föhler:* Der Einfluß der Ventilsteuerzeiten auf Gemischbildung und Motorcharakteristik. In: Kraftfahrzeugtechnik 10 (1960), H. 6.
[166] *Müller, R.:* Der Einfluß des Nockenhubes auf die Geräuschentwicklung. In: MTZ 25 (1964).
[167] *–:* Der Einfluß der Schmierverhältnisse am Nockentrieb. In: MTZ 27 (1966), H. 2.
[168] *Newton, J.A. u. C.H. Allen:* Valve-Gear Fundamentals for the Large-Engine Designer. In: Transactions of the ASME, February, 1954.
• [169] *Niemann, G.:* Maschinenelemente, II. Band: Getriebe. Berlin 1965.
[170] *Nowak, H.:* Probleme der Ventilsteuerungen an Verbrennungsmotoren. In: Wissenschaftliche Zeitschrift der T.H. *Otto von Guericke,* Magdeburg 11 (1967), H. 2.
[171] *Nowak, P.:* Steuerungsanordnung bei Hochleistungsmotoren. In: MTZ 28 (1967), H. 5.
[172] *Pietsch, P.:* Kettengetriebe. In: [1].
• [173] *Pischinger, A.:* Die Steuerung der Verbrennungskraftmaschine. Bd. X. Verbrennungskraftmaschine 1948.
[174] *Rzepecki, J.:* Optimaler Radius der Kipphebel bei Ventilsteuerung. In: Technische Rundschau, Nr. 6. Bl. 4.
[175] *Schrick, P.:* Das dynamische Verhalten von Ventilsteuerungen an Verbrennungsmotoren. MTZ 31 (1970), H. 2.
[176] *Schulz, H.C.:* Oszillographische Untersuchungen an der Ventilsteuerung von Dieselmotoren. In: MTZ 20 (1959), H. 9.
[177] *Schulz, H.:* Ventilspiel bei Dieselmotoren. In: Deutsche Agrartechnik. 17. Jg., H. 8, August 1967.
[178] *Stambuleanu, A.:* Über die Fülligkeit des Nocken-Einlaßventil-Steuerungssystems bei Verbrennungsmotoren. In: MTZ 21 (1960), H. 9.
[179] *Stein, H.:* Natriumgekühlte Hohlventile und deren Herstellung. In: MTZ 22 (1961) H. 9.
[180] *Stein, H. u. H. Gleue:* Untersuchung an der Ventildrehvorrichtung "Rotocap". In: MTZ 24 (1963), H. 6.
[181] *Straubel, M.:* Beitrag zur Erfassung und Beeinflussung des Schwingungsverhaltens von Nockengetrieben. In: MTZ 27 (1966), H. 10.
[182] *Vanicek, V.:* Über den Größtwert der Vorspannkraft einer Ventilfeder. In: MTZ 12 (1951), H. 6.
• [183] *Zimmer, H.-W.:* Verzahnungen. Werkstattbücher. H. 125. Berlin 1968.
[184] Automotive Chain Drives, Prime mover and auxiliary applications. In: Automotive Design Engineering 3 June 1964.
[185] Poppet Valves, Guides and Seats. In: Automobile Engineer, Okt. 1954.
[186] What we know about cam Tappet. In: SAE Journal Sept. 1955.
[187] Zur Frage des Verschleißes am Ventiltrieb. In: ATZ 60 (1958), H. 7.

Kapitel 3.4

[188] *Hasselgruber, H.:* Zur rechnerischen Erfassung der Schmierstoffversorgung von Verbrennungskraftmaschinen. In: MTZ 18 (1957), H. 8.
[189] *Kanitz, H.-W.:* Die Ölkühlung am Verbrennungsmotor. In: MTZ 29 (1968), H. 9.

[190] *Koenigs, H.:* Betriebsergebnisse mit MANN-Freistrahlzentrifugen in Diesellokomotiven V 60 der Deutschen Bundesbahn. In: MTZ 21 (1960), H. 6.
[191] *Kollmann, K. u. Th. Carl.:* Das Verschäumungsverhalten von Schmierölen in schnelllaufenden Verbrennungskraftmaschinen. In: Konstruktion 10 (1958), H. 5.
[192] *Kruse, H.:* Schmierölpumpen beim Kaltstart von Verbrennungsmotoren. In: MTZ 23 (1962), H. 12.
[193] *Lanzinger, W.:* Berechnung der Fördermenge und Antriebsleistungen von Zahnradpumpen mit zwei gleichgroßen Rädern. In: ATZ 1941, H. 7.
[194] *Lebig.:* Einfluß der Freistrahlzentrifugen auf Verhalten des Öles im praktischen Betrieb schnellaufender Hochleistungsmotoren. In: HANSA, Schiffahrt und Hafen, H. 34/35, 1960.
[195] *Mauser, H.:* Filter für Luft, Schmieröl und Kraftstoff. In [1].
[196] *Parr, O.:* Bedeutung und Funktion des Ölfilters im modernen Kfz-Motor. In Mineralöltechnik 14 (1969), H. 13.
[197] *Reichenbächer, H.:* Die Fördermenge der Zahnradpumpe. In: Konstruktion 1 (1949), H. 10.
[198] *Roemer, E.:* Öldurchsatz, Öltemperatur und Lagerspiel von Gleitlagern mit Druckschmierung. In:VDI-Z 103 (1961), H. 17 u. 18.
[199] *Rothmann, G.:* Stabilisierung des Schmierölzustandes bei Fahrzeugdieselmotoren. In: ATZ 56 (1954), H. 12.
[200] *Waldmann, H. u. G.H. Seide:* Kraft- und Schmierstoffe. In [1].

Kapitel 3.5

[201] *Adamek, K.H.:* Kühlergruppe der dieselhydraulischen Lokomotive V 100. In: MTZ 21 (1960), H. 6.
[202] *–.:* Regelprobleme an hydrostatischen Antrieben, insbesondere bei Lüftern von Mehrkreislaufkühlern. In: MTZ 27 (1967), H. 7.
[203] *Berndorfer, H.:* Vorausberechnung des Kühlungsaufwandes von Motoren mit luftgekühlten Zylindern bei gegebener Verrippung und Luftführung. In: MTZ 14 (1953), H. 3.
[204] *–.:* Die Beeinflussung der Kühlverhältnisse an luftgekühlten Motoren-Zylindern durch die Gestaltung der Kühlluftführung. In: MTZ 15 (1954), H. 10.
[205] *Brunz, J.:* Zur Geräuschabstrahlung von Axialgebläsen. In: Heizung-Lüftung-Haustechnik (1967) Bd. 18, Nr. 6.
[206] *Buhse, K.H.:* Außenhautkühlung für Schiffsdieselmotorenanlagen. In: Der Betriebs-Ökonom, H. 2, 1962.
[207] *Cordier, O.:* Ähnlichkeitsbedingungen für Strömungsmaschinen. In: BWK (1953), Bd. 5, Nr. 10.
• [208] *Eck, B.:* Ventilatoren. Berlin 1962.
• [209] *Eckert, B. u. E. Schnell:* Axial- und Radialkompressoren. Berlin 1961.
[210] *Eyeland, M.G.:* Heat Balance and Cooling of Heavy Duty Engines. SAE Paper Nr. 734 B. National Farm, Construction and Industrial Machinery Meeting. Milwaukee 1963.
[211] *Frank, W.:* Flüssigkeitskühlung und Kühler. In [1].
[212] *Grabow, G.:* Ermittlung der hydraulischen Abmessungen der Laufräder für Kreiselpumpen und Kreiselverdichter. In: Konstruktion 13 (1961), H. 6.
• [213] *Horlock, J.H.:* Axialkompressoren. Karlsruhe 1967.
[214] *Klauning, W. u. R. Bullinger:* Heißkühlung, ein Verfahren zur Steigerung der Wirtschaftlichkeit von Verbrennungsmotorenanlagen. In: MTZ 29 (1968), H. 1.

[215] *Kloss, R.:* 25 Jahre luftgekühlter Deutz-Dieselmotor. In: Automobil-Industrie, H. 3, 1969.

[216] *Löhner, K.:* Die Grundlagen der Luftkühlung der Brennkraftmaschinen. In: MTZ 12 (1951), H. 3.

[217] *Marcinowski, H.:* Der Einfluß des Laufradspaltes bei leitradlosen, frei ausblasenden Axialventilatoren. In: Voith-Forschung und Konstruktion (1958), Nr. 3.

[218] *Müller, H.K.:* Automatische Temperaturreglung in Kühlwasserkreisläufen von Verbrennungsmotoren. In: MTZ 20 (1959), H. 5.

[219] *Müller, R.:* Das Temperaturverhalten von Rippenzylindern bei stetig reguliertem Kühlluftdurchsatz. MTZ 21 (1960), H. 4.

[220] –: Luftkühlung. In [1].

• [221] *Pfleiderer, C.:* Strömungsmaschinen. I Kreiselpumpen und Kreiselverdichter. Hütte Bd. II A. Berlin 1954.

• [222] –: Die Kreiselpumpen für Flüssigkeiten und Gase. Berlin 1961.

[223] *Poppinga, R.:* Versuche an einem luftgekühlten Ottomotor. In: MTZ 14 (1953), H. 5.

[224] *Rütschi, K.:* Reynoldszahl und dimensionslose Kennziffern bei Strömungsmaschinen. In: Schweizerische Bauzeitung 73.Jg., Heft Nr. 46.

[225] *Sauer, R.:* Über das Temperatur-Regelverhalten von Dehnstoffreglern in Kühlkreisläufen von Verbrennungsmotoren. In: ATZ 69 (1967), H. 9 u. 12.

[226] *Scheibe, A.:* Die Kühlung von Fahrzeugmotoren. In: ATZ 65 (1963), H. 9.

[227] *Schmidt, R.C.:* Analysis of Diesel Cooling Systems. SAE Paper Nr. 887 A. National West Coast Meeting, San Fransisco 1964.

[228] *Stegemann, W.:* Einige Erörterungen über das Kühlungsproblem von luftgekühlten Motoren. In: MTZ 12 (1951), H. 3.

• [229] *Stepanoff, A.J.:* Radial- und Axialpumpen. Berlin 1959.

[230] *Zweifel, O.:* Die Frage der optimalen Schaufelteilung von Turbomaschinen. In: BBC-Mitteilungen (1945).

Kapitel 3.6

[231] *Benz, W.:* Stabilitätsuntersuchungen für die Drehzahlregulierung von Verbrennungskraftmaschinen. In: MTZ 22 (1961), H. 8.

[232] –: Stabilitätsuntersuchungen der Drehzahlregulierung, insbesondere bei parallelgeschalteten Diesel-Elektroaggregaten. In: MTZ 25 (1964), H. 10.

• [233] *Burman, P.G. u. F. De Luca:* Fuel Injection and Controls. New York 1962.

[234] *Eckert, K.:* Verteiler-Einspritzpumpe mit Hubkolben-Regler. In: MTZ 26 (1965), H. 3.

[235] *Heinzmann, F.:* Vergleich verschiedener Bauarten von Fliehkraftreglern für Motoren. In: MTZ 1942, H. 2.

[236] –: Kritische Betrachtungen über die Wertung verschiedener Bauarten von Fliehkraftreglern. In: MTZ 15 (1954), H. 2.

[237] *Höfken, W.:* Eine neue L'Orange-Einspritzpumpe. In: MTZ 28 (1967), H. 9.

[238] *Hotz, D.:* Grundlagen der Drehzahlregelung von Dieselmotorenanlagen. In: Wissenschaftliche Zeitschrift der T.H. *Otto von Guericke* Magdeburg 11 (1967), H. 2.

[239] *Huber, E.W.:* Kraftstoffeinspritzung für Diesel- und Ottomotoren. In [1].

[240] *Links, H.:* Probleme der Zerstäubung von Kraftstoffen durch Einspritzdüsen. In: Automobil-Industrie Sept. 1959

[241] *Matzen, M.:* Verfahren zur Berechnung der Drehzahlregelung von Dieselmotoren. In: Regelungstechnik H. 12 (1961), H. 1 (1962).

[242] *Oldenburger, R.:* Eine Weiterentwicklung des hydraulischen Drehzahlreglers. In: Regelungstechnik H. 4 (13. Jahrg. 1965).

[243] *Olszewski, J.D.:* Die Verhütung der Kavitationserosion in Einspritzleitungen durch eine neuartige Gleichdruckentlastung. In: MTZ 29 (1968), H. 5.

• [244] *Pischinger, A.:* Gemischbildung und Verbrennung im Dieselmotor. Bd. VII. Die Verbrennungskraftmaschine. Berlin 1957.

[245] *Riefle, R.:* Drehzahlregulierung an Dieselmotoren. In MAN-Dieselmotoren-Nachrichten (1959) 37.

[246] *Warwicker, P.G. u. P.F. Cornfoot:* The mechanical Design of Fuel Injection Equipment. In: Proc. Instn. Mech. Engrs 1966–67, Vol 181 P t 3 H.

[247] *Webs, A.:* Füllungs- und Drehzahlregelung bei Dieselmotoren in Abhängigkeit von der Kraftübertragungsart des Fahrzeuges. In: Der Eisenbahner 12 (1959), Febr. 1959.

Kapitel 3. 7

[248] *Alt, E.:* Allgemeine Thermodynamik der Vergasung im Vergaser-Otto-Motor. In: Ringbuch der Luftfahrt IV B 7 (15.9.39).

[249] *Bartsch:* Motorenentwicklung auf neuen Wegen. Gemischverteilung, Vergasersorgen. In: Motor-Rundschau 1967, H. 9 u. 10.

[250] *Bäumler, H.:* Luftzahl und Vergaser. In: MTZ 1968 (Jg. 29), S. 312.

• [251] *Bussien:* Automobiltechnisches Handbuch Bd. I, 18. Aufl. Hrsg. von *K. Goldbeck.* Berlin 1965.

[252] *Derndinger, H.O.:* Kraftfahrzeugmotoren (auch über Abgasbestimmungen in USA und BRD). In: VDI-Z 1970 (Bd. 112), H. 14, S. 978.

[253] *Eberan von Eberhorst, R.:* Abgasforschung zukunftsweisend für den Fahrzeug-Ottomotor. In: MTZ 1969 (Jg. 30), S. 315 – 323.

[254] *Dörges, E.A.:* Gemischverteilung an einem 4-Zylinder-Vergasermotor (. . an Mehrzylinder-Vergasern). In: ATZ 1957 (Jg. 59), S. 194 und 1959 (Jg. 61), S. 167.

[255] *Grözinger, H.:* Abgasentgiftung bei Vergasermotoren. In: MTZ 1968 (Jg. 29), S. 355.

• [256] *Illgen, H.:* Vergaserhandbuch, 3. Auflage. Berlin 1966.

[257] *Lange, K.:* Einfluß verschiedener Vergaser- und Saugrohrformen auf die Gemischverteilung in einem 4-Zylinder-Reihenmotor. In: Fortschritt-Bericht VDI-Z 6/24, 1969.

[258] *Lenz, H.-P.:* Über Grundlagen der Zerstäubung und ihre Anwendung bei Vergasern von Ottomotoren . In: Fortschritt-Bericht VDI-Z 6/14, 1967.

[259] *–:* Zur Entwicklung von Höhenkorrekturen für Vergaser von Ottomotoren. In Fortschritt-Bericht VDI-Z 3/26, 1968.

[260] *–:* Forschung und Entwicklung in der Deutschen Vergaser-Gesellschaft. In: Automobil-Industrie 1969, H. 2.

[261] *Linzer, V.:* Die Brenngemischbildung in Vergasern. In: MTZ 1966 (Jg. 27), S. 11.

• [262] *Löhner, K. u. H. Müller:* Gemischbildung und Verbrennung im Ottomotor. Band 6 der Buchreihe Hans List. Die Verbrennungskraftmaschine (mit ausführlichen Abschnitten über Vergaser-Probleme und Konstruktion). Berlin 1967.

[263] *Löhner, K. u. H.J. Henning:* 2 Aufsätze über Vergaservereisung. In: ATZ 1957 (Jg. 59), S. 61 u. 187.

[264] *Mramor, F.:* Untersuchungen an Saugrohren. Teil 2: Gemischbildung in Mehrzylinder-Ottomotoren mit Vergaserbetrieb. In: DT. Kraft-Forschung 82, 1944.

• [265] *Pierburg, A.:* Vergaser für Kraftfahrzeug-Motoren 4. Auflage, neu bearb. von *H.P. Lenz,* Deutsche Vergaser-Gesellschaft Neuß 1970.

[266] *Solex:* Auswahl und Einregulierung der Vergaser. Heft herausgegeben von der Deutschen Vergaser-Gesellschaft mbH & Co KG, Neuß und Berlin. Außerdem kleine Einzelhefte für die verschiedenen Vergasertypen.

[267] *Werminghoff, E.:* Wirkungsweise und Ausführungen heutiger Automobilvergaser. In: ATZ 1957 (Jg. 59), S. 258 u. 365 – auch ATZ 1963, H. 6.

[268] –: Die Einrichtungen zur Vergasung von Otto-Kraftstoffen. In: Automobil-Industrie (Würzburg) Sept. 1959.

Kapitel 3. 8

[269] *Berchtold:* Druckwellenaufladung für kleine Fahrzeugdieselmotoren. Schweizerische Bauzeitung 79 (1961) 46.

[270] *Büchi, A.:* Über die Entwicklungsetappen der Büchi-Abgasturboaufladung. MTZ 13 (1952), H. 2.

• [271] *Eckert, B.:* Ladeeinrichtungen für Verbrennungsmotoren. Beiheft 2 der MTZ. Stuttgart 1952.

[272] *Forbes, M.K. u. R.J. Hampson:* Charge Air Cooling in C.J. Engines. Diesel Engineers and Users Association. Vortrag auf dem General Meeting. London, Febr. 1964.

[273] *Hempel, R.E.:* Does Turbocharging Increase Diesel Engine Noise? Observations on the Generation, Emission and Reduction of Diesel Engine Noise. SAE-Bericht Nr. 680406, 1968.

[274] *Kellet, E.:* Turbocharging of Fast-Running Units. In: The Oil Engine and Gas Turbine 28 (1960) 320.

[275] –: Achieving Constant Horsepower by Turbocharging and the Effect on Engine Design. In: Engine Design and Applications, November 1965.

[276] *King, C.J.:* Entwicklungsrichtungen in der Dieselmotorenladeluftkühlung. In: Diesel and Gas Engine Progress, August 1961.

[277] *Kolb, W.:* Die wichtigsten Grundlagen der Abgasturboaufladung. In: MTZ 23 (1962), H. 3.

[278] *Kranold, G.:* Leistungsgrenzen hochaufgeladener Dieselmotoren im Hinblick auf die mechanische Beanspruchung. In: MTZ 20 (1959), H. 12.

[279] *Lutz, W. u. R. Scholz:* Über die Aufladung von Fahrzeugdieselmotoren mittels des Comprex-Drucktauschers. In: MTZ 1967, H. 5.

[280] *Nancarrow, J.H.:* Influence of Turbocharger Characteristics on Supply of Air for High Speed Diesel Engines. SAE Paper Nr. 660 133. Automotive Engineering Congress Detroit 1966.

[281] *Petak, H.:* Erfahrungen mit einfachen Pulse-Convertern an Viertakt-Dieselmotoren In: MTZ 25 (1964), H. 5.

[282] *Pflaum, W.:* Steigerung von Leistung und Brennstoffausnutzung durch hochaufgeladene Dieselmotoren. In: MTZ 13 (1952), H. 2.

[283] *Pflaum, W. u. W. Haase:* Allgemeines Verfahren zur Vorausberechnung von Auflademaschinen mit Abgasturbolader. In: MTZ 25 (1964), H. 1

[284] *Reisacher, J.:* Berechnung des Betriebsverhaltens von abgasturboaufgeladenen Dieselmotoren unter geänderten Betriebsbedingungen. In: MTZ 1966, H. 10.

[285] *Syassen, O.:* Influence of very low induction Temperatures in higher-ratio Turbocharging on the Thermal and Mechanical Stress of Diesel Engines. In: CIMAC-Congress 1965.

[286] *Tonndorf, J.:* Auslegung von Rippenrohr-Ladeluftkühlern. In: MTZ 25 (1964), H. 12.

[287] *Vincent, E.T.:* Performance Prediction for the Highly Turbocharged Compression Ignition Engine. SAE Paper Nr. 766 B. National Powerplant Meeting, Chikago, Oct. 1963.

[288] *Wallace, F.J.:* Vergleich des Gleichdruck- und Stoßaufladeverfahrens von Dieselmotoren mit hohem Aufladedruck. In: MTZ 1964, H. 5.

[289] *Watson, H.:* The Use of Pulse-Converters with 2-stroke and 4-stroke Turbocharged Diesel Engines. The Hatfield Polytechnic, A Seminar of Turbocharging of Automotive Diesel Engines, April 1969.

[290] *Winspear, D.A.:* Air-to-air Charge cooling. In: Gas and Oil Power, February 1969.
[291] *Zibner, W.:* Über Fragen der Zusammenarbeit von aufgeladenen Dieselmotoren und Schiffspropellern. In: Schiffbautechnik 1964, H. 14.
[292] *Zinner, K.:* Die Aufladung von Viertakt-Dieselmotoren. In: MTZ 11 (1950), H. 3.
[293] *–:* Das Beschleunigungsverhalten des Dieselmotors mit Abgasturbolader. In: MTZ 13 (1952), H. 2/3
[294] *–:* Wesen und Zweck der Hochaufladung. In: MAN-Dieselmotoren-Nachrichten 1954, H. 30.
[295] *–:* Der Einfluß der Ladeluftkühlung auf die Leistung aufgeladener Viertakt-Dieselmotoren bei veränderlichen Außenbedingungen. In: MTZ 20 (1959), H. 6.
[296] Calculating the air consumption of supercharged diesel engines. In: Gas and Oil Power, April 1964.
[297] Mack's New Maxydine Constant Power Vehicle Package. In: Diesel and Gas Turbine Progress Dez. 1966.

Kapitel 5

[298] *Austen, A.E.W. u. T. Priede:* Noise of Automotive Diesel Engines: Its Causes and Reduction. SAE Paper Nr. 1000 A, 1965.
[299] *Engler, G.:* Geräuschanteile des Dieselmotors und Möglichkeiten zu ihrer Verminderung. In: Kraftfahrzeugtechnik (1966) 6.
[300] *Howe, H.U. u. F. Pischinger:* Der luftgekühlte Deutz-Dieselmotor FL 912. In: MTZ 29 (1968), H. 4.
[301] *Plaum, W. u. W. Hempel:* Geräuschverteilung bei Dieselmotoren. In: MTZ 27 (1966), H. 9.
[302] *Pischinger, F.:* Ein neues Brennverfahren für Fahrzeugdieselmotoren. In: MTZ 27 (1966), H. 10.
[303] *Priede, T.:* Geräuschminderung von Dieselmotoren. In: The Engineer 218 (1964), 5681.
[304] *Priede, T., A.E.W. Austen, u. E.C. Grover:* Effect of Engine Structure on Noise of Diesel Engines. In: Proc. Instn. Mech. Engrs 1964–65 Vol 179 Pt 2 A No 4.
[305] *Priede, T., E.C. Grover u. N. Lalor:* Relation Between Noise and Basic Structural Vibration of Diesel Engines. SAE Paper Nr. 690 450, 1969.
[306] *Priede, T.:* Cut Engine Noise Three Ways. SAE Journal 1970.
• [307] *Slawin:* Industrielärm und seine Bekämpfung. VGB-Verlag Technik, Berlin, S. 346
[308] *Thien, G.:* Methods and Problems in Noise Reduction on High Speed Diesel Engines. SAE Transactions 77/II (1968) 680407.
[309] *Thien, G. und H. Fachbach:* Geräuschbekämpfung an Dieselmotoren mittels Geräuschdämpfung unter Beibehaltung der heute erprobten Kurbelgehäusebauweisen. Forschungsbericht H. 110 der Forschungsvereinigung Verbrennungskraftmaschinen e.V., Frankfurt
[310] Geräuschdämpfung an Dieselmotoren. In: Gas and Oil Power 62 (1966) 729.

DAS DEUTZ-BAUKASTEN-SYSTEM.
Nichts macht
Bauunternehmen wirtschaftlicher
als viele Motoren aus einer Reihe.
Und nichts macht
Motoren-Reihen wirtschaftlicher
als das Deutz-Baukastensystem.
Denn kein Baukastensystem der Welt
macht Motoren-Reihen wartungsfreundlicher
als unseres,
das aus der Luftkühlung resultiert.
Die so viele gleiche Teile
für so viele verschiedene Typen ermöglicht
(einzeln austauschbare
Zylindereinheiten zum Beispiel).
DEUTZ
Deutz-Motoren halten durch:
Die unschlagbaren Luftgekühlten.
Ein Produkt der KHD-Gruppe